现代食品分析

（第二版）

主　编　高向阳
副主编　黄现青　李永才

科学出版社

北　京

内 容 简 介

本书共 17 章，包括现代食品分析导论，食品分析的基本知识，食品分析的误差与数据处理，水分及水分活度分析，蛋白质及氨基酸分析，食品中维生素的分析，碳水化合物分析，脂类物质分析，食品酸度及香气分析，食品中灰分及几种重要化学元素分析，食品中有毒污染物限量分析，农药、兽药与霉菌毒素残留量分析，食品添加剂分析，转基因食品快速分析技术，食品掺伪鉴别方法，食品物理特性分析，现代食品分析测定条件的优化及聚类分析方法。同时介绍了微波压力溶样、超声波辅助浸提、分析质量控制和分析质量保证、分析结果不确定度的评定、现代食品分析实验条件的优化及聚类分析方法、浓度快速直读法、固定 pH 快速测定法等内容，各章均以国家颁布的最新标准方法为主线，严格按法定计量单位及符号进行阐述。

本书可作为高等院校食品科学与工程、食品质量与安全、食品营养与检验教育、商品检验、动植物检验检疫、应用化学等专业本科生学习食品分析、食品理化检验等课程的教材，也可直接用作实验、实习和实训教材，还可供食品质量监督管理机构、食品卫生检验、食品产品研发、食品企业、第三方检测单位的科技人员参考或作为培训用书。

图书在版编目（CIP）数据

现代食品分析 / 高向阳主编. —2 版. —北京：科学出版社，2018.1
ISBN 978-7-03-055946-3

Ⅰ. ①现… Ⅱ. ①高… Ⅲ. ①食品分析-高等学校-教材
Ⅳ. ①TS207.3

中国版本图书馆 CIP 数据核字（2017）第 315561 号

责任编辑：赵晓霞 / 责任校对：何艳萍
责任印制：吴兆东 / 封面设计：迷底书装

科 学 出 版 社 出版
北京东黄城根北街 16 号
邮政编码：100717
http://www.sciencep.com
固安县铭成印刷有限公司印刷
科学出版社发行　各地新华书店经销

*

2012 年 5 月第 一 版　开本：787×1092　1/16
2018 年 2 月第 二 版　印张：25 3/4
2024 年 12 月第十四次印刷　字数：630 000

定价：68.00 元
（如有印装质量问题，我社负责调换）

第二版前言

"嫦娥"奔月、"蛟龙"深潜、"神舟"飞天、"天宫"对接、航母远洋、"北斗"导航……，中华民族的强国梦即将成为现实。继往开来，祖国强盛梦想的实现，迫切需要培养大批有志气、有理想、道德品质高尚、创新思维活跃、理论基础扎实、操作技术娴熟、动手能力较强、具有高度文化修养，"德、智、体、美、劳"全面发展，一专多能的应用型高级技术人才，为实现两个一百年奋斗目标和中华民族伟大复兴奠定坚实基础。

《现代食品分析》的出版，毫无疑问，给分析检测领域带来了活力，对人才培养起到助推作用。本书第一版发行以来，被许多高校选作教学用书和图书馆藏书。同时，相关部门也加大了修订、更新国家标准《食品卫生检验方法　理化部分》的力度，修订、公布之后成为唯一的强制性执行的食品安全国家标准。鉴于这些变化，在本书编写过程中使用截至 2022 年 12 月国家颁布的最新标准，尽力实现"教材常用常新，教师常教常新，学生常学常新，实验常做常新"的理念，希望起到"立竿见影，学以致用的功效。学生在学校有针对性地学习检测方法理论和实习、实训后，毕业即可快速上岗、高质量投入分析工作，极大地缩短了参加工作后的适应期或磨合期，起到少走弯路、事半功倍的良好作用。

修订过程中，更加注重内容的系统性、科学性、新颖性、先进性和实用性，严格按照法定计量单位和推荐符号统一相关内容，使教材质量进一步提高。由于多数院校开设了"食品感官检验与评定"课程，本次修订删除了相关章节内容。鉴于食品安全领域掺伪掺假的现象时有发生，且手段和方式日趋复杂多样，层出不穷，因此适度增加了食品掺伪掺假的鉴别方法，这些方法大多简便、可行、经济、实用，容易掌握和普及，具有较强的应用价值和积极的社会意义。本书除主要章节外，还用知识扩展栏目，适度插入了相关知识，增加教材的活泼性和可读性，进一步拓宽了专业知识面。书后附有截至 2022 年的食品安全国家标准方法 GB/T 5009 系列标准目录和部分作废、替代的标准汇总目录等资料，为读者查阅和参考提供方便。

修订后的教材，汇理论与实践于一体，集众多最新国标于一册，内容更加丰富多样，具有新颖、规范、现行、实用、目的明确、标准突出、针对性强的特色，除用作相关专业的主教材外，也可直接用作学生实验、实习和实训的教材。

本书由河南农业大学、郑州科技学院高向阳教授担任主编，河南农业大学黄现青教授和甘肃农业大学李永才教授担任副主编，章节之后附有作者姓名。本书在第一版基础上由主编负责修订和定稿，不足之处恳请读者批评指正，以便再版时进一步提高质量。

高向阳

2023 年 6 月于郑州修改

第一版前言

在科学技术飞速发展、各项事业蒸蒸日上的现代社会里，随着文化和物质生活水平的不断提高，现代人们更加注重绿色健康的消费理念，对食品的质量和安全、食品的营养均衡和科学搭配提出了更高的要求。因此，迫切需要造就大批理论基础扎实，具有较强动手能力的全面发展的高素质食品分析和检验的专业技术人才，现代食品分析正是基于此目的而在相关本科专业开设的一门专业基础课。

本书编写过程中，注意避免与分析化学、有机化学、仪器分析、食品化学、食品工程原理等前导课程内容的重复，所用方法新颖、技术先进、实用性强，十分贴近目前食品工业的实际要求。在讲授基本理论和方法的同时，注意现代新技术和新方法的介绍和应用，如在食品灰分的分析中，除介绍国家标准方法以外，还介绍了现代微波快速灰化法、近红外分析仪测定法和电导率快速测定法；在化学元素和有关物质的测定中，除介绍国家标准方法以外，还介绍了离子选择性电极浓度快速直读法、固定 pH 法快速测定总酸度和粗蛋白以及超声波辅助技术、微波程序消解样品新技术；食品物理特性分析中，介绍了电子鼻、电子舌等现代分析方法；基础理论部分增加了测量不确定度、定量限、实验条件的响应曲面法优化及聚类分析等知识和技术的介绍，并把侧重点放在学生基本功的训练上，各种分析方法均以 "注意事项与说明" 栏目将影响实验成败的关键因素予以提示，以便迅速培养、提高学生的创新意识以及提出问题、分析问题、解决问题的能力。

食品工业是朝阳产业，是许多地区的经济支柱产业，在国民经济中占有极其重要的地位。现代食品分析是食品工业健康发展的有力保障，是广大消费者保护自身利益和有关管理部门进行科学管理的重要工具之一。因此，本书在内容的安排上优先考虑截至 2015 年实施的最新国家标准，同时用法定计量单位及符号对全书所用标准进行了规范，并注意了有效数字的正确应用。考虑到我国加入世界贸易组织(WTO)后，进出口食品日益增加，食品流通更为广泛和国际化，食品分析工作与国际接轨的要求显得极其迫切和重要，所以，本书也适当介绍了部分国际标准方法。

本书可作为高等院校食品科学与工程、食品质量与安全、食品营养与检验教育、农产品标准化与贸易、商品检验、动植物检验检疫、粮食工程、乳品工程、烹饪工程、应用化学等专业的教材，也可作为质量监督、食品检验和食品企业等单位相关技术人员的参考书或培训用书。

全书共 17 章，由高向阳任主编，宋莲军任副主编，参加编写的有河南农业大学、郑州科技学院高向阳(前言、第 1 章、第 2 章、第 3 章、第 6 章、第 10 章、第 11 章、附录)，宋莲军(第 5 章、第 7 章、第 8 章、第 14 章)，黄现青(第 17 章)，高晓平(第 12 章)；甘肃农业大学李永才(第 4 章)，李霁昕(第 13 章)，王毅(第 9 章)；洛阳理工学院张浩玉(第 15 章、第 16 章)。全书由高向阳通读、修改、定稿。

在本书编写过程中参阅了一部分教材和文献资料，得到了河南农业大学食品学院、甘肃农业大学食品学院、洛阳理工学院有关领导和老师们的大力支持，编者在此一并表示衷心的感谢。

由于编者学识水平有限，书中不妥之处在所难免，衷心希望同行和读者批评指正。

编　者

2012 年 1 月于郑州

目　　录

第1章 现代食品分析导论

1.1 现代食品分析基础及其特征

"国以民为本，民以食为天，食以安为先，安以质为重，食品质量是关键"。随着生活水平的不断提高，人们不再满足于"吃饱、吃好"，追求安全、科学、均衡营养、吃出健康和长寿的生活理念不断增强。因此，消费者迫切需要各种富有营养、安全卫生、味道鲜美、有益健康的高质量食品。通常，人们需要根据食品的化学组成及色、香、味等物理特性来确定食品的营养价值、功能特性，并决定是否购买。所以，无论是食品企业、广大消费者还是各级政府管理机构以及国内外的食品法规，均要求食品科学工作者监控食品的化学组成、物理性质和生物学特性，以确保食品的品质、质量和安全性。

现代食品分析是专门研究食品物理特性、化学组成及含量的测定方法、分析技术及有关理论，进而科学评价食品质量的一门技术学科，是食品质量与安全、食品科学与工程、食品营养与检验教育等专业的一门必修课程。食品分析贯穿原料生产、产品加工、储运和销售的全过程，实行的是全过程检测，是食品质量管理和食品质量保证体系的一个重要组成部分。食品和药品涉及人们的生命和健康，国家把食品和药品统一管理，食品分析所用的法定分析方法和药品一样是非常严格的，这是食品分析的显著特征。

现代食品分析是一门涉及诸多学科理论和技术的综合性课程，需要数学、物理学、生物学、计算机科学和化学尤其是现代仪器分析的基础知识和实验技术，但并不是有关知识、技术的简单复习和回顾，而是有关基础知识的综合应用和提升，其前导课程为分析化学、有机化学、生物化学、食品化学、现代仪器分析、微生物学、免疫学、高等数学、普通物理学等。

1.2 现代食品分析的主要内容

现代食品分析不但在食品质量保障方面起着十分重要的作用，而且是优质产品及其生产过程的"眼睛"和"参谋"，在开发食品新资源、研发食品新产品、设计食品新工艺、创新食品新技术等方面起着不可估量的作用。因此，要求食品科学、食品分析工作者根据样品的性质和分析项目、分析目的和任务，优先选择国家标准或国际标准方法，进行样品的制备和准确的操作，正确处理分析数据，获得可靠的分析结果。所以，要求食品分析工作者必须经过严格的专业训练，具有坚实的分析理论基础知识、娴熟的操作技能，熟悉国家相关法律法规、技术标准和方法，同时具有优秀的自身素质和高尚的职业品德，具有求实的工作作风和高度责任心。工作时，细心认真、一丝不苟、诚实地完成分析测定全过程，这是进行食品分析、保证分析质量的基础和前提。

现代食品分析的任务较多，内容包括化学、物理学和生物学参数的测定。通常，人们习惯将食品的生物学特性,如有害微生物和寄生虫的检验放在食品卫生检验课程中讨论,而现代食品分析课程则偏重于阐述、分析食品的理化参数指标。

1.2.1 食品营养成分含量分析

食品营养是人们较为关注的问题,是评价食品质量的重要参数。食品营养分析是食品分析的常规项目和主要内容之一,它包括对常见六大营养要素和食品营养标签要求的全部项目指标的检验。食品营养标签法规要求生产者向所有消费者提供具有营养信息的食品,能够使消费者知道所选用的食品正是他们所需要的食品。根据食品营养标签法规的要求,所有食品商品标签上都要注明该食品的主要原料、营养要素和热量的信息及含量,保健性食品或功能性食品还要注明其特殊因子的名称、含量及其介绍。

1.2.2 食品安全分析

食品安全关系人的生命安全,食品安全性检验责任重大。它包括对食品中有害物质或限量元素的分析,如各类农药残留、兽药残留、霉菌毒素残留、各种重金属含量、食品添加剂含量、环境有害污染物、食品生产过程中有害微生物和有害物质的污染,以及食品原料、包装材料中固有的一些有害、有毒物质的检验等。

食品安全是食品应具备的首要条件,其安全指标是构成食品质量的基础。食品安全检验离不开有关权威部门发布的强制性食品质量标准,因此食品安全性检验有其特殊性。现代科学技术的快速发展和人们对食品安全性要求的不断提高,要求检验方法的检出限越来越低,新的检测方法和技术不断涌现,新型检测仪器不断问世。如何用最快速、最简便、最经济、最灵敏、最准确的方法进行检验,是食品安全检验的一项重要研究内容。其中,首要问题是快速,因为食品安全检验贯穿食品生产的全过程,在生产、储存、运输、销售、流通等环节中,都有可能受到污染,都需要进行安全检验。生产企业、质控人员、质检人员、进出口商检、政府管理部门都希望能够尽快得到准确的测定结果。所以,准确、省时、省力、简便、成本低廉的快速分析方法是政府有关部门、社会、食品生产企业等方面都迫切需要的。

1.2.3 食品的物理特性和感官分析

目前,对广大消费者来说,是否美味可口仍然是选择食品的首要标准。尽管人们当前已经发明了电子鼻、电子舌等现代先进的检测设备,但始终代替不了人们的感觉器官。有时候,最直接、最简便、最可靠、最快速的食品品质检测是人们的感官鉴评技术。例如,一箱梨子一打开,梨子上布满块块黑斑,有的已经腐烂,"看一眼"即可快速判定该产品不合格,不需要对该产品再进行诸多指标参数的理化检测。所以,食品质量检验标准中都制定相应的感官评定指标。

1.2.4 转基因食品分析技术

转基因生物(genetically modified organism, GMO)又称为遗传饰变生物,一般是指用遗传工程的方法将一种生物的基因转入另一种生物体内,从而使接受外来基因的生物获得它本身所不具有的新特性,这种获得外来基因的生物称为转基因生物。以此种生物为原料制作的食品称为转基因食品。例如,以转基因大豆为原料生产的豆油就是转基因食品。国外有人称转基因生物为"科学怪物"，图 1.1 是人们想象中的转基因作物。

　　近年来，转基因作物以及由这些作物加工而成的转基因食品以难以想象的速度迅猛发展，世界各国试种的转基因植物已接近 5000 种。转基因食品对人及动物的健康，以及对环境的影响是世界各国及联合国等国际组织关心的焦点问题。人们不确定转基因食品是否对人类无毒、无副作用，是否与非转基因食品"实质等同"、无显著性差异，这些不确定来源于转基因技术对人类社会经济影响的不可预见性，而且需要大量的实践和较长的时间来加以证明。

　　为确保安全，2000 年联合国通过了《生物安全议定书》，确认预先防范原则，各国对转基因食品都采取限制或禁止进口活的转基因产品。我国规定"绿色食品"不得用转基因产品为原料，生产的转基因食品必须在包装上标明转基因及其原料的名称。

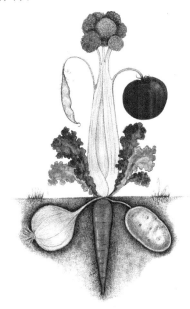

图 1.1　人们想象中的转基因作物

　　为确保非转基因食品不被转基因食品污染，世界各国都要求转基因食品从研究、生产、储存、运输、销售、进出口等环节进行全程的"跟踪"检测，转基因食品的检验分析已成为各主要贸易国的一项重要工作，许多国家专门建立了国家级转基因食品检测实验室，不但能够确认转基因产品的种类和成分，还可以定量有关转基因成分的含量。

1.2.5　食品掺伪分析

　　食品掺伪是食品掺杂、掺假和伪造的总称。随着我国经济的快速腾飞和食品加工业的快速发展，名优特食品和保健类功能性食品层出不穷，不断丰富和满足着人民的生活需求。但食品安全法律法规还不够健全，一些食品及其成分检验还缺乏灵敏有效的强制性标准，加之一些地方市场经济管理体系较为混乱，食品检验功能和执法落实还不到位，使得一些不法分子为牟取暴利在食品中掺杂、掺假和伪造的非法经营活动时有发生，对人们的身体健康构成了极大的威胁。因此，食品掺伪分析是食品分析极其重要的内容之一。加强食品质量和安全管理是时代的要求，及时进行食品掺伪检验势在必行，任重道远。

　　食品安全是涉及国计民生的大事，直接关系亿万人民的身体健康和生命安全，关系经济健康发展和社会稳定，关系政府和国家的形象。因此，国务院和各级政府历来十分重视，一直把打击制售假冒伪劣食品等违法犯罪活动作为整顿和规范市场经济秩序的重点，采取了一系列措施加强食品安全工作，并取得了一定成效。但是，食品安全是一个需要长期高度关注的问题。食品反映人品，食品质量的好坏折射出生产者素质的高低，目前，有些现象仍然比较严重，假冒伪劣食品大量涌现，危害消费者的身体健康甚至危及生命，严重扰乱市场经济秩序，给国家和消费者造成无法估量的损失；同时，食品掺伪的手段和方式日趋复杂，且更加隐蔽，使食品安全面临更大的挑战。因此，了解和掌握食品中各种掺伪物质的分析方法，开展全民性的食品掺伪检测和食品安全监督，打击素质低下的不法分子，对维护广大消费者身体健康、确保食品安全和社会稳定等均具有十分重要的现实意义。

食品掺伪分析十分庞杂，很多检测项目缺少国家标准，不少场合仅靠人们日常生活中积累的小经验、小方法、小技巧进行鉴别，分析不够精准。尽管如此，也解决了不少实际问题，考虑到国家严重缺乏此类分析标准，我们将在《现代食品分析实验》(高向阳主编，科学出版社，2012)一书中予以适当介绍。

1.3 食品分析方法及发展方向

1.3.1 现代食品分析方法

食品分析的方法很多，根据分析的原理和所用仪器的不同可分为化学分析法和仪器分析法，化学分析法常用来测定含量大于1%的常量组分，仪器分析法较为灵敏、准确和利于自动化，常用来测定样品中的微量、痕量组分。仪器分析法是现代食品分析的发展方向，主要包括：①电化学分析法；②光化学分析法；③分离分析法；④免疫分析和酶催化生物化学分析法等。

按照分析时的取样量多少可以分为常量分析、半微量分析和微量分析；按照被测组分在样品中的相对含量可以分为常量组分分析、微量组分分析和痕量组分分析。按照分析时所依据的标准可以分为国际标准方法、国家标准方法、部颁行业标准方法和地方企业标准方法等，其中，国家标准(GB)方法第一法通常为仲裁法。选择分析方法时，通常要考虑到样品的存在形态、分析目的、所选用分析方法的灵敏度、准确度、精密度、线性范围、干扰情况及分析速度、成本费用、设备条件、操作技术要求、方法的适用性、权威性等，优先选用公认的权威标准分析方法，利用统一的技术手段检测，便于在各种贸易往来中比较与鉴别产品的质量，进行各种交往活动。对于国际贸易，采用国际标准则具有更有效、更重要的意义。

1.3.2 现代食品分析发展方向

21世纪世界性的科技革命正在形成，各国都在加速技术创新和科技进步。从定性分析和定量分析技术两方面考虑，准确、可靠、灵敏、方便、快速、简单、经济、安全、自动化的检测方法和技术是现代食品分析目前的发展方向，尽可能使快速分析的灵敏度和准确度都能达到食品标准的限量要求，至少与食品分析标准方法检测结果相当，并在尽可能短的时间内分析大量的样品。目前，食品分析正在进行着更为深刻的变革，在分析理论上与其他学科相互渗透，在分析方法上趋于各种方法相互融合，在分析手段上趋向灵敏、快速、准确、简便、标准化和自动化，原有的检验方法不断更新，灵敏快速的新型分析技术不断涌现并日趋完善。

我国加入世界贸易组织后，严格的技术标准要求构成了新的贸易技术壁垒，对我国的食品出口造成了重大的影响，农产品和食品遭退运的情况呈上升趋势。为应对国际挑战和保护消费者的利益，我们必须及时建立准确、灵敏、先进的快速检测方法和分析体系，对关键技术攻关，研究开发当前亟须的食源性危害快速检测及评价技术，研制具有我国知识产权的先进检测设备和仪器，用现代的检测技术装备我国的食品分析和食品安全管理体系。

1.4　现代食品分析的一般程序

　　食品分析工作中，接受的任务各不相同，遇到的样品形形色色、种类繁多，对食品分析工作者来说，在具体进行分析测定之前，了解食品分析的一般程序，做好各方面的充分准备，对保证分析过程的顺利实施，提高检测质量和分析结果的可靠性，具有十分重要的意义。食品分析过程是由许多相互关联的步骤有机结合的统一体系，每一步骤都会影响分析结果的准确性。分析的任务、对象、目的和所用的方法、仪器不同，组成分析的步骤也不尽相同，但通常包含以下一般程序：①接受实验任务，明确实验目的；②查阅有关文献、收集相关资料；③选择分析方法、制订实验方案；④讨论具体实施细则，明确分工、落实任务；⑤准备所需材料、试剂、仪器和实验记录本，必要时对所用仪器进行准确校正；⑥按所用方法规定采集样品；⑦样品的处理、试液的制备、试剂的配制及保存；⑧样品的测定及数据记录；⑨数据的处理、分析结果的获得及分析质量的科学评价；⑩分析结果的报告、项目实施工作总结和分析全过程资料的存档等。

　　为保证所有检验工作单位保持同等的工作质量，在相同条件下数据溯源同等再现，保证所做的结论不受任何外界干预和影响，抽样人员或接受委托样品的人员及管理人员与检验人员必须相互回避，在收发样品程序上应使用密码编号，确保检验客观、公正真实。

　　另外，在上下班时，都要穿上工作服仔细认真打扫室内、实验桌面卫生，清洗所用玻璃仪器和整理所用精密仪器设备，养成良好的工作习惯。同时，控制好分析全过程的关键点，保证测定数据的真实性和分析结果的可靠性。保存好分析样品和测定数据的档案也是极为重要的一个环节，是食品分析的最基本要求，也能保证分析样品及测定结果的可重复性、测定过程及数据的可追溯性，测定结论的准确性和科学性。

　　现代食品分析是以现代科学技术尤其是计算机、自动化技术和现代分析仪器为基础的，学习食品分析必须牢固掌握分析化学的基本理论、现代仪器分析各种方法的基本原理，以及相关的化学、生物化学、物理学等前导课程的基础知识，并根据食品分析与检验的特点，注重理论与实践相结合，加强基本操作和仪器、设备使用技术的训练，尽快提高解决问题的能力，较好地解决在科研、科技开发和生产过程中遇到的具体问题，为食品朝阳产业和祖国的繁荣昌盛贡献自己的才智。

　　现代食品分析是一门实践性很强的课程，实验、实习环节占有很大的课时比例。因此，该课程要求每位学习者"好学多思，勤于实践"，从中不断汲取科学营养。在实验、实习等实践活动中要合理安排有关进程，有的放矢，特别注意培养团队协作精神，培养团结互助、细心操作、认真观察、如实记录、爱护仪器、节约试剂、注意环境整洁、实事求是地处理数据和撰写实验报告的良好习惯，培养扎实的工作作风。

思考题与习题

　　1. 为什么要学习"食品分析与检验"课程？食品分析有何显著特征？为什么该课程要求每位学习者"好学多思、勤于实践"？

　　2. 为什么说"具有优秀的素质和高尚的职业品德，具有求实的工作作风和高度的责任心。工作时细心认真、一丝不苟、诚实地完成分析测定的全过程是分析工作者进行食品分析、保证分析质量的基础和前提"？

3. 食品掺伪分析和转基因食品检验对保障人民身体健康有何重要性? 请结合实际事例进行阐述。

4. 食品分析的一般程序有哪些? 请用图示的方法简述之。

5. 为什么说在食品分析实验中尽快提高自己的动手能力,要特别注意培养团队协作精神,以及培养扎实的工作作风?

知识扩展:玉米基因组中基因数量多于水稻和拟南芥

玉米是重要的农作物,但目前仍不能完成其全基因组序列,主要原因是玉米基因组较大,而且存在大量的重复元件。来自慕尼黑蛋白质序列信息中心的 Georg Haberer 等发表了"玉米基因组结构组成"的研究论文。研究者随机挑选平均 144 kb 大小的 100 个 DNA 区段进行分析,结果发现:①玉米基因组至少 66%的部分由重复元件组成;②玉米总共有 42000~56000 个基因,明显多于水稻和拟南芥;③基因平均大小 144 kb 个碱基对;④重复元件和基因数量的增加最终导致玉米基因组比水稻和拟南芥的基因组大。

（高向阳　教授）

第 2 章 食品分析的基本知识

2.1 样品的采集、制备及保存

从待测样品中抽取其中一部分来代表被测整体的方法称为采样，被研究对象的全体或被研究对象的某个数量指标所有可能取值的集合称为总体（或母体），总体通常是一批原料或一批食品。从总体中经过一定的方法再随机抽取的一组有限个个体的集合或测定值称为样本（或子样），样本中所包括的测定值的数量或个数称为样本容量（或样本大小）。样本测定的平均值仅仅是对总体测定平均值的评估，而总体测定平均值也并非就是待测样品的真实值，不过，只要采样技术和方法恰当，样本测定的平均值可能是非常正确的结果，与待测样品的真实值并无显著性差异。

食品分析工作中，常通过样本极少量试样所测定的数据来判断待测样品的总结果，如判断产品质量是否合格，或判断自然资源是否可以开发利用等。这就要求被分析的试样必须"均匀、具有代表性，试样样本的化学组成及含量与总体物料的平均值高度一致"，否则，工作人员的技术水平再高、工作再认真，所分析的结果再准确也毫无意义。因此，试样在采集过程中必须保证其均匀性，注意存在状态以及在采集、处理和储藏过程中可能发生的变化，并妥善采取保护措施。

2.1.1 样品的采集

由整批货料中采得的少量样品称为检样，许多份检样综合在一起称为原始样品。原始样品只能由品质一致、质量相同的检样组成。检样的多少、原始样品的量是根据待测物品的特点、数量和检验要求来确定的。一般来说，取样数量越大，样品的代表性越好，样品越可靠。为确保分析样品的代表性和提高分析结果的可靠性，无论是固体、液体或半流体，还是原料、半成品或食品产品，通常对同一批样品均采用随机多点采样方法，但并非采样点越多越好，因为取样数越多，花费的时间、投入的经费越多，同时还受到采样方法、样品处理方式等条件的限制。国际组织分析化学家协会（Association of Official Analytical Chemists, AOAC）在AOAC法定分析方法925.08中规定了袋装面粉的采样方法，通过批量中总袋数的平方根来决定抽样的最少袋数，采样袋数低于此值，样品的代表性将大大降低，具体可参阅相关标准。对组成比较均匀的固体试样如粮食或面粉，取样点 S 的多少，也有用被测样品的总数目 N（如袋、件、箱、桶等）二分之一的平方根作为半经验公式使用：

$$S = \sqrt{\frac{N}{2}} \tag{2.1}$$

例如，一批面粉共计 200 袋，采样时取多少袋合适呢？根据上述半经验公式可知，200袋的二分之一为100袋，平方根就是 10 袋。也就是说，均匀地从这批面粉的上、中、下及边角布点，从 10 袋中抽取样品，低于此值，样品的代表性将大大降低甚至失去代表性。

我国国家标准 GB/T 5009.1—2003《食品卫生检验方法　理化部分　总则》对样品的采集、保存和检验的规定如下。

(1)采样必须注意样品的生产日期、批号、代表性和均匀性(掺伪食品和食物中毒样品除外)。采集的数量应能反映该食品的卫生质量和满足检验项目对样品量的需要，一式三份，供检验、复验、备查或仲裁，一般散装样品每份不少于 0.5 kg。

(2)采样容器根据检验项目，选用硬质玻璃瓶或聚乙烯制品。

(3)液体、半流体饮食品(如植物油、鲜乳、酒或其他饮料)如用大桶或大罐盛装，应先充分混匀后再采样。样品应分别盛放在三个干净的容器中。

(4)粮食及固体食品应自每批食品上、中、下三层中的不同部位分别采取部分样品，混合后按四分法对角取样，再进行几次混合，最后取有代表性样品。

(5)肉类、水产等食品应按分析项目要求分别采取不同部位的样品或混合后采样。

(6)罐头、瓶装食品或其他小包装食品应根据批号随机取样，同一批号取样件数，250 g以上的包装不得少于 6 个，250 g 以下的包装不得少于 10 个。

(7)掺伪食品和食物中毒的样品采集，要具有典型性。

(8)检验后的样品保存：一般样品在检验结束后，应保留一个月，以备需要时复检。易变质食品不予保留，保存时应加封并尽量保持原状。检验取样一般皆指取可食部分，以所检验的样品计算。

(9)感官不合格产品不必进行理化检验，直接判为不合格产品。

(10)严格按照标准中规定的分析步骤进行检验，对实验中不安全因素(中毒、爆炸、腐蚀、烧伤等)应有防护措施。

(11)理化检验实验室应实行分析质量控制。

(12)检验人员应填写好检验记录。如果分析结果在方法的检出限以下，可以用"未检出"表述分析结果，但应注明检出限数值。

2.1.2　平均样品的制备和保存

按照有关标准和方法，用多点采样法获得的原始样品的量一般较多，有时是不均匀的，需要进一步粉碎、过筛、缩分制备，均匀地分出一部分，称为平均样品。平均样品再分为三份，一份用来分析全部检测指标，一份用于分析结果有争议时进行复检，第三份存档，供以后需要时进行备查或仲裁。

粮食、面粉等固体平均样品由原始样品制备时通常采用"四分法"缩分，即将原始样品置于大而干净的平面上，用洁净器具充分混匀并堆成圆锥形，将锥顶压平后用画十字的方法将其等分为四份，弃去对角两份，将剩余的两份再次按照上述方法进行混匀、缩分，每缩分一次，原始样品量减少一半，直至剩余量满足实验所需为止。

蔬菜、水果、作物等样品有其特殊性，这是由于植物体中各器官的微量元素和营养成分含量有很大差异，不仅在不同的生长期差异很大，而且活体植物在一日之内也有变化。所以，采样时要根据分析的目的和要求选取不同生长期、不同部位的花、果、叶、茎、块根等器官进行采集、缩分和制备，并尽快测定。为防止样品中水分、易挥发组分的逸失和其他待测物质含量发生变化，无论何种样品都应立即分析。如果不能立即测定，必须按照相关标准规定的方法加以妥善保存或进行预处理。新鲜样品如果需要短期保存，要置于控温冰箱中，以抑制其生物变化。

　　样品的制备和预处理，没有本质上的绝对区别，是指样品分析测定前的整理、清洗、粉碎、过筛、混匀、缩分、消解、分离提取、净化、浓缩富集等步骤，使被测组分转变成可测定形式的过程。但要特别注意，样品在采集、缩分、粉碎、过筛、处理、制备和保存等过程中要尽可能设法保持样品原有的化学组成和性质不发生变化，防止并避免待测组分被污染及引入干扰物质，这一点很重要。

2.2　样品的预处理

　　制备好的食品平均样品，尤其是固体样品在具体测定时，通常根据分析的目的，制成便于测定的均匀溶液或采取必要的措施使待测组分与共存的干扰物质进行分离分析，因此，各种食品分析的标准测定方法中都要对样品进行分析前的预处理，常用的方法和技术如下所述。

2.2.1　有机物破坏法

　　测定食品原料或食品产品中的粗蛋白、金属元素和硫、磷、砷等项目时常用有机物破坏法，这种方法是在高温或强氧化的条件下破坏样品中的有机物质，使样品中的有机物被分解为二氧化碳等而挥发，使被测元素或物质以无机物的简单形式存在。有机物破坏法可分为干法灰化法、常压湿法消化法、压力密闭消解法、微波压力消解法和紫外线分解法等，根据样品的组成、被测元素的性质及所用仪器设备的不同，各种方法有其不同的操作条件和要求。基本原则是试剂用量少，方法简便，能在较短的时间内快速、彻底破坏有机物，而且被测物质应遵循样品消解过程中不损失，消解液容易进行后处理等。

　　1. 干法灰化法

　　样品准确称取后，置于一定温度下恒量的坩埚中，先小心炭化，再放入一定温度(通常控制 500～600 ℃)的高温炉中灼烧，使有机物彻底分解，留下近白色的无机灰分，恒量后即可用适当的溶剂溶解、定容、测定。为加速灰化程度，常向灼烧不完全的灰分上小心滴加数滴硝酸、过氧化氢等氧化性助剂。

　　干法灰化法利用电加热高温破坏有机物较为彻底，所用试剂较少，操作简便，但耗费时间较长，工作效率低。对砷、汞、铅及碱金属的氯化物，灼烧温度较高时容易挥发损失。

　　2. 常压湿法消化法

　　这种方法是在常压的条件下，利用强氧化性试剂将样品中的有机物分解，使其中的碳、氧、氢等元素生成易挥发的二氧化碳和水，金属元素和无机盐类留在溶液中。食品分析中常用的消化试剂有浓硫酸、浓硝酸、高氯酸和过氧化氢等，可根据样品及被测物质的性质、分析的目的和试剂的特性进行选择。一般来说，同样条件下使用混合消化试剂的效果要比使用单一消化试剂好得多。常用的混合消化试剂有硫酸+硝酸、硫酸+硝酸+高氯酸、硝酸+过氧化氢、硫酸+过氧化氢、硫酸+硝酸+过氧化氢、硝酸+高氯酸、硫酸+高氯酸等。尤其值得注意的是在加热条件下消化含有机物多的样品时，如果单独使用与有机物反应剧烈的高氯酸有可能会发生爆炸，而使用含高氯酸的混合消化剂则安全得多。

常压湿法消化法在较低的温度下于溶液中分解样品，减少了元素的挥发损失。但在消解过程中试剂的利用率较低，需用大量的氧化性酸，成本较高，而且产生的有毒气体不但对人体有害，还会污染环境和腐蚀实验室设备，因此常需要在通风橱中进行操作。

3. 压力密闭消解法

压力密闭消解法可以克服常压湿法消化法的一些缺点，该法用得最普遍的压力密闭消解装置是一个带盖的聚四氟乙烯溶样罐，外面紧套一个带有螺旋丝扣的不锈钢外套，可以耐受较高的压力。聚四氟乙烯溶样罐可以耐强酸、强碱，耐250℃以下的温度和大多数强氧化剂，消解时所取样品和试剂都比常压湿法消化法少得多，所以成本低廉。由于是在密闭容器内压力消解，试剂的利用率高。在较高的温度和压力下，氧化性酸与样品的作用加快，使样品分解更加完全，而且消解溶液不会污染环境也不会被环境所污染。目前，利用上述混合消解试剂进行消解食品、动植物等生物样品的报道很多，压力密闭消解法已经得到了较广泛的应用。

压力密闭消解法的缺点是速度较慢，因紧固不锈钢外套、升温和降温都需要一定的时间。由于是由容器的外部至内部传递热量，恒温一定时间后，仍需要在恒温箱中慢慢降温，所以完成一个生物样品的消解需要6～8 h。如果密闭容器密闭不严，消解过程中逸出的酸蒸气会腐蚀不锈钢外套并可能造成较大的误差。随着科学技术的迅猛发展，人们利用微波加热技术溶样，使传统的样品消解方法发生了很大的变化。

4. 微波压力消解法

微波压力消解法具有快速简便、工作效率高、节省样品和试剂、样品消解完全、回收率高、不污染环境等显著特点。由于金属反射微波能，所以微波压力消解法所用的容器多是全聚四氟乙烯塑料或全玻璃的，而且，微波快速加热技术与压力溶样技术相结合，使它们的优点得到了充分发挥。微波压力消解一般采用2450 MHz的频率，工作时，根据情况准确称取少量样品(通常为0.1000～0.5000 g)于消解容器内，加入少量消解试剂(通常为1.0～2.0 mL上述混合酸)，密封后置于微波炉内于一定的功率挡进行消解。这时，样品在介质中进行及时深层"内加热"，使消解反应瞬间就在高于100 ℃的密闭容器中快速进行。同时，微波产生的交变磁场导致容器内样品与消解试剂分子高速振荡，使反应界面不断更新，消解时间大为缩短。例如，压力密闭消解法完成一个生物样品的消解需要6～8 h，同样条件下用微波压力消解法只需2～3 min即可。而且，微波炉的转盘上一次可以放置约20个消解容器，因此工作效率可以提高2～3个数量级，适用于大批样品的快速消解。

透明价廉的全玻璃容器用薄膜封口，很容易观察其中样品的消解情况，比不透明的全聚四氟乙烯容器要方便得多，可用价廉的家用微波炉进行加热消解。目前，国内外不少企业已生产出了功能较为齐全的实验室专用微波炉，如MDS-2003F型非脉冲式功率自动变频控制微波消解仪，可通过计算机实现温度、压力、功率的无级闭环控制和非脉冲式微波连续加热。MDS-2002AT型温度、压力双重控制微波消解仪设置有智能化的安全保护装置，通过人机对话设置和控制用户所需的消解温度、压力、功率和时间等参数及其样品消解方式，工作既方便又快速。

微波压力消解法具有其他溶样方法不具备的突出优点, 近年来得到了迅猛的发展和应用, 用来消解并测定水中的 COD_{Mn} 和食品原料、产品及动植物组织中的铜、锌、钙、铅、镉、铁、锰等微量元素。利用微波压力消解法消解样品时应注意以下事项: ①微波炉炉门要及时关好, 谨防微波泄漏, 对操作者造成伤害; ②在满足需要的情况下样品称量尽可能少些并尽量少加消解溶剂, 以加快消解速度并确保安全; ③尽可能用高沸点的硫酸或硫酸-硝酸混酸消解, 慎重使用高氯酸; ④微波炉内的能量分布是不均匀的, 转盘中心的样品升温较快, 为克服这种温度差异的“热点”效应, 转盘中心处不能放样品; ⑤当消解样品个数较少时, 一部分微波能反射回波导管和磁控管, 影响微波炉的使用寿命, 此时转盘中心应放置一小杯水(约 100 mL), 以保护转盘和微波炉。

5. 紫外线分解法

紫外线分解法也是一种破坏样品中有机物的预处理技术, 在光解过程中常向样品中加入过氧化氢, 以加速样品的分解。所用的紫外光源由高压汞灯提供, 温度控制在 80～90 ℃, 对面粉和充分磨细、过筛、混匀的植物样品, 通常称取试样量不超过 0.3 g, 置于石英管中, 加入 1.0～2.0 mL 过氧化氢后, 用紫外线光解 1～2 h 就能将样品中的有机物完全分解。这种分解法可以测定生物样品中的铜、锌、钴、镉、磷酸根、硫酸根等。

2.2.2 蒸馏法

如果样品中的被测物质和干扰组分具有显著的挥发性差异, 可利用这种差异将它们分离。蒸馏法既可以除去干扰物质, 也可以用来测定待测组分。例如, 粮食等样品中粗蛋白的测定, 就是将消解液调节为强碱性后用蒸馏法将其中生成的氨蒸馏出并与其他组分分离, 同时用吸收液定量吸收后进行测定的。蒸馏法常见的有减压蒸馏、常压蒸馏、水蒸气蒸馏等方式。目前, 已经有用计算机控制的自动蒸馏系统问世, 可根据测定的需要设置加热温度和速度, 从而使蒸馏法的效率和技术得到极大提高。

2.2.3 浓缩富集法

当食品试液中被测组分的量极少, 浓度很稀且低于检出限时不能产生显著的测定信号, 被测组分不可能被检出。这时, 为满足测定方法灵敏度的需要, 保证食品分析工作的顺利进行, 测定之前就需要对试液进行浓缩富集, 以提高被测组分的浓度。浓缩富集法有常压和减压等方法, 常压浓缩法主要用于非挥发性组分的浓缩, 通常采用蒸馏装置直接加热挥发, 溶剂可以回收重复使用, 以降低测定成本。该法快速、简便, 是较常见的浓缩方法。减压浓缩法主要用于热稳定性较差或易挥发组分的浓缩, 通常采用专用浓缩器, 在水浴锅上加热并抽气减压。浓缩温度低、速度快和被测组分不易损失是减压浓缩法的突出优点。

2.2.4 溶剂萃取及超临界流体、低温亚临界萃取技术

利用被测组分与干扰物质在互不相溶的两溶剂相之间溶解度的差异, 使被测组分与其他干扰物质相互分离, 进而进行分析测定的方法称为溶剂萃取分析法, 是样品预处理的常用方法。溶剂萃取法可以提高待测组分的浓度, 使含量极少或浓度很低的痕量组分通过萃取富集于小体积中进行测定。例如, 欲测定食品生产用水中的痕量农药, 可取大量水样, 用少量苯

萃取。弃去水样后，收集苯层即可用适宜的方法进行测定。

经典的溶剂萃取法是用分液漏斗振荡的液-液法，该法的优点是设备简单、操作方便、分离效果好。缺点是劳动强度大、速度慢、工作效率低，所用溶剂量较多且大多是易燃、易挥发的有毒有机化合物。近年来，利用超声波技术或微波技术等进行萃取的新方法克服了经典溶剂萃取法的不足，极大地提高了工作效率和灵敏度，适用于大批样品中痕量组分的预处理，从而得到了广泛的应用。目前，国内外均有用计算机控制的多功能超声波和微波萃取专用商品仪器问世，满足了食品分析实验室对样品进行预处理的需要。

超临界流体萃取 (supercritical fluid extraction, SFE) 是一种全新的萃取技术。它是用超临界流体如 CO_2 作为萃取剂，从各组分共存的复杂样品中把待测组分提取出来的一种分离技术，已在食品功能性成分分析、食品添加剂分析和食品中农药残留检测等方面得到了广泛应用。

低温亚临界萃取技术 (low temperature subcritical extraction technology) 的萃取温度介于所用溶剂的沸点及其临界温度之间，萃取条件较超临界相对温和，萃取压力通常为 0.3 ~ 1.0 MPa，在室温或低温下即可完成，热敏性成分不会产生热变性，保证了产品的质量。目前，已经广泛用于植物油、植物蛋白、植物色素、植物天然香精香料、挥发性精油类、中草药功能成分的提取等领域，相对于超临界二氧化碳萃取，具有投资小、溶剂消耗少、溶剂可循环利用、生产成本低、生产规模大等显著特点，常用的萃取溶剂有液化丙烷、丁烷、甲醚、四氟乙烷、液氨等，这 5 种亚临界溶剂的沸点均在 0 ℃以下。

2.2.5　色谱分离法

食品分析常遇到样品中共存有理化性质十分接近的同分异构体或同系有机化合物，如各种氨基酸、维生素等，用其他方法测定时可能会相互干扰，很难用普通的方法排除。此时，可用色谱法分离，预处理后再进行测定。

色谱分离的方法很多，按流动相 (mobile phase) 的状态可分为气相色谱 (gas chromatography, GC) 和液相色谱 (liquid chromatography, LC)，流动相为超临界流体的称为超临界流体色谱 (supercritical fluid chromatography, SFC)；按固定相 (stationary phase) 状态分为气-固色谱 (GSC)、气-液色谱 (GLC)、液-固色谱 (LSC) 和液-液色谱 (LLC)；按固定相使用的外形和性质可分为柱色谱 (column chromatography, CC)、纸色谱 (paper chromatography, PC) 和薄层色谱 (thin layer chromatography, TLC)。

利用固体固定相表面对样品中各组分吸附能力强弱的差异而进行分离分析的色谱法称为吸附色谱 (absorption chromatography)；根据各组分在固定相和流动相间分配系数的不同进行分离分析的色谱法称为分配色谱 (partition chromatography)；利用离子交换剂 (固定相) 对各组分的亲和力的不同而进行分离的色谱法称为离子交换色谱 (ion exchange chromatography, IEC)；利用某些凝胶 (固定相) 对分子大小、形状所产生阻滞作用的不同而进行分离的色谱法称为凝胶色谱 (gel chromatography) 或尺寸排阻色谱 (exclusion chromatography)。这种色谱法的固定相为具有"分子筛"作用的惰性多孔性凝胶，当样品组分由流动相携带进入凝胶色谱柱时，小型分子能渗透到所有的孔穴中，中等体积的分子可选择性渗透到部分孔穴中，而体积大的分子则完全不能渗透到孔穴中而被排阻，所以大分子最先出柱，小分子最后洗脱，被测组分基本上按分子大小，排阻先后流出色谱柱。相对分子质量相同时，线形分子比圆形分子先流出。固定相为亲脂性凝胶，流动相为有机溶剂的色谱称为凝胶渗透色谱法 (GPC)；固定相为亲水性凝胶，流动相为水溶液的色谱称为凝胶过滤色谱(GFC)。

2.2.6　其他预处理技术

样品的预处理除上述方法外，还有沉淀分离法、配位掩蔽法、皂化法、磺化法、盐析法等化学分离技术。沉淀分离法是利用沉淀反应将被测组分和干扰物质在一定条件下进行分离的方法。配位掩蔽法是利用配位反应，向试液中加入适当的配位剂消除干扰物质对待测组分的干扰，这种方法不需分离，直接在试液中进行，操作简单，方便易行。皂化法是用热强碱溶液处理维生素 A、维生素 D 等样品提取液，以除去脂肪等物质的干扰。磺化法是用浓硫酸处理对强酸稳定的被测组分的提取液，以除去脂肪、色素等物质的干扰，该法用于农药分析，简单快速、效果较好。盐析法是向溶液中加入适当的盐类，使待测组分的溶解度降低从而析出的方法。例如，向蛋白质溶液中加入氢氧化铜可将蛋白质析出，过滤后在一定的条件下消解，即可以测定纯蛋白质的含量。

2.3　分析方法的选择

2.3.1　正确选择分析方法

分析方法的选择主要取决于测定的目的、要求和具体分析方法的特点。一个理想的分析方法应该能直接从样品中检出或测定待测组分，即所选择的分析方法应具有高度的专一性，但截至目前，这种理想的分析方法并不多。几乎每一种分析方法都或多或少地存在这样或那样的不足，如果所选择的分析方法在一定的条件下干扰因素较多且很难排除，其分析结果的可靠性就较差。每种分析方法都有其一定的检出限和灵敏度，如果试液中待测组分的含量极少，低于该组分的检出限时，也不可能产生显著的检测信号。所以，正确选择分析方法对获得准确可靠的分析结果，指导食品生产、控制和保证食品产品质量具有十分重要的意义。

2.3.2　选择分析方法时应考虑的因素

选择分析方法时应考虑分析方法的有效性、适用性和权威性，同时要考虑分析方法的精密度、准确度、分析速度、实验室设备情况、工作人员的素质水平、投入的成本费用、操作要求和对环境的影响等因素，尽量选择最新的国家标准或国际公认标准，其次选择部颁标准或企业标准。如果进行生产过程指导或企业内部的质量评估，在满足准确度要求的前提下，可选择分析速度快、操作简便、成本低廉的快速测定方法。如果是对成品质量进行检验或对标志认证产品进行质量监督，则必须采用强制性法定分析方法，利用统一的技术标准，便于比较与鉴别产品质量，为各种食品贸易往来、流通提供统一的技术依据，提高分析结果的权威性。进行国际贸易时，采用国际公认的标准则更具有有效性。

待测组分在样品中的相对含量和性质也是应当考虑的因素，如果待测组分是含量大于 1% 的常量物质，选用标准的化学分析方法；如果是含量小于 1% 的微量、痕量组分，则采用比较灵敏的仪器分析方法可以获得较准确的分析结果。了解待测组分的性质有利于分析方法的选择。例如，过渡金属离子均可形成配合物，可用配位滴定法测定。金属元素又都能发射或吸收特征光谱线，所以含量低时可用原子发射光谱或原子吸收光谱法测定，也可以在一定的条件下用吸光光度法或极谱法分析。为保证测定方法具有较高的准确度，共存组分的干扰必须加以考虑。要采用方便可行的方法排除干扰或必要时加以分离，要尽量选择具有较高选择性和灵敏度的分析方法。

2.3.3　分析方法的评价参数

进行食品分析时，常遇到一种被测组分可以用多种方法进行测定，而一种分析方法也可以测定多种组分的情况。如果能够用一系列参数对不同的分析方法进行评价，就可以有效地帮助我们比较不同的分析方法，选择最优的测定方法，减少工作时的盲目性。随着食品科学的不断发展，食品分析方法的评价标准和参数也将逐步建立和完善，这些参数主要如下。

1. 精密度

精密度（precision）是指在相同条件下对同一样品进行多次平行测定，各平行测定结果之间的符合程度。同一人员在同一条件下分析的精密度称为重复性，不同人员在各自条件下分析的精密度称为再现性，通常情况是指前者。

精密度一般用标准偏差 S（对有限次测定）或相对标准偏差 RSD（%）表示，其值越小，平行测定的精密度越高。

$$S = \sqrt{\frac{\sum_{i=1}^{n}(x_i - \overline{x})^2}{n-1}} \tag{2.2}$$

式中，n 为测定次数；x_i 为个别测定值；$\overline{x}$ 为平行测定的平均值；$n-1$ 为自由度。

$$\text{RSD} = \frac{S}{\overline{x}} \times 100\% \tag{2.3}$$

2. 灵敏度

仪器或方法的灵敏度（sensitivity）是指被测组分在低浓度区，当浓度改变一个单位时所引起的测定信号的改变量，它受校正曲线的斜率和仪器设备本身的精密度的限制。两种方法的精密度相同时，校正曲线斜率较大的方法较灵敏，两种方法校正曲线的斜率相等时，精密度好的灵敏度高。

根据国际纯粹与应用化学联合会（IUPAC）的规定，灵敏度的定量定义是指在浓度线性范围内校正曲线的斜率，各种方法的灵敏度可以通过测量一系列的标准溶液来求得。

3. 线性范围

校正曲线的线性范围（linearity range）是指定量测定的最低浓度到遵循线性响应关系的最高浓度间的范围，在实际应用中，分析方法的线性范围至少应有两个数量级，有些方法的线性范围可达 5～7 个数量级。线性范围越宽，样品测定的浓度适用性越强。

4. 检出限

检测下限简称检出限（detection limit），是指能以适当的置信度被检出的组分的最低浓度或最小质量（或最小物质的量），它是由最小检测信号值推导出的。设测定仪器的噪声平均值

为 $\overline{A}_0$（空白值信号），在与样品相同条件下对空白样进行足够多次平行测定（通常 $n=10\sim20$）的标准偏差为 S_0，在检出限水平时测得的信号平均值为 $\overline{A}_L$，则最小检测信号值为

$$\overline{A}_L - \overline{A}_0 = 3S_0 \tag{2.4}$$

噪声 $\overline{A}_0$ 是任何仪器上都会产生的偶然的信号波动，当样品产生的信号高出噪声的 3 倍标准偏差 S_0 值时，该仪器正好处于最低检出限。此时，所需被测组分的质量或浓度称为该物质测定的最小检出量 Q_L 或最低检出浓度 C_L，它们统称为检出限，可按式(2.5)或式(2.6)进行计算：

$$Q_L = \frac{3S_0}{K} \tag{2.5}$$

$$C_L = \frac{3S_0}{K} \tag{2.6}$$

式中，K 为灵敏度即校正曲线的斜率。由式(2.5)或式(2.6)可知，检出限和灵敏度是密切相关的，但其含义不同。灵敏度指的是分析信号随组分含量的变化率，与检测器的放大倍数有直接关系，并没有考虑噪声的影响。因为随着灵敏度的提高，噪声也会随之增大，信噪比和方法的检出能力不一定会得到提高，而检出限与仪器噪声直接相联系，提高测定精密度、降低噪声，可以改善检出限，而高度易变的空白值会增大检出限。因此，越灵敏的痕量分析方法越要注意环境和溶液本底的干扰，它们往往是决定分析方法检出限的主要因素。

5. 定量限

定量限(limit of quantitation)是指被测组分能被定量测定的最低量，其测定结果可达到定量分析方法应达到的精密度和准确度。由于实际测定时受到校正曲线在最低浓度区域的非线性关系、环境污染、所用试剂纯度等因素的影响，定量限应高于检出限。通常以测定信号相当于 10 倍仪器噪声标准偏差 $10S_0$ 时所测得的质量 Q_q 或浓度 C_q 来表述，可按式(2.7)或式(2.8)进行计算：

$$Q_q = \frac{10S_0}{K} \tag{2.7}$$

$$C_q = \frac{10S_0}{K} \tag{2.8}$$

由此可知，进行食品定量分析方法研究时，可根据检出限确定定量限。

6. 准确度

准确度(accuracy)是多次测定的平均值与真值相符合的程度，用误差或相对误差描述，其值越小，准确度越高。实际工作中，常用标准物质或标准方法进行对照实验确定，或用纯物质加标进行回收率实验估计，加标回收率越接近 100%，分析方法的准确度越高，但加标回收实验不能发现某些固定的系统误差。

7. 选择性

选择性(selectivity)是指分析方法不受试样基体共存物质干扰的程度。然而，迄今还没有发现哪一种分析方法绝对不受其他物质的干扰。选择性越好，干扰越少。如果一种分析方法对某待测组分不存在任何干扰，那么这种测定方法对待测组分就是专一性的或称为是特效性的，发生在生物体内的酶催化反应通常具有很高的专一性。

8. 分析速度

快速检测方法首先是能缩短检测时间，从配制所需试剂开始，包括样品的处理在内，通常能够在 10 min 左右得到的测定结果最为理想，但这种理想的分析方法目前还不多。一般来说，作为理化检验，能够在 2 h 内得出分析结果就认为是快速的检验方法。

9. 适用性

每一种分析方法都有一定的适用范围和测定对象。例如，原子吸收光谱法适用于测定样品中的微量、痕量金属元素，气相色谱法适用于测定样品中沸点较低的有机化合物，而红外光谱分析法主要用于鉴别物质的精细空间结构。所以，学习各种分析方法时，一定要清楚它们的主要测定对象和适用范围。

10. 简便性及投入成本

操作简便及投入成本也是分析方法评价的重要内容，如果一种分析方法操作繁杂，技术要求太高就不利于普及和提高。从投入成本和花费的代价考虑，能够用一般的实验条件圆满完成测定任务的项目，就没有必要使用贵重精密的大型仪器和紧缺昂贵的试剂。在保证足够准确度的前提下，从工作效率和产生的经济、社会效益考虑，简单易学的方法就是好方法。所以，从满足实际工作需要考虑，快速、简便、成本低廉、简单易学、操作安全的分析方法应是食品分析实验室理想的首选方法。

2.4 国内外食品分析标准简介

2.4.1 建立分析标准的意义及作用

食品分析标准是食品安全的重要保证，是提高我国食品质量，增强我国食品在国际市场的竞争力，促进产品出口创汇的技术目标依据。在维护市场经济秩序，尤其是维护食品安全领域的健康发展和社会稳定，提高我国食品质量和信誉，确保人民身体健康和生命安全等方面起着十分重要的作用。

2.4.2 国内食品分析标准

1. GB/T 5009 体系国家标准

我国法定的食品分析方法有中华人民共和国国家标准(GB)、行业标准和地方企业标准等，其中国家标准是强制性的执行标准。

目前，我国执行的食品新标准是中国标准出版社 2004 年出版的《食品卫生检验方法　理化部分　总则》，该标准以我国原国家标准为基础，参照国际标准和国外先进标准制定的，既符合我国国情，又具有国际先进水平，是食品质量分析工作重要的检验和执法依据。对我国大多数食品生产企业来说，只要进行技术改造，提高企业素质，许多生产企业是完全能够达到的，其生产的食品质量也是能够达到国际市场要求的。我国先后对该标准体系不断进行补充和修订，及时予以颁布和实施，截至 2022 年 12 月，总数已达 287 个，多数为强制性的国家食品安全标准。

GB/T 5009.1—2003 中规定：国家标准方法如有两个以上检验方法时，可根据所具备的条件选择使用，以第一法为仲裁方法。国家标准方法中根据适用范围设几个并列方法时，要依据适用范围选择适宜的方法。在 GB/T 5009.3—2016、GB/T 5009.6—2016、GB/T 5009.20—2003、GB/T 5009.26—2016 中，由于方法的适用范围不同，第一法与其他方法属并列关系(不是仲裁方法)。此外，未指明第一法的标准方法，与其他方法也属并列关系。

2. GB/T 5009 国家标准的特点

GB/T 5009 国家标准健全了测定方法体系，包含现有食品卫生标准的所有类别，基本上能够满足我国食品卫生监督管理工作的实际需要。

GB/T 5009 国家标准体系不断在修订中大量采用现代仪器分析新技术，技术含量较高，如同位素稀释技术测定食品中 3-氯-1, 2-丙二醇是国内首次采用的最先进技术。将砷、汞、甲醇测定的第一法调整为仪器分析法，特别是氢化物原子荧光光谱法经过近十年的研究、使用，首次列入国家标准测定方法，将砷的测定方法灵敏度提高到 0.010 mg/kg，满足不同卫生标准对砷限量的要求，同时对汞、铅、锗、镉等元素增加了新的测定方法。积极采用国际食品法典委员会(CAC)和 AOAC 检验方法，遵循 CAC 国际组织有关制定、修订食品检验方法的程序，提高了食品检验方法的规范性、科学性和准确性，增加了保健食品功效成分检验方法。采用氢化物原子荧光光谱法测定食品中的硒时(GB/T 5009.93—2017)，用现代微波程序压力快速消解新技术处理样品。

3. GB/T 5009 国家标准分析方法的分类

GB/T 5009 食品理化检验方法涉及的分析项目多，内容广，基本上包含了现行的食品卫生标准所要求的检验方法，形成了我国食品卫生检验方法体系。

4. 食品技术标准存在的问题

食品安全事件的频发，其原因众说纷纭，其中标准的相对落后在众多原因中占有很大比例。目前，我国正在实行的某些食品标准相对滞后，跟不上社会经济和贸易的发展。

随着《中华人民共和国食品安全法》《中华人民共和国食品安全法实施条例》的相继颁布及实施，一些食品及相关标准的制定、修订工作也随之快速展开，新标准的实施将为我国顺利开展食品安全保障工作打下更为坚实的基础。

GB/T 5009 是一个庞大的技术标准体系，短时间内进行全面修订困难较大，有些新修订标准增加了一些现代仪器分析方法，但对某些标准的实质内容并未做大的修订，仍然存在很多问题和不足。

第一，检验方法与食品安全的要求仍有差距。①缺少掺伪、掺假鉴别方法及违禁品的测定方法，如《食品中蛋白质的测定》(GB 5009.5—2016)，仍不能直接鉴别是否非法添加了三聚氰胺等含氮化合物，添加的含氮化合物在消解过程中生成的铵盐或样品本身所含铵盐的干扰不能排除；②目前食品卫生标准对有害物质的限量越来越小，从 mg/kg 水平下降到μg/kg水平，限量标准的变化，对食品检验方法的灵敏度提出了更高的要求，如果不用更加灵敏的监测方法修订和完善，会出现无法判定分析结果是否符合卫生限量的后果。

第二，技术参数有待改进。我国食品卫生检验某些方法与现有的国际标准相比存在较大差距。大多数分析方法缺乏必要的技术参数，如方法的精密度(precision)、重复性(repeatability)、再现性(reproducibility)、准确度(accuracy)、回收率(recovery)、选择性(selectivity)、基质影响(matrix effects)、检出限/定量限(detection limit/limit of quantitation, LOQ)、线性范围(linearity range)、耐变性(ruggedness/robustness)、适用性(applicability)、灵敏度(sensitivity)、不确定度(measurement uncertainty)等与国际先进方法相比较还有差距，即使有一些技术参数，也没有严格的国际上通行的方法。20世纪末，国际食品法典委员会下属分析方法与采样委员会(Codex Committee on Method of Analysis and Sampling，CCMAS)及国际权威分析机构(如AOAC、IUPC、ISO)等对分析方法技术参数进行了研究，并对分析方法技术参数做出规定。由于分析方法的可靠性和准确性直接关系到贸易的纠纷，CCMAS提高了对分析方法技术参数的要求，倡导各成员方加快分析方法技术参数的制定。因此，GB/T 5009测定方法的后续修订，对以上技术参数的制定已迫在眉睫。

第三，内容格式待完善。由于在标准方法分类上未按照国际上通常的按同类物质归类分配排序原则，同类物质分配在不同的编号中，给使用者带来不便，如农药残留、添加剂的分析方法均未按照"同类一起"原则分配编号。

第四，新标准仍有不规范之处，如某些标准计算式的符号表述比较混乱，没有严格按我国法定计量单位和推荐符号的有关规定进行撰写及表述；某些标准所用试剂的级别太低和保证要求的最低检出限不匹配；某些试剂浓度的表示方法不规范，如30% H_2O_2应表示为30 g/(100 mL H_2O_2)等；一些标准忽略了有效数字的运算法则和位数的正确表达等。

除GB/T 5009体系国家标准外，我国还有其他体系的相关标准。

2.4.3 国际食品分析标准

国际标准是指国际标准化组织(ISO)、国际电工委员会(IEC)和国际电信联盟(ITU)所制定的标准。国际食品分析标准没有强制的含义，各国可以自愿采用或参考。但由于国际标准往往集中了一些技术先进、经济发达的工业国家的经验，加之世界性的经济贸易与往来越来越频繁，各国从本国利益出发也往往积极采用国际标准。

世界经济技术发达国家的国家标准主要是指美国(ANS)、德国(DIN)、法国(NF)、英国(BS)、瑞士(SNV)、瑞典(SIS)、意大利(UNI)、俄罗斯(TOCTP)、日本(JIS，日本工业标准)等9个国家的国家标准。随着欧盟(EU)的发展和欧洲统一市场的不断完善，法国、德国等国家标准有逐步被欧洲标准(EN)取代的趋势。

1. 食品法典

国际食品法典委员会是制定食品安全和质量标准的重要机构之一。1962年，联合国粮食及农业组织(FAO)和世界卫生组织(WHO)组建了食品法典委员会，负责制定食品与农产品的标准与安全性法规。各项标准汇集在食品法典中，旨在维护食品的公平竞争，保护消费者的利益和健康，促进国际食品贸易。国际食品法典委员会所编写的食品法典包括食品产品标准、卫生或技术规范、农药残留限量、农药和兽药检测、食品添加剂检测等。食品法典已成为全世界食品消费者、食品生产者、各国食品管理机构和国际食品贸易最重要的参考标准。食品伙伴网(www. foodmate. net)可以方便地查到457个CAC的食品标准，2540个美国政府农业化学家协会(Association of Official Agricultural Chemists, AOAC)的标准,以及欧盟、澳大利亚和其他一些国家的食品标准。

食品法典将不同国家和地区的食品安全性分析方法有效地统一起来,以便维护世界贸易的流通,尽量保证世界各国在食品进出口贸易中做出更加合理的决定。HACCP(hazard analysis critical control point)即危害分析关键控制点,这是一个以预防食品安全为基础的食品控制体系,并被国际权威机构认可为:控制由食品引起的疾病最有效的方法。HACCP 的最大优点是它使食品生产和供应厂将以最终产品检验合格或不合格为主要基础的控制观念,转变为在生产环境下鉴别并控制住潜在危害的预防性方法。食品法典将 HACCP 概念作为保护容易腐败食品安全性的首选方法,并决定在食品法典中实施 HACCP 体系。

目前,食品法典在制定基本食品标准方面更加注重科学,由国际食品法典委员会颁布的有关食品质量的国际标准在减少"非关税"贸易壁垒方面起到了很重要的作用,大大促进了世界各国间的食品与农产品贸易。1994 年,乌拉圭回合谈判制定的关税与贸易协定(GATT)加强了食品法典作为基本国际标准在保证食品质量与安全性方面所起的作用,越来越多的国家和食品企业加入了执行食品法典的行列之中。

2. ISO 标准

国际标准化组织有一系列产品质量控制及记录保持的国际标准(ISO 9000 及其 9000 以上),其目的是建立质量保证体系、维护产品的完整性、满足消费者对质量的要求。ISO 标准中与食品分析有关的标准包含了食品分析的取样标准。

目前,已有近 90 个国家将 ISO 9000 转化为本国标准,大部分国家采用此标准进行了质量体系认证,包括中国在内的 30 多个国家率先建立了质量体系认证国家认可制度。一些国家已开始将企业是否进行过 ISO 9000 认证作为选定合作伙伴的基本条件。

标准国际化是世界贸易组织、国际标准化组织和欧盟等国际组织和一些发达国家发展战略的重点,欧盟发展战略要在国际标准化活动中形成欧洲地位,加强欧洲食品在世界市场上的竞争力。美国、日本等国也把确保标准的市场适应性、标准化政策和研究开发政策的协调、实施作为国际标准化战略的重点,特别强调以标准化为目的的研究开发的重要性,日本已将科研人员参加标准化活动的水平纳入个人业绩,进行具体考核。许多国家都积极设法培养具有专业知识的高级国际标准化人才,以便在世界贸易中处于更加有利的地位。

2.4.4　食品标签法规

食品标签是食品质量和安全的保证。随着现代工业的发展、技术的进步和国际贸易的蓬勃开展,世界各国都十分重视食品标签的立法和管理工作,许多国家在 20 世纪就相继制定了食品标签及广告用语的技术法规来保护消费者的应有权益。例如,国际食品法典委员会专门设有食品标签法规委员会(CCFL),秘书处设在加拿大,每两年召开一次年会,制定或修订国际通用的食品标签法规及食品广告用语的规定等。我国于 2005 年 10 月 1 日起实施的《预包装食品标签通则》(GB 7718—2004)就是以该组织制定的《预包装食品标签通用标准》(CODEXSTAN—1991)为蓝本,结合我国国家标准 GB 7718—1994 而修订的。2011 年 4 月 20 日又在《预包装食品标签通则》(GB 7718—2004)的基础上发布了《预包装食品标签通则》(GB 7718—2011)修订版,修订版新标准于 2012 年 4 月 20 日开始实施。其次还有《预包装特殊膳食食品标签通则》（GB 13432—2004）等。

美国是世界各国中食品标签法规最为严谨和完善的国家，新法规的研究、制定均处于领先地位，如在原有食品标签法规基础上，1992 年颁布了"特殊功能食品标签说明"、"营养标签声明法规"及"瓶装水的质量标准和品名标签规则"等 22 个新标签法规，并分别于 1993年和 1994 年生效。美国新制定的食品标签法规规定食品标签上必须标明营养信息，即维生素、矿物质、蛋白质、热值、碳水化合物和脂肪的含量等。食品中的添加剂必须如实标明经政府批准使用的专用名称。欧洲和其他一些国家已开始效仿美国做法，严格要求食品标签。总之，世界各国都十分重视标签问题，其趋势是要求越来越严格。

欧盟发布的新食品标签法规规定：应当使消费者了解食品的所有成分，从而使有过敏记录的消费者了解食品中有没有过敏物质。例如，许多人对乙醇、亚硫酸盐过敏，导致哮喘等更严重的后果。亚硫酸盐是许多食品中的添加剂，如啤酒、葡萄酒和苹果酒。新法规详细列出了导致过敏的成分清单，要求食品生产商必须对占食品 25%以下的成分进行标示。新法规要求食品标签上要明确标明所有食品成分，任何过敏物质都不能隐瞒。例如，调味料里的鸡蛋、牛奶和芥末等成分。此外，以前只需要说明成分的类别，如"植物油"，现在要求必须说明是何种植物油，如"花生油"等。

中国标准出版社 2003 年 12 月出版了《国内外食品标签法规标准实用指南》，收集了与我国食品贸易往来频繁的国家或地区及相关国际组织的有关食品标签的法律、法规及标准，涵盖了国际食品法典委员会、中国、美国、加拿大、日本、韩国、澳大利亚、法国、德国、俄罗斯等 33 个国家、地区和国际组织，是目前收集世界各国关于食品标签法律、法规及标准较为齐全的工具书。全书共分五部分，即国际组织和地区性组织、亚洲、欧洲、美洲及大洋洲，在各部分中分别对各国家或地区有关食品标签的法律法规及标准进行了准确、详尽的讲解。

思考题与习题

1. 解释下列名词：

(1)总体；(2)样本；(3)样本容量；(4)精密度；(5)准确度；(6)检出限；(7)定量限。

2. 样品的采集和缩分时必须遵循哪些原则？为什么？

3. 对样品进行分析前的预处理时，何种情况下用有机物破坏法？有机物破坏法有哪些具体方法？它们各有何特点？

4. 国家标准 GB/T 5009.1—2003《食品卫生检验方法　理化部分　总则》对样品的采集、保存和检验有哪些具体规定？

5. 微波压力消解法消解样品有何突出特点？利用微波压力消解法消解样品时应注意哪些事项？

6. 简述"四分法"缩分样品的操作过程，操作中应注意哪些问题？

7. 经典的溶剂萃取法是用分液漏斗振荡的液-液法，该法有何优缺点？请简述之。

8. 分析方法的选择主要取决于哪些因素？为什么要进行分析方法的评价？评价的主要参数主要有哪些？

9. 目前我国现行食品分析的国家标准是什么？有何特点？

10. 你认为当前食品分析公认的先进国际标准主要有哪些？并请简述它们的概况。

11. 某单位新进 445 袋面粉需要进行质量检验，取样时应采集多少袋中的面粉才能使测定结果有意义？分别用 AOAC 法定分析方法 925.08 中规定的袋装面粉采样方法和半经验公式进行计算，你认为哪种方法更为妥当？

知识扩展：人体的必需元素和元素周期表

　　人体必需的氢、氧、碳、氮等宏量元素都位于元素周期表的前 20 位，质量轻，在地壳中的丰度大，因此在人体中的含量也多。原子序数为 21~30 的 10 种元素称为第一列过渡元素，其中有 8 种是必需微量金属元素。这些元素的每个原子都有特殊的结构，即最外层都有一个或两个电子，而次外层的电子轨道又未填满，能够接受外来电子而组成较复杂的配合物，形成酶、激素、维生素等具有生物活性的各种螯合物，发挥重要的生理作用。

　　人体必需的 13 种微量元素有 8 种在第一列过渡元素中，位于元素周期表的前 30 位，其他 5 种必需元素也都在元素周期表的前 53 位，除了碘和钼之外，其余都在前 38 位。这一特性有利于今后研究必需元素，如原子序数为 37 的铷正是在已知的必需元素的位置之中，因此人们设想铷有可能是人体必需的元素之一。

（高向阳　教授）

第 3 章　食品分析的误差与数据处理

食品分析的任务是准确测定试样中有关组分的含量，但在实际测定过程中，由于受所选用分析方法、所使用的分析仪器、周围环境和分析工作者自身条件等诸多因素的限制，分析结果不可能与客观存在的真实值完全一致，人们把这种差异称为误差(error)。虽然误差是客观存在的，但是如果我们掌握了它产生的基本规律，对测定数据进行必要的科学的处理和评价，完全有可能将误差减小到生产和科研所允许的误差范围内。为此，就要了解误差产生的原因及减免的方法，使所得的分析结果尽可能与客观存在的真实值接近。

3.1　食品分析的误差

3.1.1　误差的种类和来源

食品分析的结果是经过一系列操作步骤得来的，其中的每一个步骤都有可能引进误差。根据其性质和来源，可将误差分为以下两大类。

1. 系统误差

系统误差(systematic error)也称为可测误差，它是由分析过程中某些确定的、经常的原因造成的，其特点是：对分析结果的影响比较固定，误差的正负具有单向性，大小具有规律性。在同一条件下重复测定时会重复出现，数值一般较大，是误差的主要来源。但其大小、正负可以测定，可以设法减免或校正。系统误差产生的原因归纳如下。

(1)仪器和试剂误差：仪器误差是由使用的仪器本身不够准确所造成的。例如，仪器表头刻度不准；使用未经校正的滴定管、移液管、容量瓶等。试剂误差主要是由试剂或蒸馏水中含有干扰杂质或待测组分造成的。

(2)操作误差：指分析工作者掌握操作条件与正确的操作规程稍有出入而造成的误差。例如，所取试样代表性不理想、试样消解不彻底、沉淀不完全或沉淀在洗涤时溶失、滴定管读数偏高或偏低、滴定终点到达时对颜色变化的观察不够敏锐等。对初学分析工作的人，往往还有一种"先入为主"的成见，当进行重复测定时，总想使第二份数据与前一份结果相吻合。所以，读取测定数据时就不自觉地受这种"先入为主"的成见所支配，总以前一份的结果为准绳，把第二份的结果凑上去或人为地靠近一些，从而引入操作者主观误差。

(3)方法误差：是由分析方法本身所引入的误差，它取决于分析体系的化学或物理化学性质。无论操作者的分析技术如何高超和细心，这类误差总是存在，但可以减免。例如，过滤沉淀时总有相当于溶度积的一部分留在滤液中，这无法避免。但可以用化学分析法测定沉淀中被测组分含量，用仪器分析法测定滤液中被测组分的含量，两者之和即是该被测组分的总含量，以此减小误差，提高测定的准确度。

方法误差从性质上说不同于操作误差，前者是分析方法本身的固有特性，而后者则属于操作者处理分析程序不妥当所致。例如，滤液中总存在有被测的沉淀组分，使沉淀损失属于方法误差。但如果洗涤沉淀时使用过多的洗涤液，由此造成沉淀的溶失则属于操作误差。方法误差不因人而异，操作误差是人为的，其数值的大小因人而异。但对同一个操作者来说，操作误差基本恒定不变。

2. 偶然误差

偶然误差又称不可测误差或随机误差(random error)。在多次重复测定中，即使消除了引起系统误差的所有因素，所得数据仍然参差不齐，这是由某些难以控制的偶然因素造成的。例如，测定时环境的温度、湿度及气压的微小波动，电压和仪器性能的微小波动，电压和仪器性能的微小变化等。这些因素难以预料和估计，是随机的。各种因素可以相互抵消，也可以相互加和，究竟哪一个起主要作用，很难确切肯定。

偶然误差的特点是：其方向和数值不固定，有时正、有时负，有时大、有时小，似乎没有什么规律。但当进行多次重复测定后就会发现，其中小误差出现的机会多，大误差出现的机会少，特别大的正、负误差出现的机会很少。大小相等的正误差和负误差出现的机会相等，符合正态分布曲线(图 3.1)。

偶然误差虽然是一些随机因素的微小波动引起的，数值一般较小，但它决定测定值的离散程度即精密度，可以用多次重复测定取平均值的办法加以减免。这种对同一样品在完全相同条件下所做的重复性测定称为平行测定，平行测定一般做 3～5 次即可。

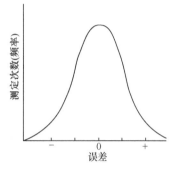

图 3.1　误差正态分布曲线

3. 过失误差

因工作不负责任，操作不正确，不按标准规程操作或粗心大意所造成的错误，则不属于误差范围，而是一种过失或称为过失误差(mistake)，如加错试剂、用错仪器、读错读数、溶液溅失、记录和计算错误等。在实际工作中，当出现很大误差时，应该认真寻找原因，如果是过失所引起的错误，应立即弃去该次结果，并重新测定。只要严格遵守操作规程，加强责任心，养成科学的工作态度和良好的工作作风，过失误差是完全可以避免的。

3.1.2　准确度和精密度

1. 准确度与误差

准确度是指测定值(X)与真实值(T)之间相互符合的程度，它能说明测定的可靠性，可用误差来表示。误差有正负之分，其绝对值越小，准确度越高。误差可用绝对误差和相对误差表示。

绝对误差　　　　　　　　　　　　　$E = X - T$　　　　　　　　　　　　　(3.1)

相对误差　　　　　　　　　　　$E_r(\%) = \dfrac{E}{T} \times 100\%$　　　　　　　　　　　(3.2)

【例 3.1】　用电子天平称量两样品的质量分别为：0.2002 g 和 2.0020 g，如果它们的真实质量分别为 0.2003 g 和 2.0021 g，这两样品称量的准确度何者较高？

解　　　　　　　　　　　　$E_1 = 0.2002 - 0.2003 = -0.0001$

　　　　　　　　　　　　　　　$E_2 = 2.0020 - 2.0021 = -0.0001$

$$E_{r_1} = E_1/T_1 \times 100\% = -0.0001/0.2003 \times 100\% = -0.05\%$$

$$E_{r_2} = E_2/T_2 \times 100\% = -0.0001/2.0021 \times 100\% = -0.005\%$$

从计算结果可知，两样品称量的绝对误差相等，但相对误差却相差 10 倍。显然，用相对误差表示测定的准确度比用绝对误差表示更为确切一些。所以，称量 2.0021 g 物体时的准确度较高。由此也可以看出，称量的绝对误差相等时，在允许的范围内，称量物越重，相对误差越小，称量的准确度越高。

2. 精密度与偏差

在实际工作中，由于真实值通常是不知道的，所以，对分析结果的评价常用精密度来衡量。精密度是多次平行测定时，个别测定值(X_i)与平行测定的平均值$(\overline{X})$之间相符合的程度，用偏差(deviation)表示。其值越小，平行测定的精密度越高。偏差有如下表示方法：

绝对偏差　　　　　　　　　　　　$d_i = X_i - \overline{X}$　　　　　　　　　　　　　　　(3.3)

相对偏差　　　　　　　　　　　　$d_r = d_i/\overline{X} \times 100\%$　　　　　　　　　　　　(3.4)

为了说明一组分析数据的精密度，常用平均偏差(average deviation) $\overline{d}$ 来表示，平均偏差没有正负之分。平均偏差占平均值的百分率称为相对平均偏差(relative average deviation) $\overline{d}_r$。

用平均偏差表示精密度比较简单，但由于反映不出个别大的偏差，在数理统计上不适用。依数理统计方法处理数据时，常用标准偏差(standard deviation)来衡量精密度。标准偏差 S 占平均值的百分数称为相对标准偏差(relative standard deviation, RSD)，它是衡量精密度的最常用公式，因为相对标准偏差对较大的偏差更为敏感。

3. 准确度和精密度的关系

准确度表示测定结果与真实值的符合程度，反映系统误差的大小，而精密度与真实值无关，它表示各平行测定结果之间的符合程度，只能反映测定时随机误差的大小。精密度高不一定准确度高，只有在消除了系统误差之后，精密度高，准确度才高。例如，甲、乙、丙、丁四位民兵打靶，靶心即是目标，相当于被测组分的真值，每人打三发，结果如图 3.2 所示。

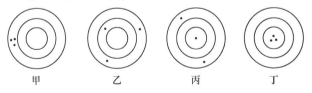

甲　　　　　　乙　　　　　　丙　　　　　　丁

图 3.2　精密度与准确度的关系示意图

甲的精密度虽然很高，但存在有系统误差如所用枪的准星不准等，所以准确度不高。乙和丙的精密度都不高，存在有显著的随机误差，已经失去了衡量准确度的前提。丙打在靶心上的一枪也可能是正、负误差的抵消或多种因素的偶然巧合，不能说明他打得准。只有丁不存在显著的系统误差和偶然误差，精密度和准确度都很高。

分析测试工作和打靶很相似，组分客观上存在的真实含量就好比靶心，测定的结果就像子弹在靶上所穿的孔洞，它以一定的精密度和准确度分布在靶心(真实值)的周围。根据以上分析可知，准确度高一定需要精密度高，精密度高是保证准确度高的先决条件。若精密度很差，说明测得的结果不可靠，已失去了衡量准确度的前提。这就是准确度和精密度之间的逻辑关系。在评价分析结果时应将系统误差和偶然误差综合起来考虑。

食品分析对准确度和精密度的要求取决于分析目的、分析方法和待测组分的含量,如表 3.1 所示。

表 3.1　分析结果允许的相对误差范围

组分含量/%	80~100	40~80	10~40	1~10	1~0.01	0.01~0.001
相对误差/%	0.4~0.1	0.6~0.4	1.0~0.6	2~1	1~5	5~10

精密度和准确度,应满足工作的需要即可,不一定要求越高越好。实际工作时,应根据分析目的、分析方法和使用的仪器等情况综合考虑。例如,用电子天平称 0.1 g 试样可准确称到 0.0001 g,用台秤称 100 g 试样可称准至 0.1 g,两者具有相同的相对误差。不要认为电子天平就一定比台秤称量准确,只有称量相同质量的物质时,电子天平才比台秤称量准确,这要熟练运用相对误差的概念。

3.2　有限分析数据的处理

3.2.1　置信区间

由以上讨论可以知道,偶然误差符合正态分布规律。正态分布曲线的形状取决于曲线标准偏差 σ 的大小, σ 越小,精密度越高,分布曲线是"瘦高"形状的;反之,是"矮胖"的,如图 3.3 所示。误差正态分布图(图 3.4)中,曲线上各点代表某个误差出现的概率密度。曲线与横轴之间的面积代表各种大小误差出现概率的总和,其值为 100%。由图 3.4 可知,在符合正态分布的情况下,当 $\overline{X} = \mu$ 为原点时,总体标准偏差为 σ。测定结果落在 $\overline{X} \pm \sigma$、$\overline{X} \pm 2\sigma$ 和 $\overline{X} \pm 3\sigma$ 范围内的概率分别为 68.3%、95.5% 和 99.7%,而测定结果误差大于 3σ 的概率只有 0.3%。也就是说,在 1000 次平行测定中,结果落在 $\overline{X} \pm \sigma$、$\overline{X} \pm 2\sigma$ 和 $\overline{X} \pm 3\sigma$ 范围内的分别为 683 次、955 次和 997 次,落在 $\overline{X} \pm 3\sigma$ 范围之外的只有 3 次。所以,通常认为大于 3σ 的误差已不属于偶然误差,这样的分析结果应该弃去。误差出现的概率 68.3%、95.5% 和 99.7% 称为置信概率或置信度。在一定置信度下,以测定结果即样本平均值 $\overline{X}$ 为中心,包括总体平均值 μ 在内的可靠性范围称为置信区间。对有限次测定,若以 S 代替 σ,则可按式(3.5)求出相应的置信区间:

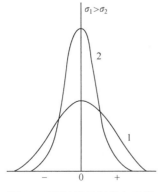

图 3.3　两组精密度分布曲线

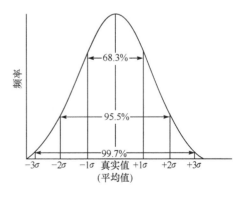

图 3.4　误差正态分布的概率

$$\mu = \overline{X} \pm tS/\sqrt{n} \tag{3.5}$$

式中，t 为校正系数或置信因子，它随置信度和自由度 f 的大小变化，可由表 3.2 查得，分析化学中通常都选用置信度为 95%的 t 值来计算总体平均值 μ 的置信区间。

表 3.2　t 值表

$f=n-1$	置信度			$f=n-1$	置信度		
	90%	95%	99%		90%	95%	99%
1	6.31	12.71	63.66	12	1.78	2.18	3.06
2	2.92	4.30	9.93	13	1.77	2.16	3.01
3	2.35	3.18	5.84	14	1.76	2.15	2.98
4	2.13	2.78	4.60	15	1.75	2.13	2.95
5	2.02	2.57	4.03	16	1.75	2.12	2.92
6	1.94	2.45	3.71	17	1.74	2.11	2.90
7	1.90	2.37	3.50	18	1.73	2.10	2.88
8	1.86	2.31	3.36	19	1.73	2.09	2.86
9	1.83	2.26	3.25	20	1.73	2.09	2.85
10	1.81	2.23	3.17	21	1.72	2.08	2.83
11	1.80	2.20	3.11	∞	1.65	1.96	2.58

显然，如果固定置信度，样本容量越大，S 值和 t 值越小。置信区间就越小。所以，小的置信区间能够反映出高的准确度和高的精密度。而置信度的高低说明估计的把握程度，自由度 f 相同时，置信度高，t 值大，置信区间就大。这不难理解，100%的置信度意味着区间是无限大，肯定会包括 μ，但这样的区间是毫无意义的。对置信区间的正确认识是"在置信区间中包括总体平均值 μ 的把握有多少（置信度）"，如果理解为"样本未来测定的平均值 $\overline{X}$ 有多少把握（置信度）落入置信区间"是错误的。

【例 3.2】　分析样品中的铜含量得如下结果：$\overline{X}$=32.38%，n=4，S=0.04%。求置信度为 95%、99%时平均值的置信区间。

解　查 t 值表：f=3，置信度为 95%和 99%所相应的 t 值分别是 3.18 和 5.84。因此

95%置信度时：$\qquad\qquad\qquad \mu$=32.38±0.06（%）

99%置信度时：$\qquad\qquad\qquad \mu$=32.38±0.12（%）

这一结果表明，我们有 95%的把握认为铜的真实含量在 32.32%~32.44%，有 99%的把握认为在 32.26%~32.50%。报告分析结果时，应给出平行测定次数 n，平均值 $\overline{X}$，标准偏差 S 或相对标准偏差 RSD（%），以及在一定置信度下总体平均值 μ 的置信区间。

3.2.2　可疑值的取舍

在一组平行测定的数据中，常有个别数值与其他数据相差较大，是弃去还是保留，会直接影响分析结果的准确性。这种偏离其他数据较远的数值，称为可疑值。可疑值的产生是由于分析过程中尚未直接察觉到的过失造成的，这要通过具体的科学方法进行检验，如果确系过失引入的可疑值就应当舍弃。如果该数值虽有一定的偏差，但仍属于偶然误差的正常范畴，就应当予以保留。可疑值的取舍有下列几种方法。

1.4 $\overline{d}$ 法

4 $\overline{d}$ 法适用于 4～8 次平行测定时可疑值的取舍。具体方法是，在一组数据中除去可疑值 X' 后，求出其余数值的平均值 $\overline{X}$ 和平均偏差 $\overline{d}$，如果| $X'-\overline{X}$ |≥4 $\overline{d}$，应舍弃 X'，否则，应予以保留。

【例 3.3】　测定食品中含氮量时，6 次平行测定的结果如下：1.49%、1.54%、1.55%、1.50%、1.83%、1.61%，试判断有无舍弃的可疑值。

解　1.83%离群较远，将其列为可疑值。舍去 1.83%后求其余 5 个数据的平均值和平均偏差。

$$\overline{X}=1.54\%$$

$$\overline{d}=0.034\%$$

$$|1.83-1.54|\%=0.29\%>4\overline{d}=0.14\%$$

所以，1.83%应该舍去。

2. Q 值检验法

Q 值检验法适用于 3～10 次平行测定时可疑值的检验。具体步骤如下：

(1)将测定数据由小到大排列，并求出极差 R。

$$X_1、X_2、X_3、\cdots、X_{n-1}、X_n$$

$$R=X_n-X_1$$

(2)计算可疑值与最邻近数值之差(X_2-X_1)或(X_n-X_{n-1})，然后除以极差，所得商称为 Q 值。根据测定次数 n 的不同，计算公式也不同，这样处理较为严密。

当 $n<7$ 时：

$$Q=(X_2-X_1)/(X_n-X_1)=(X_2-X_1)/R \quad (X_1 为可疑值)$$

或

$$Q=(X_n-X_{n-1})/R \quad (X_n 为可疑值)$$

当 $8\leq n\leq 10$ 时：

$$Q=(X_n-X_{n-1})/(X_n-X_2) \quad (X_n 为可疑值)$$

$$Q=(X_2-X_1)/(X_{n-1}-X_1) \quad (X_1 为可疑值)$$

(3)根据所要求的置信度查表 3.3，若计算出的 Q 值大于表中的 Q 值，将可疑值舍去，否则，应保留。

表 3.3　Q 值表

测定次数 n	置信度		测定次数 n	置信度	
	90%	95%		90%	95%
3	0.94	1.53	7	0.51	0.69
4	0.76	1.05	8	0.47	0.64
5	0.64	0.86	9	0.44	0.60
6	0.56	0.76	10	0.41	0.58

【例 3.4】　仍以例题 3.3 为例，用 Q 值检验法判断 1.83%能否舍去。

解　先将测定结果由小到大排列：

$$1.49\%, 1.50\%, 1.54\%, 1.55\%, 1.61\%, 1.83\%$$

$n<7$，应按下式计算 Q 值：

$$Q=(1.83\%-1.61\%)/(1.83\%-1.49\%)=0.65$$

查表 3.3，$n=6$ 时，$Q_{0.90}=0.56$，$Q_{0.95}=0.76$。所以，若按置信度 90%处理，1.83%应舍去。如果按置信度 95%处理，1.83%应保留。

3. 格鲁布斯检验法

如果可疑值有两个及其多个时，上述两种检验法都不能很好解决，而格鲁布斯(Grubbs)检验法在各种情况下都适用，得出令人满意的结果，可按下述三种不同情况处理。

(1)只有一个可疑值时($X_1< X_2< X_3<\cdots< X_n$)：

$$G=(\overline{X}-X_1)/S \qquad (X_1 \text{ 为可疑值})$$
$$G=(X_n-\overline{X})/S \qquad (X_n \text{ 为可疑值})$$

式中，$\overline{X}$ 为样本平均值；S 为标准偏差，计算 $\overline{X}$ 和 S 时均包括可疑值在内。若计算出的 G 值大于或等于表 3.4 中的 G 值，则舍去该可疑值；否则，应保留。

(2)若可疑值有两个以上，且在同一侧，如 X_1、X_2 同属可疑值，则首先检验最内侧的数据 X_2。若 X_2 属于可舍去的数据，则 X_1 自然应该舍去。检验 X_2 时，测定次数应按 $n-1$ 次计算，即按少了一次处理。若 X_2 不该舍去，再按上述情况(1)检验 X_1 是否为可疑值。

(3)若可疑值有两个以上但分布在平均值的两侧，则应分别先后进行检验。如果有一个数据决定舍去，再检验另一个数据时，测定次数应按少了一次处理，依次类推。此时，应选择99%的置信水平。

格鲁布斯检验法的优点是将正态分布中的两个最重要的样本参数 S 及 $\overline{X}$ 引入进来，故该方法的准确性较高。

表 3.4 G 值表

测定次数 n	$G_{0.95}$	$G_{0.99}$	测定次数 n	$G_{0.95}$	$G_{0.99}$	测定次数 n	$G_{0.95}$	$G_{0.99}$	测定次数 n	$G_{0.95}$	$G_{0.99}$
3	1.15	1.15	7	1.94	2.10	11	2.23	2.48	15	2.41	2.71
4	1.46	1.49	8	2.03	2.22	12	2.29	2.55	20	2.56	2.88
5	1.67	1.75	9	2.11	2.32	13	2.33	2.61			
6	1.82	1.94	10	2.18	2.41	14	2.37	2.66			

【例 3.5】 例 3.3 中的测定数据用格鲁布斯检验法判断时，1.83%是否保留(置信度 95%)？

解 $\overline{X}=1.59\%$，$S=0.12\%$，$n=6$，则

$$G=(X_n-\overline{X})/S=(1.83\%-1.59\%)/0.12\%=2.00$$

查表 3.4，$n=6$ 时，$G_{0.95}=1.82$，故 1.83%应舍去。此结论与例 3.4 中相同置信度下的结论不同，这种情况下一般取格鲁布斯法的结论。

3.2.3 弃去可疑值时的注意事项

处理食品分析平行测定数据时，必须进行可疑值的检验，此时应注意下列事项：

(1)先对可疑值的来源仔细检查，从原始记录到操作方法和条件都全面进行考虑及核对，如果能找到引起过失的确切原因，则坚决弃去该数据。

（2）如果找不到确切的原因，可用上述三种方法检验可疑值，但要注意各种方法的适用范围及特点。若有多个可疑值，$4\bar{d}$ 法和 Q 值检验法的结论不一定可靠。

（3）格鲁布斯检验法不但适用于一组数据中有一个或多个可疑值的弃去，而且对有限次测定均适用，是较可靠的检验方法。

（4）弃去一个可疑值后，若对下一个可疑值进行检验，必须重新计算弃去可疑值后剩余数据的平均值和标准偏差，弃去的可疑值必须在报告书上加以说明。

（5）检验第二个可疑值时，置信水平应该适当提高，如由 95%提高到 99%再进行检验。

3.2.4　"三取二"的处理不合理

初涉食品分析工作或对工作极端不负责任者，往往喜欢从三次平行测定数据中挑选两个自以为好的数据进行处理，这是不科学、不严肃也是不合理的。

在食品分析工作中，如果只有一次测定数据，不可能说明测定的精密度，更无法衡量其准确度。两次测定也难以说明问题，如果两个数据相差较大，这究竟是测定方法固有的误差，还是由其他意外因素引起？两个数据中哪个是由意外因素引起的？从数据本身不能得到答案。若找不到引起过失的确切原因，不可能舍去任一数据。所以，两次测定也不存在数据的舍弃问题。若不对数据进行可疑值的检验就取平均值报告，是极端错误的，是对科学工作的不尊重。

三次测定中往往有两个数据较为接近，若不经检验就自以为是地随便舍弃另一个数据，这种做法是不合理的，也是错误的，这会比从三个数据中求平均值的精密度还要低。

设两个较为接近的数据间的差为 d，另一个数据与这两个数据平均值的差设为 D。若不存在过失，即按误差的正态分布考虑。根据实验和数学理论求解，从 400 组三次测定数据中统计和理论计算不同 D/d 比值的出现概率，所得结果如表 3.5 所示。

表 3.5　400 组三次测定数据中 D/d 出现的概率

D/d	在 400 组中出现的频数	实验测定所得概率	理论概率
>4.0	140	35.0%	36.30%
>9.0	76	19.0%	17.40%
>19.0	38	9.50%	8.50%

由表 3.5 可知，其 D/d > 19.0 的概率分别为 9.50%和 8.50%，这均大于 5%，不属于小概率范围。也就是说，在大约 12 组的三次测定中，即使出现一组 D/d > 19.0，仍然属于偶然误差的范围，不能从三次测定中取两个而把另一个随便舍弃。所以，食品分析中要根据情况严格按照以上三种方法对可疑值进行检验，严禁只进行一两次平行测定。由于 n>10 时对提高精密度的效果不明显，从经济成本和劳动强度等方面的效益考虑，作为科学研究的测定，以进行 3～10 次平行测定为宜。

3.3　控制和消除误差的方法

食品分析过程是由许多具体操作步骤组成的，每一步骤都会引入误差。误差具有加和性，操作步骤越多越繁杂，分析过程引入的误差累积可能越大。因此，要提高分析结果的准确度，就必须尽可能地减小系统误差和偶然误差。首先，要根据试样的具体情况和实际工作的需要选择合适的测定方法，然后用以下方法减小和消除分析过程的误差。

3.3.1　减小测量误差

1. 称量误差

一般分析天平用差减法称量试样时需称量两次，可能引入的最大绝对误差为±0.0002 g。为使称量的相对误差小于 0.1%，则称量的试样质量最少在 0.2 g 以上，才能保证称量误差不大于 0.1%。

2. 体积误差

滴定管读数常有±0.01 mL 的误差，每次滴定需要读数两次，这样可能造成±0.02 mL 的误差。为了使滴定时体积的相对误差小于 0.1%，则消耗滴定剂的体积最少为 20 mL，通常控制在 20～30 mL 或 30 mL 左右。

3.3.2　减小偶然误差

由前面讨论可知，在消除系统误差的前提下，平行测定次数越多，测定结果的算术平均值越接近真实值。因此，适当增加平行测定次数可以减小偶然误差，食品分析中，一般做 3～5 次平行测定即可。在准确度要求较高的情况下，可增加至 10 次左右。

3.3.3　消除系统误差

造成系统误差的原因很多，可通过 t 检验发现，并用下列方法校正，消除系统误差。

1. 对照实验

这是消除系统误差的最有效方法，应根据情况选用以下具体方法。

1) 用标准方法进行对照实验

对某一项目的分析，常用国家颁布的标准方法、部颁标准方法或公认可靠的经典分析方法进行对照实验，若测得的结果符合要求，则方法是可靠的。

2) 用标准试样进行对照实验

国家有关部门出售的标准试样的分析结果是比较可靠的，标准样与待测样组成相近时，可在相同的条件下进行对照分析。如果所得结果符合要求，说明不存在显著的系统误差，分析方法和过程是可靠的。若发现有一定误差但误差不大，可以用校正系数校正分析结果。

校正系数=标准样品的真实值/标准样品的测定值

待测样组分含量=校正系数×待测样测定值

3) 内检、外检

为了检查分析人员之间是否存在系统误差和其他问题，常将部分试样重复安排给不同的分析人员，互相进行对照实验，这种方法称为内检。如果将部分试样送交其他单位进行对照分析，则称为外检。

4) 回收实验

对试样的组成不完全清楚，或试样的组成较复杂时，可采用标准加入法做对照实验。此方法是取两份完全等量的同一试样(或试液),向其中一份样品中加入已知量的待测组分,另一份样品不加,然后在完全相同的条件下进行测定。设前者的测定结果为 X_1,后者的结果为 X_2,加入待测组分的已知准确量为 $X_标$,加标回收率按式(3.6)计算。

$$回收率=(X_1-X_2)/X_标×100\%\tag{3.6}$$

用回收率来衡量待测组分是否能定量回收,回收率越接近 100%,分析方法和过程的准确度越高。以此方法进行小样本的实验,用小样本的平均回收率或回收率范围去处理有关问题。

2. 空白实验

由试剂、蒸馏水或器皿引入的杂质所造成的系统误差,通过做空白实验来消除。空白实验就是在不加试样或标准溶液的情况下,按照测定试样时完全相同的条件和分析步骤进行平行测定,所得的结果称为空白值。从试样分析结果中扣除空白值,可以得到较准确的分析结果。空白值也可以用于计算检验方法的检出限。空白值不应太大,否则,要精制试剂、蒸馏水,并反复处理好所用器皿以减小空白值。

3. 校准仪器

在准确度要求较高的分析工作中,对所使用的精密仪器,如分光光度计、滴定管、移液管或吸量管和容量瓶等,都必须事先认真进行校准,以消除其不准所引起的系统误差。

3.3.4　回归方程及回归直线

用吸光光度法、原子吸收光谱法、荧光法、化学发光法、离子选择性电极分析法、色谱法等进行食品分析时,通常需要配制一个待测物质的标准系列进行测定并由此绘制浓度与响应信号之间的标准曲线进行工作。此时,对于同一实验的同一组数据,不同的人绘制出的标准曲线可能并不相同,人为的误差是不可避免的。在正常情况下,标准曲线应该是一条直线,由此可见,应该确定一种客观可依的科学方法,使画出的直线与实验数据拟合得最好,能够客观真实地反映实验点的分布状况。常用的方法就是"最小二乘法",得到的最好的直线就是回归直线,回归直线就是所有直线中输出偏差的平方和最小的一条直线。如果用一般的直线式表示一元线性回归方程,即

$$y=a+bx\tag{3.7}$$

$$b=\sum(x_i-\bar{x})(y_i-\bar{y})\div\sum(x_i-\bar{x})^2=(n\sum xy-\sum x\sum y)\div[n\sum x^2-(\sum x)^2]\tag{3.8}$$

$$a=\bar{y}-b\bar{x}=(\sum x^2\sum y-\sum xy\sum x)\div[n\sum x^2-(\sum x)^2]\tag{3.9}$$

根据回归方程或回归直线,由 x 值可以确定 y 值;反之,由 y 值也可以确定 x 值。显然,无论任何一组实验数据 (x_i, y_i) 都可以利用这种方法求得回归方程。那么,求得的回归方程有无意义呢?变量 x 与变量 y 是否确实存在相关关系呢?如果有相关关系,其相关程度如何?这就需要对回归方程进行检验,常用的方法是对相关系数进行显著性检验。相关系数 r 为描述回归直线与实验点间误差的数量性指标,是变量之间相关程度的量度,用相关系数检验回归方程可以得出明确的结论。相关系数 r 的计算公式见式(3.10):

$$r=\frac{\sum(x_i-\bar{x})(y_i-\bar{y})}{\sqrt{\sum(x_i-\bar{x})^2\sum(y_i-\bar{y})^2}}=\frac{n\sum xy-\sum x\sum y}{\sqrt{[n\sum x^2-(\sum x)^2][n\sum y^2-(\sum y)^2]}}\tag{3.10}$$

式(3.8)～式(3.10)中，n 为测定点的次数；x 为各点在横坐标上的自变量值；x_i 为第 i 次的测定值；b 为直线的斜率，也称为 y 对 x 的回归系数；a 为直线在 y 轴上的截距；$\bar{x}$、$\bar{y}$ 分别为 x 和 y 的平均值。

相关系数 r 表示数据与直线之间的符合程度，根据实验数据由式(3.10)计算出的相关系数 r 越接近+1.0000 或–1.0000，表示变量之间越高度正相关或高度负相关，变量之间的相关程度越好。通常，定量分析中，r 应为 0.9970 或更高一些，但此项要求不适用于生物学研究。表 3.6 列出了相关系数的临界值 $r_表$（自由度 $f=n-2$），如果由实验数据的实际计算值大于表 3.6 中的值，说明 y 与 x 之间的相关性较好，回归方程有意义。否则，相关性较差，回归方程意义不大。目前，许多廉价的计算器和计算机都具有快速进行统计和迅速计算回归方程的功能，给工作带来极大的方便。

表 3.6　相关系数 r 的临界值表

$f=n-2$	置信度				
	90%	95%	98%	99%	99.9%
1	0.987 69	0.996 92	0.999 507	0.999 877	0.999 998 8
2	0.900 00	0.950 00	0.980 00	0.990 00	0.999 00
3	0.805 4	0.878 3	0.934 33	0.958 73	0.991 16
4	0.729 3	0.811 4	0.882 2	0.917 20	0.974 09
5	0.669 4	0.754 5	0.832 9	0.874 5	0.950 74
6	0.621 5	0.706 7	0.788 7	0.834 3	0.924 93
7	0.582 2	0.666 4	0.749 8	0.797 7	0.898 2
8	0.549 4	0.631 9	0.715 5	0.764 6	0.872 1
9	0.521 4	0.602 1	0.685 1	0.734 8	0.847 1
10	0.497 3	0.576 0	0.658 1	0.707 9	0.823 3
11	0.476 2	0.552 9	0.633 9	0.683 5	0.801 0
12	0.457 5	0.532 4	0.612 0	0.661 4	0.780 0
13	0.440 9	0.513 9	0.592 3	0.641 1	0.760 3
14	0.425 9	0.497 3	0.574 2	0.622 6	0.742 0
15	0.412 4	0.482 1	0.557 7	0.605 5	0.724 6
16	0.400 0	0.468 3	0.542 5	0.589 7	0.708 4
17	0.388 7	0.455 5	0.528 5	0.575 1	0.693 2
18	0.378 3	0.443 8	0.515 5	0.561 4	0.678 7
19	0.368 7	0.432 9	0.503 4	0.548 7	0.665 2
20	0.359 8	0.422 7	0.492 1	0.536 8	0.652 4

实际工作中，绘制标准曲线时所用的计算机绘图软件可自动给出回归方程和测定系数 r^2（或复相关系数），虽然 r^2 不能给出相互关系的方向，但可以清楚地认识、分析该直线变量之间的相关性，测定系数 r^2 的开平方即是相关系数 r。

应该注意的是，相关系数 r 值只表示 x 和 y 线性关系的密切程度，当 r 很小时仅说明无线性关系，但可能存在高次、对数或指数等其他函数关系。

【例 3.6】　用原子吸收法测定食品中的微量铁，标准溶液测得的数据如下：

铁的浓度 c/(mol/L)	1.00×10^{-5}	2.00×10^{-5}	3.00×10^{-5}	4.00×10^{-5}	6.00×10^{-5}	8.00×10^{-5}
吸光度 A	0.114	0.212	0.335	0.434	0.670	0.868

试求回归方程，并进行相关系数的显著性检验。

　　解　容易证明，数据简化后求得的相关系数 r 值不变。所以，先将数据简化，令

$$x=10^5c \qquad y=10\,A$$

$$b = \left(n\sum x_iy_i - \sum x_i\sum y_i\right) / \left[n\sum x_i^2 - \left(\sum x_i\right)^2\right]$$

$$= (6\times142.43 - 24.00\times26.33) / (6\times130.00 - 24.00^2)$$

$$= 1.091\,47 \approx 1.0915$$

$$a = \overline{y} - b\overline{x} = 4.3883 - 1.091\,47\times4.00 = 0.0224$$

所以，回归方程为

$$y=a+bx=0.0224+1.0915x$$

即

$$10A=0.0224+1.0915\times10^5c$$

$$A=0.002\,24+1.0915\times10^4c$$

相关系数的显著性检验：

$$r = \frac{\sum(x_i-\overline{x})(y_i-\overline{y})}{\sqrt{\sum(x_i-\overline{x})^2\sum(y_i-\overline{y})^2}}$$

$$= 37.1100 / \sqrt{34.00\times40.5397}$$

$$= 0.9996$$

　　查表 3.6，置信度为 95%、自由度 $f=n-2=6-2=4$ 时，$r_{表}=0.8114 < 0.9996$。

　　因此，由相关系数的检验说明，测定信号吸光度 A 与铁浓度 c 之间的相关性很显著，回归方程有实际意义，结论的置信度为 95%。

　　进行回归时，应按照前述方法检验可疑值，删除由于过失所引入的错误数据。如果两个变量之间存在对数函数、指数函数等非线性关系，那么可以通过适当的变量将非线性关系转化为线性关系，然后再进行回归。例如，如果两个变量之间存在对数函数关系：

$$y=a+b\lg x$$

令 $x'=\lg x$，那么有 $y=a+bx'$，对数函数关系就转化为线性关系。如果两个变量之间存在对数函数关系：

$$y=ae^{bx}$$

两边取对数：

$$\ln y=\ln a+bx$$

令 $y'=\ln y$，$a'=\ln a$，那么有 $y'=a'+bx$，指数函数关系就转化为线性关系。

　　应该注意：日常工作中，如果标准曲线使用不当也会出现问题，常见的错误就是将标准曲线外推至实验数据点以外的区域，这种情况往往涉及被测组分与测定信号偏离线性的高浓度或低浓度区域，所以，实际工作中必须清楚所用工作曲线的上限和下限浓度范围，以保证在线性范围内完成样品的测定工作。

3.4　误差的检验

　　在进行过失检验、剔除可疑值之后，还必须对所得数据进行误差的检验，即进行系统误差和偶然误差的检验。通过检验，如果分析结果不存在显著的系统误差和偶然误差，才具有

一定的可靠性。在进行系统误差检验之前，必须先确定两组数据的精密度是否相一致，确定它们的偶然误差没有显著性差异后才能进行系统误差的检验。

偶然误差和系统误差的检验通常采用显著性检验法，所谓显著性检验就是利用数理统计的方法来检验分析结果之间是否存在显著性差异。进行显著性检验时，要先提出一个否定假设，即先假定被检验的两者之间不存在显著性的差异。例如，当我们将标准试样测定结果的平均值与其标准值比较时，它们来自同一总体，先假定它们之间不存在显著性差异。然后再确定一个适当的置信度（如 95%）再进行具体检验，如果被检验的差异出现机会大于 95%，就认为被检验的差异存在显著性。常用的显著性检验法有 F 检验法和 t 检验法。F 检验法检验的是偶然误差，即判断两组数据的精密度是否存在显著性差异，若存在显著性差异，也就失去了 t 检验的前提。t 检验法检验的是系统误差，它可以判断两组数据的平均值之间是否存在显著性差异。

3.4.1　F 检验法

F 检验法是通过计算两组数据的方差（S^2）之比来判断两组数据的精密度是否存在显著性差异。

$$F = S_{大}^2 / S_{小}^2 \tag{3.11}$$

计算时，规定大方差 $S_{大}^2$ 为分子，小方差 $S_{小}^2$ 为分母。如果两组数据的精密度存在显著性差异，其方差相差较大，F 值也较大。把计算出的 F 值与表 3.7 中的 F 值相比较，若大于表中的 F 值，说明存在显著性差异。若小于表中的 F 值，说明不存在显著性差异。

表 3.7　置信度 95% 时的 F 值

$f_{小}$	$f_{大}$									
	2	3	4	5	6	7	8	9	10	∞
2	19.00	19.16	19.25	19.30	19.33	19.36	19.37	19.38	19.39	19.50
3	9.55	9.28	9.12	9.01	8.94	8.88	8.84	8.81	8.78	8.53
4	6.94	6.59	6.39	6.26	6.16	6.09	6.04	6.00	5.96	5.63
5	5.79	5.41	5.19	5.05	4.95	4.88	4.82	4.78	4.74	4.36
6	5.14	4.76	4.53	4.39	4.28	4.21	4.15	4.10	4.06	3.67
7	4.74	4.35	4.12	3.97	3.87	3.79	3.73	3.68	3.63	3.23
8	4.46	4.07	3.84	3.69	3.58	3.50	3.44	3.39	3.34	2.93
9	4.26	3.86	3.63	3.48	3.37	3.29	3.23	3.18	3.13	2.71
10	4.10	3.71	3.48	3.33	3.22	3.14	3.07	3.02	2.97	2.54
∞	3.00	2.60	2.37	2.21	2.10	2.01	1.94	1.88	1.83	1.00

【例 3.7】　某样品用一分析方法测定 8 次的标准偏差为 0.060，再用另一不同的分析方法分析 6 次，得标准偏差为 0.030，则这两种方法的精密度是否存在显著性差异？

　　解　已知 $n_1=8$，$S_1=0.060$；$n_2=6$，$S_2=0.030$，由下式计算 F 值。

$$F = S_1^2 / S_2^2 = 0.060^2/0.030^2 = 4.0$$

计算自由度 f：$f_{大}=n_1-1=7$，$f_{小}=n_2-1=5$，查表 3.7 得 $F_{表}=4.88$，计算出的 F 值小于表中的 F 值。所以，这两种方法的精密度不存在显著性差异，结论的置信度为 95%。

至于例 3.7 是否存在系统误差，再根据两组样本的平均值 $\overline{X}$ 去进行 t 检验。

3.4.2　t 检验法

1. 平均值与标准值比较

为检查某一分析方法或操作过程是否存在系统误差，可用标准试样作多次平行测定，然后用 t 检验法检验测定结果的平均值 $\overline{X}$ 与标准试样的标准值 μ 之间是否存在显著性差异。

根据一定置信度下平均值的置信区间公式：$\mu = \overline{X} \pm tS / \sqrt{n}$，得

$$t = |\overline{X} - \mu| \sqrt{n} / S \tag{3.12}$$

如果按式 (3.12) 计算出的 t 值大于表 3.2 中的 t 值，说明 $\overline{X}$ 处于以 μ 为中心的 95% 概率之外（通常的置信度取 95%），$\overline{X}$ 与 μ 有显著性差异，差异较大，存在系统误差。

【例 3.8】　某食品分析实验室采用新方法测定标准值为 60.14% 的 CaO 标准样，9 次平行测定的平均值为 60.10%，标准偏差 S=0.04%，此新方法是否存在系统误差？

　　解　置信度仍以 95% 考虑，已知 f=9–1=8，$\overline{X}$=60.10%，μ=60.14%，S=0.04%，则

$$t = |\overline{X} - \mu| \sqrt{n} / S = |60.10\% - 60.14\%| \times 3 / 0.04\% = 3$$

查表 3.2，置信度 95%，f=8 时，$t_{表}$=2.31。

因此，有 95% 的把握认为 $\overline{X}$ 与 μ 之间存在着显著性差异，即此新方法测定值与标准样品标准之间存在系统误差。

2. 两组数据平均值 $\overline{X}_1$、$\overline{X}_2$ 之间的比较

如果用 t 检验法检验两组数据的平均值之间是否存在系统误差，按式 (3.13) 计算 t 值：

$$t = |\overline{X}_1 - \overline{X}_2| \sqrt{n_1 \times n_2} / S \sqrt{(n_1 + n_2)} \tag{3.13}$$

若 S_1 与 S_2 无显著性差异，取 $S_{小}$ 代替 S。再由表 3.2 查 t 值，此时自由度 f=n_1+n_2–2。若按式 (3.13) 计算出的 t 值大于表 3.2 中的 t 值，说明两组平均值有显著性差异，存在系统误差。

【例 3.9】　用国家颁布的标准方法测定一样品中的粗蛋白含量，得 $\overline{X}_1$=42.34%，S_1=0.10%，n_1=5，用一种新的分析方法测定该样品中的粗蛋白含量，得 $\overline{X}_2$=42.44%，S_2=0.12%，n_2=4。经 F 检验已知两种方法的精密度无显著性差异，则新的分析方法与标准方法之间是否存在系统误差？

　　解　根据题意，进行 t 检验：

$$t = |\overline{X}_1 - \overline{X}_2| \sqrt{n_1 \times n_2} / S \sqrt{(n_1 + n_2)} = |42.34\% - 42.44\%| \times \sqrt{20} / (0.10\% \times \sqrt{9}) = 1.49$$

f=5+4–2=7，查表 3.2，置信度为 95% 时，$t_{表}$=2.37。所以，两种方法的平均值不存在系统误差，结论的置信度为 95%。

3. 用加标回收率进行判断

如果没有合适的标准试样或可靠的分析方法对照，待测试样的组成较为复杂且不完全清楚时，可做加标回收率实验进行判断。即按所拟分析方法或装置进行 n 次平行加标回收率实验，得平均回收率为 R、标准偏差为 S。由于一个无任何系统误差的理想分析方法其回收率的数学期望值为 100%。所以，如果下列不等式成立，就可以判断该分析方法或装置的结果有显著的系统误差：

$$t_表 < |R-100\%| S/\sqrt{n}$$

式中，$t_表$ 为根据表 3.2 查得的值；$n=f+1$。

【例 3.10】 为判断离子对色谱法测定食品中的糖精钠含量的结果有无系统误差，就用该法进行了 5 次加标回收率实验，得平均回收率为 92.08%，标准偏差为 1.53%，置信度按 99% 考虑，则该方法所得结果有无系统误差？

解 $R=92.08\%$ $S=1.53\%$ $n=5$

由表 3.2 查得置信度为 99%，$n=5$ 时，$t_表=4.60$，则

$$|R-100\%| \sqrt{n} /S = |92.08\%-100\%| \times \sqrt{5} /1.53\% = 11.60 > 4.60$$

因此，可以判定离子对色谱法的分析结果有显著的系统误差，结论的置信度为 99%。

必须清楚，用加标回收率判断分析结果有无系统误差时，结论有时不是十分可靠。如果样品消解不完全或体系内存在恒定的本底、背景等干扰因素，仍可以得到 100% 的加标回收率。所以，加标回收率实验难以判断分析结果中存在的恒定系统误差。此时，可用上述标准分析方法或用标准样品值进行对照实验判断。但是，用加标回收率实验判断分析结果有系统误差存在时，其结论就比较可靠。

3.5 分析质量控制和分析质量保证

进行实验室分析质量控制是分析结果准确可靠的必要基础，这样，才能使实验室之间的测定结果具有可比性。影响分析质量的因素很多，如分析方法、分析环境、分析人员的素质、所取样品情况、试剂、标准、溶剂、仪器及实验室管理质量等，既涉及系统误差，又涉及偶然误差，所以，实验室必须建立良好的分析质量控制及分析质量保证体系。

微量或痕量分析对环境条件尤其敏感，要求特别严格，如 10^{-9} mol/L 的被测组分其溶液在保存过程中将有 50% 被器壁吸附，浓度低至 10^{-11} mol/L 时将全部被吸附。实验室空气中的多种气体和漂浮的尘埃、操作者本身所携带的灰尘微粒和油脂都可能污染溶液和所用器皿，使微、痕量分析根本无法进行而导致失败。因此，食品分析实验室尤其是进行微、痕量组分测定时应保持高度清洁卫生，有良好的净化空气和清洁操作者个人的设施及装置。

3.5.1 分析质量控制

分析质量控制(analytical quality control, AQC)是分析结果准确可靠的必要基础，要求分析工作者具有较高的素质和丰富的经验，经过严格的专业训练，具有优良的职业道德，求实的工作作风和高度的责任心。工作时细心认真、一丝不苟、操作娴熟、诚实地完成分析测定的全过程，这是进行分析质量控制、提高分析质量的前提。进行分析质量控制，时间和耗费都会增大，但这是十分必要和值得的，因为不准确的分析结果比不作分析更糟糕。

分析质量控制是在分析实施的过程中进行的，它把分析过程与质量检查有机地融为一体，及时监控并反馈信息，找出影响质量的因素，尽快采取相应措施。分析质量控制一般要使用统一的标准方法，并在每批待测样品分析时都带入一个控制样，在相同的条件下进行测定，由分析质量控制图进行实验室的内部质量控制。实验室每年还要进行一两次未知浓度参比样品的分析，以进行实验室之间的分析质量控制。

　　控制样可以自制，水分析的控制样以纯试剂配制的溶液混合而成，生物类控制样可取较大量的样品，经风干、研细、过筛、混匀后，用一个含量较大且比较容易测定的项目进行检验。分析某一项目时，把控制样在不同天数按规定的方法平行测定 15～20 次，求其平均值 $\overline{X}$ 及标准偏差 S，即可绘制精密度均值分析质量控制图(图 3.5)。有标准样品时，以标准样品核对控制样，将标准样品与控制样同时测定，如果标准样品数据符合规定范围，说明所用控制样的结果可靠。如果没有标准样品，可把控制样送到其他有经验的实验室核对。

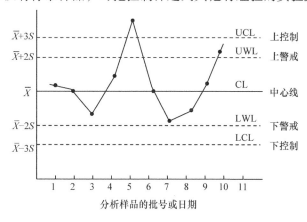

图 3.5　均值分析质量控制图

　　作均值分析质量控制图时，将控制样均值 $\overline{X}$ 做成与横坐标平行的中心线(CL)，$\overline{X} \pm 3S$ 为上控制线及下控制线(UCL 及 LCL)，$\overline{X} \pm 2S$ 为上警戒线及下警戒线(UWL 及 LWL)。当进行样品测定时，每批样品都带入一个控制样，将控制样的测定数据填入控制图中，此步骤称为"打点"。如果控制样的结果落在上下控制线之内，则结果可靠，当然，离中心线越近，测定的精密度越高，可靠程度越理想。如果"打点"的结果落在警戒线和控制线之间，说明精密度不太理想，应引起注意；如果"打点"的结果超过控制线(图 3.5 中的第 5 批结果)说明精密度太差，该批样品结果全部无效，应及时找出超控原因，采取适当措施，使控制样"回控"以后再重新测定，以此来控制和减免测定过程中较为显著的偶然误差。

　　准确度控制图可用回收率(recovery)为参数指标进行绘制。向控制样中加入一定量待测组分的标准溶液进行分析，测得值与原有值之差占加入量的百分率就是回收率。根据情况做 15～20 次回收率实验，求得回收率的平均值 $\overline{X}$ 及回收率实验的标准偏差 S，然后按照与精密度控制图相同的方法绘出回收率分析质量控制图。测定样时，带入控制样进行回收率实验，然后根据测定的回收率值利用该图"打点"，确定测定过程中是否存在显著的系统误差。

3.5.2　分析质量保证

　　分析质量保证(analytical quality assurance, AQA)指分析检验实施过程中,为保证分析结果的质量和测定数据的可靠程度，将分析步骤的各种误差减少到最理想要求而采取一系列技术培训、能力测试、分析质量控制和管理、监督、审核、检验、认证等措施的过程。分析质量保证由一个系统组成，该系统能向政府部门、质量监督机构和有关业务单位委托人保证实验室工作所产生的分析数据达到了一定的质量。分析质量保证是一项管理方面的任务，是一种防止虚假分析结果的廉价措施，是人品和诚信的保证。它能够证明分析过程已认认真真、实实在在的实施，实事求是地记录数据和测定过程，防止伪造实验数据，并保证测定数据的责任性和可追溯性。对分析过程的每个环节、每个步骤、每个报告结果都能容易地查到分析者的姓名、分析日期、分析方法、原始数据记录、所用仪器及其工作条件和分析过程中的质量控制等方面的情况。

分析质量保证文件的编制必须目的明确、内容具体、格式规范、有章可循，具有较强的可操作性，利于当事人工作。例如，使用分光光度计，必须记录下使用日期、使用人、工作内容、实验数据、仪器工作条件、校准情况和反常现象等。如果不把情况如实记录下来，就等于什么工作也没有做过。

分析质量保证的内容很多，主要有：人员的考核及培训、仪器的维护及校正、分析测试时的环境、样品的采集及保存、分析方法的确定及实施、实验室安全及分析质量控制、原始数据记录归档及查询、参考物质的获得及使用、分析所用试剂、仪器及用水质量、报告的提出及审批以及分析结果的质量评估等。分析质量保证也是实验实施过程中，在自我约束的基础上，将领导者、工作者、实验管理人员有机地融合为一体的一个互动系统，该系统将领导者的领导质量、领导方法与效果有机地结合起来，将工作者的工作态度、解决问题能力及工作质量、实验员的素质和工作质量结合起来，形成一个相互监督、制约，现场及时核查、及时记录、及时评价、及时发现和更正存在的问题，以及相互促进、相互提高、相互交流、在线互动的良性循环的质量保证体系。

3.6　有效数字及其应用

食品分析不仅要传授一定的分析测试理论知识和技术，而且要陶冶工作者的高尚情操，培养他们团结互助、整洁、细心、实事求是、严肃认真的科学态度和良好的工作作风。食品分析是一门实践性很强的学科，要求分析工作者牢固树立准确的"量"的概念，特别要注意"有效数字"和分析数据的处理。测定数据的"量"不符合有关规定，实验必须重做。而测定数据的"量"和有效数字密切相关，不能牢固地掌握并自觉正确地应用它们，是学不好食品分析的。

3.6.1　有效数字的意义及位数

有效数字是工作中所能测量到的有实际意义的数字，它不但反映了测定数据"量"的多少，而且也反映了测定时所用仪器的准确程度，除最后一位为"欠准确数字"（估计数字）外，其他的数字都能从仪器上准确读出。所以，有效数字保留的位数，应当根据分析方法和所用仪器的精确程度来决定。例如，滴定时消耗滴定剂的体积为 24.44 mL，是四位有效数字，最后一个 4 是"欠准确数字"，其他数字都可以从滴定管上准确读出。但最后一个 4 并不是任意臆造的，而是根据滴定的实际情况估计来的，含有一定的可信性（实际为 24.44±0.01）。由此可知，有效数字是由"准确数字"和"估计数字"两部分组成的。如果数据中有"0"，要分析具体情况再确定其有效数字的位数。第一个非零数字前面的零不是有效数字，它只起定位作用，如果将该数字转换为指数的形式能将零省略，这些零就不是有效数字。例如

　　　　　　　1.0008, 3.8200　　　　　　　五位有效数字

　　　　　　　31.05%, 6.023×10^{23}　　　　　四位有效数字

$$0.008\,02,\ 6.02\times10^{23}\qquad 三位有效数字$$
$$0.000\,012,\ 1.8\times10^{-7}\qquad 两位有效数字$$
$$5000,\ 5\times10^{3}\qquad 一位有效数字$$
$$5000.0,\ 5.0000\times10^{3}\qquad 五位有效数字$$

0.008 02 数字中，第一个非零数字 8 前面的"0"都只起定位作用，不是有效数字，它可以写为 8.02×10^{-3}。同样，0.000 012 中所有的"0"都不是有效数字，它可以写为 1.2×10^{-5}，而非零数字中间和其后的所有零都是有效数字。5000 可以写成指数的形式，含有一位有效数字；5000.0 中所有"0"都应该保留下来，应含有五位有效数字。食品分析中常遇到倍数、分数关系，如 $M(\mathrm{K_2Cr_2O_7}/6)$，基本单元中的 6 并非是一位有效数字，并非由分析仪器上测得，它只是表示一种比例关系，是一个自然数。自然数和常数如 π、e 等有效数字的位数可以认为没有限制，在计算过程中需要几位就写几位。而 pH、pM、lg$K$ 等对数数值，其有效数字的位数仅取决于尾数部分的位数，因整数部分(首数)只说明该数的方次。例如，pH=12.68，即 $[\mathrm{H^+}]=2.1\times10^{-13}\,\mathrm{mol/L}$，其有效数字是两位而不是四位。

3.6.2　有效数字的修约规则

对分析数据进行处理时，必须根据各步的测量精度及有效数字的计算规则，合理修约并保留有效数字的位数。当有效数字的位数确定后，其余数字(尾数)应一律弃去。其修约的规则是"四舍六入五留成双"，即当尾数<4 时则舍；尾数>6 时则入；尾数等于 5 而后面数为 0 时，若 5 前面为偶数则舍，为奇数则入。如果 5 后面还有不是零的任何数时，无论 5 前面是偶数还是奇数皆入。例如，将下列数据修约为 4 位有效数字：

$$3.1424\to3.142\qquad\qquad 3.2156\to3.216$$
$$10.2350\to10.24\qquad\qquad 250.650\to250.6$$
$$16.0852\to16.09\qquad\qquad 18.065\to18.06$$
$$2.015\,454\,6\to2.015$$

修约数字时，只允许对原测量值一次修约到所需要的位数，不能分次修约。例如，如果将上列最后一个数分次修约为 2.015 454 6→2.015 455→2.015 46→2.0155→2.016，就是错误的，只能一次修约为 2.015。

3.6.3　有效数字的运算规则

在分析结果的计算中，每个测量值的误差都要传递到结果里面。因此，必须按照有效数字的运算规则，做到合理取舍。先按照下述规则将各个数据正确修约，然后再计算结果并正确保留结果的有效数字位数。

(1)加减法。和或差的有效数字的保留，应以小数点后位数最少(绝对误差最大)的数据为依据，对参加计算的所有数据进行一次性修约后，再计算并正确保留结果的有效数字。例如，0.0121+25.64+1.057 82=?

由于 25.64 的绝对误差为±0.01，均大于其他两个数值的绝对误差。所以，该题应以 25.64 为基准进行修约并计算。

$$0.0121+25.64+1.057\,82=0.01+25.64+1.06=26.71$$

(2)乘除法。积或商的有效数字的保留，应以有效数字位数最少的那个数据为依据(以相对误差最大的那个数据为基准)去修约其他数据，然后进行乘除。例如，0.0121× 25.64×1.057 82=?

由于 0.0121 的相对误差为±0.8%，均大于其他两个数据的相对误差。因此，应以 0.0121 为基准进行修约和计算。

$$0.0121×25.64×1.057 82=0.0121×25.6×1.06=0.328$$

(3) 在对数运算中，所取对数的位数应与真数有效数字的位数相等。例如，lg765=2.8837=2.884，lg3174=3.5017 等。

(4)如果有效数字的第一位数等于或大于 8，计算时，其有效数字的位数可多算一位。例如，9.77 虽只有三位，但它很接近于 10.00，故可以认为它是四位有效数字。而最后计算结果的有效数字位数必须与所选定的基准数据相一致。

(5)安全数字。为使误差不迅速累积，在大量数据(4 个数据以上)的运算中，对参加运算的所有数据可以多保留一位有效数字进行计算。多保留的这一位数字称为"安全数字"，用小号字来表示。例如

$$5.2727 + 0.075 + 3.70 + 2.124 + 2.50 = 5.27_3 + 0.07_5 + 3.70 + 2.12_4 + 2.50 = 13.67_2 = 13.67$$

注意：不论是用计算器、计算机或手工方法进行计算，完成所有运算之后，最后的结果一定要按"四舍六入五留成双"的修约规则弃去多余的数字。

(6)表示分析结果的误差或偏差时，大多数情况下只取一位有效数字即可，最多取两位有效数字。如果超过两位有效数字，则表示测定数据有可疑值存在，没有进行检验，或者没有按有效数字的修约规则及计算规则去处理数据，这是对"量"的概念没有理解和掌握的表现，在规范的日常工作中不该出现这种不规范的现象。

3.6.4 有效数字在食品定量分析中的主要应用

有效数字及其有关规则在食品定量分析中占有极为重要的地位，是否能够牢固地掌握它并将有关规则贯穿、应用于分析的全过程，是考核和衡量食品分析工作者自身素质的重要指标。所以，每位工作者都应该高度重视，严格按规则办事，自觉地按规则去处理测定中的所有问题。

1. 正确地记录测量数据

记录食品定量分析中各步骤的测量数据时，必须能够反映出所用仪器的准确程度，除最后一位为"欠准确"的估计数字外，其他的数字都能从所用仪器上准确读出。例如，用万分之一的分析天平称取样品 0.5 g，可准确到小数点后第四位的 1，即准确到 0.0001 g。因此，应记录为 0.500 00 g，最后一个 0 为估计数。若用普通台秤称量，则只能记录为 0.50 g，两者的称量准确度相差 1000 倍。

普通滴定管能读准至 0.1 mL，如果正好滴定 30 mL，应记录为 30.00 mL。如果滴定前滴定管液面正好在"0"刻度线，初读数应记录为 0.00 mL。

移液管、容量瓶、吸量管等精密量器通常和滴定管配套使用，且使用前要进行校正。所以，也要正确记录到小数点后至少两位。例如，200 mL 容量瓶的体积应记录为 200.00 mL。而微量滴定管和吸量管要根据具体情况正确记录。

2. 正确地选用仪器

要根据食品分析的内容、对象和对准确度的具体要求，正确地选择仪器，该用精密量器的地方不能用粗量器，该用粗量器的地方也没有必要用精密仪器。例如，用固体 NaOH 制备标准溶液时，先粗配，此时没有必要用分析天平称量溶质，也没有必要用容量瓶准确定容或用移液管量取蒸馏水的体积。因为这些花费时间太多的操作对下一步的精细标定来说意义不大，选用台秤和量筒进行工作就是极为合适的。但在用基准物质准确标定其粗配溶液的浓度时，一定要选用精密的仪器或量器。

3. 正确地表示分析结果

根据误差的传递规律和累积性，分析结果的准确度不可能高于分析过程中某一步骤的准确度。所以，分析结果准确度的报告必须合理、正确。例如，测定食品中的含铜量时，用台秤粗称 5.5 g 样品。三次平行测定的平均值，甲同学报告为 0.049%，乙同学报告为 0.048 99%，采用哪个分析结果较合理呢？这要看他们分析结果的准确度与称量的准确度是否相吻合。

甲分析结果的相对误差：$\pm 0.001 \div 0.049 \times 100\% = \pm 2\%$

乙分析结果的相对误差：$\pm 0.000\,01 \div 0.04899 \times 100\% = \pm 0.02\%$

称样的相对误差：$\pm 0.1 \div 5.5 \times 100\% = \pm 2\%$

由此可知，甲的准确度与称样的准确度相一致，乙的准确度大大超过称量的准确度，显然是不合理的。

对于高含量组分（>10%）的测定，一般要求分析结果有四位有效数字；中含量组分（1%～10%）一般要求三位有效数字；对微量组分（<1%）的测定，一般只要求两位有效数字。用计算器或计算机连续运算进行统计处理时，可能保留了很多的计算数字，但最后结果应当按有效数字有关规则计算，并修约成适当的位数，以正确表达分析结果的准确度。

3.7 分析结果的报告及结论

食品分析结果的报告是产品质量检验的技术报告，是质量监督部门实施质量监督的法定依据，它关系到被检验企业的信誉和广大消费者的切身利益。因此，分析结果报告的质量及评价控制非常重要。报告及评价必须科学、客观公正，评价依据要充分，结论要慎重。

3.7.1 分析结果的计算及注意事项

现代食品分析结果的计算通常并不复杂，只要根据现代分析方法和技术的基本原理及具体操作步骤，很容易正确写出有关计算公式，利用计算机和相关软件科学处理数据、绘制图表，给出符合有关规定的结果。定量分析计算时要特别注意有效数字位数的正确表达和运算，尤其是分析结果有效数字位数的正确表达。

食品分析的样品多种多样，形态各异，根据测定组分和分析目的的不同，样品前处理的方法也不同。除水体、气体、食用油、饮料、酒类、牛奶、食醋等流体样品外，粮食类、果蔬类、食用菌类等固态样品测定同一种组分时，不同的样品含水量往往不同；即便是同一个样品，在放置、保存期间，含水量也会发生变化。因此，利用湿基样品计算组分的质量分数，来比较该组分的含量大小，即使工作再认真，测定数据再准确，所进行的工作也毫无意义。因取相同量的湿基，样品的实际质量不相同。所以，必须同时测定样品中水分的质量分数，并换算成干基的质量后进行计算，或将样品直接干燥、恒量后准确称量，然后参与有关计算。

需要注意的是计算过程中，用错单位和符号的情况时有发生，大多是对国际单位制（SI）和我国法定计量单位、符号使用的规定不清楚，没有正确查阅有关文献，习惯上随意使用自己设定的或者利用已经淘汰的旧单位和符号，这是不科学的。食品分析工作者对工作更应严谨、认真，养成良好的工作作风，规范使用国家规定的计量单位和符号。表 3.8 列出了现代食品定量分析中需要注意的一些常见量及其单位和符号。

表 3.8　一些常见量及其单位和符号

量的名称和推荐使用符号	错误使用的符号	量的名称和推荐使用符号	错误使用的符号
吸光度 A	OD、E 等	质量分数 w；	
质量 m；SI 单位：kg	W、X、M 等	常用单位：$\mu g/g$，	ppm
物质的量浓度 c；	X、Y 等	ng/g，pg/g	ppb，ppt
SI 单位：mol/m^3		质量浓度 ρ；	
或 mol/L，$mmol/mL$ 等		SI 单位：kg/m^3 或 g/mL、	X、C
质量摩尔浓度 b，m；	X、C、W 等	$\mu g/mL$，$ng/\mu L$ 等	
SI 单位：mol/kg，$mmol/kg$，		体积质量　　同上	同上
$mmol/g$ 等		体积密度　　同上	同上
摩尔质量 M；	W、X、n、m 等	体积分数 φ；	
SI 单位：kg/mol，		SI 单位：mL/L，	
g/mol，mg/mol 等		$\mu L/mL$，$\mu L/L$ 等	
频率 f，ν；SI 单位：Hz		热力学温度 T；	
物质的量 n；SI 单位：mol	X、M、B 等	SI 单位：开尔文，K	t 等

另外，目前一些教科书、参考书和一些刊物上发表的文献，某些分析、测定所用仪器的说明书甚至国家标准分析方法、行业标准等的计算公式中，所用计量单位和符号也有不规范表述的现象，要注意学会甄别和纠正。

3.7.2　分析结果不确定度的评定

随着社会的进步和科学技术的快速发展，人们对国际贸易和国民经济各领域中所获得的分析结果的可靠程度有了更高的要求。所以，对分析结果质量的评价应该有一个同一的度量尺度，以确定测定结果的可靠程度。国际上推荐应用的不确定度就是这种度量尺度的具体体现。测定结果必须附有不确定度的说明，才算完整并具有可用性。

1993 年，国际标准化组织（ISO）、国际法定计量组织（OIML）、国际计量委员会（BIPM）、国际理论与应用化学联合委员会（IUPAC）等 7 个国际权威组织联合颁布了《测量不确定度表述指南》（GUM），为世界范围内统一采用测量结果的不确定度评定和表示奠定了基础。1999年我国发布了 JJF 1059—1999《测量不确定度评定与表示》技术规范，该技术规范阐述的测量不确定度的定义是：合理地赋予被测量之值的分散性，是与测量结果相联系的参数表征。它描述了测量结果正确性的可疑程度或不肯定程度。实际上是增加对测量结果有效性的信任，不确定度值越小，测量结果的肯定程度越大。该技术规范规定了测量不确定度的评定与表示的通用规则，适用于各种准确度等级的测量领域，包括现代食品定量分析与检验，报告分析结果时，必须报告测量不确定度。

1. 误差和测量不确定度

误差是单个测定结果与真值之差，是单一值。误差值可以作为修正值用于修正测定结果。误差来源于系统误差和偶然误差（随机误差）不包括由于疏忽导致的错误测定误差（过失误差），但由于大多数情况下被测定对象的真值无法准确知道，所以误差是个理想化的概念。

测量不确定度是经典误差理论的发展和完善，而误差分析是测量不确定度评定的理论基础。测定结果的不确定度是评价测定结果质量的依据参数，一般取范围形式，其值通常不能对测定结果进行修正。它按某一置信概率给出真值可能落入的区间，它可以是标准偏差或其倍数，不是具体的真误差，只是以参数的形式定量表示了无法修正的那部分误差范围。

不确定值越小，测定结果的质量越好，分析水平和分析结果的使用价值也越高，反之越差。因此，测量不确定度是误差的综合发展，两者虽然有密切的联系，但存在本质区别，不能混淆和误用。

2. 测量不确定度的组分

在估算分析结果总的不确定度时，针对不确定度的每一个来源，分别获得其对不确定度的贡献是必要的。我们把每个对不确定度的贡献视为不确定度的一个组分。组分有许多种类，用标准偏差表示的测定结果的不确定度称为标准不确定度，用对观测系列的统计分析得出的不确定度称为 A 类标准不确定度，用不同于观测系列的统计分析来评定的不确定度称为 B 类标准不确定度。测量不确定度与估计值的比值称为相对标准不确定度。

当分析结果 Y 是由若干个独立参数 x_1、x_2、$\cdots$、x_n 的值求得时，Y 的总不确定值称为合成标准不确定度，用 $U_c(Y)$ 表示，根据不确定度的传播规律，它等于通过合成所有已评定的不确定度组分而得到的总方差的正平方根，即

$$U_c(Y) = \sqrt{\sum_{i=1}^{n} u_i^2(x_i)}$$

在分析化学和食品分析中，常用到扩展不确定度，用 U 表示，它是确定分析结果区间的量，被测定值以较高的置信水平落于这个区间内。扩展不确定度等于合成标准不确定度 $U_c(Y)$ 乘以包含因子 K，即

$$U = KU_c(Y)$$

包含因子 K 通常为 2~3，当置信水平为 95.45% 时，基于不太小的自由度（自由度大于 6），K 取 2 是合适的；当自由度为 3~6 时，K 取 3；当自由度为 2 时，K 取 4 则更合理。所以，包含因子 K 值的选择取决于自由度的有效数目。

在不确定度评定中，重复性引入的不确定度分量与所用仪器分辨力引入的不确定度分量不应重复计算。当重复性引入的不确定度分量比较大时，可以不考虑分辨力引入的不确定度分量。反之，应该用分辨力引入的不确定度分量代替重复性分量，若仪器的分辨力为 δ_s，则

分辨力引入的不确定度分量为 $0.289\delta_5$。

测量不确定度评定应注意简洁和实用，在 JJF 1059—1999《测量不确定度评定与表示》的 7.2 节中明确规定："当只给出扩展不确定度 U 时，不必评定各分量及合成标准不确定度的自由度。"

3. 测量不确定度的来源

食品分析过程是由许多相互关联和相互影响的步骤组成的，每个步骤的测量不确定度都可能影响分析结果的不确定度，所以，应根据具体测定项目的特性全面考虑。合成不确定度的数值取决于那些重要的不确定度分量，寻找不确定度来源时应做到不遗漏、不重复，特别要考虑对分析结果影响大的不确定度来源。遗漏会使分析结果 y 的不确定度过小，重复计算会使 y 的不确定度过大。评估不确定度时，正确的做法应该是集中精力分析最大的不确定度分量，快速确定不确定度的最重要来源。

实际工作中，不确定度来源主要从以下方面进行考虑：①对被分析的定义不完整或不完善；②分析方法不理想；③取样的代表性不够，或试样存放条件可能影响结果；④对环境影响结果的认识不充分，或对环境条件影响的控制不理想、不完善；⑤对仪器的读数存在人为偏移或仪器分辨力、灵敏度不够；⑥试剂纯度等级的任何假设或标准物质的值不准将引入不确定度因素；⑦数据计算的常量和其他参量与期望的计算存在差异，如化学反应不完全；⑧复杂基体中被分析物质的回收率或仪器响应可能受基体组成的影响，如改变热状态或光分解效应，被分析物质的稳定性在分析中会发生变化，引入需要评估的不确定度；⑨校正标准曲线导致的不良符合，计算时舍项或入项导致最后结果不准确所引入的不确定度；⑩样品称量、定容过程引入的不确定度因素；⑪空白校正时，空白值和空白校正的合理性均存在不确定度，这在痕量分析中显得尤为重要；⑫平行测定时，表面看来是在完全的条件下进行，但随机效应对测定值存在客观的不确定度等。

以上这些不确定度来源不一定是独立的，为简化计算和尽量完善，计算时要在全面考虑的基础上，应集中精力正确寻找和甄别出最主要的影响权重较大的不确定度源，其他影响很小的不确定度分量允许忽略。但当条件(如人员、环境、仪器)改变时，应重新进行不确定度的计算，这是保障分析测试工作正常进行的前提，也是保障扩展不确定度正确计算的基础。

4. 测量不确定度的评定过程

在实验条件明确的基础上，建立由检测参数实验原理所给出的数学模型，确定输出量与输入量之间的函数关系，如分子吸收光谱中，定量分析的输出量为吸光度 A，它与输入量即被测物质的浓度 c 之间的函数关系在一定浓度范围内遵循朗伯-比尔定律：

$$A = \varepsilon bc$$

然后根据测定方法和测定条件对测量不确定度的来源进行分析，找出测量不确定度的主要来源，求出 ε、b 和 c 等输入量估计值的标准不确定度，得出各个标准不确定度分量。然后根据不确定度的传播规律和数学模型中各输入量之间是彼此独立还是存在相互关联的关系进行合成，求出合成不确定度。根据对置信度的要求确定包含因子 K，从而求得扩展不确定度 U，得到所需要的评定结果。

测量不确定度的评定过程如图 3.6 所示。

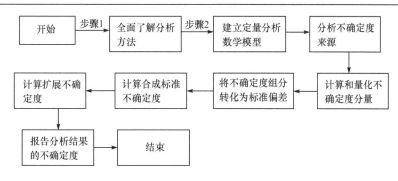

图 3.6　测量不确定度评定过程的示意图

测量不确定度的评定，要求评定人员对测定方法和过程有深入的了解，对各不确定度分量及来源有正确的认识。报告分析结果及其不确定度的方式应符合 JJF 1059—1999 技术规范的规定，同时注意分析结果有效数字的位数及其不确定度的有效数字位数的正确表达。不确定度数值一般不超过两位有效数字，分析结果的有效数字位数应修约到与不确定度一致。

要充分认识现代食品分析不确定度的重要性，正确评定不确定度。掌握了与不确定度有关的因素和来源分量，可以帮助我们更好地做好实验设计，规范操作，降低不确定度，提高分析结果的准确度。

按照国家有关部门规定，报告分析结果时，必须报告分析结果的测量不确定度。

3.7.3　分析结果的报告

根据分析的样品、对象、目的和具体内容的不同，分析结果报告的格式、参数也有所不同。高质量的检验报告其外观应是：打印或书写工整、字迹清楚，页面整洁规范；内部质量应具有：数据有效精确，计量单位准确，检验结论正确。因此，要做到以下几点。

1. 精心撰写，规范记录

内容包括：页码、印章、受检单位、产品名称、样品描述（包括生产厂、规格型号、产品等级、批号、出厂日期、保质期或保存期；抽样地点和时间、抽样或送样数量、基数）、依据的检验方法及其检出限、标准编号、样品称量质量、检验参数指标、计算公式及结果（注意有效数字）、置信区间及置信度、RSD（%）或允许差、测量不确定度、操作者、结果与标准的排列比较；结论依据及异常说明；三审（主检审核，承检室负责人审核、单位技术负责人审核）签批及报告发送日期等。

2. 校核全面，认真审查

校核的主要内容：检验的项目是否完整，印章是否加盖且位置是否正确，记录是否翔实，使用的仪器设备及准确度及与检验有关的环境条件（如温度、湿度、噪声等）是否满足检验的要求；检验采用的实验方法、实验步骤，各环节的计算、校正值、数据处理、计量单位的使用是否正确，检测过程中的异常等是否有完整记录。检测过程中引用的其他图纸资料、检验原始记录、报告的编号、封面、首页、附图及抽样单或委托单与原始记录是否一致，产品名称与标识是否一致，受检单位或委托单位是否是全称。

3. 严格审批制度

检验报告经三级审核、签字后，尽管出错的概率大为减少，但它毕竟是事关质量检测机构形象和受检企业信誉的特殊"产品"，必须力求杜绝缺陷，严格按制度、按程序校核签字把关，确保报告完整、科学、准确。

3.7.4　分析结果的结论

分析结果的结论是整个检验工作结束后对所检产品质量的总体评价，它是生产企业产品能否出厂、经营企业能否接收产品的依据，也是质量技术监督部门、法院或其他执法部门执法的依据，又是消费者保护其权益的依据，更是质量检测机构信誉和自我保护所必需的。因此，检验结论要慎重而且必须做到：准确完整、科学严谨、依据充分、简明扼要，并防止忽视以下问题。

1. 结论的准确性

当被检产品依据多个标准进行多项指标检验时，其检验结论就必须体现多个标准的检验结果，应仔细对照标准和国家规定，要具体问题具体分析后再做结论。委托检验的样品是由企业送达的，可能是企业特殊加工的，也可能是企业经反复检验合格后送达的。样品的代表性通常较差，不具备公正性。因此，一般情况下，对委托检验不做合格与否的结论，只报告分析结果，报告上还必须加盖"仅对来样负责"的字样。

2. 结论的逻辑性

产品标准有的有等级规定，如优等、一等、合格品或一等、二等、三等、等外品；有按等级全项检验的，也有只检验几个参数的。前者必须对产品按等级做检验结论，后者必须对参数做检验结论。如果不合格，使用结论应为"该产品按××标准××等(级)品的要求，××参数不符合(不合格)。该产品不合格(不含委托检验)"较为科学。

3. 结论的统一性

检验结论的检验项目，必须与任务书、检验委托单、原始记录及报告首页的检验项目栏中的一致。非全项检验的，应明确结论，该产品按××标准检验××项，所检项目质量情况，并按照标准的规定或按照涉及有关安全、健康等强制要求的项目，给所检验产品做出是否符合产品标准或产品是否合格的结论，不能简单地给出结论为"合格"或"不合格"或"经检验，××项不符合标准要求"或"此栏空白"等。

思考题与习题

1. 系统误差和偶然误差各有何特点？如何消除或减免？

2. 为什么要进行误差的检验？误差的检验包括哪些内容、方法和对象？检验的顺序如何？

3. 为什么从三次平行测定数据中挑选两个自以为好的数据进行处理是不科学、不严肃也是不合理的？

4. 为什么说格鲁布斯检验法是检验可疑值较可靠的方法？

5. 滴定管的读数误差为±0.01 mL，每次滴定需读数两次。若滴定时消耗滴定剂的体积分别为25.00 mL和10.00 mL，读数的相对误差各为多少？

6. 某科技工作者提出了一种测定食品中粗蛋白的新方法，用此法分析标准值为16.62%的标准样品，四次平行测定的均值为 16.72%，$S=0.08\%$，此结果与标准值比较有无显著性差异（置信度按 95%考虑）？

7. 在不同温度（℃）下对某样品分析所得平行测定结果（%）如下：

$$10℃ \quad 96.5 \quad 95.8 \quad 97.1 \quad 96.0 \quad 96.7$$

$$37℃ \quad 94.2 \quad 93.0 \quad 95.0 \quad 93.0 \quad 94.5$$

当置信度为 95%时，比较两组分析结果有无显著性差异（进行 F 检验和 t 检验）。

8. 下列两组实验数据的精密度有无显著性差异？（置信度为 95%）

（1）0.1865、0.1859、0.1866、0.1863、0.1868、0.1865

（2）0.1867、0.1864、0.1872、0.1869、0.1866

9. 食品分析的实施过程中，为什么要进行分析质量控制（AQC）？怎样进行分析质量控制？

10. 食品分析质量保证（AQA）的主要内容有哪些？

11. 你对"分析质量保证实际上是实验室工作人员素质和质量的保证，人品和诚信的保证，是对有关人员职业道德的考核与衡量"这句话有何想法？

12. 用控制样绘制分析质量控制图时，对所用的测定数据，是否需要进行可疑值的检验？

13. 用国家颁布的标准方法对一个控制样中的某组分进行了 20 次测定，测定含量（μg/g）为：10.40、10.30、9.94、9.81、9.25、10.00、9.75、10.10、10.25、10.10、9.50、9.92、10.74、9.92、10.45、10.08、9.75、10.08、9.82 和 10.03，求其 $\overline{X}$ 及 S，并绘出精度分析质量控制图。今在相同条件下测定该组分的一批样品，所带入该控制样的测定结果为 10.60，请根据分析质量控制图"打点"，判断该批样品测定的精密度是否理想，偶然误差是否显著。

14. 用原子吸收光谱法（AAS）测定食品生产用水中镉的加标回收率，加入量为 0.050 mg/L。以该样品为控制样进行了 20 次加标回收实验，每次进行三个平行测定均无可疑值，取平均值报告结果如下（平均百分回收率，%）：

98，110，106，100，104，106，106，96，108，90，88，110，98，90，90，108，96，106，110，88

试画出该方法的准确度控制图，如果有一批 7 个食品生产用水样品要进行镉含量测定，将该控制样带入，平行取 6 份样品，其中 3 份加入镉标准溶液（加入量为 0.050 mg/L），3 份不加标样品分析结果分别为 0.045 mg/L、0.047 mg/L、0.046 mg/L；加标的 3 份样品分析结果分别为 0.085 mg/L、0.094 mg/L、0.089 mg/L，则这批水样的分析结果的准确度如何？

15. 请你结合实际，简述科研论文或测试报告中出现虚假数据或分析结果的危害性。

16. 质量保证（AQA）的主要内容有哪些？

17. 从实验中获得一组测定数据，你如何利用本章学习到的有关知识进行数据的处理和检验？请谈一谈数据检验的方法和顺序，各方法检验的是什么误差？

18. 从一批鱼中随机抽出 6 条，按照规定的方法进行预处理并测定鱼组织中的汞含量，得到如下结果（μg/g）：2.06、1.93、2.12、2.16、1.89、1.95。由此求这批鱼组织中汞含量的置信区间（置信度按 95%考虑）。

　　　　　　　　　　　　　　　　　　　　　　　　　　　　　　　　　[（2.02±0.12）μg/g]

19. 用吸光光度法测定某水样中的微量铁含量，5 次测定结果为 0.48、0.37、0.47、0.40、0.43（μg/mL），估计该水样中铁的含量范围（置信度按 95%考虑）。

　　　　　　　　　　　　　　　　　　　　　　　　　　　　　　　　　[（0.43±0.06）μg/mL]

20. 计算结果，并确定结果的有效数字的位数：

（1）$1.20\times(112-1.240)\div5.4375=$?

（2）$1.50\times10^{-5}\times6.11\times10^{-8}\div3.3\times10^{-5}=$?

（3）$4.42+115.1+12.4780-0.0021=$?

（4）$pK_a=4.75$，$K_a=$?

21. 如果要判断某样品测定时两组分析人员之间的分析结果是否存在显著的系统误差，则应该选用哪种检验方法？

（1）格鲁布斯检验法；（2）Q 值检验法；（3）格鲁布斯检验法+F 检验法；（4）t 检验法；（5）可疑值的检验+t 检验法；（6）可疑值的检验+F 检验法+t 检验法；（7）F 检验法+t 检验法

22. 为什么规定报告现代食品定量分析结果时，必须报告测量不确定度？

23. 不论是用计算器、计算机或手工方法进行计算，表示定量分析结果的误差或偏差时，为什么只取一位有效数字即可，最多取两位有效数字？

知识扩展：锌有维护视力的功能

正常人体各器官和组织内均含有一定量的锌，其中视网膜、脉络膜及前列腺组织含锌量最高。人们发现动物眼睛里含有相当多的锌。例如，在狐狸眼睛里含锌量竟高达15%，而且集中在眼睛的脉络膜区，认为锌离子起着一种高超的"黏合剂"的作用，是锌使网膜固定在脉络膜上。我们用双硫腙做实验，把双硫腙注射到眼里，让它夺走视网膜上的锌，结果视网膜立刻脱落了下来，动物变瞎了。锌在维持动物的视力上还有一个功能，那就是它能使视黄醛还原酶表现出活性。

(高向阳　教授)

第4章 水分及水分活度分析

4.1 概 述

4.1.1 水的作用及存在状态

1. 水的作用

水是生物体生存所必需的,对生命活动具有十分重要的作用,它是机体中体温的重要调节剂、营养成分和废物的载体,也是体内化学作用的反应剂和反应介质、润滑剂、增塑剂和生物大分子构象的稳定剂。

水作为食品重要的组成成分,其质量分数和存在状态直接影响着食品的感官性状、结构组成比例及储藏的稳定性。各种食品都有其特定的水分质量分数(表4.1),因而显示出它们各自的色、香、味和形。水在食品中不仅以纯水状态存在,而且还常溶解一些可溶性物质,如糖类、盐类、淀粉、亲水性蛋白质等。高分子物质也会分散在水中形成凝胶而赋予食品一定的形态;即使不溶于水的物质如脂肪和某些蛋白质,也能在适当条件下分散于水中成为乳浊液或胶体溶液。因此,水分质量分数和活度的测定是食品分析的重要内容之一。

表 4.1 各种食品的含水质量分数

食品	含水质量分数/%	食品	含水质量分数/%
一、肉类		苹果、桃子、橘子、葡萄柚	89～90
猪肉:生的分割瘦肉	50～60	大黄属植物、草莓、番茄	90～95
牛肉:生的零售分割肉	50～70	鳄梨、香蕉	74～80
鸡肉:各种级别的去皮生肉	74	三、蔬菜	
鱼:肌肉蛋白质	65～78	豌豆(绿)	74～80
二、水果		甜菜、茎叶菜、胡萝卜、马铃薯	80～90
浆果、樱桃、梨	80～85	芦笋、菜豆(绿)、卷心菜、花菜、莴苣	90～95

2. 水分的存在状态

根据水在食品中所处状态及与非水组分结合强弱的差异,水可分为结合水和自由水。

1)结合水

结合水(bound water)或束缚水通常是指存在于溶质或其他非水组分附近的、与溶质分子之间通过化学键结合的那部分水。根据被结合的牢固程度,结合水有以下几种形式。

(1)化合水。化合水是结合得最牢固的、构成非水物质组成的水,如化学水合物中的水。

(2)邻近水。邻近水处在非水组分亲水性最强的基团周围的第一层位置,与离子或离子基团缔合，是结合最紧密的水。水与离子、水与偶极缔合作用是主要结合力，其次是一些具有呈电离或离子状态基团的中性分子与水形成的氢键结合力。

(3) 多层水。多层水是指位于第一层剩余位置的水和在邻近水的外层形成的几个水层，主要是靠水与水、水与溶质间氢键力形成。尽管多层水不像邻近水那样牢固地结合，但仍然与非水组分结合得紧密，且性质与纯水的性质也不相同。因此结合水包括化合水和邻近水及几乎全部多层水。食品中大部分结合水是和蛋白质、碳水化合物等物质结合的。

2) 自由水

自由水(free water)或游离水是指没被非水物质化学结合的水。可分为 3 类：不移动水或滞化水(immobilized water)、毛细管水(capillary water)和自由流动水(fluidal water)。

(1) 滞化水。滞化水是指被组织中的显微和亚显微结构与膜所阻留的水，因不能自由流动，故称为不移动水或滞化水。例如，一块重 100 g 的肉，含蛋白质 20 g，总含水量为 70～75 g，除去近 10 g 结合水外，还有 60～65 g 的滞化水。

(2) 毛细管水。毛细管水是指在生物的细胞间隙和制成食品的结构组织中存在的一种由毛细管力所系留的水，又称为细胞间水，其物理和化学性质与滞化水相同。

(3) 自由流动水。自由流动水指动物的血浆、淋巴和尿液、植物的导管和细胞内液泡中的水。因为可以自由流动，所以称为自由流动水。

结合水和自由水很难定量截然区别，只能根据物理、化学性质进行定性区分：①结合水的量与食品中有机大分子的极性基团数量有比较固定的比例关系，如每 100 g 蛋白质可结合水分平均高达 50 g，每 100 g 淀粉的持水能力为 30～40 g。结合水对食品的风味起很大作用，当结合水被强行与食品分离时，食品风味、质量就会改变。②结合水的蒸气压比自由水低得多，100 ℃下结合水不能从食品中分离出来。③结合水的冰点约-40 ℃，这种性质使得植物的种子和微生物的孢子得以在很低的温度下保持其生命力；而多汁的组织(新鲜水果、蔬菜、肉等)在冰冻后，细胞结构常被自由水的冰晶破坏，解冻后组织不同程度地崩溃。④自由水能为微生物所利用，结合水则不能，也不能用作溶质的溶剂。

4.1.2　水分含量分析的意义

水的含量、分布和状态对食品的结构、外观、质地、风味、新鲜度及加工性能等均产生极大的影响，是决定食品品质的关键成分之一。水分含量测定是评价食品品质最基本、最重要的方法之一。

(1) 水分含量是影响食品品质和保藏性的重要因素。食品中的水分增减变化均会引起水分和食品中其他组分平衡关系的破坏，产生蛋白质的变性、糖和盐的结晶，而降低食品的复水性、保藏性及组织形态等。例如，鲜面包的水分质量分数若低于 28%～30%，其外观形态干瘪，失去光泽；水果硬糖的含水质量分数一般控制在 3.0%以下，过少则会出现返砂甚至返潮现象；乳粉水分质量分数控制在 2.5%～3.0%，可抑制微生物生长繁殖，延长保存期；脱水果蔬的非酶褐变可随水分含量的增加而增加；食品中的水分是引起食品化学性及微生物性变质的重要原因之一。分析食品中水分含量，对有效控制和保持食品良好的感官性状、维持食品中其他组分的平衡及保证食品具备一定的保存期均起着重要的作用。

(2) 水分含量是某些食品的重要质量指标，如国家标准中麦乳精(含乳固体饮料)的水分含量≤2.5%；蛋制品(巴氏消毒冰鸡全蛋)≤76%；加工肉类食品时，水分的质量分数通常也有专门指标，如肉松：太仓式≤20%，福建式≤8%。因此，为了能使产品达到相应的标准，需通过水分检测进行分析和控制。

(3)食品营养价值的计量值要求列出水分含量。

(4)测定食品的水质量分数即间接测定了固形物。固形物是食品中去除水分后剩下的干基，也称干物质，其组分有蛋白质、脂肪、粗纤维、无氮抽出物和灰分等。

(5)水分含量数据可用于表示样品在同一计量基础上其他分析的测定结果。

分析水分的质量分数对生产上计算物料平衡，实行工艺监督，以及保证产品质量，进行成本核算，提高经济效益等方面均具有重要意义。

4.2　水分含量分析方法

分析食品中的水分含量有直接法和间接法。利用水分本身的理化性质除去样品中的水分，对其进行定量的方法称为直接测定法，如干燥法、蒸馏法和卡尔·费休(Karl Fischer)法等。利用食品的密度、折射率、电导率、介电常数等物理性质测定水分含量的方法称为间接测定法。直接测定法精确度高、重复性好，但费时，且主要靠人工操作，劳动强度大。间接法的准确度比直接法低，且常要进行校正，但测定速度快，能自动连续测量，可用于食品生产过程中水分含量的自动控制。应根据食品的性质和测定目的选择最合适的分析方法。

4.2.1　干燥法

在一定温度和压力下，通过加热将样品中的水分完全蒸发，根据样品加热前后的质量差计算水分含量的方法称为干燥法。根据加热方式和设备不同又分为直接干燥法和减压干燥法。因干燥法是以样品干燥前后的质量变化计算水分含量，因此，也称为重量分析法。

1. 直接干燥法

原理：本法为 GB 5009.3—2016 第一法，在 101.3 kPa(一个大气压)，温度 101～105 ℃下采用挥发方法测定样品中干燥减失的质量，包括吸湿水、部分结晶水和该条件下能挥发的物质，再通过干燥前后的称量数值计算出水分的含量。

第一法(直接干燥法)适用于在 101～105 ℃下，蔬菜、谷物及其制品、水产品、豆制品、乳制品、肉制品、卤菜制品、粮食(水分含量低于 18%)、油料(水分含量低于 13%)、淀粉及茶叶类等食品中水分的测定，不适用于水分含量小于 0.5 g/(100 g)的样品。

第二法(减压干燥法)利用食品中水分的物理性质，在达到 40～53 kPa 压力后加热至(60±5) ℃，采用减压烘干法去除试样中的水分，再通过烘干前后称量数值计算出水分的含量。

第三法(蒸馏法)适用于含水较多又有较多挥发性成分的水果、香辛料及调味品、肉与肉制品等食品中水分的测定，不适用于水分含量小于 1 g/(100 g)的样品。

第四法(卡尔·费休法)适用于食品中含微量水分的测定，不适用于含有氧化剂、还原剂、碱性氧化物、氢氧化物、碳酸盐、硼酸等食品中水分的测定。卡尔·费休法适用于水分含量大于 $1.0×10^{-3}$ g/(100 g)的样品。

下面介绍 GB 5009.3—2016 第一法。

仪器与试剂：电热恒温干燥箱；分析天平(感量 0.1 mg)；带盖扁形称量瓶(铝制或玻璃制)

内径 60～70 mm,高 30～35 mm;干燥器(内附有效干燥剂);组织捣碎机;绞肉机(孔径 3 mm)。盐酸(优级纯);氢氧化钠(NaOH)(优级纯);盐酸溶液(6 mol/L):量取 50 mL 盐酸,加水稀释至 100 mL;氢氧化钠溶液(6 mol/L):称取 24 g 氢氧化钠,加水溶解并稀释至 100 mL;海砂:取用水洗去泥土的海砂或河砂,先用盐酸(6 mol/L)煮沸 0.5 h,用水洗至中性,再用氢氧化钠溶液(6 mol/L)煮沸 0.5 h,用水洗至中性,经 105 ℃干燥备用。

分析步骤:

(1)固体试样。取洁净铝制或玻璃制的扁形称量瓶,置于 101～105 ℃干燥箱中,瓶盖斜支于瓶边,加热 1.0 h,取出盖好,置干燥器内冷却 0.5 h,称量,并重复干燥至前后两次质量差不超过 2 mg,即为恒量。将混合均匀的试样迅速磨细至颗粒小于 2 mm,不易研磨的样品应尽可能切碎,称取 2～10 g 试样(精确至 0.0001 g),放入此称量瓶中,试样厚度不超过 5 mm,如为疏松试样,厚度不超过 10 mm,加盖,精密称量后,置 101～105 ℃干燥箱中,瓶盖斜支于瓶边,干燥 2～4 h 后,盖好取出,放入干燥器内冷却 0.5 h 后称量。然后再放入 101～105 ℃干燥箱中干燥 1 h 左右,取出,放入干燥器内冷却 0.5 h 后再称量。并重复以上操作至前后两次质量差不超过 2 mg,即为恒量。

(2)半固体或液体试样。取洁净的称量瓶,内加 10 g 海砂(实验过程中可根据需要适当增加海砂的质量)及一根小玻棒,置于 101～105 ℃干燥箱中,干燥 1.0 h 后取出,放入干燥器内冷却 0.5 h 后称量,并重复干燥至恒量。然后称取 5～10 g 试样(精确至 0.0001 g),置于称量瓶中,用小玻棒搅匀放在沸水浴上蒸干,并随时搅拌,擦去瓶底的水滴,置于 101～105 ℃干燥箱中干燥 4 h 后盖好取出,放入干燥器内冷却 0.5 h 后称量。然后再放入 101～105 ℃干燥箱中干燥 1 h 左右,取出,放入干燥器内冷却 0.5 h 后再称量。并重复以上操作至前后两次质量差不超过 2 mg,即为恒量。

分析结果计算:湿基试样中的水分的质量分数按式(4.1)计算:

$$w(湿基) = \frac{m_1 - m_2}{m_1 - m_3} \times 100\% \tag{4.1}$$

式中,w 为湿基试样中水分的质量分数,g/(100 g);m_1 为称量瓶(加海砂、玻棒)和试样的质量,g;m_2 为称量瓶(加海砂、玻棒)和试样干燥后的质量,g;m_3 为称量瓶(加海砂、玻棒)的质量,g。

干基试样中的水分的质量分数按式(4.2)计算:

$$w(干基) = \frac{m_1 - m_2}{m_2 - m_3} \times 100\% \tag{4.2}$$

式(4.2)中的符号同式(4.1)。

注意事项与说明:①水分含量 ≥1 g/(100 g)时,计算结果保留三位有效数字;水分含量 <1 g/(100 g)时,保留两位有效数字,在重复性条件下获得的两次独立测定结果的绝对差值不得超过算术平均值的 10%。②报告结果时必须说明是干基还是湿基计算的结果。用湿基样品的含水量比较样品中水的质量分数大小通常是不严谨、不科学的,应用时要加以注意。③该法要求加热过程中水分是唯一的挥发物质,食品中其他组分理化性质稳定。测定时称样量一般控制在其干燥后的残留物质为 2～4 g。对水分含量较低的固态、浓稠态食品,称样量控制在 3～5 g,果汁、牛乳等液态食品,控制在 15～20 g 为宜。④玻璃称量瓶能耐酸碱,不受样品性质的限制,常用于直接干燥法。铝质称量盒质量轻,导热性强,常用于减压干燥法,但不适宜酸性

食品。⑤烘干过程中，由于水分扩散不平衡，当外扩散大于内扩散时，妨碍水分从食品内部扩散到它的表层，样品易出现物理栅(physical barriers)。例如，干燥糖浆、富含糖分的果蔬及淀粉等样品，表层可结成梗膜，为此，应将样品加以稀释，或加入干燥助剂，如海砂、河砂等，一般每 3 g 样品加 20～30 g 海砂就可使其充分分散。

面包、馒头等水分质量分数在 16% 以上的谷类食品，将样品称出总质量后，切成厚为 2～3 mm 的薄片，自然条件下风干 15～20 h，然后再次称量并将样品粉碎、过筛、混匀，于洁净干燥的称量瓶中按上述固体样品的操作程序进行。结果计算见式(4.3)。

$$w = \frac{m_1 - m_2 + m_2 \left(\dfrac{m_3 - m_4}{m_3 - m_5} \right)}{m_1} \times 100\% \tag{4.3}$$

式中，w 为样品中水分的质量分数；m_1 为新鲜样品总质量，g；m_2 为风干后样品总质量，g；m_3 为干燥前适量样品与称量瓶质量，g；m_4 为干燥后适量样品与称量瓶质量，g；m_5 为称量瓶质量，g。

样品水分质量分数较高，干燥温度也较高时，有些样品可能发生化学反应，如糊精化、水解作用等，这些变化使水分无形损失。可先在低温条件下加热，其后在某一指定温度下继续完成干燥，如含还原糖较多的食品先用 50～60 ℃低温干燥 0.5 h 后，再用 101～105 ℃干燥，或用逐步升温方式干燥。果糖含量较高的水果制品、蜂蜜等，在大于 70 ℃时长时间加热，果糖会发生氧化分解而导致明显误差，不宜用直接干燥法测定水分。

2. 减压干燥法

原理：本法为 GB 5009.3—2016 第二法，根据压力降低，水的沸点也降低的原理，在 40～53 kPa 压力下加热至(60±5)℃，用减压干燥法去除试样中的水分，通过烘干前后的质量，计算出水分的质量分数。

减压干燥法适用于高温易分解的样品及水分较多的样品(如糖、味精等食品)中水分的测定，不适用于添加了其他原料的糖果(如奶糖、软糖等食品)中水分的测定，也不适用于水分含量小于 0.5 g/(100 g)的样品(糖和味精除外)。

仪器及装置：真空干燥箱(带真空泵、干燥瓶、安全瓶)；扁形铝制或玻璃制称量瓶；干燥器(内附有效干燥剂)；分析天平(感量为 0.1 mg)。

分析步骤：粉末和结晶试样直接称取，较大块硬糖经研钵粉碎，混匀备用。取已恒量的称量瓶称取 2～10 g(精确至 0.0001 g)试样，放入真空干燥箱内，用连接的真空泵抽出真空干燥箱内空气(所需压力一般为 40～53 kPa)，加热至(60±5)℃。关闭真空泵上的活塞，停止抽气，使真空干燥箱内保持一定的温度和压力，4 h 后，打开活塞，使空气经干燥装置缓缓通入真空干燥箱内，待压力恢复正常后再打开。取出称量瓶，放入干燥器中 0.5 h 后称量，并重复以上操作至前后两次质量差不超过 2 mg，即为恒量。分析结果计算同直接干燥法。

注意事项与说明：①样品要求水分是唯一的挥发物质。②减压干燥法选择的压力一般为 40～53 kPa，温度为(60±5)℃。实际应用时可根据样品性质及干燥箱耐压能力不同而调整压力和温度，如 AOAC 法中的干燥条件为咖啡：3.3 kPa 和 98～100 ℃；乳粉：13.3 kPa 和 100 ℃；干果：13.3 kPa 和 70 ℃；坚果和坚果制品：13.3 kPa 和 95～100 ℃；糖和蜂蜜：6.7 kPa 和 60 ℃等。③减压干燥时，自干燥箱内部压力降至规定真空度时起计算干燥时间，每次烘干时间为 4 h，但有的样品需 5 h，恒量一般以减量不超过 0.5 mg 时为标准，但对受热后易分解的样品则以不超过 1～3 mg 的减量为恒量标准。④真空条件下热量传导不好，称量瓶应直接放在金属架上以确保良好的热传导；蒸发是一个吸热过程，要注意由于多个样品放在同一烘箱中使箱内温度降低的现象，冷却会影响蒸发。但不能通过升温来弥补冷却效应，否则样品在最后干燥阶段可能会产生过热现象；干燥时间取决于样品的水分含量、样品的性质、单位质量的表面积、是否使用海砂、是否含有较强持水能力和易分解的糖类等因素。

4.2.2　蒸馏法

蒸馏法主要包括两种方式，一是把试样放在沸点比水高的矿物油里直接加热，使水分蒸发，冷凝后收集，测定其容积，现在已不使用；二是把试样与不溶于水的有机溶剂一同加热，以共沸混合蒸气的形式将水蒸馏出，冷凝后测定水的容积。这种方法称为共沸蒸馏法，是目前应用最广的水分蒸馏法，现予以介绍。

1. 原理

本法为 GB 5009.3—2016 第三法，基于两种互不相溶的液体二元体系的沸点低于各组分沸点的原理，把不溶于水的有机溶剂和试样共同放入蒸馏式水分测定装置中加热蒸馏，试样中的水分与溶剂蒸气一起蒸发，冷凝并收集馏出液于接收管内，由于密度不同，馏出液在接收管中分层。根据馏出液中水的体积计算水分质量分数。避免了挥发性物质减少的质量及脂肪氧化对水分测定造成的误差。因此本法适用于含较多挥发性物质的食品（如油脂、香辛料等）水分的测定，不适用于水分含量小于 1 g/(100 g) 的样品。

2. 仪器与试剂

分析天平：感量为 0.1 mg；水分测定器：如图 4.1 所示（带可调电热套）。水分接收管容量 5 mL，最小刻度值 0.1 mL，容量误差小于 0.1 mL。

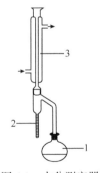

甲苯或二甲苯（化学纯）：取甲苯或二甲苯，先以水饱和后，分去水层，进行蒸馏，收集馏出液备用。

3. 分析步骤

准确称取适量试样（应使最终蒸出的水在 2～5 mL，但最多取样量不得超过蒸馏瓶的 2/3），放入 250 mL 蒸馏瓶中，加入新蒸馏的甲苯（或二甲苯）75 mL，连接冷凝管与水分接收管，从冷凝管顶端注入甲苯，装满水分接收管。同时做甲苯（或二甲苯）的试剂空白。

图 4.1　水分测定器
1. 250 mL 蒸馏瓶；
2. 水分接收管，有刻度；
3. 冷凝管

加热慢慢蒸馏，使每秒钟的馏出液为 2 滴，待大部分水分蒸出后，加速蒸馏约每秒 4 滴，当水分全部蒸出后，接收管内水分体积不再增加时，从冷凝管顶端加甲苯冲洗。如冷凝管壁附有水滴，可用附有小橡胶头的铜丝擦下，再蒸馏片刻至接收管上部及冷凝管壁无水滴附着，接收管水平面保持 10 min 不变为蒸馏终点，读取接收管水层的容积。按式（4.4）计算试样中水分的质量分数：

$$w = \frac{V - V_0}{m} \times 100 \tag{4.4}$$

式中，w 为试样中水分的含量，mL/(100 g)（或按水在 20℃ 的密度 0.998 230 g/mL 计算质量分数）；V 为作试样时接收管内水的体积，mL；V_0 为作试剂空白时接收管内水的体积，mL；m 为试样的质量，g。

以重复性条件下两次独立测定结果的算术平均值表示，结果保留三位有效数字。

表 4.2 列出了部分可用于水分测定的有机溶剂，最常用的是苯、甲苯和二甲苯。样品的性质是选择溶剂的重要依据，同时还应考虑有机溶剂的理化特性，如湿润性、热传导性、化学惰性、可燃性等。对热不稳定食品，一般不采用二甲苯，因为它的沸点高，应选择如苯、甲苯或甲苯-二甲苯的混合液等低沸点溶剂；对一些含有糖分、可分解析出水分的样品，如脱水洋葱和脱水大蒜，宜选用苯为溶剂；测定奶酪水分时可用正戊醇+二甲苯(1+1)混合液。

表 4.2　蒸馏法有机溶剂的物理常数

有机溶剂	沸点/℃	相对密度(25℃)	共沸混合物		水在有机溶剂中的溶解度/(g/100 g)
			沸点/℃	水分质量分数/%	
苯	80.20	0.88	69.25	8.80	0.05
甲苯	110.70	0.86	84.10	19.60	0.05
二甲苯	140.00	0.86	94.50	40.00	0.04
四氯化碳	76.80	1.59	66.00	4.10	0.01
四氯(代)乙烯	120.80	1.63	88.50	17.20	0.03
偏四氯乙烷	146.40	1.60			0.11

使用比水重的有机溶剂，其特点是样品会浮在上面，不易过热及炭化，又安全防火，但应注意选择相应的水分接收管，如图 4.1 所示。

注意事项与说明：①蒸馏法测量水分产生误差的原因很多，如样品中水分没有完全蒸发出来，水分附集在冷凝器和连接管内壁，水分溶解在有机溶剂中，比水重的溶剂被馏出冷凝后，会穿过水面进入接收管下方，生成了乳浊液，馏出了水溶性的成分等。②直接加热时应使用石棉网，最初蒸馏速度应缓慢，以每秒钟从冷凝管滴下 2 滴为宜，待刻度管内的水增加不显著时加速蒸馏，每秒钟滴下 4 滴。没水分馏出时，设法使附着在冷凝管和接收管上部的水落入接收管，再继续蒸馏片刻。蒸馏结束，取下接收管，冷却到 25 ℃，读取接收管水层的容积。如果样品含糖量高，用油浴加热较好。③样品为粉状或半流体时，将瓶底铺满干净的海砂，再加样品及无水甲苯。将甲苯经过氯化钙或无水硫酸钠吸水，过滤蒸馏，弃去最初馏液，收集澄清透明液即为无水甲苯。④为改善水分的馏出，对富含糖分或蛋白质的黏性试样宜分散涂布于硅藻土上或放在蜡纸上，上面再覆盖一层蜡纸，卷起来后用剪刀剪成 6 mm×8 mm 的小块；对热不稳定性食品，除选用低沸点溶剂外，也可分散涂布于硅藻土上。⑤为防止水分附集于蒸馏器内壁，需充分清洗仪器。蒸馏结束后，如有水滴附集在管壁，用绕有橡胶线并蘸满溶剂的铜丝将水滴回收。为防止出现乳浊液，可添加少量戊醇、异丁醇。

4.2.3　卡尔·费休法

卡尔·费休法简称费休法或 KF 法，是 1935 年由卡尔·费休提出的测定水分的碘量法，是一种快速、准确测定水分的滴定分析法，分为库仑法和容量法。卡尔·费休容量法适用

于水分含量大于 1.0×10^{-3} g/(100 g) 的样品,卡尔·费休库仑法适用于水分含量大于 1.0×10^{-5} g/(100 g) 的样品。食品分析中常用于测定淀粉类制品、脱水水果和蔬菜、糖果、巧克力、咖啡、茶叶、乳粉、炼乳及香料中的水分。此法快速准确且不需加热,结果的准确度优于直接干燥法,也是脂肪和油品中痕量水分的理想测定方法。

1. 原理

本法为 GB 5009.3—2016 第四法,根据碘能与水和二氧化硫发生化学反应,在有吡啶和甲醇共存时,1 mol 碘只与 1 mol 水作用,反应式如下:

$$C_5H_5N \cdot I_2 + C_5H_5N \cdot SO_2 + C_5H_5N + H_2O + CH_3OH \longrightarrow 2C_5H_5N \cdot HI + C_5H_6N[SO_4CH_3]$$

库仑法测定的碘是通过化学反应产生的,只要电解液中存在水,所产生的碘就会和水以 1:1 的关系按照化学反应式进行反应。当所有的水都参与了化学反应,过量的碘就会在电极的阳极区域形成,反应终止。容量法测定的碘是作为滴定剂加入的,滴定剂中碘的浓度是已知的,根据消耗滴定剂的体积,计算消耗碘的量,从而计算出被测物质水的质量分数。

2. 仪器与试剂

分析天平(感量为 0.1 mg);卡尔·费休水分测定仪:主要部件包括反应瓶、自动注入式滴定管、磁力搅拌器、氮气瓶及适合于永停法测定终点的电位测定装置等。

碘:将碘置于硫酸干燥器内放置 48 h 以上;二氧化硫:采用钢瓶装的二氧化硫或用硫酸分解亚硫酸钠而制得;无水吡啶:其含水量应控制在 0.1%以下。脱水方法为取吡啶 200 mL,置于烧瓶中,加苯 40 mL,加热蒸馏,收集 110~116 ℃馏出的吡啶。

无水甲醇(优级纯):量取甲醇 200 mL 于干燥烧瓶中,加表面光洁的镁条 15.00 g、碘 0.50 g,加热回流至金属镁开始转变为白色絮状的甲醇镁时,再加甲醇 800 mL,继续回流至镁条溶解。分馏,收集 64~65 ℃馏分,用干燥的吸滤瓶作接收器。冷凝管顶端和接收器支管上要装置氯化钙干燥管。

卡尔·费休试剂:称 85 g 碘于干燥的 1 L 具塞棕色玻璃试剂瓶中,加入 670 mL 无水甲醇,盖上瓶塞,摇动至碘全部溶解后,加 270 mL 吡啶混匀后,置于冰水浴中冷却,通入干燥的二氧化硫气体 60~70 g,通气完毕后塞上瓶塞,放置暗处至少 24 h 后使用。

3. 分析步骤

卡尔·费休试剂的标定(容量法):在反应瓶中加一定体积(浸没铂电极)的甲醇,搅拌下用卡尔·费休试剂滴定至终点。加入 10 mg 水(精确至 0.0001 g),滴定至终点并记录卡尔·费休试剂的用量(V)。卡尔·费休试剂的滴定度按式(4.5)计算:

$$T = \frac{m}{V} \tag{4.5}$$

式中,T 为卡尔·费休试剂的滴定度,mg/mL;m 为水的质量,mg;V 为滴定水消耗的卡尔·费休试剂的用量,mL。

可粉碎的固体试样要尽量粉碎,使之均匀。不易粉碎的试样可切碎。

试样中水分的测定:于反应瓶中加一定体积的甲醇或卡尔·费休测定仪中规定的溶剂浸

没铂电极，搅拌下用卡尔·费休试剂滴定至终点。迅速将易溶于上述溶剂的试样直接加入滴定杯中；对不易溶解的试样，应采用对滴定杯进行加热或加入已测定水分的其他溶剂辅助溶解后用卡尔·费休试剂滴定至终点。建议采用库仑法测定试样中的含水量应大于 10 μg，容量法应大于 100 μg。某些需要较长时间滴定的试样，需要扣除其漂移量。

漂移量的测定：在滴定杯中加入与测定样品一致的溶剂，并滴定至终点，放置不少于 10 min 后再滴定至终点，两次滴定之间的单位时间内的体积变化即为漂移量(D)。

固体试样中水分的含量按式(4.6)，液体试样中水分的含量按式(4.7)进行计算。

$$w = \frac{(V_1 - D \times t) \times T}{m} \times 100 \tag{4.6}$$

$$w = \frac{(V_1 - D \times t) \times T}{V_2 \rho} \times 100 \tag{4.7}$$

式中，w 为试样中水分的质量分数，g/(100 g)；V_1 为滴定样品时卡尔·费休试剂体积，mL；T 为卡尔·费休试剂的滴定度，g/mL；m 为样品质量，g；V_2 为液体样品体积，mL；D 为漂移量，mL/min；t 为滴定时所消耗的时间，min；ρ 为液体样品的密度，g/mL。

水分含量 ≥1 g/(100 g)时，计算结果保留三位有效数字；水分含量 <1 g/(100 g)时，计算结果保留两位有效数字。

注意事项与说明：①固体样品细度以 40 目为宜，最好用破碎机处理而不用研磨机，以防水分损失。粉碎样品时，保证含水量均匀是获得准确分析结果的关键。②空气湿度对测定影响很大，外界空气不允许进入反应室中。滴定操作过程中，可借通入的氮气或二氧化碳惰性气体驱除空气。③所用的玻璃器皿必须充分干燥。④不饱和脂肪酸和碘反应，均会使水分质量分数测定值偏高；而羰基化合物与甲醇发生缩醛反应生成水，也使水分质量分数测定值偏高(这个反应也会使终点消失)；因此应注意样品的处理，也可换用其他溶剂，如乙二醇甲醚、甲酰胺或二甲基甲酰胺等。⑤卡尔·费休试剂有效浓度取决于碘的浓度，有效浓度会不断降低，除试剂本身含有水分的影响外，主要是一些副反应消耗了一部分碘。例如

$$C_5H_5N\cdot I_2 + C_5H_5N\cdot SO_2 + C_5H_5N + 2CH_3OH \longrightarrow C_5H_5N\begin{smallmatrix} SO_4CH_3 \\ CH_3 \end{smallmatrix} + 2C_5H_5N\cdot HI$$

因此，新鲜配制的卡尔·费休试剂混合后需放置一定时间(24 h)后才能使用，每次临用前均应标定。

4.2.4　其他测定水分方法简介

1. 其他干燥法

1)化学干燥法

将某种对水蒸气具有强烈吸附作用的干燥剂与含水样品装入同一个干燥容器，如普通玻璃干燥器或真空干燥器中，通过等温扩散反吸附作用而使样品达到干燥恒量，然后根据干燥前后样品的失重计算水分的质量分数。该法在室温进行，缺点是需要时间较长，如数天或数周甚至数月。化学干燥剂主要有五氧化二磷、氧化钡、高氯酸镁、氢氧化钾(熔融)、氧化铝、硅胶、硫酸(95%)、氧化镁、氢氧化钠(熔融)、氧化钙、无水氯化钙等，它们的干燥效率依次降低。该法适宜于对热不稳定及含有易挥发组分的样品，如茶叶、香料等。

2) 微波干燥法

微波加热是靠电磁波把能量传播到加热物体内部，从而引起物质分子偶极子的摆动而产生热效应，物体内部温度迅速升高，具有干燥速度快、干燥时间短的特点；微波内部加热可避免一般加热过程中所出现的表面硬化和内外干燥不均匀现象；微波加热时，某些成分极易吸收微波，另一些成分则不易，这种选择性吸收热有利于提高产品质量。例如，食品中的水分吸收微波能量要比干物质多得多，温度也高得多，有利于水分的蒸发。干物质吸收微波能少，温度低，且加热时间短，能保持食品的色、香、味。

3) 红外线干燥法

以红外线发热管为热源，通过红外线的辐射热和直接热加热样品，迅速高效地使水分蒸发，由干燥前后样品的质量差计算其水分含量。与用热传导和对流方式的普通烘箱相比，干燥时间能显著缩短至 10~25 min。但其精密度较差，可用于在一定允许偏差范围内的样品水分含量的快速测定。

2. 介电容量法

根据样品的介电常数与含水率的关系，以含水食品作为测量电极间的充填介质，通过电容的变化进行食品水分质量分数的测定。该法仪器需用已知水分质量分数的样品(标准方法测定)进行校准。为控制分析结果的重现性和可靠性，要考虑样品的密度、温度等重要因素。仪器上都带有温度传感器，对测定结果进行温度补偿。我国生产的电容水分测定仪有 SWS-5 型、LSC-3 型、JLS-3 型等。

介电容量法常用于谷物中水分质量分数的测定，因水的介电常数(87.37)很高，淀粉介电常数(2~3)很小，所以，粮食的介电常数值大，含水分就高。水分质量分数为 10%~20% 时其他成分质量分数即使变化，对介电常数的影响很小，而水分变化所引起的介电常数变化非常明显，这种变化可由电容的变化测出。该法分析速度快，对需要进行质量控制和连续测定的加工过程非常有效。

3. 红外吸收光谱法

红外线分为①近红外区：0.75~2.5 μm；②中红外区：2.5~25 μm；③远红外区：25~1000 μm。中红外区是研究、应用最多的区域，水分子对三个区域的光波均具有选择吸收作用。根据水分对某一波长的红外光的吸收强度与其在样品中的质量分数存在一定的关系，建立了水分的红外光谱分析法。

日本、美国和加拿大等国已将近红外吸收光谱法用于谷物、咖啡、核桃、花生、肉制品(如肉馅、腊肉等)、巧克力浆、牛乳、马铃薯等样品的水分测定；中红外法已用于面粉、脱脂乳粉及面包中水分的测定，结果与卡尔·费休法、减压干燥法一致；远红外法可测出样品中质量分数大约为 0.05% 的水分。总之，红外光谱法准确、快速、方便，应用前景广阔。

4. 气相色谱法

气相色谱法测定食品中的水分含量的方法是首先准确称取一定量的样品与一定量的极性溶剂(如无水甲醇、无水乙醇或异丙醇等)置于超声波磨机中均质、抽提水分；然后将抽提物用气相色谱仪分离并根据峰面积确定样品中水分质量分数。此法灵敏度高，样品用量少，准确度与法定方法接近，与化学法相比，环境污染小，测定速度快，一个样品 5～10 min 内可完成。

在食品领域应用于水分分析的方法还有很多，如电导率法、折光法、冰点分析法等。

4.3　水分活度分析

4.3.1　水分活度分析的意义

前述方法测定的是包括食品中除结晶水以外的所有水分，与食品的腐败程度并不呈正相关，因为相同水分质量分数的食品具有不同的腐败变质现象，对食品的生产和保藏均缺乏科学指导作用。为了表示食品中所含水分作为微生物化学反应和微生物生长的可用价值，提出了水分活度(water activity)A_w 的概念。水分活度定义为：食品水分的饱和蒸气压(p)与相同温度下纯水的饱和蒸气压(p_0)之比，见式(4.8)。

$$A_w = \frac{p}{p_0} \tag{4.8}$$

式中，p 为某种食品在密闭容器中达到平衡状态时的水蒸气分压；p_0 为相同温度下纯水的饱和蒸气压。

水分活度表示食品中水分存在的状态，表示食品中所含的水分作为微生物化学反应和微生物生长的可用价值，即反映水分与食品的结合程度或游离程度，其值越小，结合程度越高；其值越大，结合程度越低。同种食品，水分质量分数越高，其 A_w 值越大，但不同种食品即使水分质量分数相同 A_w 值也往往不同，因此食品的水分活度是不能按其水分质量分数考虑的。例如，金黄色葡萄球菌生长要求的最低水分活度为 0.86，而与这个水分活度相当的水分质量分数则随不同的食品而异，如干肉为 23%，乳粉为 16%，干燥肉汁为 63%。所以，按水分质量分数难以判断食品的保存性，测定和控制水分活度，对于掌握食品品质的稳定与保藏具有重要意义。

第一，水分活度影响食品的色、香、味和组织结构等品质。食品中的各种化学、生物化学变化对水分活度都有一定的要求。例如，酶促褐变反应对食品的质量有重要影响，它是由酚氧化酶催化酚类物质形成黑色素所引起的。随着水分活度的减少，酚氧化酶的活性逐步降低；同样，食品内的淀粉酶、过氧化物酶等，在水分活度低于 0.85 的环境中，催化活性明显减弱，但脂酶除外，它在 A_w 为 0.3 甚至 0.1 时还可保留活性；非酶促褐变反应——美拉德反应也与水分活度有密切关系，当水分活度在 0.6～0.7 时，反应达到最大值；维生素 B_1 的降解在中高水分活度条件下也表现出最高的反应速率。水分活度对脂肪的非酶氧化反应有较复杂的影响。

第二，水分活度影响食品的保藏稳定性。微生物的生长繁殖是导致食品腐败变质的重要因素，其生长繁殖与水分活度密不可分。酵母菌生长繁殖的 A_w 阈值是 0.87；耐盐细菌是 0.75；耐干燥霉菌是 0.65；大多数微生物当 $A_w>0.60$ 时就能生长繁殖。食品中微生物赖以生存的水分主要是自由水，其质量分数越高，水分活度越大，食品更易受微生物污染，保藏稳定性越差。控制水分活度，可提高产品质量，延长食品保藏期。所以，食品中水分活度的测定已成为食品分析的重要分析项目。

4.3.2 水分活度的分析方法

1. 康卫氏皿扩散法

1）原理

本法为 GB/T 5009.238—2016 第一法，在密封、恒温的康卫氏皿中，试样中的自由水与水分活度（A_w）较高和较低的标准饱和溶液相互扩散，达到平衡后，根据试样质量的变化量，求得样品的水分活度。

康卫氏皿扩散法适用于水分活度为 0.00～0.98 的食品的测量。

2）仪器与试剂

康卫氏皿（带磨砂玻璃盖）：如图 4.2 所示；称量皿：直径 35 mm，高 10 mm；分析天平感量：0.0001 g 和 0.1 g；恒温培养箱：0～40 ℃，精度±1 ℃；电热恒温鼓风干燥箱。

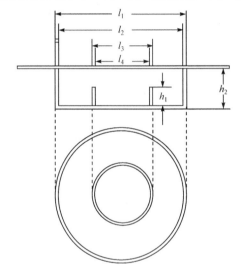

图 4.2　康卫氏皿示意图

l_1. 外室外直径 100 mm；l_2. 外室内直径 92 mm；l_3. 内室外直径 53 mm；l_4. 内室内直径 45 mm；
h_1.内室高度 10 mm；h_2. 外室高度 25 mm

所有试剂均为分析纯；用水应符合 GB/T 6682 规定的三级水规格；无机盐的饱和溶液按表 4.3 配制。

表 4.3　饱和盐溶液的配制

序号	过饱和盐种类	试剂名称	称取试剂的质量 X（加入热水 ª200mL）ᵇ/g ≥	水分活度 A_w（25℃）
1	溴化锂饱和溶液	溴化锂（LiBr·2H₂O）	500	0.064
2	氯化锂饱和溶液	氯化锂（LiCl·H₂O）	220	0.113
3	氯化镁饱和溶液	氯化镁（MgCl₂·6H₂O）	150	0.328
4	碳酸钾饱和溶液	碳酸钾（K₂CO₃）	300	0.432
5	硝酸镁饱和溶液	硝酸镁［Mg(NO₃)₂·6H₂O］	200	0.529
6	溴化钠饱和溶液	溴化钠（NaBr·2H₂O）	260	0.576

序号	过饱和盐种类	试剂名称	称取试剂的质量 X(加入热水 [a]200mL)[b]/g ⩾	水分活度 A_w(25℃)
7	氯化钴饱和溶液	氯化钴($CoCl_2 \cdot 6H_2O$)	160	0.649
8	氯化锶饱和溶液	氯化锶($SrCl_2 \cdot 2H_2O$)	200	0.709
9	硝酸钠饱和溶液	硝酸钠($NaNO_3$)	260	0.743
10	氯化钠饱和溶液	氯化钠($NaCl$)	100	0.753
11	溴化钾饱和溶液	溴化钾(KBr)	200	0.809
12	硫酸铵饱和溶液	硫酸铵 $[(NH_4)_2SO_4]$	210	0.810
13	氯化钾饱和溶液	氯化钾(KCl)	100	0.843
14	硝酸锶饱和溶液	硝酸锶$[Sr(NO_3)_2]$	240	0.851
15	氯化钡饱和溶液	氯化钡($BaCl_2 \cdot 2H_2O$)	100	0.902
16	硝酸钾饱和溶液	硝酸钾(KNO_3)	120	0.936
17	硫酸钾饱和溶液	硫酸钾(K_2SO_4)	35	0.973

a. 易于溶解的温度为宜。

b. 冷却至形成固液两相的饱和溶液，储于棕色试剂瓶中，常温下放置一周后使用。

3) 样品制备

粉末状固体、颗粒固体和糊状样品取至少 200.0 g，代表性样品混匀，于密闭玻璃容器内。块状样品取可食部分至少 200 g，在 18～25 ℃，湿度 50%～80% 的条件下，迅速切成约小于 3 mm×3 mm×3 mm 的小块，不得使用组织捣碎机，混匀后置于密闭的玻璃容器内。

将盛有试样的密闭容器、康卫氏皿及称量皿置于恒温培养箱内，于(25±1)℃条件下，恒温 30 min。取出后立即使用及测定。

分别取 12.00 mL 溴化锂饱和溶液、氯化镁饱和溶液、氯化钴饱和溶液、硫酸钾饱和溶液于 4 只康卫氏皿的外室，用经恒温的称量皿迅速称取与标准饱和盐溶液相等份数的同一试样约 1.50 g，于已知质量的称量皿中(精确至 0.0001 g)，放入盛有标准饱和盐溶液的康卫氏皿的内室。沿康卫氏皿上口平行移动盖好涂有凡士林的磨砂玻璃片，放入(25±1)℃的恒温培养箱内。恒温 24 h，取出盛有试样的称量皿，加盖，立即称量(精确至 0.0001 g)。

预测定结果的计算：试样质量的增减量按式(4.9)计算

$$m^* = \frac{m_1 - m}{m - m_0} \tag{4.9}$$

式中，m^* 为试样质量的增减量，g/g；m_1 为 25 ℃扩散平衡后试样和称量皿的质量，g；m 为 25 ℃扩散平衡前试样和称量皿的质量，g；m_0 为称量皿的质量，g。

4) 绘制二维直线图

以所选饱和盐溶液(25℃)的水分活度(A_w)数值为横坐标，对应标准饱和盐溶液的试样的质量增减数值为纵坐标，绘制二维直线图。取横坐标截距值，即为该样品的水分活度预测值，图 4.3 是蛋糕水分活度预测结果的二维直线图。

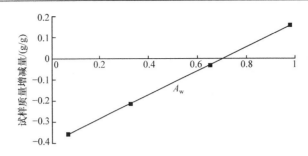

图 4.3 蛋糕水分活度预测结果二维直线图

5)试样的测定及结果计算

依据预测定结果，分别选用水分活度数值大于和小于试样预测结果值的饱和盐溶液各 3 种，各取 12.00 mL 注入康卫氏皿的外室。迅速称取与标准饱和盐溶液相等份数的同一试样约 1.50 g，于已知质量的称量皿中(精确至 0.0001 g)，放入盛有标准饱和盐溶液的康卫氏皿的内室。沿康卫氏皿上口平行移动盖好涂有凡士林的磨砂玻璃片，放入(25±1)℃的恒温培养箱内。恒温 24 h，取出盛有试样的称量皿，加盖，立即称量(精确至 0.0001 g)。

结果计算同预测定。取横坐标截距值，即为该样品的水分活度值，图 4.4 为蛋糕水分活度二维直线图。当符合允许差所规定的要求时，取三次平行测定的算术平均值作为结果。计算结果保留两位有效数字。

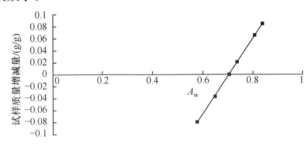

图 4.4 蛋糕水分活度二维直线图

2. 水分活度仪扩散法

1)原理

本法为 GB/T 23490—2009 的方法，在密闭、恒温的水分活度仪内，试样中的水分扩散平衡。此时水分活度仪测量舱内的传感器或数字化探头显示出的响应值(相对湿度对应的数值)即为样品的水分活度(A_w)。

2)仪器与试剂

水分活度仪：精度±0.02 A_w；分析天平：感量 0.01 g；样品皿。试剂及试样制备同康卫氏皿扩散法。

3)分析步骤

在室温 18~25 ℃，湿度 50%~80%条件下，用饱和盐溶液校正水分活度仪。称取约 1 g(精确至 0.01 g)试样，迅速放入样品皿中，封闭测量仓，在温度 20~25 ℃、相对湿度 50%~80%条件下测定。每间隔 5 min 记录水分活度仪的响应值。当相邻两次响应值之差小于 0.005 A_w 时，即为测定值。仪器充分平衡后，同一样品重复测定三次。当符合允许差所规定的要求时，取两次平行测定的算术平均值作为结果。计算结果保留三位有效数字。

思考题与习题

1. 食品水分含量测定的意义是什么?
2. 简述食品中水分的存在形式及其特点。
3. 简述直接干燥法和减压干燥法的原理及其适用范围。
4. 蒸馏法测定水分的原理及适用范围是什么?
5. 蒸馏法测定水分可能产生误差的种类及其防止方法有哪些?
6. 通过叙述卡尔·费休试剂中各组分的作用,说明卡尔·费休法测定水分的原理。
7. 为什么要标定卡尔·费休试剂? 卡尔·费休试剂的有效浓度取决于哪种试剂?
8. 常用测定水分含量的方法有哪些? 说明其原理及适用样品。
9. 水分活度的测定有哪些方法? 分别说明测定原理。
10. 简述康卫氏皿扩散法测定食品水分活度的步骤。
11. 为什么说用湿基样品的含水量比较样品中水的质量分数大小通常是不严谨、不科学的? 应当如何正确地计算和进行科学比较?

（李永才　教授）

知识扩展 1：饮水过量会导致水"中毒"

对浮肿患者、心脏功能衰竭患者、肾功能衰竭患者来说,饮水太多可能会加重心脏和肾脏负担,导致病情加剧。身体健康的人过量饮水一方面会导致体内钠盐等电解质大量流失,如果未补充足够盐分,会使人发生"低钠血症";另一方面,水会从稀释的血液中移向水较少的细胞和器官。脑细胞吸水膨胀后使脑内的压力增加,会使人感到头痛。随着脑组织的膨胀挤压,调节呼吸的功能及其他重要生理机能就会受到干扰。最后人可能就会停止呼吸而死亡。

知识扩展 2：过量摄入糖类的危害

每天吃糖或甜食较多,则吃其他富含营养的食物就要减少。尤其是儿童,若吃糖或甜食过多,会使正餐食量减少,蛋白质、矿物质、维生素等得不到及时补充,易导致营养不良。常吃糖食,为口腔内细菌提供了生长繁殖的良好环境,易被乳酸菌作用而产生酸,使牙齿脱钙,易发生龋齿。吃糖过多,剩余的部分就会转化为脂肪,可导致肥胖病、糖尿病和高脂血症。过多的糖使体内维生素 B_1 的含量减少,由于维生素 B_1 是糖在体内转化为能量时必需的物质,维生素 B_1 不足,大大降低了神经和肌肉的活动能力,因此,偶然摔倒易发生骨折。实验研究证实,癌症与缺钙有密切联系,而能造成缺钙的白糖,被认为是造成某些癌症的诱发因素之一。过量的糖类摄入,使血脂、血糖升高,患心血管疾病的概率就大。

（高向阳　教授）

第5章 蛋白质及氨基酸分析

5.1 概　述

蛋白质是生命的物质基础，是构成生物体细胞组织的重要成分之一，是生物体发育及修补组织的原料。人体内的酸、碱及水分平衡，遗传信息的传递，物质代谢及转运都与蛋白质有关。人只能从食物中得到蛋白质及其分解产物，故蛋白质是人体重要的营养物质，也是食品中重要的营养成分。

测定食品中蛋白质的含量，可了解食品质量，为合理调配膳食、保证不同人群的营养需要提供科学依据。蛋白质是由 20 余种氨基酸组成的高分子化合物，相对分子质量数万至数百万。多数氨基酸在人体内可以合成，但赖氨酸、色氨酸、苯丙氨酸、苏氨酸、甲硫氨酸、缬氨酸、亮氨酸、异亮氨酸等 8 种氨基酸在人体内不能合成，必须从食物中获得，称为必需氨基酸(essential aminoacid)。组成蛋白质的主要元素为碳、氢、氧、氮，少量或微量元素为硫、磷、铁、镁、碘等。蛋白质的含氮量比较恒定，为 15%～17.6%，平均为 16%。

测定蛋白质的方法分为两大类：一类是利用蛋白质的共性，即含氮量、肽键和折射率等测定蛋白质含量；另一类是利用蛋白质中特定氨基酸残基、酸性和碱性基团及芳香基团等进行测定。因食品种类繁多，蛋白质含量各异，特别是碳水化合物、脂肪和维生素等干扰成分很多，因此，蛋白质含量测定最常用的方法是凯氏定氮法。此外，还有双缩脲法、染料结合法和酚试剂法等。

食品中氨基酸成分复杂，在常规检验中大多测定样品中氨基酸的总量。色谱技术的发展为各种氨基酸的分离、鉴定及定量提供了有力的工具，利用氨基酸分析仪、高效液相色谱仪等可以快速、准确地测出各类氨基酸含量。下面分别介绍常用的蛋白质和氨基酸测定方法。

5.2 凯氏定氮法

新鲜食品中含氮化合物大多以蛋白质为主，检验食品中蛋白质时，往往只限于测定总氮量，然后乘以蛋白质换算系数，即可得到蛋白质含量。凯氏定氮法可用于所有动、植物食品的蛋白质含量测定，但因样品中常含有核酸、生物碱、含氮类脂、卟啉及含氮色素等非蛋白质的含氮化合物，故结果称为粗蛋白质含量。

凯氏定氮法经长期改进，迄今已演变成常量法、半微量法、自动定氮仪法、微量法等多种，至今仍被作为国家标准检验方法(GB 5009.5—2016)。下面仅对前三种方法予以介绍。

5.2.1 常量凯氏定氮法

1. 原理

样品与硫酸和催化剂一同加热消化，使蛋白质分解，其中碳和氢被氧化成二氧化碳和水逸出,有机氮转化为氨与硫酸结合成硫酸铵。然后加碱蒸馏,游离氨用硼酸吸收后再用盐酸或硫酸标准溶液滴定。根据消耗的标准酸溶液的物质的量计算样品中蛋白质的质量分数。

1)消化反应方程式

$$2NH_2(CH_2)_2COOH + 13H_2SO_4 = (NH_4)_2SO_4 + 6CO_2\uparrow + 12SO_2\uparrow + 16H_2O$$

在消化反应中,为了加速蛋白质的分解,缩短消化时间,常加入硫酸钾和硫酸铜。

(1)硫酸钾:加入硫酸钾可以提高溶液的沸点而加快有机物分解。它与硫酸作用生成硫酸氢钾可提高反应温度,一般纯硫酸的沸点在 340 ℃左右,而添加硫酸钾后,可使温度提高至400℃以上,主要原因在于随着消化过程中硫酸不断地被分解,水分不断逸出而使硫酸钾浓度增大,故沸点升高,其反应式如下:

$$K_2SO_4 + H_2SO_4 = 2KHSO_4$$

$$2KHSO_4 \stackrel{\triangle}{=} K_2SO_4 + H_2O + SO_3\uparrow$$

但硫酸钾加入量不能太大,否则消化体系温度过高,会引起已生成的铵盐发生热分解逸出氨而造成损失:

$$(NH_4)_2SO_4 \stackrel{\triangle}{\longrightarrow} NH_3\uparrow + NH_4HSO_4$$

$$NH_4HSO_4 \stackrel{\triangle}{\longrightarrow} NH_3\uparrow + SO_3\uparrow + H_2O$$

也可加入硫酸钠、氯化钾等提高沸点,但效果不如硫酸钾。

(2)硫酸铜:硫酸铜起催化剂的作用。凯氏定氮法中可用的催化剂很多,除硫酸铜外,还有氧化汞、汞、硒粉、二氧化钛等,但考虑到效果、价格及环境污染等多种因素,应用最广泛的是硫酸铜。使用时常加入少量过氧化氢、次氯酸钾等作为氧化剂加速有机物氧化。硫酸铜的反应如下:

$$2CuSO_4 \stackrel{\triangle}{\longrightarrow} Cu_2SO_4 + SO_2\uparrow + O_2\uparrow$$

$$C + 2CuSO_4 \stackrel{\triangle}{\longrightarrow} Cu_2SO_4 + SO_2\uparrow + CO_2\uparrow$$

$$Cu_2SO_4 + 2H_2SO_4 \stackrel{\triangle}{\longrightarrow} 2CuSO_4 + 2H_2O + SO_2\uparrow$$

此反应不断进行,待有机物全部被消化完后,不再生成硫酸亚铜,溶液呈现清澈的蓝绿色。故硫酸铜除起催化剂的作用外,还可指示消化终点的到达,以及下一步蒸馏时作为碱性反应的指示剂。

2)蒸馏、吸收、滴定

在消化完全的样品溶液中加入浓氢氧化钠使溶液呈碱性,加热蒸馏,即可释放出氨气,反应方程式如下:

$$2NaOH + (NH_4)_2SO_4 \stackrel{\triangle}{=} 2NH_3\uparrow + Na_2SO_4 + 2H_2O$$

蒸馏放出的氨用硼酸溶液吸收后,用盐酸标准溶液滴定。因硼酸呈微弱酸性,有吸收氨的作用,用酸滴定不影响指示剂的变色。吸收与滴定反应方程式如下:

$$2NH_3 + 4H_3BO_3 = (NH_4)_2B_4O_7 + 5H_2O$$

$$(NH_4)_2B_4O_7 + 5H_2O + 2HCl = 2NH_4Cl + 4H_3BO_3$$

此为国家标准分析法，适用于各类食品中蛋白质含量的测定，详见 GB/T 5009.5—2016。

2. 仪器与试剂

定氮蒸馏装置如图 5.1 所示。

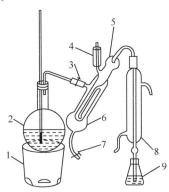

图 5.1　定氮蒸馏装置图

1. 电炉；2. 水蒸气发生器 (2 L 烧瓶)；3. 螺旋夹；4. 小玻杯及棒状玻塞；5. 反应室；
6. 反应室外层；7. 橡皮管及螺旋夹；8. 冷凝管；9. 蒸馏液接收瓶

浓硫酸；硫酸铜；硫酸钾；硼酸；甲基红指示剂；溴甲酚绿指示剂；亚甲基蓝指示剂；0.0500 mol/L 硫酸标准溶液或 0.0500 mol/L 盐酸标准溶液；体积分数为 95% 乙醇；氢氧化钠。

混合指示剂：1 份甲基红乙醇溶液 (1 g/L) 与 5 份溴甲酚绿乙醇溶液 (1 g/L)，临用时混合。也可用 2 份甲基红乙醇溶液 (1 g/L) 与 1 份亚甲基蓝乙醇溶液 (1 g/L) 临用时混合。

20 g/L 硼酸溶液：称取 20 g 硼酸，加水溶解后并稀释至 1000 mL。

400 g/L 氢氧化钠溶液：称取 40 g 氢氧化钠加水溶解后，冷却，并稀释至 100 mL。

3. 分析方法

称取充分混匀的固体样品 0.2～2 g 或半固体样品 2～5 g 或吸取 10～25 mL 液体样品（相当于 30～40 mg 氮），移入干燥的 100 mL、250 mL 或 500 mL 定氮瓶中，加 0.2 g 硫酸铜、6 g 硫酸钾及 20 mL 浓硫酸，轻摇后于瓶口放一小漏斗，将瓶以 45°斜支于有小孔的石棉网上。用电炉小火加热至内容物全部炭化，泡沫停止产生后加大火力，保持瓶内液体微沸，至液体变蓝绿色透明后，再继续加热液体微沸，至液体呈蓝绿色澄清透明，再继续加热 0.5～1 h。取下放冷，小心加 20 mL 水。冷却后，移入 100 mL 容量瓶中，用少量水洗定氮瓶，洗液并入容量瓶中，再加水定容，混匀备用。同时做试剂空白实验。

按图 5.1 装好蒸馏装置，向水蒸气发生器内装水至 2/3 处，加入数粒玻璃珠，加甲基红乙醇溶液数滴及数毫升硫酸，以保持水呈酸性，加热煮沸水蒸气发生器内的水并保持沸腾。

向接收瓶内加入 10.00 mL 硼酸溶液及 1～2 滴混合指示液，并使冷凝管的下端插入液面下，根据试样中氮含量，准确吸取 2.00～10.00 mL 试样处理液，由小玻杯注入反应室，以 10 mL 水洗涤小玻杯并使之流入反应室内，塞紧棒状玻塞。将 10.00 mL 氢氧化钠溶液倒入小玻杯，提起玻塞使其缓缓流入反应室，立即将玻塞盖紧，并加水于小玻杯以防漏气。夹紧螺旋夹，开始蒸馏。蒸馏 10 min 后移动蒸馏液接收瓶，液面离开冷凝管下端，再蒸馏 1 min。

然后用少量水冲洗冷凝管下端外部，取下蒸馏液接收瓶。以硫酸或盐酸标准滴定溶液滴定至终点，其中 2 份甲基红乙醇溶液与 1 份亚甲基蓝乙醇溶液指示剂，颜色由紫红色变成灰色，pH 为 5.40；1 份甲基红乙醇溶液与 5 份溴甲酚绿乙醇溶液指示剂，颜色由酒红色变成绿色，pH 为 5.10。同时作试剂空白。按式 (5.1) 计算试样中蛋白质的质量分数。

$$w = \frac{(V_1 - V_2) \times c \times 0.014\,01}{m \times V_3 / 100} \times F \times 100 \tag{5.1}$$

式中，w 为试样中蛋白质的质量分数，g/(100 g)；V_1 为试液消耗酸标准滴定液的体积，mL；V_2 为试剂空白消耗酸标准滴定液的体积，mL；V_3 为吸取消化液的体积，mL；c 为酸标准滴定溶液的物质的量浓度，mol/L；0.014 01 为 1 mmoL 酸标准滴定液 $[n(1/2H_2SO_4)]$ 或 $n(HCl)]$ 相当的氮的质量，g；m 为试样的质量，g；F 为氮换算为蛋白质的系数。

注意事项与说明：①所用试剂溶液均用无氨蒸馏水配制。②消化时应保持缓和沸腾，不时转动凯氏烧瓶，利用冷凝酸液将附在瓶壁上的固体残渣洗下并促进其消化完全。有机物分解完全时消化液呈蓝色或浅绿色，但含铁量多时，呈较深绿色。③样品含脂肪或糖较多，消化时易产生大量泡沫，开始消化时应小火加热，不断摇动；或加少量辛醇或加液状石蜡、硅油消泡剂。④取干试样超过 5 g，按每克试样 5 mL 的比例增加硫酸用量。样品消化液不易澄清透明时，可将凯氏烧瓶冷却，加入 30 g/(100 mL) 过氧化氢 2～3 mL 后再继续加热消化。必须清楚计算结果是干基还是湿基样品的质量分数。⑤消化至透明后，继续消化 30 min 即可，对含有特别难以氨化的氮化合物样品，如含赖氨酸、色氨酸、酪氨酸或脯氨酸等时，需适当延长消化时间。⑥蒸馏装置不能漏气，蒸气要充足均匀，加碱量要足够，若消化液成蓝色，没生成黑色的氧化铜沉淀说明碱加入量不足，此时需要增加氢氧化钠加入量。加碱动作要快，防止氨损失。要先将硼酸吸收液放在锥形瓶内，将冷凝管下端插入吸收液里，然后再加碱，否则将会造成蒸馏过程氨损失，使测定结果偏低或测不出结果。⑦硼酸吸收液的温度不应超过 40 ℃，否则对氨的吸收作用减弱而造成损失。蒸馏完毕，将冷凝管下端提离液面清洗管口，再蒸 1 min 后关掉热源，否则可能造成吸收液倒吸。⑧混合指示剂在碱性溶液中呈绿色，中性液中呈灰色，酸性溶液中呈红色。⑨一般食物、复合食品、肉与肉制品的蛋白质换算系数为 6.25，牛乳及其制品为 6.38，小麦粉为 5.70，玉米、高粱为 6.24，花生为 5.46，大米为 5.95，大豆及其制品为 5.71，大麦、小米、燕麦、稞麦为 5.83，芝麻、向日葵为 5.30。⑩两次平行测定结果的算术平均值表示，蛋白质含量 ≥1 g/(100 g) 时，结果保留三位有效数字；蛋白质含量 <1 g/(100 g) 时，结果保留两位有效数字。⑪两次平行测定结果的绝对差值不得超过算术平均值的 10%。

5.2.2　自动凯氏定氮法

1. 原理

测定原理和适用范围同常量凯氏定氮法。

2. 仪器

消化装置：红外线加热消化装置；自动凯氏定氮仪：具有自动加碱蒸馏、自动吸收、自动滴定以及数字显示等功能。

3. 分析方法

称取混匀的固体样品 0.2～2 g 或半固体样品 2～5 g 或吸取 10～25 mL 液体样品(相当于氮 30～40 mg)，置于消化管内，加入硫酸铜、硫酸钾，再加浓硫酸 10 mL，将消化管置于红外线消化炉中，用连接管连接密封住消化管，开启抽气装置和消化炉电源，至消化液完全澄清并呈绿色，样品即消化完毕。取出消化管，移装于自动凯氏定氮仪中，自动加水、加碱后，自动蒸馏、滴定，由数显装置即可给出样品总氮含量，并记录。根据样品的种类选择相应的蛋白质换算系数 F，可得出样品中蛋白质的质量分数。排出废液并清洗消化管。

注意事项与说明：①不要过分依赖仪器，自动凯氏定氮仪仅适合大批量样品的测定；②盐酸溶液的标定要按照国标方法进行。

5.2.3　凯氏定氮法的缺陷

从凯氏定氮法的原理知道，凯氏定氮法是将含氮有机物转变为硫酸铵来进行分析，得到的含氮量值再乘以换算系数，即为蛋白质含量。然而，样品中自然存在铵盐、游离氨、非蛋白质含氮化合物，不法分子蓄意添加到样品中的铵盐、非蛋白质含氮化合物，如三聚氰胺等假蛋白氮，该法无法区分。在测定过程中，会同样被消化成 $(NH_4)_2SO_4$，造成样品中蛋白质的质量分数虚高。所以，GB 5009.5—2016 中强调，凯氏定氮法不适用于添加无机含氮物质、有机非蛋白质含氮物的食品分析。

5.3　蛋白质的快速分析方法

5.3.1　双缩脲法

1. 原理

双缩脲是由两分子尿素经高温加热，释放出一分子的氨缩合而成的化合物。在碱性溶液中它与硫酸铜反应生成紫红色络合物，此为双缩脲反应。含有两个或两个以上肽键的化合物都具有双缩脲反应。蛋白质含有多个肽键，在碱性溶液中能与 Cu^{2+} 络合成紫红色化合物。其颜色深浅与蛋白质的浓度成正比，在 540 nm 处有最大吸收峰，可用比色法测定。双缩脲法最常用于需要快速但并不需要十分精确的测定。

当脲被小心地加热至 150～160 ℃时，可由两个分子间脱去一个氨分子而生成二缩脲(也称双缩脲)，反应式如下：

$$H_2NCONH_2 + H—N(H)—CO—NH_2 \xrightarrow{150～160℃} H_2NCONHCONH_2 + NH_3\uparrow$$

双缩脲反应主要涉及肽键，与蛋白质的氨基酸组成及相对分子质量无关，因此受蛋白质特异性影响较小。且使用试剂价廉易得，操作简便，可测定的范围为 1～10 mg/mL 蛋白质，适用于精度要求不太高的蛋白质含量的分析，能测出的蛋白质含量必须在 0.5 mg 以上。双缩脲法的灵敏度差，所需样品量大。干扰此测定的物质包括氨基酸或肽的缓冲液，如 Tris 缓冲液。因为它们产生阳性呈色反应，铜离子也容易被还原，有时出现红色沉淀。除—CONH—有此反应外，—CS—NH₂、—CH₂—NH₂、—CRH—NH₂、—CH₂—NH—CH₂—NH—CH：OH

和—CHOH—CH：NH：等基团也有此反应。所以，二肽以上的多肽和蛋白质都有双缩脲反应。但是有双缩脲反应的物质不一定就是多肽或蛋白质。

本法灵敏度低，操作简单快速，在生物化学领域常用此法测定蛋白质含量。

2. 仪器与试剂

分光光度计；4000 r/min 离心机。

碱性硫酸铜溶液：①以丙三醇为稳定剂：将 10 mL 10 mol/L 氢氧化钾溶液和 3 mL 丙三醇加到 937 mL 蒸馏水中，剧烈搅拌，缓慢加入 50 mL 40 g/L $CuSO_4 \cdot 5H_2O$ 溶液；②以酒石酸钾钠为稳定剂：将 10 mL 10 mol/L 氢氧化钾溶液和 20 mL 250 g/L 酒石酸钾钠溶液加到 930 mL 蒸馏水中，剧烈搅拌，缓慢加入 40 mL 40 g/L 硫酸铜溶液。

3. 分析方法

标准曲线绘制：以采用凯氏定氮法测出蛋白质含量的样品作为标准蛋白质样。按蛋白质含量 40 mg、50 mg、60 mg、70 mg、80 mg、90 mg、100 mg 和 110 mg 分别称取混合均匀的标准蛋白质样于 8 支 50 mL 纳氏比色管中，然后各加 1 mL 四氯化碳，再用碱性硫酸铜溶液（①或②）准确稀释至 50 mL，振摇 10 min，静置 1 h，取上层清液离心 5 min，取离心分离后的透明液于比色皿中，在 560 nm 波长下以蒸馏水作参比，调节仪器零点并测定各溶液的吸光度 A，以蛋白质的含量为横坐标，吸光度 A 为纵坐标绘制标准曲线。

样品测定：准确称适量样品（使蛋白质含量为 40～110 mg）于 50 mL 纳氏比色管中，加 1 mL 四氯化碳，按上述步骤显色后，在相同条件下测其吸光度 A。用测得的 A 值在标准曲线上即可查得蛋白质毫克数，按式（5.2）计算样品中蛋白质含量。

$$w = \frac{m_1}{m} \times 100 \tag{5.2}$$

式中，w 为样品中蛋白质的质量分数，mg/(100 g)；m_1 为由标准曲线上查得的蛋白质质量，mg；m 为样品质量，g。

注意事项与说明：①本法已被用于谷类、肉类、大豆及动物饲料等样品的蛋白质测定。蛋白质的种类不同，对发色程度影响不大；②配制试剂加入硫酸铜溶液时，必须剧烈搅拌，否则将生成氢氧化铜沉淀；③标准曲线制作完整后，无须每次再作标准曲线；④含脂肪高的样品应预先用醚抽出脂肪；⑤样品中有不溶性成分存在时，可预先将蛋白质抽出后再测定；⑥当肽链中含有脯氨酸时，若有多量糖类共存，则显色不好，会使测定值偏低；⑦注意计算结果是干基样品还是湿基的质量分数。

5.3.2　紫外吸光光度法

1. $A_{280\,nm}$ 光吸收法

1）原理

蛋白质及其降解产物（胨、肽和氨基酸）的芳香环残基[—NH—CH(R)—CO—]在紫外区对一定波长的光有选择吸收。在波长 280 nm 处，吸光度与蛋白质浓度（3～8 mg/mL）呈直线关系。

通过测定蛋白质溶液的吸光度，求出样品的蛋白质含量。

本法简便迅速，常用于生物化学研究工作。由于许多非蛋白质在紫外光区也有吸收作用，加之光散射作用的干扰，在食品分析中的应用并不广泛。

2) 仪器

紫外分光光度计；离心机。

3) 分析方法

绘制标准曲线：准确称取样品 2.000 g 于 50 mL 烧杯中，加 0.10 mol/L 柠檬酸溶液 30 mL，搅拌 10 min 使其充分溶解，用四层纱布过滤于玻璃离心管中，以 3000～5000 r/min 离心 5～10 min，倾出上清液。分别吸取 0.50 mL、1.00 mL、1.50 mL、2.00 mL、2.50 mL、3.00 mL 于 10 mL 容量瓶中，各加 8 mol/L 尿素的氢氧化钠溶液至刻度，充分振摇 2 min，若浑浊，再离心至透明。将透明液置于比色皿中，以 8 mol/L 尿素的氢氧化钠溶液作参比液，在 280 nm 波长处测定各溶液的吸光度 A。以事先用凯氏定氮法分析的样品中蛋白质质量为横坐标，吸光度 A 为纵坐标，绘制标准曲线。

样品测定：准确称取试样 1.000 g，处理如前，吸取的每毫升样品溶液中含有 3～8 mg 蛋白质。按标准曲线绘制的操作条件测定其吸光度，从标准曲线中查出蛋白质的含量。按式 (5.3) 计算结果：

$$w = \frac{m_1}{m} \times 100 \tag{5.3}$$

式中，w 为样品中蛋白质的质量分数，g/(100 g)；m_1 为从标准曲线上查得的蛋白质质量，mg；m 为测定样品溶液所相当于样品的质量，mg。

注意事项与说明：①本法用于测定牛乳、小麦粉、糕点、豆类、蛋黄及肉制品中的蛋白质含量。测定牛乳时按如下操作：准确吸取混合均匀样品 0.20 mL 于 25 mL 纳氏比色管中，用 95%～97% 的冰醋酸定容，摇匀，以 95%～97% 的冰醋酸为参比溶液，用 1 cm 石英比色皿于 280 nm 处测定吸光度，用标准曲线法确定样品蛋白质含量(标准曲线以采用凯氏定氮法已测出蛋白质含量的牛乳标准样绘制)。②测定糕点时，应将表皮的颜色去掉。③温度对蛋白质水解有影响，操作温度应控制在 20～30 ℃。

2. $A_{215\,nm}$ 和 $A_{225\,nm}$ 的吸收差法

蛋白质稀溶液不能用 $A_{280\,nm}$ 吸收法测定，可用 $A_{215\,nm}$ 和 $A_{225\,nm}$ 吸收差法求蛋白质浓度。

样品测定：取一定量的样品液，以蒸馏水调零，分别测定 $A_{215\,nm}$ 和 $A_{225\,nm}$，并求出 $A_{215\,nm}$ 和 $A_{225\,nm}$ 差值，与蛋白质标准溶液吸收差值作对照，求出样品的蛋白质含量。

本法蛋白质质量浓度为 20～100 mg/L 时呈良好线性关系。氯化钠、硫酸铵及 0.10 mol/L 磷酸、硼酸和三羟甲基氨基甲烷等缓冲液无显著干扰，但 0.10 mol/L 氢氧化钠、0.10mol/L 乙酸、琥珀酸、邻苯二甲酸、巴比妥等缓冲液，在 215 nm 的吸收较大，需将其浓度降到 0.005 mol/L 才无显著影响。

3. 肽键紫外光测定法

蛋白质溶液在 238 nm 下均有光吸收，吸收强弱与肽键多少成正比，依此测定样品在 238 nm 的吸收值，与蛋白质标准液对照求蛋白质含量。

本法比 280 nm 吸收法灵敏。由于醇、酮、醛、有机酸、酰胺类和过氧化物等都具有干扰作用,因此最好用无机酸、无机碱和水作为介质溶液。含有有机溶剂时可先将样品蒸干,或用其他方法除去干扰物质,然后用水、稀酸或稀碱溶解后测定。蛋白质质量浓度为 50～500 mg/L 呈良好线性关系。

5.3.3　染料结合法

1. 原理

特定条件下,蛋白质可与某些阴离子磺酸基染料(如氨基黑 10B 或酸性橙 12 等)定量结合生成沉淀。反应平衡后,离心或过滤除去沉淀,用分光光度计测定溶液中剩余的染料量,可以计算出反应消耗的染料量,进而求得样品中蛋白质含量。本法适用于牛乳、冰激凌、巧克力饮料、脱脂乳粉等食品。

2. 仪器与试剂

试剂分光光度计;组织捣碎机;离心机。

柠檬酸溶液:称取柠檬酸(含 1 分子结晶水)20.14 g,用水稀释至 1000 mL,加入 1.00 mL 丙酸(防腐),摇匀后 pH 应为 2.20。

氨基黑 10B 染料溶液:准确称取氨基黑 10B 染料 1.0660 g,用 pH=2.20 的柠檬酸溶液定容至 1 L,摇匀,取出 1.00 mL,用水稀释至 250 mL,以水为参比液,用 1 cm 比色皿于 615 nm 波长处测定吸光度应为 0.320;否则用柠檬酸溶液或水进行调节。

3. 分析方法

准确称取一定量粉碎样品(蛋白质含量在 370～430 mg),作标样用时称 4 份(2 份凯氏法、2 份染料结合法)。如果样品脂肪含量高,应先用乙醚脱脂后测定。

将 2 份样品放入组织捣碎机中,准确加吸光度为 0.320 的染料溶液 200 mL,缓慢搅拌 4 min。用铺有玻璃棉的布氏漏斗自然过滤,或用 G_2 熔结玻璃漏斗抽滤,静置 20 min,取上清液 4 mL,用水定容至 100 mL,摇匀,取出部分溶液离心 5 min(2000 r/min)。取澄清透明溶液,用 1 cm 比色皿,以蒸馏水为参比液于 615 nm 波长处测定吸光度。

用凯氏定氮法测出上述 2 份平行样品的总氮量,计算出用于染料结合法测定的每份平行样的蛋白质含量,以测得的吸光度(实质是由沉淀反应后剩余的染料所产生的吸光度)为纵坐标(注意数值按从上到下吸光度增大的顺序标出),以相应蛋白质含量为横坐标绘图,即得标准曲线,供分析同类样品蛋白质含量使用。按照上述步骤测定样品,根据测出的吸光度 A 在标准曲线上查得蛋白质含量即可。

注意事项与说明:①取样要均匀,在样品溶解性能不好时,也可用此法测定,本法所用染料还包括橙黄 G 和溴酚蓝等;②绘制完整的标准曲线可供同类样品长期使用,而不需要每次测样时都作标准曲线;③本法具有较高的经验性,故操作方法必须标准化;④脂肪含量高的样品,应先用乙醚脱脂,然后再测定。

5.3.4 水杨酸可见光吸光光度法

1. 原理

蛋白质经硫酸消化转化成铵盐后,在一定酸度和温度下与水杨酸钠和次氯酸钠作用生成有色化合物,在波长 660 nm 处测定,求出样品含氮量,计算蛋白质含量。

2. 仪器与试剂

分光光度计;电子恒温水浴锅;电炉子;凯氏烧瓶;容量瓶;比色管。

氮标准液:称取经 110 ℃干燥 2 h 的硫酸铵 0.4719 g,用水定容至 100 mL,此溶液含氮为 1.00 mg/mL。用时以水配制成含氮量为 2.50 μg/mL 的标准溶液。

空白酸溶液:称取 0.50 g 蔗糖,加 15 mL 浓硫酸及 5 g 催化剂(0.5 g 硫酸铜和 4.5 g 无水硫酸钠研匀),与样品一样处理消化后定容至 250 mL,用时吸取 10 mL 定容至 100 mL。

磷酸盐缓冲液:称取 7.1 g 磷酸氢二钠、38 g 磷酸三钠和 20 g 酒石酸钾钠,加水 400 mL 溶解,过滤,另称取 35 g 氢氧化钠溶于 100 mL 水中,冷却至室温,缓慢加入磷酸盐溶液中,加水至 1 L。

水杨酸钠溶液:称取 25 g 水杨酸钠和 0.15 g 亚硝基铁氰化钠,溶于 200 mL 水中,过滤,加水至 500 mL。

次氯酸钠溶液:吸取 4 mL 次氯酸钠,加水至 100 mL。

3. 分析方法

准确吸取含氮量 2.5 μg/mL 的标准溶液 0.00 mL、1.00 mL、2.00 mL、3.00 mL、4.00 mL、5.00 mL,分别置于 25 mL 容量瓶中,各加 2 mL 空白酸溶液、5 mL 磷酸盐缓冲溶液,分别加水至 15 mL,再加 5 mL 水杨酸钠溶液,移入 36~37 ℃恒温水浴中加热 15 min 后,逐瓶加 2.5 mL 次氯酸钠溶液,摇匀后在恒温水浴中再加热 15 min,取出加水定容,于 660 nm 分光光度计上测定吸光度,绘制标准曲线。

准确称 0.20~1.00 g 样品(视含氮量而定,小麦及饲料称 0.50 g 左右),置于凯氏定氮瓶中,加 15 mL 浓硫酸、5 g 催化剂(0.5 g 硫酸铜与 4.5 g 无水硫酸钠),小火加热沸腾后,加大火力消化。待瓶内溶液澄清呈暗绿色时,不断地摇动瓶子,使瓶壁黏附的残渣溶下消化。待瓶内溶液完全澄清后取出冷却,移至 250 mL 容量瓶中用水定容。准确吸取 10.00 mL(如果取 5.00 mL 则补加 5.00 mL 空白酸溶液),置于 100 mL 容量瓶中,用水定容。

准确吸取 2.00 mL 于 25 mL 容量瓶中,加 5 mL 磷酸盐缓冲溶液,以下按标准曲线绘制的步骤进行,以试剂空白为参比液测定样液的吸光度,从标准曲线上查出含氮量。按式(5.4)计算:

$$w = \frac{m_1 \times K \times F}{m \times 1000 \times 1000} \times 100 \tag{5.4}$$

式中,w 为样品中蛋白质的质量分数,g /(100 g);m_1 为从标准曲线查得的样液的含氮量,μg;K 为样品溶液的稀释倍数;m 为样品的质量,g;F 为蛋白质换算系数。

注意事项与说明:①样品消化后当天测定,重现性好,第二天测定即有变化;②温度影响显色,应严格控制反应温度;③此法测定谷物及饲料等样品,结果与凯氏法基本一致。

5.4　氨基酸总量的测定

5.4.1　固定 pH 滴定法（中性甲醛反应法）

1. 原理

氨基酸具有酸性的羧基（—COOH）和碱性的氨基（—NH₂），它们相互作用而使氨基酸成为中性的内盐。加入甲醛溶液时，—NH₂与甲醛结合，其碱性消失而呈现酸性。根据等物质的量的反应原则，可用强碱标准溶液滴定—COOH，用间接法测定氨基酸总量。

此法简便易行、快捷方便，适用于测定发酵液中氨基氮含量的变化。

2. 仪器及试剂

容量瓶 100 mL；磁力搅拌器；烧杯；酸度计等。

0.050 00 mol/L 氢氧化钾标准溶液；20%（质量浓度为 20 g/100 mL，下同）中性甲醛溶液：以百里酚酞作指示剂，用氢氧化钾将 20%甲醛中和至淡蓝色或用酸度计测定为 pH=8.20。

3. 分析方法

吸取含氨基酸约 20 mg 的样品溶液于 100 mL 容量瓶中，加水至刻度，混匀后吸取 20.00 mL 置于 200 mL 烧杯中，加水 60 mL，开动磁力搅拌器，用 0.050 00 mol/L 氢氧化钾标准溶液滴定至 pH=8.20，消除样品中可能存在的游离 H⁺等强酸的干扰，记录消耗氢氧化钾标准溶液的体积，可用来计算总酸含量。

加入 10.00 mL 中性甲醛溶液，混匀，用氢氧化钾标准溶液固定 pH 电位法继续滴定至 pH=8.20，记录消耗氢氧化钾标准溶液体积 V_1。

同时取 80 mL 蒸馏水置于 200 mL 洁净烧杯中，先用氢氧化钾标准溶液调至 pH=8.20，再加入 10.00 mL 中性甲醛溶液，用 0.050 00 mol/L 氢氧化钾标准溶液滴至 pH=8.20，作为空白实验。结果按式（5.5）计算：

$$w = \frac{(V_1 - V_2) \times c \times 0.014\,01}{m \times \dfrac{20.00}{100.00}} \times 100 \tag{5.5}$$

式中，w 为样品中氨基酸态氮质量分数，g /(100 g)；V_1 为样品稀释液加甲醛后滴定至终点 (pH=8.20) 所耗氢氧化钾标准溶液的体积，mL；V_2 为空白实验加入甲醛后滴定至终点所耗的氢氧化钾标准溶液的体积，mL；c 为氢氧化钾标准溶液的物质的量浓度，mol/L；m 为测定用样品溶液所相当的样品质量，g；0.014 01 为氮的毫摩尔质量，g/mmol。

注意事项与说明：①加入甲醛后仍然要滴定至 pH=8.20，期间所消耗的氢氧化钾标准溶液的物质的量与羧基（—COOH）物质的量相等，也等于试液中氨基酸的物质的量，每个氨基（—NH₂）中含有一个氨基氮，借此完成测定。②固定 pH 滴定法准确快速，浑浊和色深样液可不经处理直接测定，可用于各类样品游离氨基酸含量的测定，也可连续直接测定食品中的总酸度和粗蛋白含量，用样品中可滴定的 H⁺的物质的量表示总酸度，更加科学、合理、简便，更加符合样品实际。③用此法滴定的结果表示 α-氨基酸氮的含量，其精确度仅达氨基酸理论含量的 90%。脯氨酸与甲醛作用产生不稳定的化合物，使结果偏低；酪氨酸含有酚羟基，滴定时要消耗一些碱，使结果偏高；溶液中若有铵存在也可与甲醛反应，使结果偏高。此法对浅色至无色的检测液较为适宜。④固体样品应粉碎，准确称样后测定水萃取液；液体样品如酱油、饮料等可直接吸取试样进行测定。⑤滴定时不能用氢氧化钠标准溶液，否则 pH 玻璃电极会引入显著的钠差。

5.4.2 茚三酮吸光光度法

1. 原理

氨基酸在碱性溶液中能与茚三酮作用，生成蓝紫色化合物(除脯氨酸外均有此反应)，其吸光度与氨基酸含量成正比，最大吸收波长为 570 nm，据此可测定样品中氨基酸含量。

2. 仪器与试剂

分光光度计；实验室常用玻璃仪器和设备等。

20 g/L 茚三酮溶液：称取茚三酮 1.00 g，溶于 35 mL 热水，加 40 mg 氯化亚锡(SnCl$_2$·H$_2$O)防止茚三酮被氧化。搅拌过滤后，滤液置冷暗处过夜，定容至 50 mL。

pH=8.04 的磷酸盐缓冲溶液：称取 4.5350 g 磷酸二氢钾(KH$_2$PO$_4$)于烧杯中，用少量蒸馏水溶解，定容至 500 mL。称取 11.9380 g 磷酸氢二钠(Na$_2$HPO$_4$)于烧杯中，用少量水溶解，定容至 500 mL。取上述配好的磷酸二氢钾溶液 10.00 mL 和磷酸氢二钠溶液 190 mL 混合均匀即为 pH=8.04 的磷酸盐缓冲溶液。

氨基酸标准液：称取干燥的标准氨基酸 0.2000 g 于烧杯中，用少量蒸馏水溶解，定容至100 mL，吸取 10.00 mL 于 100 mL 容量瓶中定容，即为 200 μg/mL 的氨基酸标准溶液。

3. 分析方法

准确吸取 200 μg/mL 的氨基酸标准溶液 0.00 mL、0.50 mL、1.00 mL、1.50 mL、2.00 mL、2.50 mL、3.00 mL(相当于 0.00 μg、100 μg、200 μg、300 μg、400 μg、500 μg、600 μg 氨基酸)，分别置于 25 mL 容量瓶中，各加水补允至容积为 4.00 mL，然后加 20 g/L 茚三酮溶液和 pH=8.04 的磷酸盐缓冲溶液各 1 mL，混匀，于水浴上加热 15 min，取出迅速冷却至室温，加水定容，摇匀。静置 15 min，在 570 nm 波长处以试剂空白为参比液测定各溶液吸光度 A。以氨基酸的质量(μg)为横坐标，吸光度 A 为纵坐标绘制标准曲线。

吸取澄清的样液 1.00～4.00 mL，按标准曲线制作步骤，在相同条件下测定吸光度 A 值，用测得的 A 值在标准曲线上即可查得对应的氨基酸质量(μg)。按式(5.6)计算结果：

$$w = \frac{m_1}{m \times 1000} \times 100 \qquad (5.6)$$

式中，w 为样品中氨基酸质量分数，mg/(100 g)；m_1 为从标准曲线上查得的氨基酸的质量，μg；m 为测定的样品溶液相当于样品的质量，g。

注意事项与说明：①常用的样品处理方法：准确称取粉碎样品 5～10 g 或吸取液体样品 5～10 mL 置于烧杯中，加 50 mL 蒸馏水和 5 g 左右活性炭，煮沸，过滤。用 30～40 mL 热水洗涤活性炭，收集滤液于 100 mL 容量瓶中，冷后加水定容，摇匀备测。②茚三酮受阳光、空气、温度、湿度等影响而被氧化呈淡红色或深红色，用前需纯化。方法如下：取 10 g 茚三酮溶于 40 mL 热水中，加 1 g 活性炭，摇动 1 min，静置 30 min 后过滤。将滤液放入冰箱中过夜,即出现蓝色结晶,过滤,用 2 mL 冷水洗涤结晶,置干燥器中干燥,装瓶备用。

5.4.3 氨基酸分析仪法

国家食品安全标准 GB 5009.124—2016 规定了用氨基酸分析仪(茚三酮柱后衍生离子交换色谱仪)测定食品中氨基酸的方法,适用于食品中酸水解氨基酸的测定,包括天冬氨酸、苏氨酸、丝氨酸、谷氨酸、脯氨酸、甘氨酸、丙氨酸、缬氨酸、甲硫氨酸、异亮氨酸、亮氨酸、酪氨酸、苯丙氨酸、组氨酸、赖氨酸和精氨酸共 16 种氨基酸。

1. 原理

食品中的蛋白质经盐酸水解成为游离氨基酸,经离子交换柱分离后,与茚三酮溶液产生颜色反应,再通过可见光分光光度检测器测定氨基酸含量。

2. 试剂、材料与仪器

除非另有说明,本方法所用试剂均为分析纯,水为 GB/T 6682 中规定的一级水。

1)试剂

盐酸浓度≥36%,优级纯;苯酚;氮气:纯度 99.9%;柠檬酸钠:优级纯;氢氧化钠:优级纯。

6 mol/L 盐酸溶液:取 500 mL 盐酸加水稀释至 1000 mL,混匀;冷冻剂:市售食盐与冰块按质量 1:3 混合;500 g/L 氢氧化钠溶液:称取 50 g 氢氧化钠,溶于 50 mL 水中,冷却至室温后,用水稀释至 100 mL,混匀;柠檬酸钠缓冲溶液[c(Na$^+$)=0.2 mol/L]:称取 19.6 g 柠檬酸钠加入 500 mL 水溶解,加入 16.5 mL 盐酸,用水稀释至 1000 mL,混匀,用 6 mol/L 盐酸溶液或 500 g/L 氢氧化钠溶液调节 pH 至 2.2;不同 pH 和离子强度的洗脱用缓冲溶液、茚三酮溶液:参照仪器说明书配制或购买。

混合氨基酸标准溶液:经国家认证并授予标准物质证书的标准溶液。16 种单个氨基酸标准品:固体,纯度≥98%。

混合氨基酸标准储备液(1 μmol/mL):分别准确称取单个氨基酸标准品(精确至 0.000 01 g)于同一 50 mL 烧杯中,用 8.3 mL 6 mol/L 盐酸溶液溶解,精确转移至 250 mL 容量瓶中,用水稀释定容至刻度,混匀(各氨基酸标准品称量质量参考值见表 5.1)。

表 5.1 配制混合氨基酸标准储备液时氨基酸标准品的称量质量参考值及相对分子质量

氨基酸 标准品名称	称量质量参考值/mg	摩尔质量/(g/mol)	氨基酸 标准品名称	称量质量参考值/mg	摩尔质量/(g/mol)
L-天门冬氨酸	33	133.1	L-甲硫氨酸	37	149.2
L-苏氨酸	30	119.1	L-异亮氨酸	33	131.2
L-丝氨酸	26	105.1	L-亮氨酸	33	131.2
L-谷氨酸	37	147.1	L-酪氨酸	45	181.2
L-脯氨酸	29	115.1	L-苯丙氨酸	41	165.2
甘氨酸	19	75.07	L-组氨酸盐酸盐	52	209.7
L-丙氨酸	22	89.06	L-赖氨酸盐酸盐	46	182.7
L-缬氨酸	29	117.2	L-精氨酸盐酸盐	53	210.7

混合氨基酸标准工作液(100 nmol/mL):准确吸取混合氨基酸标准储备液 1.0 mL 于 10 mL 容量瓶中,加 pH=2.2 的柠檬酸钠缓冲溶液定容至刻度,混匀,为标准上机液。

2)仪器与设备

组织粉碎机或研磨机、匀浆机;分析天平:感量为 0.0001 g 和 0.000 01 g;真空泵:排气量 ≥40 L/min;电热恒温箱或水解炉;氨基酸分析仪:茚三酮柱后衍生离子交换色谱仪。使用混合氨基酸标准工作液注入氨基酸自动分析仪,参照 JJG 1064—2011 氨基酸分析仪检定规程及仪器说明书,适当调整仪器操作程序及参数和洗脱用缓冲溶液试剂配比,确认仪器操作条件。色谱柱:磺酸型阳离子树脂;检测波长:570 nm 和 440 nm。

3. 分析步骤

固体或半固体试样使用组织粉碎机或研磨机粉碎,液体试样用匀浆机打成匀浆密封冷冻保存,分析用时将其解冻后使用。均匀性好的样品,如奶粉等,准确称取一定量试样(精确至 0.0001 g),使试样中蛋白质含量为 10～20 mg。对于蛋白质含量未知的样品,可先测定样品中蛋白质含量。将称量好的样品置于水解管中。

很难获得高均匀性的试样,如鲜肉等,为减少误差可适当增大称样量,测定前再做稀释。对于蛋白质含量低的样品,如蔬菜、水果、饮料和淀粉类食品等,固体或半固体试样称样量不大于 2 g,液体试样称样量不大于 5 g。

根据试样的蛋白质含量,在水解管内加 10～15 mL 6 mol/L 盐酸溶液。含水量高、蛋白质含量低的试样,如饮料、水果、蔬菜等,先加入约相同体积的盐酸混匀后,再用 6 mol/L 盐酸溶液补充至大约 10 mL。继续向水解管内加入苯酚 3～4 滴。将水解管放入冷冻剂中冷冻 3～5 min,接到真空泵的抽气管上,抽真空(接近 0 Pa),然后充入氮气,重复抽真空—充入氮气 3 次后,在充氮气状态下封口或拧紧螺丝盖。将已封口的水解管放在(110±1)℃的电热鼓风恒温箱或水解炉内,水解 22 h 后,取出,冷却至室温。

打开水解管,将水解液过滤至 50 mL 容量瓶内,用少量水多次冲洗水解管,水洗液移入同一 50 mL 容量瓶内,用水定容,振荡混匀。准确吸取 1.0 mL 滤液移入 15 mL 或 25 mL 试管内,用试管浓缩仪或平行蒸发仪在 40～50 ℃环境下减压干燥后,残留物用 1～2 mL 水溶解,再减压干燥,蒸干。用 1.0～2.0 mL pH=2.2 柠檬酸钠缓冲溶液加入干燥后试管内溶解,振荡混匀后,吸取溶液通过 0.22 μm 滤膜后,转移至仪器进样瓶,供仪器测定用。

混合氨基酸标准工作液和样品测定液分别以相同体积注入氨基酸分析仪,以外标法通过峰面积计算样品测定液中氨基酸的浓度。

各氨基酸标准品称量质量参考值见表 5.1。

混合氨基酸标准储备液中各氨基酸的含量按式(5.7)计算:

$$c_i = \frac{m_i}{M_i \times 250} \times 1000 \tag{5.7}$$

式中,c_i 为混合氨基酸标准储备液中氨基酸 i 的物质的量浓度,μmol/mL;m_i 为称取氨基酸标准品 i 的质量,mg;M_i 为氨基酸标准品 i 的相对分子质量;250 为定容体积,mL;1000 为换算系数。

结果保留 4 位有效数字。

样品测定液氨基酸的含量按式(5.8)计算:

$$c_i = \frac{c_s}{A_s} \times A_i \tag{5.8}$$

式中,c_i 为样品测定液氨基酸 i 的物质的量浓度,nmol/mL;A_i 为试样测定液氨基酸 i 的峰面积;A_s 为氨基酸标准工作液氨基酸 s 的峰面积;c_s 为氨基酸标准工作液氨基酸 s 的物质的量浓度,nmol/mL。

试样中各氨基酸的含量按式(5.9)计算:

$$w_i = \frac{c_i \times F \times V \times M}{m \times 10^9} \times 100 \tag{5.9}$$

式中,w_i 为试样中氨基酸 i 的质量分数,g/(100 g);c_i 为试样测定液中氨基酸 i 的物质的量浓度,nmol/mL;F 为稀释倍数;V 为试样水解液转移定容的体积,mL;M 为氨基酸 i 的摩尔质量,g/mol,各氨基酸的名称及摩尔质量见表 5.2;m 为称样量,g;10^9 为将试样含量由纳克(ng)折算成克(g)的系数;100 为换算系数。

表 5.2　16 种氨基酸的名称和摩尔质量

氨基酸名称	摩尔质量/(g/mol)	氨基酸名称	摩尔质量/(g/mol)
天门冬氨酸	133.1	甲硫氨酸	149.2
苏氨酸	119.1	异亮氨酸	131.2
丝氨酸	105.1	亮氨酸	131.2
谷氨酸	147.1	酪氨酸	181.2
脯氨酸	115.1	苯丙氨酸	165.2
甘氨酸	75.1	组氨酸	155.2
丙氨酸	89.1	赖氨酸	146.2
缬氨酸	117.2	精氨酸	174.2

试样氨基酸含量在 1.00 g/(100 g)以下,保留两位有效数字;含量在 1.00 g/(100 g)以上,保留 3 位有效数字。在重复性条件下获得的两次独立测定结果的绝对差值不得超过算术平均值的 12%。

试样为固体或半固体时,最大试样量为 2 g,干燥后溶解体积为 1 mL,各氨基酸的检出限和定量限见表 5.3。

表 5.3　固体样品中各氨基酸的检出限和定量限

氨基酸名称	检出限/(g/100)	定量限/(g/100)	氨基酸名称	检出限/(g/100)	定量限/(g/100)
天门冬氨酸	0.000 13	0.000 36	异亮氨酸	0.000 43	0.001 3
苏氨酸	0.000 14	0.000 48	亮氨酸	0.001 1	0.003 6
丝氨酸	0.000 18	0.000 60	酪氨酸	0.002 8	0.009 5
谷氨酸	0.000 24	0.000 70	苯丙氨酸	0.002 5	0.008 3

续表

氨基酸名称	检出限/(g/100)	定量限/(g/100)	氨基酸名称	检出限/(g/100)	定量限/(g/100)
甘氨酸	0.000 25	0.000 84	赖氨酸	0.000 13	0.000 44
丙氨酸	0.002 9	0.009 7	组氨酸	0.000 59	0.002 0
缬氨酸	0.000 12	0.000 32	精氨酸	0.002 0	0.006 5
甲硫氨酸	0.002 3	0.007 5	脯氨酸	0.002 6	0.008 7

试样为液体时，最大试样量为 5 g，干燥后溶解体积为 1 mL，各氨基酸的检出限和定量限见表 5.4。

表 5.4　　液体样品中各氨基酸的检出限和定量限

氨基酸名称	检出限/(g/100)	定量限/(g/100)	氨基酸名称	检出限/(g/100)	定量限/(g/100)
天门冬氨酸	0.000 050	0.000 14	异亮氨酸	0.000 15	0.000 50
苏氨酸	0.000 057	0.000 19	亮氨酸	0.000 43	0.001 4
丝氨酸	0.000 072	0.000 24	酪氨酸	0.001 1	0.003 8
谷氨酸	0.000 090	0.000 28	苯丙氨酸	0.000 99	0.003 3
甘氨酸	0.000 10	0.000 34	赖氨酸	0.000 053	0.000 18
丙氨酸	0.001 2	0.003 9	组氨酸	0.000 24	0.000 79
缬氨酸	0.000 050	0.000 13	精氨酸	0.000 78	0.002 6
甲硫氨酸	0.000 90	0.003 0	脯氨酸	0.001 0	0.003 5

氨基酸的色谱图如图 5.2 所示。

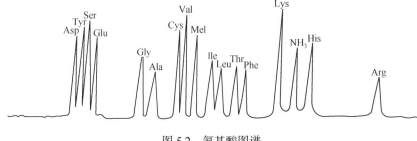

图 5.2　氨基酸图谱

根据峰的保留时间可以确定氨基酸的种类，由峰高和峰面积可计算出各种氨基酸的含量。带有数据处理机的仪器，各种氨基酸的定量结果能自动打印。

其他有关问题，参阅国家食品安全标准 GB 5009.124—2016 食品中氨基酸的测定。

5.5　个别氨基酸的定量分析

5.5.1　赖氨酸的分析

1. 原理

铜离子阻碍游离氨基酸的 α-氨基和 α-羧基，使赖氨酸的 ε-氨基自由地与 1-氟-2,4-二硝基苯（FDNB）反应，生成 ε-DNP-赖氨酸。经酸化后用二乙基醚提取，在波长 390 nm 处测定吸光度，求出样品中游离赖氨酸的含量。

2. 试剂

氯化铜溶液：称 28.0 g 无水氯化铜，用水稀释至 1 L；磷酸三钠溶液：称 68.5 g 无水磷酸钠，用水稀释至 1 L；硼酸盐缓冲溶液（pH=9.1～9.2）：称取 54.64 g 带有 10 个结晶水的四硼酸钠，用水稀释至 1 L；磷酸铜悬浮液：把 200 mL 氯化铜溶液搅拌下缓慢倒入 400 mL 的磷酸三钠溶液中，悬浮液 2000 r/min 离心 5 min。用硼酸盐缓冲液再悬浮沉淀物，洗涤离心 3 次，把最后的沉淀物悬浮在硼酸盐缓冲液中，用缓冲液稀释至 1 L；1-氟-2, 4-二硝基苯溶液：吸取 FDNB 10 mL 用甲醇稀释至 100 mL；赖氨酸-HCl 标准溶液：称取 0.40 g 赖氨酸-HCl，并用水稀释至 100 mL，此溶液含赖氨酸-HCl 为 4.0 mg/mL。吸取 5.00 mL，用水定容至 100 mL，即为 200 mg/L 的工作标准液；100 g/L 丙氨酸溶液。

3. 分析方法

称取 40 目均匀试样 1.000 g 于 100 mL 烧瓶中。另吸取赖氨酸-HCl 标准工作液 5.00 mL（相当于 1 mg 赖氨酸-HCl），与试剂空白同时进行实验。

向烧瓶中各加 25.00 mL 磷酸铜悬浮液，再加 100 g/L 丙氨酸溶液 1.00 mL，振摇 15 min 吸取 10% FDNB 溶液 0.50 mL，置于各处理烧瓶中，置沸水中加热 15 min 后取出，立即加 1 mol/L HCl 溶液 25.00 mL，摇动下使之酸化和分散均匀，冷却至室温，用水稀释至 100 mL，取约 40 mL 悬浮液进行离心。

25 mL 二乙基醚提取上清液 3 次，除去醚，将溶液收集于有刻度的试管中，于 65 ℃水浴中加热 15 min，除去残留的醚。并记录溶液的体积数。吸取上述各处理液 10 mL，分别与 10 mL 95%乙醇溶液混合，用滤纸过滤。

用试剂空白液调零，测定样品液在 390 nm 的吸光度 A，与赖氨酸-HCl 标准液对照，求出样品中赖氨酸-HCl 的含量。结果按式（5.10）计算：

$$w = \frac{\dfrac{A_1}{A_2} \times m_1}{m} \times 100 \tag{5.10}$$

式中，w 为样品中赖氨酸-HCl 的质量分数，g/（100 g）；A_1 为样品液的吸光度；A_2 为标准溶液的吸光度；m_1 为测定时赖氨酸-HCl 标准溶液的质量，mg；m 为测定时样品的质量，mg。

注意事项与说明：①本法是一种特定测定添加在小麦及面制品中游离氨基酸的方法，在 0～40 mg/L 赖氨酸溶液范围内呈良好线性关系；②添加一定量的中性氨基酸，如丙氨酸，增加总氨基酸的浓度，可优化赖氨酸-HCl 标准溶液浓度良好的线性关系；③用醚提取酸性溶液，可除去中性、酸性 DNP-氨基酸的衍生物，并破坏在 390 nm 处 FDNB 的干扰产物。

5.5.2　色氨酸的分析

1. 原理

样品中的蛋白质经碱水解后，溶液中的色氨酸与甲醛和含铁离子的三氯乙酸溶液作用，生成哈尔满化合物，在荧光条件下具有特定的吸收波长，可以定量测定。

2. 试剂

0.3 mmol/L 三氯化铁-三氯乙酸溶液：称取三氯化铁（FeCl$_3$·6H$_2$O）40.5480 mg，加入 10 g/(100 mL) 三氯乙酸溶液溶解并定容至 500 mL；2 g/(100 mL) 甲醛溶液：量取甲醛溶液（36%～38%）5.50 mL，加水至 100 mL；色氨酸标准溶液：称取 10 mg 色氨酸，用 0.10 mol/L 氢氧化钠溶液 2 mL 溶解，用水定容至 100 mL，置棕色瓶中备用。使用时用水稀释成 1 mg/L 的标准溶液。

3. 分析方法

称粉末样品 100～200 mg 于离心管中，加 4 mL 乙醚，摇匀后过夜，以 3000 r/min 速度离心。将乙醚提取液移入试管内，用乙醚洗涤残渣 3 次，收集乙醚液于试管中，在 40 ℃水浴中去除乙醚。残留物加 6.25 mol/L 氢氧化钠溶液 4 mL，迅速封口，于 110℃水解 16～24 h。水解液用 4 mol/L 盐酸溶液调节至 pH=6～8 后，用水定容至 50 mL，过滤备用。

吸取滤液 0.20 mL，加 2%甲醛溶液 0.20 mL 和 0.30 mmol/L 三氯化铁-三氯乙酸混合液 2 mL，摇匀后于 100℃水浴中加热 1 h，取出，冷却后用水定容至 10 mL。

在激发波长 365 nm，发射波长 449 nm 条件下测定荧光强度。与色氨酸标样对照，求出样品中色氨酸的质量分数。本法在 0～10 mg/L 色氨酸溶液范围内呈良好线性关系。结果按式(5.11)计算：

$$w = \frac{250 \times m_1}{m} \tag{5.11}$$

式中，w 为样品中色氨酸的质量分数，mg/g；m_1 为从标准曲线上查得的相当于色氨酸的质量，μg；m 为测定时相当于样品的质量，mg。

5.5.3 脯氨酸的分析

1. 原理

丙酮溶剂中，脯氨酸与吲哚醌反应形成蓝色化合物，一定条件下（包括 pH、缓冲液浓度和吲哚醌浓度），在其他氨基酸存在下直接定量，不受羟脯氨酸的干扰。

2. 试剂

pH=3.9 的柠檬酸盐缓冲液：柠檬酸 2.1 g，用 1 mol/L NaOH 溶液调 pH 至 3.9，加水至 100 mL；0.75 g/L 吲哚醌丙酮溶液：37.5 mg 吲哚醌溶于 50 mL 丙酮，置棕色瓶中储存于冰箱中，褪色失效；水饱和酚溶液：于分液漏斗内加入酚和水，剧烈摇动后，放置过夜分层，取下层酚溶液；标准脯氨酸溶液：用 0.25 mol/L HCl 溶液配成 10 mg/L 的标准溶液。

3. 分析步骤

称取蛋白质样品 5 mg（视样品含量而定），加 6 mol/L HCl 溶液 2 mL，封管后于 140 ℃水解 4 h。启封，加蒸馏水稀释至盐酸浓度达 0.25 mol/L。

吸取蛋白质酸水解液 0.10～0.50 mL（含脯氨酸 0.50～5.00 μg）于小烧杯内，75 ℃干燥至恒量。残留物加 pH=3.90 的柠檬酸缓冲液 0.20 mL，使残留物完全溶解后，加 0.75 g/L 吲哚醌丙酮溶液 0.25 mL 混匀，于 100 ℃烘箱内使溶剂蒸发 0.5 h 左右。

在避光条件下，加 0.50 mL 水饱和酚溶液剧烈摇动，加 1 mL 蒸馏水和 2 mL 丙酮混匀，立即以试剂空白调零，598 mn 处与氨基酸标准对照测定样品的吸光度 A。求出样品中脯氨酸的含量。

注意事项与说明：①本法在 0～10 mg/L 氨基酸溶液范围内呈良好线性关系，严格控制缓冲液浓度为 0.10 mol/L，pH 为 3.90，吲哚醌浓度为 0.75 g/L；②脯氨酸与吲哚醌形成的蓝色化合物见光不稳定，在一般实验室光照下，1 h 后吸光值下降 26%，故必须避光操作。

5.6　氨基酸的分离分析

5.6.1　薄层色谱法

1. 原理

取一定量的样品水解液，在薄层板的溶剂系统中进行双向上行法展开。由于同一物质具有相同的 R_f 值，不同成分则有不同的 R_f 值，因此样品中的各种氨基酸在薄层板上经吸附、解吸、交换等作用得到分离。用茚三酮显色，与标准氨基酸进行对比，可鉴别样品中所含氨基酸的种类，从显色斑点颜色的深浅可确定其含量。

2. 试剂

展开剂 I：叔丁醇-甲乙酮-氢氧化铵-水（5+3+1+1），临用时配制；展开剂 II：异丙醇-甲酸-水（20+1+5），临用时配制；5 g/L 茚三酮的无水丙酮溶液；羧甲基纤维素或微晶纤维素；标准氨基酸溶液：浓度 0～2 mg/mL。

3. 分析方法

薄层板制备：称取 10 g 微晶纤维素，加 20 mL 水和 2.50 mL 丙酮，研磨 1 min 后调成匀浆，用薄层涂布器涂布于洁净干燥的玻璃板上（玻璃板 200 mm×200 mm，厚度 3 mm），使涂层厚度为 300～500 μm，置水平架上晾干后即可使用。

样品液制备：称取样品 5 mg，放入小试管内，加 5.7 mol/L 盐酸溶液 0.60 mL。在火焰上熔融封口后，置于 110℃烘箱中水解 24 h。取出，打开封口，置真空干燥器中减压抽干，以去掉多余盐酸。以稀氨水调节 pH 至 7，加 10%异丙醇至最后达 0.50 mL，置冰箱中保存备用。

点样：用微量注射器吸取样液 5 μL（每种氨基酸 1～10 μg），分次滴加在距薄板下边缘约 2 cm 处，边点边用电吹风吹干，使点样直径为 2～3 mm。

展开：将已点样两个薄板的薄层面朝外合在一起，放入层析缸（250 mm×100 mm×250 mm）的玻璃船内，将两板的上端分开靠在缸壁上。先进行碱向展层，将展开剂 I 从两块板中间加入，薄层浸入展开剂中的深度约 0.5 cm，盖好缸盖，进行展开。当溶剂前沿达到距原点约 11 cm 时（时间 1～1.5 h），即可将薄板取出，冷风吹干，放平，刮去前沿上端的黄色杂质部分。再进行酸向展层，将薄板重新放入另一个缸中的船槽内，与碱向体系成垂直方向，加入展开剂 II，进行展层。展开至距原点约 11 cm 时，取出，吹干。

显色：每块板喷以 5 g/L 茚三酮丙酮液 7~10 mL，喷雾时应控制使薄层板恰好湿润而无液滴流下。喷雾后的薄板用电吹风吹干。有氨基酸存在的地方逐渐显出蓝紫色斑点，仅脯氨酸为黄色斑点。用铅笔将斑点圈出，并用描图纸绘制、复印或摄影保存。

标准氨基酸按上述步骤进行点样、展层和显色。点上不同浓度的氨基酸标准液，与所得图谱比较可确定样品中的氨基酸质量分数。结果按式(5.12)计算：

$$w = \frac{V_0 \times m_2}{V \times m_1} \tag{5.12}$$

式中，w 为样品的氨基酸质量分数，mg/kg；V_0 为样品溶液的总体积，mL；V 为点样用样品溶液的体积，mL；m_1 为样品的质量，g；m_2 为样品色斑相当于标准氨基酸的量，μg。

注意事项与说明：①制备薄层板时要涂布均匀，表面平坦、光滑、无气泡，点样时毛细管垂直轻触薄层板，不要带走硅胶；②色谱分离前需先饱和一段时间，展开槽盖严，展开剂不得浸过样品点，显色时注意安全，均匀喷雾；③薄层色谱法操作简便快速、灵敏度高、成本低廉，应用广泛。

5.6.2　气相色谱法

1. 原理

将本身没有挥发性的氨基酸转变为适合于气相色谱分析的衍生物——三氟乙酰基正丁酯。它包括用正丁醇的酯化和用三氟乙酸酐(TFAA)的酰化两个步骤。将酰化好的氨基酸衍生物进行气相色谱分析。其酯化、酰化反应式如下：

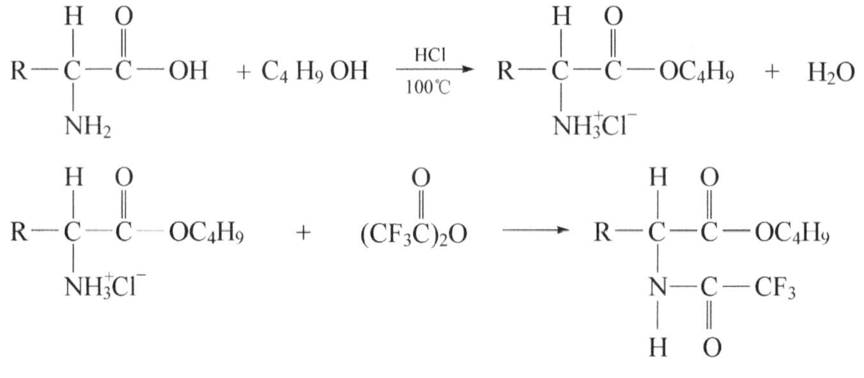

2. 仪器与试剂

气相色谱仪：带程序升温和氢火焰离子检测器；色谱条件：分离蛋白质 20 种氨基酸的三氟乙酰基正丁酯，一般采用双柱系统。柱Ⅰ：己二酸乙二醇聚酯柱(PEGA)，供分离除组氨酸、精氨酸、色氨酸和胱氨酸以外的 16 种氨基酸混合物之用。柱Ⅱ：供分离组氨酸、精氨酸、色氨酸和胱氨酸之用，固定液用硅酮类。

硅藻土载体(Chromosorb W, 80/100 目)，浓盐酸浸泡 24 h, 用蒸馏水洗至中性后在 140 ℃干燥 12 h；不锈钢柱为 3 mm×1.5 m。老化：柱温 220 ℃，N_2 作载气，流速 25 mL/min, 2.5 h。

柱温：起始 80 ℃，进样 3.5 min 以 4 ℃/min 程序升温至 215 ℃，至分析结束。

检测器温度 230 ℃；进样温度 200 ℃；进样量 1~10 μL；载气 N_2 40 mL/min；H_2 经过分子筛柱，50 mL/min；空气经硅胶柱 0.6 L/min。

正丁醇、二氯甲烷：均为分析纯，先用无水氯化钙处理，后分别用全玻璃蒸馏器重蒸馏一次；分析纯无水氯化钙、三氟乙酸酐；高纯 N_2；3 mol/L HCl 的正丁醇溶液：在气体发生器中，使氯化铵与硫酸混合，产生的氯化氢气体通过两级浓硫酸干燥后，再通入重蒸馏过的正丁醇溶液。最后标定，直至正丁醇溶液中盐酸的浓度为 3 mol/L 即可。

3. 分析方法

根据需衍生样品所含氨基酸数量，分为常量、半微量及微量衍生的方法。常量衍生时，氨基酸总量在 1～20 mg，半微量衍生时，为 0.2～1 mg；微量衍生时，为 1～20 μg。以半微量衍生的方法为例叙述具体操作：将总量约为 1 mg 的氨基酸稀盐酸(0.10 mol/L)溶液加入 10 mL 容量瓶中。将容量瓶置 100℃砂浴中，吹入高纯 N_2 蒸发水分，待恰好干燥时取出，加 0.50 mL 二氯甲烷，再置砂浴中，继续吹入高纯 N_2，使残存的水分和二氯甲烷成共沸物吹出。吹干后，加入 1.50 mL 盐酸-正丁醇混合液，在超声波浴中处理约 2 min 加速氨基酸的溶解。盖紧磨口塞，将容量瓶置 100 ℃砂浴中，酯化 35 min。稍冷，吹入高纯 N_2，在砂浴中蒸发正丁醇和盐酸，按前述步骤加入二氯甲烷进行共沸，进一步除去水分。最后加入 0.20 mL 三氟乙酸酐和 0.60 mL 二氯甲烷，在超声波浴中处理 1～2 min。磨口塞盖严后，置干燥器中室温下进行酰化反应。2 h 即可对所形成的衍生物进行气相色谱分析。由保留时间与标样比较定性。用正亮氨酸为内标，以峰高乘半峰宽的方法计算出色谱峰面积之比求出含量。

注意事项与说明：①用七氟丁基(HFB)酰化和使用正丙基的 *N*-HFB-正丙酯酯化，可用一根 OV_1 的柱子完成分离，其操作较简便，精密度与氨基酸自动分析仪法相当；②样品处理操作应在通风橱中进行，氯化氢气体也可用氯化钠与硫酸反应制得。

5.6.3　高效液相色谱法

高效液相色谱法适于分析沸点高、相对分子质量大、热稳定性差的物质和生物活性物质，已广泛用于氨基酸分析。因大多数氨基酸无紫外吸收及荧光发射特性，紫外吸收检测器(UVD)和荧光检测器(FD)又是 HPLC 仪的常用配置，因此人们需将氨基酸进行衍生化，使其可利用紫外吸收或荧光检测器测定。

氨基酸的衍生可分为柱前衍生和柱后衍生。柱后衍生需额外的反应器和泵，常用于氨基酸分析仪。氨基酸的 HPLC 测定，多采用柱前衍生法，这是因为比起柱后衍生法它的优点有：固定相采用 C_{18} 或其他疏水物，可分辨分子结构细小的差异；反相洗脱，流动相为极性溶剂，如甲醇、乙二腈等，避免对荧光检测的干扰，可提高灵敏度及速度。

下面以 Waters 推出的 ACCQ. tag 法为例作介绍。

1. 原理

含蛋白质的样品，用 6 mol/L HCl 水解并在 110 ℃加热 24 h，用内标 α-氨基丁酸(AABA)稀释和过滤后，取一小部分用 6-氨基喹啉-*N*-羟基丁二酰亚胺氨基甲酸酯(AQC)衍生，用反相液相色谱分析。

2. 仪器与主要试剂

高效液相色谱仪，带紫外检测器、梯度洗脱、温控装置；ACCQ.tag 氨基酸分析柱；脱气、溶剂过滤、混合等附件与装置；Water 公司 ACCQ-Flour 试剂包，衍生用；流动相试剂：由乙腈、EDTA、H₃PO₄等试剂配成，具体操作可参阅 Waters 公司 ACCQ. tag 法说明书。

3. 分析步骤

称取样品→置于水解试管中→加盐酸溶液→冷冻固化后抽真空→烧结封口→110 ℃下水解 22 h→用水溶解→吸取溶解液 1~2 mL 于蒸发试管中旋转蒸发至干(<50 ℃)→加入内标物(AABA)混合均匀→吸取一定量液加入 AQC 衍生试剂→密封后于 50 ℃下反应 10 min→进 HPLC 仪测定。分析结果由计算机打印出来。分离图见图 5.3。

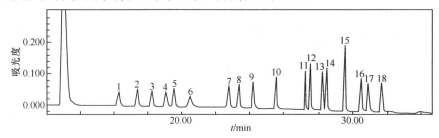

图 5.3　食品中氨基酸色谱图

1. 天冬氨酸；2. 丝氨酸；3. 谷氨酸；4. 甘氨酸；5. 组氨酸；6.NH₃；7. 精氨酸；8. 苏氨酸；9. 丙氨酸；10. 脯氨酸；11. 胱氨酸；12. 酪氨酸；13. 缬氨酸；14. 甲硫氨酸；15. 赖氨酸；16. 异亮氨酸；17. 亮氨酸；18. 苯丙氨酸

注意事项与说明：此法由美国 Waters 公司推出，随机附带所需各种专用试剂包及附件，操作简便、灵敏度高(可达 pmol~fmol 级)，可同时测定各种氨基酸。

思考题与习题

1. 为什么用凯氏定氮法测出的食品中蛋白质含量为粗蛋白含量？凯氏定氮法有何缺陷？能否测定非蛋白质物质中的氮？请举例说明。

2. 说明凯氏定氮法的定氮原理。在消化过程中加入浓硫酸、硫酸钾和硫酸铜试剂各有哪些作用？

3. 样品经消化蒸馏之前为什么要加入氢氧化钠？这时溶液的颜色会发生什么变化？为什么？如果没有变化，说明了什么问题？

4. 蛋白质的结果计算为什么要乘上蛋白质换算系数？系数 6.25 是怎么得到的？

5. 简述染料结合法测定食品中的蛋白质的原理。

6. 说明甲醛滴定法测定氨基酸态氮的原理及操作要点。加入甲醛的作用是什么？若样品中含有铵盐，有无干扰？为什么？

7. 了解氨基酸的分离与测定方法。

8. 如何分别测定样品中的蛋白质氮和非蛋白质氮？

9. 自动凯氏定氮，有时在做空白实验时，仪器上会出现空白结果超高，空白值十几毫升甚至几十毫升？什么原因造成？出现这种情况应如何处理？

知识扩展：过量摄入蛋白质的危害

过量摄入蛋白质，将会因代谢障碍产生蛋白质中毒甚至死亡。因为过量蛋白质不但是毒素的来源，更能破坏细胞的渗透平衡，使水分进入细胞，将过量蛋白质稀释，导致水肿。而且食用蛋白质越多，尿液中的尿素也越多，会使尿素制造系统负荷过重，增加肾脏的负担。蛋白质摄取过多，还会导致脑损害、精神异常、骨质疏松、动脉硬化、心脏病等症。长期进食高蛋白者，肠道内有害物质堆积并被吸收，可出现高尿素氮血症、代谢性酸中毒和渗透性利尿三大并发症，会导致未老先衰、缩短生命。

蛋白质能强化抗癌免疫系统，但又能助癌生长。当给癌症患者增加蛋白质营养时，癌肿似乎长得更快。因为癌细胞代谢比正常细胞更加旺盛，会夺取大量蛋白质。当摄取超过需要量的蛋白质时，会在人体组织经代谢残留很多有毒的残余物，促使肾小球硬化，加重痛风、氮质血症和尿毒症。肝病患者摄取过多的蛋白质，会转化成脂肪储存起来，加重肝脏负担，导致脂肪肝的发生。而无法消化的蛋白质在肠内腐败发酵，会引起氨中毒，促发肝昏迷。

（宋莲军　教授　　高向阳　教授）

第6章 食品中维生素的分析

6.1 概 述

维生素类物质是维持人体正常生理功能必需的营养素，其化学结构、性质和生理功能虽各不相同，但均不供给热能，不参与机体组织构成。除维生素 D 由阳光通过人体皮肤少量合成外，其他维生素类物质主要由食物提供。人体每天需要维生素量很少，但缺乏时会产生相关的营养缺乏症。

维生素可分为水溶性维生素与脂溶性维生素两大类。水溶性维生素如 B 族维生素、维生素 C 等及其代谢产物较易自尿中排出，体内没有非功能性单纯的储存形式。当机体饱和后，摄入的维生素必然从尿中排出。反之，若机体的维生素枯竭，则补给的维生素将大量被组织取用，从尿中排出减少，因此可利用负荷实验对水溶性维生素的营养水平进行鉴定。水溶性维生素一般无毒性，但极大量摄入时可出现毒副作用。脂溶性维生素如维生素 A、维生素 D、维生素 E、维生素 K 等不溶于水而溶于脂肪及有机溶剂，在食物中常与脂类共存，在酸败的脂肪中容易被破坏，其吸收与肠道中的脂类密切相关。脂溶性维生素主要储存于肝脏中，如摄取过多可引起中毒，过少可缓慢地出现缺乏症状。

6.2 水溶性维生素的分析

6.2.1 维生素 B$_2$ 的分析

GB 5009.85—2016 食品中维生素 B$_2$ 的测定中的第一法为高效液相色谱法（HPLC），第二法为分子荧光法，下面介绍第二法。

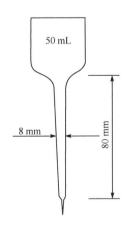

图 6.1 核黄素吸附柱

1. 原理

维生素 B$_2$ 即核黄素在 440～500 nm 波长光照射下产生黄绿色荧光。在稀溶液中其荧光相对强度与其浓度成正比。在 525 nm 波长下测定其荧光相对强度后，试液再加入连二亚硫酸钠（Na$_2$S$_2$O$_4$），将核黄素还原为无荧光的物质后，再测定试液中残余荧光杂质的荧光强度，两者之差即为食品中核黄素所产生的相对荧光强度，与标准溶液对照进行定量分析。

2. 仪器与主要试剂

荧光分光光度计；实验室常用设备；核黄素吸附柱见图 6.1。
硅镁吸附剂：60～100 目；100 g/L 木瓜蛋白酶：用 2.5 mol/L 乙酸

钠溶液配制，用时现配；100 g/L 淀粉酶：用 2.5 mol/L 乙酸钠溶液配制，用时现配；洗脱液：丙酮+冰醋酸+水（5+2+9）；200 g/L 连二亚硫酸钠溶液：用时现配，冰水浴中保存 4 h 内有效。

25 μg/mL 核黄素标准储备液：将标准品核黄素粉状结晶置于真空干燥器或盛有硫酸的干燥器中。经过 24 h 后，准确称取 50 mg，置于 2 L 容量瓶中，加入 2.4 mL 冰醋酸和 1.5 L 水。将容量瓶置于温水中摇动，待其溶解，冷至室温，稀释至 2 L，移至棕色瓶内，加少许甲苯盖于溶液表面，于冰箱中保存。

核黄素标准使用液：吸取 2.00 mL 核黄素标准储备液，置于 50 mL 棕色容量瓶中，用水定容。避光，储于 4 ℃冰箱，可保存一周。此溶液含核黄素 1.00 μg/mL。

3. 测定

整个操作过程需避光进行。

准确称取 2.000～10.000 g 样品（含 10～200 μg 核黄素）于 100 mL 三角瓶中，加 50 mL 0.1 mol/L 盐酸，搅拌直到颗粒物分散均匀。用 40 mL 瓷坩埚为盖扣住瓶口，置于高压锅内高压水解，10.3×10⁴ Pa 30 min。水解液冷却后，滴加 1 mol/L 氢氧化钠，取少许水解液，用 0.4 g/L 溴甲酚绿检验呈草绿色，pH 为 4.5。

含有淀粉的水解液：加入 3 mL 10 g/L 淀粉酶溶液，于 37～40 ℃保温约 16 h。含高蛋白的水解液：加 3 mL 10 g/L 木瓜蛋白酶溶液，于 37～40 ℃保温约 16 h。上述酶解液定容至 100.0 mL，用干滤纸过滤。此提取液在 4 ℃冰箱中可保存一周。

视试样中核黄素的含量取一定体积的试样提取液及核黄素标准使用液（含 1～10 μg 核黄素）分别于 20 mL 的带盖刻度试管中，加水至 15 mL。各管加 0.5 mL 冰醋酸，混匀。加 30 g/L 高锰酸钾溶液 0.5 mL，混匀，放置 2 min，使氧化去杂质。滴加 3 g/100mL 双氧水溶液数滴，直至高锰酸钾的颜色褪去。剧烈振摇此管，使多余的氧气逸出。

核黄素吸附柱：硅镁吸附剂约 1 g 用湿法装入柱，占柱长 1/2～2/3（约 5 cm）为宜（吸附柱下端用一小团脱脂棉垫上），勿使柱内产生气泡，调节流速约为 60 滴/min。

过柱与洗脱：将全部氧化后的样液及标准液通过吸附柱后，用约 20 mL 热水洗去样液中的杂质后，用 5.00 mL 洗脱液将试样中核黄素洗脱并收集于一带盖 10 mL 刻度试管中，再用水洗吸附柱，收集洗出液并定容至 10 mL，混匀后待测。

标准曲线的绘制：分别吸取核黄素标准使用液 0.30 mL、0.60 mL、0.90 mL、1.25 mL、2.50 mL、5.00 mL、10.00 mL、20.00 mL（相当于 0.30 μg、0.60 μg、0.90 μg、1.25 μg、2.50 μg、5.00 μg、10.00 μg、20.00 μg 核黄素）或取与试样含量相近的单点标准按核黄素的吸附和洗脱步骤操作。

于激发光波长 440 nm、发射光 525 nm 处测量试样管及标准管的荧光值。待试样及标准的荧光值测量后，在各管的剩余液（5～7 mL）中加 0.10 mL 20%连二亚硫酸钠溶液，立即混匀，在 20 s 内测出各管的荧光值，作各自的空白值。结果按式（6.1）计算：

$$w = (I_x - I_0) \times \frac{m_s}{(I_s - I_b)m} \times f \times \frac{100}{1000} \tag{6.1}$$

式中，w 为试样中核黄素的质量分数，mg/(100 g)；I_x 为试样管荧光相对强度；I_0 为试样管空白荧光相对强度；I_s 为标准管荧光相对强度；I_b 为标准管空白荧光相对强度；f 为稀释倍数；m 为试样质量，g；m_s 为标准管中核黄素质量，μg；$\dfrac{100}{1000}$ 为将试样中核黄素由μg/g 换算成

mg/(100 g)的系数。

计算结果表示到小数点后两位。重复性条件下两次独立测定结果的绝对差值不超过算术平均值的10%。

6.2.2　硫胺素(维生素 B₁)的分析

GB 5009.84—2016《食品中维生素 B₁ 的测定》中，第一法为高效液相色谱法，第二法为分子荧光分析法，该法的检出限为 0.05 μg，线性范围为 0.2~10 μg，下面介绍第二法。

1. 原理

硫胺素在碱性铁氰化钾溶液中被氧化成噻嘧色素，在紫外线照射下发出荧光。没有其他物质干扰时，此荧光相对强度与噻嘧色素量成正比，即与溶液中硫胺素量成正比。如果试样中含杂质过多，应用经过离子交换剂使硫胺素与杂质分离后的溶液测定。

2. 仪器与主要试剂

荧光分光光度计；电热恒温培养箱；Maizel-Gerson 反应瓶：如图 6.2 所示。

淀粉酶和蛋白酶；0.1 mol/L、0.3 mol/L 盐酸；2 mol/L 乙酸钠溶液；250 g/L 氯化钾溶液；250 g/L 酸性氯化钾溶液：8.5 mL 浓盐酸用 25%[质量浓度为 25 g/(100 mL)]氯化钾溶液稀释至 1 L；1%[质量浓度为 1 g/(100 mL)]铁氰化钾溶液：1 g 铁氰化钾溶于水中稀释至 100 mL，用棕色瓶保存；碱性铁氰化钾溶液：取 4 mL 10 g/L 铁氰化钾溶液，用 150 g/L 氢氧化钠溶液稀释至 60 mL。用时现配，避光使用。

活性人造浮石：称 200 g 40~60 目人造浮石，以 10 倍于其容积的热乙酸溶液搅洗两次，每次 10 min；再用 5 倍于其容积的 250 g/L 热氯化钾溶液搅洗 15 min 后；用稀乙酸溶液搅洗 10 min；用热蒸馏水洗至无氯离子，于蒸馏水中保存。

0.1 mg/mL 硫胺素标准储备液：准确称取 100 mg 经氯化钙干燥 24 h 的硫胺素，溶于 0.01 mol/L 盐酸中，稀释至 1 L。冰箱中避光保存。用时用 0.01 mol/L 盐酸逐级稀释为 0.1 μg/mL 的标准使用液。

0.4 g/L 溴甲酚绿溶液：称取 0.1 g 溴甲酚绿，置于小研钵中，加入 1.4 mL 0.1 mol/L 氢氧化钠溶液研磨片刻，加少许水继续研磨至完全溶解，用水稀释至 250 mL。

盐基交换管如图 6.3 所示。

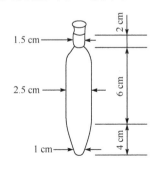

图 6.2　Maizel-Gerson 反应瓶示意图

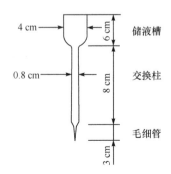

图 6.3　盐基交换管

3. 测定

试样采集后用匀浆机打成匀浆于低温冰箱中冷冻保存，用时将其解冻后混匀使用。干燥试样要将其尽量粉碎后备用。

准确称取一定量试样(估计其硫胺素含量约为 10~30 μg，一般称取 2~10 g 试样)，置于 100 mL 三角瓶中，加入 50 mL 0.1 mol/L 或 0.3 mol/L 盐酸使其溶解，放入高压锅中 121 ℃下加热水解 30 min，冷却后取出。用 2 mol/L 乙酸钠调 pH=4.5(以 0.4 g/L 溴甲酚绿为指示剂)。按每克试样加 20 mg 淀粉酶和 40 mg 蛋白酶的比例加入淀粉酶和蛋白酶。于 45~50 ℃温箱过夜保温(约 16 h)。凉至室温，定容至 100 mL 后混匀过滤，即为提取液。

用少许脱脂棉铺于盐基交换管的交换柱底部，加水将棉纤维中气泡排出，再加约 1 g 活性人造浮石使之达到交换柱的三分之一高度。保持盐基交换管中液面始终高于活性人造浮石。用移液管加入提取液 20~60 mL(使通过活性人造浮石的硫胺素总量为 2~5 μg)。加约 10 mL 热蒸馏水冲洗交换柱，弃去洗液。如此重复三次。加入 90 ℃ 250 g/L 酸性氯化钾 20 mL，收集此液于 25 mL 刻度试管内，冷却至室温，用 250 g/L 酸性氯化钾定容至 25 mL，即为试样净化液。

重复上述操作，将 20 mL 硫胺素标准使用液加入盐基交换管以代替试样提取液，即得到标准净化液。将 5 mL 试样净化液分别加入 A、B 两个反应瓶。在避光条件下将 3 mL 150 g/L 氢氧化钠加入反应瓶 A，将 3 mL 碱性铁氰化钾溶液加入反应瓶 B，振摇约 15 s 后，加 10 mL 正丁醇；将 A、B 两个反应瓶同时用力振摇 1.5 min。重复上述操作，用标准净化液代替试样净化液。静置分层后吸去下层碱性溶液，加入 2~3 g 无水硫酸钠使溶液脱水。

荧光测定条件：激发波长 365 nm，发射波长 435 nm；激发波狭缝 5 nm，发射波狭缝 5 nm。

依次测定下列荧光强度：①试样空白荧光强度(试样反应瓶 A)；②标准空白荧光强度(标准反应瓶 A)；③试样荧光强度(试样反应瓶 B)；④标准荧光强度(标准反应瓶 B)。结果按式(6.2)计算：

$$w = (I_x - I_0) \times \frac{\rho V}{(I_s - I_b) m} \times \frac{V_1}{V_2} \times \frac{100}{1000} \tag{6.2}$$

式中，w 为试样中硫胺素的质量分数，mg/(100 g)；I_x 为试样荧光相对强度；I_0 为试样空白荧光相对强度；I_s 为标准荧光相对强度；I_b 为标准空白荧光相对强度；ρ 为硫胺素标准使用液的质量浓度，μg/mL；V 为用于净化的硫胺素标准使用液体积，mL；V_1 为试样水解后定容的体积，mL；V_2 为试样用于净化的提取液体积，mL；m 为试样质量，g；100/1000 为试样含量由 μg/g 换算为 mg/(100 g) 的系数。

计算结果保留两位有效数字。在重复性条件下两次独立测定结果的绝对差值不超过算术平均值的 10%。

6.2.3 维生素 C 的分析

GB 5009.86—2016《食品中抗坏血酸的测定》中，第一法为高效液相色谱法，第二法为荧光法，第三法为 2,6-二氯靛酚滴定法。第一法适用于乳粉、谷物、蔬菜、水果及其制品、肉制品、维生素类补充剂、果冻、胶基糖果、八宝粥、葡萄酒中的 L(+)-抗坏血酸、D(+)-抗坏血酸和 L(+)-抗坏血酸总量的测定。第二法适用于乳粉、蔬菜、水果及其制品中 L(+)-抗坏血酸总量的测定。第三法适用于水果、蔬菜及其制品中 L(+)-抗坏血酸的测定。

下面重点介绍第一法高效液相色谱法。

1. 原理

试样中的抗坏血酸用偏磷酸溶解超声提取后，以离子对试剂为流动相，经反相色谱柱分离，其中 L(+)-抗坏血酸和 D(+)-抗坏血酸直接用配有紫外检测器的液相色谱仪(波长 245 nm)测定；试样中的 L(+)-脱氢抗坏血酸经 L-半胱氨酸溶液进行还原后，用紫外检测器(波长 245 nm)测定 L(+)-抗坏血酸总量，或减去原样品中测得的 L(+)-抗坏血酸含量而获得 L(+)-脱氢抗坏血酸的含量。以色谱峰的保留时间定性，外标法定量。

2. 仪器与主要试剂

除非另有说明，本方法所用试剂均为分析纯，水为 GB/T 6682 规定的一级水。

液相色谱仪：配有二极管阵列检测器或紫外检测器；超声波清洗器；离心机：转速 ≥4000 r/min；pH 计：精度为 0.01；均质机。

偏磷酸(HPO_3)：含量(以 HPO_3 计)≥38%；磷酸三钠($Na_3PO_4 \cdot 12H_2O$)；磷酸二氢钾(KH_2PO_4)；磷酸(H_3PO_4)：85%；L-半胱氨酸($C_3H_7NO_2S$)优级纯；十六烷基三甲基溴化铵($C_{19}H_{42}BrN$)色谱纯；甲醇(CH_3OH)色谱纯。

200 g/L 偏磷酸溶液：称取 200 g(精确至 0.1 g)偏磷酸，溶于水并稀释至 1 L，此溶液保存于 4 ℃的环境下可保存一个月。

20 g/L 偏磷酸溶液：量取 50 mL 200 g/L 偏磷酸溶液，用水稀释至 500 mL。

100 g/L 磷酸三钠溶液称取 100 g(精确至 0.1 g)磷酸三钠，溶于水并稀释至 1 L。

L-半胱氨酸溶液(40 g/L)：称取 4 g L-半胱氨酸，溶于水并稀释至 100 mL。用时配制。

L(+)-抗坏血酸标准品($C_6H_8O_6$)纯度≥99% 。

D(+)-抗坏血酸(异抗坏血酸)标准品($C_6H_8O_6$)纯度≥99%。

L(+)-抗坏血酸标准储备溶液(1.000 mg/mL)：准确称取 L(+)-抗坏血酸标准品 0.01 g(精确至 0.01 mg)，用 20 g/L 的偏磷酸溶液定容至 10 mL。该储备液在 2~8 ℃避光条件下可保存一周。

D(+)-抗坏血酸标准储备溶液(1.000 mg/mL)：准确称取 D(+)-抗坏血酸标准品 0.01 g(精确至 0.01 mg)，用 20 g/L 偏磷酸溶液定容至 10 mL。2~8 ℃避光，可保存一周。

抗坏血酸混合标准系列工作液：分别吸取 L(+)-抗坏血酸和 D(+)-抗坏血酸标准储备液 0 mL、0.05 mL、0.50 mL、1.00 mL、2.50 mL、5.00 mL，用 20 g/L 的偏磷酸溶液定容至 100 mL。标准系列工作液中 L(+)-抗坏血酸和 D(+)-抗坏血酸的浓度分别为 0.00 μg/mL、0.50 μg/mL、5.00 μg/mL、10.00 μg/mL、25.00 μg/mL、50.00 μg/mL。用时配制。

3. 测定

整个检测过程尽可能在避光条件下进行。

液体或固体粉末样品混合均匀后，应立即用于检测，水果、蔬菜及其制品或其他固体样品取 100 g 左右加入等质量 20 g/L 的偏磷酸溶液，经均质机均质并混合均匀后，应立即测定。

试样溶液的制备：称取相对于样品 0.5～2 g(精确至 0.001 g)混合均匀的固体试样或匀浆试样，或吸取 2～10 mL 液体试样[使所取试样含 L(+)-抗坏血酸 0.03～6 mg]于 50 mL 烧杯中，用 20 g/L 的偏磷酸溶液将试样转移至 50 mL 容量瓶中，振摇溶解并定容。摇匀，全部转移至 50 mL 离心管中，超声提取 5 min 后，于 4000 r/min 离心 5 min，取上清液过 0.45 μm 水相滤膜，滤液待测[由此试液可同时分别测定试样中 L(+)-抗坏血酸和 D(+)-抗坏血酸的含量]。

准确吸取 20 mL 上述离心后的上清液于 50 mL 离心管中，加入 10 mL 40 g/L 的 L-半胱氨酸溶液还原，用 100 g/L 磷酸三钠溶液调节 pH 至 7.0～7.2，以 200 次/min 振荡 5 min。再用磷酸调节 pH 至 2.5～2.8，用水将试液全部转移至 50 mL 容量瓶中定容、混匀，试液过 0.45 μm 水相滤膜后待测[由此试液可测定试样中包括脱氢型的 L(+)-抗坏血酸总量]。

若试样含有增稠剂，可准确吸取 4 mL 经 L-半胱氨酸溶液还原的试液，再准确加入 1 mL 甲醇进行沉淀，混匀后过 0.45 μm 滤膜后待测。

1)仪器参考条件

C_{18} 色谱柱，柱长 250 mm，内径 4.6 mm，粒径 5 μm，或同等性能的色谱柱；二极管阵列检测器或紫外检测器。

流动相 A：6.8 g 磷酸二氢钾和 0.91 g 十六烷基三甲基溴化铵，用水溶解并定容至 1 L(用磷酸调 pH 至 2.5～2.8)；B：100%甲醇。按 A：B=98：2 混合，过 0.45 μm 滤膜，超声脱气；流速 0.7 mL/min；检测波长 245 nm；柱温 25 ℃；进样量：20 μL。

2)标准曲线制作

分别对抗坏血酸混合标准系列工作溶液进行测定，以 L(+)-抗坏血酸[或 D(+)-抗坏血酸]标准溶液的质量浓度(μg/mL)为横坐标，L(+)-抗坏血酸[或 D(+)-抗坏血酸]的峰高或峰面积为纵坐标，绘制标准曲线或计算回归方程。

3)试样溶液的测定

对试样溶液进行测定，根据标准曲线得到测定液中 L(+)-抗坏血酸[或 D(+)-抗坏血酸]的浓度(μg/mL)。同时测定空白。

试样中 L(+)-抗坏血酸[或 D(+)-抗坏血酸]的含量和 L(+)-抗坏血酸总量以毫克每百克 [mg/(100 g)]表示，按式(6.3)计算：

$$w = \frac{(\rho_1 - \rho_0) \times V}{m \times 1000} \times F \times K \times 100 \tag{6.3}$$

式中，w 为试样中 L(+)-抗坏血酸[或 D(+)-抗坏血酸]总量的质量分数，mg/(100 g)；ρ_1 为样液中 L(+)-抗坏血酸[或 D(+)-抗坏血酸]的质量浓度，μg/mL；ρ_0 为样品空白液中 L(+)-抗坏血酸[或 D(+)-抗坏血酸]的质量浓度，μg/mL；V 为试样的最后定容体积，mL；m 为实际检测试样质量，g；1000 为换算系数(由μg/mL 换算成 mg/mL 的换算因子)；F 为稀释倍数(若使用还原步骤时，即为 2.5)；K 为若使用甲醇沉淀步骤时，即为 1.25；100 为换算系数[由 mg/g 换算成 mg/(100 g)的换算因子]。

计算结果以重复性条件下两次独立测定结果的算术平均值表示，保留三位有效数字，绝对差值不得超过算术平均值的 10%。

固体样品取样量为 2 g 时，L(+)-抗坏血酸和 D(+)-抗坏血酸的检出限均为 0.5 mg/(100 g)，定量限均为 2.0 mg/(100 g)。液体样品取样量为 10 g(或 10 mL)时，L(+)-抗坏血酸和 D(+)-抗坏血酸的检出限均为 0.1 mg/(100 g)[或 0.1 mg/(100 mL)]，定量限均为 0.4 mg/(100 g)[或 0.4 mg/(100 mL)]。

6.3 脂溶性维生素的分析

6.3.1 维生素 A 和维生素 E 的分析

GB/T 5009.82—2016《食品中维生素 A、D、E 的测定》中，分析维生素 A 的第一法为高效液相色谱法，检出限为 0.8 ng，本法适用于所有食品中维生素 A 和维生素 E 的测定，第二法、第四法也为高效液相色谱法。第二法适用于食用油、坚果、豆类和辣椒粉等食物中维生素 E 的测定，第三法适用于食品中维生素 D_2 和维生素 D_3 的测定，第四法适用于配方食品中维生素 D_2 或维生素 D_3 的测定。具体可参阅 GB/T 5009.82—2016。下面介绍第一法：食品中维生素 A 和维生素 E 的测定——反相高效液相色谱法。

1. 原理

试样中的维生素 A 及维生素 E 经皂化(含淀粉先用淀粉酶酶解)、提取、净化、浓缩后，C_{30} 或 PFP 反相液相色谱柱分离，紫外检测器或荧光检测器检测，外标法定量。

2. 仪器与试剂

除非另有说明，本方法所用试剂均为分析纯，水为 GB/T 6682 规定的一级水。

1) 试剂

无水乙醇：经检查不含醛类物质；抗坏血酸；氢氧化钾；乙醚：经检查不含过氧化物；石油醚：沸程为 30～60 ℃；无水硫酸钠；pH 试纸(pH 范围 1～14)；甲醇：色谱纯；淀粉酶：活力单位≥100 U/mg；2,6-二叔丁基对甲酚($C_{15}H_{24}O$)：简称 BHT。

50 g/(100 g)氢氧化钾溶液：称取 50 g 氢氧化钾，加入 50 mL 水溶解，冷却后，储存于聚乙烯瓶中；石油醚-乙醚溶液(1+1)：量取 200 mL 石油醚，加入 200 mL 乙醚，混匀。

维生素 A 标准品：视黄醇($C_{20}H_{30}O$，CAS 号：68-26-8)：纯度≥95%，或经国家认证并授予标准物质证书的标准物质。

维生素 E 标准品：

α-生育酚($C_{29}H_{50}O_2$，CAS 号：10191-41-0)：纯度≥95%，或经国家认证并授予标准物质证书的标准物质。

β-生育酚($C_{28}H_{48}O_2$，CAS 号：148-03-8)：纯度≥95%，或经国家认证并授予标准物质证书的标准物质。

γ-生育酚($C_{28}H_{48}O_2$，CAS 号：54-28-4)：纯度≥95%，或经国家认证并授予标准物质证书的标准物质。

δ-生育酚($C_{27}H_{46}O_2$，CAS 号：119-13-1)：纯度≥95%，或经国家认证并授予标准物质证书的标准物质。

0.500 mg/mL 维生素 A 标准储备溶液：准确称取 25.0 mg 维生素 A 标准品，用无水乙醇溶解后，移入 50 mL 容量瓶中定容。将溶液转移至棕色试剂瓶中，密封后，在−20 ℃下避光保存，有效期 1 个月。临用前将溶液回温至 20℃，并进行浓度校正。

1.00 mg / mL 维生素 E 标准储备溶液：分别准确称取 α-生育酚、β-生育酚、γ-生育酚和 δ-生育酚各 50.0 mg，用无水乙醇溶解后，转移入 50 mL 容量瓶中定容，此溶液浓度约为 1.00 mg/mL。将溶液转移至棕色试剂瓶中，密封后，在−20 ℃下避光保存，有效期 6 个月。用前将溶液回温至 20℃，并进行浓度校正。

维生素 A 和维生素 E 混合标准溶液中间液：准确吸取维生素 A 标准储备溶液 1.00 mL 和维生素 E 标准储备溶液各 5.00 mL 于同一 50 mL 容量瓶中，用甲醇定容，此溶液中维生素 A 浓度为 10.0 µg/mL，维生素 E 各生育酚浓度为 100 µg / mL。在−20 ℃下避光保存，有效期半个月。

维生素 A 和维生素 E 标准系列工作溶液：分别准确吸取维生素 A 和维生素 E 混合标准溶液中间液 0.20 mL、0.50 mL、1.00 mL、2.00 mL、4.00 mL、6.00 mL 于 10 mL 棕色容量瓶中，用甲醇定容至刻度，该标准系列中维生素 A 浓度为 0.20 µg/mL、0.50 µg/mL、1.00 µg/mL、2.00 µg/mL、4.00 µg/mL、6.00 µg/mL，维生素 E 浓度为 2.00 µg/mL、5.00 µg/mL、10.0 µg/mL、20.0 µg/mL、40.0 µg/mL、60.0 µg/mL。用前配制。

2）仪器

分析天平：感量为 0.01 mg；恒温水浴振荡器；旋转蒸发仪；氮吹仪；紫外分光光度计；分液漏斗萃取净化振荡器；高效液相色谱仪：带紫外检测器或二极管阵列检测器或荧光检测器。

3．测定

1）试样制备及处理

将一定数量的样品按要求经过缩分、粉碎均质后，储存于样品瓶中，避光冷藏，尽快测定。（警示：使用的所有器皿不得含有氧化性物质；分液漏斗活塞玻璃表面不得涂油；处理过程应避免紫外光照，尽可能避光操作；提取过程应在通风柜中操作。）

皂化：不含淀粉样品称取 2～5 g（精确至 0.01 g）经均质处理的固体试样或 50 g（精确至 0.01 g）液体试样于 150 mL 平底烧瓶中，固体试样需加入约 20 mL 温水，混匀，再加入 1.0 g 抗坏血酸和 0.1 g BHT，混匀，加入 30 mL 无水乙醇，加入 10～20 mL 氢氧化钾溶液，边加边振摇，混匀后于 80 ℃恒温水浴振荡皂化 30 min，皂化后立即用冷水冷却至室温。（注：皂化时间一般为 30 min，如果皂化液冷却后，液面有浮油，需要加入适量的氢氧化钾溶液，并适当延长皂化时间。）

含淀粉样品皂化时称取 2～5 g（精确至 0.01 g）经均质处理的固体试样或 50 g（精确至 0.01 g）液体样品于 150 mL 平底烧瓶中，固体试样需用约 20 mL 温水混匀，加入 0.5～1 g 淀粉酶，放入 60 ℃水浴避光恒温振荡 30 min 后，取出，向酶解液中加入 1.0 g 抗坏血酸和 0.1 g BHT，混匀，加入 30 mL 无水乙醇，10～20 mL 氢氧化钾溶液，边加边振摇，混匀后于 80 ℃恒温水浴振荡皂化 30 min，皂化后立即用冷水冷却至室温。

提取：将皂化液用 30 mL 水转入 250 mL 的分液漏斗中，加入 50 mL 石油醚-乙醚混合液，振荡萃取 5 min，将下层溶液转移至另一 250 mL 的分液漏斗中，加入 50 mL 的混合醚液再次萃取，合并醚层。（注：如只测维生素 A 与 α-生育酚，可用石油醚作提取剂。）

洗涤：用约 100 mL 水洗涤醚层，约需重复 3 次，直至将醚层洗至中性（可用 pH 试纸检测下层溶液 pH），去除下层水相。

浓缩：将洗涤后的醚层经无水硫酸钠（约 3 g）滤入 250 mL 旋转蒸发瓶或氮气浓缩管中，

用约 15 mL 石油醚冲洗分液漏斗及无水硫酸钠两次，并入蒸发瓶内，并将其接在旋转蒸发仪或气体浓缩仪上，于 40 ℃水浴中减压蒸馏或气流浓缩，待瓶中醚液剩下约 2 mL 时，取下蒸发瓶，立即用氮气吹至近干。用甲醇分次将蒸发瓶中残留物溶解并转移至 10 mL 容量瓶中，定容至刻度。溶液过 0.22 μm 有机系滤膜后供高效液相色谱测定。

2) 色谱参考条件

色谱柱 C_{30} 柱(柱长 250 mm，内径 4.6 mm，粒径 3 μm)，或相当者；柱温 20 ℃；流动相：A：水，B：甲醇，洗脱梯度见表 6.1；流速：0.8 mL / min；紫外检测波长：维生素 A 为 325 nm；维生素 E 为 294 nm；进样量：10 μL。

表 6.1　C_{30} 色谱柱-反相高效液相色谱法洗脱梯度参考条件

时间/min	流动相 A/%	流动相 B/%	流速/(mL / min)
0.0	4	96	0.8
13.0	4	96	0.8
20.0	0	100	0.8
24.0	0	100	0.8
24.5	4	96	0.8
30.0	4	96	0.8

注：①如果难以将柱温控制在(20±2)℃，可改用 PFP 柱分离异构体，流动相为水和甲醇梯度洗脱。②如果样品中只含 α-生育酚，不需分离 β-生育酚和 γ-生育酚，可选用 C_{18} 柱，流动相为甲醇。③选用荧光检测器检测，对生育酚的检测有更高的灵敏度和选择性，可按以下检测波长检测：维生素 A 激发波长 328 nm，发射波长 440 nm；维生素 E 激发波长 294 nm，发射波长 328 nm。

3) 样品测定

采用外标法定量。将维生素 A 和维生素 E 标准系列工作溶液分别注入高效液相色谱仪中，测定相应的峰面积，以峰面积为纵坐标，以标准测定液浓度为横坐标绘制标准曲线，计算直线回归方程。

试样液经高效液相色谱仪分析，测得峰面积，采用外标法通过上述标准曲线计算其浓度。在测定过程中，建议每测定 10 个样品用同一份标准溶液或标准物质检查仪器的稳定性。

试样中维生素 A 或维生素 E 的含量按式(6.4)计算：

$$w = \frac{\rho \times V}{m} \times f \times 100 \tag{6.4}$$

式中，w 为试样中维生素 A 或维生素 E 的质量分数，维生素 A 单位为μg/(100 g)，维生素 E 单位为 mg/(100 g)；ρ 为根据标准曲线计算得到的试样中维生素 A 或维生素 E 的质量浓度，μg/mL；V 为定容体积，mL；f 为换算因子(维生素 A：f=1；维生素 E：f=0.001)；100 为试样质量以每 100 g 计算的换算系数；m 为试样称样质量，g。

计算结果保留三位有效数字。

注：如维生素 E 的测定结果要用 α-生育酚当量(α-TE)表示，可按下式计算：维生素 E[mgα-TE/(100 g)]=α-生育酚[mg/(100 g)]+β-生育酚[mg/(100 g)]×0.5+γ-生育酚[mg/(100 g)]

×0.1+ δ-生育酚[mg/(100 g)]×0.01。

在重复性条件下获得的两次独立测定结果的绝对差值不得超过算术平均值的 10%。

当取样量为 5 g，定容 10 mL 时，维生素 A 的紫外检出限为 10 μg /(100 g)，定量限为 30 μg /(100 g)；生育酚的紫外检出限为 40 μg /(100 g)，定量限为 120 μg / (100 g)。

6.3.2　维生素 D 的分析（HPLC 法）

1. 原理

试样中的维生素 D_2 或维生素 D_3 经氢氧化钾乙醇溶液皂化（含淀粉试样先用淀粉酶酶解）、提取、净化、浓缩后，用正相高效液相色谱半制备，反相高效液相色谱 C_{18} 柱色谱分离，经紫外或二极管阵列检测器检测，内标法（或外标法）定量。如果测定维生素 D_2，可用维生素 D_3 作内标；如果测定维生素 D_3，可用维生素 D_2 作内标。

2. 仪器与主要试剂

除非另有说明，所用试剂均为分析纯。水为 GB / T 6682 规定的一级水。

1）试剂

正己烷（$C_4 H_{10} O$）；其他试剂同 6.3.1 小节维生素 A 和维生素 E 的分析。

50 g /(100 g)氢氧化钾溶液：50 g 氢氧化钾，加入 50 mL 水溶解，冷却后储存于聚乙烯瓶中，临用前配制。

正己烷-环己烷溶液（1+1）：量取 8 mL 异丙醇加入 992 mL 正己烷中，混匀，超声脱气，备用；甲醇水溶液（95+1）：量取 50 mL 水加到 950 mL 甲醇中，混匀，超声脱气，备用。

维生素 D_2 标准品：钙化醇（$C_{28} H_{44} O$，CAS 号：50-14-6），纯度>98%，或经国家认证并授予标准物质证书的标准物质。

维生素 D_3 标准品 ：胆钙化醇（$C_{27} H_{44} O$，CAS 号：511-28-4），纯度>98%，或经国家认证并授予标准物质证书的标准物质。

维生素 D_2 标准储备溶液：准确称取维生素 D_2 标准品 10.0 mg，用色谱纯无水乙醇溶解并定容至 100 mL，使其浓度约为 100 μg/mL，转移至棕色试剂瓶中，于–20 ℃冰箱中密封保存，有效期 3 个月。临用前用紫外分光光度法校正其浓度。

维生素 D_3 标准储备溶液：准确称取维生素 D_3 标准品 10.0 mg，用色谱纯无水乙醇溶解并定容至 100 mL，使其浓度约为 100 μg/mL，转移至 100 mL 的棕色试剂瓶中，于–20 ℃冰箱中密封保存，有效期 3 个月。临用前用紫外分光光度法校正其浓度。

维生素 D_2 标准中间使用液：准确吸取维生素 D_2 标准储备溶液 10.00 mL，用流动相稀释并定容至 100 mL，浓度约为 10.0 μg/mL，有效期 1 个月，准确浓度按校正后的浓度折算。

维生素 D_3 标准中间使用液：准确吸取维生素 D_3 标准储备溶液 10.00 mL，用流动相稀释并定容至 100 mL 的棕色容量瓶中，浓度约为 10.0 μg/mL，有效期 3 个月，准确浓度按校正后的浓度折算。

维生素 D_2 标准使用液：准确吸取维生素 D_2 标准中间使用液 10.00 mL，用流动相稀释并定容至 100 mL 的棕色容量瓶中，浓度约为 1.00 μg/mL，准确浓度按校正后的浓度折算。

维生素 D_3 标准使用液：准确吸取维生素 D_3 标准中间使用液 10.00 mL，用流动相稀释并定容至 100 mL 的棕色容量瓶中，浓度约为 1.00 μg/mL，准确浓度按校正后的浓度折算。

当用维生素 D_2 作内标测定维生素 D_3 时，分别准确吸取维生素 D_3 标准中间使用液 0.50 mL、1.00 mL、2.00 mL、4.00 mL、6.00 mL 和 10.00 mL 于 100 mL 棕色容量瓶中，各加入维生素 D_2 内标溶液 5.00 mL，用甲醇定容，混匀。此标准系列工作液浓度分别为 0.05 μg/mL、0.10 μg/mL、0.20 μg/mL、0.40 μg/mL、0.60 μg/mL 和 1.00 μg/mL。

用维生素 D_3 作内标测定维生素 D_2 时，分别准确吸取维生素 D_2 标准中间使用液 0.50 mL、1.00 mL、2.00 mL、4.00 mL、6.00 mL 和 10.00 mL 于 100 mL 棕色容量瓶中，各加入维生素 D_3 内标溶液 5.00 mL，用甲醇定容至刻度，混匀。此标准系列工作液浓度分别为 0.05 μg/mL、0.10 μg/mL、0.20 μg/mL、0.40 μg/mL、0.60 μg/mL 和 1.00 μg/mL。

所有器皿不得含有氧化性物质，分液漏斗活塞玻璃表面不得涂油。

2)仪器和设备

紫外分光光度计；萃取净化振荡器；半制备正相高效液相色谱仪：带紫外或二极管阵列检测器，进样器配 500 μL 定量环；反相高效液相色谱分析仪：带紫外或二极管阵列检测器，进样器配 100 μL 定量环。

3. 分析方法

将一定数量的样品按要求经过缩分、粉碎、均质后，储存于样品瓶中，避光冷藏，尽快测定。

1)试样处理

处理过程应避免紫外光照，尽可能避光操作。如果样品中只含有维生素 D_3，可用维生素 D_2 做内标；如果只含有维生素 D_2，可用维生素 D_3 作内标；否则，用外标法定量，但需要验证回收率能满足检测要求。

不含淀粉样品：称取 5～10 g(准确至 0.01 g)经均质处理的固体试样或 50 g(准确至 0.01 g)液体样品于 150 mL 平底烧瓶中，固体试样需加 20～30 mL 温水，加 1.00 mL 内标使用溶液(如果测定维生素 D_2，用维生素 D_3 作内标；如果测定维生素 D_3，用维生素 D_2 作内标。)，再加入 1.0 g 抗坏血酸和 0.1 g BHT，混匀。加入 30 mL 无水乙醇，加入 10～20 mL 氢氧化钾溶液，边加边振摇混匀后，于恒温磁力搅拌器上 80 ℃回流皂化 30 min 后，立即用冷水冷却至室温。

注：一般皂化时间为 30 min，如果皂化液冷却后，液面有浮油，需要加入适量氢氧化钾乙醇溶液，并适当延长皂化时间。

含淀粉样品：称取 5～10 g(准确至 0.01 g)经均质处理的固体试样或 50 g(精确至 0.01 g)液体样品于 150 mL 平底烧瓶中，固体试样需加入约 20 mL 温水，加 1.00 mL 内标使用溶液(如果测定维生素 D_2，用维生素 D_3 作内标；如果测定维生素 D_3，用维生素 D_2 作内标)和 1 g 淀粉酶，放入 60 ℃恒温水浴振荡 30 min，向酶解液中加入 1.0 g 抗坏血酸和 0.1 g BHT，混匀。加入 30 mL 无水乙醇，10～20 mL 氢氧化钾溶液，边加边振摇，混匀后于恒温磁力搅拌器上 80 ℃回流皂化 30 min，皂化后立即用冷水冷却至室温。

将皂化液用 30 mL 水转入 250 mL 的分液漏斗中，加入 50 mL 石油醚，振荡萃取 5 min，将下层溶液转移至另一 250 mL 的分液漏斗中，加入 50 mL 的石油醚再次萃取，合并醚层。用约 150 mL 水洗涤醚层，约需重复 3 次，直至将醚层洗至中性(可用 pH 试纸检测下层溶液 pH)，去除下层水相。

将洗涤后的醚层经无水硫酸钠(约 3 g)滤入 250 mL 旋转蒸发瓶或氮气浓缩管中,用约 15 mL 石油醚冲洗分液漏斗及无水硫酸钠两次,并入蒸发瓶内,并将其接在旋转蒸发器或气体浓缩仪上,于 40 ℃水浴中减压蒸馏或气流浓缩,待瓶中醚剩下约 2 mL 时,取下蒸发瓶,氮吹至干,用正己烷定容至 2 mL,0.22 μm 有机系滤膜过滤供半制备正相高效液相色谱系统半制备,净化待测液。

2)维生素 D 待测液的净化

半制备正相高效液相色谱参考条件:硅胶色谱柱,柱长 250 mm,内径 4.6 mm,粒径 5 μm,或具同等性能的色谱柱;流动相:环己烷+正己烷(1+1),并按体积分数 0.8%加入异丙醇;流速:1 mL/min;波长:264 nm;柱温:(35±1)℃;进样体积:500 μL。

半制备正相高效液相色谱系统适用性实验:取约 1.00 mL 维生素 D$_2$ 和维生素 D$_3$ 标准中间使用液于 10 mL 具塞试管中,在(40±2)℃氮吹仪上吹干。残渣用 10 mL 正己烷振荡溶解。取该溶液 100 μL 注入液相色谱仪中测定,确定维生素 D 保留时间。然后将 500 μL 待测液注入液相色谱仪中,根据维生素 D 标准溶液保留时间收集维生素 D 馏分于试管中。将试管置于 40 ℃水浴氮气吹干,取出准确加入 1.0 mL 甲醇,残渣振荡溶解,即为维生素 D 测定液。

反相液相色谱参考条件:C$_{18}$色谱柱,柱长 250 mm,柱内径 4.6 mm,粒径 5 μm,或具同等性能的色谱柱;流动相:甲醇+水(95+5);流速:1 mL/min;检测波长:264 nm;柱温:(35±1)℃;进样量:100 μL。

3)标准曲线的制作

分别将维生素 D$_2$ 或维生素 D$_3$ 标准系列工作液注入反相液相色谱仪中,得到维生素 D$_2$ 和维生素 D$_3$ 峰面积。以两者峰面积比为纵坐标,以维生素 D$_2$ 或维生素 D$_3$ 标准工作液浓度为横坐标分别绘制维生素 D$_2$ 或维生素 D$_3$ 标准曲线。

4)样品测定

吸取维生素 D 测定液 100 μL 注入反相液相色谱仪中,得到待测物与内标物的峰面积比值,根据标准曲线得到待测液中维生素 D$_2$(或维生素 D$_3$)的浓度。试样中维生素 D$_2$(或维生素 D$_3$)的含量按式(6.5)计算:

$$w = \frac{\rho \times V}{m} \times f \times 100 \tag{6.5}$$

式中,w 为试样中维生素 D$_2$(或维生素 D$_3$)的质量分数,μg/(100 g);ρ 为根据标准曲线计算得到的试样中维生素 D$_2$(或维生素 D$_3$)的浓度,μg/mL;V 为正己烷定容体积,mL;f 为待测液稀释过程的稀释倍数;100 为试样质量以每 100 g 计算的换算系数;m 为称样量,g。

结果保留三位有效数字。两次平行测定结果的绝对差值不得超过算术平均值的 15%。

取样 10 g 时,维生素 D$_2$ 或维生素 D$_3$ 的检出限为 0.7 μg/(100 g),定量限为 2 μg/(100 g)。

6.3.3　β-胡萝卜素的分析

高效液相色谱条件一适用于食品中 α-胡萝卜素、β-胡萝卜素及总胡萝卜素的测定,色谱条件二适用于食品中 β-胡萝卜素的测定。

1. 原理

试样经皂化使胡萝卜素释放为游离态,用石油醚萃取二氯甲烷定容后,采用反相色谱法分离，外标法定量。

2. 仪器与试剂

除非另有说明，本法所用试剂均为分析纯，水为 GB / T 6682 规定的一级水。

α-淀粉酶：酶活力 ≥1.5 U /mg；木瓜蛋白酶：酶活力 ≥5 U /mg；氢氧化钾；无水硫酸钠；抗坏血酸；石油醚：沸程 30～60℃；甲醇：色谱纯；乙腈：色谱纯；三氯甲烷：色谱纯；甲基叔丁基醚：色谱纯；二氯甲烷：色谱纯；无水乙醇：优级纯；正己烷：色谱纯；2, 6-二叔丁基-4-甲基苯酚（$C_{15} H_{24} O$, BHT）。

氢氧化钾溶液：称固体氢氧化钾 500 g，加入 500 mL 水溶解。用前配制。

α-胡萝卜素（$C_{40} H_{56}$, CAS 号：7488-99-5）：纯度 ≥95%，或经国家认证并授予标准物质证书的标准物质。

β-胡萝卜素（$C_{40} H_{56}$, CAS 号：7235-40-7）：纯度 ≥95%，或经国家认证并授予标准物质证书的标准物质。

500 μg / mL α-胡萝卜素标准储备液：准确称取 α-胡萝卜素标准品 50 mg（精确到 0.1 mg），加入 0.25 g BHT，用二氯甲烷溶解，转移至 100 mL 棕色容量瓶中定容至刻度。于–20 ℃以下避光储存，使用期限不超过 3 个月，用前需进行标定。

100 μg /mL α-胡萝卜素标准中间液：由 α-胡萝卜素标准储备液中准确移取 10.0 mL 溶液于 50 mL 棕色容量瓶中，用二氯甲烷定容至刻度。

500 μg / mL β-胡萝卜素标准储备液：准确称取 β-胡萝卜素标准品 50 mg（精确到 0.1 mg），加入 0.25 g BHT，用二氯甲烷溶解，转移至 100 mL 棕色容量瓶中定容至刻度。于–20 ℃以下避光储存，使用期限不超过 3 个月，用前需进行标定。

注：β-胡萝卜素标准品主要为全反式（all-E）β-胡萝卜素，在储存过程中受到温度、氧化等因素的影响，会出现部分全反式 β-胡萝卜素异构化为顺式 β-胡萝卜素的现象，如 9-顺式（9 Z）-β-胡萝卜素、13-顺式（13 Z）-β-胡萝卜素、15-顺式（15 Z）-β-胡萝卜素等。如果采用色谱条件一进行 β-胡萝卜素的测定，应确认 β-胡萝卜素异构体保留时间，并计算全反式 β-胡萝卜素标准溶液色谱纯度。

β-胡萝卜素标准中间液（100 μg/mL）：从 β-胡萝卜素标准储备液中准确移取 10.0 mL 溶液于 50 mL 棕色容量瓶中，用二氯甲烷定容至刻度。

α-胡萝卜素、β-胡萝卜素混合标准工作液（色谱条件一用）：准确移取 α-胡萝卜素标准中间液 0.50 mL、1.00 mL、2.00 mL、3.00 mL、4.00 mL 和 10.00 mL 溶液至 6 个 100 mL 棕色容量瓶，分别加入 3.00 mL β-胡萝卜素中间液，用二氯甲烷定容至刻度，得到 α-胡萝卜素浓度分别为 0.5 μg/mL、1.0 μg/mL、2.0 μg/mL、3.0 μg/mL、4.0 μg/mL 和 10.00 μg/mL，β-胡萝卜素浓度均为 3.0 μg/mL 的系列混合标准工作液。

β-胡萝卜素标准工作液（色谱条件二用）：从 β-胡萝卜素标准中间液中分别准确移取 0.50 mL、1.00 mL、2.00 mL、3.00 mL、4.00 mL 和 10.00 mL 溶液至 6 个 100 mL 棕色容量瓶。用二氯甲烷定容至刻度，得到浓度为 0.5 μg/mL、1.0 μg/mL、2.0 μg/mL、3.0 μg/mL、4.0 μg/mL 和 10 μg/mL 的系列标准工作液。

恒温振荡水浴箱：控温精度±1 ℃；旋转蒸发器；氮吹仪；紫外-可见光分光光度计；高效液相色谱仪：带紫外检测器。

3. 分析步骤

整个实验操作过程应注意避光。

谷物、豆类、坚果等试样需粉碎、研磨、过筛(筛板孔径 0.3～0.5 mm);蔬菜、水果、蛋、藻类等试样用匀质器混匀;固体粉末状试样和液体试样用前振摇或搅拌混匀。4 ℃冰箱可保存 1 周。

蔬菜、水果、菌藻类、谷物、豆类、蛋类等普通食品试样准确称取混合均匀的试样 1～5 g(精确至 0.001 g),油类准确称取 0.2～2 g(精确至 0.001 g),转至 250 mL 锥形瓶中,加入 1 g 抗坏血酸、75 mL 无水乙醇,于(60±1)℃水浴振荡 30 min。

如果试样中蛋白质、淀粉含量较高(>10%),先加入 1 g 抗坏血酸、15 mL 45～50 ℃温水、0.5 g 木瓜蛋白酶和 0.5 g α-淀粉酶,盖上瓶塞混匀后,置(55±1)℃恒温水浴箱内振荡或超声处理 30 min 后,再加入 75 mL 无水乙醇,于(60±1)℃水浴振荡 30 min。

加入 25 mL 氢氧化钾皂化溶液,盖上瓶塞。置于已预热至(53±2)℃恒温振荡水浴箱中,皂化 30 min。取出,静置,冷却到室温。

添加 β-胡萝卜素的固体食品试样:准确称取 1～5 g(准至 0.001 g),置于 250 mL 锥形瓶中,加入 1 g 抗坏血酸,加 50 mL 45～50 ℃温水混匀。加入 0.5 g 木瓜蛋白酶和 0.5 g α-淀粉酶(无淀粉试样可不加α-淀粉酶),盖上瓶塞,置(55±1)℃恒温水浴箱内振荡或超声处理 30 min。

液体试样:准确称取 5～10 g(准至 0.001 g),置于 250 mL 锥形瓶中,加入 1 g 抗坏血酸。

取预处理后试样,加 75 mL 无水乙醇,摇匀,再加 25 mL 氢氧化钾皂化溶液,盖上瓶塞。置于已预热至(53±2)℃恒温振荡水浴箱中,皂化 30 min。取出,静置,冷却到室温。如果皂化不完全可适当延长皂化时间至 1 h。

皂化液转入 500 mL 分液漏斗中,加 100 mL 石油醚,轻轻摇动排气,盖好瓶塞,室温下振荡 10 min 后静置分层,将水相转入另一分液漏斗中按上述方法进行第二次提取。合并有机相,用水洗至近中性。弃水相,有机相通过无水硫酸钠过滤脱水。滤液收入 500 mL 蒸发瓶中,于旋转蒸发器上(40±2)℃减压浓缩,近干。用氮气吹干,用移液管准确加入 5.0 mL 二氯甲烷,盖上瓶塞,充分溶解提取物。经 0.45 μm 膜过滤后,弃出初始约 1 mL 滤液后收集至进样瓶中,备用。

注:必要时可根据待测样液中胡萝卜素含量水平进行浓缩或稀释,使待测样液中α-胡萝卜素和/或β-胡萝卜素浓度在 0.5～10 μg / mL 范围内。

测定:色谱条件一适用于食品中α-胡萝卜素、β-胡萝卜素及总胡萝卜素的测定。

色谱参考条件:C_{30}色谱柱;柱长 150 mm,内径 4.6 mm,粒径 5 μm,或等效柱;流动相:A 相:甲醇:乙腈:水=73.5 : 24.5 : 2;B 相:甲基叔丁基醚;流速:1.0 mL / min;检测波长:450 nm;柱温:(30±1)℃;进样体积:20 μL。流动相梯度程序如表 6.2 所示。

表 6.2　梯度程序

时间/ min	0	15	18	19	20	22
A%	100	59	20	20	0	100
B%	0	41	80	80	100	0

绘制α-胡萝卜素标准曲线、计算全反式β-胡萝卜素响应因子：将α-胡萝卜素、β-胡萝卜素混合标准工作液注入 HPLC 仪中，根据保留时间定性，测定α-胡萝卜素、β-胡萝卜素各异构体峰面积。α-胡萝卜素根据系列标准工作液浓度及峰面积，以浓度为横坐标，峰面积为纵坐标，绘制标准曲线，计算回归方程。

β-胡萝卜素根据标准工作液标定浓度、全反式β-胡萝卜素 6 次测定峰面积平均值、全反式β-胡萝卜素色谱纯度，按式(6.6)计算全反式β-胡萝卜素响应因子。

$$RF = A_{all-E}/\rho \times CP \tag{6.6}$$

式中，RF 为全反式β-胡萝卜素响应因子，$AU \cdot mL /\mu g$；A_{all-E}为全反式β-胡萝卜素标准工作液色谱峰峰面积平均值，AU；ρ为β-胡萝卜素标准工作液标定浓度，$\mu g/mL$；CP 为全反式β-胡萝卜素的色谱纯度，%。

在相同色谱条件下，将待测液注入液相色谱仪中，以保留时间定性，根据峰面积采用外标法定量。α-胡萝卜素根据标准曲线回归方程计算待测液中α-胡萝卜素浓度，β-胡萝卜素根据全反式β-胡萝卜素响应因子进行计算。

高效液相色谱条件二：适用食品中β-胡萝卜素的测定。

参考色谱条件：C_{18}色谱柱，柱长 250 mm，内径 4.6 mm，粒径 5 μm，或等效柱；流动相：三氯甲烷：乙腈：甲醇=3：12：85，含抗坏血酸 0.4 g/L，经 0.45 μm 膜过滤后备用；流速：2.0 mL / min；检测波长：450 nm；柱温：(35±1)℃；进样体积：20 μL。

将β-胡萝卜素标准工作液注入 HPLC 仪中，以保留时间定性，测定峰面积。以标准系列工作液浓度为横坐标，峰面积为纵坐标，绘制标准曲线，计算回归方程。

在相同色谱条件下，将待测试样液分别注入液相色谱仪中，进行 HPLC 分析，以保留时间定性，根据峰面积外标法定量，根据标准曲线回归方程计算待测液中β-胡萝卜素的浓度。

注：本色谱条件适用于α-胡萝卜素含量较低(小于总胡萝卜素 10%)的食品试样中β-胡萝卜素的测定。

高效液相色谱条件一：试样中α-胡萝卜素的含量按式(6.7)计算。

$$w_\alpha = \frac{\rho_\alpha \times V}{m} \times 100 \tag{6.7}$$

式中，w_α为试样中α-胡萝卜素的质量分数，$\mu g/(100\ g)$；ρ_α为从标准曲线得到的待测液中α-胡萝卜素浓度，$\mu g/ mL$；V为试样液定容体积，mL；100 为将结果表示为微克每百克$[\mu g/(100\ g)]$的系数；m为试样质量，g。

试样中β-胡萝卜素含量按式(6.8)计算：

$$w_\beta = \frac{(A_{all-E} - A_{9Z} - A_{13Z} \times 1.2 + A_{15Z} \times 1.4 + A_{xZ}) \times V}{RF \times m} \times 100 \tag{6.8}$$

式中，w_β为试样中β-胡萝卜素的质量分数，$\mu g/(100\ g)$；A_{all-E}为试样待测液中全反式β-胡萝卜素峰面积，AU；A_{9Z}为试样待测液中 9-顺式-β-胡萝卜素的峰面积，AU；A_{13Z}为试样待测液中 13-顺式-β-胡萝卜素的峰面积，AU；1.2 为 13-顺式-β-胡萝卜素的相对校正因子；A_{15Z}为试样待测液中 15-顺式-β-胡萝卜素的峰面积，AU；1.4 为 15-顺式-β-胡萝卜素的相对校正因子；A_{xZ}为试样待测液中其他顺式β-胡萝卜素的峰面积，AU；V为试样液定容体积，mL；100 为将结果表示为微克每百克$[\mu g/(100\ g)]$的系数；RF 为全反式β-胡萝卜素响应因子，

$AU \cdot mL/\mu g$；m 为试样质量，g。

注：由于 β-胡萝卜素各异构体百分吸光系数不同，所以在 β-胡萝卜素计算过程中，需采用相对校正因子对结果进行校正。如果试样中其他顺式 β-胡萝卜素含量较低，可不进行计算。试样中总胡萝卜素含量按式(6.9)计算：

$$w_{总}= w_{\alpha} + w_{\beta} \tag{6.9}$$

式中，$w_{总}$ 为试样中总胡萝卜素的质量分数，$\mu g/(100\ g)$；w_{α} 为试样中 α-胡萝卜素的含量，$\mu g/(100\ g)$；w_{β} 为试样中 β-胡萝卜素的含量，$\mu g/(100\ g)$。

注：必要时，α-胡萝卜素、β-胡萝卜素可转化为微克视黄醇当量($\mu g\ RE$)进行表示。

计算结果保留三位有效数字。

高效液相色谱条件二：试样中 β-胡萝卜素的含量按式(6.10)计算，

$$w_{\beta} = \frac{\rho_{\beta} \times V}{m} \times 100 \tag{6.10}$$

式中，w_{β} 为试样中 β-胡萝卜素的质量分数，$\mu g/(100\ g)$；ρ_{β} 为从标准曲线得到的待测液中 β-胡萝卜素浓度，$\mu g/mL$；V 为试样液定容体积，mL；100 为将结果表示为微克每百克[$\mu g/(100\ g)$]的系数；m 为试样质量，g。

注：结果中包含全反式 β-胡萝卜素、9-顺式-β-胡萝卜素、13-顺式-β-胡萝卜素、15-顺式-β-胡萝卜素、其他顺式异构体；不排除可能有部分 α-胡萝卜素。

计算结果保留三位有效数字。在重复性条件下获得的两次独立测定结果的绝对差值不得超过算术平均值的10%。称样量为5 g时，α-胡萝卜素、β-胡萝卜素检出限均为 $0.5\ \mu g/(100\ g)$，定量限均为 $1.5\ \mu g/(100\ g)$。

有关标准溶液的标定法法、β-胡萝卜素异构体保留时间的确认及全反式 β-胡萝卜素色谱纯度的计算、胡萝卜素液相色谱图等可参阅 GB 5009.83—2016。

思考题与习题

1. 对于某一特定的维生素，在选择分析方法时应考虑哪些因素？

2. 在食品生产和保藏过程中，L-抗坏血酸能被氧化成 L-脱氢抗坏血酸。查阅相关文献，阐述如何用 2,6-二氯酚靛酚滴定法来测定总的维生素 C 含量，如何分别测定这两种抗坏血酸的质量分数？

3. 大多数维生素定量分析法中，维生素必须先从食品中提取出来，通常使用哪些方法提取和分离维生素？对水溶性维生素和脂溶性维生素，分别举例说明。

4. 简述高效液相色谱法测定维生素 D 的基本原理。

知识扩展 1：必需微量元素的生物学活性

人体内的必需微量元素往往需要通过与氨基酸、蛋白质或其他有机基团相结合，并形成各种酶、激素、维生素或有机复合物，才能发挥各种各样的生物学作用，产生特殊的生理功能，具有高度的生物效应。例如，维生素 B_{12} 是一种含钴的有机复合物，如果单独以无机钴化合物(如氯化钴)来刺激造血，约需 20 mg 才能发挥效能，但是用维生素 B_{12} 则只需要十万分之四毫克就能达到同一的生血效果，活性提高五万倍之多，这说明微量元素在生物体内只有形成各种有机复合物，才能具有高度的生物学活性。

知识扩展 2：过量服用维生素的中毒症状

长期大量摄入维生素 A，不能随尿液排出体外，易在体内大量蓄积，可能发生骨骼脱钙、关节疼痛、皮肤干燥、食欲减退等慢性中毒症状；急性中毒表现为头晕、嗜睡、头痛、呕吐、腹泻等症状。

　　摄入过量维生素 B 族会使人昏昏欲睡，如果超量服用维生素 B_6 在 200 mg 以上，将会产生药物依赖，严重者还可能出现步态不稳、手足麻木等。

　　如果维生素 C 摄入过量，可能为病毒提供养料，可谓得不偿失。会导致腹痛、腹泻、尿频，影响儿童生长发育，还可能导致继发性草酸代谢障碍，引起肾结石。

　　摄入维生素 D 过量会引起心律不齐、血压升高、抽搐、恶心、呕吐，甚至肾功能衰竭，可导致消化系统、神经系统、泌尿系统、心血管等系统的疾病。维生素 E 过量会引起血小板聚集，血栓形成，维生素 E 大剂量长期摄入可导致胃肠功能紊乱、眩晕、视力模糊等。

（高向阳　教授）

第7章　碳水化合物分析

7.1　概　　述

糖类是碳、氢、氧元素组成的一大类物质，称为碳水化合物。它提供人体生命活动所需热能的 60%~70%，是构成机体的重要物质。根据能否水解及水解产物的多少可分为单糖、寡糖或多糖。单糖是指用水解方法不能再分解的碳水化合物，如葡萄糖、果糖、半乳糖等。双糖是水解后可形成两个单糖分子的糖，主要有蔗糖、乳糖、海藻糖等。寡糖是指 3~9 个单糖的聚合物，主要有异麦芽低聚寡糖(多种异麦芽低聚糖的混合物)和棉籽糖、水苏糖、低聚果糖等。多糖由 10 个以上的单糖缩合而成，包括淀粉和非淀粉多糖两大类。淀粉包括直链淀粉、支链淀粉和变性淀粉等。非淀粉多糖包括纤维素、半纤维素、果胶、亲水胶质物(如黄原胶、瓜尔豆胶、阿拉伯胶等)和活性多糖(如香菇多糖、枸杞多糖等一大类具有降血脂、抗氧化、提高免疫功能等的活性物质)等。

单糖是碳水化合物的基本构造单位，且大多数寡糖、多糖均可用酸或酶水解成单糖，因此单糖的分析方法是许多碳水化合物定量分析法的基础。本章重点叙述单糖的分析方法。

糖类分析方法很多。可根据碳水化合物中的组成、含量及分析目的选用物理、化学、色谱法和酶法等分析方法。食品中还原糖、蔗糖、总糖、淀粉和果胶等物质的测定多采用化学法，但不能确定糖的组分和种类。采用薄层色谱、气相色谱、高效液相色谱等可以对糖类化合物进行定性、定量分析。

7.2　可溶性糖类分析

食品中可溶性糖类通常是指葡萄糖、果糖等游离单糖及蔗糖等低聚糖，分析时需要选择合适的提取剂和试剂将可溶性糖提取纯化、排除干扰物质后，进行测定。

7.2.1　可溶性糖类的提取和澄清

1. 糖类的提取

水是常见的糖类提取剂，40~50 ℃对可溶性糖类的提取效果较好。若温度更高时，可提取出相当量的可溶性淀粉和糊精。水为提取剂时，色素、蛋白质、可溶性淀粉、有机酸、可溶性果胶等易溶于水的物质会进入提取液，拖延过滤时间或影响分析结果。水果及其制品中含有许多有机酸，为防止蔗糖等低聚糖在加热时被部分水解，提取液的 pH 应调为中性。

乙醇水溶液也是常见的糖类提取剂。当提取液中的乙醇浓度足够高时，蛋白质、淀粉和糊精等都不能溶解，因此这是一种比较有效的提取溶剂。通常用 80%的乙醇溶液。一般情况下，至少提取两次可保证可溶性糖提取完全。

2. 提取液的澄清

用水或乙醇提取的提取液，除含有可溶性糖外，还不同程度地含有一些杂质，对糖类的测定有一定的影响，因此，常用加入澄清剂的方法除去这些干扰杂质。

1)糖类澄清剂的要求

糖类澄清剂必须满足：能较完全地除去干扰物质；不吸附或沉淀被测成分，也不改变被测糖分的理化性质；过剩的澄清剂应不干扰后面的分析操作，易于除掉。

2)常用的澄清剂

(1)中性乙酸铅 $Pb(Ac)_2 \cdot 3H_2O$：铅离子能与多种离子生成沉淀，同时吸附除去部分杂质，能除去蛋白质、丹宁、有机酸、果胶，还能凝聚其他胶体，不会使还原糖从溶液中沉淀出来，室温下也不会形成可溶性的铅糖，但脱色力差，不能用于深色糖液的澄清。

(2)硫酸铜-氢氧化钠溶液：由 5 份硫酸铜溶液(34.639 g 硫酸铜结晶溶解于水，稀释至 500 mL，再用精制石棉过滤)和 2 份 1 mol/L 氢氧化钠溶液组成。碱性条件下，铜离子可使蛋白质沉淀，适合于富含蛋白质样品的澄清。

(3)乙酸锌溶液和亚铁氰化钾溶液的澄清效果良好，生成的亚铁氰酸锌沉淀可挟走蛋白质，发生共同沉淀作用，适用于色泽较浅、富含蛋白质的提取液，如乳制品。

(4)碱性乙酸铅除去蛋白质、色素、有机酸，又能凝聚胶体，但它可生成体积甚大的沉淀，可带走果糖等还原糖。过量的碱性乙酸铅因其碱性及铅糖的形成而改变糖类的旋光度。该澄清剂用以处理深色的蔗糖溶液，供旋光仪操作方法之用。

(5)氢氧化铝能凝聚胶体，但对非胶态杂质的澄清效果不好，可用于浅色糖溶液的澄清剂，或可作为附加澄清剂。

(6)活性炭能除去植物性样品中的色素，对于浓度为 0.20 g/(100 mL)的糖溶液，若使用动物性活性炭 0.5 g 进行脱色，不论左旋糖或右旋糖，被吸附损失很少，但用植物性活性炭，将被吸附损失 6%~8%。

应根据提取液的种类、干扰成分、含量及所用糖的分析方法进行适当选择择。

用铅盐澄清法，过量试剂使结果失真。试液加热时生成铅糖，产生误差。要使误差最小，用最少量的澄清剂，也可加适量草酸钠、硫酸钠、磷酸氢二钠等除铅剂来避免产生铅糖。

7.2.2 还原糖的直接滴定法

食品安全国家标准 GB 5009.7—2016《食品中还原糖的测定》，第一法为直接滴定法。

1. 原理

试样经除去蛋白质后，以亚甲蓝作指示剂，在加热条件下滴定标定过的碱性酒石酸铜溶液(已用还原糖标准溶液标定)，根据样品液消耗体积计算还原糖含量。

2. 仪器与试剂

盐酸；硫酸铜；亚甲蓝；酒石酸钾钠；氢氧化钠；乙酸锌；冰醋酸；亚铁氰化钾。

除非另有说明，本法所用试剂均为分析纯，水为 GB/T 6682 规定的三级水。

盐酸溶液(1+1，体积比)：量取盐酸 50 mL，加水 50 mL 混匀；碱性酒石酸铜甲液：称取硫酸铜 15 g 和亚甲蓝 0.05 g，溶于水中，并稀释至 1000 mL；碱性酒石酸铜乙液：称取酒石酸钾钠 50 g 和氢氧化钠 75 g，溶解于水中，再加入亚铁氰化钾 4 g，完全溶解后，用水定容至 1000 mL，储存于橡胶塞玻璃瓶中；乙酸锌溶液：称取乙酸锌 21.9 g，加冰醋酸 3 mL，加水溶解并定容于 100 mL；亚铁氰化钾溶液（106 g/L）：称取亚铁氰化钾 10.6 g，加水溶解并定容至 100 mL；氢氧化钠溶液（40 g/L）：称取氢氧化钠 4 g，加水溶解后，放冷，并定容至 100 mL。

标准品：葡萄糖（$C_6H_{12}O_6$）CAS：50-99-7，纯度≥99%；糖（$C_6H_{12}O_6$）CAS：57-48-7，纯度≥99%；糖（含水）（$C_6H_{12}O_6 \cdot H_2O$）CAS：5989-81-1，纯度≥99%；糖（$C_{12}H_{22}O_{11}$）CAS：57-50-1，纯度≥99%。

1.0 mg/mL 葡萄糖标准溶液：准确称取经过 98～100 ℃烘箱中干燥 2 h 后的葡萄糖 1 g，加水溶解后加入盐酸溶液 5 mL，并用水定容至 1000 mL。

1.0 mg/mL 果糖标准溶液：准确称取经过 98～100 ℃干燥 2 h 的果糖 1 g，加水溶解后加入盐酸溶液 5 mL，并用水定容至 1000 mL。

1.0 mg/mL 乳糖标准溶液：准确称取经过 94～98 ℃干燥 2 h 的乳糖（含水）1 g，加水溶解后加入盐酸溶液 5 mL，并用水定容至 1000 mL。

1.0 mg/mL 转化糖标准溶：准确称取 1.0526 g 蔗糖，用 100 mL 水溶解，置具塞锥形瓶中，加盐酸溶液 5 mL，在 68～70 ℃水浴中加热 15 min，放置至室温，转移至 1000 mL 容量瓶中并加水定容至 1000 mL。

天平：感量为 0.1 mg；水浴锅；可调温电炉；酸式滴定管：25 mL。

3. 分析步骤

试样制备：

含淀粉的食品：称取粉碎或混匀后的试样 10～20 g（精确至 0.001 g），置 250 mL 容量瓶中，加水 200 mL，在 45 ℃水浴中加热 1 h，并时时振摇，冷却后加水至刻度，混匀，静置，沉淀。吸取 200.0 mL 上清液置于另一 250 mL 容量瓶中，缓慢加入乙酸锌溶液 5 mL 和亚铁氰化钾溶液 5 mL，加水至刻度，混匀，静置 30 min，用干燥滤纸过滤，弃去初滤液，取后续滤液备用。

酒精饮料：称取混匀后的试样 100 g（精确至 0.01 g），置于蒸发皿中，用氢氧化钠溶液中和至中性，在水浴上蒸发至原体积的 1/4 后，移入 250 mL 容量瓶中，缓慢加入乙酸锌溶液 5 mL 和亚铁氰化钾溶液 5 mL，加水至刻度，混匀，静置 30 min，用干燥滤纸过滤，弃去初滤液，取后续滤液备用。

碳酸饮料：称取混匀后的试样 100 g（精确至 0.01 g）于蒸发皿中，在水浴上微热搅拌除去二氧化碳后，移入 250 mL 容量瓶中，用水洗涤蒸发皿，洗液并入容量瓶，加水至刻度，混匀后备用。

其他食品：称取粉碎后的固体试样 2.5～5 g（精确至 0.001 g）或混匀后的液体试样 5～25 g（精确至 0.001 g），置 250 mL 容量瓶中，加 50 mL 水，缓慢加入乙酸锌溶液 5 mL 和亚铁氰化钾溶液 5 mL，加水至刻度，混匀，静置 30 min，用干燥滤纸过滤，弃去初滤液，取后续滤液备用。

碱性酒石酸铜溶液的标定：吸取碱性酒石酸铜甲液 5.0 mL 和碱性酒石酸铜乙液 5.0 mL，于 150 mL 锥形瓶中，加水 10 mL，加入玻璃珠 2～4 粒，从滴定管中加葡萄糖或其他还原糖标准溶液约 9 mL,控制在 2 min 中内加热至沸,趁热以 1 滴/2 s 的速度继续滴加葡萄糖或其他还原糖标准溶液,直至溶液蓝色刚好褪去为终点,记录消耗葡萄糖或其他还原糖标准溶液的总体积,同时平行操作三次,取其平均值,计算每 10 mL(碱性酒石酸甲、乙液各 5 mL)碱性酒石酸铜溶液相当于葡萄糖或其他还原糖的质量(mg)。

　　注:也可以按上述方法标定 4~20 mL 碱性酒石酸铜溶液(甲、乙液各半)来适应试样中还原糖的浓度变化。

　　试样溶液预测:吸取碱性酒石酸铜甲液 5.0 mL 和碱性酒石酸铜乙液 5.0 mL 于 150 mL 锥形瓶中,加水 10 mL,加入玻璃珠 2~4 粒,控制在 2 min 内加热至沸,保持沸腾以先快后慢的速度,从滴定管中滴加试样溶液,并保持沸腾状态,待溶液颜色变浅时,以 1 滴/2 s 的速度滴定,直至溶液蓝色刚好褪去为终点,记录样品溶液消耗体积。

　　注:当样液中还原糖浓度过高时,应适当稀释后再进行正式测定,使每次滴定消耗样液的体积控制在与标定碱性酒石酸铜溶液时所消耗的还原糖标准溶液的体积相近,约 10 mL 左右,结果按式(7.1)计算;当浓度过低时则采取直接加入 10 mL 样品液,免去加水 10 mL,再用还原糖标准溶液滴定至终点,记录消耗的体积与标定时消耗的还原糖标准溶液体积之差相当于 10 mL 样液中所含还原糖的量,结果按式(7.2)计算。

　　试样溶液测定:吸取碱性酒石酸铜甲液 5.0 mL 和碱性酒石酸铜乙液 5.0 mL,置于 150 mL 锥形瓶中,加水 10 mL,加玻璃珠 2~4 粒,从滴定管滴加比预测体积少 1 mL 的试样溶液至锥形瓶中,控制在 2 min 内加热至沸,保持沸腾继续以 1 滴/2 s 的速度滴定,直至蓝色刚好褪去为终点,记录样液消耗体积,同法平行操作三次,得出平均消耗体积(V)。

　　试样中还原糖的含量(以某种还原糖计)按式(7.1)计算:

$$w = \frac{m_1 \times 250}{m \times V \times 1000} \times 100 = \frac{m_1 \times 25}{m \times V} \tag{7.1}$$

式中,w 为试样中还原糖的质量分数(以某种还原糖计),g/(100 g);m_1 为碱性酒石酸铜溶液(甲、乙液各半)相当于某种还原糖的质量,mg;m 为试样质量,g;V 为测定时平均消耗试样溶液体积,mL;250 为定容体积,mL;1000 为换算系数。

　　当浓度过低时,试样中还原糖的含量(以某种还原糖计)按式(7.2)计算:

$$w = \frac{m_2 \times 250}{m \times V \times 10 \times 1000} \times 100 \tag{7.2}$$

式中,w 为试样中还原糖的质量分数(以某种还原糖计),g/(100 g);m_2 为标定时体积与加入样品后消耗的还原糖标准溶液体积之差相当于某种还原糖的质量,mg;m 为试样质量,g;10 为样液体积,mL;250 为定容体积,mL;1000 为换算系数。

　　对酒精饮料,按式(7.1)、式(7.2)计算的值再乘以 1.25。还原糖含量≥10 g/(100 g)时,计算结果保留三位有效数字;还原糖含量<10 g/(100 g)时,计算结果保留两位有效数字。

　　重复性条件下获得的两次独立测定结果的绝对差值不得超过算术平均值的 5%。当称样量为 5 g 时,定量限为 0.25 g/(100 g)。

注意事项与说明:

　　(1)本法不能使用铜盐作为澄清剂。

　　(2)亚甲基蓝的氧化型为蓝色,还原型为无色,在测定条件下,其氧化能力比 Cu^{2+} 弱,故还原糖与 Cu^{2+} 反应后,稍微过量一点的还原糖则将亚甲基蓝还原为无色,指示滴定终点。

（3）氢氧化铜沉淀可被酒石酸钾钠缓慢还原，析出少量氧化亚铜沉淀，使氧化亚铜计量发生误差，所以甲、乙试剂要分别配制及储存，用时等量混合。

（4）为消除氧化亚铜沉淀对滴定终点观察的干扰，在碱性酒石酸铜乙液中加入少量亚铁氰化钾，使之与 Cu_2O 生成可溶性的无色配合物。

（5）滴定时要保持沸腾状态，使上升蒸气阻止空气侵入滴定反应体系中。加热可加快还原糖与 Cu^{2+} 的反应速度；亚甲基蓝的变色反应是可逆的，还原型亚甲基蓝遇到空气中的氧时又会被氧化为氧化型，再变为蓝色。

（6）样品溶液预测的目的：①本法对样品溶液中还原糖浓度有一定要求（0.1%左右），操作时样品溶液的消耗体积应与标定葡萄糖标准溶液时消耗的体积相近，通过预测可了解样品溶液浓度是否合适，浓度过大或过小均应加以调整，使预测时消耗样品溶液量在 10 mL 左右；②通过预测可知样品溶液的大概消耗量，以便在正式分析时，预先加入比实际用量少 1 mL 左右的样品溶液，只留下 1 mL 左右样品溶液继续滴定时滴入，保证在短时间内完成后续滴定，提高测定准确度。

（7）为减少实验误差，应严格遵守规定的操作条件，注意热源强度、锥形瓶规格、加热时间、滴定速度的一致性。

（8）还原糖含量 ≥ 10 g/(100 g)时计算结果保留三位有效数字；还原糖含量<10 g/(100 g)时，计算结果保留两位有效数字。

7.2.3　蔗糖的测定

蔗糖是双糖，没有还原性，但在一定条件下可水解为具有还原性的葡萄糖和果糖。因此可用测定还原糖的方法分析蔗糖含量。

食品安全国家标准 GB 5009.8—2016《食品中果糖、葡萄糖、蔗糖、麦芽糖、乳糖的测定》，规定了食品中果糖、葡萄糖、蔗糖、麦芽糖、乳糖的测定方法，第一法为高效液相色谱法，适用于谷物类、乳制品、果蔬制品、蜂蜜、糖浆、饮料等食品中果糖、葡萄糖、蔗糖、麦芽糖、乳糖的测定，第二法为酸水解-莱因-埃农氏法，适用于食品中蔗糖的测定。

1. 高效液相色谱法（GB 5009.8—2016 第一法）

1）原理

试样中的果糖、葡萄糖、蔗糖、麦芽糖和乳糖经提取后，利用高效液相色谱柱分离，用示差折光检测器或蒸发光散射检测器检测，外标法进行定量。

2）仪器与试剂

乙腈：色谱纯；乙酸锌；亚铁氰化钾；石油醚：沸程 30～60 ℃。除非另有说明，本法所用试剂均为分析纯，水为 GB/T 6682 规定的一级水。

乙酸锌溶液：称取乙酸锌 21.9 g，加冰醋酸 3 mL，加水溶解并稀释至 100 mL；亚铁氰化钾溶液：称取亚铁氰化钾 10.6 g，加水溶解并稀释至 100 mL。

标准品：果糖（$C_6H_{12}O_6$，CAS 号：57-48-7）纯度为 99%，或经国家认证并授予标准物质证书的标准物质；葡萄糖（$C_6H_{12}O_6$，CAS 号：50-99-7）纯度为 99%，或经国家认证并授予标准物质证书的标准物质；蔗糖（$C_{12}H_{22}O_{11}$，CAS 号：57-50-1）纯度为 99%，或经国家认证并授予标准物质证书的标准物质；麦芽糖（$C_{12}H_{22}O_{11}$，CAS 号：69-79-4）纯度为 99%，或经国家认证并授予标准物质证书的标准物质；乳糖($C_6H_{12}O_6$，CAS 号：63-42-3)纯度 99%，或经国家认证并授予标准物质证书的标准物质。

20 mg/mL 糖标准储备液：分别称取上述经过(96±2)℃干燥 2 h 的果糖、葡萄糖、蔗糖、麦芽糖和乳糖各 1 g，加水定容于 50 mL，置于 4 ℃密封可储藏一个月。

糖标准使用液：分别吸取糖标准储备液 1.00 mL、2.00 mL、3.00 mL 和 5.00 mL 于 10 mL 容量瓶、加水定容，分别相当于 2.0 mg/mL、4.0 mg/mL、6.0 mg/mL 和 10.0 mg/mL 浓度标准溶液。

天平：感量为 0.1 mg；超声波振荡器；磁力搅拌器；离心机：转速 ≥ 4000 r/min；高效液相色谱仪，带示差折光检测器或蒸发光散射检测器；液相色谱柱：氨基色谱柱，柱长 250 mm，内径 4.6 mm，膜厚 5 μm，或具有同等性能的色谱柱。

3) 分析步骤

试样的制备：固体样品，取有代表性样品至少 200 g，用粉碎机粉碎，并通过 2.0 mm 圆孔筛，混匀，装入洁净容器，密封，标明标记。

半固体和液体样品(除蜂蜜样品外)取有代表性样品至少 200 g(mL)，充分混匀，装入洁净容器，密封，标明标记。

蜂蜜样品：未结晶的样品将其用力搅拌均匀；有结晶析出的样品，可将样品瓶盖塞紧后置于不超过 60 ℃的水浴中温热，待样品全部溶化后，搅匀，迅速冷却至室温以备检验用。在融化时应注意防止水分侵入。蜂蜜等易变质试样置于 0~4 ℃保存。

样品处理：脂肪小于 10%的食品称取粉碎或混匀后的试样 0.5~10 g(含糖量 ≤ 5%时称取 10 g；含糖量 5%~10%时称取 5 g；含糖量 10%~40%时称取 2 g；含糖量 ≥ 40%时称取 0.5 g)(精确到 0.001 g)于 100 mL 容量瓶中，加水约 50 mL 溶解，缓慢加入乙酸锌溶液和亚铁氰化钾溶液各 5 mL，加水定容至刻度，磁力搅拌或超声 30 min，用干燥滤纸过滤，弃去初滤液，后续滤液用 0.45 μm 微孔滤膜过滤或离心获取上清液过 0.45 μm 微孔滤膜至样品瓶，供液相色谱分析。

糖浆、蜂蜜类：称取混匀后的试样 1~2 g(精确到 0.001 g)于 50 mL 容量瓶，加水定容至 50 mL，充分摇匀，用干燥滤纸过滤，弃去初滤液，后续滤液用 0.45 μm 微孔滤膜过滤或离心获取上清液过 0.45 μm 微孔滤膜至样品瓶，供液相色谱分析。

含二氧化碳的饮料：吸取混匀后的试样于蒸发皿中，在水浴上微热搅拌除去二氧化碳，吸取 50.0 mL 移入 100 mL 容量瓶中，缓慢加入乙酸锌溶液和亚铁氰化钾溶液各 5 mL，用水定容至刻度，摇匀，静置 30 min，用干燥滤纸过滤，弃去初滤液，后续滤液用 0.45 μm 微孔滤膜过滤或离心获取上清液过 0.45 μm 微孔滤膜至样品瓶，供液相色谱分析。

脂肪大于 10%的食品：称取粉碎或混匀后的试样 5~10 g(精确到 0.001 g)置于 100 mL 带塞离心管中，加入 50 mL 石油醚，混匀，放气，振摇 2 min，1800 r/min 离心 15 min，去除石油醚后重复以上步骤至去除大部分脂肪。蒸发残留的石油醚，用玻璃棒将样品捣碎并转移至 100 mL 容量瓶中，用 50 mL 水分两次冲洗离心管，洗液并入 100 mL 容量瓶中，缓慢加入乙酸锌溶液和亚铁氰化钾溶液各 5 mL，加水定容至刻度，磁力搅拌或超声 30 min，用干燥滤纸过滤，弃去初滤液，后续滤液用 0.45 μm 微孔滤膜过滤或离心获取上清液过 0.45 μm 微孔滤膜至样品瓶，供液相色谱分析。

色谱参考条件：色谱条件应当满足果糖、葡萄糖、蔗糖、麦芽糖和乳糖之间的分离度大于 1.5。流动相:乙腈+水=70+30(体积比);流动相流速:1.0 mL/min 柱温:40 ℃;进样量:20 μL;示差折光检测器条件:温度 40 ℃;蒸发光散射检测器条件:飘移管温度:80～90 ℃;氮气压力:350 kPa;撞击器:关。

标准曲线的制作:将糖标准使用液标准依次按上述推荐色谱条件上机测定,记录色谱图峰面积或峰高,以峰面积或峰高为纵坐标,以标准工作液的浓度为横坐标,示差折光检测器采用线性方程;蒸发光散射检测器采用幂函数方程绘制标准曲线。

试样溶液的测定:将试样溶液注入高效液相色谱仪中,记录峰面积或峰高,从标准曲线中查得试样溶液中糖的浓度。可根据具体试样进行稀释(n)。空白实验除不加试样外,均按上述步骤进行。

试样中目标物的含量按式(7.3)计算,计算结果需扣除空白值:

$$w = \frac{(\rho - \rho_0) \times V \times n}{m \times 1000} \times 100 \tag{7.3}$$

式中,w 为试样中糖(果糖、葡萄糖、蔗糖、麦芽糖和乳糖)的质量分数,g/(100 g);ρ 为样液中糖的质量浓度,mg/mL;ρ_0 为空白中糖的质量浓度,mg/mL;V 为样液定容体积,mL;n 为稀释倍数;m 为试样的质量,g 或 mL;1000 为换算系数;100 为换算系数。

糖的含量 ≥ 10 g/(100 g)时,结果保留三位有效数字,糖的含量<10 g/(100 g)时,结果保留两位有效数字。重复条件下获得的两次独立测定结果的绝对差值不得超过算术平均值的10%。当称样量为 10 g 时,果糖、葡萄糖、蔗糖、麦芽糖和乳糖检出限为 0.2 g/(100 g)。

2. 酸水解-莱因-埃农氏法(GB 5009.8—2016 第二法)

1)原理

试样经除去蛋白质后,其中蔗糖经盐酸水解转化为还原糖,再按还原糖测定。水解前后的差值乘以相应的系数即为蔗糖含量。本法适用于各类食品中蔗糖的测定。

2)试剂

乙酸锌;铁氰化钾;盐酸;氢氧化钠;甲基红指示剂;亚甲蓝指示剂;硫酸铜;酒石酸钾钠。除非另有说明,方法所用试剂均为分析纯,水为 GB/T 6682 规定的三级水。

乙酸锌溶液:称取乙酸锌 21.9 g,加冰醋酸 3 mL,加水溶解并定容于 100 mL;亚铁氰化钾溶液:称取亚铁氰化钾 10.6 g,加水溶解并定容至 100 mL;盐酸溶液(1+1):量取盐酸 50 mL,缓慢加入 50 mL 水中,冷却混匀;40 g/L 氢氧化钠:称取氢氧化钠 4 g,加水溶解后,放冷,加水定容至 100 mL;1 g/L 甲基红指示液:称取甲基红盐酸盐 0.1 g,用 95%乙醇溶解定容至100 mL;氢氧化钠溶液 200 g/L:称取氢氧化钠 20 g,加水溶解后,放冷,加水并定容至 100 mL;碱性酒石酸铜甲液:称取硫酸铜 15 g 和亚甲蓝 0.05 g,溶于水中,加水定容至 1000 mL;碱性酒石酸铜乙液:称取酒石酸钾钠 50 g 和氢氧化钠 75 g,溶解于水中,再加入亚铁氰化钾 4 g,完全溶解后,用水定容至 1000 mL,储存于橡胶塞玻璃瓶中。

标准品　葡萄糖($C_6H_{12}O_6$,CAS 号:50-99-7)标准品:纯度 ≥ 99%,或经国家认证并授予标准物质证书的标准物质。

标准溶液配制　葡萄糖标准溶液(1.0 mg/mL):称取经过 98～100 ℃烘箱中干燥 2 h 后的葡萄糖 1 g(精确到 0.001 g),加水溶解后加入盐酸 5 mL,并用水定容至 1000 mL。此溶液每毫升相当于 1.0 mg 葡萄糖。

3) 分析步骤

试样的制备和处理：固体样品取有代表性样品至少 200 g，用粉碎机粉碎，混匀，装入洁净容器，密封，标明标记；半固体和液体样品，取有代表性样品至少 200 g(mL)，充分混匀，装入洁净容器，密封，标明标记。蜂蜜等易变质试样于 0~4 ℃保存。

含蛋白质食品，称取粉碎或混匀后的固体试样 2.5~5 g(精确到 0.001 g)或液体试样 5~25 g(精确到 0.001 g)，置 250 mL 容量瓶中，加水 50 mL，缓慢加入乙酸锌溶液 5 mL 和亚铁氰化钾溶液 5 mL，加水至刻度，混匀，静置 30 min，用干燥滤纸过滤，弃去初滤液，取后续滤液备用。

含大量淀粉的食品：称粉碎或混匀的试样 10~20 g(精确到 0.001 g)，置 250 mL 容量瓶中，加水 200 mL，在 45℃水浴中加热 1 h，并时时振摇，冷却后加水至刻度，混匀，静置，沉淀。吸取 200 mL 上清液于另一 250 mL 容量瓶中，缓慢加入乙酸锌溶液 5 mL 和亚铁氰化钾溶液 5 mL，加水至刻度，混匀，静置 30 min，用干燥滤纸过滤，弃去初滤液，取后续滤液备用。

酒精饮料：称取混匀后的试样 100 g(精确到 0.01 g)，置于蒸发皿中，用 40 g/L 的氢氧化钠溶液中和至中性，在水浴上蒸发至原体积的四分之一后，移入 250 mL 容量瓶中，缓慢加入乙酸锌溶液 5 mL 和亚铁氰化钾溶液 5 mL，加水至刻度，混匀，静置 30 min，用干燥滤纸过滤，弃去初滤液，取后续滤液备用。

碳酸饮料：称取混匀后的试样 100 g(精确到 0.01 g)于蒸发皿中，在水浴上微热搅拌除去二氧化碳后，移入 250 mL 容量瓶中，用水洗蒸发皿，洗液并入容量瓶，加水至刻度，混匀后备用。

酸水解：吸取两份试样各 50.0 mL，分别置于 100 mL 容量瓶中。转化前：一份用水稀释至 100 mL。转化后：另一份加(1+1)盐酸 5 mL，在 68~70 ℃水浴中加热 15 min，冷却后加甲基红指示液两滴，用 200 g/L 氢氧化钠溶液中和至中性，加水至刻度。

标定碱性酒石酸铜溶液：吸取碱性酒石酸铜甲液 5.0 mL 和碱性酒石酸铜乙液 5.0 mL 于 150 mL 锥形瓶中，加水 10 mL，加入 2~4 粒玻璃珠，从滴定管中加葡萄糖标准溶液约 9 mL，控制在 2 min 中内加热全沸，趁热以 1 滴/2 s 的速度滴加葡萄糖，直至溶液颜色刚好褪去，记录消耗葡萄糖的总体积，同时平行操作三次，取其平均值，计算每 10 mL(碱性酒石酸甲、乙液各 5 mL)碱性酒石酸铜溶液相当于葡萄糖的质量(mg)。

注：也可以按上述方法标定 4~20 mL 碱性酒石酸铜溶液(甲、乙液各半)来适应试样中还原糖的浓度变化。

试样溶液的测定　预测滴定：吸取碱性酒石酸铜甲液 5.0 mL 和碱性酒石酸铜乙液 5.0 mL 于同一 150 mL 锥形瓶中，加入蒸馏水 10 mL，放入 2~4 粒玻璃珠，置于电炉上加热，使其在 2 min 内沸腾，保持沸腾状态 15 s，滴入样液至溶液蓝色完全褪尽为止，读取所用样液的体积。

精确滴定：吸取碱性酒石酸铜甲液 5.0 mL 和碱性酒石酸铜乙液 5.0 mL 于同一 150 mL 锥形瓶中，加入蒸馏水 10 mL，放入几粒玻璃珠，从滴定管中放出的转化前样液或转化后样液样液(比预测滴定预测的体积少 1 mL)，置于电炉上，使其在 2 min 内沸腾，维持沸腾状态 2 min，以 1 滴/2 s 的速度徐徐滴入样液，溶液蓝色完全褪尽即为终点，分别记录转化前样液和转化后样液消耗的体积(V)。

转化糖的含量：试样中转化糖的含量(以葡萄糖计)按式(7.4)进行计算。

$$w = \frac{m_1 \times 250 \times 100}{m \times 50 \times V \times 1000} \times 100 \tag{7.4}$$

式中，w 为试样中转化糖的质量分数，g/(100 g)；m_1 为碱性酒石酸铜溶液(甲、乙液各半)相当于葡萄糖的质量，mg；m 为样品的质量，g；50 为酸水解中吸取样液体积，mL；250 为试样处理中样品定容体积，mL；V 为滴定时平均消耗试样溶液体积，mL；100 为酸水解中定容体积，mL；1000 为换算系数；100 为换算系数。

试样中蔗糖的含量按式(7.5)计算：

$$w_1 = (w_2 - w_3) \times 0.95 \tag{7.5}$$

式中，w_1 为试样中蔗糖的质量分数，g/(100 g)；w_2 为水解处理后的还原糖质量分数，g/(100 g)；w_3 为未经水解处理的还原糖质量分数，g/(100 g)；0.95 为还原糖(以葡萄糖计)换算为蔗糖的系数。

蔗糖含量 ≥ 10 g/(100 g)时，结果保留三位有效数字，蔗糖含量<10 g/(100 g)时，结果保留两位有效数字。重复性条件下获得的两次独立测定结果的绝对差值不得超过算术平均值的10%。当称样量为 5 g 时，定量限为 0.24 g/(100 g)。

注意事项与说明：此法水解条件下，其他双糖和淀粉水解作用很小，可忽略不计；但不能随意改动水解条件，到达规定时间后应迅速冷却，避免果糖水解。

7.2.4　总糖的测定

总糖是指具有还原性糖和在测定条件下能水解为还原性单糖如蔗糖的总量，是食品生产中常规分析项目，它反映食品中可溶性单糖和低聚糖的总量，含量高低对产品的色、香、味、组织状态、营养价值、成本等有一定影响。总糖的测定通常以还原糖的测定方法为基础，常用的测定方法有直接滴定法和蒽酮比色法。

1. 直接滴定法

1)测定原理

样品经处理除去蛋白质等杂质后，在加热条件下加盐酸使蔗糖水解为单糖，以直接滴定法分析水解后样品中的还原糖总量。

2)试剂

同蔗糖的测定。

3)分析方法

样品处理同直接滴定法；按测定蔗糖的方法水解样品，再按直接滴定法测定还原糖含量。按式(7.6)计算结果：

$$w = \frac{100 m_1 V_1 100}{50000 V_2 m} = \frac{m_1 V_1}{5 m V_2} \tag{7.6}$$

式中，w 为试样中总糖的质量分数(以葡萄糖计)，g/(100 g)；m_1 为直接滴定法中 10 mL 碱性酒石酸铜相当于葡萄糖量，mg；m 为样品质量，g；V_1 为样品处理液的总体积，mL；V_2 为测定总糖量取用水解液的体积，mL。

注意事项与说明：①总糖测定结果如果用转化糖表示，应该用标准转化糖溶液标定碱性酒石酸铜溶液；如果用葡萄糖表示，则应该用标准葡萄糖溶液标定碱性酒石酸铜溶液；②必须严格遵守有关规定，因直接滴定法分析还原糖，不完全符合等物质的量反应的关系；③总糖不包括营养学上总糖中的淀粉，因为此方法中淀粉的水解作用很微弱。

2. 蒽酮比色法

1）原理

单糖与硫酸反应，脱水生成羟甲基呋喃甲醛，再与蒽酮缩合成蓝色配合物。其吸光度与糖浓度成正比。单糖、双糖、糊精、淀粉等均与蒽酮反应。因此，如果不需要测定糊精、淀粉等糖类时，需除去后分析。该法灵敏度高、试剂用量少，适合测定含微量糖的样品。

2）试剂

（1）蒽酮试剂：称取 0.2 g 蒽酮和 1 g 硫脲（作阻氧化剂用）于烧杯中，缓慢加 100 mL 浓硫酸，边加边搅拌，溶解后呈黄色透明溶液，储于冰箱中可保存两周，现用现配。

（2）葡萄糖标准溶液：先配成 1 g/L 的葡萄糖溶液，再分配成 10 mg/L、20 mg/L、40 mg/L、60 mg/L、80 mg/L、100 mg/L 的系列标准溶液。

3）分析方法

吸取样品溶液 1 mL（含糖 20～80 mg/L）、系列标准溶液和蒸馏水（作空白）各 1 mL，分别置于 8 支试管中，沿壁各加 5 mL 冷的蒽酮溶液混匀后，在试管口盖上玻璃球，在沸水浴上加热 10 min 后，流水冷却 20 min，于 620 nm 波长处以试剂空白作参比测定吸光度。以标准系列作标准曲线，查出样品含量。

注意事项与说明： ①本法线性范围为 20～200 mg/L；②试液必须透明，如果有蛋白质，影响测定，需用乙酸钡作沉淀剂除去；③蒽酮试剂不稳定，易被氧化为褐色，要用前配制，添加稳定剂硫脲后，冷暗处可保存 48 h；④若分析结果不包括淀粉，要用体积分数为 80% 的乙醇溶液作提取剂，避免淀粉、糊精溶出；⑤必须严格控制反应的温度、加热时间。在冰浴条件下加蒽酮，防止发热影响显色反应。

7.2.5　可溶性糖类的分离与定量分析

测定糖常用的色谱法有气相色谱法、高效液相色谱法和离子色谱法。HPLC 分析糖，一般使用折光检测器，但灵敏度低，且不宜做梯度检测。HPLC 常用的氨基键合硅胶柱对某些糖的分离及柱的寿命尚有不足。用离子色谱（IC）的高性能阴离子交换柱分析糖类，配合脉冲安培检测器，灵敏度高、选择性好，是很有前途的糖类分析方法。

1. 离子色谱法

1）原理

糖是一种多羟基醛或酮的化合物，具有弱酸性，当 pH=12～14 时会发生解离，能被阴离子交换树脂（HPAC）保留，用 pH ≥ 12 的氢氧化钠溶液淋洗，可实现糖的分离，再以脉冲安培检测器（PAD）检测，以峰保留时间定性，以峰高外标法定量。本法灵敏度高（检测下限可达 ng/mL 级）、选择性好、操作简单、样品不必进行复杂的前处理，适用于果汁、饮料、黄酒、大豆粉、蜂蜜、牛乳及其制品等。

2）仪器与试剂

附脉冲安培检测器的 Dionex-4000i 离子色谱仪；50 µL 微量进样器；色谱柱：HPIC～AS6 阴离子分离柱，保护柱为 HPIC-AG6；脉冲安培检测器；工作参数 E_1 为 200 mV，t_1 为 60 ms；E_2 为 600 mV，t_2 为 60 ms；E_3 为 800 mV，t_3 为 240 ms；流动相：0.15 mol/L NaOH 溶液，流速 1.0 mL/min。

糖混合标准溶液：各种糖含量为 1 mg/mL，用时用二次去离子水稀释为 16 µg/mL、32 µg/mL、48 µg/mL、64 µg/mL、80 µg/mL 的标准溶液。

3）分析方法

取系列混合标准液各 50 µL，分别进样得标准色谱图，如图 7.1 所示。由测得结果作出各种糖的峰高-浓度标准曲线。取适量样品，经稀释、过滤，取 50 µL 测定，得出样品色谱图，与标准色谱图比较，根据峰保留时间定性，根据峰高查相应的标准曲线定量。

注意事项与说明：①用 HPAC-PAD 分析糖的唯一缺点是因属于氧化检测，甲醇、丙醇等有机改进剂不能使用；②流动相中的气体影响高压泵的正常运转，在 HPAC-PAD 分析样品时，还影响基线稳定性，故脱气十分重要；③PAD 金电极用完后其表面有可能变粗糙，影响基线稳定，此时必须严格按说明书的技术要求对电极表面进行抛光；④HPAC 柱用后用比流动相稍浓的 NaOH 溶液冲洗，能使保留值具有较好的重现性。

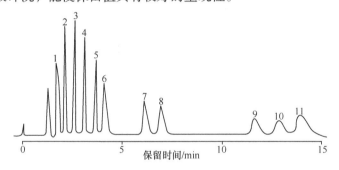

图 7.1　11 种糖的离子色谱图

柱子：HPIC-AS6；流动相：0.15 mol/L NaOH；流速：1 mL/min；检测方式：脉冲安培检测
1. 木糖醇；2. 山梨糖醇；3. 鼠李糖；4. 阿拉伯糖；5. 葡萄糖；6. 果糖；
7. 乳糖；8. 蔗糖；9. 棉籽糖；10. 水苏糖；11. 麦芽糖

2. 电泳法

电泳法分为自由电泳和区带电泳。自由电泳无支持介质，混合物的不同组分显示在一个个部分重叠着的相应运动区域内，通常用作电泳速度的测定，不能分离混合物，且仪器复杂，难于操作，应用受限制。区带电泳是利用浸透电解液的各种支持介质如滤纸、玻璃纤维、琼脂和凝胶等来稳定电泳区域，使混合物的不同组分显示在明显分开的相邻运动区域内，可用来分离混合物或分析物质的含量，仪器简单、操作方便、分辨力较好、应用广泛，常分析糖类物质。

在一定电场作用下，带正电荷的质点移向负极，带负电荷的质点移向正极，此现象称为电泳。生物分子在溶液中带电荷的多少取决于分子的性质及溶液的 pH 及组成，样品中各组分所带电荷性质、数量及相对分子质量不同，在同一电场的作用下，一定时间内各组分移动的距离不同，可达到分离鉴定的目的。

将糖类物质分离后用适当的试剂显色，或用紫外、荧光方法进行定性和定量分析。电泳分离的速度与外加电压有关，电压越大，移动越快，分离所需时间越短。糖类物质一般带净电荷少，导电性弱，常需采用较高电压。中性糖需经适当转化成带有电荷的衍生物才能测定。例如，糖中相邻的两个羟基与硼酸中的硼配位，失去两分子水，可形成带电复合物。乙酸、巴比妥酸和亚砷酸等缓冲溶液也常作糖类物质的衍生剂。本法快速、准确、重现性好、样品用量少，适于各种食品中单糖、低聚糖和多糖的分析。

注意事项与说明：①在一定 pH 缓冲溶液中糖类的移动速度随其带电荷大小而改变，对两性化合物，溶液的 pH 低于等电点时，物质带正电荷，反之则带负电荷，等电点时所带的正负电荷相等，此时则停留不动。为控制电泳速度，必须采用适宜的 pH 缓冲溶液。②缓冲溶液的离子强度越高，电泳速度越慢，反之则越快。一般最适宜的离子强度在 0.02～0.2。此外缓冲溶液的黏度、温度、介质的紧密程度等都影响电泳速度。③已用滤纸、醋酸纤维素、玻璃纤维、琼脂、聚丙烯酰凝胶等分离分析了一些单糖、低聚糖和多糖。用紫外检测器高效毛细管电泳分离，可同时分析 14 种单糖和低聚糖混合物，检出限为 0.3 pmol。用 7-氨基-1, 3-二萘磺酸衍生，紫外或荧光检测，分析酸性低聚糖，检出限在 fmol 级。

7.3　淀粉含量分析

食品安全国家标准 GB 5009.9—2016《食品中淀粉的测定》，规定了食品中淀粉的测定方法。第一法和第二法适用于食品(肉制品除外)中淀粉的测定；第三法适用于肉制品中淀粉的测定，但不适用于同时含有经水解也能产生还原糖的其他添加物的淀粉测定。

7.3.1　酶水解法(GB 5009.9—2016 第一法)

1. 原理

试样经去除脂肪及可溶性糖后，淀粉用淀粉酶水解成小分子糖，再用盐酸水解成单糖，最后按还原糖测定，并折算成淀粉含量。

淀粉酶水解样品具有专一性，只水解淀粉而不水解半纤维素、多缩戊糖、果胶质等多糖，不受多糖干扰，水解后可直接通过过滤除去这类多糖。适宜于富含纤维素、半纤维素和多缩戊糖等多糖含量高的样品，分析结果准确可靠，重复性好。但酶催化活力受 pH 和温度影响较大，操作较为烦琐、费时。

2. 试剂

碘；碘化钾；高峰氏淀粉酶：酶活力 ≥ 1.6 U/mg；无水乙醇(C_2H_5OH)或 95%乙醇；石油醚：沸程为 60～90 ℃；乙醚；甲苯；三氯甲烷；盐酸；氢氧化钠；硫酸铜；酒石酸钾钠($C_4H_4O_6KNa·4H_2O$)；葡萄糖($C_6H_{12}O_6$)；亚铁氰化钾[$K_4Fe(CN)_6·3H_2O$]；亚甲蓝($C_{16}H_{18}ClN_3S·3H_2O$)指示剂；甲基红($C_{15}H_{15}N_3O_2$)指示剂。

除非另有说明，本方法所用试剂均为分析纯，水为 GB/T 6682 规定的三级水。

2 g/L 甲基红指示液：称取甲基红 0.20 g，用少量乙醇溶解后，加水定容至 100 mL；盐酸溶液(1+1)：量取 50 mL 盐酸与 50 mL 水混合；200 g/L 氢氧化钠溶液：称取 20 g 氢氧化钠，加水溶解并定容至 100 mL；碱性酒石酸铜甲液：称取 15 g 硫酸铜及 0.050 g 亚甲蓝，溶于水中并定容至 1000 mL；储性酒石酸铜乙液：称取 50 g 酒石酸钾钠、75 g 氢氧化钠，溶于水中，再加入 4 g 亚铁氰化钾，完全溶解后，用水定容至 1000 mL，储存于橡胶塞玻璃瓶内；5 g/L 淀粉酶溶液：称取高峰氏淀粉酶 0.5 g，加 100 mL 水溶解，临用时配制，也可加入数滴甲苯或三氯甲烷防止长霉，置于 4 ℃冰箱中；碘溶液：称取 3.6 g 碘化钾溶于 20 mL 水中，加入 1.3 g 碘，溶解后加水定容至 100 mL；乙醇溶液（85%，体积比）：取 85 mL 无水乙醇，加水定容至 100 mL 混匀。也可用 95%乙醇配制。

标准品：D-无水葡萄糖（$C_6H_{12}O_6$），纯度≥98%（HPLC）。

葡萄糖标准溶液：准确称取 1 g（精确到 0.0001 g）经过 98～100 ℃干燥 2 h 的 D-无水葡萄糖，加水溶解后加入 5 mL 盐酸，并以水定容至 1000 mL。此溶液每毫升相当于 1.0 mg 葡萄糖。

3. 分析步骤

试样制备：易于粉碎的试样，将样品磨碎过 0.425 mm 筛（相当于 40 目），称取 2～5 g（精确到 0.001 g），置于放有折叠慢速滤纸的漏斗内，先用 50 mL 石油醚或乙醚分 5 次洗除脂肪，再用约 100 mL 乙醇（85%，体积比）分次充分洗去可溶性糖类。根据样品的实际情况，可适当增加洗涤液的用量和洗涤次数，以保证干扰检测的可溶性糖类物质洗涤完全。滤干乙醇，将残留物移入 250 mL 烧杯内，并用 50 mL 水洗净滤纸，洗液并入烧杯内，将烧杯置沸水浴上加热 15 min，使淀粉糊化，放冷至 60 ℃以下，加 20 mL 淀粉酶溶液，在 55～60 ℃下保温 1 h，并时时搅拌。然后取 1 滴此液加 1 滴碘溶液，应不显现蓝色。若显蓝色，再加热糊化并加 20 mL 淀粉酶溶液，继续保温，直至加碘溶液不显蓝色为止。加热至沸，冷后移入 250 mL 容量瓶中，并加水至刻度，混匀，过滤，并弃去初滤液。取 50.00 mL 滤液，置于 250 mL 锥形瓶中，加 5 mL 盐酸（1+1），装上回流冷凝器，在沸水浴中回流 1 h，冷后加 2 滴甲基红指示液，用氢氧化钠溶液（200 g/L）中和至中性，溶液转入 100 mL 容量瓶中，洗涤锥形瓶，洗液并入 100 mL 容量瓶中，加水至刻度，混匀备用。

其他样品：称取一定量样品，准确加入适量水在组织捣碎机中捣成匀浆（蔬菜、水果需先洗净晾干取可食部分），称取相当于原样质量 2.5～5 g（精确到 0.001 g）的匀浆，以下按上述自"置于放有折叠慢速滤纸的漏斗内"起依法操作。

标定碱性酒石酸铜溶液：吸取 5.00 mL 碱性酒石酸铜甲液及 5.00 mL 碱性酒石酸铜乙液，置于 150 mL 锥形瓶中，加水 10 mL，加入玻璃珠两粒，从滴定管滴加约 9 mL 葡萄糖标准溶液，控制在 2 min 内加热至沸，保持溶液呈沸腾状态，以 1 滴/2 s 的速度继续滴加葡萄糖，直至溶液蓝色刚好褪去为终点，记录消耗葡萄糖标准溶液的总体积，同时做三份平行，取其平均值，计算每 10 mL（甲、乙液各 5 mL）碱性酒石酸铜溶液相当于葡萄糖的质量 m_1(mg)。

注：也可以按上述方法标定 4～20 mL 碱性酒石酸铜溶液（甲、乙液各半）来适应试样中还原糖的浓度变化。

试样溶液预测：吸取 5.00 mL 碱性酒石酸铜甲液及 5.00 mL 碱性酒石酸铜乙液，置于 150 mL 锥形瓶中，加水 10 mL，加入玻璃珠两粒，控制在 2 min 内加热至沸，保持沸腾以先快后慢的速度，从滴定管中滴加试样溶液，并保持溶液沸腾状态，待溶液颜色变浅时，以每两秒一滴的速度滴定，直至溶液蓝色刚好褪去为终点。记录试样溶液的消耗体积。当样液中葡萄糖浓度过高时，应适当稀释后再进行正式测定，使每次滴定消耗试样溶液的体积控制在与标定碱性酒石酸铜溶液时所消耗的葡萄糖标准溶液的体积相近，在 10 mL 左右。

试样溶液测定：吸取 5.00 mL 碱性酒石酸铜甲液及 5.00 mL 碱性酒石酸铜乙液，置于 150 mL 锥形瓶中，加水 10 mL，加入玻璃珠两粒，从滴定管滴加比预测体积少 1 mL 的试样溶液至锥形瓶中，使在 2 min 内加热至沸，保持沸腾状态继续以 1 滴/2 s 的速度滴定，直至蓝色刚好褪去为终点，记录样液消耗体积。同法平行操作三次，得出平均消耗体积。结果按式(7.7)计算。

当浓度过低时，则采取直接加入 10.00 mL 样品液，免去加水 10 mL，再用葡萄糖标准溶液滴定至终点，记录消耗的体积与标定时消耗的葡萄糖标准溶液体积之差相当于 10 mL 样液中所含葡萄糖的量(mg)。结果按式(7.8)、式(7.9)计算。

试剂空白测定：同时量取 20.00 mL 水及与试样溶液处理时相同量的淀粉酶溶液，按返滴法做试剂空白实验。即用葡萄糖标准溶液滴定试剂空白溶液至终点，记录消耗的体积与标定时消耗的葡萄糖标准溶液体积之差相当于 10 mL 样液中所含葡萄糖的量(mg)。按式(7.10)、式(7.11)计算试剂空白中葡萄糖的含量。

试样中葡萄糖含量按式(7.7)计算：

$$m_1 = \frac{m_2 \times 250 \times 100}{50 \times V_1} = \frac{m_2 \times 500}{V_1} \tag{7.7}$$

式中，m_1 为所称试样中葡萄糖的质量，mg；m_2 为 10 mL 碱性酒石酸铜溶液(甲、乙液各半)相当于葡萄糖的质量，mg；50 为测定用样品溶液体积，mL；250 为样品定容体积，mL；V_1 为测定时平均消耗试样溶液体积，mL；100 为测定用样品的定容体积，mL。

当试样中淀粉浓度过低时葡萄糖含量按式(7.8)、式(7.9)进行计算：

$$m_3 = \frac{m_4 \times 250 \times 100}{50 \times 10} = 50 \times m_4 \tag{7.8}$$

$$m_4 = m_2 \left(1 - \frac{V_2}{V_s} \right) \tag{7.9}$$

式中，m_3 为所称试样中葡萄糖的质量，mg；m_4 为标定 10 mL 碱性酒石酸铜溶液(甲、乙液各半)时消耗的葡萄糖标准溶液的体积与加入试样后消耗的葡萄糖标准溶液体积之差相当于葡萄糖的质量，mg；50 为测定用样品溶液体积，mL；250 为样品定容体积，mL；10 为直接加入的试样体积，mL；100 为测定用样品的定容体积，mL；m_2 为 10 mL 碱性酒石酸铜溶液(甲、乙液各半)相当于葡萄糖的质量，mg；V_2 为加入试样后消耗的葡萄糖标准溶液体积，mL；V_s 为标定 10 mL 碱性酒石酸铜溶液(甲、乙液各半)时消耗的葡萄糖标准溶液的体积，mL。

试剂空白值按式(7.10)、式(7.11)计算：

$$m_0 = \frac{m_5 \times 250 \times 100}{50 \times 10} = 50 \times m_5 \tag{7.10}$$

$$m_5 = m_1 \left(1 - \frac{V_0}{V_s} \right) \tag{7.11}$$

式中，m_0 为试剂空白值，mg；m_5 为标定 10 mL 碱性酒石酸铜溶液(甲、乙液各半)时消耗的葡萄糖标准溶液的体积与加入空白后消耗的葡萄糖标准溶液体积之差相当于葡萄糖的质量，

mg；50 为测定用样品溶液体积，mL；250 为样品定容体积，mL；10 为直接加入的试样体积，mL；100 为测定用样品的定容体积，mL；V_0 为加入空白试样后消耗的葡萄糖标准溶液体积，mL；V_s 为标定 10 mL 碱性酒石酸铜溶液（甲、乙液各半）时消耗的葡萄糖标准溶液的体积，mL。

试样中淀粉的含量按式（7.12）计算：

$$w = \frac{(m_1 - m_0) \times 0.9}{m \times 1000} \times 100 \quad \text{或} \quad w = \frac{(m_3 - m_0) \times 0.9}{m \times 1000} \times 100 \quad (7.12)$$

式中，w 为试样中淀粉的质量分数，g/(100 g)；0.9 为还原糖（以葡萄糖计）换算成淀粉的换算系数；m 为试样质量，g。

结果<1 g/(100 g)，保留两位有效数字，结果≥1 g/(100 g)，保留三位有效数字。重复性条件下获得的两次独立测定结果的绝对差值不得超过算术平均值的 10%。

注意事项与说明： ①淀粉粒具有晶体结构，淀粉酶难以作用。加热糊化破坏了淀粉的晶体结构，易于被淀粉酶作用。②常用于液化的淀粉酶是麦芽淀粉酶，它是 α-淀粉酶和 β-淀粉酶的混合物。α-淀粉酶水解直链淀粉的初始产物是低分子糊精，最终产物是麦芽糖和葡萄糖；对支链淀粉的初始产物是低分子糊精，最终产物是麦芽糖、异麦芽糖和葡萄糖。β-淀粉酶对直链淀粉和支链淀粉的最终水解产物是麦芽糖。用麦芽淀粉酶时，水解产物除麦芽糖外还有少量葡萄糖和糊精。③脂肪会妨碍酶对淀粉的作用及可溶性糖的去除，要用乙醚脱脂，若样品脂肪含量较少，可不脱脂。④使用淀粉酶前，可用已知浓度的淀粉溶液少许，加一定量淀粉酶溶液，置 55~65 ℃水浴中保温 1 h，用碘液检验淀粉是否水解完全，以确定酶的活力及水解时的用量。⑤淀粉酶解时黏度迅速下降，流动性增强。淀粉在淀粉酶中水解的顺序为：淀粉→蓝糊精→红糊精→麦芽糖→葡萄糖。与碘液呈色依次为蓝色、蓝色、红色、无色、无色。因此可用碘液检验酶解终点。若呈蓝色，再加热糊化，冷却至 60 ℃以下再加淀粉酶溶液，继续保温，直至酶解液加碘液后不呈蓝色为止。

7.3.2 酸水解法（GB 5009.9—2016 第二法）

1. 原理

试样除去脂肪及可溶性糖类后，淀粉用酸水解成具有还原性的单糖，然后按还原糖测定，并折算成淀粉。因富含半纤维素、多缩戊糖及果胶质的样品会被水解为木糖、阿拉伯糖等还原糖，使分析结果偏高。本法适用于淀粉含量较高，半纤维素和多缩戊糖等多糖含量较少的样品。

2. 试剂

盐酸；氢氧化钠；乙酸铅（$PbC_4H_6O_4 \cdot 3H_2O$）；硫酸钠；石油醚：沸点范围为 60~90 ℃；乙醚（$C_4H_{10}O$）；无水乙醇或 95%乙醇；精密 pH 试纸：6.8~7.2；甲基红（$C_{15}H_{15}N_3O_2$）：指示剂。除非另有说明，本法所用试剂均为分析纯，水为 GB/T 6682 规定的三级水。

2 g/L 甲基红指示液：称取甲基红 0.20 g，用少量乙醇溶解后，加水定容至 100 mL；400 g/L 氢氧化钠溶液：称取 40 g 氢氧化钠加水溶解后，冷却至室温，稀释至 100 mL；乙酸铅溶液（200 g/L）：称取 20 g 乙酸铅，加水溶解并稀释至 100 mL；硫酸钠溶液（100 g/L）：称取 10 g

硫酸钠,加水溶解并稀释至 100 mL;盐酸溶液(1+1):量取 50 mL 盐酸,与 50 mL 水混合;体积分数为 85%的乙醇:取 85 mL 无水乙醇,加水定容至 100 mL 混匀。也可用 95%乙醇配制。

标准品:D-无水葡萄糖($C_6H_{12}O_6$),纯度:≥98%(HPLC)。

葡萄糖标准溶液:准确称取 1 g(精确至 0.0001 g)经过 98～100 ℃干燥 2 h 的 D-无水葡萄糖,加水溶解后加入 5 mL 盐酸,并以水定容至 1000 mL。此溶液每毫升相当于 1.0 mg 葡萄糖。

3. 分析步骤

试样制备:易于粉碎的试样,磨碎过 0.425 mm 筛(相当于 40 目),称取 2～5 g(精确到 0.001 g),置于放有慢速滤纸的漏斗中,用 50 mL 石油醚或乙醚分五次洗去试样中脂肪,弃去石油醚或乙醚。用 150 mL 体积分数为 85%的乙醇分数次洗涤残渣,以充分除去可溶性糖类物质。根据样品的实际情况,可适当增加洗涤液的用量和洗涤次数,以保证干扰检测的可溶性糖类物质洗涤完全。滤干乙醇溶液,以 100 mL 水洗涤漏斗中残渣并转移至 250 mL 锥形瓶中,加入 30 mL 盐酸(1+1),接好冷凝管,置沸水浴中回流 2 h。回流完毕后,立即冷却。待试样水解液冷却后,加入两滴甲基红指示液,先以氢氧化钠溶液(400 g/L)调至黄色,再以盐酸(1+1)校正至试样水解液刚变成红色。若试样水解液颜色较深,可用精密 pH 试纸测试,使试样水解液的 pH 约为 7。然后加 20 mL 乙酸铅溶液(200 g/L),摇匀,放置 10 min。再加 20 mL 硫酸钠溶液(100 g/L),以除去过多的铅。摇匀后将全部溶液及残渣转入 500 mL 容量瓶中,用水洗涤锥形瓶,洗液合并入容量瓶中,加水稀释至刻度。过滤,弃去初滤液 20 mL,滤液供测定用。

其他样品:称取一定量样品,准确加入适量水在组织捣碎机中捣成匀浆(蔬菜、水果需先洗净晾干取可食部分)。称取相当于原样质量 2.5～5 g(精确到 0.001 g)的匀浆于 250 mL 锥形瓶中,用 50 mL 石油醚或乙醚分五次洗去试样中脂肪,弃去石油醚或乙醚。以下按上述自"用 150 mL 体积分数为 85%的乙醇"起依法操作。

测定:按酶水解法操作。

试样中淀粉的含量按式(7.13)进行计算:

$$w = \frac{(m_6 - m_0) \times 0.9 \times 500}{m \times V \times 1000} \times 100 \tag{7.13}$$

式中,w 为试样中淀粉的质量分数,g/(100 g);m_6 为测定用试样中水解液葡萄糖质量,mg;m_0 为试剂空白中葡萄糖质量,mg;0.9 为葡萄糖折算成淀粉的换算系数;m 为称取试样质量,g;V 为测定用试样水解液体积,mL;500 为试样液总体积,mL。

结果保留三位有效数字。重复性条件下获得的两次独立测定结果的绝对差值不得超过算术平均值的 10%。

注意事项与说明:①对粮食、豆类、饼干和代乳粉等较干燥、易磨碎的样品要求磨碎、过 40 目筛;对果蔬、粉皮和凉粉等水分含量较多的样品需按(1+1)加水匀浆,再称取测定。②含可溶性糖类会使结果偏高,用 85%乙醇分数次洗涤样品除去。用乙醚分数次洗去脂肪,脂肪含量较低可省去乙醚脱脂肪步骤。③样品加乙醇溶液后,混合液中乙醇的体积分数应在 80%以上,防止糊精随可溶性糖类被洗掉。若要求分析结果不包括糊精,用 10%乙醇洗涤。

④样品水解液冷却后，应立即调至中性。⑤为准确分析食物中淀粉含量，建议采用淀粉酶糖化淀粉，除去不可溶性的残渣后，用酸水解为葡萄糖后分析，最后换算成淀粉。⑥水解条件要严格控制，保证水解完全，并避免因加热时间过长对葡萄糖产生影响(形成糠醛聚合体，失去还原性)。

7.3.3　肉制品中淀粉含量测定(GB 5009.9—2016 第三法)

1. 原理

试样中加入氢氧化钾-乙醇溶液，在沸水浴上加热后，滤去上清液，用热乙醇洗涤沉淀除去脂肪和可溶性糖，沉淀经盐酸水解后，用碘量法测定形成的葡萄糖并计算淀粉含量。

2. 试剂

氢氧化钾；95%乙醇；盐酸；氢氧化钠；铁氰化钾($C_6FeK_3N_6$)；乙酸锌($C_4H_8O_4Zn$)；冰醋酸；硫酸铜；无水碳酸钠；碘化钾；柠檬酸($C_6H_8O_7 \cdot H_2O$)；硫代硫酸钠；溴百里酚蓝($C_{27}H_{28}Br_2O_5S$)指示剂；可溶性淀粉指示剂。

试剂配制：

氢氧化钾-乙醇溶液：称取氢氧化钾 50 g，用 95%乙醇溶解并稀释至 1000 mL。80%乙醇溶液：量取 95%乙醇 842 mL，用水稀释至 1000 mL。1.0 mol/L 盐酸溶液：量取盐酸 83 mL，用水稀释至 1000 mL。氢氧化钠溶液：称取固体氢氧化钠 30 g，用水溶解并稀释至 100 mL。蛋白沉淀剂分溶液 A 和溶液 B：①溶液 A：称取铁氰化钾 106 g，用水溶解并稀释至 1000 mL；②溶液 B：称取乙酸锌 220 g，加冰醋酸 30 mL，用水稀释至 1000 mL。

碱性铜试剂：溶液 a：称取硫酸铜 25 g，溶于 100 mL 水中。溶液 b：称取无水碳酸钠 144 g，溶于 300~400 mL 50 ℃水中。溶液 c：称取柠檬酸 50 g，溶于 50 mL 水中。将溶液 c 缓慢加入溶液 b 中，边加边搅拌直至气泡停止产生。将溶液 a 加到次混合液中并连续搅拌，冷却至室温后，转移到 1000 mL 容量瓶中，定容至刻度，混匀。放置 24 h 后使用，若出现沉淀需过滤。取 1 份次溶液加到 49 份煮沸并冷却的蒸馏水，pH 应为 10.0±0.1。

碘化钾溶液：称取碘化钾 10 g，用水溶解并稀释至 100 mL。盐酸溶液：取盐酸 100 mL，用水稀释至 160 mL。0.1 mol/L 硫代硫酸钠标准溶液：按 GB/T 601 制备。溴百里酚蓝指示剂：称取溴百里酚蓝 1 g，用 95%乙醇溶并稀释到 100 mL。淀粉指示剂：称取可溶性淀粉 0.5 g，加少许水，调成糊状，倒入盛有 50 mL 沸水中调匀，煮沸，临用时配置。

3. 分析步骤

试样制备：取有代表性的试样不少于 200 g，用绞肉机绞两次并混匀。绞好的试样应尽快分析，若不立即分析，应密封冷藏储存，防止变质和成分发生变化。储存的试样启用时应重新混匀。

淀粉分离：称取试样 25 g(精确到 0.01 g，淀粉含量约 1 g)放入 500 mL 烧杯中，加入热氢氧化钾-乙醇溶液 300 mL，用玻璃棒搅匀，盖上表面皿，在沸水浴上加热 1 h，不时搅拌。然后，将沉淀完全转移到漏斗上过滤，用 80%热乙醇溶液洗涤沉淀数次。根据样品的特征，可适当增加洗涤液的用量和洗涤次数，以保证糖洗涤完全。

水解：将滤纸钻孔，用 1.0 mol/L 盐酸溶液 100 mL，将沉淀完全洗入 250 mL 烧杯中，盖上表面皿，在沸水浴中水解 2.5 h，不时搅拌。溶液冷却到室温，用氢氧化钠溶液中和至 pH 约为 6（不要超过 6.5）。将溶液移入 200 mL 容量瓶中，加入蛋白质沉淀剂溶液 3 mL，混合后再加入蛋白质沉淀剂溶液 3 mL，用水定容到刻度。摇匀，经不含淀粉的滤纸过滤。滤液中加入氢氧化钠溶液 1~2 滴，使之对溴百里酚蓝指示剂呈碱性。

测定：准确取一定量滤液（V_4）稀释到一定体积（V_5），然后取 25.00 mL（最好含葡萄糖 40~50 mg）移入碘量瓶中，加入 25.00 mL 碱性铜试剂，装上冷凝管，在电炉上 2 min 内煮沸。随后改用温火继续煮沸 10 min，迅速冷却至室温，取下冷凝管，加入碘化钾溶液 30 mL，小心加入盐酸溶液 25.0 mL，盖好盖待滴定。用硫代硫酸钠标准溶液滴定上述溶液中释放出来的碘。当溶液变成浅黄色时，加入淀粉指示剂 1 mL，继续滴定直到蓝色消失，记下消耗的硫代硫酸钠标准溶液体积（V_3）。同一试样进行两次测定并做空白实验。

消耗硫代硫酸钠的物质的量 $n(Na_2S_2O_3)$（mmol），按式（7.14）计算：

$$n(Na_2S_2O_3)=10\times(V_0-V)\times c(Na_2S_2O_3) \tag{7.14}$$

式中，$n(Na_2S_2O_3)$ 为消耗硫代硫酸钠的物质的量，mmol；V_0 为空白实验消耗硫代硫酸钠标准溶液的体积，mL；V 为试样液消耗硫代硫酸钠标准溶液的体积，mL；$c(Na_2S_2O_3)$ 为硫代硫酸钠标准溶液物质的量浓度，mol/L。

根据消耗的硫代硫酸钠的物质的量（mmol）从表 7.1 中查出相应的葡萄糖量（m_3）。

表 7.1　硫代硫酸钠的物质的量同葡萄糖量（m_3）的换算关系

$n(Na_2S_2O_3)$ $[10\times(V_0-V)c(Na_2S_2O_3)]$	相应的葡萄糖量	
	m_3/mg	Δm_3/mg
1	2.4	2.4
2	4.8	2.4
3	7.2	2.4
4	9.7	2.5
5	12.2	2.5
6	14.7	2.5
7	17.2	2.5
8	19.8	2.6
9	22.4	2.6
10	25.0	2.6
11	27.6	2.6
12	30.3	2.7
13	33.0	2.7
14	35.7	2.7
15	38.5	2.8
16	41.3	2.8
17	44.2	2.9
18	47.1	2.9
19	50.0	2.9

续表

$n(\text{Na}_2\text{S}_2\text{O}_3)$ $[10 \times (V_0 - V)\, c\,(\text{Na}_2\text{S}_2\text{O}_3)]$	相应的葡萄糖量	
	m_3/mg	Δm_3/mg
20	53.0	3.0
21	56.0	3.0
22	59.1	3.1
23	62.2	3.1
24	65.3	3.1
25	68.4	3.1

淀粉质量分数按式(7.15)计算:

$$w = \frac{m_3 \times 0.9 \times V_5 \times 200 \times 100}{m \times V_4 \times 25 \times 1000} = 0.72 \times \frac{V_5}{V_4} \times \frac{m_3}{m} \qquad (7.15)$$

式中,w 为淀粉质量分数,g/(100 g);m_3 为葡萄糖含量,mg;0.9 为葡萄糖折算成淀粉的换算系数;V_5 为稀释后的体积,mL;V_4 为取原液的体积,mL;m 为试样的质量,g。

平行测定符合精密度所规定的要求时,取平行测定的算术平均值作为结果,精确到 0.1%。重复条件下获得的两次独立测定结果的绝对差值不得超过 0.2%。

7.3.4　旋光法

1. 原理

此法包括两个中间测定步骤。第一部分样品用稀盐酸水解,在澄清和过滤后用旋光法测定。第二部分样品用体积分数为 40% 的乙醇溶液萃取出可溶性糖和相对分子质量低的多糖。滤液按第一部分样品的测定步骤分析。两种方法测量结果的差值,乘以一个系数,得出样品的淀粉含量。主要参数包括水解时间、温度,并且注意旋光仪的正确使用和校准。

2. 仪器与试剂

旋光仪:在 589.3 nm 波长处操作,用 200 mm 的旋光管;100 mL 容量瓶;沸水浴:带有振荡器或磁力搅拌器;分析天平:感量 0.001 g。

7.7 mol/L 稀盐酸溶液:用水将 63.7 mL 盐酸(ρ_{20}=1.19 g/mL)稀释到 100 mL;3.09 mol/L 稀盐酸溶液:用水将 25.6 mL 盐酸(ρ_{20}=1.19 g/mL)稀释到 100 mL,用氢氧化钠溶液[c(NaOH)= 0.1000 mol/L]标定,用甲基红作为指示剂。10 mL 盐酸应该消耗 30.94 mL、0.1000 mol/L 的氢氧化钠;体积分数为 40% 乙醇溶液(ρ_{20}=0.948 g/mL)。

卡来兹(Carrez)溶液 I　10.6 g 亚铁氰化钾[$\text{K}_4\text{Fe}(\text{CN})_6 \cdot 3\text{H}_2\text{O}$]溶于水,用水稀释至 100 mL。

卡来兹(Carrez)溶液 II　21.9 g 乙酸锌[$\text{Zn}(\text{CH}_3\text{COO})_2 \cdot 2\text{H}_2\text{O}$]溶于水,加 3 g 冰醋酸,用水稀释至 100 mL。

所用试剂均为分析纯。用水应完全符合 GB/T 6682 规定的二级水。

3. 分析步骤

如果实验样品粒度超过 0.5 mm，将样品磨碎并用 0.5 mm 孔径的筛子过筛后均匀取样。称样精确至 0.001 g。

(1)样品总旋光度的测定：称取(2.5 ± 0.05) g(m_1)待测样品，置于容量瓶中，加 25 mL 稀盐酸，搅拌至较好的分散状态，再加 25 mL 稀盐酸；将容量瓶放入沸水浴中不停振摇或将容量瓶放入装有磁力搅拌器的沸水浴中以低速搅拌；容量瓶在沸水浴中振摇 15 min $\pm$ 5 s，取出前立刻停止摇动或搅拌，立即加入 30 mL 冷水，用流水快速冷却至(20 ± 2) ℃。

加入 5 mL 卡来兹溶液 I，振摇 1 min；加 5 mL 卡来兹溶液 II，振摇 1 min；用水定容，摇匀后用合适的滤纸过滤，如果滤出液不完全澄清，用卡来兹溶液 10 mL 重复以上操作；在 200 mm 旋光管中用旋光仪测定溶液的旋光度(α_1)。

(2)在体积分数为 40%的乙醇中可溶性物质旋光度的测定：称取(5 ± 0.1) g(m_2)样品，置于 100 mL 容量瓶中，加入大约 80 mL 乙醇溶液，将容量瓶在室温下放置 1 h，在这 1 h 中剧烈摇动 6 次，以保证样品与乙醇充分混合，用乙醇定容至 100 mL，摇匀后过滤；用移液管吸取 50 mL 滤液(相当于 2.5 g 的实验样品)放入容量瓶中，加入 2.1 mL 稀盐酸，剧烈摇动，接上回流冷凝管后容量瓶置于沸水浴 15 min $\pm$ 5 s，取出后冷却至(20 ± 2) ℃。

加入 5 mL 卡来兹溶液 I，振摇 1 min；加 5 mL 卡来兹溶液 II，振摇 1 min；用水定容，摇匀后用合适的滤纸过滤，如果滤出液不完全澄清，用卡来兹溶液 10 mL 重复以上操作；在 200 mm 旋光管中用旋光仪测定溶液的旋光度(α_1)。

(3)干物质含量的测定：按照 ISO 1666 给出的方法测定样品的水分质量分数 w_0，然后用式(7.16)计算出干物质质量分数 w_1。

$$w_1 = 100 - w_0 \tag{7.16}$$

用式(7.17)计算干样品中淀粉的质量分数 w，数值用%表示。

$$w = \frac{2000}{[\alpha]_D^{20}} \times \left[\frac{2.5\alpha_1}{m_1} - \frac{5\alpha_2}{m_2} \right] \times \frac{100}{w_1} \tag{7.17}$$

式中，α_1 为在样品总旋光度操作方法中测得的总旋光度值，度；α_2 为在体积分数 40%乙醇中可溶性物质旋光度分析中测得的醇溶物质的旋光度，度；m_1 为在样品总旋光度分析中所用样品的质量，g；m_2 为在体积分数 40%乙醇中可溶性物质旋光度测定中所用样品的质量，g；w_1 为在干物质含量测定样品中干物质的质量分数；$[\alpha]_D^{20}$ 为纯淀粉在 589.3 mn 波长下测得比旋光度。

7.3.5 熟肉制品中淀粉的测定

1. 原理

样品与氢氧化钾酒精溶液共热，蛋白质、脂肪溶解，淀粉和粗纤维不溶解。过滤后，用氢氧化钾溶液溶解淀粉，使之与粗纤维分离，后用乙酸酸化的乙醇使淀粉重新沉淀，过滤后，沉淀于 100 ℃烘干至恒量，于 550 ℃灼烧至恒量，灼烧前后质量之差即为淀粉的质量。

该法适用于蛋白质、脂肪含量较高的熟肉制品，如午餐肉、灌肠等食品中淀粉的分析。结果准确，但操作时间较长。

2. 分析方法

取 10 g 捣碎混匀样品于 400 mL 烧杯中，加 150 mL 氢氧化钾-乙醇溶液(50 g KOH 溶于 1 L 95%乙醇中)，盖上表面皿置沸水浴中加热并不断用玻棒搅拌，加热至肉完全溶解(约 30 min)，用滤纸过滤，氢氧化钾-乙醇溶液洗涤沉淀和滤纸 3 次，每次 20 mL。移沉淀于烧杯中，加 10 mL 2 mol/L 氢氧化钾溶液和 60 mL 水，加热至淀粉溶解，将溶液用棉花滤入 100 mL 容量瓶中，水洗烧杯，洗液用棉花滤入容量瓶，冷却后定容。吸取 10 mL 滤液(含淀粉≥20 mg)于 400 mL 烧杯中，加 75 mL 30~40 ℃的乙酸酸化乙醇(1 L 90%乙醇中加 5 mL 冰醋酸)，搅拌后盖表面皿放置过夜。用干燥至恒量的古氏坩埚过滤，以酸化后的乙醇洗涤沉淀，以乙醚洗涤坩埚及内容物。坩埚于 100 ℃烘干至恒量，于 550 ℃灼烧至恒量。按式(7.18)计算：

$$w = \frac{(m_1 - m_2) \times 100}{m \times V} \times 100 \tag{7.18}$$

式中，w 为试样中淀粉的质量分数，g/(100 g)；m_1 为坩埚和内容物干燥后的质量，g；m_2 为坩埚和内容物灼烧后的质量，g；m 为样品质量，g；V 为分析时取样液量，mL；100 为样液总量，mL。

注意事项与说明：①本法为北欧食品分析委员会的标准方法。②分析肉制品中淀粉也可用容量法。把样品与氢氧化钾共热，使样品完全溶解，加入乙醇使淀粉析出，经乙醇洗涤后加酸水解为葡萄糖，后按分析还原糖的方法测定葡萄糖量，再换算为淀粉含量。③此法没把淀粉与其他多糖分离，若在水解条件下这些多糖也能水解为还原糖，将产生正误差。

7.3.6 植物性样品中淀粉的测定

1. 原理

高压下用硫酸将淀粉水解为葡萄糖，分析水解液中还原糖总量，同时分析样品中的总糖量，两者之差即为淀粉水解产生的还原糖量，再乘以换算系数得淀粉含量。

该法适用于果蔬等淀粉含量较少的样品。根据样品中淀粉及脂肪含量少的特点，省略了乙醚除脂肪和乙醇除可溶性糖类的步骤，以避免处理过程中淀粉的流失，并简化操作，改变水解条件，大大缩短了测定时间。

2. 分析步骤

称适量样品(含淀粉 0.25 g 左右)，加 100 mL 0.5 mol/L H_2SO_4，在高压锅(0.1 MPa, 121 ℃)中水解 15 min，降压后取出冷却，用碘液检验淀粉是否水解完全。以甲基红为指示剂，用 20% NaOH 溶液中和至中性。再加 20%中性乙酸铅 20 mL，沉淀蛋白质、果胶等杂质。加 11.5 mL 10% Na_2SO_4 溶液除去过量铅。溶液移至 250 mL 容量瓶，用水定容，摇匀后过滤。取滤液按照直接滴定法分析还原糖含量(以葡萄糖计)。另取 1 份样品，按总糖分析方法进行转化，测定总糖含量(以葡萄糖计)，两者之差即为由淀粉水解产生的葡萄糖量，乘以换算系数为淀粉含量。结果计算参考前述。

注意事项与说明：样品如果含有半纤维素、戊聚糖、果胶质等多糖，也能被水解，造成正误差。水解淀粉的条件与测总糖时的水解条件不同，可溶性糖类(葡萄糖、果糖等)在这两种水解条件下的产物不一定完全相同，会给结果带来误差。

7.4　纤维质的分析

7.4.1　粗纤维的分析

1. 原理

试样中的糖、淀粉、果胶质和半纤维素经硫酸作用水解后，用碱处理，除去蛋白质及脂肪酸残渣为粗纤维。不溶于酸碱的杂质，可灰化后除去。

2. 试剂

25 g/(100 mL)硫酸；1.25 g/(100 mL)氢氧化钾溶液；石棉：加 5 g/(100 mL)氢氧化钠溶液浸泡石棉，水浴回流 8 h 以上，用热水充分洗涤后，用20%盐酸在沸水浴上回流 8 h 以上，用热水充分洗涤，干燥。在 600～700 ℃中灼烧后，加水使成混悬物，储存于玻塞瓶中。

3. 分析步骤

称取 20～30 g 捣碎的试样(或 5.0 g 干试样)，移入 500 mL 锥形瓶中，加 200 mL 煮沸的 1.25%硫酸，加热微沸，保持体积恒定，维持 30 min，每 5 min 摇锥形瓶一次。取下锥形瓶，立即用亚麻布过滤，用沸水洗涤至不呈酸性。用 200 mL 煮沸的 1.25%氢氧化钾溶液将亚麻布上的存留物洗入原锥形瓶内加热微沸 30 min，立即以亚麻布热过滤，用沸水洗涤 2～3 次，移入干燥称量的 G2 垂融坩埚或同型号的垂融漏斗中抽滤，热水充分洗涤后抽干。依次用乙醇和乙醚洗涤一次。将坩埚和内容物在 105 ℃称量，重复操作，直至恒量。若试样含较多不溶性杂质，可将试样移入石棉坩埚，烘干称量后，移入 550 ℃高温炉中使含碳物质全部灰化，于干燥器内冷至室温称量，损失的量即为粗纤维量。按式(7.19)计算结果：

$$w = \frac{m_1}{m} \times 100 \qquad (7.19)$$

式中，w 为试样中粗纤维的质量分数，g/(100 g)；m_1 为烘箱中烘干后残余物的质量(或经高温炉损失的质量)，g；m 为试样的质量，g。

计算结果表示到小数点后一位。在重复性条件下两次独立分析结果的绝对值不得超过算术平均值的 10%。

7.4.2　中性洗涤纤维(NDF)的分析

1. 原理

样品经热的中性洗涤剂浸煮，残渣用热蒸馏水充分洗涤，除去游离淀粉、蛋白质、矿物质后，加 α-淀粉酶分解结合态淀粉，用蒸馏水、丙酮洗涤，除去残存的脂肪、色素等，残渣经烘干即为中性洗涤纤维(不溶性膳食纤维)。

测定结果包括食品中全部纤维素、半纤维素、木质素，最接近食品中膳食纤维的真实含量，缺点是不包括水溶性非消化性多糖。本法设备简单、操作简便、准确度高、重现性好，适于谷物及制品、饲料、果蔬等。对蛋白质、淀粉含量高的样品易形成大量泡沫，黏度大，过滤困难，应用受到限制。

2. 仪器与主要试剂

带冷凝器的 300 mL 锥形瓶，可调电热板，玻璃过滤坩埚(滤板平均孔径 40～90 μm)；抽滤装置：由抽滤瓶、抽滤架、真空泵组成。

中性洗涤剂溶液：

(1) 18.61 g 乙二胺四乙酸二钠和 6.81 g 四硼酸钠($Na_2B_4O_7 \cdot 10H_2O$)用 250 mL 水加热溶解。

(2) 30 g 月桂基硫酸钠(十二烷基硫酸钠)和 10 mL 乙二醇独乙醚(2-ethoxy-ethanol)溶于 200 mL 热水中，合并于(1)液中。

(3) 4.56 g 磷酸氢二钠溶于 150 mL 热水，并入(1)液中。

(4) 用磷酸调节混合液 pH=6.9～7.1，加水至 1 L，用时如有沉淀，需加热到 60 ℃溶解。

α-淀粉酶溶液：取 0.1 mol/L Na_2HPO_4 和 0.1 mol/L NaH_2PO_4 溶液各 500 mL，混匀，配成磷酸盐缓冲液。称取 12.5 mg α-淀粉酶，用上述缓冲溶液溶解并稀释到 250 mL。

丙酮；十氢钠(萘烷)；无水亚硫酸钠。

3. 分析步骤

称取 0.5000～1.000 g 样品过 20～40 目筛于 300 mL 锥形瓶中,若样品含脂肪量超过 10%,按每克样品用 20 mL 石油醚，提取 3 次。依次向锥形瓶中加 100 mL 中性洗涤剂、2 mL 十氢钠和 0.05 g 无水亚硫酸钠，在 5～20 min 内加热沸腾，并保持微沸 1 h。把洁净的玻璃过滤器在 110 ℃烘箱内干燥 4 h，于干燥器内冷至室温称量。将锥形瓶内全部内容物移入过滤器，抽滤至干，用不少于 300 mL 100 ℃热水分 3～5 次洗涤残渣。

加 5 mL α-淀粉酶溶液，抽滤，置换残渣中水，然后塞住玻璃过滤器的底部，加 20 mL 淀粉酶液和几滴甲苯(防腐)，置过滤器于(37±2)℃培养箱中保温 1 h。取出滤器，取下底部的塞子，抽滤，用不少于 500 mL 热水分次洗去酶液，最后用 25 mL 丙酮洗涤，抽干滤器。滤器于 110 ℃烘箱中干燥过夜，移入干燥器冷却至室温，称量。按式(7.20)计算：

$$w = \frac{m_1 - m_0}{m} \times 100 \tag{7.20}$$

式中，w 为中性洗涤纤维(NDF)的质量分数，g/(100 g)；m_0 为玻璃过滤器质量，g；m_1 为玻璃过滤器和残渣质量，g；m 为样品质量，g。

注意事项与说明：①中性洗涤纤维包括样品中水不溶的纤维素、半纤维素、木质素、角质，称为"不溶性膳食纤维"。因食品中可溶性膳食纤维(如果胶、豆胶、藻胶、植物的黏性物质等可溶于水，称为水溶性膳食纤维)含量较少，所以中性洗涤纤维接近食品中膳食纤维的真实含量。②此法是美国谷物化学家协会(AACC)审批的方法。分析结果包含灰分，可灰化后扣除。③样品粒度影响分析结果，颗粒过粗结果偏高，过细易造成滤板孔眼堵塞，使过滤无法进行。一般采用 20～30 目为宜，过滤困难时，可加入助剂。④十氢钠为消泡剂，也可用正辛醇，但分析结果精密度不及十氢钠。⑤实验证明粗纤维测定值占中性洗涤纤维值的质量分数：谷物为 13%～27%；干豆类为 35%～52%；果蔬为 32%～66%。

7.4.3 酸性洗涤纤维(ADF)的分析

中性洗涤纤维分析法比粗纤维分析法有许多优点，但因泡沫问题，应用受到限制。鉴于粗纤维分析法重现性差的主要原因是碱处理时纤维素、半纤维素和木质素降解流失。酸性洗涤纤维法取消了碱处理步骤，用酸性洗涤剂浸煮代替酸碱处理。

1. 原理

样品经磨碎烘干，用十六烷基三甲基溴化铵的硫酸溶液回流煮沸，除去细胞内容物，经过滤、洗涤、烘干，残渣即为酸性洗涤纤维。

2. 试剂

酸性洗涤剂：称 20 g 十六烷基三甲基溴化铵，加热溶于 0.5 mol/L 硫酸溶液中并稀释至 2 L；0.5 mol/L 硫酸溶液：取 56 mL 硫酸加入水中，稀释到 2 L；消泡剂：萘烷；丙酮。

3. 分析步骤

称 95 ℃烘干、移入干燥器冷却的 16 目样品 1.000 g 于 500 mL 三角瓶中，加 100 mL 酸性洗涤剂、2 mL 萘烷，连接回流装置，在 3～5 min 内加热沸腾，保持微沸 2 h 后，用预先称好质量的粗孔玻璃砂芯坩埚(1 号)过滤(靠自重过滤，不抽气)。用热水洗涤三角瓶，滤液合并入玻璃砂芯坩埚内，轻轻抽滤，将坩埚充分洗涤，热水总用量约为 300 mL。用丙酮洗涤残留物，抽滤后，将坩埚连同残渣移入 95～105 ℃烘箱中烘干至恒量。移入干燥器内冷却后称量。按式(7.21)计算：

$$w = \frac{m_1}{m} \times 100 \tag{7.21}$$

式中，w 为酸性洗涤纤维(ADF)的质量分数，g/(100 g)；m_1 为残留物质量，g；m 为样品质量，g。

注意事项与说明：①样品中的淀粉、果胶、半纤维素、蛋白质等用酸性洗涤剂浸煮时分解，经过滤除去，残留物中包括有全部的纤维素和木质素及少量矿物质(灰分)，测得结果高于粗纤维测定值，但低于中性洗涤纤维分析值，比较接近于食品中膳食纤维的含量。②中性洗涤纤维和酸性洗涤纤维之差，即为半纤维素含量。③洗涤坩埚内残渣时，加水量为坩埚溶液的 2/3，用玻棒搅碎滤渣，浸泡 15～30 s 后，轻轻抽滤。

7.4.4 膳食纤维的测定

食品安全国家标准 GB 5009.88—2014《食品中膳食纤维的测定》，规定了酶质量测定法，该法适用于所有植物性食品及其制品中总的、可溶性和不溶性膳食纤维的测定，但不包括低聚果糖、低聚半乳糖、聚葡萄糖、抗性麦芽糊精、抗性淀粉等膳食纤维组分。

膳食纤维(DF)：不能被人体小肠消化吸收但具有健康意义的、植物中天然存在或通过提取/合成的、聚合度 DP ≥ 3 的碳水化合物聚合物，包括纤维素、半纤维素、果胶及其他单体成分等；可溶性膳食纤维(SDF)：能溶于水的膳食纤维部分，包括低聚糖和部分不能消化的多聚糖等；不溶性膳食纤维(IDF)：不能溶于水的膳食纤维部分，包括木质素、纤维素、部分半纤维素；总膳食纤维(TDF)：可溶性膳食纤维(SDF)与不溶性膳食纤维(IDF)之和。

1. 原理

干燥试样经热稳定性α-淀粉酶、蛋白酶和葡萄糖苷酶酶解消化去除蛋白质和淀粉后，经乙醇沉淀、抽滤，残渣用乙醇和丙酮洗涤，干燥称量，即为总膳食纤维残渣。另取试样同样酶解，直接抽滤并用热水洗涤，残渣干燥称量，即得不溶性膳食纤维残渣；滤液用4倍体积的乙醇沉淀、抽滤、干燥称量，可得溶性膳食纤维残渣。扣除各类膳食纤维残渣中相应的蛋白质、灰分和试剂空白含量，即可计算出试样中总的、不溶性和可溶性膳食纤维的含量。

本标准测定的总膳食纤维为不能被α-淀粉酶、蛋白酶和葡萄糖苷酶酶解的碳水化合物聚合物，包括不溶性膳食纤维和能被乙醇沉淀的高分子质量可溶性膳食纤维，如纤维素、半纤维素、木质素、果胶、部分回生淀粉，及其他非淀粉多糖和美拉德反应产物等；不包括低分子质量(聚合度3~12)的可溶性膳食纤维，如低聚果糖、低聚半乳糖、聚葡萄糖、抗性麦芽糊精及抗性淀粉等。

2. 试剂

95%乙醇；丙酮；石油醚：沸程30~60℃；氢氧化钠；重铬酸钾；三羟甲基氨基甲烷($C_4H_{11}NO_3$，TRIS)；2-(N-吗啉代)乙烷磺酸($C_6H_{13}NO_4S \cdot H_2O$)；冰醋酸；盐酸；硫酸。

注：除非另有说明，本标准所用试剂均为分析纯，水为GB/T 6682规定的二级水。

热稳定-淀粉酶：CAS 9000-85-5，IUB 3.2.1.1，(10 000±1000)U/mL，不得含丙三醇稳定剂，于0~5℃冰箱储存，酶的活性测定及判定标准应符合GB 5009.88—2014附录A的要求。

蛋白酶液：CAS 9014-01-1，IUB 3.2.21.14，300~100 U/mL，不得含丙三醇稳定剂，于0~5℃冰箱储存，酶的活性测定及判定标准应符合GB 5009.88—2014附录A的要求。

淀粉葡萄糖苷酶液：CAS 9032-08-0，IUB 3.2.1.3，2 000~3 300 U/mL，于0~5℃储存，酶的活性测定及判定标准应符合GB 5009.88—2014附录A的要求。

硅藻土：CAS 688 55-51-9。

乙醇溶液(85%，体积分数)：取895 mL 95%乙醇，用水稀释并定容至1 L，混匀；乙醇溶液(78%，体积分数)：取821 mL 95%乙醇，用水稀释并定容至1 L，混匀；6 mol/L氢氧化钠溶液：称取21 g氢氧化钠，用水溶解至100 mL，混匀；1 mol/L氢氧化钠溶液：称取1 g氢氧化钠，用水溶解至100 mL，混匀；1 mol/L盐酸溶液：取8.33 mL盐酸，用水稀释至100 mL，混匀；2 mol/L盐酸溶液：取167 mL盐酸，用水稀释至1 L，混匀。

MES-TRIS缓冲液(0.05 mol/L)：称取19.52 g 2-(N-吗啉代)乙烷磺酸和12.2 g三羟甲基氨基甲烷，用水溶解，用6 mol/L氢氧化钠溶液调pH，20℃时调pH为8.3，24℃时调pH为8.2，28℃时调pH为8.1；20~28℃其他室温用插入法校正pH。加水稀释至2 L。

蛋白酶溶液：用0.05 mol/L MES-TRIS缓冲液配成浓度为50 mg/mL的蛋白酶溶液，使用前现配并于0~5℃暂存。

酸洗硅藻土：取200 g硅藻土于600 mL的2 mol/L盐酸溶液中，浸泡过夜，过滤，用水洗至滤液为中性，置于(525±5)℃马弗炉中灼烧灰分后备用；重铬酸钾洗液：称取100 g重铬酸钾，用200 mL水溶解，加入1800 mL浓硫酸混合；乙酸溶液(3 mol/L)：取172 mL乙酸，加入700 mL水，混匀后用水定容至1 L。

3. 仪器和设备

高型无导流口烧杯：400 mL 或 600 mL；坩埚：具粗面烧结玻璃板，孔径 40~60 μm。清洗后的坩埚在马弗炉中 (525 ± 5) ℃灰化 6 h，炉温降至 130℃以下取出，于重铬酸钾洗液中室温浸泡 2 h，用水冲洗干净，再用 15 mL 丙酮冲洗后风干。用前，加入约 1.0 g 硅藻土，130 ℃烘干，取出坩埚，在干燥器中冷却约 1 h，称量，记录处理后坩埚质量 (m_G)，精确到 0.1 mg；真空抽滤装置：真空泵或有调节装置的抽吸器。备 1 L 抽滤瓶，侧壁有抽滤口，带与抽滤瓶配套的橡胶塞，用于酶解液抽滤；恒温振荡水浴箱：带自动计时器，控温范围室温 5~100 ℃，温度波动±1 ℃；分析天平：感量 0.1 mg 和 1 mg；马弗炉：(525 ± 5) ℃；烘箱：(130 ± 3) ℃；干燥器：二氧化硅或同等的干燥剂。干燥剂每两周 (130 ± 3) ℃烘干过夜一次；pH 计：具有温度补偿功能，精度±0.1。用前用 pH 为 4.0、7.0 和 10.0 标准缓冲液校正；真空干燥箱：(70 ± 1) ℃；筛：筛板孔径 0.3~0.5 mm。

4. 分析步骤

试样制备：根据水分含量、脂肪含量和糖含量进行适当的处理及干燥，并粉碎、混匀过筛。若试样脂肪、水分含量均<10%，取试样直接粉碎至完全过筛。混匀，待用。若试样水分含量≥10%，试样混匀后，称取适量试样 $(m_C$，不少于 50 g)，置于 (70 ± 1) ℃真空干燥箱内干燥至恒量。干燥后转至干燥器中，待温度降到室温后称量 (m_D)。根据干燥前后试样质量，计算试样质量损失因子 (f)。干燥后试样粉碎至完全过筛，置于干燥器中待用。

注：若试样不宜加热，也可采取冷冻干燥法。

若脂肪含量≥10%，试样需经脱脂处理。称取适量试样 $(m_C$，不少于 50 g)，置于漏斗中，按每克试样 25 mL 的比例加入石油醚进行冲洗，连续 3 次。脱脂后将试样混匀再按上述进行干燥、称量 (m_D)，记录脱脂、干燥后试样质量损失因子 (f)。试样反复粉碎至完全过筛，置于干燥器中待用。若试样脂肪含量未知，按先脱脂再干燥粉碎方法处理。

糖含量≥5%的试样：需经脱糖处理，称取适量试样 $(m_C$，不少于 50 g)，置于漏斗中，按每克试样 10 mL 的比例用 85%乙醇溶液冲洗，弃乙醇溶液，连续 3 次。脱糖后将试样置于 40℃烘箱内干燥过夜，称量 (m_D)，记录脱糖、干燥后试样质量损失因子 (f)。干样反复粉碎至完全过筛，置于干燥器中待用。

酶解：准确称取双份试样 (m)，约 1 g(精确至 0.1 mg)，双份试样质量差≤0.005 g。将试样转置于 100~600 mL 高脚烧杯中，加入 0.05 mol/L MES-TRIS 缓冲液 40 mL，用磁力搅拌至试样完全分散在缓冲液中。同时制备两个空白样液与试样液进行同步操作，用于校正试剂对测定的影响(避免试样结团块，搅拌要均匀，防止试样酶解过程中不能与酶充分接触)。

热稳定α-淀粉酶酶解：向试样液中分别加入 50 μL 热稳定α-淀粉酶液缓慢搅拌，加盖铝箔，置于 95~100 ℃恒温振荡水浴箱中持续振摇，当温度升至 95℃开始计时，反应 35 min。将烧杯取出，冷却至 60 ℃，打开铝箔盖，用刮勺轻轻将附着于烧杯内壁的环状物以及烧杯底部的胶状物刮下，用 10 mL 水冲洗烧杯壁和刮勺。

注：如果试样中抗性淀粉含量较高(>40%)，可延长热稳定α-淀粉酶酶解时间至 90 min，如有必要也可另加入 10 mL 二甲基亚砜帮助淀粉分散。

蛋白酶酶解：将试样液置于 (60 ± 1) ℃水浴中，向每个烧杯加入 100 μL 蛋白酶溶液，盖上铝箔，开始计时，持续振摇，反应 30 min。打开铝箔盖，边搅拌边加入 5 mL 3 mol/L 乙酸溶液，控制试样温度保持在(60 ± 1)℃。用 1 mol/L 氢氧化钠溶液或 1 mol/L 盐酸溶液调节试样液 pH 至 4.5 ± 0.2。

注：应在(60 ± 1)℃时调 pH，因为温度降低会使 pH 升高。同时注意进行空白样液的 pH 测定，保证空白样和试样液的 pH 一致。

淀粉葡糖苷酶酶解：边搅拌边加入 100 μL 淀粉葡萄糖苷酶液，盖上铝箔，继续于(60 ± 1)℃水浴中持续振摇，反应 30 min。

总膳食纤维(TDF)测定：向每份试样酶解液中，按乙醇与试样液体积比 4∶1 的比例加入预热至(60 ± 1)℃的 95%乙醇(预热后体积约为 225 mL)，取出烧杯，盖上铝箔，于室温条件下沉淀 1 h。取已加入硅藻土并干燥称量的坩埚，用 15 mL 78%乙醇溶液润湿硅藻土并展平，接上真空抽滤装置，抽去乙醇溶液使坩埚中硅藻土平铺于滤板上。将试样乙醇沉淀液转移入坩埚中抽滤，用刮勺和 78%乙醇溶液将高脚烧杯中所有残渣转至坩埚中。

分别用 78%乙醇溶液 15 mL 洗涤残渣两次，用 95%乙醇溶液 15 mL 洗涤残渣两次，丙酮 15 mL 洗涤残渣两次，抽滤去除洗涤液后，将坩埚连同残渣在 105 ℃烘干过夜。将坩埚置干燥器中冷却 1 h，称量(m_{GR}，包括处理后坩埚质量及残渣质量)，精确至 0.1 mg。减去处理后坩埚质量，计算试样残渣质量(m_R)。

蛋白质和灰分的测定：取两份试样残渣中的 1 份按 GB 5009.5 测定氮(N)含量，以 6.25 为换算系数，计算蛋白质质量(m_P)；另 1 份试样测定灰分，即在 525 ℃灰化 5 h，于干燥器中冷却，精确称量坩埚总质量(精确至 0.1 mg)，减去处理后坩埚质量，计算灰分质量(m_A)。

不溶性膳食纤维(IDF)测定：按上述方法称取试样和酶解。

抽滤洗涤：取已处理的坩埚，用 3 mL 水润湿硅藻土并展平，抽去水分使坩埚中的硅藻土平铺于滤板上。将试样酶解液全部移至坩埚中抽滤，残渣用 70 ℃热水 10 mL 洗涤两次，收集并合并滤液，转移至另一 600 mL 高脚烧杯中，备测可溶性膳食纤维。残渣按总膳食纤维(TDF)测定进行洗涤、干燥、称量，记录残渣质量。按总膳食纤维(TDF)测定蛋白质和灰分。

可溶性膳食纤维(SDF)测定：计算滤液体积：收集不溶性膳食纤维抽滤产生的滤液，至已预先称量的 600 mL 高脚烧杯中，通过称量"烧杯+滤液"总质量扣除烧杯质量的方法估算滤液体积。

沉淀：按滤液体积加入 4 倍量预热至 60 ℃的 95%乙醇溶液，室温下沉淀 1 h。以下测定按总膳食纤维测定进行抽滤、洗涤、测定蛋白质和灰分。

TDF、IDF、SDF 的分析结果按式(7.22)～式(7.25)计算。

试剂空白质量按式(7.22)计算：

$$m_B = m_{BR} - m_{BP} - m_{BA} \tag{7.22}$$

式中，m_B 为试剂空白质量，g；m_{BR} 为双份试剂空白残渣质量均值，g；m_{BP} 为试剂空白残渣中蛋白质质量，g；m_{BA} 为试剂空白残渣中灰分质量，g。

试样中膳食纤维的质量分数按式(7.23)～式(7.25)计算：

$$m_R = m_{GR} - m_G \tag{7.23}$$

$$w = \frac{\overline{m}_R - m_P - m_A - m_B}{\overline{m} \times f} \tag{7.24}$$

$$f = \frac{m_C}{m_D} \tag{7.25}$$

式中，m_R 为试样残渣质量，g；m_{GR} 为处理后坩埚质量及残渣质量，g；m_G 为处理后坩埚质量，g；w 为试样中膳食纤维的质量分数，g/(100 g)；$\bar{m}_R$ 为双份试样残渣质量均值，g；m_P 为试样残渣中蛋白质质量，g；m_A 为试样残渣中灰分质量，g；m_B 为试剂空白质量，g；$\bar{m}$ 为双份试样取样质量均值，g；f 为试样制备时因干燥、脱脂、脱糖导致质量变化的校正因子；m_C 为试样制备前质量，g；m_D 为试样制备后质量，g。

注：如果试样没有经过干燥、脱脂、脱糖等处理，$f=1$；TDF 的测定可以按照总膳食纤维 (TDF) 测定进行独立检测，也可分别按照不溶性膳食纤维 (IDF) 测定和可溶性膳食纤维 (SDF) 测定进行 IDF 和 SDF 的测定，根据公式计算，TDF= IDF+SDF；当试样中添加了抗性淀粉、抗性麦芽糊精、低聚果糖、低聚半乳糖、聚葡萄糖等符合膳食纤维定义却无法通过酶质量法检出的成分时，宜采用适宜方法测定相应的单体成分，总膳食纤维可采用如下公式计算：总膳食纤维=TDF(酶质量法)+单体成分。

以重复性条件下获得的两次独立测定结果的算术平均值表示，结果保留三位有效数字，两次独立测定结果的绝对差值不得超过算术平均值的 10%。

7.5　果胶含量分析

果胶物质是由半乳糖醛酸、乳糖、阿拉伯糖、葡萄糖醛酸等组成的高分子聚合物，广泛存在于水果、蔬菜及其他植物的细胞膜中，是植物细胞的主要成分之一。其基本结构是半乳糖醛酸以 α-1,4-苷键聚合形成的聚半乳糖醛酸。这些半乳糖醛酸中的部分羧基被甲基酯化，剩余部分被钙、镁、钾、钠、铵等离子结合。

果胶具有胶凝性，可以生产果酱、果冻等，也可作为食品增稠剂、稳定剂和乳化剂。用果胶物质可治疗胃肠道、胃溃疡等疾病，用低甲氧基果胶与铅、汞等重金属结合形成人体不能吸收的不溶解性物质，起到解毒的作用。

分析果胶的方法主要有质量量法和咔唑显色吸光光度法。

7.5.1　质量分析法

1. 原理

样品中提取的果胶加 $CaCl_2$ 使果胶酸钙沉淀，称量并换算成果胶含量。沉淀剂通常为 NaCl、$CaCl_2$ 等电解质。果胶沉淀的难易与聚半乳糖醛酸的酯化程度有关；当聚半乳糖醛酸酯化程度为 20% 时，水溶性差，果胶易沉淀，可用 NaCl 沉淀剂；酯化程度为 50% 时，水溶性大，用 $CaCl_2$ 为沉淀剂；酯化程度为 100% 时，溶解度更大，不能再用电解质作为沉淀剂；另一类沉淀剂是甲醇、乙醇、丙醇等有机溶剂。酯化程度越高，醇的浓度也应越大。

2. 主要试剂

0.1 mol/L 氢氧化钠溶液；0.05 mol/L 盐酸溶液；1 mol/L 乙酸溶液：取 29.7 mL 冰醋酸，加水至 500 mL；1 mol/L 氯化钙溶液：称取 111.2 g 无水氯化钙，加水稀释成 1 mL。

3. 分析步骤

取捣碎均匀新鲜样品 40～50 g(视果胶含量大小)、干样品 5～10 g,置于 250 mL 烧杯中,加 100 mL 0.05 mol/L HCl,加热至沸 1 h,并不时搅拌,随时补充所损失的水分,冷却,移入 250 mL 容量瓶,加水定容,过滤。

取一定量过滤液,其量相当于能生成果胶酸钙约 25 mg,将过滤液放于 500 mL 烧杯中,加 3～5 滴指示剂,用 1 mol/L 氢氧化钠中和至微红色,加水至 200 mL 左右,再加 1 mol/L NaOH 10～15 mL,充分搅拌,放置过夜以皂化(脱去甲氧基,使生成果胶酸钠)。加 1 mol/L 乙酸溶液 50 mL 酸化,搅拌均匀,5～10 min 后,边搅拌边滴加 1 mol/L CaCl$_2$ 溶液 25～30 mL,搅匀后,放置 1 h 左右,煮沸 5 min,趁热用烘干至恒量的滤纸过滤,用热水洗至无氯为止(用硝酸银检查),然后把带有沉淀物的滤纸放入预先烘至恒量的称量瓶内,置 105 ℃烘箱中烘至恒量。计算方式有两种,一种用果胶酸钙表示,另一种用果胶酸表示:

$$w = \frac{250 \times 100 \times (m_1 - m_2)}{m \times V_1} \times 100 \tag{7.26}$$

$$w_1 = 0.9233 \, w \tag{7.27}$$

式中,w 为样品中果胶酸钙的质量分数,g/(100 g);w_1 为样品中果胶酸的质量分数,g/(100 g);m 为称取样品质量,g;m_1 为称量瓶与带有沉淀的滤纸质量,g;m_2 为称量瓶与滤纸质量,g;V_1 为吸取样品液体积,mL;0.9233 为果胶酸钙换算成果胶酸的系数,果胶酸钙的实验式定为 $C_{17}H_{22}O_{16}Ca$,其中钙含量大约为 7.67%,果胶酸含量 92.33%。

注意事项与说明:①分析结果包括水溶性果胶和原果胶,如果分别分析可另取一份样品 (40～50 g),加水 100 mL 在 70～80 ℃水浴中浸提 1 h,按酸提法的步骤分析水溶性果胶含量,酸提取与水提取之差为原果胶含量;②称量误差是测定误差的主要来源之一,称量应按称量瓶编号进行,称量速度要快,每次冷却必须置于同一干燥器中;③加入氯化钙溶液时,应边搅拌边缓慢滴加,以减小过饱和度,避免溶液局部过浓。

7.5.2 咔唑显色-分子吸光光度法

1. 原理

果胶水解后的半乳糖醛酸,在硫酸溶液中能与咔唑试剂发生缩合反应,生成紫红色化合物,吸光度与果胶含量成正比,530 nm 波长下,用工作曲线法进行定量分析。

该法操作简单、快速、准确度高、重现性好,适用于各类食品果胶的测定。

2. 主要试剂

无水乙醇(A.R.);硫酸(G.R.);质量浓度为 0.15%咔唑乙醇溶液:称取化学纯咔唑 0.150 g 溶解于精制乙醇中,定容至 100 mL。咔唑较难溶解,需加以搅拌。

3. 分析方法

标准曲线的绘制:准确称取 α-D-水解半乳糖醛酸 100 mg,溶于蒸馏水并定容到 100 mL,混合后得含半乳糖醛酸 1 mg/mL 原液,移取上述原液 0.00 mL、1.00 mL、2.00 mL、3.00 mL、4.00 mL、5.00 mL、6.00 mL 分别注入 100 mL 量瓶中,用蒸馏水定容,得浓度为 0.00 μg/mL、

10.00 μg/mL、20.00 μg/mL、30.00 μg/mL、40.00 μg/mL、50.00 μg/mL、60 μg/mL 的半乳糖醛酸标准溶液。取试管 7 支,各注入浓硫酸 12 mL 置于冰水浴中冷却后,在各管中缓慢加入上述半乳糖醛酸标准溶液 2.00 mL。充分混匀后置冰水浴中冷却后,在沸水浴上加热 10～15 min,迅速冷至室温,各加 0.15%咔唑乙醇溶液 1.00 mL 摇匀,室温(暗处)放置 30～60 min。以 0 管为对照,于波长 530 nm 下测定吸光度 A,以 A 为纵坐标,以各管中含半乳糖醛酸的质量(换算为 g)为横坐标绘制标准曲线。

测定准确称 1～2 g 样品于 150 mL 烧瓶中,加 50 mL 乙醇,水浴上回流 30～40 min,除去糖类和其他物质,用滤纸过滤并洗涤两次,弃去滤液。沉淀用热 HCl(0.05 mol/L)洗入烧杯中,加 H_2SO_4(1 mol/L)100 mL,沸水浴上加热 1 h,水解原果胶,冷至室温,用容量瓶定容,摇匀。取试管 1 支,注入浓硫酸 12 mL 置冰水浴中冷却,加入 2.00 mL 定容液,按标准曲线的绘制方法测定吸光度,由标准曲线查出 2.00 mL 定容液中半乳糖醛酸的质量(g)。按式(7.28)计算(以半乳糖醛酸计):

$$w = \frac{m_1 V_2}{2.00 \times m} \times 100 \tag{7.28}$$

式中,w 为果胶物质的质量分数,g /(100 g);m 为样品质量,g;2.00 为吸取定容液的体积,mL;V_2 为样品容量瓶定容体积,mL;m_1 为由标准曲线查出 2.00 mL 定容液中半乳糖醛酸的质量,g。

注意事项与说明:①样品提取果胶前,用乙醇使果胶与其他多糖一起沉淀并尽量洗涤除去糖分,提高分析结果的准确度。②必须选用相同规格和批次的硫酸操作,以消除其误差。③半乳糖醛酸溶液与咔唑呈色反应的中间化合物,在加热 10 min 后形成。加热 30 min 或更长,该化合物依然稳定。④硫酸-半乳糖醛酸混合溶液中添加不同浓度咔唑后,其呈色各不相同。每支培养管添加 0.15%咔唑 1 mL 时,呈色度在 30 min 内达到最高值,约 20 min 内保持不变,然后,色泽较快消失。上述分析条件呈色迅速,稳定性适当,能满足分析要求。

思考题与习题

1. 简述直接滴定法操作方法食品中还原糖的原理及注意事项。
2. 讨论在提取单糖和低聚糖时,为什么用体积分数 80%的乙醇而不用水作为提取剂? 其原理是什么?
3. 直接滴定法操作方法食品中还原糖为什么必须在沸腾条件下进行滴定,且不能随意摇动三角瓶?
4. 操作方法食品中蔗糖时,为什么要严格控制水解条件?
5. 利用酶法操作方法淀粉的原理是什么? 具体的分析步骤是什么?
6. 何为膳食纤维? 其组成成分是什么?
7. 为什么称量法操作方法的纤维素要以粗纤维表示结果?
8. 咔唑比色法操作方法食品中果胶物质的原理是什么? 如何提高操作方法结果的准确度?

知识扩展 1:民间使包子、馒头增白的土方法

面粉本身有点泛黄的色泽,是来自面粉内所含的微量胡萝卜素,添加增白剂是为了通过氧化,从而快速淡化色泽达到增白的效果。

民间包子、馒头增白的土方法不使用增白剂,而是在面粉加了水后,通过机械的外力作用。例如,用手揉面团和压面机压面,使得面粉和氧充分接触,在外力越大的情况下,热量越大,面粉与空气中的氧气充分接触,其色素就会被快速氧化。因此,多用力揉一定时间,面团能变白。另外,由于多揉一会儿,面团内的淀粉和蛋白质就充分吸收了水分,这样的面团做出来的面食也更筋道。

知识扩展 2：如何购买优质面粉

优质面粉有股小麦香味，颜色白里略显黄，干燥，不结块和团。因此，购买面粉时主要从所含水分、颜色、面筋质和新鲜度四方面来衡量。

水分：含水率正常的面粉，手捏有滑爽感，轻拍面粉即飞扬。

颜色：面粉颜色越白，加工精度越高，但其维生素含量也越低。

面筋质：水调后，面筋质含量越高，一般品质就越好。

新鲜度：新鲜的面粉有正常的小麦气味，颜色较淡且清香。如有腐败味、霉味，颜色发暗、发黑或结块的现象，说明面粉已变质。

（高向阳　教授　　宋莲军　教授）

第8章 脂类物质分析

8.1 概 述

8.1.1 食品中的脂类

食用油脂中主要存在甘油三酸酯及一些脂肪酸、磷酸、糖脂、脂溶性维生素等类脂化合物，表 8.1 表明，多数动物性食品及某些植物性食品(如种子、果实、果仁)都含有天然脂肪或类脂化合物，其中，植物或动物性油脂中脂肪含量较高，水果、蔬菜中脂肪含量较低。

表 8.1 不同食品的脂肪含量

食品名称	脂肪质量分数/[g/(100 g)]	食品名称	脂肪质量分数/[g/(100 g)]
稻米	0.4～3.2	黄豆	12.1～20.2
小麦粉	0.5～1.5	花生仁	30.5～39.2
蛋糕	2.0～3.0	芝麻	50.0～57.0
鲜牛乳	3.5～4.2	果蔬	<1.1
酸牛乳	≥3.0	冰鸡蛋	≥10.0
全脂乳粉	26.0～32.0	鸡全蛋粉	34.5～43.0
脱脂乳粉	1.0～1.5	鸡蛋黄粉	≥60.0
奶油	80.0～82.0	黄油	95.0～99.5

食品中脂肪有游离态，如动物性脂肪及植物性油脂；也有结合态，如天然存在的磷脂、糖脂、脂蛋白及某些加工食品(如焙烤食品及麦乳精等)中的脂肪与蛋白质或碳水化合物等成分形成结合态。大多数食品中所含的脂肪为游离脂肪，结合态脂肪含量较少。

食品种类不同，脂肪含量及其存在形式不同，测定方法也不相同。常用的方法有：索氏抽提法、酸水解法、氯仿-甲醇提取法等。索氏提取法至今仍被认为是测定多种食品脂类含量的有代表性的方法，但对某些样品测定结果往往偏低。酸水解法能对包括结合态脂在内的全部脂类定量，罗紫-哥特里法主要用于乳及乳制品中脂类的测定。本章将分别介绍各种方法，并介绍食用植物油脂几项理化指标参数的测定原理和方法。

8.1.2 脂类分析的意义

脂肪是食品中重要的营养成分之一，是生物体内能量储存的主要形式，是脂溶性维生素的良好溶剂，有助于维生素的吸收，提供人体必需的脂肪酸，在动物体内还有润滑、保温等功能。脂肪与蛋白质结合生成的脂蛋白，对调节人体生理机能和完成体内生化反应起着重要作用。但过量摄入脂肪对人体健康不利。

食品生产加工时，原料、半成品、成品的脂类含量直接影响产品的外观、风味、口感、组织结构和品质等。生产蔬菜罐头时，添加适量脂肪可改善产品风味。面包类焙烤食品，脂肪含量特别是卵磷脂等组分的含量，对面包心的柔软度、面包的体积及结构都有影响。因此，食品中脂肪含量是一项重要的控制指标。测定食品的脂肪质量分数，可以用来评价食品的营养价值，对实现生产过程的质量管理和工艺控制等方面都有重要的意义。

8.2　脂类分析方法

8.2.1　提取剂的选择及样品预处理

1. 提取剂的选择

天然的脂肪不是单纯的甘油三酯，是各种甘油三酯的混合物，在溶剂中的溶解度因脂肪酸的不饱和度、碳链长度、结构及甘油三酸酯的分子构型等多种因素而变化。不同来源的食品，由于它们结构上的差异，不可能采用一种通用的提取剂。

测定脂类多用低沸点有机溶剂萃取，根据相似相溶规律，非极性脂肪用非极性溶剂、极性的糖脂用极性醇类萃取，常用的溶剂有乙醚、石油醚、氯仿-甲醇混合液等。其中溶解脂肪能力强的乙醚用得最多，但它沸点低(34.6 ℃)、易燃，可饱和约 2%的水分。含水乙醚会同时抽提出糖分等非脂成分，使用时必须用无水乙醚作提取剂，要求样品必须预先烘干。石油醚溶解脂肪的能力比乙醚弱，但吸收水分比乙醚少，没有乙醚易燃，使用时允许样品含有微量水分，这两种溶剂只能直接提取游离的脂肪。对结合态脂类，需先用酸或碱破坏脂类和非脂成分的结合后才能提取。因两者各有特点，故常混合使用。氯仿-甲醇是另一种有效的溶剂，对脂蛋白、磷脂的提取效率较高，特别适用水产品、家禽、蛋制品中脂肪的提取。

2. 样品的前处理

要根据食品种类、性状及所选取的分析方法，在测定脂类之前对样品进行预处理。相对说来，牛乳预处理方法较简单，植物或动物组织的处理方法则较为复杂。

乙醚是亲水性溶剂，食品中含有水不能用乙醚进行有效的脂类萃取，因溶剂不宜穿透含水的食品组织。另外，样品也不能在高温下干燥，因某些脂类可能会与蛋白质及碳水化合物结合而不易被有机溶剂萃取。有的样品易结块，可加 4～6 倍量的海砂；含水量较高的样品，可加适量无水硫酸钠，使样品成粒状。以上处理的目的是增加样品的表面积，减少样品含水量，使有机溶剂更有效地提取脂类。

在预处理中，不论是切碎、碾磨、绞碎或均质都应当使样品中脂类的物理、化学性质变化及酶的降解减少到最小程度。为此，要注意控制温度并防止发生化学变化。

食品安全国家标准 GB 5009.6—2016《食品中脂肪的测定》，第一法适用于水果、蔬菜及其制品、粮食及粮食制品、肉及肉制品、蛋及蛋制品、水产及其制品、焙烤食品、糖果等食品中游离态脂肪含量的测定；第二法适用于水果、蔬菜及其制品、粮食及粮食制品、肉及肉制品、蛋及蛋制品、水产及其制品、焙烤食品、糖果等食品中游离态脂肪及结合态脂肪总量的测定；第三法适用于乳及乳制品、婴幼儿配方食品中脂肪的测定；第四法适用于乳及乳制品、婴幼儿配方食品中脂肪的测定。

8.2.2　索氏抽提法（GB 5009.6—2016 第一法）

1. 原理

脂肪易溶于有机溶剂。试样直接用无水乙醚或石油醚等溶剂抽提后，蒸发除去溶剂，干燥，得到游离态脂肪的含量。

2. 仪器与试剂

无水乙醚；石油醚：石油醚沸程为 30～60 ℃；石英砂；脱脂棉。

除非另有说明，本法所用试剂均为分析纯，水为 GB/T 6682 规定的三级水。

索氏抽提器；恒温水浴锅；分析天平：感量 0.001 g 和 0.0001 g；电热鼓风干燥箱；干燥器：内装有效干燥剂，如硅胶；滤纸筒；蒸发皿。

3. 分析步骤

试样处理：固体试样，称取充分混匀后的试样 2～5 g，准确至 0.001 g，全部移入滤纸筒内；液体或半固体试样：称取混匀后的试样 5～10 g，准确至 0.001 g，置于蒸发皿中，加入约 20 g 石英砂，于沸水浴上蒸干后，在电热鼓风干燥箱中于(100±5)℃干燥 30 min 后，取出，研细，全部移入滤纸筒内。蒸发皿及沾有试样的玻璃棒，均用沾有乙醚的脱脂棉擦净，并将棉花放入滤纸筒内。

抽提：将滤纸筒放入索氏抽提器的抽提筒内，连接已干燥至恒量的接收瓶，由抽提器冷凝管上端加入无水乙醚或石油醚至瓶内容积的三分之二处，于水浴上加热，使无水乙醚或石油醚不断回流抽提(6～8 次/ h)，一般抽提 6～10 h。提取结束时，用磨砂玻璃棒接取 1 滴提取液，磨砂玻璃棒上无油斑表明提取完毕。

称量：取下接收瓶，回收无水乙醚或石油醚，待接收瓶内溶剂剩余 1～2 mL 时在水浴上蒸干，再于(100±5)℃干燥 1 h，放干燥器内冷却 0.5 h 后称量。重复以上操作直至恒量(直至两次称量的差不超过 2 mg)。试样中脂肪的含量按式(8.1)计算：

$$w = \frac{m_1 - m_0}{m_2} \times 100 \tag{8.1}$$

式中，w 为样品中脂肪的质量分数，g/(100 g)；m_1 为接收瓶和脂肪的恒量质量，g；m_0 为接收瓶的质量，g；m_2 为样品的质量，g。

计算结果表示到小数点后一位。在重复性条件下获得的两次独立测定结果的绝对差值不得超过算术平均值的 10%。

注意事项与说明：①本法不适用于乳及乳制品。②对含糖及糊精量多的样品，要先用冷水使糖及糊精溶解，经过滤除去，将残渣连同滤纸一起烘干，放入抽提管中。③样品必须干燥，因水分妨碍有机溶剂对样品的浸润。装样品的滤纸筒要严密，防止样品泄漏。滤纸筒的高度不要超过回流弯管，否则，样品中的脂肪不能抽提，造成误差。④本法要求溶剂必须无水、无醇、无过氧化物，挥发性残渣含量低。否则水和醇可导致糖类及盐类等水溶性物质溶出，测定结果偏高；过氧化物会造成脂肪氧化。过氧化物的检查方法：取 6 mL 乙醚，加 2 mL 10 g/(100 mL)碘化钾溶液，用力振摇，放 1 min 后，若出现黄色，则有过氧化物存在，应另选乙醚或处理后再用。⑤溶剂在接收瓶中受热蒸发至冷凝管中，冷凝后进入装有样品的抽提管。当抽提管内溶剂达到虹吸管顶端时，自动吸入接收瓶中。如此循环，抽提管中溶剂均为重蒸溶剂，从而提高提取效率。⑥提取时水浴温度：夏天约 65 ℃，冬天约 80 ℃，以 80 滴/min，每小时回流 6～12 次为宜，提取过程注意防火。⑦抽提是否完全可用滤纸或毛玻璃检查。由抽提管下口滴下的乙醚滴在滤纸或毛玻璃上，挥发后不留下油迹表明已抽提完全。⑧挥发乙醚或石油醚时，切忌用火直接加热。放入烘箱前应全部驱除残余乙醚，防止发生爆炸。⑨反复加热因脂类氧化而增重，应以增重前的质量作为恒量。

8.2.3　酸水解法（GB 5009.6—2016 第二法）

1. 原理

食品中的结合态脂肪必须用强酸使其游离出来，游离出的脂肪易溶于有机溶剂。试样经盐酸水解后用无水乙醚或石油醚提取，除去溶剂即得游离态和结合态脂肪的总含量。

2. 仪器与试剂

盐酸；乙醇；无水乙醚；石油醚：沸程为 30～60 ℃；碘（I_2）；碘化钾。

2 mol/L 盐酸溶液：量取 50 mL 盐酸，加入 250 mL 水中，混匀；0.05 mol/L 碘液：称取 6.5 g 碘和 25 g 碘化钾于少量水中溶解，稀释至 1 L。

除非另有说明，本方法所用试剂均为分析纯，水为 GB/T 6682 规定的三级水。

材料：蓝色石蕊试纸；脱脂棉；滤纸：中速。

恒温水浴锅；电热板：满足 200℃高温；锥形瓶；分析天平：感量为 0.1 g 和 0.001 g；电热鼓风干燥箱。

3. 分析步骤

试样酸水解：肉制品，称取混匀后的试样 3～5 g，准确至 0.001 g，置于锥形瓶（250 mL）中，加入 50 mL 2 mol/L 盐酸溶液和数粒玻璃细珠，盖上表面皿，于电热板上加热至微沸，保持 1 h，每 10 min 旋转摇动 1 次。取下锥形瓶，加入 150 mL 热水，混匀，过滤。锥形瓶和表面皿用热水洗净，热水一并过滤。沉淀用热水洗至中性（用蓝色石蕊试纸检验，中性时试纸不变色）。将沉淀和滤纸置于大表面皿上，于（100±5）℃干燥箱内干燥 1 h，冷却。

淀粉，由总脂肪含量的估计值，称取混匀后的试样 25～50 g，准确至 0.1 g，倒入烧杯并加入 100 mL 水。将 100 mL 盐酸缓慢加到 200 mL 水中，并将该溶液在电热板上煮沸后加入样品液中，加热此混合液至沸腾并维持 5 min，停止加热后，取几滴混合液于试管中，待冷却后加入 1 滴碘液，若无蓝色出现，可进行下一步操作。若出现蓝色，应继续煮沸混合液，并用上述方法不断地进行检查，直至确定混合液中不含淀粉为止，再进行下一步操作。将盛有混合液的烧杯置于水浴锅（70～80 ℃）中 30 min，不停地搅拌，以确保温度均匀，使脂肪析出。用滤纸过滤冷却后的混合液，并用干滤纸片取出黏附于烧杯内壁的脂肪。为确保定量的准确性，应将冲洗烧杯的水进行过滤。在室温下用水冲洗沉淀和干滤纸片，直至滤液用蓝色石蕊试纸检验不变色。将含有沉淀的滤纸和干滤纸片折叠后，放置于大表面皿上，在（100±5）℃的电热恒温干燥箱内干燥 1 h。

固体试样，称取 2～5 g，准确至 0.001 g，置于 50 mL 试管内，加入 8 mL 水，混匀后再加 10 mL 盐酸。将试管放入 70～80 ℃水浴中，每隔 5～10 min 以玻璃棒搅拌 1 次，至试样消化完全为止，40～50 min；液体试样，称取约 10 g，准确至 0.001 g，置于 50 mL 试管内，加 10 mL 盐酸。其余操作同固体试样。

抽提：将干燥后的肉制品、淀粉试样装入滤纸筒内，其余抽提步骤同第一法。

其他食品：取出试管，加入 10 mL 乙醇，混合。冷却后将混合物移入 100 mL 具塞量筒中，以 25 mL 无水乙醚分数次洗试管，一并倒入量筒中。待无水乙醚全部倒入量筒后，加塞振摇 1 min，小心开塞，放出气体，再塞好，静置 12 min，小心开塞，并用乙醚冲洗塞及量筒口附着的脂肪。静置 10～20 min，待上部液体清晰，吸出上清液于已恒量的锥形瓶内，再加 5 mL 无水乙醚于具塞量筒内，振摇，静置后，仍将上层乙醚吸出，放入原锥形瓶内。

称量和分析结果的计算同第一法。

重复性条件下获得的两次独立测定结果的绝对差值不得超过算术平均值的 10%。

注意事项与说明：①为保证消化完全，固体样品须充分磨细，液体样品须充分混匀；②样品经加酸、加热水解，破坏蛋白质及纤维组织，使结合态脂肪游离后，再用乙醚提取；③水解时应防止因大量水分损失而造成酸浓度升高；④加入乙醇，可使一切能溶于乙醇的物质保留在溶液中；⑤石油醚可使乙醇溶解物残留在水层，使水层和醚层清晰分开；⑥挥干溶剂后，残留物中若有黑色焦油状杂质，是分解物混入所致，会使测定值增大，造成误差。可用等量的乙醚及石油醚溶解后过滤，再次进行挥发干溶剂的操作。

8.2.4　碱水解法（GB 5009.6—2016 第三法）

1. 原理

用无水乙醚和石油醚抽提样品的碱（氨水）水解液，通过蒸馏或蒸发去除溶剂，测定溶于溶剂中的抽提物的质量。

2. 仪器与试剂

淀粉酶：酶活力≥1.5 U/mg；氨水：质量分数约 25%（可用比此浓度更高的氨水）；体积分数为 95%乙醇；无水乙醚；石油醚：沸程为 30～60 ℃；刚果红（$C_{32}H_{22}N_6Na_2O_6S_2$）；盐酸；碘（$I_2$）。

除非另有说明，本法所用试剂均为分析纯，水为 GB/T 6682 规定的三级水。

混合溶剂：等体积混合乙醚和石油醚，现用现配；0.1 mol/L 碘溶液：称取碘 12.7 g 和碘化钾 25 g，于水中溶解并定容至 1 L；刚果红溶液：将 1 g 刚果红溶于水中，稀释至 100 mL（刚果红溶液可使溶剂和水相界面清晰，也可使用其他能使水相染色而不影响测定结果的溶液）；6 mol/L 盐酸溶液：量取 50 mL 盐酸缓慢倒入 40 mL 水中，定容至 100 mL，混匀。

分析天平：感量为 0.0001 g；离心机：可用于放置抽脂瓶或管，转速为 500～600 r/min，可在抽脂瓶外端产生 80～90 g 的重力场；电热鼓风干燥箱；恒温水浴锅；干燥器：内装有效干燥剂，如硅胶；抽脂瓶：抽脂瓶应带有软木塞或其他不影响溶剂使用的瓶塞（如硅胶或聚四氟乙烯），软木塞应先浸泡于乙醚中，后放入 60 ℃或 60 ℃以上的水中保持至少 15 min，冷却后使用。不用时需浸泡在水中，浸泡用水每天更换 1 次。

注：也可使用带虹吸管或洗瓶的抽脂管（或烧瓶），但操作步骤有所不同，见 GB 5009.6—2016 附录 A 中规定。接头的内部长支管下端可成勺状。

3. 分析步骤

试样碱水解：巴氏杀菌乳、灭菌乳、生乳、发酵乳、调制乳称取充分混匀试样 10 g（精确至 0.0001 g)于抽脂瓶中。加入 2.0 mL 氨水,充分混合后立即将抽脂瓶放入(65±5)℃的水浴中,加热 15~20 min,不时取出振荡。取出后,冷却至室温。静置 30 s;乳粉和婴幼儿食品,称取混匀后的试样,高脂乳粉、全脂乳粉、全脂加糖乳粉和婴幼儿食品约 1 g(精确至 0.0001 g),脱脂乳粉、乳清粉、酪乳粉约 1.5 g(精确至 0.0001 g),其余操作同巴氏杀菌乳。

不含淀粉样品,加入 10 mL (65±5)℃的水,将试样洗入抽脂瓶的小球,充分混合,直到试样完全分散,放入流动水中冷却;含淀粉样品,将试样放入抽脂瓶中,加入约 0.1 g 的淀粉酶,混合均匀后,加入 8~10 mL 45℃的水,注意液面不要太高。盖上瓶塞于搅拌状态下,置(65±5)℃水浴中 2 h,每隔 10 min 摇混 1 次。为检验淀粉是否水解完全可加入两滴约 0.1 mol/L 的碘溶液,如无蓝色出现说明水解完全,否则将抽脂瓶重新置于水浴中,直至无蓝色产生。抽脂瓶冷却至室温,其余操作同巴氏杀菌乳。

脱脂炼乳、全脂炼乳和部分脱脂炼乳称取 3~5 g、高脂炼乳称取约 1.5 g(精确至 0.0001 g),用 10 mL 水,分次洗入抽脂瓶小球中,充分混合均匀。其余操作同巴氏杀菌乳。

奶油、稀奶油,先将奶油试样放入温水浴中溶解并混合均匀后,称取试样约 0.5 g(精确至 0.0001 g),稀奶油称取约 1 g 于抽脂瓶中,加入 8~10 mL 约 45 ℃的水。再加 2 mL 氨水充分混匀。其余操作同巴氏杀菌乳。

干酪,称取约 2 g 研碎的试样(精确至 0.0001 g)于抽脂瓶中,加 10 mL 6 mol/L 盐酸,混匀,盖上瓶塞,于沸水中加热 20~30 min,取出冷却至室温,静置 30 s。

抽提:加入 10 mL 乙醇,缓和但彻底地进行混合,避免液体太接近瓶颈。如果需要,可加入两滴刚果红溶液。加入 25 mL 乙醚,塞上瓶塞,将抽脂瓶保持在水平位置,小球的延伸部分朝上夹到摇混器上,按约 100 次/min 振荡 1 min,也可采用手动振摇方式。但均应注意避免形成持久乳化液。抽脂瓶冷却后小心地打开瓶塞,用少量的混合溶剂冲洗瓶塞和瓶颈,使冲洗液流入抽脂瓶。加入 25 mL 石油醚,塞上重新润湿的塞子,按上所述,轻轻振荡 30 s。将加塞的抽脂瓶放入离心机中,在 500~600 r/min 下离心 5 min,否则将抽脂瓶静置至少 30 min,直到上层液澄清,并明显与水相分离。小心地打开瓶塞,用少量的混合溶剂冲洗瓶塞和瓶颈内壁,使冲洗液流入抽脂瓶。如果两相界面低于小球与瓶身相接处,则沿瓶壁边缘慢慢地加入水,使液面高于小球和瓶身相接处[图 8.1(a)],以便于倾倒。将上层液尽可能地倒入已准备好的加入沸石的脂肪收集瓶中,避免倒出水层[图 8.1(b)]。用少量混合溶剂冲洗瓶颈外部,冲洗液收集在脂肪收集瓶中。应防止溶剂溅到抽脂瓶的外面,向抽脂瓶中加入 5 mL 乙醇,用乙醇冲洗瓶颈内壁,按上所述进行混合。重复冲洗抽脂瓶操作,用 15 mL 无水乙醚和 15 mL 石油醚,进行第 2 次抽提,重复上述操作,用 15 mL 无水乙醚和 15 mL 石油醚,进行第 3 次抽提。

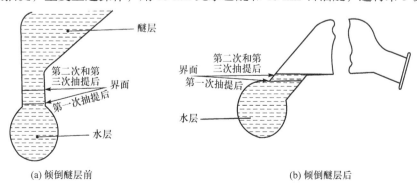

图 8.1　操作示意图

　　空白实验与样品检验同时进行，采用 10 mL 水代替试样，使用相同步骤和相同试剂。

　　称量：合并所有提取液，既可采用蒸馏的方法除去脂肪收集瓶中的溶剂，也可于沸水浴上蒸发至干来除掉溶剂。蒸馏前用少量混合溶剂冲洗瓶颈内部。将脂肪收集瓶放入（100±5）℃的烘箱中干燥 1 h，取出后置于干燥器内冷却 0.5 h 后称量。重复以上操作直至恒量（直至两次称量的差不超过 2 mg）。

　　试样中脂肪的含量按式（8.2）计算：

$$w = \frac{(m_1 - m_2) - (m_3 - m_4)}{m} \times 100 \tag{8.2}$$

式中，w 为试样中脂肪的质量分数，g/（100 g）；m_1 为恒量后脂肪收集瓶和脂肪的质量，g；m_2 为脂肪收集瓶的质量，g；m_3 为空白实验中，恒量后脂肪收集瓶和抽提物的质量，g；m_4 为空白实验中脂肪收集瓶的质量，g；m 为样品的质量，g；100 为换算系数。

　　结果保留 3 位有效数字。样品中脂肪含量≥15%时，两次独立测定结果之差≤0.3 g/（100 g）；样品中脂肪含量在 5%～15%时，两次独立测定结果之差≤0.2 g/（100 g）；样品中脂肪含量≤5%时，两次独立测定结果之差≤0.1 g/（100 g）。

　　注意事项与说明：①乳类脂肪虽然也属游离态脂肪，但因脂肪球被乳中酪蛋白钙盐包裹，且处于高度分散的胶体分散系中，因此不能直接被乙醚、石油醚提取，需预先用氨水处理，所以此法也称为碱性乙醚提取法；②若无抽脂瓶时，可用容积 100 mL 的具塞量筒代替，待分层后读数，用移液管吸出一定量醚层；③加氨水后充分混匀，否则会影响醚对脂肪的提取；④加乙醇的作用是沉淀蛋白质以防止乳化，并溶解醇溶性物质，使其留在水中，避免进入醚层影响结果；⑤混合溶剂中加石油醚，可使乙醚不与水混溶，只抽提脂肪，石油醚可使分层清晰；⑥用本法测定已结块的乳粉中脂肪，其结果往往偏低。

8.2.5　盖勃法（GB 5009.6—2016 第四法）

1. 原理

乳中加硫酸破坏乳胶质和覆盖在脂肪球上的蛋白质外膜，离心分离脂肪后测量其体积。

2. 仪器与试剂

硫酸（H_2SO_4）；异戊醇（$C_5H_{12}O$）。试剂均分析纯，水为 GB/T 6682 中规定的三级水。乳脂离心机；盖勃氏乳脂计：最小刻度值为 0.1%，见图 8.2；10.75 mL 单标乳吸管。

3. 分析步骤

于盖勃氏乳脂计中先加入 10 mL 硫酸，再沿着管壁小心准确地加入 10.75 mL 试样，使试样与硫酸不要混合，然后加 1 mL 异戊醇，塞上橡胶塞，使瓶口向下，同时用布包裹以防冲出，用力振摇使呈均匀棕色液体，静置数分钟（瓶口向下），置 65～70 ℃水浴中 5 min，取出后置于乳脂离心机中以 1100 r/min 的转速离心 5 min，再置于 65～70 ℃水浴水中保温 5 min（注意水浴水面应高于乳脂计脂肪层）。取出，立即读数，即为脂肪的百分数。

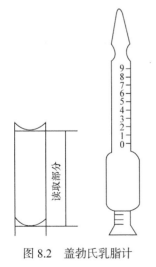

图 8.2　盖勃氏乳脂计

重复性条件下获得的两次独立测定结果的绝对差值不得超过算术平均值的 5%。

注意事项与说明：①硫酸浓度要严格遵守规定的要求，过浓会使乳炭化成黑色溶液影响读数；过稀则不能使酪蛋白完全溶解，使测定值偏低或使脂肪层浑浊。②硫酸可破坏脂肪球膜使脂肪游离出来，还可增加液体相对密度，脂肪容易浮出。③盖勃氏法中所用异戊醇的作用是促使脂肪析出，并能降低脂肪球的表面张力，利于形成连续的脂肪层。④1 mL 异戊醇应能完全溶于酸中，但质量不纯会有部分掺入油层，使测定结果偏高。⑤65～70℃水浴中加热和离心是促使脂肪离析。⑥罗兹-哥特里法、巴布科克氏法和盖勃氏法都是测定乳脂肪的标准分析方法。对比研究表明，前者的准确度较后两者高。

8.2.6 氯仿-甲醇提取法

1. 原理

用极性甲醇和非极性氯仿作溶剂，与样品中水分形成三元抽取体系，可以把包括结合态脂类在内的全部脂类提取出来。经过滤除去非脂成分，回收溶剂，残留的脂类用石油醚提取，蒸馏除去石油醚后定量。

本法适合于结合态脂类，特别是磷脂含量高的样品，如鱼、贝类、肉、禽、蛋及其制品、大豆及其制品(发酵大豆类制品除外)等。对这类样品，用索氏提取法测定时，脂蛋白、磷脂等结合态脂类不能被完全提取出来；用酸水解法测定时，又会使磷脂分解而损失。但在有一定水分存在下，氯仿-甲醇混合液却能有效地提取出结合态脂类。

2. 仪器与试剂

CM 法提取装置，见图 8.3；离心机；氯仿+甲醇(2+1)混合液，简称 CM 溶液；石油醚，沸程 30～60℃；无水硫酸钠，120～135 ℃干燥 1～2 h。

3. 分析步骤

准确称取样品 5.00 g 于 200 mL 具塞三角瓶内(水分含量高的食品可加适量硅藻土使其分散)，加入 CM 混合溶液 60 mL(干燥食品加 2～3 mL 水)，连接提取装置，于 65 ℃水浴中加热，从微沸开始计时提取1 h 结束后，取下三角烧瓶，用玻璃过滤器(G3)过滤，用另一具塞三角烧瓶收集滤液。用 CM 混合溶液洗涤烧瓶、滤器及滤器中试样残渣，

图 8.3 CM 法提取装置

洗涤液并入滤液中，把烧瓶置于 65～70 ℃水浴中蒸发回收溶剂，至烧瓶内物料呈浓稠态，但不能使其干涸，冷却。加入 25 mL 石油醚溶解内容物，再加 15 g 无水硫酸钠，立即加塞振荡 1 min，将醚层移入具塞离心管中，以 3000 r/min 离心 5 min。用移液管迅速吸取离心管中澄清的醚层 10 mL，置于已恒量的称量瓶内，蒸发去除石油醚后，于(100±5)℃烘箱中烘至恒量(约 0.5 h)。结果按式(8.3)计算：

$$w = \frac{(m_1 - m_0) \times 2.5}{m_2} \times 100 \tag{8.3}$$

式中，w 为样品中脂肪的质量分数，g/(100 g)(湿基)；m_1 为烧瓶和脂肪的质量，g；m_0 为烧瓶的质量，g；m_2 为样品的质量，g；2.5 为从 25 mL 石油醚中取 10 mL 进行干燥而乘的系数 2.5。

注意事项与说明：①过滤勿用滤纸，因滤纸能够吸附磷脂。②本法对高水分试样的测定更有效，对干燥试样，可先在试样中加一定量水，使样品组织膨润，再用 CM 混合液提取。提取结束后，用玻璃过滤器过滤，用溶剂洗涤烧瓶，每次 5 mL 洗 3 次后，用 30 mL 溶液洗涤试样残渣及滤器。洗涤残渣时边用玻璃棒搅拌，边用溶液洗涤。③溶剂回收到残留物尚具有一定流动性，不能完全干涸，否则脂类难以溶解于石油醚中，使测定值偏低。因此，最好在残留有适量的水时停止蒸发。④萃取时，无水硫酸钠必须在石油醚之后加入，以免影响石油醚对脂肪的溶解。根据残留物中水分量，可加无水硫酸钠 5～15 g。⑤加入石油醚至用移液管吸取部分醚层的操作过程中应注意避免石油醚挥发。⑥前后两次称量的质量之差应小于0.3 mg，一般在烘箱中烘烤 30 min 可达到恒量效果。

8.2.7　特卡托脂肪自动测定仪

1. 原理

试样先浸泡在沸腾的溶剂中，提取出大部分脂肪，再把试样提至溶剂液面上，用溶剂淋洗残余脂肪。提取完成后，蒸去溶剂，将抽提杯烘干、称量，计算试样的粗脂肪。

2. 分析步骤

将抽提筒（滤纸筒）与金属接头连接，放在支撑圈内。将试样粉碎至 1 mm 以下，向圆筒内装入试样进行称样。脂肪含量小于 10% 称样约 3 g、大于 10% 称样约 2 g(m_1)。用圆筒手柄把抽提筒取出，置于抽提筒架上，放入 95～100 ℃烘箱中干燥 2 h。在装有试样的抽提筒中盖上脱脂棉，将抽提筒插入主机的夹具孔内。向已称量的 6 个抽提杯(m_2)中，各加 50 mL 乙醚，将杯架一起插入抽提单元中。把球形开关调至沸腾位置，抽提筒浸入溶剂中，把冷凝器上的旋钮反时针转到较高位置，以便使冷凝器的溶剂能全部回到杯中。打开加热阀，沸腾浸提 10～15 min。把球形按钮转到淋洗位置，抽提残余的脂肪。

取出抽提杯，放至 95～100 ℃烘箱中干燥 30 min。取出置于干燥器中冷却，称取抽提杯和油的质量(m_3)。结果按式(8.4)计算：

$$w = \frac{m_3 - m_2}{m_1} \times 100 \tag{8.4}$$

式中，w 为样品中脂肪的质量分数（湿基），g/(100 g)；m_1 为样品的质量，g；m_2 为抽提杯的质量，g；m_3 为抽提杯和脂肪总质量，g。

注意事项与说明：特卡托脂肪自动测定仪由主机（抽提单元）和辅助单元两部分构成。主机有 6 个抽提杯，放入抽提杯安放架中，便于插入主机内。辅助单元主要是为主机提供热循环介质，使溶剂气化，热介质由泵进行强制循环，与主机用管子连接。辅机上有一空气泵，其作用是在分析结束时，吸走抽提杯中残留的微量溶剂气体。

8.3　食用油脂理化指标分析

8.3.1　酸价的测定

油脂酸价是指中和 1 g 油脂中游离脂肪酸所需氢氧化钾的质量(mg)。酸价是反映油脂酸败的主要指标，测定油脂酸价可以评价油脂品质的好坏和储藏方法是否恰当，还能为油脂碱炼工艺提供加碱量的数据。我国食用植物油国家标准都有酸价的规定。

食品安全国家标准 GB 5009.229—2016《食品中酸价的测定》，规定了各类食品中酸价的三种测定方法——冷溶剂指示剂滴定法(第一法)、冷溶剂自动电位滴定法(第二法)和热乙醇指示剂滴定法(第三法)。第一法适用于常温下能够被冷溶剂完全溶解成澄清溶液的食用油脂样品，适用范围包括食用植物油(辣椒油除外)、食用动物油、食用氢化油、起酥油、人造奶油、植脂奶油、植物油料共计 7 类。第二法适用于常温下能够被冷溶剂完全溶解成澄清溶液的食用油脂样品和含油食品中提取的油脂样品，适用范围包括食用植物油(包括辣椒油)、食用动物油、食用氢化油、起酥油、人造奶油、植脂奶油、植物油料、油炸小食品、膨化食品、烘炒食品、坚果食品、糕点、面包、饼干、油炸方便面、坚果与籽类的酱、动物性水产干制品、腌腊肉制品、添加食用油的辣椒酱共计 19 类。第三法适用于常温下不能被冷溶剂完全溶解成澄清溶液的食用油脂样品，适用范围包括食用植物油、食用动物油、食用氢化油、起酥油、人造奶油、植脂奶油共计 6 类。

1. 冷溶剂指示剂滴定法(GB 5009.229—2016 第一法)

1)原理

用有机溶剂将油脂试样溶解成样品溶液，再用氢氧化钾或氢氧化钠标准滴定溶液中和滴定样品溶液中的游离脂肪酸，以指示剂相应的颜色变化来判定滴定终点，最后通过滴定终点消耗的标准滴定溶液的体积计算油脂试样的酸价。

2)仪器与试剂

异丙醇(C_3H_8O)；乙醚($C_4H_{10}O$)；甲基叔丁基醚($C_5H_{12}O$)；95%乙醇；酚酞($C_{20}H_{14}O_4$)，指示剂，CAS：77-09-8；百里香酚酞($C_{28}H_{30}O_4$)，指示剂，CAS：125-20-2；碱性蓝6B($C_{37}H_{31}N_3O_4$)，指示剂，CAS：1324-80-7；无水硫酸钠，在105～110 ℃条件下充分烘干，然后装入密闭容器冷却并保存；无水乙醚；石油醚，30～60 ℃沸程。

除非另有说明，本法所用试剂均为分析纯，水为 GB/T 6682 规定的三级水。

氢氧化钾或氢氧化钠标准滴定水溶液，浓度为 0.1 mol/L 或 0.5 mol/L，按照 GB/T 601 标准要求配制和标定，也可购买市售商品化试剂；乙醚-异丙醇混合液：乙醚+异丙醇=1+1，500 mL 的乙醚与 500 mL 的异丙醇充分混合，用时现配；酚酞指示剂：称取 1 g 酚酞，加入 100 mL 的 95%乙醇并搅拌至完全溶解；百里香酚酞指示剂：称取 2 g 的百里香酚酞，加入 100 mL 的 95%乙醇并搅拌至完全溶解；碱性蓝 6B 指示剂：称取 2 g 的碱性蓝 6B，加入 100 mL 的 95%乙醇并搅拌至完全溶解。

10 mL 微量滴定管：刻度为 0.05 mL；天平：感量 0.001 g；恒温水浴锅；恒温干燥箱；离心机：最高转速不低于 8000 r/min；旋转蒸发仪；索氏脂肪提取装置；植物油料粉碎机或研磨机。

3)分析步骤

食用油脂试样的制备：若食用油脂样品常温下呈液态，且为澄清液体，则充分混匀后直接取样，否则按要求进行除杂和脱水干燥处理，具体参阅 GB 5009.229—2016 附录。

植物油料试样的制备：先用粉碎机或研磨机把植物油料粉碎成均匀的细颗粒，脆性较高的植物油料(如大豆、葵花籽、棉籽、油菜籽等)应粉碎至粒径为 0.8～3 mm 甚至更小的细颗粒，而脆性较低的植物油料(如椰干、棕榈仁等)应粉碎至粒径不大于 6 mm 的颗粒。其间若发热明显，应按照 GB 5009.229—2016 附录进行粉碎。取粉碎的植物油料细颗粒装入索氏脂肪提取装置中，再加入适量的提取溶剂，加热并回流提取 4 h。最后收集并合并所有的提取液于一个烧瓶中，置于水浴温度不高于 45℃ 的旋转蒸发仪内，0.08～0.1 MPa 负压条件下，将其中的溶剂彻底旋转蒸干，取残留的液体油脂作为试样进行酸价测定。

若残留的液态油脂浑浊、乳化、分层或有沉淀，应按照 GB 5009.229—2016 附录 A 的要求进行除杂和脱水干燥的处理。

试样称量：根据制备试样的颜色和估计的酸价，按照表 8.2 规定称量试样。

表 8.2　试样称样表估计的酸价

估计的酸价/(mg/g)	试样的最小称样量/g	使用滴定液的浓度/(mol/L)	试样称量的精确度/g
0～1	20	0.1	0.05
1～4	10	0.1	0.02
4～15	2.5	0.1	0.01
15～75	0.5～3.0	0.1 或 0.5	0.001
>75	0.2～1.0	0.5	0.001

试样称样量和滴定液浓度应使滴定液用量在 0.2～10 mL(扣除空白后)。若检测后，发现样品的实际称样量与该样品酸价所对应的应有称样量不符，应按表 8.2 要求调整称样量后重新检测。

试样测定：取一个干净的 250 mL 的锥形瓶，按照要求用天平称取制备的油脂试样，其质量 m 单位为 g。加入乙醚-异丙醇混合液 50～100 mL 和 3～4 滴的酚酞指示剂，充分振摇溶解试样。再用装有标准滴定溶液的滴定管对试样溶液进行手工滴定，当试液初现微红色，且 15 s 内无明显褪色时，为滴定的终点。停止滴定，记录下此滴定所消耗的标准滴定溶液的毫升数，此数值为 V。对于深色泽的油脂样品，可用百里香酚酞指示剂或碱性蓝 6B 指示剂取代酚酞指示剂，滴定时，当颜色变为蓝色时为百里香酚酞的滴定终点，碱性蓝 6B 指示剂的滴定终点为由蓝色变红色。米糠油(稻米油)的冷溶剂指示剂法测定酸价只能用碱性蓝 6B 指示剂。

空白实验：另取一个干净的 250 mL 的锥形瓶，准确加入与试样测定时相同体积、相同种类的有机溶剂混合液和指示剂，振摇混匀。然后再用装有标准滴定溶液的刻度滴定管进行手工滴定，当溶液初现微红色，且 15 s 内无明显褪色时，为滴定的终点。立刻停止滴定，记录下此滴定所消耗的标准滴定溶液的毫升数，此数值为 V_0。

对于冷溶剂指示剂滴定法，也可向配制好的试样溶解液中滴加数滴指示剂，然后用标准滴定溶液滴定试样溶解液至相应的颜色变化且 15 s 内无明显褪色后停止滴定，表明试样溶解液的酸性正好被中和。然后以这种酸性被中和的试样溶解液溶解油脂试样，再用同样的方法继续滴定试样溶液至相应的颜色变化且 15 s 内无明显褪色后停止滴定，记录下此滴定所消耗的标准滴定溶液的毫升数，此数值为 V，如此无须再进行空白实验，即 $V_0=0$。

酸价(又称酸值)按照式(8.5)的要求进行计算：

$$w = \frac{(V - V_0) \times c \times 56.11}{m} \tag{8.5}$$

式中，w 为样品的酸价，mg/g；V 为滴定消耗的氢氧化钾溶液体积，mL；c 为 KOH 溶液浓度，mol/L；m 为油脂试样质量，g；56.11 为 KOH 的摩尔质量，g/mol；V_0 为相应的空白测定所消耗的标准滴定溶液的体积，mL。

酸价≤1 mg/g，计算结果保留两位小数；1 mg/g<酸价≤100 mg/g，计算结果保留 1 位小数；酸价>100 mg/g，计算结果保留至整数位。

酸价<1 mg/g 时，重复条件下两次独立测定结果的绝对差值不得超过算术平均值 15%，酸价≥1 mg/g 时，两次独立测定结果的绝对差值不得超过算术平均值 12%。

2. 冷溶剂自动电位滴定法（GB 5009.229—2016 第二法）

1）原理

从食品样品中提取出油脂（纯油脂试样可直接取样）作为试样，用有机溶剂将油脂试样溶解成样品溶液，再用氢氧化钾或氢氧化钠标准滴定溶液中和滴定样品溶液中的游离脂肪酸，同时测定滴定过程中样品溶液 pH 的变化并绘制相应的 pH-滴定体积实时变化曲线及其一阶微分曲线，以游离脂肪酸发生中和反应所引起的"pH 突跃"为依据判定滴定终点，最后通过滴定终点消耗的标准溶液的体积计算油脂试样的酸价。

2）仪器与试剂

液氮（N_2），纯度>99.99%；中速定性滤纸。水为 GB/T 6682 规定的三级水。

自动电位滴定仪：具备自动 pH 电极校正功能、动态滴定模式功能；由微机控制，能实时自动绘制和记录滴定时的 pH-滴定体积实时变化曲线及相应的一阶微分曲线；滴定精度应达 0.01 mL/滴，电信号测量精度达到 0.1 mV；配备 20 mL 的滴定液加液管；滴定管的出口处配备防扩散头；非水相酸碱滴定专用复合 pH 电极：采用 Ag/AgCl 内参比电极，具有移动套管式隔膜和电磁屏蔽功能。内参比液为 2 mol/L 氯化锂乙醇溶液；磁力搅拌器，配备聚四氟乙烯磁力搅拌子；食品粉碎机或捣碎机；全不锈钢组织捣碎机，配备 1～2 L 的全不锈钢组织捣碎杯，转速至少达 10000 r/min；瓷研钵；圆孔筛：孔径为 2.5 mm。

3）分析步骤

食用油脂、植物油料试样的制备同冷溶剂指示剂滴定法。

含油食品试样的制备：样品不同部分的分离和去除对于含有馅料和涂层的食品（如某些种类的面包、糕点、饼干等），应先将馅料和涂层与食品的其他可食用部分分离，分别按照第一法油脂试样的制备，且样品中不含油的部分（如水果、果浆、糖类等）和不可食用的部分（如壳、骨头等）应去除。若含有少量的涂层或馅料，只要其不影响对样品的粉碎和有机溶剂对油脂的提取，可以不做分离处理，一同与食品进行粉碎和油脂提取。

样品的粉碎：根据样品的硬度的大小，选择 GB 5009.229—2016 附录 D 中适应的方法进行粉碎。

油脂试样的提取、净化和合并：取粉碎的样品，加入样品体积 3～5 倍体积的石油醚，并用磁力搅拌器充分搅拌 30～60 min，使样品充分分散于石油醚中，然后在常温下静置浸提 12 h 以上。再用滤纸过滤，收集并合并滤液于一个烧瓶内，置于水浴温度不高于 45 ℃的旋转蒸发仪内，0.08～0.1 MPa 负压条件下，将其中的石油醚彻底旋转蒸干，取残留的液体油脂作为试样进行酸价测定。若残留的液态油脂浑浊、乳化、分层或有沉淀，应按照附录 A 的要求进行除杂和脱水干燥的处理。对于经过分离而分别提取获得的食品不同部分的油脂试样，最后按照原始单个单位食品或包装的组成比例，将从食品不同部分提取的油脂试样合并为该食品样品酸价检测的油脂试样。

试样称量：按表 8.2 的要求，对制备的油脂试样进行称量。

试样测定：取一个干净的 200 mL 的烧杯，按照要求用天平称取制备的油脂试样，其质量 m 单位为 g。准确加入乙醚-异丙醇混合液 50～100 mL，再加入 1 颗干净的聚四氟乙烯磁力搅拌子，将此烧杯放在磁力搅拌器上，以适当的转速搅拌至少 20 s，使油脂试样完全溶解并形成样品溶液，维持搅拌状态。然后，将已连接在自动电位滴定仪上的电极和滴定管插入样品溶液中，注意应将电极的玻璃泡和滴定管的防扩散头完全浸没在样品溶液的液面以下，但又不可与烧杯壁、烧杯底和旋转的搅拌子触碰，同时打开电极上部的密封塞。启动自动电位滴定仪，用标准滴定溶液进行滴定，测定时自动电位滴定仪的参数条件如下。

滴定速度：启用动态滴定模式控制；最大加液体积：0.1～0.5 mL（空白实验：0.01～0.03 mL）；最小加液体积：0.01～0.06 mL/滴（空白实验：0.01～0.03 mL/滴）；信号漂移：20～30 mV；启动实时自动监控功能，由微机实时自动绘制相应的 pH-滴定体积实时变化曲线及对应的一阶微分曲线；终点判定方法：以游离脂肪酸发生中和反应时，其产生的"S"形 pH-滴定体积实时变化曲线上的"pH 突跃"导致的一阶微分曲线的峰顶点所指示的点为滴定终点。过了滴定终点后自动电位滴定仪会自动停止滴定，滴定结束，并自动显示出滴定终点所对应的消耗的标准滴定溶液的毫升数，即滴定体积 V；若在整个自动电位滴定测定过程中，发生多次不同 pH 范围"pH 突跃"的油脂试样（如米糠油等），则以"突跃"起点的 pH 最符合或接近 pH=7.5～9.5 范围的"pH 突跃"作为滴定终点判定的依据（如 GB 5009.229—2016 附录 E 中图 E.2 所示）；若产生"直接突跃"型 pH-滴定体积实时变化曲线，则直接以其对应的一阶微分曲线的顶点为滴定终点判定的依据（如 GB 5009.229—2016 附录 E 中图 E.3 所示）；若在一个"pH 突跃"上产生多个一阶微分峰，则以最高峰作为滴定终点判定的依据。

每个样品滴定结束后，电极和滴定管应用溶剂冲洗干净，再用适量的蒸馏水冲洗后方可进行下一个样品的测定；搅拌子先用溶剂和蒸馏水清洗干净并用纸巾拭干后方可重复使用。

空白实验：另取一个干净的 200 mL 的烧杯，准确加入与试样测定时相同体积、相同种类有机溶剂混合液，然后按照 GB 5009.229—2016 11.3 中相关的自动电位滴定仪参数进行测定。获得空白测定的"直接突跃"型 pH-滴定体积实时变化曲线及对应的一阶微分曲线，以一阶微分曲线的顶点所指示的点为空白测定的滴定终点，获得空白测定的消耗标准滴定溶液的毫升数为 V_0。

分析结果的表述和计算同第一法冷溶剂指示剂滴定法，酸价≤1 mg/g，计算结果保留两位小数；1 mg/g<酸价≤100 mg/g，计算结果保留 1 位小数；酸价>100m g/g，计算结果保留至整数位；酸价<1 mg/g 时，重复条件下两次独立测定结果的绝对差值不得超过算术平均值15%；酸价≥1 mg/g 时，两次独立测定结果的绝对差值不得超过算术平均值12%。

8.3.2 碘价的测定

碘价是指 100 g 油脂所吸收的氯化碘或溴化碘换算成的碘的质量（g）。油脂不饱和程度越高，消耗的碘量越多，碘价就越高。因此，碘价的大小反映了油脂的不饱和程度。

1. 原理

在溶剂中溶解试样，加入韦氏试剂，氯化碘与油脂中的不饱和脂肪酸发生加成反应，再加过量的碘化钾，与剩余的氯化碘作用并析出碘，用硫代硫酸钠标准溶液滴定析出的碘，从而计算出试样加成的氯化碘(以碘计)的量。

2. 试剂

$Na_2S_2O_3$ 标准溶液：配制和标定按 GB 5490 进行，标定后 7 d 内使用。

韦氏试剂：称取 9 g 三氯化碘溶解在 700 mL 冰醋酸和 300 mL 环己烷的混合液中。再取出 5 mL，加入 100 g/L 碘化钾溶液 5 mL 和 30 mL 水，用几滴淀粉溶液作指示剂，用 0.1000 mol/L $Na_2S_2O_3$ 标准溶液滴定析出的碘，记录滴定体积 V。在上述溶液中加入 10 g 纯碘，使其完全溶解后，如上法滴定，得到体积 V_2。V_2/V 应大于 1.5，否则可稍加一点纯碘直至 V_2/V 略超过 1.5。溶液静置后，将上层清液倒入具塞棕色试剂瓶中，避光保存。此溶液在室温下可保存数月。

3. 分析步骤

试样的量根据估计的碘价而异(碘价高，油样少；碘价低，油样多)，一般在 0.25 g 左右。将称好的试样放入 500 mL 锥形瓶中，加 20 mL 环己烷和冰醋酸等体积混合液溶解试样，准确加入 25.00 mL 韦氏试剂，盖好塞子，摇匀后置于暗处。碘价低于 150 的样品，应在暗处放置 1 h；碘价高于 150 的样品，应置于暗处 2 h。

反应结束后，加 20.00 mL 碘化钾溶液和 150 mL 水。用 $Na_2S_2O_3$ 标准溶液滴至浅黄色，加几滴淀粉指示剂继续滴定至剧烈摇动后蓝色刚好消失为止，记录消耗的 $Na_2S_2O_3$ 标准溶液的体积 V_1。在相同条件下同时做空白实验。结果按式(8.6)计算：

$$w = \frac{(V_1 - V_0) \times c \times 0.1269}{m} \times 100 \tag{8.6}$$

式中，w 为样品的碘价，g/(100 g)；V_1 为试样所用 $Na_2S_2O_3$ 标准溶液的体积，mL；V_0 为空白实验所用 $Na_2S_2O_3$ 标准溶液的体积，mL；c 为 $Na_2S_2O_3$ 标准溶液的浓度，mol/L；m 为试样的质量，g；0.1269 为以 $\frac{1}{2} I_2$ 为基本计算单元的碘的毫摩尔质量，g/mmol。

注意事项与说明：①测定碘价时，不能用游离的卤素，常用卤化物(氯化碘、溴化碘、次碘酸等)作为试剂。因为卤化物在一定的反应条件下，能迅速地定量饱和双键，而不发生取代反应，最常用的是氯化碘-乙酸溶液法。②碘化钾溶液中不能含有碘酸盐或游离碘。③光线和水分对氯化碘的影响很大，因此，所用仪器必须清洁、干燥，碘液试剂用棕色瓶盛装且放于暗处。④加入碘液的速度、放置时间和温度要与空白实验一致。

8.3.3　过氧化值的测定

过氧化值是反映油脂和脂肪酸氧化程度的指标之一。油脂氧化的初期，氢过氧化物量逐渐增多，随着氧化程度的加深，氢过氧化物分解、聚合，产生自由基，出现不愉快的辛辣味，食用会引起呕吐、腹泻等中毒症状。

食品安全国家标准 GB 5009.227—2016 食品中过氧化值的测定，规定了食品中过氧化值的两种测定方法：滴定法和电位滴定法。第一法适用于食用动植物油脂、食用油脂制品，以小麦粉、谷物、坚果等植物性食品为原料经油炸、膨化、烘烤、调制、炒制等加工工艺而制成的食品，以及以动物性食品为原料经速冻、干制、腌制等加工工艺而制成的食品；第二法适用于动植物油脂和人造奶油，测量范围是 0～0.38 g/(100 g)。GB 5009.227—2016 标准不适用于植脂末等包埋类油脂制品的测定。下面介绍第一法滴定法。

1. 原理

制备的油脂试样在三氯甲烷和冰醋酸中溶解，其中的过氧化物与碘化钾反应生成碘，用硫代硫酸钠标准溶液滴定析出的碘。用过氧化物相当于碘的质量分数或 1 kg 样品中活性氧的毫摩尔数表示过氧化值的量。

2. 仪器与试剂

冰醋酸；三氯甲烷($CHCl_3$)；碘化钾；硫代硫酸钠($Na_2S_2O_3 \cdot 5H_2O$)；石油醚：沸程为 30～60 ℃；无水硫酸钠；可溶性淀粉；重铬酸钾：基准试剂。

除非另有说明，本法所用试剂均为分析纯，水为 GB/T 6682 规定的三级水。

三氯甲烷-冰醋酸混合液(体积比 40：60)：量取 40 mL 三氯甲烷，加 60 mL 冰醋酸，混匀；碘化钾饱和溶液：称取 20 g 碘化钾，加入 10 mL 新煮沸冷却的水，摇匀后储于棕色瓶中，存放于避光处备用。要确保溶液中有饱和碘化钾结晶存在。使用前检查：在 30 mL 三氯甲烷-冰醋酸混合液中添加 1.00 mL 碘化钾饱和溶液和两滴 1%淀粉指示剂，若出现蓝色，并需用 1 滴以上的 0.01 mol/L 硫代硫酸钠溶液才能消除，此碘化钾溶液不能使用，应重新配制；淀粉指示剂：称取 0.5 g 可溶性淀粉，加少量水调成糊状。边搅拌边倒入 50 mL 沸水，再煮沸搅匀后，放冷备用。临用前配制；石油醚的处理：取 100 mL 石油醚于蒸馏瓶中，在低于 40℃ 的水浴中，用旋转蒸发仪减压蒸干。用 30 mL 三氯甲烷-冰醋酸混合液分次洗涤蒸馏瓶，合并洗涤液于 250 mL 碘量瓶中。准确加入 1.00 mL 饱和碘化钾溶液，塞紧瓶盖，并轻轻振摇 0.5 min，在暗处放置 3 min，加 1.0 mL 淀粉指示剂后混匀，若无蓝色出现，此石油醚用于试样制备；如果加 1.0 mL 淀粉指示剂混匀后有蓝色出现，则需更换试剂。

0.1 mol/L 硫代硫酸钠标准溶液：称取 26 g 硫代硫酸钠($Na_2S_2O_3 \cdot 5H_2O$)，加 0.2 g 无水碳酸钠，溶于 1000 mL 水中，缓缓煮沸 10 min，冷却。放置两周后过滤、标定。

0.002 mol/L、0.01 mol/L 硫代硫酸钠标准溶液：用前由新煮沸冷却的水稀释而成。

碘量瓶：250 mL；滴定管：10 mL，最小刻度为 0.05 mL；滴定管：25 mL 或 50 mL，最小刻度为 0.1 mL；天平：感量为 1 mg、0.01 mg；电热恒温干燥箱；旋转蒸发仪。

注：本法中使用的所有器皿不得含有还原性或氧化性物质。磨砂玻璃表面不得涂油。样品制备过程应避免强光，并尽可能避免带入空气。

动植物油脂：对液态样品，振摇装有试样的密闭容器，充分均匀后直接取样；对固态样品，选取有代表性的试样置于密闭容器中混匀后取样。

食用氢化油、起酥油、代可可脂：对液态样品，振摇装有试样的密闭容器，充分混匀后直接取样；对固态样品，选取有代表性的试样置于密闭容器中混匀后取样。如有必要，将盛有固态试样的密闭容器置于恒温干燥箱中，缓慢加温到刚好可以融化，振摇混匀，趁试样为液态时立即取样测定。

人造奶油：将样品置于密闭容器中，于 60～70 ℃ 的恒温干燥箱中加热至融化，振摇混匀后，继续加热至破乳分层并将油层通过快速定性滤纸过滤到烧杯中，烧杯中滤液为待测试样。制备的待测试样应澄清。趁待测试样为液态时立即取样测定。

以小麦粉、谷物、坚果等植物性食品为原料，经油炸、膨化、烘烤、调制、炒制等加工工艺而制成的食品从所取全部样品中取出有代表性样品的可食部分，在玻璃研钵中研碎，将粉碎的样品置于广口瓶中，加入 2～3 倍样品体积的石油醚，摇匀，充分混合后静置浸提 12 h

以上，经装有无水硫酸钠的漏斗过滤，取滤液，在低于 40 ℃的水浴中，用旋转蒸发仪减压蒸干石油醚，残留物即为待测试样。以动物性食品为原料经速冻、干制、腌制等加工工艺而制成的食品从所取全部样品中取出有代表性样品的可食部分，将其破碎并充分混匀后置于广口瓶中，加入 2～3 倍样品体积的石油醚，摇匀，充分混合后静置浸提 12 h 以上，经装有无水硫酸钠的漏斗过滤，取滤液，在低于 40 ℃的水浴中，用旋转蒸发仪减压蒸干石油醚，残留物即为待测试样。

　　试样的测定：应避免在阳光直射下进行试样测定。称取制备的试样 2～3 g（精确至 0.001 g），置于 250 mL 碘量瓶中，加入 30 mL 三氯甲烷-冰醋酸混合液，轻轻振摇使试样完全溶解。准确加入 1.00 mL 饱和碘化钾溶液，塞紧瓶盖，并轻轻振摇 0.5 min，在暗处放置 3 min。取出加 100 mL 水，摇匀后立即用硫代硫酸钠标准溶液[过氧化值估计值在 0.15 g/(100 g) 及以下时，用 0.002 mol/L 标准溶液；过氧化值估计值大于 0.15 g/(100 g) 时，用 0.01 mol/L 标准溶液]滴定析出的碘，滴定至淡黄色时，加 1 mL 淀粉指示剂，继续滴定并强烈振摇至溶液蓝色消失为终点。同时进行空白实验。空白实验所消耗 0.01 mol/L 硫代硫酸钠溶液体积 V_0 不得超过 0.1 mL。

　　用过氧化物相当于碘的质量分数表示过氧化值时，按式（8.7）计算：

$$w_1 = \frac{(V_1 - V_0) \times c \times 0.1269}{m} \times 100 \tag{8.7}$$

式中，w_1 为过氧化值，g/(100 g)；V_1 为试样消耗的硫代硫酸钠标准溶液体积，mL；V_0 为空白实验消耗的硫代硫酸钠标准溶液体积，mL；c 为硫代硫酸钠标准溶液的浓度，mol/L；0.1269 为与 1.00 mL 硫代硫酸钠标准滴定溶液[$c(Na_2S_2O_3)$=1.000 mol/L]相当的碘的质量；m 为试样质量，g；100 为换算系数。

　　以重复性条件下获得的两次独立测定结果的算术平均值表示结果，保留两位有效数字。

　　用 1 kg 样品中活性氧的物质的量表示过氧化值时，按式（8.8）计算：

$$w_2 = \frac{(V_2 - V_0) \times c}{2 \times m} \times 100 \tag{8.8}$$

式中，w_2 为过氧化值，mmol/kg；V_2 为试样消耗的硫代硫酸钠标准溶液体积，mL；V_0 为空白实验消耗的硫代硫酸钠标准溶液体积，mL；c 为硫代硫酸钠标准溶液的浓度，mol/L；m 为试样质量，g；1000 为换算系数；2 为硫代硫酸钠与过氧化物定量反应的反应系数。

　　以重复性条件下获得的两次独立测定结果的算术平均值表示结果，保留两位有效数字。

　　重复性条件下获得的两次独立测定结果的绝对差值不得超过算术平均值的 10%。

　　注意事项与说明：①饱和碘化钾溶液中不可存在游离碘和碘酸盐，光线会促进空气对碘化钾的氧化，应置于暗处反应或保存。②所有试剂和水中不得含有溶解氧。冰醋酸用纯净、干燥的惰性气体（二氧化碳或氮气）气流清除氧。③冰醋酸对皮肤和组织有强刺激性，有中等毒性，不要误食或吸入，操作应在通风橱中进行。④5 mL 淀粉溶液加 100 mL 水，添加 0.05 g/(100 mL) 碘化钾溶液和 1 滴 0.05 g/100 mL 次氯酸钠溶液，当滴入 0.1 mol/L 硫代硫酸钠溶液 0.05 mL 以上时，深蓝色消失，表示淀粉溶液灵敏度不够。⑤用 $Na_2S_2O_3$ 标准溶液滴定被测样品溶液呈淡黄色时，才能加入淀粉指示剂。否则淀粉包裹和吸附碘影响测定结果。溶液 pH 和淀粉种类影响指示剂的颜色。⑥空白实验消耗 0.01 mol/L 硫代硫酸钠溶液超过 0.10 mL 时，应更换试剂，对重新样品测定。

8.3.4　皂化价的测定

皂化价是指中和 1 g 油脂中所含全部游离脂肪酸和结合脂肪酸(甘油酯)所需氢氧化钾的质量(mg)其值与油脂中甘油酯的平均相对分子质量密切相关，相对分子质量越大，皂化价越小。若油脂内含有游离脂肪酸将使皂化价增高。因各植物油的脂肪酸组成不同，其皂化价也不同。因此，测定油脂皂化价结合其他检验项目，可对油脂的种类和纯度进行鉴定。

1. 原理

油脂与过量的碱醇溶液共热皂化完成后，过量的碱用盐酸标准溶液滴定，同时做空白实验，由消耗的碱液量计算皂化价。

2. 分析步骤

称取混匀试样 2.00 g 于锥形瓶中，加 0.5 mol/L 氢氧化钾-乙醇溶液 25.00 mL，在水浴上回流加热煮沸，不时摇动，维持沸腾 1 h。不易皂化的需煮沸 2 h。加入酚酞指示剂 0.50 mL，趁热用 0.50 mol/L 盐酸标准溶液滴至红色消失。并进行空白实验，结果按式(8.9)计算：

$$w = \frac{(V_1 - V_0) \times c \times 56.11}{m} \tag{8.9}$$

式中，w 为样品的皂化价(质量分数)，mg/g；V_1 为滴定试样用去的盐酸溶液体积，mL；V_0 为空白滴定用去的盐酸溶液体积，mL；c 为盐酸溶液的浓度，mol/L；m 为试样质量，g；56.11 为氢氧化钾的摩尔质量，g/mol。

注意事项与说明：①用氢氧化钾-乙醇溶液能溶解油脂，也能使油脂的水解反应变成不可逆的；②皂化后剩余的碱用盐酸滴定，不能用硫酸，因生成的硫酸钾不溶于乙醇，易生成沉淀影响结果；③若油脂皂化液颜色较深，可用碱性蓝 6B 乙醇溶液作指示剂；④由于回流加热的溶液为易燃乙醇溶液，应采用不见明火的水浴锅等加热。

8.3.5　羰基价的测定

油脂氧化生成的过氧化物，进一步生成含羰基的化合物。因此，用羰基价评价油脂中氧化产物的含量和酸败劣变程度，具有较好的灵敏度和准确性。我国把羰基价列为油脂的一项食品卫生理化检测项目。

食品安全国家标准 GB 5009.230—2016 食品中羰基价的测定，适用于油炸小食品、坚果制品、方便面、膨化食品以及食用植物油等食品中羰基价的测定。

1. 原理

羰基化合物和2,4-二硝基苯肼反应生成腙，在碱性溶液中形成褐红色或酒红色，在 440 nm 下，测定吸光度，计算羰基价。

2. 仪器与试剂

乙醇；苯：光谱纯或色谱纯；2,4-二硝基苯肼($C_6H_6N_4O_4$)；三氯乙酸($C_2H_6Cl_3O_2$)；氢氧化钾；石油醚($C_5H_{12}O_2$)，沸程 30～60 ℃；铝粉。除非有说明，试剂均为分析纯。

精制乙醇：取 1000 mL 乙醇，置于 2000 mL 圆底烧瓶中，加入 5 g 铝粉、沸石和 10 g 氢氧化钾，连接标准磨口的回流冷凝管，水浴中加热回流 1 h，然后用全玻璃蒸馏装置，蒸馏并收集馏液。

三氯乙酸溶液：称取 4.3 g 固体三氯乙酸，加 100 mL 苯溶解。

2,4-二硝基苯肼溶液：称取 50 mg 2,4-二硝基苯肼，溶于 100 mL 苯中。

氢氧化钾-乙醇溶液：称取 4 g 氢氧化钾，加 100 mL 精制乙醇使其溶解；置冷暗处过夜，取上部澄清液使用。溶液变黄褐色则应重新配制。

分光光度计；天平：感量为 1 g、0.1 mg；涡旋混合器；旋转蒸发仪；鼓风式烘箱。

3. 分析步骤

取样方法：称取含油脂较多的试样 0.5 kg，含脂肪少的试样取 1.0 kg，在玻璃研钵中研碎，混合均匀后，按四分法对角取样，放置广口瓶内保存于 4 ℃以下冰箱中。液态油脂类试样根据试样情况取有代表性试样后，放置广口瓶内保存于 4 ℃以下冰箱中。

非油脂类试样处理：含油脂高的试样，如油炸花生、坚果等：称取混合均匀的试样 50 g，置于 250 mL 带盖广口瓶中，加入 50 mL 石油醚，放置 14～18 h，快速用滤纸过滤后，室温下，用旋转蒸发器旋蒸 15 min，减压回收溶剂，得到油脂以供测定。用前保存于 4 ℃以下冰箱中。

含油脂中等的试样，如蛋糕、江米条等：称取混合均匀的试样 100 g，置于 500 mL 带盖广口瓶中，加入 100～200 mL 石油醚，放置 14～18 h，用快速滤纸过滤后，室温下，用旋转蒸发器旋蒸 15 min，减压回收溶剂，在 50 ℃鼓风干燥箱中挥发石油醚 1 h，得到油脂以供测定。用前保存于 4 ℃以下冰箱中。

含油脂少的试样，如面包、饼干等：称取混合均匀的试样 250～300 g 于 500 mL 带盖广口瓶，加入适量石油醚浸泡试样，放置 14～18 h，用快速滤纸过滤后，室温下，用旋转蒸发器旋蒸 15 min，减压回收溶剂，在 50 ℃鼓风干燥箱中挥发石油醚 1 h，得到油脂以供测定。用前保存于 4 ℃以下冰箱中。

含水量较高样品，可加入适量无水硫酸钠，使样品成粒状；易结块样品，可加入 4～6 倍量的海砂，混合均匀后再提取油脂。

测定：称取 0.025～0.5 g 油样（精确至 0.1 mg），羰基价低于 30 mmol/kg 的油样称 0.1 g，羰基价 30～60 mmol/kg 的油样称 0.05 g，羰基价高于 60 mmol/kg 的油样，称 0.025 g；置于 25 mL 具塞试管中，加 5 mL 苯溶解油样，加 3 mL 三氯乙酸溶液及 5 mL 2,4-二硝基苯肼溶液，仔细振摇混匀。在 60 ℃水浴中加热 30 min，反应后取出用流水冷却至室温，沿试管壁缓慢加入 10 mL 氢氧化钾-乙醇溶液，使成为二液层，涡旋振荡混匀后，放置 10 min。以 1 cm 比色杯，用试剂空白调节零点，于波长 440 nm 处测吸光度。

试样的羰基价按式(8.10)进行计算：

$$b = \frac{A \times 1000}{854 \times m} \tag{8.10}$$

式中，b 为试样的羰基价(以油脂计)，mmol/kg；A 为测定时样液吸光度；854 为各种醛的毫摩尔吸光系数的平均值；m 为油样质量，g；1000 为换算系数。

计算结果保留三位有效数字。重复性条件下获得的两次独立测定结果的绝对差值不得超过算术平均值的 10%。

注意事项与说明：①氢氧化钾-乙醇溶液极易变成褐色，新配溶液常浑浊，可用玻璃纤维滤膜过滤，使溶液清澈透明；②乙醇中常含有醇类氧化产物，如醛类等，对测定有干扰，用铝的强还原性，可除去羰基化合物；③2,4-二硝基苯肼难溶于苯，配制时充分搅动，必要时过滤除去固形物。

思考题与习题

1. 了解食品中脂类测定的意义。
2. 脂类测定常用哪些提取剂？其优缺点各是什么？
3. 为什么索氏抽提法的测定结果为粗脂肪？粗脂肪中主要包括哪些成分？
4. 哪些食品不适合用酸水解法测定其脂肪？为什么？
5. 氯仿-甲醇提取法测定脂肪的原理是什么？如何确保测定结果的准确性？
6. 如何测定油脂的酸价、碘价、过氧化值、皂化价、羰基价等指标？
7. 简述羰基价、酸价和过氧化值的测定意义和测定原理。

知识扩展 1：小香油鉴别的小窍门

不法分子常利用其他食用油甚至地沟油、油炸食品老油为主要原料，加入适当的香油香精和色素，勾兑、调和而成为掺假或掺伪小香油，用闻气味、观察颜色甚至电子鼻等鉴别方法较难准确判断，最简单可行的正确鉴别方法为：用玻璃棒或筷子蘸取少量样品于手掌心中，闻一下是否具有小香油特有的芳香味。如果有，用双掌用力搓摩数分钟后，仍然具有浓郁的小香油芳香味，则为纯正的芝麻小香油，否则，即为伪劣掺假掺伪产品。这是因为掺入的香油香精很快会挥发掉，而香油本身固有的芳香成分会较持久存在，以此进行鉴别，该方法简单、方便、实用。

辨色法：纯芝麻香油颜色呈现红色或者橙红色，机榨香油比小磨香油（用石磨将芝麻籽磨成浆，再用水代法制取的芝麻油）颜色浅。香油中掺入棉籽油后呈黑红色，掺入菜籽油后呈深黄色。

水试法：用筷子蘸几滴芝麻油至平静的凉水面上，纯净的香油在水面上形成无色透明的薄薄的大油花，而后凝结成若干个细小的油珠，掺假的油脂在水面上形成的油花小而厚且不易扩散。

嗅闻法：小磨香油香味醇厚、浓郁有独特的气味；而掺入豆油、花生油、菜籽油的香油香味差且会有花生、豆腥的味道。

纯香油中掺有花生油时，用火加热会出现白色泡沫，难以散落，冒出的烟有花生味；掺菜籽油时，油稍发黏，会出现挂碗黄色，加热能闻出菜油味；掺大豆油时，油花成块状，与肥皂沫相似，色微黄；掺毛棉油，油色微黑，加热后油花起大泡沫，甚至冒出淡色烟雾，棉籽油味浓。

还可在-10 ℃冰箱中冷冻检测，纯净香油-10 ℃时仍是液体，掺假香油会出现凝结现象。掺入桐油、蓖麻油、矿物油等非食用油脂，严重时会使人中毒身亡。检验桐油方法：在试管中取 5 滴油，加入浓硫酸，60 ℃水温下恒温 15 分钟，如果出现云雾状或块状的香油很有可能掺入了桐油。

知识扩展 2：反式脂肪酸的危害

研究认为，青壮年时期饮食习惯不好的人，老年时患老年痴呆症的比例更大。反式脂肪酸对可以促进人类记忆力的一种胆固醇具有抵制作用，从而降低记忆力；反式脂肪酸不容易被人体消化，容易在腹部积累，导致肥胖。反式脂肪酸能使有效防止心脏病及其他心血管疾病的胆固醇的含量下降，易引发冠心病。反式脂肪酸会增加人体血液的黏稠度和凝聚力，会引脑血栓、动脉硬化等心脑血管疾病。影响生长发育期的青少年对必需脂肪酸的吸收，反式脂肪酸还会对青少年中枢神经系统的生长发育造成不良影响。

（高向阳　教授　　宋莲军　教授）

第9章 食品酸度及香气分析

9.1 概　述

9.1.1 酸度的概念及分析意义

食品中的酸度通常可用总酸度、有效酸度、挥发酸度等来表示。

总酸度：指食品中所有酸性成分的总量，包括未离解酸的浓度和已离解酸的浓度。常用标准碱溶液滴定，因此又称为可滴定酸度。通过测定果蔬中糖和总酸的含量，可以判断果蔬的成熟度、确定加工产品的配方并可通过调整糖酸比获得风味极佳的产品。

有效酸度：指食品溶液中 H^+ 的活度，是已离解的那部分酸的浓度，常用 pH 表示，用酸度计、pH 试纸等测定。食品的 pH 对其稳定性和色泽有一定影响，例如，果蔬加工中控制 pH≤3 可防止褐变；降低 pH 可抑制微生物的生长；对鲜肉 pH 的测定有助于评定肉的品质，当肉的 pH>6.7，表明蛋白质分解成胺类物质，肉的新鲜度下降，进入腐败阶段。

挥发酸：指食品所含易挥发的有机酸，如甲酸、乙酸及丁酸等低碳链的直链脂肪酸。可用直接或间接法蒸馏后，用碱标准溶液滴定来测定。食品中挥发酸是某些食品的重要控制指标，如果蔬原料本身含有少量挥发酸，若原料储藏过久，由于糖的发酵使挥发酸含量增加，品质降低；水果发酵制品中乙酸的质量分数超过 0.1%，就说明制品已经腐败。

牛乳酸度：指滴定 100 mL 牛乳消耗 0.1000 mol/L 氢氧化钠溶液的毫升数，常用°T 表示。测定乳及乳制品的酸度，可了解新鲜程度和品质，正常牛乳的酸度一般在 16~18°T，当鲜乳的酸度超过 18°T 时，说明已变质。

食品中的酸成分影响着食品的色、香、味和稳定性。通过对酸度的测定，能了解食品的风味，判断食品的品质。因此，食品中酸度的测定具有重要的意义。

9.1.2 食品中酸的种类和分布

食品中酸分为有机酸和无机酸两类，常见的大多数是有机酸，如柠檬酸、苹果酸、酒石酸、乙二酸、乳酸及乙酸等，此外，还有盐酸、磷酸等一些含量较少的无机酸。溶于水的有机酸和无机酸构成食品中的酸味物质。这些酸味物质有些是食品原料中固有的天然成分，如苹果中的苹果酸，柑橘中的柠檬酸；有的是在生产过程中人为加入的，如可乐中的磷酸和部分酸饮料中的柠檬酸；而乳酸中的乳酸和食醋中的乙酸等是在发酵过程中产生的。

在同一食品中，往往几种酸共存，且各种酸的分布极不均衡，如葡萄中酒石酸、苹果酸、柠檬酸的含量不同。不同食品所含酸的种类也不尽相同，果蔬及其制品以苹果酸、柠檬酸、酒石酸等为主；鱼、肉、乳等畜产品则主要是乳酸；食醋、酒等发酵产品中则主要是乙酸。在分析食品中酸含量时，是以主要酸为计算标准，给未知样品或含酸较复杂样品的测定和计算带来不便。表 9.1 列出了一些食品中主要的酸。

表 9.1　食品中主要的酸

食品	酸	化学式
仁果类、核果类及大部分浆果类	苹果酸	$H_2C_4H_4O_5$
葡萄	酒石酸	$H_2C_4H_6O_6$
柑橘类、石榴、杏、番茄、饮料	柠檬酸	$H_3C_6H_5O_7$
肉、鱼、乳	乳酸	$HC_3H_5O_3$
酒类及调味品	乙酸	$HC_2H_3O_2$
菠菜、竹笋等蔬菜	草酸	$H_2C_2O_4$
可乐	磷酸	H_3PO_4

9.2　食品酸度的分析

9.2.1　总酸度的测定

测定食品中的总酸度主要采用碱标准溶液滴定法，可分为酸碱滴定法和 pH 电位滴定法。酸碱滴定法使用酚酞指示近似滴定终点，操作简单；pH 电位滴定法确定的理论终点为 pH 发生突跃范围的中点，可使用精密酸度计自动滴定终点或用"三线"作图法确定终点。其精确度高，但操作较麻烦。其他测定方法还有电导滴定法，原子吸收法、顺序注射滴定法等。

食品安全国家标准 GB 5009.239—2016《食品酸度的测定》规定了生乳及乳制品、淀粉及其衍生物酸度和粮食及制品酸度的测定方法。第一法适用于生乳及乳制品、淀粉及其衍生物、粮食及制品酸度的测定；第二法适用乳粉酸度的测定；第三法适用于乳及其他乳制品中酸度的测定。

1. 酚酞指示剂法（GB 5009.239—2016 第一法）

1）原理

试样经过处理后，以酚酞作为指示剂，用 0.1000 mol/L 的氢氧化钠标准溶液滴定至中性，消耗氢氧化钠溶液的体积数，经计算确定试样的酸度。

2）仪器与试剂

氢氧化钠；七水硫酸钴；酚酞；95%乙醇；乙醚；氮气：纯度为 98%；三氯甲烷（$CHCl_3$）。除非另有说明，本法所用试剂均为分析纯，水为 GB/T 6682 规定的三级水。

0.1000 mol/L 氢氧化钠标准溶液：称取 0.75 g 于 105～110 ℃电烘箱中干燥至恒量的工作基准试剂邻苯二甲酸氢钾，加 50 mL 无二氧化碳的水溶解，加两滴酚酞指示液（10 g/L），用配制好的氢氧化钠溶液滴定至溶液呈粉红色，并保持 30 s。同时做空白实验。

注：把二氧化碳（CO_2）限制在洗涤瓶或者干燥管，避免滴管中 NaOH 因吸收 CO_2 而影响其浓度。可通过盛有 10%氢氧化钠溶液洗涤瓶连接的装有氢氧化钠溶液的滴定管，或者通过连接装有新鲜氢氧化钠或氧化钙的滴定管末尾而形成一个封闭的体系，避免此溶液吸收二氧化碳（CO_2）。

参比溶液：将 3 g 七水硫酸钴溶解于水中，并定容至 100 mL。

酚酞指示液：称取 0.5 g 酚酞溶于 75 mL 体积分数为 95%的乙醇中，并加入 20 mL 水，然后滴加氢氧化钠溶液至微粉色，再加入水定容至 100 mL。

中性乙醇-乙醚混合液：取等体积的乙醇、乙醚混合后加 3 滴酚酞指示液，以氢氧化钠溶液(0.1 mol/L)滴至微红色。

不含二氧化碳的蒸馏水：将水煮沸 15 min，逐出二氧化碳，冷却，密闭。

分析天平：感量为 0.001 g；碱式滴定管：容量 10 mL，最小刻度 0.05 mL；碱式滴定管：容量 25 mL，最小刻度 0.1 mL；水浴锅；锥形瓶：100 mL、150 mL、250 mL；具塞磨口锥形瓶：250 mL；粉碎机：可使粉碎的样品 95%以上通过 CQ16 筛[相当于孔径 0.425 mm(40 目)]，粉碎样品时磨膛不应发热；振荡器：往返式，振荡频率为 100 次/min；中速定性滤纸；移液管：10 mL、20 mL；量筒：50 mL、250 mL；玻璃漏斗和漏斗架。

3) 分析步骤

乳粉试样制备：将样品全部移入到约两倍于样品体积的洁净干燥容器中(带密封盖)，立即盖紧容器，反复旋转振荡，使样品彻底混合。在此操作过程中，应尽量避免样品暴露在空气中。

测定：称取 4 g 样品(精确到 0.01 g)于 250 mL 锥形瓶中。用量筒量取 96 mL 约 20 ℃的水，使样品复溶，搅拌，然后静置 20 min。向一只装有 96 mL 约 20 ℃的水的锥形瓶中加入 2.0 mL 参比溶液，轻轻转动，使之混合，得到标准参比颜色。如果要测定多个相似的产品，则此参比溶液可用于整个测定过程，但时间不得超过 2 h。向另一只装有样品溶液的锥形瓶中加入 2.0 mL 酚酞指示液，轻轻转动，使之混合。用 25 mL 碱式滴定管向该锥形瓶中滴加氢氧化钠溶液，边滴加边转动烧瓶，直到颜色与参比溶液的颜色相似，且 5 s 内不消褪，整个滴定过程应在 45 s 内完成。滴定过程中，向锥形瓶中吹氮气，防止溶液吸收空气中的二氧化碳。记录所用氢氧化钠溶液的毫升数(V_1)，精确至 0.05 mL，代入式(9.1)计算。

空白滴定：用 96 mL 水做空白实验，读取所消耗氢氧化钠标准溶液的毫升数(V_0)。空白所消耗的氢氧化钠的体积应不小于零，否则应重新制备和使用符合要求的蒸馏水。

制备参比溶液：向装有等体积相应溶液的锥形瓶中加入 2.0 mL 参比溶液，轻轻转动，使之混合，得到标准参比颜色。如果要测定多个相似的产品，则此参比溶液可用于整个测定过程，但时间不得超过 2 h。

巴氏杀菌乳、灭菌乳、生乳、发酵乳：称取 10 g(精确到 0.001 g)已混匀的试样，置于 150 mL 锥形瓶中，加 20 mL 新煮沸冷却至室温的水，混匀，加入 2.0 mL 酚酞指示液，混匀后用氢氧化钠标准溶液滴定，边滴加边转动烧瓶，直到颜色与参比溶液的颜色相似，且 5 s 内不消褪，整个滴定过程应在 45 s 内完成。滴定过程中，向锥形瓶中吹氮气，防止溶液吸收空气中的二氧化碳。记录消耗的氢氧化钠标准滴定溶液毫升数(V_2)，代入式(9.2)中进行计算。

奶油：称取 10 g(精确到 0.001 g)已混匀的试样，置于 250 mL 锥形瓶中，加 30 mL 中性乙醇-乙醚混合液，混匀，加入 2.0 mL 酚酞指示液，混匀后用氢氧化钠标准溶液滴定，边滴加边转动烧瓶，直到颜色与参比溶液的颜色相似，且 5 s 内不消褪，整个滴定过程应在 45 s 内完成。滴定过程中，向锥形瓶中吹氮气，防止溶液吸收空气中的二氧化碳。记录消耗的氢氧化钠标准滴定溶液毫升数(V_2)，代入式(9.2)中进行计算。

炼乳：称取 10 g(精确到 0.001 g)已混匀的试样，置于 250 mL 锥形瓶中，加 60 mL 新煮沸冷却至室温的水溶解，混匀，加入 2.0 mL 酚酞指示液，混匀后用氢氧化钠标准溶液滴定，边滴加边转动烧瓶，直到颜色与参比溶液的颜色相似，且 5 s 内不消褪，整个滴定过程应在 45 s 内完成。滴定过程中，向锥形瓶中吹氮气，防止溶液吸收空气中的二氧化碳。记录消耗的氢氧化钠标准滴定溶液毫升数（V_2），代入式（9.2）中进行计算。

干酪素：称取 5 g（精确到 0.001 g）经研磨混匀的试样于锥形瓶中，加入 50 mL 水，于室温下（18～20 ℃）放置 4～5 h，或在水浴锅中加热到 45 ℃并在此温度下保持 30 min，再加 50 mL 水，混匀后，通过干燥的滤纸过滤。吸取滤液 50 mL 于锥形瓶中，加入 2.0 mL 酚酞指示液，混匀后用氢氧化钠标准溶液滴定，边滴加边转动烧瓶，直到颜色与参比溶液的颜色相似，且 5 s 内不消褪，整个滴定过程应在 45 s 内完成。滴定过程中，向锥形瓶中吹氮气，防止溶液吸收空气中的二氧化碳。记录消耗的氢氧化钠标准滴定溶液毫升数（V_3），代入式（9.3）进行计算。

空白滴定：用等体积水做空白实验，读取耗用氢氧化钠标准溶液的毫升数（V_0），用 30 mL 中性乙醇-乙醚混合液做空白实验，读取耗用氢氧化钠标准溶液的毫升数（V_0）。空白所消耗的氢氧化钠的体积应不小于零，否则应重新制备和使用符合要求的蒸馏水或中性乙醇-乙醚混合液。

测定样品：称取充分混匀的样品 10 g（精确至 0.1 g），移入 250 mL 锥形瓶内，加入 100 mL 水，振荡并混合均匀。向一只装有 100 mL 约 20 ℃的水的锥形瓶中加入 2.0 mL 参比溶液，轻轻转动，使之混合，得到标准参比颜色。如果要测定多个相似的产品，则此参比溶液可用于整个测定过程，但时间不得超过 2 h。向装有样品的锥形瓶中加入 2～3 滴酚酞指示剂，混匀后用氢氧化钠标准溶液滴定，边滴加边转动烧瓶，直到颜色与参比溶液的颜色相似，且 5 s 内不消褪，整个滴定过程应在 45 s 内完成。滴定过程中，向锥形瓶中吹氮气，防止溶液吸收空气中的二氧化碳。读取耗用氢氧化钠标准溶液的毫升数（V_4），代入式（9.4）中进行计算。

空白滴定：用 100 mL 水做空白实验，读取耗用氢氧化钠标准溶液的毫升数（V_0）。空白所消耗的氢氧化钠的体积应不小于零，否则应重新制备和使用符合要求的蒸馏水。

粮食及制品试样制备：取混合均匀的样品 80～100 g，用粉碎机粉碎，粉碎细度要求 95% 以上通过 CQ16 筛[孔径 0.425 mm（40 目）]，粉碎后的全部筛分样品充分混合，装入磨口瓶中，制备好的样品应立即测定。

测定：称取试样 15 g，置入 250 mL 具塞磨口锥形瓶，加水 150 mL（V_5）（先加少量水与试样混成稀糊状，再全部加入），滴入三氯甲烷 5 滴，加塞后摇匀，在室温下放置提取 2 h，每隔 15 min 摇动 1 次（或置于振荡器上振荡 70 min），浸提完毕后静置数分钟用中速定性滤纸过滤，用移液管吸取滤液 10 mL（V_L），注入 100 mL 锥形瓶中，再加水 20 mL 和酚酞指示剂 3 滴，混匀后用氢氧化钠标准溶液滴定，边滴加边转动烧瓶，直到颜色与参比溶液的颜色相似，且 5 s 内不消褪，整个滴定过程应在 45 s 内完成。滴定过程中，向锥形瓶中吹氮气，防止溶液吸收空气中的二氧化碳。记下所消耗的氢氧化钠标准溶液毫升数（V_5），代入式（9.5）中进行计算。

空白滴定：用 30 mL 水做空白实验，记下所消耗的氢氧化钠标准溶液毫升数（V_0）。

注：三氯甲烷有毒，操作时应在通风良好的通风橱内进行。

分析结果的表述：

乳粉试样中的酸度数值以（°T）表示，按式（9.1）计算：

$$X_1 = \frac{c_1 \times (V_1 - V_0) \times 12}{m(1-w) \times 0.1} \tag{9.1}$$

式中，X_1 为试样的酸度，°T[以 100 g 干物质为 12%的复原乳所消耗的 0.1 mol/L 氢氧化钠毫升数计，mL/（100 g）]；c_1 为氢氧化钠标准溶液的物质的量浓度，mol/L；V_1 为滴定时所消耗氢氧化钠标准溶液的体积，mL；V_0 为空白实验所消耗氢氧化钠标准溶液的体积，mL；12 为 12 g 乳粉相当 100 mL 复原乳（脱脂乳粉应为 9，脱脂乳清粉应为 7）；m 为称取样品的质量，g；w 为试样中水分的质量分数，g/（100 g）；（1−w）为试样中乳粉的质量分数，g/（100 g）；0.1 为酸度理论定义氢氧化钠的摩尔浓度，mol/L。

用两次平行测定结果的算术平均值表示结果，保留三位有效数字。

注：若以乳酸含量表示样品的酸度，那么样品的乳酸含量[g/（100 g）]=T×0.009。T 为样品的滴定酸度（0.009 为乳酸的换算系数，即 1 mL 0.1 mol/L 的氢氧化钠标准溶液相当于 0.009 g 乳酸）。巴氏杀菌乳、灭菌乳、生乳、发酵乳、奶油和炼乳试样中的酸度数值以（°T）表示，按式（9.2）计算：

$$X_2 = \frac{c_2 \times (V_2 - V_0) \times 100}{m_2 \times 0.1} \tag{9.2}$$

式中，X_2 为试样的酸度，°T[以 100 g 样品所消耗的 0.1 mol/L 氢氧化钠毫升数计，mL/（100 g）]；c_2 为氢氧化钠标准溶液的物质的量浓度，mol/L；V_2 为滴定时所消耗氢氧化钠标准溶液的体积，mL；V_0 为空白实验所消耗氢氧化钠标准溶液的体积，mL；100 为 100 g 试样；m_2 为试样的质量，g；0.1 为酸度理论定义氢氧化钠的物质的量浓度，mol/L。

用两次平行测定结果的算术平均值表示结果，保留三位有效数字。

干酪素试样中的酸度数值以（°T）表示，按式（9.3）计算：

$$X_3 = \frac{c_3 \times (V_3 - V_0) \times 100 \times 2}{m_3 \times 0.1} \tag{9.3}$$

式中，X_3 为试样的酸度，°T[以 100 g 样品所消耗的 0.1 mol/L 氢氧化钠毫升数计，mL/（100 g）]；c_3 为氢氧化钠标准溶液的物质的量浓度，mol/L；V_3 为滴定时所消耗氢氧化钠标准溶液的体积，mL；V_0 为空白实验所消耗氢氧化钠标准溶液的体积，mL；100 为 100 g 试样；2 为试样的稀释倍数；m_3 为试样的质量，g；0.1 为酸度理论定义氢氧化钠的物质的量浓度，mol/L。

重复性条件下获得的两次独立测定结果的算术平均值表示结果，保留三位有效数字。

淀粉及其衍生物试样中的酸度数值以（°T）表示，按式（9.4）计算：

$$X_4 = \frac{c_4 \times (V_4 - V_0) \times 10}{m_4 \times 0.1000} \tag{9.4}$$

式中，X_4 为试样的酸度，°T[以 10 g 试样所消耗的 0.1 mol/L 氢氧化钠毫升数计，mL/（10 g）]；c_4 为氢氧化钠标准溶液的物质的量浓度，mol/L；V_4 为滴定时所消耗氢氧化钠标准溶液的体积，mL；V_0 为空白实验所消耗氢氧化钠标准溶液的体积，mL；10 为 10 g 试样；m_4 为试样的质量，g；0.1000 为酸度理论定义氢氧化钠的物质的量浓度，mol/L。

用两次平行测定结果的算术平均值表示结果，保留三位有效数字。

粮食及制品试样中的酸度数值以（°T）表示，按式（9.5）计算：

$$X_5 = \frac{c_5 \times (V_5 - V_0) \times 10}{m_5 \times 0.1000} \times \frac{V_J}{V_L} \tag{9.5}$$

式中，X_5 为试样的酸度，°T[以 10 g 样品所消耗的 0.1 mol/L 氢氧化钠毫升数计，mL/（10 g）]；V_5 为试样滤液消耗的氢氧化钾标准溶液体积，mL；V_0 为空白实验消耗的氢氧化钾标准溶液体积，mL；V_1 为浸提试样的水体积，mL；V_L 为用于滴定的试样滤液体积，mL；c_5 为氢氧化钾标准溶液的浓度，mol/L；0.1000 为酸度理论定义氢氧化钠的物质的量浓度，mol/L；10 为 10 g 试样；m_5 为试样的质量，g。

用两次平行测定结果的算术平均值表示结果，保留三位有效数字，绝对差值不得超过算术平均值的 10%。

注意事项与说明： ①本法不适用于有颜色或浑浊不透明的试液测定，也不能测定 $K_a<10^{-7}$ 的酸性物质；②水为蒸馏水，使用前须煮沸除去二氧化碳，否则，酚酞指示终点会引入较大的终点误差；③如果根据反应的实质，用样品中能被滴定的 H^+ 的物质的量进行计算，不但统一了计算的标准，简化了操作步骤，更加快速简便，而且更加科学、合理，更加符合实际，可提高方法和计算的准确度；④样品酸度较低，用 0.010 00 mol/L 或 0.050 00 mol/L 氢氧化钠标准溶液滴定。

2. pH 电位滴定法（GB 5009.239—2016 第二法）

1）原理

用碱标准溶液滴定试液中的酸，用 pH 玻璃指示电极和饱和甘汞参比电极组成工作电池，根据能斯特方程（Nernst equation），由滴定过程中电池电动势的"突跃"判断滴定终点，由终点时所消耗碱标准溶液的物质的量来计算食品中的总酸含量。

2）仪器与试剂

酸度计（精度±0.1 pH）；pH 玻璃电极和饱和甘汞电极；电磁搅拌器；组织捣碎机；研钵；水浴锅；冷凝管。

pH=8.0 的缓冲溶液；0.1000 mol/L、0.050 00 mol/L 盐酸标准滴定溶液；0.1000 mol/L、0.010 00 mol/L、0.050 00 mol/L 氢氧化钾标准滴定溶液。

3）分析步骤

试样和试液的制备同酸碱滴定法。

酸度计的校正：接通电源，预热稳定后，用 pH=8.0 的缓冲溶液校正酸度计。

样品测定：

（1）果蔬制品、饮料、乳制品、饮料酒、淀粉制品、谷物制品和调味品等试液：称取 20.000～50.000 g 试液（也可量取 25.00～50.00 mL 试液），使之含 0.035～0.070 g 酸，置于 150 mL 烧杯中，加 40～60 mL 水。将盛有试液的烧杯放到磁力搅拌器上，浸入 pH 玻璃电极和甘汞电极。按下 pH 读数开关，小心开动搅拌器，迅速用 0.1000 mol/L 氢氧化钾标准溶液滴定，并随时观察溶液 pH 的数值变化，随时记录滴定体积和相应的 pH。接近滴定终点时，放慢滴定速度。一次滴加半滴（最多 1 滴），直至溶液的 pH 达到终点。记录消耗氢氧化钾标准滴定溶液的体积的数值（V_3）。同一被测样品至少测定 3 次。

（2）蜂产品：称取约 10 g（精确至 0.001 g）混合均匀试样，置于 150 mL 烧杯中，加 80 mL 的水，以下按（1）操作。用 0.050 00 mol/L 氢氧化钾标准滴定溶液以 5.00 mL/min 的速度滴定。当 pH 到达 8.5 时停止滴加，继续加入 10 mL、0.050 00 mol/L 氢氧化钾标准滴定溶液。记录消耗 0.050 00 mol/L 氢氧化钾标准滴定溶液的总体积数值（V_3）。立即用 0.050 00 mol/L 盐酸标准滴定溶液返滴定至 pH 为 8.2。记录消耗 0.050 00 mol/L 盐酸标准滴定溶液的体积数值(V_5)。同一被测样品至少测定 3 次。

(3)空白实验：按第(1)、(2)用水代替试液操作。记录消耗氢氧化钾标准滴定溶液的体积数值(V_4)。

食品中总酸的含量按式(9.6)计算：

$$w_1 = \frac{[c_2 \times (V_3 - V_4) - c_3 \times V_5] \times K \times F_1}{m_1} \times 100 \qquad (9.6)$$

式中，w_1 为样品中酸的质量分数或质量浓度 ρ，g/(100 g)或 g/(100 mL)；c_2 为氢氧化钾标准溶液准确的物质的量浓度，mol/L；c_3 盐酸标准溶液准确的物质的量浓度，mol/L；V_3 为试液消耗氢氧化钾标准溶液的体积，mL；V_4 为空白实验时消耗氢氧化钾标准溶液的体积，mL；V_5 为返滴定时消耗盐酸标准溶液的体积，mL；K 为酸的换算系数：苹果酸为 0.067、乙酸为 0.060、酒石酸为 0.075、柠檬酸为 0.064、柠檬酸为 0.070(含 1 分子结晶水)、乳酸为 0.090、盐酸为 0.036、磷酸为 0.049；F_1 为试液的稀释倍数；m_1 为试液的质量或体积的数值，g 或 mL。

计算结果表示到小数点后两位。

注意事项与说明：①各种酸滴定终点的 pH：磷酸 8.7～8.8；其他酸 8.3±0.1；②如果样品酸度较低，可用 0.010 00 mol/L 或 0.050 00 mol/L 氢氧化钾标准溶液滴定；③pH 电位滴定法适用范围广，尤其适用于深色或浑浊度大的食品如饮料中总酸度的测定。

9.2.2　固定 pH 法连续测定食品中的总酸度和粗蛋白

以连续测定齿果酸模(*Rumex dentatua* L.)中的总酸度和粗蛋白为例进行介绍。

齿果酸模别名牛舌草、羊蹄大黄、土大黄等，为蓼科酸模属(*Rumex* L.)植物，齿果酸模中主要有没食子酸、抗坏血酸、柠檬酸、苹果酸、琥珀酸、异香草酸等常见有机酸。测定总酸度对判断植物的成熟度具有重要意义。酸碱滴定法不能测定颜色较深、浑浊度较大或含有铵根离子等极弱酸的试液，由于植物样品的复杂性，常难以确定所含主要酸性组成的成分，计算结果时不易确定酸的换算系数，较难反映植物中总酸的真实含量。蛋白质是评价食物营养价值的重要指标，常用凯氏定氮法、甲醛滴定法等进行测定。但凯氏定氮法操作繁杂，工作效率较低。

1. 原理

利用超声波的强烈振动和空化效应，加速齿果酸模酸性物质的溶出，加入甲醛将 NH_4^+ 转化为等物质量的 H^+，用固定 pH 法测定样品中的总酸度后，再加浓硫酸和催化剂消解，样品中的氨基酸氮转化为 NH_4^+，除去过量硫酸后，用甲醛将 NH_4^+ 转化为等物质的量的 H^+，用 KOH 标准溶液滴定至原来的 pH，根据此期间消耗 KOH 的物质的量计算样品中粗蛋白的含量。

超声波辅助-甲醛提取法可以克服国标法中不能测定极弱酸性物质的不足，工作效率大大提高，利于推广应用。本法依据酸碱反应的实质，以每千克样品中可滴定的 H^+ 的物质的量计算总酸度，使被测样品有了更加合理的便于相互比较的统一计算方法，能真实地反映样品中客观存在的总酸度。固定 pH 法测定粗蛋白无须蒸馏和使用指示剂，样品消解、转换后直接滴定，不受试液颜色、浑浊度的影响，一次称样能连续测定样品中的两项营养指标，操作简便，省时省力，为食品样品总酸度和粗蛋白的连续测定提供了一种简便快速的分析方法，有一定的推广应用价值。

2. 主要仪器与试剂

101-2-S-Ⅱ电热恒温鼓风干燥箱；SB-5200 DTD超声波清洗机(额定功率为200 W)；HHS型电热恒温水浴锅；FOSS Kjeltec 2300自动定氮仪；pH3-3C型离子分析仪。

pH=8.20、pH=5.10的甲醛溶液：使用前分别向两瓶甲醛试剂中滴加KOH标准溶液，在离子分析仪上分别调至pH=8.20、pH=5.10，备用；催化剂：硫酸铜和硫酸钾按等质量比例混合，于研钵中充分研磨后，移入广口瓶中储存，备用；氢氧化钾、盐酸、浓硫酸均为分析纯；水为石英亚沸二次重蒸水。

3. 分析步骤

齿果酸模取可食部分依次用自来水、二次重蒸水充分洗净，自然晾干，称取3 g左右(准至0.0001 g)，放入研钵中研碎，用少量重蒸水定量转移至100 mL烧杯中，按1∶10(质量体积比)料液比加入重蒸水和2.00 mL pH=8.20的甲醛，常温下超声25 min后，于40 ℃水浴中放置10 min，冷至室温，在校准好的离子分析仪上用0.0500 mol/L KOH标准溶液滴定至pH=8.20，记录消耗标准溶液的体积，并进行平行和空白测定。在称取样品的同时按照GB 5009.3—2010《食品中水分的测定方法》测定样品中水分的质量分数w。以每千克齿果酸模干基样品所消耗KOH的物质的量(mol/kg)按式(9.7)计算总酸度。

$$b = \frac{c \times (V_1 - V_2)}{m(1-w)} \tag{9.7}$$

式中，b为齿果酸模总酸度，即1 kg样品消耗KOH的物质的量(质量摩尔浓度)，mol/kg；c为KOH标准溶液的物质的量浓度，mol/L；V_1、V_2分别为试液、空白溶液消耗KOH标准溶液的体积，mL；m为称取样品的质量，g；w为样品中水分的质量分数，g/(100 g)。

滴定至pH=8.20的试液在通风橱中置于75 ℃红外加热炉上加热成糊状体，挥发除去剩余甲醛，用重蒸水将其全部转移到定氮仪消化管中，加0.3 g催化剂和5 mL浓H_2SO_4，420 ℃消解90 min，冷却后移入50 mL容量瓶，用重蒸水多次洗涤消化管，洗涤液移入容量瓶，用重蒸水定容，混匀后移取20.00 mL于100 mL小烧杯中，在离子分析仪上小心滴加KOH溶液至pH=5.10，记录滴定管的体积为初读数后，加入pH=5.10甲醛溶液15.00 mL，轻轻混匀，用0.0500 mol/L KOH标准溶液再逐滴滴至pH=5.10，记录滴定管的体积为终读数，终读数与初读数之差即为移取20.00 mL容量液消耗KOH标准溶液的体积V_1，mL；同时进行全程空白实验，按式(9.8)计算干基样品中的粗蛋白。

$$w_1 = \frac{(V_1 - V_2) \times c \times 0.014\,01 \times 50}{m(1-w) \times 20} \times F \times 100 \tag{9.8}$$

式中，w_1为干基样品中粗蛋白质的质量分数，g/(100 g)；V_2为空白消耗KOH标准溶液的体积，mL；c为KOH标准溶液的物质的量浓度，mol/L；0.014 01为1 mmol KOH标准溶液相当于氮的质量，g；m为称取样品的质量，g；w为样品中水分的质量分数，g/(100 g)；F为氮换算为样品中蛋白质的系数，为6.25。

9.2.3 游离酸活度的测定

游离酸的活度即被测定溶液中H^+的活度，当H^+浓度很稀释时，可以用浓度代替活度进行测定。分析方法有pH电位法、试纸法和比色法等。其中pH电位法操作简便且结果准确，是最常用的方法。下面介绍食品安全国家标准。

食品安全国家标准 GB 5009.237—2016《食品 pH 的测定》，规定了肉及肉制品、水产品中牡蛎(蚝、海蛎子)及罐头食品 pH 的测定方法。适用于肉及肉制品中均质化产品的 pH 测试及屠宰后的畜体、胴体和瘦肉的 pH 非破坏性测试、水产品中牡蛎(蚝、海蛎子)pH 的测定和罐头食品 pH 的测定。

1. 原理

利用玻璃电极作为指示电极，甘汞电极或银-氯化银电极作为参比电极，当试样或试样溶液中氢离子浓度发生变化时，指示电极和参比电极之间的电动势也随着发生变化而产生直流电势(即电位差)，通过前置放大器输入 A/D 转换器，以达到测量 pH 的目的。

2. 试剂

邻苯二甲酸氢钾[$KHC_6H_4(COO)_2$]；磷酸二氢钾；磷酸氢二钠；酒石酸氢钾($KHC_4H_4O_6$)；柠檬酸氢二钠($Na_2HC_6H_5O_7$)；一水合柠檬酸($C_5H_8O_7 \cdot H_2O$)；氢氧化钠；氯化钾；碘乙酸($C_2H_3IO_2$)；乙醚($C_4H_{10}O$)；乙醇。

除非另有说明，本法所用试剂均为分析纯，水为 GB/T 6682 规定的三级水。用于配制缓冲溶液的水应新煮沸，或用不含二氧化碳的氮气排除二氧化碳。

pH=3.57 的缓冲溶液(20 ℃)：酒石酸氢钾在 25 ℃配制的饱和水溶液，此溶液的 pH 在 25 ℃时为 3.56，而在 30 ℃时为 3.55。或使用经国家认证并授予标准物质证书的标准溶液。

pH=4.00 的缓冲溶液(20 ℃)：于 110~130 ℃将邻苯二甲酸氢钾干燥至恒量，并于干燥器内冷却至室温。称取邻苯二甲酸氢钾 10.211 g(精确到 0.001 g)，加入 800 mL 水溶解，用水定容至 1000 mL。此溶液的 pH 在 0~10 ℃时为 4.00，在 30 ℃时为 4.01。或使用经国家认证并授予标准物质证书的标准溶液。

pH=5.00 的缓冲溶液(20 ℃)：将柠檬酸氢二钠配制成 0.1 mol/L 的溶液即可。或使用经国家认证并授予标准物质证书的标准溶液。

pH=5.45 的缓冲溶液(20 ℃)：称取 7.010 g(精确到 0.001 g)一水合柠檬酸，加入 500 mL 水溶解，加入 375 mL 1.0 mol/L 氢氧化钠溶液，用水定容至 1000 mL。此溶液的 pH 在 10 ℃时为 5.42，在 30 ℃时为 5.48。或使用经国家认证并授予标准物质证书的标准溶液。

pH=6.88 的缓冲溶液(20 ℃)：于 110~130 ℃将无水磷酸二氢钾和无水磷酸氢二钠干燥至恒量，于干燥器内冷却至室温。称取上述磷酸二氢钾 3.402 g(精确到 0.001 g)和磷酸氢二钠 3.549 g(精确到 0.001 g)，溶于水中，用水定容至 1000 mL。此溶液的 pH 在 0 ℃时为 6.98，在 10 ℃时为 6.92，在 30 ℃时为 6.85。或使用经国家认证并授予标准物质证书的标准溶液。

以上缓冲液一般可保存 2~3 个月，但发现有浑浊、发霉或沉淀等现象时，不能继续使用。

1.0 mol/L 氢氧化钠溶液：称取 40 g 氢氧化钠，溶于水中，用水稀释至 1000 mL。或使用经国家认证并授予标准物质证书的标准溶液。

0.1 mol/L 氯化钾溶液：称取 7.5 g 氯化钾于 1000 mL 容量瓶中，加水溶解，用水稀释至刻度(若待测试样处在僵硬前的状态，需加入已用氢氧化钠溶液调节 pH 至 7.0 的 925 mg/L 碘乙酸溶液，以阻止糖酵解)。或使用经国家认证并授予标准物质证书的标准溶液。

3. 仪器和设备

用于试样的均质化,包括高速旋转的切割机,或多孔板的孔径不超过 4 mm 的绞肉机;pH 计:准确度为 0.01,仪器应有温度补偿系统,若无温度补偿系统,应在 20 ℃ 以下使用,并能防止外界感应电流的影响;pH 复合电极:由 pH 玻璃指示电极和 Ag/AgCl 或 Hg/Hg_2Cl_2 参比电极组装而成;均质器:转速可达 200 00 r/min;磁力搅拌器。

4. 分析步骤

试样制备:肉及肉制品的取样方法参见 GB/T 9695.19。

实验室所收到的样品要具有代表性且在运输和储藏过程中没受损或发生变化,取有代表性的样品且根据实际情况使用一两个不同水的梯度进行溶解。非均质化的试样要选取有代表性的 pH 测试点。按测定方法继续操作。

均质化的试样:将试样均质,注意避免试样的温度超过 25 ℃。若使用绞肉机,试样至少通过该仪器两次,将试样装入密封的容器里,防止变质和成分变化。试样应尽快进行分析,均质化后最迟不超过 24 h。

水产品中牡蛎(蚝、海蛎子):称取 10 g(精确到 0.01 g)绞碎试样,加新煮沸后冷却的水至 100 mL,摇匀,浸渍 30 min 后过滤或离心,取约 50 mL 滤液于 100 mL 烧杯中。

罐头食品:液态制品混匀备用,固相和液相分开的制品则取混匀的液相部分备用,稠厚或半稠厚制品及难以从中分出汁液的制品(如糖浆、果酱、果浆或菜浆类、果冻等):取部分样品在混合机或研钵中研磨,如果得到的样品仍太稠厚,加入等量的刚煮沸过的水,混匀备用。

用两个已知精确 pH 的缓冲溶液(尽可能接近待测溶液的 pH),在测定温度下用磁力搅拌器搅拌的同时校正 pH 计。若 pH 计不带温度补偿系统,应保证缓冲溶液的温度在(20±2)℃范围内。

在均质化肉及肉制品试样中,加入 10 倍于待测试样质量的氯化钾溶液,用均质器进行均质。取一定量能够浸没或埋置电极的试样,将电极插入试样中,将 pH 计的温度补偿系统调至试样温度。若 pH 计不带温度补偿系统,应保证待测试样的温度在(20±2)℃范围内。采用适合于所用 pH 计的步骤进行测定,读数显示稳定以后,直接读数,准确至 0.01。同一个制备试样至少要进行两次测定。

非均质化试样的测定:用小刀或大头针在试样上打一个孔,以免复合电极破损,将 pH 计的温度补偿系统调至试样的温度。若 pH 计不带温度补偿系统,应保证待测试样的温度在(20±2)℃范围内。采用适合于所用 pH 计的步骤进行测定,读数显示稳定以后,直接读数,准确至 0.01。鲜肉通常保存于(0~5)℃,测定时需要用带温度补偿系统的 pH 计。在同一点重复测定。

必要时可在试样的不同点重复测定,测定点的数目随试样的性质和大小而定。同一个制备试样至少要进行两次测定。

电极的清洗:用脱脂棉先后蘸乙醚和乙醇擦拭电极,最后用水冲洗并按生产商的要求保存电极。

非均质化试样的测定,在同一试样上同一点的测定,取两次测定的算数平均值作为结果。pH 读数准确至 0.05。在同一试样不同点的测定,描述所有的测定点及各自的 pH。

均质化试样的测定,结果精确至 0.05。

在重复性条件下获得的两次独立测定结果的绝对差值不得超过 0.1 pH。

注意事项与说明：①若试样为僵硬前的状态（肉与肉制品），需加入已用 1.0 mol/L 氢氧化钾溶液调节 pH=7.0 的 925 mg/L 碘乙酸溶液，以阻止糖酵解；②屠宰后的畜体、胴体和瘦肉的非破坏性测试中，在同一试样不同点的测定结果表述时，要描述所有的测定点及各自的 pH；③本法中，若使用氢氧化钠溶液的场合最好用氢氧化钾溶液，以防止 pH 玻璃指示电极产生较为显著的钠差，影响测定结果的准确度。

9.2.4　挥发酸的测定

测定挥发酸的方法有直接法和间接法。直接法先用蒸馏或其他方法将挥发酸分离出来，后用标准碱液滴定；间接法是将挥发酸蒸发除去后，滴定不挥发酸，再由总酸度减去此不挥发酸即得挥发酸含量。直接法较为便利，下面予以介绍。

1. 原理

样品经处理后，在酸性条件下挥发酸能随水蒸气一起蒸发，用碱标准溶液滴定，计算挥发酸的质量分数。

2. 仪器与试剂

蒸馏装置主要由蒸气发生瓶、样品瓶、冷凝器、收集器和加热装置等组成（图 9.1）。

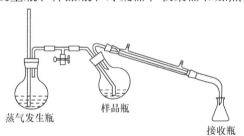

蒸气发生瓶　　　样品瓶　　　接收瓶

图 9.1　水蒸气蒸馏装置

0.050 00 mol/L、0.010 00 mol/L 氢氧化钠标准溶液；磷酸溶液[ρ = 10 g/(100 mL)]；10 g/L 酚酞指示液；盐酸溶液(1+4)；0.0050 00 mol/L 碘标准溶液；5 g/L 淀粉指示液；硼酸钠饱和溶液。

3. 分析步骤

1）一般样品

安装好蒸馏装置。准确称取均匀样品 2.00～3.00 g，加 50 mL 煮沸过的蒸馏水和 1 mL 磷酸溶液[ρ =10 g/(100 mL)]。连接水蒸气蒸馏装置，加热蒸馏至馏液 300 mL。馏出液加热至 60～65 ℃，加入酚酞指示剂 3～4 滴，用 0.1000 mol/L 氢氧化钠标准溶液滴定至微红色，30 s 内不褪色为终点。在严格的相同条件下做空白实验，样品中挥发酸的质量分数按式(9.9)计算。

2）葡萄酒或果酒

以蒸馏的方式蒸出样品中的低沸点酸类即挥发酸，用碱标准溶液滴定，再测定游离二氧化硫和结合二氧化硫，通过计算与修正，得出样品中挥发酸含量。

(1)实测挥发酸：准确量取 10 mL 样品(V，液温 20 ℃)进行蒸馏，收集 100 mL 馏出液，将馏出液加热至沸,加入两滴酚酞指示液,用 0.050 00 mol/L 氢氧化钠标准溶液滴定至粉红色,30 s 内不变色即为终点,记下消耗氢氧化钠标准溶液的体积(V_1)。

(2)测定游离二氧化硫:于上述溶液中加 1 滴盐酸溶液酸化,加 2 mL 淀粉指示液和几粒碘化钾,混匀后用碘标准溶液滴定,得出碘标准溶液消耗的体积(V_2)。

(3)测定结合二氧化硫:在上述溶液中加硼酸钠饱和溶液至显粉红色,继续用碘标准溶液滴定至溶液呈蓝色,得到碘标准溶液消耗的体积(V_3)。

(4)样品中实测挥发酸的质量分数按式(9.10)计算。若挥发酸接近或超过理化指标时,需进行修正,按式(9.11)计算。

$$w = \frac{c \times (V_1 - V_2) \times 0.060}{m} \times 100 \quad (9.9)$$

式中,w 为样品中挥发酸的质量分数(以乙酸计),g/(100 g);c 为氢氧化钠标准溶液的物质的量浓度,mol/L;V_1 为样液消耗氢氧化钠标准溶液的体积,mL;V_2 为空白实验时消耗氢氧化钠标准溶液的体积,mL;0.060 为乙酸的换算系数;m 为样品质量,g。

$$\rho_1 = \frac{c \times V_1 \times 0.060}{V} \times 100 \quad (9.10)$$

式中,ρ_1 为样品中实测挥发酸的质量浓度(以乙酸计),g/(100 mL);c 为氢氧化钠标准溶液的物质的量浓度,mol/L;V_1 为消耗氢氧化钠标准溶液的体积,mL;0.060 为乙酸的换算系数;V 为吸取样品的体积,mL。

$$\rho = \rho_1 - \frac{c_2 \times V_2 \times 0.032 \times 1.875}{V} \times 100 - \frac{c_2 \times V_3 \times 0.032 \times 0.9375}{V} \times 100 \quad (9.11)$$

式中,ρ 为样品中真实挥发酸的质量浓度(以乙酸计),g/(100 mL);ρ_1 为实测挥发酸的质量浓度,g/(100 mL);c_2 为碘标准溶液的浓度,mol/L;V_2 为测定游离二氧化硫消耗碘标准溶液的体积,mL;V_3 为测定结合二氧化硫消耗碘标准溶液的体积,mL;0.032 为二氧化硫的转换系数;1.875 为 1 g 游离二氧化硫相当于乙酸的质量,g;0.9375 为 1 g 结合二氧化硫相当于乙酸的质量,g;V 为吸取样品的体积,mL。

注意事项与说明:①葡萄酒、果酒挥发酸的测定是 GB/T 15038—2006《葡萄酒、果酒通用分析方法》;②所得结果应表示至 1 位小数。

9.3　食品中有机酸的分析

食品中有机酸的分离分析主要采用气相色谱和液相色谱法。气相色谱用于有机酸的分析时,常因有机酸的沸点较高,不易气化,需要进行衍生后测定,方法较烦琐,也会因有机酸反应直接影响测定结果的准确性。采用高效液相色谱法分析,样品只需经过离心或过滤等简单处理,操作简便,分离分析效果较好。下面介绍食品安全国家标准 GB 5009.157—2016《食品中有机酸的测定》。标准规定了食品中酒石酸、乳酸、苹果酸、柠檬酸、丁二酸、富马酸和己二酸的测定方法,适用于果汁及果汁饮料、碳酸饮料、固体饮料、胶基糖果、饼干、糕点、果冻、水果罐头、生湿面制品和烘焙食品馅料中 7 种有机酸的测定。

1. 原理

试样直接用水稀释或用水提取后,经强阴离子交换固相萃取柱净化,经反相色谱柱分离,以保留时间定性,外标法定量。

2. 仪器与试剂

甲醇:色谱纯;无水乙醇:色谱纯;磷酸;磷酸溶液(0.1%):量取磷酸 0.1 mL,加水至 100 mL,混匀;磷酸-甲醇溶液(2%):量取磷酸 2 mL,加甲醇至 100 mL,混匀。除非另有说明,本方法所用试剂均为分析纯,水为 GB/T 6682 规定的一级水。

标准品:乳酸标准品($C_3H_6O_3$),纯度≥99%;酒石酸标准品($C_4H_6O_6$),纯度≥99%;苹果酸标准品($C_4H_6O_5$),纯度≥99%;柠檬酸标准品($C_6H_8N_7$),纯度≥98%;丁二酸标准品($C_4H_6N_4$),纯度≥99%;富马酸标准品($C_4H_4O_4$),纯度≥99%;己二酸标准品($C_6H_{10}N_4$),纯度≥99%。

标准溶液配制:酒石酸、苹果酸、乳酸、柠檬酸、丁二酸和富马酸混合标准储备溶液:分别称取酒石酸 1.25 g、苹果酸 2.5 g、乳酸 2.5 g、柠檬酸 2.5 g、丁二酸 6.25 g(精确至 0.01 g)和富马酸 2.5 mg(精确至 0.01 mg)于 50 mL 小烧杯中,加水溶解,用水转移到 50 mL 容量瓶中,定容,混匀,于 4 ℃保存,其中酒石酸质量浓度为 2500 μg/mL、苹果酸 5000 μg/mL、乳酸 5000 μg/mL、柠檬酸 5000 μg/mL、丁二酸 12500 μg/mL 和富马酸 12.5 μg/mL。

酒石酸、苹果酸、乳酸、柠檬酸、丁二酸、富马酸混合标准曲线工作液:分别吸取混合标准储备溶液 0.50 mL、1.00 mL、2.00 mL、5.00 mL、10.00 mL 于 25 mL 容量瓶中,用磷酸溶液定容至刻度,混匀,于 4 ℃保存。

己二酸标准储备溶液(500 μg/mL):准确称取按其纯度折算为 100%质量的己二酸 12.5 mg,置于 25 mL 容量瓶中,加水到刻度,混匀,于 4 ℃保存。

己二酸标准曲线工作液:分别吸取标准储备溶液 0.50 mL、1.00 mL、2.00 mL、5.00 mL、10.00 mL 于 25 mL 容量瓶中,用磷酸溶液定容至刻度,混匀,于 4 ℃保存。

强阴离子固相萃取柱(SAX):1000 mg,6 mL。使用前依次用 5 mL 甲醇、5 mL 水活化。高效液相色谱仪,带二极管阵列检测器或紫外检测器;天平:感量为 0.01 mg 和 0.01 g;高速均质器;高速粉碎机;固相萃取装置;水相型微孔滤膜:孔径 0.45 μm。

注意:实验人员在使用液氮时,应佩戴手套等防护工具,防止意外洒溅,造成冻伤。

3. 分析步骤

试样制备及保存:将果汁及果汁饮料、果味碳酸饮料等样品摇匀分装,密闭常温或冷藏保存。对果冻、水果罐头等样品取可食部分匀浆后,搅拌均匀,分装,密闭冷藏或冷冻保存;饼干、糕点和生湿面制品等低含水量样品,经高速粉碎机粉碎、分装,于室温下避光密闭保存;对于固体饮料等呈均匀状的粉状样品,可直接分装,于室温下避光密闭保存;对于胶基糖果类黏度较大的特殊样品,现将样品用剪刀铰成约 2 mm×2 mm 大小的碎块放入陶瓷研钵中,再缓慢倒入液氮,样品迅速冷冻后采用研磨的方式获取均匀的样品,分装后密闭冷冻保存。

试样处理:果汁饮料及果汁、果味碳酸饮料,称取 5 g(精确至 0.01 g)均匀试样(若试样中含二氧化碳应先加热除去),放入 25 mL 容量瓶中,加水至刻度,经 0.45 μm 水相滤膜过滤,注入高效液相色谱仪分析。果冻、水果罐头,称取 10 g(精确至 0.01 g)均匀试样,放入 50 mL 塑料离心管中,向其中加入 20 mL 水后在 15000 r/min 的转速下均质提取 2 min,4000 r/min

离心 5 min,取上层提取液至 50 mL 容量瓶中,残留物再用 20 mL 水重复提取一次,合并提取液于同一容量瓶中,并用水定容至刻度,经 0.45 μm 水相滤膜过滤,注入高效液相色谱仪分析。胶基糖果,称取 1 g(精确至 0.01 g)均匀试样,放入 50 mL 具塞塑料离心管中,加入 20 mL 水后在旋混仪上振荡提取 5 min,在 4000 r/min 下离心 3 min 后,将上清液转移至 100 mL 容量瓶中,向残渣加入 20 mL 水重复提取 1 次,合并提取液于同一容量瓶中,用无水乙醇定容,摇匀。

准确移取上清液 10 mL 于 100 mL 鸡心瓶中,向鸡心瓶中加入 10 mL 无水乙醇,在(80±2)℃下旋转浓缩至近干时,再加入 5 mL 无水乙醇继续浓缩至彻底干燥后,用 1 mL×1 mL 水洗涤鸡心瓶两次。将待净化液全部转移至经过预活化的 SAX 固相萃取柱中,控制流速在 1~2 mL/min,弃去流出液。用 5 mL 水淋洗净化柱,再用 5 mL 磷酸-甲醇溶液洗脱,控制流速在 1~2 mL/min,收集洗脱液于 50 mL 鸡心瓶中,洗脱液在 45 ℃下旋转蒸发近干后,再加入 5 mL 无水乙醇继续浓缩至彻底干燥后,用 1.0 mL 磷酸溶液振荡溶解残渣后过 0.45 μm 滤膜后,注入高效液相色谱仪分析。

固体饮料:称取 5 g(精确至 0.01 g)均匀试样,放入 50 mL 烧杯中,加入 40 mL 水溶解并转移至 100 mL 容量瓶中,用无水乙醇定容至刻度,摇匀,静置 10 min。准确移取上清液 20 mL 于 100 mL 鸡心瓶中,向鸡心瓶中加入 10 mL 无水乙醇,在(80±2)℃下旋转浓缩至近干时,再加入 5 mL 无水乙醇继续浓缩至彻底干燥后,用 1 mL×1 mL 水洗涤鸡心瓶两次。将待净化液全部转移至经过预活化的 SAX 固相萃取柱中,控制流速在 1~2 mL/min,弃去流出液。用 5 mL 水淋洗净化柱,再用 5 mL 磷酸-甲醇溶液洗脱,控制流速在 1~2 mL/min,收集洗脱液于 50 mL 鸡心瓶中,洗脱液在 45 ℃下旋转蒸发近干后,再加入 5 mL 无水乙醇继续浓缩至彻底干燥后,用 1.0 mL 磷酸溶液振荡溶解残渣后过 0.45 μm 滤膜后,注入高效液相色谱仪分析。

面包、饼干、糕点、烘焙食品馅料和生湿面制品:称取 5 g(精确至 0.01 g)均匀试样,放入 50 mL 塑料离心管中,向其中加入 20 mL 水后再 15 000 r/min 均质提取 2 min,再在 4000 r/min 下离心 3 min 后,将上清液转移至 100 mL 容量瓶中,向残渣加入 20 mL 水重复提取 1 次,合并提取液于同一容量瓶中,用无水乙醇定容,摇匀。准确移取上清液 10 mL 于 100 mL 鸡心瓶中,向鸡心瓶中加入 10 mL 无水乙醇,在(80±2)℃下旋转浓缩至近干时,再加入 5 mL 无水乙醇继续浓缩至彻底干燥后,用 1 mL×1 mL 水洗涤鸡心瓶两次。将待净化液全部转移至经过预活化的 SAX 固相萃取柱中,控制流速在 1~2 mL/min,弃去流出液。用 5 mL 水淋洗净化柱,再用 5 mL 磷酸-甲醇溶液洗脱,控制流速在 1~2 mL/min,收集洗脱液于 50 mL 鸡心瓶中,洗脱液在 45 ℃下旋转蒸发近干后,用 5.0 mL 磷酸溶液振荡溶解残渣后过 0.45 μm 滤膜后,注入高效液相色谱仪分析。

仪器参考条件:酒石酸、苹果酸、乳酸、柠檬酸、丁二酸和富马酸的测定,色谱柱:CAPECELLPAK MGS5C18 柱,4.6 mm×250 mm,5 μm,或同等性能的色谱柱;流动相:用 0.1%磷酸溶液-甲醇=97.5:2.5(体积比)比例的流动相等度洗脱 10 min,然后用较短的时间梯度让甲醇相达到 100%并平衡 5 min,再将流动相调整为 0.1%磷酸溶液-甲醇=97.5:2.5(体积比)的比例,平衡 5 min;柱温:40 ℃;进样量:20 μL;检测波长:210 nm。己二酸的测定,色谱柱:CAPECELLPAK MGS5C18 柱,4.6 mm×250 mm,5 μm,或同等性能的色谱柱;流动相:0.1%磷酸溶液-甲醇=75:25(体积比)等度洗脱 10 min;柱温:40 ℃;进样量:20 μL;检测波长:210 nm。

标准曲线的制作：将标准系列工作液分别注入高效液相色谱仪中，测定相应的峰高或峰面积。以标准工作液的浓度为横坐标，以色谱峰高或峰面积为纵坐标，绘制标准曲线或经过线性回归得出回归方程。

试样溶液的测定：将试样溶液注入高效液相色谱仪中，得到峰高或峰面积，根据标准曲线或回归方程得到待测液中有机酸的浓度。试样中有机酸的含量按式(9.12)计算：

$$w = \frac{\rho_i \times V}{m \times 1000} \tag{9.12}$$

式中，w 为试样中有机酸的质量分数，g/kg；ρ_i 为由标准曲线求得试液中某有机酸的浓度，μg/mL；V 为样品溶液定容体积，mL；m 为最终样液代表的试样质量，g；1000 为换算系数。

以重复性条件下获得的两次独立测定结果的算术平均值表示结果，保留两位有效数字。测定结果的绝对差值不得超过算术平均值的10%。

检出限与定量限均为：①果汁、果汁饮料、果冻和水果罐头：酒石酸 250 mg/kg、苹果酸 500 mg/kg、乳酸 250 mg/kg、柠檬酸 250 mg/kg、丁二酸 1250 mg/kg、富马酸 1.25 mg/kg、己二酸 25 mg/kg；②胶基糖果、面包、糕点、饼干和烘焙食品馅料：酒石酸 500 mg/kg、苹果酸 1000 mg/kg、乳酸 500 mg/kg、柠檬酸 500 mg/kg、丁二酸 2500 mg/kg、富马酸 2.5 mg/kg、己二酸 50 mg/kg；③固体饮料：酒石酸 50 mg/kg、苹果酸 100 mg/kg、乳酸 50 mg/kg、柠檬酸 50 mg/kg、丁二酸 250 mg/kg、富马酸 0.25 mg/kg、己二酸 5 mg/kg。

有机酸标准溶液的高效液相色谱图见图9.2和图9.3。

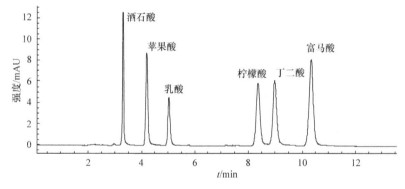

图 9.2　6种有机酸的标准色谱图

酒石酸 50 mg/L、苹果酸 100 mg/L、乳酸 50 mg/L、柠檬酸 50 mg/L、丁二酸 250 mg/L、富马酸 0.25 mg/L

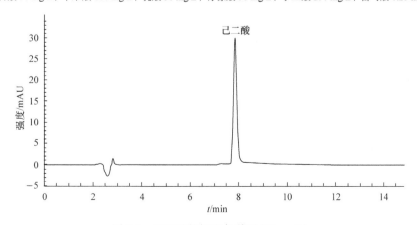

图 9.3　己二酸的标准色谱图(50 mg/L)

9.4　食品香气分析

香气是指在食品中能产生各种挥发性的香味物质,取决于构成香气的化合物。各种食品的香气成分各有其特点,绝大多数香气物质的含量仅在 10^{-6} 数量级,甚至低至 $10^{-11}\sim10^{-12}$ 数量级。香气的组分平均由 300~400 个化合物构成,咖啡有超过 700 个化合物组成,这些香气成分种类复杂、彼此间浓度、极性和沸点相差很大,对光、热、氧气等均敏感,使分析香气相当复杂和艰难。鉴定食品起香气作用的化合物,不仅可使人们获得最基本的有关食品天然成分的化学信息,还可为食品开发中合理应用、调配香味物质提供科学依据。

香气物质的分析可分两步骤:首先,制备适于分离香气物质的样品,包括样品的采集及预处理;其次,分离、定性、定量分析和评价样品风味物质。

9.4.1　香气样品的采集及预处理

1. 样品采集

样品的部位不同,香气组分和含量有差异,如水果的皮、肉、核香气成分差别很大。采样时,应取一部分具有代表性的样品。抽样和制样是保证样本质量的重要一环,抽样必须参照国际或相关国家规定,对田间、野外、加工过程的天然化合物抽样步骤为:认定抽样的总体,从总体中选择并取出正确的总样本,将每一总样本减少到能满足分析技术要求的最低值。

在实际的工作中样本的质量往往被忽视,抽样时应考虑三点:①种类不同,香气物质含量不同;②对大批的样品需要缩分;③样品的运送过程要注意外来杂质混入,生鲜样品需冰冻或低温保存,水分较多的样品装入塑料袋。

2. 样品的预处理

采集食品香气成分前,需要将食品进行预处理(除非是黏度低的液体),包括下列一步或几步:研磨、均化、离心、过滤或挤压。样品预处理时应避免热、光或空气的氧化,以及由于细胞结构的破坏而发生的酶与前躯体的作用。预处理样品宜放入密封且充满 N_2 的瓶中,在 –20 ℃下保存,直至使用。

9.4.2　香气组分的提取方法

尽可能完全、无变化的从样品中抽提出风味组分是进行定性、定量分析的保障。任何一种抽提方法,都不应破坏原有的风味物质,不应产生异味掩盖原有的风味。由于挥发性风味物质具有热敏性、易氧化的特点,要求抽提条件温和,抽提介质纯净。常用的抽提方法如下。

1. 蒸馏法

将溶液加热,低沸点物质蒸发变成蒸气,再冷却凝结成为液体,与原来“混合物”分离的方法称为蒸馏法。蒸馏法主要包括共水蒸气蒸馏法、共水蒸馏法和分子蒸馏法。

1)水蒸气蒸馏

水蒸气蒸馏法适用于能随水蒸气蒸馏而不被破坏的成分的提取。此类成分的沸点多在 100 ℃以上,与水不相混溶或仅微溶,且在 100 ℃时存一定的蒸气压。当与水一起加热,其蒸气压和水的蒸气压总和为一个大气压时，液体就开始沸腾，水蒸气将挥发性物质一并带出。水蒸气蒸馏法能避免精油长时间在高温下发生破坏性分解、水解和聚合，使精油的质量和提取率都得到一定提高，由于设备简单应用最广。但此法操作温度较高，为减少温度的影响，可采用真空蒸馏或减压蒸馏装置，还可采用低温冷凝措施以减少风味物质的损失。

2）共水蒸馏法

共水蒸馏法是一种直接加热法，因样品直接受热，易过热并破坏某些香气组分，目前已很少采用。

3）分子蒸馏法

分子蒸馏法是一种在真空度下分离操作的连续蒸馏法，通过缩短液面与冷凝器的冷凝面距离，使分子离开液面后在它们的自由程内不会互相碰撞，直接达到冷凝面不再返回液体内，是目前蒸馏效果较好的方法，特别适合于分离沸点高、黏度大、热敏性的天然产物。

2. 顶空分析法

顶空分析法(headspace analysis, HSA)是一种简单可靠的测定微量挥发性化合物的分析方法，也是一种有效的气味提取法，应用广泛。顶空法按挥发性组分的提取方式不同，可分为静态法(static)和动态法(dynamic)两类。静态顶空法是将具有挥发性的样品置于密闭系统中，保持恒定温度，使其上部(顶空)的气体与样品中的组分达到相平衡，用适当的方法抽取上部的气体进行色谱分析。动态顶空法与静态顶空法的区别在于其上部的气体是连续流动的，流动气体将挥发性组分吹扫出来，用收集装置(吸附或冷冻)收集后，经处理再进行色谱分析。

顶空法在对易分解和无法直接进样的样品分析时，显示出独特的优势；而且，通常气体样品的进样量为毫升级，液体样品的进样量为微升级，若溶质的分配系数不超过1000，气相样品的响应信号一般比液体样品的响应信号大，能获得更低的检出限；另外，该法具有样品制备简单、分析结果代表性强、操作简便、快速，可避免人为因素的影响、不受挥发性组分的干扰等优点，在食品风味分析方面得到了广泛应用，逐渐形成气相色谱的新分支，成为重要的微量分析方法。但水蒸气对色谱柱会有一定影响，由于缺乏富集能力，一些含量较低的成分不易被检出。影响顶空平衡的温度、压力和悬浮物等，也会给香气提取带来误差，将直接影响回收率。

3. 液液萃取

一般液体样品采取液液萃取(LLE)，此法属于经典的溶液萃取分离技术，是一种利用待测组分与样品基体在两相中溶解性差异进行提取的方法。使用LLE很容易将溶质分成：极性和非极性，极性物质再分为酸性、碱性或中性，这是LLE分析方法的基础，通常采用分液漏斗操作，其最大优点是简单、方便，但在操作过程中香气易损失。

4. 同时蒸馏萃取

同时蒸馏萃取法(simultaneous distillation and solvent extraction，SDE)是 Nickerson 和 Likens 在 1966 发展的一种提取挥发性成分的方法，该法将水蒸气蒸馏和溶剂萃取合二为一，把挥发性成分从水介质中浓缩数千倍。同时，由于 SDE 法获得的是挥发性成分在有机溶剂中的溶液，避免了通常蒸馏时精油吸附在器壁上和转移微量组分时造成的损失。该法操作简单，使用溶剂少，挥发性成分的回收率高，是目前比较经典的香气物质提取方法之一，适于提取沸点较高的挥发性、半挥发性组分，但收集到的香气物质有限，长时间的高温加热会使样品的香气发生变化。蒸馏萃取技术已广泛用于肉类风味、植物精油、香精香料、烟草浸膏的研究中。

5. 液固索氏萃取

固体样品萃取常用索氏提取(solhet extractor)法，由于试样可与溶剂直接混合并多次萃取，一般能得到较高的回收率。这种方法适合于提取痕量物质，但较为费时、操作烦琐，且易将其他化合物同时提取。

6. 固相微萃取法

固相微萃取器(solid phase microextraction，SPME)(图9.4)是近年开发的一种非溶剂高效选择性萃取方法。其装置类似于气相色谱微量注射器，由手柄和萃取头或纤维头两部分构成。手柄用于安装或固定萃取头，可永久使用；萃取头是一根外套不锈钢针管、涂有不同色谱固定相或吸附剂的熔融石英纤维头，纤维头在不锈钢内可自由伸缩，用于萃取、吸附样品。石

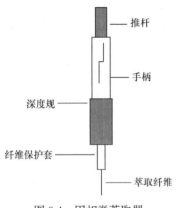

英纤维一端连接不锈钢内芯。通过手柄推动控制萃取头伸缩，将萃取头置于样品中或样品上方，使样品中待测风味物质扩散并富集于萃取头上，然后取出萃取头并插入分析仪器的进样室解吸、分析检测。这种方法具有准确度高，不需使用溶剂、操作简单、快速、效率高、选择性强等优点。该技术在一个简单过程中同时完成了取样、萃取和富集，可与气相色谱、质谱、高效液相色谱等技术联用，主要针对检测一些沸点较低的挥发性有机化合物，对风味物质萃取方面有重要贡献，这对样品数量多、操作周期短的常规分析极为重要，对提高方法的准确度和重现性有重要意义。

图9.4　固相微萃取器

固相微萃取具有极强的选择性，根据"相似相溶原理"，极性涂层主要萃取极性化合物，非极性涂层主要萃取非极性化合物。目前SPME纤维头上薄膜的种类按聚合物极性通常分为两大类：极性的聚丙烯酸酯(polyacrylate)或聚乙二醇(poly ethylene glycol，PEG)非极性的聚二甲基硅氧烷(poly dimethy siloxane，PDMS)。

固相微萃取法(SPME)对香气成分的萃取可采用两种方法，浸入萃取和顶空萃取。浸入萃取是将萃取纤维直接暴露在样品中的直接萃取法，适于分析气体样品和洁净样中的有机化合物。顶空萃取是将纤维暴露于样品顶空中的顶空萃取法，广泛用于油脂、高分子量腐殖酸及固体样品中挥发、半挥发性的有机化合物的分析，可保证样品不受溶液中有机酸、糖分、多酚等化合物的污染，避免样品中酸性和碱性物质对萃取头的腐蚀，延长萃取头使用寿命，为目前香气化合物分析时常用的提取方法。

此外，其他提取方法，如吹扫捕集法、超临界流体萃取、超声波萃取等在食品香气物质提取上也有一定程度的应用。由于每种分离提取法都有自身的优点和缺点，因此在实际操作中可根据研究对象的特性进行具体选择。

9.4.3 香气定量分析方法

对样品香气物质提取后,通过选取适当的分析仪器如气相、气质联用、液质联用等对其进行分析。气相色谱具有灵敏度高、分离效果好和定量分析准确的特点,而质谱具有鉴别能力强、响应速度快、适于对单一组分进行定性分析的特点。二者联用综合了两种技术的优势,实现了多组分混合物的一次定性、定量分析。目前主要采用气质联用(GC/MS)技术进行香气物质的研究,下面以顶空固相微萃取提取,气-质联用分析香气成分为例进行介绍。

1. 仪器

15 mL 顶空瓶;手动顶空进样器;SPME 萃取头及手柄;恒温水浴锅;弹性石英毛细管柱 HP-5MS;气相色谱-质谱联用仪。

2. 分析步骤

1)SPME 取样

取样前先将 100 μm PDMS 萃取头在 250℃气相色谱进样口老化 2 h。

固体试样:切碎后,准确称取 4～6 g 放入 15 mL SPME 样品瓶中,加 3 g NaCl,样品约占瓶体积的 3/5,盖好瓶盖。液体试样:称取 10 mL 样品置于 15 mL 顶空瓶中,加 3 g NaCl,上部留有 2 cm 左右的空间,盖好瓶盖。

2)测定

将老化后的萃取头插入样品瓶顶空部分,于 45 ℃吸附 40 min,吸附后的萃取头取出后插入气相色谱进样口,于 250 ℃解吸 3 min,同时启动仪器进行 GC-MS 检测。

GC-MS 参考条件如下。

色谱条件:弹性石英毛细管柱,长 30 m,内径 0.25 mm,液膜厚 0.25 μm,载气 He,不分流,恒流 0.8 mL/min,进样口温度 250 ℃,接口温度 250 ℃,柱温起始温度 36 ℃保持 3 min,以 4 ℃/min 升温至 120 ℃,再以 10 ℃/min 升温至 230 ℃,保持 8 min。

质谱条件:离子源为 EI 源,温度为 200 ℃;接口温度为 250 ℃;检测器电压 350 V;发射电流 150 μA;扫描范围 m/z 33～500。

3. 结果分析

1)香气物质定性分析

香气物质的定性分析主要有:①对照在相同的色谱条件下与标准品的保留时间、质谱图相比较确认色谱峰的组成;②采用相同的程序升温,用正构烷烃作为标准,以保留时间计算样品中的化合物组分的保留指数,并与文献值相比较,结合气味确认各个香气物质;③运用计算机检索并与图谱库的标准质谱图对照进行暂时确认。

2)香气物质的定量分析

定量计算方法主要有归一化法、内标法和外标法。目前,较为通用的是归一化法,直接计算各香气组分的质量分数;没有对应标准品时可采用内标法分析,一般要选取挥发度与被测样品相近的化合物作为内标;有对应标准品时则采用外标法进行分析。

在一定色谱条件下,被测组分的质量 m_i 与色谱峰面积成正比,进行定量分析,必须测定峰面积和校正因子。定量计算方法如下。

(1)归一化法。若样品中所有组分均能显示出色谱峰，用式(9.13)计算某组分含量：

$$m_i = \frac{f_i A_i}{f_1 A_1 + f_2 A_2 + \cdots + f_i A_i + \cdots + f_n A_n} \times 100\% \tag{9.13}$$

式中，f_i 为校正因子；A_i 为峰面积。当 f_i 为质量校正因子时，得到的 m_i 为质量分数；如果 f_i 为物质的量校正因子或体积校正因子(待测成分为气体时)时，得到的是物质的量分数或体积分数。如果操作条件稳定，在一定的进样量范围内，也可以简化为峰高的归一化法。

现代食品分析中，特别是天然产物的风味成分很难得到所有组分的校正因子，也可以简单的不计校正因子，只用峰面积归一化。归一化法较简便快速。但当有组分不能流出色谱柱(如不气化或已分解)或检测器对某些组分不响应时就不适用。

(2)外标法。用纯物质配制成不同浓度的标准样品，在一定操作条件下定量进样，测定不同浓度标准样品的峰面积，绘出浓度对峰面积的标准曲线后。将样品在与标准样品在严格一致的条件下进样，由所得的峰面积在标准曲线上查出被测组分的含量。

该法操作简单，计算方便。但要求对操作条件和进样量严格控制，否则会产生较大误差。

(3)内标法。在一定量的样品中加一定量的内标物(w_s)，由待测组分和内标物的峰面积及内标物质量计算待测组分质量的方法。

$$w_i = \frac{f_i A_i w_s}{f_s A_s} \tag{9.14}$$

校正因子不知时，用内标对比法定量，先称取一定量内标物，加到已知含量的标准品溶液中，组成标准溶液。再将相同量的内标物加到同体积的待测样品中，组成样品溶液。两溶液分别进样，样品溶液中待测组分可按式(9.15)计算。

$$w_{i样品} = w_{i标准} \times (A_i/A_s)_{样品}、(A_i/A_s)_{标准} \tag{9.15}$$

式中，$(A_i/A_s)_{样品}$、$(A_i/A_s)_{标准}$ 分别为样品溶液和标准溶液中待测组分 i 与内标物 s 峰面积之比；$w_{i样品}$、$w_{i标准}$ 分别为该组分在样品溶液和标准溶液中的质量分数，g/(100 g)。

也可用内标法和标准曲线结合的方法计算待测组分的含量，即可画出 $w_{i标准}$ 相对于 $(A_i/A_s)_{标准}$ 的标准曲线，测出样品中的 A_i/A_s 值，即可由标准曲线求出待测组分的含量。

内标法可消除操作条件变化所引起的误差，定量结果较准确。例如，在液液萃取中，常因食品中一些成分使水相和有机相因乳化而不能很好地分离，容易带来误差。加入内标后，可在一定程度上消除误差，与其他定量方法相比，对操作条件的要求较低。同时，样品如果有某些组分因不能气化或在气化室的高温下分解，在检测器上没响应等，用归一化法会造成很大误差，用内标法对结果影响不大。但内标法对内标物的选择要求是样品中不存在的纯物质，能溶于样品中且与样品中各组分能很好地分离，内标物的色谱峰与待测组分保留时间不应相差过大，加入的量应与待测组分相近。

注意事项与说明：①香气分析要求分离的不仅仅是单个化合物，多数情况是多元组分的混合物，分离需要对色谱分离条件优化。气相色谱柱需要优化的因素包括固定相、柱型、载气及其流速、温度和进样量等；在柱系统确定条件下最常用的优化因素是柱温，即通过柱温的调节改进分离的选择性和分离度。②样品中无机盐浓度提高时，用盐析效应可增加极性有机化合物进入涂层的分配系数，提高样品的离子强度，降低被分析物的溶解度，从而提高萃取效率。常用的无机盐试剂有 NaCl 和 Na_2SO_4。③整个顶空固相微萃取过程中，样品的挥发性物质存在两个平衡过程：顶空和样品间的平衡及顶空和萃取纤维间的平衡。需要对萃取头的选择、萃取温度、萃取时间和解吸附时间等固相微萃取条件进行选择和优化。④搅拌、电磁搅拌、超声振荡、微波条件下有利于增加有机分子的扩散速度，可缩短萃取时间。

思考题与习题

1. 什么是食品的总酸度、有效酸度、挥发酸、酸度($^\circ$T)？

2. 简述食品酸度的测定意义、表示方法及测定原理。

3. 对于颜色较深的一些样品，在测定其总酸度时终点不易观察，应如何排除干扰以保证测定的准确度？

4. 测定食品酸度时，如何消除二氧化碳对测定的影响？

5. 挥发酸产生的主要原因？食品中的挥发酸主要有哪些成分？说明测定挥发酸质量分数的方法。

6. 食品中的主要有机酸有哪些？计算时如何选择折算系数？

7. 说明食品中有机酸的测定原理和方法。

8. 电位法测定溶液 pH 的根据是什么？操作过程中应特别注意哪些问题？为什么用氢氧化钾标准溶液滴定，而不用氢氧化钠标准溶液滴定试液？

9. 香气成分的提取方法有哪些？各有何特点？

10. 说明香气的定量分析方法及原理。

11. 食品中常含有多种有机酸，GB/T 12456—2008 中总酸度测定结果通常以样品中含量最多的那种酸表示，这样会不同程度地偏离样品的真实情况，计算结果会引入一定的方法误差。因样品中含酸性物质的种类和含量多数场合下不清楚，用含酸最多的酸表示计算结果将遇到困难，无法快速进行测定和计算，而且不能测定 $K_a < 10^{-7}$ 的酸，你认为应当如何设计、创新操作可以克服这些缺点？

12. 简述固定 pH 法连续测定食品中的总酸度和粗蛋白的基本原理和特点。

知识扩展：果蔬的食疗功能

果蔬中含有许多天然无毒、营养丰富的化学物质，这些物质具有重要的生理活性。例如，红葡萄中含有白藜芦醇，能抑制胆固醇在血管壁的沉积，防止动脉中血小板的凝聚，有利于防止血栓的形成，并具有抗癌作用。坚果中含有类黄酮，能抑制血小板的凝聚，并有抑菌、抗肿瘤作用。柑橘中含有胡萝卜素能抑制血栓形成，并能抑菌、抑制肿瘤细胞生长。南瓜中含有环丙基结构的降糖因子，对治疗糖尿病具有明显的作用。大蒜中含有硫化合物，具有降血脂、抗癌、抗氧化等作用。西红柿中含有番茄红素，具有抗氧化作用，能防止前列腺癌、消化道癌及肺癌的产生。胡萝卜中含有胡萝卜素，具有抗氧化作用，消除人体内自由基。生姜中含有姜醇和姜粉等，具有抗凝、降血脂、抗肿瘤等作用。菠菜中含有叶黄素，具有减缓中老年人的眼睛自然退化的作用。

（高向阳 教授 王毅 教授）

第10章 食品中灰分及几种重要化学元素分析

10.1 灰分的测定

10.1.1 概述

食品经高温灼烧后残留的无机物质称为灰分,它是标示食品中无机成分总量的一项指标。样品中灰分的质量分数是经过灼烧、称量后计算得出的。食品在灰化过程中,氯、碘、铅等易挥发元素会散失,磷、硫等元素能以含氧酸形式挥发,使无机成分减少;而某些金属氧化物会吸收有机物分解产生的二氧化碳而形成碳酸盐,使无机成分增多。因此,灰分并不能准确地表示食品中原来的无机成分的总量,人们常把食品经高温灼烧后的残留物称为粗灰分或总灰分,简称灰分。

食品灰分的测定项目主要有:①总灰分,主要是金属氧化物和无机盐类,以及一些杂质;②水溶性灰分,主要为钾、钠、钙、镁等元素的氧化物及可溶性盐类;③水不溶性灰分,铁、铝等金属的氧化物、碱土金属的碱式磷酸盐,以及由于污染混入产品的泥沙等物质;④酸不溶性灰分,主要为污染渗入的泥沙和存在于食品组织中的微量二氧化硅。

1. 食品中灰分的质量分数

表10.1给出了部分食品中灰分的平均质量分数,大部分新鲜食品的灰分含量小于5%,纯净油类和脂的灰分一般很少或不含灰分,而干牛肉灰分含量大于11.6%(按湿基计算)。

表10.1 部分食品中灰分的质量分数(按湿基计算)

食品种类	灰分质量分数/%	食品种类	灰分质量分数/%
1. 谷物、面包、面制品		3. 水果和蔬菜	
大米(糙米、大颗粒生的)	1.5	苹果(带皮,未经加工)	0.3
玉米片(整物,黄色)	1.1	香蕉(未经加工)	0.8
去胚玉米(整粒磨碎,白色罐装)	0.9	樱桃(甜,未经加工)	0.5
白米(大颗粒,生的,强化)	0.6	葡萄干	1.8
小麦粉(整粒)	1.6	土豆(带皮,未经加工)	1.6
通心粉(干的,浓缩)	0.7	西红柿(红色,成熟,未经加工)	0.4
黑麦面包	1.5	4. 肉、家禽和鱼类	
2. 乳制品		鲜鸡蛋(全部,未经加工,新鲜)	0.9
乳(未经浓缩,液体)	0.7	鱼片(去骨,糊状或涂面包屑油炸)	2.5
乳(浓缩)	1.6	猪肉(新鲜的,腿心,未经加工)	0.9
奶油(含盐)	2.1	汉堡包(单层小馅饼,普通的)	1.7
奶油(半液状)	0.7	鸡肉(烤或炸,胸脯肉,未经加工)	1.0
大豆人造奶油(硬状,普通)	2.0	牛肉(颈肉,烤前腿,未经加工)	0.9
普通低脂酸奶	0.7		

资料来源:USDA Nutrient Database 的参考文献(1997.8.11~1)。

不同类食品中灰分的质量分数有一定的范围,脂肪、油类和酥油为 0%~4.09%;乳制品为 0.5%~5.1%;水果、水果汁和瓜类为 0.2%~0.6%;干果为 2.4%~3.5%;面粉类和麦片类为 0.3%~4.3%;纯淀粉为 0.3%;小麦胚芽为 4.3%;坚果及其制品为 0.8%~3.4%;肉、家禽和海产品类为 0.7%~1.3%;含糠谷物及制品比无糠谷物及制品灰分含量高。

2. 灰分质量分数测定的意义

(1)灰分质量分数是食品重要的质量控制指标,是食品成分分析的项目之一。例如,面粉加工中,常以总灰分评价面粉等级,加工精度越高,灰分含量越低。总灰分含量可说明果胶、明胶等胶质品的胶冻性能;水溶性灰分含量可反映果酱、果冻等制品中果汁的含量。

(2)测定灰分可判断食品受污染的程度。食品所用原料、加工方法及测定条件不同,灰分组成和含量不同。当这些条件确定后,灰分的含量应在一定的范围,如果超过了正常范围,可能使用了不符合卫生标准的原料或添加剂,或在加工、储运过程中受到污染。

(3)测定灰分可判断食品是否掺假。例如,牛奶中的总灰分含量是恒定的,一般为 0.68%~0.74%,平均值接近 0.70%。因此,可用测定总灰分的方法判定牛奶是否掺假,若掺水,灰分降低。还可判断浓缩比,如果测出牛奶灰分在 1.4%左右,牛奶可能浓缩一倍。

(4)测定植物性原料的灰分可反映植物生长的成熟度和自然条件的影响,测定动物性原料的灰分可反映动物品种、饲料组分的影响。对植物性原料,其灰分组成和含量与自然条件、成熟度等因素密切相关。通过测定作物生长过程中的灰分含量及变化,可掌握适时采摘期和环境、气候、施肥等因素对作物的影响。

10.1.2　食品中总灰分的测定

GB 5009.4—2016 第一法规定了食品中总灰分的测定方法,第一法适用于食品中灰分的测定(淀粉类灰分的方法适用于灰分质量分数不大于 2%的淀粉和变性淀粉),第二法适用于食品中水溶性灰分和水不溶性灰分的测定,第三法适用于食品中酸不溶性灰分的测定。

1. 原理

食品经灼烧后所残留的无机物质称为灰分。灰分数值系用灼烧、称量后计算得出。

2. 仪器与试剂

除非另有说明,本法所用试剂均为分析纯,水为 GB/T 6682 规定的三级水。

乙酸镁;盐酸;80 g/L 乙酸镁溶液:称取 8.0 g 乙酸镁加水溶解并定容至 100 mL,混匀;240 g/L 乙酸镁溶液:称取 24.0 g 乙酸镁加水溶解并定容至 100 mL,混匀;10%盐酸溶液:量取 24 mL 浓盐酸用蒸馏水稀释至 100 mL。

高温炉:最高使用温度≥950 ℃;分析天平:感量分别为 0.1 mg、1 mg、0.1 g;石英坩埚或瓷坩埚;干燥器(内有干燥剂);电热板;恒温水浴锅:控温精度±2 ℃。

3. 分析步骤

取大小适宜的石英坩埚或瓷坩埚置高温炉中,在(550±25)℃下灼烧 30 min,冷却至 200 ℃左右,取出,放入干燥器中冷却 30 min,准确称量。重复灼烧至前后两次称量相差不超过 0.5 mg 为恒量。

淀粉类食品先用沸腾的稀盐酸洗涤，再用大量自来水洗涤，最后用蒸馏水冲洗。将洗净的坩埚置于高温炉内，在(900±25)℃下灼烧 30 min，并在干燥器内冷却至室温，称量，精确至 0.0001 g。

含磷量较高的食品和其他食品：灰分大于或等于 10 g/(100 g)的试样称取 2～3 g(精确至 0.0001 g)；灰分小于或等于 10 g/(100 g)的试样称取 3～10 g(精确至 0.0001 g，对于灰分含量更低的样品可适当增加称样量)。淀粉类食品：迅速称取样品 2～10 g(马铃薯淀粉、小麦淀粉以及大米淀粉至少称 5 g，玉米淀粉和木薯淀粉称 10 g)，精确至 0.0001 g。将样品均匀分布在坩埚内，不要压紧。

含磷量较高的豆类及其制品、肉禽及其制品、蛋及其制品、水产及其制品、乳及乳制品，称取试样后，加入 240 g/L 乙酸镁溶液 1.00 mL 或 80 g/L 乙酸镁溶液 3.00 mL，使试样完全润湿。放置 10 min 后，在水浴上将水分蒸干，在电热板上以小火加热使试样充分炭化至无烟，然后置于高温炉中，在(550±25)℃灼烧 4 h。冷却至 200 ℃左右，取出，放入干燥器中冷却 30 min，称量前如果发现灼烧残渣有炭粒时，应向试样中滴入少许水湿润，使结块松散，蒸干水分再次灼烧至无炭粒即表示灰化完全，方可称量。重复灼烧至前后两次称量相差不超过 0.5 mg 为恒量。

吸取 3 份 240 g/L 乙酸镁溶液 1.00 mL 或 80 g/L 乙酸镁溶液 3.00 mL，做 3 次试剂空白实验。当 3 次实验结果的标准偏差小于 0.003 g 时，取算术平均值作为空白值。若标准偏差大于或等于 0.003 g 时，应重新做空白实验。

淀粉类食品：将坩埚置于高温炉口或电热板上，半盖坩埚盖，小心加热使样品在通气情况下完全炭化至无烟，即刻将坩埚放入高温炉内，将温度升高至(900±25)℃，保持此温度直至剩余的碳全部消失为止，一般 1 h 可灰化完毕，冷却至 200 ℃左右，取出，放入干燥器中冷却 30 min，称量前如果发现灼烧残渣有炭粒时，应向试样中滴入少许水湿润，使结块松散，蒸干水分再次灼烧至无炭粒即表示灰化完全，方可称量。重复灼烧至前后两次称量相差不超过 0.5 mg 为恒量。

其他食品：液体和半固体试样应先在沸水浴上蒸干。固体或蒸干后的试样，先在电热板上以小火加热使试样充分炭化至无烟，然后置于高温炉中，在(550±25)℃灼烧 4 h。冷却至 200 ℃左右，取出，放入干燥器中冷却 30 min，称量前如果发现灼烧残渣有炭粒时，应向试样中滴入少许水湿润，使结块松散，蒸干水分再次灼烧至无炭粒即表示灰化完全，方可称量。重复灼烧至前后两次称量相差不超过 0.5 mg 为恒量。

试样中灰分的含量，加了乙酸镁溶液的试样，按式(10.1)计算：

$$w_1 = \frac{m_1 - m_2 - m_0}{m_3 - m_2} \times 100 \tag{10.1}$$

式中，w_1 为加了乙酸镁溶液试样中灰分的质量分数，g/(100 g)；m_1 为坩埚和灰分的质量，g；m_2 为坩埚的质量，g；m_0 为氧化镁(乙酸镁灼烧后生成物)的质量，g；m_3 为坩埚和试样的质量，g；100 为单位换算系数。

试样中灰分的含量，未加乙酸镁溶液的试样，按式(10.2)计算：

$$w_2 = \frac{m_1 - m_2}{m_3 - m_2} \times 100 \tag{10.2}$$

式中，w_2 为未加乙酸镁溶液试样中灰分的质量分数，g/(100 g)；m_1 为坩埚和灰分的质量，g；m_2 为坩埚的质量，g；m_3 为坩埚和试样的质量，g；100 为单位换算系数。

如果以干物质(干基)计算,加了乙酸镁溶液的试样中灰分的含量,按式(10.3)计算:

$$w_1 = \frac{m_1 - m_2 - m_0}{(m_3 - m_2) \times w} \times 100 \qquad (10.3)$$

式中,w_1 为加乙酸镁溶液试样中灰分的质量分数,%;w 为试样干物质的质量分数,%;其他符号同式(10.1)。

未加乙酸镁溶液的试样中灰分的含量,按式(10.4)计算:

$$w_2 = \frac{m_1 - m_2}{(m_3 - m_2) \times w} \times 100 \qquad (10.4)$$

式中,w_2 为未加乙酸镁溶液试样中灰分的质量分数,%;w 为试样干物质的质量分数,%;其他符号同式(10.3)。

试样中灰分含量≥10 g/(100 g)时,保留三位有效数字;试样中灰分含量<10 g/(100 g)时,保留两位有效数字。

在重复性条件下获得的两次独立测定结果的绝对差值不得超过算术平均值的 5%。

注意事项与说明:如下所述。

1. 灰化温度

灰化温度的高低对灰分测定结果影响很大,一般灰化温度为 500~600 ℃,多数样品以(525±25)℃为宜。温度过高易造成无机物损失。不同类型的食品灰化温度如下。

水果及其制品、肉及肉制品、糖及糖制品、蔬菜制品≤525 ℃;谷类食品、乳制品(奶油除外,奶油≤500 ℃)、鱼、海产品、酒类≤550 ℃。

灰化温度过高会使钾、钠、氯等元素挥发损失,且磷酸盐会熔融,将炭粒包藏起来使其无法被氧化;灰化温度过低,速度慢、时间长,灰化不完全。因此,必须根据食品的种类和性状等因素,在保证灰化完全的前提下,选择合适的灰化温度,尽可能减少无机成分的挥发损失并缩短灰化时间。加热速度不可太快,以防局部产生大量气体而使微粒飞失爆燃。

2. 灰化时间

灰化时间以样品灼烧至灰分呈白色或浅灰色,无炭粒存在并达到恒量为止。但有些样品即使灰化完全,残灰也不一定呈白色或浅灰色。铁含量高的食品,残灰呈褐色;锰、铜含量高的食品,残灰呈蓝绿色。所以应根据样品的组成、性状注意观察残灰的颜色,正确判断灰化程度。

3. 加速灰化的方法

为进一步加快灰化进程,对难灰化的样品可采用下述方法加速灰化。

(1)对难挥发样品,先初步灼烧,取出冷却后,从灰化容器边缘缓慢加入少量去离子水,使水溶性盐类溶解,炭粒暴露出来,在水浴上蒸干后,置于 120~130 ℃烘箱中干燥,再灼烧至恒量。

(2)添加硝酸、双氧水加速样品灰化。一般样品经初步灼烧后,加入硝酸(1+1)或双氧水氧化,蒸干后再灼烧至恒量,也可加入 10%碳酸铵等疏松剂,在灼烧时分解为气体逸出,使灰分呈现松散状态,促进未灰化的碳粒灰化。

(3)白糖、葡萄糖、饴糖等糖类制品灰化后的残灰为钾等阳离子为主的碳酸盐，添加硫酸后阳离子全部以硫酸盐形式存在，结果用硫酸灰分表示。添加浓硫酸时，如果有残灰溶液和二氧化碳气体呈雾状扬起，要边用表面玻璃将灰化容器盖住边加硫酸，不起气泡后，用少量去离子水将表面玻璃上的附着物洗入灰化容器中。

(4)谷物及其制品中的磷酸随着灰化的进行将以磷酸二氢钾的形式存在，易形成在较低温度下熔融的无机物，包住未灰化的碳而难以灰化完全。添加乙酸镁或硝酸镁（通常用醇溶液）等灰化辅助剂，与过剩的磷酸结合，残灰不熔融，成白色松散状态，避免碳粒被包裹，使灰化更容易进行，大大缩短灰化时间。此法应做空白实验，以校正加入的镁盐灼烧后分解产生MgO 的量（参阅 GB 5009.4—2016）。

(5)试样预处理后，灼烧前要先炭化处理，注意热源强度，防止灼烧时因高温引起试样中的水分急剧蒸发，使试样飞溅。对含糖、淀粉、蛋白质较高的样品，为防止发泡溢出，炭化前可加数滴纯植物油。

(6)坩埚放入马弗炉或从炉中取出时，要放在炉口停留片刻，使坩埚预热或冷却，防止温度剧变使坩埚破裂。冷却到200 ℃以下再移入干燥器中，否则因热对流造成残灰飞散，且冷却速度慢，干燥器内会形成低压，盖子不易打开。从干燥器内取出坩埚时，应使空气缓缓流入，以防残灰飞散。

(7)如果液体样品量过多，可分次在同一坩埚中蒸干。测定果蔬类含水量高的样品时，应预先测定样品水分，再将干燥物继续加热灼烧，测定其灰分含量。

(8)灰化后所得残渣可留作 Ca、P、Fe 等无机成分的分析。

(9)新坩埚用前须在盐酸溶液(1+4)中煮沸 1～2 h 后，用自来水、蒸馏水分别洗净并烘干。旧坩埚经初步清洗后，可用废盐酸浸泡 20 min 左右，再用水冲洗干净。

10.1.3　食品中水溶性灰分和水不溶性灰分的测定

GB 5009.4—2016 中第二法规定了食品中水溶性灰分和水不溶性灰分的测定方法。

1. 原理

用热水提取总灰分，经无灰滤纸过滤、灼烧、称量残留物，测得水不溶性灰分，由总灰分和水不溶性灰分的质量之差计算水溶性灰分。

2. 仪器与试剂

除非另有说明，本方法所用水为 GB/T 6682 规定的三级水。
高温炉：最高温度≥950℃；分析天平：感量分别为 0.1 mg、1 mg、0.1 g；石英坩埚或瓷坩埚；干燥器；无灰滤纸；漏斗；烧杯(高型)；恒温水浴锅：控温精度±2℃。

3. 分析步骤

用约 25 mL 热蒸馏水分次将总灰分从坩埚中洗入 100 mL 烧杯中，盖上表面皿，用小火加热至微沸，防止溶液溅出。趁热用无灰滤纸过滤，并用热蒸馏水分次洗涤杯中残渣，直至滤液和洗涤体积约达 150 mL 为止，将滤纸连同残渣移入原坩埚内，放在沸水浴锅上小心地蒸去水分，然后将坩埚烘干并移入高温炉内，以(550±25)℃灼烧至无炭粒（一般需 1 h）。待炉温降至 200 ℃时，放入干燥器内，冷却至室温，称量(准确至 0.0001 g)。再放入高温炉内，以 (550±25)℃灼烧 30 min，冷却并称量。如此重复操作，直至连续两次称量之差不超过 0.5 mg 为止，记下最低质量。

水不溶性灰分的含量，按式(10.5)计算：

$$w_1 = \frac{m_1 - m_2}{m_3 - m_2} \times 100 \tag{10.5}$$

式中，w_1 为水不溶性灰分的质量分数，g/(100 g)；m_1 为坩埚和水不溶性灰分的质量，g；m_2 为坩埚的质量，g；m_3 为坩埚和试样的质量，g；100 为单位换算系数。

水溶性灰分的含量，按式(10.6)计算：

$$w_2 = \frac{m_4 - m_5}{m_0} \times 100 \tag{10.6}$$

式中，w_2 为水溶性灰分的质量分数，g/(100 g)；m_0 为试样的质量，g；m_4 为总灰分的质量，g；m_5 为水不溶性灰分的质量，g；100 为单位换算系数。

以干物质(干基)计算，水不溶性灰分的含量，按式(10.7)计算：

$$w_1 = \frac{m_1 - m_2}{(m_3 - m_2) \times w} \times 100 \tag{10.7}$$

式中，w_1 为水不溶性灰分干基的质量分数，%；w 为试样干物质的质量分数，%；其他符号同式(10.5)。

水溶性灰分的含量，按式(10.8)计算：

$$w_2 = \frac{m_4 - m_5}{m_0 \times w} \times 100 \tag{10.8}$$

式中，w_2 为水溶性灰分干基的质量分数，%；w 为试样干物质的质量分数，%，其他符号同式(10.6)。

试样中灰分含量≥10 g/(100 g)时，保留三位有效数字；试样中灰分含量<10 g/(100 g)时，保留两位有效数字，两次平行测定结果的绝对差值不得超过算术平均值的 5%。

10.1.4 酸不溶性灰分分析

第三法规定了食品中酸不溶性灰分的测定方法。

1. 原理

用盐酸溶液处理总灰分，过滤、灼烧、称量残留物。

2. 仪器与试剂

除非另有说明，本法所用试剂均为分析纯，水为 GB/T 6682 规定的三级水。

盐酸；10%盐酸溶液：24 mL 浓盐酸用蒸馏水稀释至 100 mL。

高温炉：最高温度≥950 ℃；分析天平：感量分别为 0.1 mg、1 mg、0.1 g；石英坩埚或瓷坩埚；干燥器(内有干燥剂)；无灰滤纸；漏斗；恒温水浴锅：控温精度±2 ℃。

3. 分析步骤

用 25 mL 10%盐酸溶液将总灰分分次洗入 100 mL 烧杯中，盖上表面皿，在沸水浴上小火加热，至溶液由浑浊变为透明时，继续加热 5 min，趁热用无灰滤纸过滤，用少量沸蒸馏水反复洗涤烧杯和滤纸上的残留物，直至中性(约 150 mL)。将滤纸连同残渣移入原坩埚内，在沸水浴上小心蒸去水分，移入高温炉内，以(550±25)℃灼烧至无炭粒(一般需 1 h)。待炉温降至 200℃时，取出坩埚，放入干燥器内，冷却至室温，称量(准确至 0.0001 g)。再放入高温炉内，以(550±25)℃灼烧 30 min，冷却并称量。如此重复操作，直至连续两次称量之差不超过 0.5 mg 为止，记下最低质量。

分析结果以试样质量计，酸不溶性灰分的质量分数，按式(10.9)计算：

$$w_1 = \frac{m_1 - m_2}{m_3 - m_2} \times 100 \tag{10.9}$$

式中，w_1 为酸不溶性灰分的质量分数，g/(100 g)；m_1 为坩埚和酸不溶性灰分的质量，g；m_2 为坩埚的质量，g；m_3 为坩埚和试样的质量，g；100 为单位换算系数。

以干物质(干基)计算，酸不溶性灰分的质量分数，按式(10.10)计算：

$$w_1 = \frac{m_1 - m_2}{(m_3 - m_2) \times w} \times 100 \tag{10.10}$$

式中，w_1 为酸不溶性灰分干基的质量分数，%；w 为试样干物质的质量分数，%；其他符号同式(10.9)。

试样中灰分含量≥10 g/(100 g)时，保留三位有效数字；试样中灰分含量<10 g/(100 g)时，保留两位有效数字。

在重复性条件下同一样品获得的测定结果的绝对差值不得超过算术平均值的 5%。

10.1.5　灰分的快速分析

测定灰分的常用标准方法是高温灰化法，该法只能得到粗灰分，且费时费力，耗能大。研究快速准确、省时省力的新灰化方法势在必行。

1. 微波快速灰化法

微波加热使样品内部分子间产生强烈振动和碰撞，导致加热物体内部温度急剧升高，不管样品是在敞开还是密闭的容器内，用程序化的微波湿法消化器与马弗炉相比缩短了灰化时间，同时可控制真空度和温度，例如。面粉的微波干法灰化只需 10～20 min。在一个封闭的系统中微波湿法灰化同样快速和安全。微波系统干法灰化约 40 min 的效果相当于马弗炉中灰化 4 h，对植物样品(除铜的测定外)，用微波系统灰化 20 min 即可，显著加快分析速度。

目前美国 CEM 公司和我国均生产出了微波马弗炉。美国 pHOENIX 系列微波马弗炉的特点及技术指标如下。

(1)设备特点：①最大 8 阶独立升温，几分钟内就可由室温程序升温至 1000～1200 ℃，升温快速且易控制；②无须炭化直接灰化；③大部分样品 10 min 之内就可灰化完全，而马弗炉需要数小时甚至几十个小时；④灰化完成后只需几十秒即可冷却，传统方法需要 1 h 甚至更长时间；⑤兼容各种传统坩埚，更有 CEM 专利石英纤维坩埚，使灰化更快速；⑥内部的安全锁定机制可在发生意外情况时自动停止仪器运作，精确、安全。

技术指标：①功率输出：(1400±50)W；②温度范围：操作温度最高可达 1200 ℃；③专利聚能热辐射灰化腔：强化陶瓷+6 石英纤维绝缘材料，灰化腔体积：1.8～5 L；④红外传感装置，内置温度标定；⑤排风量：标准 100CFM，加强 130CFM(可调)。

2. 面粉灰分快速测定法

(1)近红外分析仪灰分测定：近红外技术(NIR)在近 30 年得到不断改进和发展，已成为一种具有良好性能的工具。20 世纪 80 年代中期，NIR 被国际谷物化学师协会(AACC)、国际粮食科技协会(ICC)接受，成为测定谷物成分的标准方法。其中灰分采用近红外测定法(瑞典 Perten8620)进行分析(ICC 标准，第 202 号)。

近红外分析仪是用近红外范围的光照射样品，用光检测元件检测各段波长的光吸收特性，其优点是所需样品量少，重复性好，不用化学试剂，整个过程只需 20 s。

(2)电导法测定面粉中的灰分：利用面粉超声液中可溶性离子的电导率测定面粉的粗灰分是一种快速、简便的分析技术，面粉超声液中可溶性离子浓度与灰分存在着一定的关系。根据其电导率法与 GB 5009.4—2016 方法进行对照测定，建立的数学模型十分吻合，两者测定结果间不存在显著性差异。影响因素主要为超声温度、时间、面粉粒度。蒸馏水对测定有影响，要求用重蒸馏水，也可用微波辅助抽提技术浸提样品。小麦的种类不同，建立的测定数学测定模型不同，研究电导率法快速测定面粉中的粗灰分是项具有现实意义的工作。

10.2　几种重要化学元素分析

10.2.1　概述

一般食品中存在钙、镁、磷、钠、钾、氯、硫 7 种常量元素和铁、铜、锌、碘、锰、钼、钴、硒、镍、锡、硅、氟、钒、铬 14 种必需的微量化学元素。根据元素在体内的功能，可将它们分为三类：①涉及体液调节的化学元素；②构成骨骼的化学元素；③参与体内生物化学反应和作为生物体化学成分的化学元素。

1. 常量元素

钙、磷常量元素是构成骨骼和牙齿的主要成分之一，钙可促进血液凝固，控制神经兴奋，对心脏的正常收缩与弛缓有重要作用。食物中钙的最好来源是牛奶、新鲜蔬菜、豆类和水产品等。磷是细胞中不可缺少的成分，缺磷会影响钙的吸收而得软骨病，磷还可调节体液的酸碱平衡，成人膳食中钙磷比例以 1∶1～1∶2 为宜。

镁参与骨骼组成，与钙同样有抑制神经兴奋的作用，是细胞中的主要阳离子。镁在谷类、豆类等食品中含量丰富，磷多来源于豆类及动物性食品。钠、钾、氯在生理上具有调节体液酸碱度和渗透压的作用，钠、钾还有加强神经与肌肉的应激性的作用，缺钾将对心脏产生损害。氯是人体内维持渗透压最重要的阴离子，氯、钠大部分以 NaCl 的形式存在于细胞体液中。钾来源于蔬菜、谷类、肉类等，钠、氯主要来源于食盐，一般不会缺乏。

硫是人必需的元素之一，是组成蛋白质、硫胺素等体内重要物质的成分。当食物中蛋白质含量适当时，机体对硫的需要完全可以得到满足。

2. 微量元素

生物体内的微量元素可分为必需和非必需两大类。所谓必需元素，即保证生物体健康所必不可少的元素，缺乏时生物体会发生病变。在 14 种必需微量元素中，对人体最重要的是铁、铜、锌、铬(Ⅲ)、碘、锰、钴、硒等。

碘为甲状腺素合成的重要原料，缺碘将引起甲状腺肿大、精神疲惫、四肢无力，儿童会导致发育迟缓。海产食品含有丰富的碘，食用加碘盐也是一项简便、有效的预防措施。

3. 有害元素

对人体有中等或严重毒性的有害元素有铅、砷、汞、镉、铬(Ⅵ)、铜、锡等。需要注意的是，必需元素和有害元素的划分只是相对而言，即使对人体有重要作用的微量元素如铜、锌、硒、氟等，过量时同样对人体有害。国家食品卫生标准对食品中有害元素的含量都做了严格规定。

测定化学元素含量，对评价食品的营养价值，开发强化食品有指导意义，有利于食品加工工艺的改进和食品质量的提高。测定重金属元素含量，可了解食品污染情况，以便采取相应措施，查清和控制污染源，保证食品的质量与安全和食用者的健康。测定化学元素常用的有化学分析法、分子吸光光度法、原子吸收光谱法、原子发射光谱法、极谱法、离子选择性电极法、荧光法、化学发光法等，这些方法在仪器分析课程中详细学习过，不再赘述，本节只介绍 Ca、Fe、I 等元素的主要测定方法。

10.2.2　钙含量分析

GB 5009.92—2016 规定了食品中钙含量测定的火焰原子吸收光谱法、滴定法、电感耦合等离子体发射光谱法和电感耦合等离子体质谱法，适用于食品中钙含量的测定。

1. 火焰原子吸收光谱法

1)原理

试样经消解处理后，加入镧溶液作为释放剂，经原子吸收火焰原子化，在 422.7 nm 处测定的吸光度值在一定浓度范围内与钙含量成正比，与标准系列比较定量。

2)仪器与试剂

除非另有规定，方法所用试剂为优级纯，水为 GB/T 6682 规定的二级水。

硝酸；高氯酸；盐酸；氧化镧(La_2O_3)。

硝酸溶液(5+95)：量取 50 mL 硝酸，加入 950 mL 水，混匀；硝酸溶液(1+1)：量取 500 mL 硝酸，与 500 mL 水混合均匀；盐酸溶液(1+1)：量取 500 mL 盐酸，与 500 mL 水混合均匀；镧溶液(20 g/L)：称取 23.45 g 氧化镧，先用少量水湿润后再加入 75 mL 盐酸溶液(1+1)溶解，转入 1000 mL 容量瓶中，加水定容至刻度，混匀。

碳酸钙($CaCO_3$，CAS 号 471-34-1)：纯度>99.99%，或经国家认证并授予标准物质证书的一定浓度的钙标准溶液；1000 mg/L 钙标准储备液：准确称取 2.4963 g(精确至 0.0001 g)碳酸钙，加盐酸溶液(1+1)溶解，移入 1000 mL 容量瓶中，加水定容至刻度，混匀；100 mg/L 钙标准中间液：准确吸取 1000 mg/L 钙标准储备液 10 mL 于 100 mL 容量瓶中，加硝酸溶液(5+95)至刻度，混匀。

钙标准系列溶液：分别吸取钙标准中间液(100 mg/L)0 mL、0.500 mL、1.00 mL、2.00 mL、4.00 mL、6.00 mL 于 100 mL 容量瓶中，另在各容量瓶中加入 5 mL 镧溶液(20 g/L)，最后加硝酸溶液(5+95)定容至刻度，混匀。此钙标准系列溶液中钙的质量浓度分别为 0 mg/L、

0.500 mg/L、1.00 mg/L、2.00 mg/L、4.00 mg/L 和 6.00 mg/L。

原子吸收光谱仪：配火焰原子化器，钙空心阴极灯；分析天平：感量为 1 mg 和 0.1 mg；微波消解系统：配聚四氟乙烯消解内罐；可调式电热炉和电热板；压力消解罐：配聚四氟乙烯消解内罐；恒温干燥箱；马弗炉。

3) 分析步骤：粮食、豆类样品去除杂物后，粉碎，储于塑料瓶中；蔬菜、水果、鱼类、肉类等样品用水洗净，晾干，取可食部分，制成匀浆，储于塑料瓶中；饮料、酒、醋、酱油、食用植物油、液态乳等液体样品将样品摇匀。

湿法消解：称取固体试样 0.2～3 g(精确至 0.001 g)或准确移取液体试样 0.500～5.00 mL 于带刻度消化管中，加入 10 mL 硝酸、0.5 mL 高氯酸，在可调式电热炉上消解(参考条件：120 ℃/0.5 h～120 ℃/1 h，升至 180 ℃/2 h～180 ℃/4 h，升至 200～220 ℃)。若消化液呈棕褐色，再加硝酸，消解至冒白烟，消化液呈无色透明或略带黄色。取出消化管，冷却后用水定容至 25 mL，再根据实际测定需要稀释，并在稀释液中加入一定体积的镧溶液(20 g/L)，使其在最终稀释液中的浓度为 1 g/L，混匀备用，此为试样待测液，同时做试剂空白实验。还可采用锥形瓶，于可调式电热板上，按上述操作方法进行湿法消解。

微波消解：称取固体试样 0.2～0.8 g(精确至 0.001 g)或准确移取液体试 0.500～3.00 mL 于微波消解罐中，加入 5 mL 硝酸，按照微波消解的操作步骤消解试样，消解条件参考表 10.2。冷却后取出消解罐，在电热板上于 140～160 ℃赶酸至 1 mL 左右。消解罐放冷后，将消化液转移至 25 mL 容量瓶中，用少量水洗涤消解罐 2～3 次，合并洗涤液于容量瓶中并用水定容至刻度。根据实际测定需要稀释，并在稀释液中加入一定体积镧溶液(20 g/L)使其在最终稀释液中的浓度为 1 g/L，混匀备用，此为试样待测液，同时做试剂空白实验。

表 10.2　微波消解升温程序参考条件

步骤	设定温度/℃	升温时间/min	恒温时间/min
1	120	5	5
2	160	5	10
3	180	5	10

压力罐消解：准确称取固体试样 0.2～1 g(精确至 0.001 g)或准确移取液体试样 0.500～5.00 mL 于消解内罐中，加 5 mL 硝酸。盖好内盖，旋紧不锈钢外套，放入恒温干燥箱，于 140～160 ℃下保持 4～5 h。冷却后缓慢旋松外罐，取出消解内罐，放在可调式电热板上于 140～160 ℃赶酸至 1 mL 左右。冷却后将消化液转移至 25 mL 容量瓶中，用少量水洗涤内罐和内盖两三次，合并洗涤液于容量瓶中并用水定容至刻度，混匀备用。根据实际测定需要稀释，并在稀释液中加入一定体积的镧溶液(20 g/L)，使其在最终稀释液中的浓度为 1 g/L，混匀备用，此为试样待测液。同时做试剂空白实验。

干法灰化：准确称取固体试样 0.5～5 g(精确至 0.001 g)或准确移取液体试样 0.500～10.0 mL 于坩埚中，小火加热，炭化至无烟，转移至马弗炉中，于 550 ℃灰化 3～4 h。冷却，取出。对于灰化不彻底的试样，加数滴硝酸，小火加热，小心蒸干，再转入 550℃马弗炉中，继续灰化 1～2 h，至试样呈白灰状，冷却，取出，用适量硝酸溶液(1+1)溶解转移至刻度管中，用水定容至 25 mL。根据实际测定需要稀释，并在稀释液中加入一定体积的镧溶液，使其在最终稀释液中的浓度为 1 g/L，混匀备用，此为试样待测液，同时做试剂空白实验。

火焰原子吸收光谱法参考条件见表10.3。

表10.3 火焰原子吸收光谱法参考条件

元素	波长/nm	狭缝/nm	灯电流/mA	燃烧头高度/mm	空气流/(L/min)	乙炔流量/(L/min)
钙	422.7	1.3	5~15	3	9	2

标准曲线的制作：钙标准系列溶液按浓度由低到高的顺序导入火焰原子化器，测定吸光度值，以标准系列溶液中钙的质量浓度为横坐标，相应的吸光度值为纵坐标，制作标准曲线。

试样溶液的测定：在与测定标准溶液相同的实验条件下，将空白溶液和试样待测液分别导入原子化器，测定相应的吸光度值，与标准系列比较定量。试样中钙的含量按式(10.11)计算：

$$w = \frac{(\rho - \rho_0) \times V}{m} \times f \tag{10.11}$$

式中，w 为试样中钙的质量分数，mg/kg 或 mg/L；ρ 为试样待测液中钙的质量浓度，mg/L；ρ_0 为空白溶液中钙的质量浓度，mg/L；f 为试样消化液的稀释倍数；V 为试样消化液的定容体积，mL；m 为试样质量或移取体积，g 或 mL。

当钙含量≥10.0 mg/kg 或 10.0 mg/L 时，计算结果保留三位有效数字，当钙含量<10.0 mg/kg 或 10.0 mg/L 时，计算结果保留两位有效数字。重复性条件下获得的两次独立测定结果的绝对差值不得超过算术平均值的10%。

以称样量 0.5 g（或 0.5 mL），定容至 25 mL 计算，方法检出限为 0.5 mg/kg（或 0.5 mg/L），定量限为 1.5 mg/kg（或 1.5 mg/L）。

2. EDTA 滴定法

1) 原理

在适当的 pH 范围内，钙与 EDTA（乙二胺四乙酸二钠）形成络合物，以 EDTA 滴定，在达到化学计量点时，溶液呈现游离指示剂的颜色。根据 EDTA 用量，计算钙的含量。

2) 仪器与试剂

除非另有规定，本方法所用试剂均为分析纯，水为 GB/T 6682 规定的三级水。所有玻璃器皿均需硝酸溶液(1+5)浸泡过夜，用自来水反复冲洗，最后用水冲洗干净。

氢氧化钾(KOH)；硫化钠(Na_2S)；柠檬酸钠($Na_3C_6H_5O_7 \cdot 2HO$)；乙二胺四乙酸二钠(EDTA，$C_{10}H_{14}N_2O_8Na_2 \cdot 2H_2O$)；盐酸(HCl)：优级纯；钙红指示剂($C_{21}O_7N_2SH_{14}$)；硝酸($HNO_3$)：优级纯；高氯酸($HClO_4$)：优级纯。

1.25 mol/L 氢氧化钾溶液：称取 70.13 g 氢氧化钾，用水稀释至 1000 mL，混匀；10 g/L 硫化钠溶液：称取 1 g 硫化钠，用水稀释至 100 mL，混匀；0.05 mol/L 柠檬酸钠溶液：称取 14.7 g 柠檬酸钠，用水稀释至 1000 mL，混匀；EDTA 溶液：称取 4.5 g EDTA，用水稀释至 1000 mL，混匀，储存于聚乙烯瓶中，4 ℃保存。使用时稀释 10 倍即可。钙红指示剂：称取 0.1 g 钙红指示剂，用水稀释至 100 mL，混匀；盐酸溶液(1+1)：量取 500 mL 盐酸，与 500 mL 水混合均匀。

碳酸钙($CaCO_3$，CAS 号 471-34-1)：纯度>99.99%，或经国家认证并授予标准物质证书的一定浓度的钙标准溶液。

钙标准储备液(100.0 mg/L):准确称取 0.2496 g(精确至 0.0001 g)碳酸钙,加盐酸溶液(1+1)溶解,移入 1000 mL 容量瓶中,加水定容至刻度,混匀。

分析天平:感量为 1 mg 和 0.1 mg;可调式电热炉和电热板;马弗炉。

3)分析步骤:试样制备和消解同火焰原子吸收光谱法。

滴定度(T)的测定:吸取 0.500 mL 钙标准储备液(100.0 mg/L)于试管中,加 10 g/L 硫化钠溶液 1 滴和 0.05 mol/L 柠檬酸钠溶液 0.1 mL,加 1.25 mol/L 氢氧化钾溶液 1.5 mL,加 3 滴钙红指示剂,立即以稀释 10 倍的 EDTA 溶液滴定至指示剂由紫红变蓝色为止,记录消耗的稀释 10 倍的 EDTA 溶液的体积。根据滴定结果计算出每毫升稀释 10 倍的 EDTA 溶液相当于钙的毫克数,即滴定度。

试样及空白滴定:分别吸取 0.100~1.00 mL(根据钙的含量而定)试样消化液及空白液于试管中,加 1 滴硫化钠溶液(10 g/L)和 0.1 mL 柠檬酸钠溶液(0.05 mol/L),加 1.5 mL 氢氧化钾溶液(1.25 mol/L),加 3 滴钙红指示剂,立即以稀释 10 倍的 EDTA 溶液滴定,至指示剂由紫红色变蓝色为止,记录所消耗的稀释 10 倍的 EDTA 溶液的体积。

试样中钙的含量按式(10.12)计算:

$$w = \frac{T \times (V_1 - V_0) \times V_2}{m \times V_3} \times 1000 \tag{10.12}$$

式中,w 为试样中钙的质量分数,mg/kg 或 mg/L;T 为 EDTA 滴定度,mg/mL;V_1 为滴定试样溶液时所消耗的稀释 10 倍的 EDTA 溶液的体积,mL;V_0 为滴定空白溶液时所消耗的稀释 10 倍的 EDTA 溶液的体积,mL;V_2 为试样消化液的定容体积,mL;1000 为换算系数;m 为试样质量或移取体积,g 或 mL;V_3 为滴定用试样待测液的体积,mL。

计算结果保留三位有效数字。重复性条件下获得的两次独立测定结果的绝对差值不得超过算术平均值的 10%。

以称样量 4 g(或 4 mL),定容至 25 mL,吸取 1.00 mL 试样消化液测定时,方法的定量限 100 mg/kg 或 100 mg/L。

第三法电感耦合等离子体发射光谱法、第四法电感耦合等离子体质谱法见 GB 5009.268—2016。

注意事项与说明:①可根据仪器灵敏度及样品中钙的实际含量确定标准溶液系列中元素的具体浓度。②微量、痕量元素分析的试样制备过程中应特别注意防止各种污染,所有玻璃器皿及聚四氟乙烯消解内罐均需硝酸溶液(1+5)浸泡过夜,用自来水反复冲洗,最后用水冲洗干净;在采样和试样制备过程中,应避免试样污染。所用设备如电磨、绞肉机、匀浆器、打碎机等必须是不锈钢制品。所用容器必须使用玻璃或聚乙烯制品,用做钙测定的试样不得用石磨研碎。③鲜样(如果蔬、鲜肉等)先用自来水冲洗,再用去离子水充分洗净。干粉类试样(如面粉、奶粉等)取样后立即装容器密封保存,防止空气中的灰尘和水分污染。用盐酸溶解碳酸钙时,要用表面皿盖好烧杯后再加盐酸,以防喷溅。其他微量、痕量元素分析也按此方法处理。

10.2.3　铁含量分析

GB 5009.90—2016 规定了食品中铁含量测定的火焰原子吸收光谱法、电感耦合等离子体发射光谱法和电感耦合等离子体质谱法,适用于食品中铁含量的测定。

1. 火焰原子吸收光谱法

1) 原理

试样消解后，经原子吸收火焰原子化，在 248.3 nm 处测定吸光度值。在一定浓度范围内铁的吸光度值与铁含量成正比，与标准系列比较定量。

2) 试剂和仪器

除非另有说明，方法所用试剂均为优级纯，水为 GB/T 6682 规定的二级水。

硝酸；高氯酸；硫酸。

硝酸溶液(5+95)：量取 50 mL 硝酸，倒入 950 mL 水中，混匀；硝酸溶液(1+1)：量取 250 mL 硝酸，倒入 250 mL 水中，混匀；硫酸溶液(1+3)：量取 50 mL 硫酸，缓慢倒入 150 mL 水中，混匀。

硫酸铁铵[$NH_4Fe(SO_4)_2 \cdot 12H_2O$，CAS 号 7783-83-7]：纯度>99.99%。或一定浓度经国家认证并授予标准物质证书的铁标准溶液。

1000 mg/L 铁标准储备液：称取 0.8631 g(精确至 0.0001 g)硫酸铁铵，加水溶解，加 1.00 mL 硫酸溶液(1+3)，移入 100 mL 容量瓶，加水至刻度，混匀。此铁溶液质量浓度为 1000 mg/L。

100 mg/L 铁标准中间液：准确吸取铁标准储备液(1000 mg/L) 10 mL 于 100 mL 容量瓶中，加硝酸溶液(5+95)定容至刻度，混匀。

铁标准系列溶液：分别准确吸取铁标准中间液(100 mg/L) 0 mL、0.500 mL、1.00 mL、2.00 mL、4.00 mL、6.00 mL 于 100 mL 容量瓶中，加硝酸溶液(5+95)定容至刻度，混匀。此铁标准系列溶液中铁的质量浓度分别为 0 mg/L、0.500 mg/L、1.00 mg/L、2.00 mg/L、4.00 mg/L、6.00 mg/L。

原子吸收光谱仪：配火焰原子化器，铁空心阴极灯；分析天平：感量 0.1 mg 和 1 mg；微波消解仪：配聚四氟乙烯消解内罐；可调式电热炉和电热板；压力消解罐：配聚四氟乙烯消解内罐；恒温干燥箱；马弗炉。

3) 分析步骤

粮食、豆类样品去除杂物后，粉碎，储于塑料瓶中；蔬菜、水果、鱼类、肉类等样品用水洗净，晾干，取可食部分，制成匀浆，储于塑料瓶中；饮料、酒、醋、酱油、食用植物油、液态乳等液体样品将样品摇匀。

湿法消解：称取固体试样 0.5～3 g(精确至 0.001 g)或准确移取液体试样 1.00～5.00 mL 于带刻度消化管中，加入 10 mL 硝酸和 0.5 mL 高氯酸，在可调式电热炉上消解[参考条件：120 ℃/(0.5～1 h)，升至 180 ℃/(2～4 h)，升至 200～220 ℃]。若消化液呈棕褐色，再加硝酸，消解至冒白烟，消化液呈无色透明或略带黄色，取出消化管，冷却后将消化液转移至 25 mL 容量瓶中，用少量水洗涤两三次，合并洗涤液于容量瓶中并用水定容至刻度，混匀备用。同时做试样空白实验。还可采用锥形瓶，于可调式电热板上，按上述操作方法进行湿法消解。

微波消解：称取固体试样 0.2～0.8 g(精确至 0.001 g)或准确移取液体试样 1.00～3.00 mL 于微波消解罐中，加入 5 mL 硝酸，按照微波消解的操作步骤消解试样，消解条件参考表 10.2。冷却后取出消解罐，在电热板上于 140～160 ℃赶酸至 1.0 mL 左右。冷却后将消化液转移至 25 mL 容量瓶中，用少量水洗涤内罐和内盖两三次，合并洗涤液于容量瓶中并用水定容至刻度，混匀备用。同时做试样空白实验。

压力罐消解：称取固体试样 0.3～2 g(精确至 0.001 g)或准确移取液体试样 2.00～5.00 mL

于消解内罐中，加入 5 mL 硝酸。以下操作同第 10.2.2 小节"钙含量分析"。冷却后将消化液转移至 25 mL 容量瓶中，用少量水洗涤内罐和内盖两三次，合并洗涤液于容量瓶中并用水定容至刻度，混匀备用。同时做试样空白实验。

干法消解：称取固体试样 0.5～3 g（精确至 0.001 g）或准确移取液体试样 2.00～5.00 mL 于坩埚中，小火加热，炭化至无烟，转移至马弗炉中，于 550 ℃灰化 3～4 h。冷却，取出，对于灰化不彻底的试样，加数滴硝酸，小火加热，小心蒸干，再转入 550 ℃马弗炉中，继续灰化 1～2 h，至试样呈白灰状，冷却，取出，用适量硝酸溶液（1+1）溶解，转移至 25 mL 容量瓶中，用少量水洗涤内罐和内盖两三次，合并洗涤液于容量瓶中并用水定容至刻度。同时做试样空白实验。

测定：火焰原子吸收光谱法测定条件参考条件见表 10.4。

表 10.4　火焰原子吸收光谱法参考条件

元素	波长/nm	狭缝/nm	灯电流/mA	燃烧头高度/mm	空气流量/(L/min)	乙炔流量/(L/min)
铁	248.3	0.2	5～15	3	9	2

标准曲线的制作：标准系列工作液按质量浓度由低到高的顺序导入火焰原子器，测定其吸光度值。以溶液中铁的质量浓度为横坐标，以相应的吸光度值为纵坐标，制作标准曲线。

试样测定：在与测定标准溶液相同的实验条件下，将空白溶液和样品溶液分别导入原子化器，测定吸光度值，与标准系列比较定量。试样中铁的含量按式（10.13）计算：

$$w = \frac{(\rho - \rho_0) \times V}{m} \tag{10.13}$$

式中，w 为试样中铁的质量分数，mg/kg 或 mg/L；ρ 为测定样液中铁的质量浓度，mg/L；ρ_0 为空白液中铁的质量浓度，mg/L；V 为试样消化液的定容体积，mL；m 为称样量或移取体积，g 或 mL。

当铁含量≥10.0 mg/kg 或 10.0 mg/L 时，结果保留三位有效数字；铁含量<10.0 mg/kg 或 10.0 mg/L 时，结果保留两位有效数字。两次平行测定结果的绝对差值不得超过算术平均值的 10%。

当称样量为 0.5 g（或 0.5 mL），定容体积为 25 mL 时，方法检出限为 0.75 mg/kg（或 0.75 mg/L），定量限为 2.5 mg/kg（或 2.5 mg/L）。

第二法电感耦合等离子体发射光谱法、第三法电感耦合等离子体质谱法见 GB 5009.268—2016。

10.2.4　镁含量分析

GB 5009.241—2017 规定了食品中镁含量测定的火焰原子吸收光谱法、电感耦合等离子体发射光谱法和电感耦合等离子体质谱法。本标准适用于各类食品中镁含量的测定。

1. 火焰原子吸收光谱法

1）原理

试样消解处理后，经火焰原子化，在 285.2 nm 处测定吸光度。在一定浓度范围内镁的吸光度值与镁含量成正比，与标准系列比较定量。

2)仪器与试剂

除非另有说明,方法所用试剂均为优级纯,水为 GB/T 6682 规定的二级水。

硝酸;高氯酸;盐酸;硝酸溶液(5+95):量取 50 mL 硝酸,倒入 950 mL 水中,混匀;硝酸溶液(1+1):量取 250 mL 硝酸,倒入 250 mL 水中,混匀;盐酸溶液(1+1):量取 50 mL 盐酸倒入 50 mL 水中,混匀。

金属镁(CAS 号:7439-95-4)或氧化镁(MgO,CAS 号:1309-48-4):纯度>99.99%。或经国家认证并授予标准物质证书的一定浓度的镁标准溶液。

1000 mg/L 镁标准储备液:称取 0.1 g(精确至 0.0001 g)金属镁或 0.1658 g(精确至 0.0001 g)于(800±50)℃灼烧至恒量的氧化镁,溶于 2.5 mL 盐酸溶液(1+1)及少量水中,移入 100 mL 容量瓶,加水至刻度,混匀。

10.0 mg/L 镁标准中间液:准确吸取镁标准储备液(1000 mg/L)1.00 mL,用硝酸溶液(5+95)定容到 100 mL 容量瓶中,混匀。

镁标准系列溶液:吸取镁标准中间液 0 mL、2.00 mL、4.00 mL、6.00 mL、8.00 mL 和 10.0 mL 于 100 mL 容量瓶中用硝酸溶液(5+95)定容至刻度。此镁标准系列溶液的质量浓度分别为 0 mg/L、0.200 mg/L、0.400 mg/L、0.600 mg/L、0.800 mg/L 和 1.00 mg/L。

原子吸收光谱仪:配火焰原子化器,镁空心阴极灯;其他仪器、设备同铁含量分析。

3)分析步骤

粮食、豆类样品去除杂物后,粉碎,储于塑料瓶中;蔬菜、水果、鱼类、肉类等样品用水洗净,晾干,取可食部分,制成匀浆,储于塑料瓶中;饮料、酒、醋、酱油、食用植物油、液态乳等液体样品将样品摇匀。

湿法消解:称取固体试样 0.2~3 g(精确至 0.001 g)或准确移取液体试样 0.500~5.00 mL 于带刻度消化管中,加入 10 mL 硝酸、0.5 mL 高氯酸,在可调式电热炉上消解[参考条件:120 ℃/(0.5~1 h),升至 180 ℃/(2~4 h),升至 200~220 ℃]。若消化液呈棕褐色,再补加硝酸,消解至冒白烟,消化液呈无色透明或略带黄色,取出消化管,冷却后用水定容至 25 mL,混匀备用。同时做试剂空白实验。还可采用锥形瓶,于可调式电热板上,按上述操作方法进行湿法消解。

微波消解:称取固体试样 0.2~0.8 g(精确至 0.001 g)或准确移取液体试样 0.500~3.00 mL 于微波消解罐中,加入 5 mL 硝酸,按照微波消解的操作步骤消解试样,消解条件可参考表 10.2。冷却后取出消解罐,在电热板上于 140~160 ℃赶酸至 0.5~1 mL。消解罐放冷后,将消化液转移至 25 mL 容量瓶中,用少量水洗涤消解罐两三次,合并洗涤液于容量瓶中并用水定容至刻度,混匀备用。同时做试剂空白实验。

压力罐消解:称取固体试样 0.2~1 g(精确至 0.001 g)或准确移取液体试样 0.500~5.00 mL 于消解内罐中,加入 5 mL 硝酸。以下操作同第 10.2.3 小节"铁含量分析"。同时做试剂空白实验。

干法灰化:称取固体试样 0.5~5 g(精确至 0.001 g)或准确移取液体试样 0.500~10.0 mL 于坩埚中,将坩埚在电热板上缓慢加热,微火碳化至不再冒烟。碳化后的试样放入马弗炉中,于 550 ℃灰化 4 h。若灰化后的试样中有黑色颗粒,应将坩埚冷却至室温后加少许硝酸溶液(5+95)润湿残渣,在电热板小火蒸干后置马弗炉 550 ℃继续灰化,直至试样成白灰状。在马弗炉中冷却后取出,冷却至室温,用 2.5 mL 硝酸溶液(1+1)溶解,并用少量水洗涤坩埚两三次,合并洗涤液于容量瓶中并定容至 25 mL,混匀备用。同时做试剂空白实验。

根据各自仪器性能调至最佳状态。参考条件为：空气-乙炔火焰，波长 285.2 nm，狭缝 0.2 nm，灯电流 5～15 mA。

标准曲线的制作：将镁标准系列溶液按质量浓度由低到高的顺序分别导入火焰原子化器后测其吸光度值，以质量浓度为横坐标，吸光度值为纵坐标，制作标准曲线。

试样溶液的测定：在与测定标准溶液相同的实验条件下，将空白溶液和试样溶液分别导入原子化器测其吸光度值，与标准系列比较定量。试样中镁的含量按式(10.14)计算：

$$w = \frac{(\rho - \rho_0) \times V}{m} \tag{10.14}$$

式中，w 为试样中镁的质量分数，mg/kg 或 mg/L；ρ 为试样溶液中镁的质量浓度，mg/L；ρ_0 为空白溶液中镁的质量浓度，mg/L；V 为试样消化液定容体积，mL；m 为试样称样量或移取体积，g 或 mL。

镁含量≥10.0 mg/kg(或 mg/L)时，结果保留三位有效数字，镁含量<10.0 mg/kg(或 mg/L)时，结果保留两位有效数字。两次平行测定结果的绝对差值不得超过算术平均值的 10%。

称样量为 1 g(或 1 mL)，定容体积为 25 mL 时，方法的检出限为 0.6 mg/kg(或 0.6 mg/L)，定量限为 2.0 mg/kg(或 2.0 mg/L)。

第二法电感耦合等离子体发射光谱法、第三法电感耦合等离子体质谱法见 GB 5009.268—2016。

注意事项与说明：①可根据仪器的灵敏度及样品中镁的实际含量确定标准系列溶液中镁的质量浓度。所有玻璃器皿及聚四氟乙烯消解内罐均需硝酸溶液(1+5)浸泡过夜，用自来水反复冲洗，最后用水冲洗干净。②在采样和制备过程中，应避免试样污染。

10.2.5　锰含量分析

GB 5009.242—2017 规定了食品中锰的火焰原子吸收光谱法、电感耦合等离子体发射光谱法和电感耦合等离子体质谱法三种测定方法，适用于食品中锰的测定。

1. 火焰原子吸收光谱法

1)原理

试样经消解处理后，注入原子吸收光谱仪中，火焰原子化后锰吸收 279.5 nm 的共振线，在一定浓度范围内，其吸收值与锰含量成正比，与标准系列比较定量。

2)仪器与试剂

除非另有说明，所用试剂均为优级纯，水为 GB/T 6682 规定的二级水。

硝酸；高氯酸。混合酸[高氯酸+硝酸(1+9)]：取 100 mL 高氯酸，缓慢加入 900 mL 硝酸中，混匀；硝酸溶液(1+99)：取 10 mL 硝酸，缓慢加入 990 mL 水中，混匀。

金属锰标准品(Mn)：纯度大于 99.99%。

锰标准储备液(1000 mg/L)：准确称取金属锰 1 g(精确至 0.0001 g)，加入硝酸溶解并移入 1000 mL 容量瓶中，加硝酸溶液至刻度，混匀，储存于聚乙烯瓶内，4 ℃保存，或使用经国家认证并授予标准物质证书的标准溶液。

10.0 mg/L 锰标准工作液：准确吸取 1.0 mL 锰标准储备液于 100 mL 容量瓶中，用硝酸溶液稀释至刻度，储存于聚乙烯瓶中，4 ℃保存。

锰标准系列工作液：准确吸取 0.00 mL、0.10 mL、1.00 mL、2.00 mL、4.00 mL 和 8.00 mL

锰标准工作液于 100 mL 容量瓶中,用硝酸溶液定容至刻度,混匀。锰的质量浓度分别为 0.00 mg/L、0.010 mg/L、0.100 mg/L、0.200 mg/L、0.400 mg/L 和 0.800 mg/L, 也可依据样品溶液中锰浓度,适当调整标准溶液浓度范围。

原子吸收光谱仪配火焰原子化器、锰空心阴极灯;分析用钢瓶乙炔气和空气压缩机,样品粉碎设备:匀浆机、高速粉碎机;压力消解罐,配有聚四氟乙烯消解内罐;其他同铁的测定。

3) 分析步骤

固态样品干样:豆类、谷物、菌类、茶叶、干制水果、焙烤食品等低含水量样品,取可食部分,必要时经高速粉碎机粉碎均匀;对于固体乳制品、蛋白粉、面粉等呈均匀状的粉状样品,摇匀;蔬菜、水果、水产品等高含水量的鲜样品必要时洗净,晾干,取可食部分匀浆均匀;对于肉类、蛋类等样品取可食部分匀浆均匀;半固态样品搅拌均;速冻及罐头食品经解冻的速冻食品及罐头样品,取可食部分匀浆均匀;液态样品:软饮料、调味品等样品摇匀。

微波消解法:称 0.2～0.5 g(精确至 0.001 g)试样于微波消解内罐中,含乙醇或二氧化碳的样品先在电热板上低温加热除去乙醇或二氧化碳,加入 5～10 mL 硝酸,加盖放置 1 h 或过夜,旋紧外罐,置于微波消解仪中进行消解(消解条件参见表 10.5)。冷却后取出内罐,置于可调式控温电热板上,于 120～140 ℃赶酸至近干,用水定容至 25 mL 或 50 mL,混匀备用;同时做空白实验。

表 10.5　微波消解和压力罐消解参考条件

消解方式	步骤	控制温度/℃	升温时间/min	恒温时间/min
微波消解	1	140	10	5
	2	170	—	20
	3	190	5	10
压力罐消解	1	80	5	120
	2	120	—	120
	3	160	—	240

压力罐消解法:称取 0.3～1 g(精确至 0.001 g)试样于聚四氟乙烯压力消解内罐中,含乙醇或二氧化碳的样品先在电热板上低温加热除去乙醇或二氧化碳,加入 5 mL 硝酸,加盖放置 1 h 或过夜,旋紧外罐,置于恒温干燥箱中进行消解(消解条件参见表 10.5)。冷却后取出内罐,置于可调式控温电热板上,于 120～140 ℃赶酸至近干,用水定容至 25 mL 或 50 mL,混匀备用;同时做空白实验。

湿式消解法:称取 0.5～5 g(精确至 0.001 g)试样于玻璃或聚四氟乙烯消解器皿中,含乙醇或二氧化碳的样品先在电热板上低温加热除去乙醇或二氧化碳,加入 10 mL 混合酸,加盖放置 1 h 或过夜,置于可调式控温电热板或电热炉上消解,若变棕黑色,冷却后再加混合酸,直至冒白烟,消化液呈无色透明或略带黄色,放冷,用水定容至 25 mL 或 50 mL,混匀备用;同时做空白实验。

干式消解法:称取 0.5～5 g(精确至 0.001 g)试样于坩埚中,在电炉上微火炭化至无烟,置于(525±25)℃马弗炉中灰化 5～8 h,冷却。若灰化不彻底有黑色炭粒,则冷却后滴加少许硝酸湿润,在电热板上干燥后,移入马弗炉中继续灰化成白色灰烬,冷却至室温后取出,用硝酸溶液溶解，并用水定容至 25 mL 或 50 mL，混匀备用；同时做空白实验。婴幼儿配方食品建议选用干式消解法。

仪器参考条件：优化仪器至最佳状态，主要参考条件：吸收波长 279.5 nm，狭缝宽度 0.2 nm，灯电流 9 mA，燃气流量 1.0 L/min。

标准曲线的制作：将标准系列工作液分别注入原子吸收光谱仪中，测定吸光度值，以标准工作液的浓度为横坐标，吸光度值为纵坐标，绘制标准曲线。

试液的测定：于测定标准曲线工作液相同的实验条件下，将空白和试液注入原子吸收光谱仪中，测定锰的吸光值，根据标准曲线得到待测液中锰的浓度。试样中锰含量按式(10.15)计算：

$$w = \frac{(\rho - \rho_0) \times V}{m} \times f \tag{10.15}$$

式中，w 为样品中锰含量，mg/kg 或 mg/L；ρ 为试样溶液中锰的质量浓度，mg/L；ρ_0 为样品空白试液中锰的质量浓度，mg/L；V 为样液体积，mL；f 为样液稀释倍数；m 为试样质量或体积，g 或 mL。

结果保留三位有效数字。两次平行测定结果的绝对差值不得超过算术平均值的 10%。

取样量 0.5 g，定容至 25 mL 计算，方锰的法检出限为 0.2 mg/kg，定量限为 0.5 mg/kg。

第二法电感耦合等离子体发射光谱法、第三法电感耦合等离子体质谱法见 GB 5009.268—2016。

10.2.6 锌含量分析

锌是有机体必需的微量元素，是 200 多种代谢酶的成分和许多酶的激活剂，具有重要的生理功能和营养作用。肌体缺锌时会引起骨质脆弱、生长停滞，但食入锌过量时，对铁、铜的吸收不利，也可引起生长减退、并发生贫血、骨炎等病症。

如表 10.6 所示，食品不论来自动物还是植物，几乎都含有锌，因品种不同，含量有差异。一般动物性食品锌的生物活性大，较易被吸收利用，植物性食品含锌量少，且较难被吸收。

表 10.6 某些食品中的含锌量

含锌量/(mg/kg)	食品类别
<5	白面包、奶油、白糖、西红柿、黄瓜、酒、菜花、香蕉、苹果、橘子、莴苣、大麦、精米、土豆、牛奶、大白菜、鸡蛋白、肥肉、茄子
5~20	萝卜、粗粉面包、玉米、沙丁鱼、南瓜、黑木耳、丝瓜、荔枝、鸡肉、鹅肉、胡萝卜、芹菜
20~50	肉类、肝、蛋类、花生、核桃、杏仁、茶叶、可可、小米、小麦、燕麦、黄豆、绿豆、芝麻、带鱼、鲤鱼、黄鱼、苦瓜、海带、紫菜、甘薯干、猪心、猪肝、蛋黄、蜜梨
50~100	牡蛎、鲱鱼、虾肉、虾皮、牛肉、猪血粉

人体含有 2~3 g 锌，其中，有 50% 在血液里。血液中的锌，红细胞占 80%~85%，白细胞占 3%，其余在血浆中。血浆里的锌主要与人血白蛋白结合，少量与含硫和氮的半胱氨酸或组氨酸结合。牛奶含锌量大约为 5 mg/L，而人奶内含锌量为 0.15~1.34 mg/L。婴儿在断食人奶改喝牛奶时，常发生肠原性肢体皮炎，这是一种缺锌引起的疾病。因为人奶含有一种与锌结合的小相对分子质量配体，有利于锌的吸收，牛奶则缺乏这种配体，虽然含锌量比人奶高，但活性小，不利于锌的吸收。

缺锌儿童胃口差，对食物味道不敏感，身高比正常儿童矮，体重比正常儿童轻。当补充一段含锌的食物后，他们对食物味道的敏感性和食欲都会有所改善，身高和体重增加，头发中的含锌量能恢复正常。锌对人体生长发育极为重要，儿童每天需 5～13 mg 锌，饮食正常的儿童能从食物中得到满足。猪肉、牛肉及蛋黄等食物含锌量比较丰富，缺锌儿童可以多吃这类食物。

正常人血清内铜锌比为 0.9～1.27，患病时，血清中铜锌比会发生显著变化。测定血清铜锌比能帮助医生诊断疾病，观察疾病的活动情况和预防复发，特别对阐明冠心病的发病机制，观察恶性肿瘤的活动和复发等都有相当大的帮助，比单独测定血清锌和铜更有实用价值。例如，不少研究证明，患恶性淋巴瘤时血清中的铜含量增多，血清铜锌比值增大。

锌的毒性相对较低，但如果服用过量锌剂或用锌容器存放食品仍会发生急性或慢性锌中毒，直接导致腹泻、腹痛、恶心、呕吐或嗜睡。防止食品、水源和空气被锌污染，用锌治疗疾病时要掌握适当的剂量是预防锌中毒的主要方法。

1. 火焰原子吸收光谱法

GB 5009.14—2017 规定了食品中锌含量测定的火焰原子吸收光谱法、电感耦合等离子体发射光谱法、电感耦合等离子体质谱法和二硫腙比色法，适用于各类食品中锌含量的测定。

1)原理

试样消解处理后，经火焰原子化，在 213.9 nm 处测定吸光度。在一定浓度范围内锌的吸光度值与锌含量成正比，与标准系列比较定量。

2)仪器与试剂

除非另有说明，方法所用试剂为优级纯，水为 GB/T 6682 规定的二级水。

硝酸；高氯酸。

硝酸溶液(5+95)：量取 50 mL 硝酸，缓慢加入到 950 mL 水中，混匀；硝酸溶液(1+1)：量取 250 mL 硝酸，缓慢加入 250 mL 水中，混匀。

氧化锌(ZnO，CAS 号：1314-13-2)：纯度>99.99%，或经国家认证并授予标准物质证书的 ·定浓度的锌标准溶液。

1000 mg/L 锌标准储备液：称取 1.2447 g(精确至 0.0001 g)氧化锌，加少量硝酸溶液(1+1)，加热溶解，冷却后移入 1000 mL 容量瓶，加水至刻度，混匀。

10.0 mg/L 锌标准中间液：吸取锌标准储备液(1000 mg/L)1.00 mL 于 100 mL 容量瓶中，加硝酸溶液(5+95)至刻度，混匀。

锌标准系列溶液：分别准确吸取锌标准中间液 0 mL、1.00 mL、2.00 mL、4.00 mL、8.00 mL 和 10.0 mL 于 100 mL 容量瓶中，加硝酸溶液(5+95)至刻度，混匀。此锌标准系列溶液的质量浓度分别为 0 mg/L、0.100 mg/L、0.200 mg/L、0.400 mg/L、0.800 mg/L 和 1.00 mg/L。

原子吸收光谱仪：配火焰原子化器，附锌空心阴极灯；其他仪器与设备同锰含量分析。

3)分析步骤

试样制备，粮食、豆类样品去除杂物后，粉碎，储于塑料瓶中；蔬菜、水果、鱼类、肉类等样品用水洗净，晾干，取可食部分，制成匀浆，储于塑料瓶中；饮料、酒、醋、酱油、食用植物油、液态乳等液体样品将样品摇匀。

湿法消解：称取固体试样 0.2～3 g(精确至 0.001 g)或准确移取液体试样 0.500～5.00 mL 于带刻度消化管中，加入 10 mL 硝酸、0.5 mL 高氯酸，在可调式电热炉上消解[参考条件：

120 ℃/(0.5~1 h)，升至 180 ℃/(2~4 h)，升至 200~220 ℃]。若消化液呈棕褐色，再加少量硝酸，消解至冒白烟，消化液呈无色透明或略带黄色，取出消化管，冷却后用水定容至 25 mL 或 50 mL，混匀备用。同时做试剂空白实验。还可采用锥形瓶，于可调式电热板上，按上述操作方法进行湿法消解。

微波消解：称取固体试样 0.2~0.8 g(精确至 0.001 g)或准确移取液体试样 0.500~3.00 mL 于微波消解罐中，加入 5 mL 硝酸，按照微波消解的操作步骤消解试样，消解条件参考表 10.2。冷却后取出消解罐，在电热板上于 140~160 ℃赶酸至 1 mL 左右。消解罐放冷后，将消化液转移至 25 mL 或 50 mL 容量瓶中，用少量水洗涤消解罐两三次，合并洗涤液于容量瓶中，用水定容至刻度，混匀备用。同时做试剂空白实验。

压力罐消解：称取固体试样 0.2~1 g(精确至 0.001 g)或准确移取液体试样 0.500~5.00 mL 于消解内罐中，加入 5 mL 硝酸。以下操作同第 10.2.3 小节"铁含量分析"。冷却后将消化液转移至 25~50 mL 容量瓶中，用少量水洗涤内罐和内盖两三次，合并洗涤液于容量瓶中并用水定容至刻度，混匀备用。同时做试剂空白实验。

干法灰化：称取固体试样 0.5~5 g(精确至 0.001 g)或准确移取液体试样 0.500~10.0 mL 于坩埚中，小火加热，炭化至无烟，转移至马弗炉中，于 550 ℃灰化 3~4 h。冷却，取出，对于灰化不彻底的试样，加数滴硝酸，小火加热，小心蒸干，再转入 550 ℃马弗炉中，继续灰化 1~2 h，至试样呈白灰状，冷却，取出，用适量硝酸溶液(1+1)溶解并用水定容至 25 mL 或 50 mL。同时做试剂空白实验。

仪器参考条件：根据各自仪器性能调至最佳状态。参考条件见表 10.7。

表 10.7 火焰原子吸收光谱法仪器参考条件

元素	波长/nm	狭缝/nm	灯电流/mA	燃烧头高度/mm	空气流量/(L/min)	乙炔流量/(L/min)
锌	213.9	0.2	3~5	3	9	2

标准曲线的制作：将锌标准系列溶液按质量浓度由低到高的顺序分别导入火焰原子化器，原子化后测其吸光度值，以质量浓度为横坐标，吸光度值为纵坐标，制作标准曲线。

试样测定：在与测定标准溶液相同的实验条件下，将空白溶液和试样溶液分别导入火焰原子化器，原子化后测其吸光度值，与标准系列比较定量。分析结果按式(10.16)计算：

$$w = \frac{(\rho - \rho_0) \times V}{m} \qquad (10.16)$$

式中，w 为试样中锌的质量分数，mg/kg 或 mg/L；ρ 为试液中锌的质量浓度，mg/L；ρ_0 为空白液中锌的质量浓度，mg/L；V 为试样消化液的定容体积，mL；m 为试样称样量或移取体积，g 或 mL。

锌含量≥10.0 mg/kg(或 mg/L)时，计算结果保留三位有效数字；当锌含量<10.0 mg/kg(或 mg/L)时，计算结果保留两位有效数字。

重复性条件下获得的两次独立测定结果的绝对差值不得超过算术平均值的 10%。称样量为 0.5 g(或 0.5 mL)，定容体积为 25 mL 时，方法的检出限为 1 mg/kg(或 1 mg/L)，定量限为 3 mg/kg(或 3 mg/L)。

第二法电感耦合等离子体发射光谱法、第三法电感耦合等离子体质谱法见 GB 5009.268—2016。

2. 二硫腙比色法

1）原理

试样经消化后，在 pH=4.0～5.5 时，锌离子与二硫腙形成紫红色络合物，溶于四氯化碳，加入硫代硫酸钠，防止铜、汞、铅、铋、银和镉等离子干扰。于 530 nm 处测定吸光度与标准系列比较定量。

2）仪器与试剂

除非另有说明，此方法所用试剂为分析纯，水为 GB/T 6682 规定的二级水。

硝酸：优级纯；高氯酸：优级纯；三水合乙酸钠；冰醋酸：优级纯；氨水：优级纯；盐酸：优级纯；二硫腙($C_6H_5NHNHCSN{=}NC_6H_5$)；盐酸羟胺；硫代硫酸钠；酚红($C_{19}H_{14}O_5S$)；乙醇：优级纯。

硝酸溶液(5+95)：量取 50 mL 硝酸，缓慢加入 950 mL 水中，混匀；硝酸溶液(1+9)：量取 50 mL 硝酸，缓慢加入 450 mL 水中，混匀；氨水溶液(1+1)：量取 100 mL 氨水，加入 100 mL 水中，混匀；氨水溶液(1+99)：量取 10 mL 氨水，加入 990 mL 水中，混匀；盐酸溶液(2 mol/L)：量取 10 mL 盐酸，加水稀释至 60 mL，混匀；盐酸溶液(0.02 mol/L)：吸取 1 mL 盐酸溶液(2 mol/L)，加水稀释至 100 mL，混匀；盐酸溶液(1+1)：量取 100 mL 盐酸，加入 100 mL 水中，混匀；乙酸钠溶液(2 mol/L)：称取 68 g 三水合乙酸钠，加水溶解后稀释至 250 mL，混匀；乙酸溶液(2 mol/L)：量取 10 mL 冰醋酸，加水稀释至 85 mL，混匀。

0.1 g/L 二硫腙-四氯化碳溶液：称取 0.1 g 二硫腙，用四氯化碳溶解，定容至 1000 mL，混匀，保存于 0～5 ℃下。必要时用下述方法纯化：称取 0.1 g 研细的二硫腙，溶于 50 mL 四氯化碳中，如果不全溶，可用滤纸过滤于 250 mL 分液漏斗中，用氨水溶液(1+99)提取三次，每次 100 mL，将提取液用棉花过滤至 500 mL 分液漏斗中，用盐酸溶液(1+1)调至酸性，将沉淀出的二硫腙用四氯化碳提取两三次，每次 20 mL，合并四氯化碳层，用等量水洗涤两次，弃去洗涤液，在 50 ℃水浴上蒸去四氯化碳。精制的二硫腙置硫酸干燥器中，干燥备用。或将沉淀出的二硫腙用 200 mL、200 mL、100 mL 四氯化碳提取三次，合并四氯化碳层为二硫腙-四氯化碳溶液。

乙酸-乙酸盐缓冲液：乙酸钠溶液(2 mol/L)与乙酸溶液(2 mol/L)等体积混合，此溶液 pH 为 4.7 左右。用二硫腙-四氯化碳溶液(0.1 g/L)提取数次，每次 10 mL，除去其中的锌，至四氯化碳层绿色不变为止，弃去四氯化碳层，再用四氯化碳提取乙酸-乙酸盐缓冲液中过剩的二硫腙，至四氯化碳无色，弃去四氯化碳层。

盐酸羟胺溶液(200 g/L)：称取 20 g 盐酸羟胺，加 60 mL 水，滴加氨水溶液(1+1)，调节 pH 至 4.0～5.5，加水至 100 mL。用二硫腙-四氯化碳溶液(0.1 g/L)提取数次，每次 10 mL，除去其中的锌，至四氯化碳层绿色不变为止，弃去四氯化碳层，再用四氯化碳提取乙酸-乙酸盐缓冲液中过剩的二硫腙，至四氯化碳无色，弃去四氯化碳层。

硫代硫酸钠溶液(250 g/L)：称取 25 g 硫代硫酸钠，加 60 mL 水，用乙酸溶液(2 mol/L)调节 pH 至 4.0～5.5，加水至 100 mL。用二硫腙-四氯化碳溶液(0.1 g/L)提取数次，每次 10 mL，除去其中的锌，至四氯化碳层绿色不变为止，弃去四氯化碳层，再用四氯化碳提取乙酸-乙酸盐缓冲液中过剩的二硫腙，至四氯化碳无色，弃去四氯化碳层。

二硫腙使用液：吸取 1.0 mL 二硫腙-四氯化碳溶液(0.1 g/L)，加四氯化碳至 10.0 mL，混匀。用 1 cm 比色杯，以四氯化碳调节零点，于波长 530 nm 处测吸光度(A)。用式(10.17)计算出配制 100 mL 二硫腙使用液(57%透光率)所需的二硫腙-四氯化碳溶液(0.1 g/L)毫升数(V)。量取计算所得体积的二硫腙-四氯化碳溶液(0.1 g/L)，用四氯化碳稀释至 100 mL。

$$V = \frac{(2 - \lg 57) \times 10}{A} = \frac{2.44}{A} \tag{10.17}$$

酚红指示液(1 g/L)：称取 0.1 g 酚红，用乙醇溶解并定容至 100 mL，混匀。

氧化锌(ZnO，CAS 号：1314-13-2)：纯度>99.99%，或经国家认证并授予标准物质证书的一定浓度的锌标准溶液。

锌标准储备液(1000 mg/L)：准确称取 1.2447 g(精确至 0.0001 g)氧化锌，加少量硝酸溶液(1+1)，加热溶解，冷却后移入 1000 mL 容量瓶，加水至刻度。混匀。

锌标准使用液(1.00 mg/L)：准确吸取锌标准储备液(1000 mg/L)1.00 mL 于 1000 mL 容量瓶中，加硝酸溶液(5+95)至刻度，混匀。

分光光度计，测定波长：530 nm；其他仪器设备同铁的测定。

3) 分析步骤

试样制备和前处理同火焰原子吸收光谱法。

标准曲线的制作：准确吸取 0 mL、1.00 mL、2.00 mL、3.00 mL、4.00 mL 和 5.00 mL 锌标准使用液(相当 0 μg、1.00 μg、2.00 μg、3.00 μg、4.00 μg 和 5.00 μg 锌)，分别置于 125 mL 分液漏斗中，各加盐酸溶液(0.02 mol/L)至 20 mL。于各分液漏斗中，各加 10 mL 乙酸-乙酸盐缓冲液、1 mL 硫代硫酸钠溶液(250 g/L)，摇匀，再各加入 10 mL 二硫腙使用液，剧烈振摇 2 min。静置分层后，经脱脂棉将四氯化碳层滤入 1 cm 比色杯中，以四氯化碳调节零点，于波长 530 nm 处测吸光度，以质量为横坐标，吸光度值为纵坐标，制作标准曲线。

试样测定：准确吸取 5.00～10.0 mL 试样消化液和相同体积的空白消化液，分别置于 125 mL 分液漏斗中，加 5 mL 水、0.5 mL 盐酸羟胺溶液(200 g/L)，摇匀，再加两滴酚红指示液(1 g/L)，用氨水溶液(1+1)调至红色，再多加两滴。再加 5 mL 二硫腙-四氯化碳溶液(0.1 g/L)，剧烈振摇 2 min，静置分层。将四氯化碳层移入另一分液漏斗中，水层再用少量二硫腙-四氯化碳溶液(0.1 g/L)振摇提取，每次 2～3 mL，直至二硫腙-四氯化碳溶液(0.1 g/L)绿色不变为止。合并提取液，用 5 mL 水洗涤，四氯化碳层用盐酸溶液(0.02 mol/L)提取两次，每次 10 mL，提取时剧烈振摇 2 min，合并盐酸溶液(0.02 mol/L)提取液，并用少量四氯化碳洗去残留的二硫腙。

将上述试样提取液和空白提取液移入 125 mL 分液漏斗中，各加 10 mL 乙酸-乙酸盐缓冲液、1 mL 硫代硫酸钠溶液(250 g/L)，摇匀，再各加 10 mL 二硫腙使用液，剧烈振摇 2 min。静置分层后，经脱脂棉将四氯化碳层滤入 1 cm 比色杯中，以四氯化碳调节零点，于波长 530 nm 处测定吸光度，与标准曲线比较定量。

试样中锌的含量按式(10.18)计算：

$$w = \frac{m_1 - m_0}{m_2} \times \frac{V_1}{V_2} \tag{10.18}$$

式中，w 为试样中锌的质量分数，mg/kg 或 mg/L；m_1 为测定用试样溶液中锌的质量，μg；m_0 为空白溶液中锌的质量，μg；m_2 为试样称样量或移取体积，g 或 mL；V_1 为试样消化液的定容体积，mL；V_2 为测定用试样消化液的体积，mL。

计算结果保留三位有效数字。重复性条件下获得的两次独立测定结果的绝对差不得超过算术平均值的 10%。

称样量为 1 g(或 1 mL)，定容体积为 25 mL 时，方法的检出限为 7 mg/kg(或 7 mg/L)，定量限为 21 mg/kg(或 21 mg/L)。

10.2.7　铜含量分析

铜是人体必需的微量元素，50%～70%的铜存在于肌肉及骨骼，20%存于肝脏，5%～10%分布于血液，微量存在于含铜的酶类中。铜可促使无机铁变为有机铁，在肠胃中促使三价铁还原为利于吸收的两价铁。铜还促进铁由储存场所进入骨髓，加速血红蛋白的合成。没有铜，铁不能传递和结合在血红素里，会导致缺铜性贫血。

铜进入血液，大部分与血浆铜蓝蛋白(hemocyanin)结合。血浆铜蓝蛋白具有铁氧化酶的作用，能动员体内储存的铁，把肝脏及肠黏膜上皮细胞释放的二价铁氧化成三价铁，以便快速和血浆里的 β_1 球蛋白结合，形成运铁蛋白，参与铁的运输及代谢。

缺铜影响胶原蛋白的正常结构，导致骨骼结构疏松，发育停止，血管弹性蛋白含量和组织张力降低，易发生血管破裂和皮肤病变。头发的黑色是由一种称为黑色素的染料染成。黑色素是由含铜酶酪氨酸酶催化酪氨酸进一步氧化而生成的。缺铜的病人由于黑色素不足，常形成毛发脱色症和卷发症，如果体内完全缺乏酪氨酸酶，可产生白化病。

我国人群血清铜的正常值平均为 100 mL 血清含 105～154 μg，超过 540 μg 时，会对机体产生严重毒害作用。铜中毒后，人常有恶心、呕吐、腹泻、特别严重的有溶血作用、血浆及尿中迅速出现血红蛋白，患者感到头痛、下肢无力、肌肉酸痛，夜晚发烧，清晨退热，还会出现黄疸和心律失常、肾功能衰竭及少尿症、休克、中枢神经抑制甚至死亡。

婴儿尤其要注意补充铜，3 岁以下幼童日摄取 0.50～1.50 mg、4 岁以上儿童及成人日摄入 1.50～3.00 mg 即可维持肌体的铜平衡，但膳食中过量的钙、铁、锌、铝、镉、银、钼和硫等会降低铜的生物利用率。因此，成人每天要从膳食中获得 2.5～5.0 mg 才能满足需要而不致发生铜缺乏。铜含量较丰富的食品有动物肝脏、肾脏、豆类、贝类、坚果类、黑胡椒、可可和牡蛎，果蔬、糖、牛乳及其制品中含铜很少。

测定方法：GB 5009.13—2017 规定了食品中铜含量测定的石墨炉和火焰原子吸收光谱法、电感耦合等离子体质谱法和电感耦合等离子体发射光谱法，适用于各类食品中铜含量的测定。

1. 石墨炉原子吸收光谱法测定原理

试样消解处理后，经石墨炉原子化，在 324.8 nm 处测定吸光度。在一定浓度范围内铜的吸光度值与铜含量成正比，与标准系列比较定量。

2. 仪器与试剂

除非另有说明，所用试剂均为优级纯，水为 GB/T 6682 规定的二级水。

硝酸；高氯酸；磷酸二氢铵；硝酸钯[Pd(NO$_3$)$_2$]。

硝酸溶液(5+95)：量取 50 mL 硝酸，缓慢加入到 950 mL 水中，混匀；硝酸溶液(1+1)：量取 250 mL 硝酸，缓慢加入 250 mL 水中，混匀。

磷酸二氢铵-硝酸钯溶液：称取 0.02 g 硝酸钯，加少量硝酸溶液(1+1)溶解后，再加入 2 g 磷酸二氢铵，溶解后用硝酸溶液(5+95)定容至 100 mL，混匀。

五水硫酸铜(CuSO$_4$·5H$_2$O，CAS 号：7758-99-8)：纯度>99.99%，或经国家认证并授予标准物质证书的一定浓度的铜标准溶液。

1000 mg/L 铜标准储备液：准确称取 3.9289 g(精确至 0.0001 g)五水硫酸铜，用少量硝酸溶液(1+1)溶解，移入 1000 mL 容量瓶，加水至刻度，混匀。

铜标准中间液(1.00 mg/L)：准确吸取铜标准储备液(1000 mg/L)1.00 mL 于 1000 mL 容量瓶中，加硝酸溶液(5+95)至刻度，混匀。

铜标准系列溶液：分别吸取铜标准中间液(1.00 mg/L)0.00 mL、0.500 mL、1.00 mL、2.00 mL、3.00 mL 和 4.00 mL 于 100 mL 容量瓶中，加硝酸溶液(5+95)至刻度，混匀。铜的质量浓度分别为 0.00 µg/L、5.00 µg/L、10.00 µg/L、20.00 µg/L、30.00 µg/L 和 40.00 µg/L。

原子吸收光谱仪：配石墨炉原子化器，附铜空心阴极灯。其他仪器、设备同铁含量分析。

3. 分析步骤

粮食、豆类样品，去除杂物后，粉碎，储于塑料瓶中；蔬菜、水果、鱼类、肉类等样品用水洗净，晾干，取可食部分，制成匀浆，储于塑料瓶中；饮料、酒、醋、酱油、食用植物油、液态乳等液体样品摇匀。

湿法消解：称取固体试样 0.2~3 g(精确至 0.001 g)或准确移取液体试样 0.500~5.00 mL 于带刻度消化管中，加入 10 mL 硝酸、0.5 mL 高氯酸，在可调式电热炉上消解[参考条件：120 ℃/(0.5~1 h)、升至 180 ℃/(2~4 h)、升至 200~220 ℃]。若消化液呈棕褐色，再加少量硝酸，消解至冒白烟，消化液呈无色透明或略带黄色，取出消化管，冷却后用水定容至 10 mL，混匀备用。同时做试剂空白实验。还可采用锥形瓶，于可调式电热板上，按上述操作方法进行湿法消解。

微波消解：称取固体试样 0.2~0.8 g(精确至 0.001 g)或准确移取液体试样 0.50~3.00 mL 于微波消解罐中，加入 5 mL 硝酸，按照微波消解的操作步骤消解试样，消解条件参考表 10.2。冷却后取出消解罐，在电热板上于 140~160 ℃赶酸至 1 mL 左右。消解罐放冷后，将消化液转移至 10 mL 容量瓶中，用少量水洗涤消解罐两三次，合并洗涤液于容量瓶中，用水定容至刻度，混匀备用。同时做试剂空白实验。

压力罐消解：称取固体试样 0.2~1 g(精确至 0.001 g)或准确移取液体试样 0.500~5.00 mL 于消解内罐中，加入 5 mL 硝酸。以下操作同第 10.2.3 小节"铁含量分析"。冷却后将消化液转移至 10 mL 容量瓶中，用少量水洗涤内罐和内盖两三次，合并洗涤液于容量瓶中并用水定容至刻度，混匀备用。同时做试剂空白实验。

干法灰化：称取固体试样 0.5~5 g(精确至 0.001 g)或准确移取液体试样 0.500~10.0 mL 于坩埚中，小火加热，炭化至无烟，转移至马弗炉中，于 550 ℃灰化 3~4 h。冷却，取出，对于灰化不彻底的试样，加数滴硝酸，小火加热，小心蒸干，再转入 550 ℃马弗炉中，继续灰化 1~2 h，至试样呈白灰状，冷却，取出，用适量硝酸溶液(1+1)溶解并用水定容至 10 mL。同时做试剂空白实验。

测定：根据仪器性能调至最佳状态。参考条件见表 10-8。

表 10-8　石墨炉原子吸收光谱法参考条件

元素	波长/nm	狭缝/nm	灯电流/mA	干燥/(20~30 s)	灰化/(40~50 s)	原子化/(4~5 s)
铜	324.8	0.5	8~12	85~120 ℃	800 ℃	2350 ℃

标准曲线的制作：按质量浓度由低到高的顺序分别将 10 µL 铜标准系列溶液和 5 µL 磷酸二氢铵-硝酸钯溶液(可根据所使用的仪器确定最佳进样量)同时注入石墨炉，原子化后测其吸

光度值，以质量浓度为横坐标，吸光度值为纵坐标，制作标准曲线。

试样溶液的测定：与测定标准溶液相同的实验条件下，将 10 μL 空白溶液或试样溶液与 5 μL 磷酸二氢铵-硝酸钯溶液（可根据所使用的仪器确定最佳进样量）同时注入石墨炉，注入石墨管，原子化后测其吸光度值，与标准系列比较定量。

试样中铜的含量按式(10.19)计算分析结果。

$$w = \frac{(\rho - \rho_0) \times V}{m \times 1000} \tag{10.19}$$

式中，w 为试样中铜的质量分数，mg/kg 或 mg/L；ρ 为试样溶液中铜的质量浓度，μg/L；ρ_0 为空白液中铜的质量浓度，μg/L；V 为试样消化液的定容体积，mL；m 为试样称样量或移取体积，g 或 mL；1000 为换算系数。

当铜含量≥1.00 mg/kg（或 mg/L）时，结果保留三位有效数字；铜含量<1.00 mg/kg（或 mg/L）时，结果保留两位有效数字。两次平行测定的绝对差值不得超过算术平均值的 20%。

称样量为 0.5 g（或 0.5 mL），定容体积为 10 mL 时，方法的检出限为 0.02 mg/kg（或 0.02 mg/L），定量限为 0.05 mg/kg（或 0.05 mg/L）。

第二法火焰原子吸收法见 GB 5009.13—2017，第三法电感耦合等离子体质谱法、第四法电感耦合等离子体发射光谱法见 GB 5009.268—2016。

10.2.8　硒含量分析

硒是人体必需微量元素，能解除人体内汞、镉、铊、砷等元素的毒性，与钼、铬、铜、硫等元素有拮抗作用。硒和维生素 E 合用可减轻维生素 D 中毒引起的病变。

硒能提高机体免疫力，刺激免疫球蛋白及抗体的产生，增强机体对疾病的抵抗力，预防传染病和流行病。硒与心血管的结构、功能、疾病的发生及防治密切相关，土壤、食物中含硒量高的地区，冠心病、高血压病、脑血栓、风湿性心脏病、慢性心内膜炎及全身动脉硬化症的发病率和死亡率都明显低于含硒量低的地区，硒还可以预防镉引起的高血压病。

口服亚硒酸钠可预防克山病的发病率，对降低急性和亚急性克山病有明显效果。机体一旦缺硒，就像失去一道坚固的防线，环境毒物就会乘机兴风作浪。

人体内含硒 14～21 mg，以肝、胰、肾含量较多，皮肤和肌肉的含硒量低于血液。正常人的头发中硒含量能反映人机体内的硒含量，推测所吃食物的含硒水平，可作为检测机体硒营养状态的指标。同一地区的动物内脏、鱼、肉、蛋、芦笋、蘑菇、谷物的含硒量较高，鸡蛋白的含硒量最高，大豆、牛奶及奶制品为主的食品含硒量较少。

婴儿及儿童营养不良时容易缺硒，如果能及时补给硒，对婴儿及儿童的正常健康发育是有利的。人们在研究因缺硒而引起动物白肌病时发现，发生动物白肌病的地区，出产的粮食含硒量普遍较低。

测定方法：GB 5009.93—2017 规定了食品中硒含量测定的氢化物原子荧光光谱法、荧光分光光度法和电感耦合等离子体质谱法，适用于各类食品中硒的测定。

1. 氢化物原子荧光光谱法（第一法）

1）原理

试样经酸加热消化后，在 6 mol/L 盐酸介质中，将试样中的六价硒还原成四价硒，用硼氢化钠或硼氢化钾作还原剂，将四价硒在盐酸介质中还原成硒化氢，由载气(氩气)带入原子化器中进行原子化，在硒空心阴极灯照射下，基态硒原子被激发至高能态，在去活化回到基态时，发射出特征波长的荧光，其荧光强度与硒含量成正比，与标准系列比较定量。

2) 仪器与试剂

除非另有说明，所用试剂均为优级纯，水为 GB/T 6682 规定的二级水。

硝酸；高氯酸；盐酸；氢氧化钠；过氧化氢：分析纯；硼氢化钠；铁氰化钾[$K_3Fe(CN)_6$]：分析纯。

硝酸-高氯酸混合酸(9+1)：将 900 mL 硝酸与 100 mL 高氯酸混匀；氢氧化钠溶液(5 g/L)：称取 5 g 氢氧化钠，溶于 1000 mL 水中，混匀；硼氢化钠碱溶液(8 g/L)：称取 8 g 硼氢化钠，溶于氢氧化钠溶液(5 g/L)中，混匀，现配现用；盐酸溶液(6 mol/L)：量取 50 mL 盐酸，缓慢加入 40 mL 水中，冷却后用水定容至 100 mL，混匀；铁氰化钾溶液(100 g/L)：称取 10 g 铁氰化钾，溶于 100 mL 水中，混匀；盐酸溶液(5+95)：量取 25 mL 盐酸，缓慢加入 475 mL 水中，混匀。

1000 mg/L 硒标准溶液或经国家认证并授予标准物质证书的一定浓度的硒标准溶液。

100 mg/L 硒标准中间液：准确吸取 1000 mg/L 硒标准溶液 1.00 mL 于 10 mL 容量瓶中，加盐酸溶液(5+95)定容至刻度，混匀。

1.00 mg/L 硒标准使用液：准确吸取硒标准中间液(100 mg/L) 1.00 mL 于 100 mL 容量瓶中，用盐酸溶液(5+95)定容至刻度，混匀。

硒标准系列溶液：分别准确吸取 1.00 mg/L 硒标准使用液 0.00 mL、0.50 mL、1.00 mL、2.00 mL 和 3.00 mL 于 100 mL 容量瓶中，加入 100 g/L 铁氰化钾溶液 10 mL，用盐酸溶液(5+95)定容至刻度，混匀待测。此硒标准系列溶液的质量浓度分别为 0.00 μg/L、5.00 μg/L、10.0 μg/L、20.0 μg/L 和 30.0 μg/L。

可根据仪器的灵敏度及样品中硒的实际含量确定标准系列溶液中硒元素的质量浓度。

原子荧光光谱仪：配硒空心阴极灯；天平：感量为 1 mg；电热板；微波消解系统：配聚四氟乙烯消解内罐。

3) 分析步骤

粮食、豆类样品，去除杂物后，粉碎，储于塑料瓶中；蔬菜、水果、鱼类、肉类等样品，用水洗净，晾干，取可食部分，制成匀浆，储于塑料瓶中；饮料、酒、醋、酱油、食用植物油、液态乳等液体样品，将样品摇匀。

湿法消解：称取固体试样 0.5~3 g(精确至 0.001 g)或准确移取液体试样 1.00~5.00 mL，置于锥形瓶中，加 10 mL 硝酸-高氯酸混合酸(9+1)及几粒玻璃珠，盖上表面皿冷消化过夜。次日于电热板上加热，并及时补加硝酸。当溶液变为清亮无色并伴有白烟产生时，再继续加热至剩余体积为 2 mL 左右，切不可蒸干。冷却，再加 5 mL 盐酸溶液(6 mol/L)，继续加热至溶液变为清亮无色并伴有白烟出现。冷却后转移至 10 mL 容量瓶中，加入 2.5 mL 铁氰化钾溶液(100 g/L)，用水定容，混匀待测，同时做试剂空白实验。

微波消解：称取固体试样 0.2~0.8 g(精确至 0.001 g)或准确移取液体试样 1.00~3.00 mL，置于消化管中，加 10 mL 硝酸、2 mL 过氧化氢，振摇混合均匀，于微波消解仪中消化，微波消解推荐程序见表 10.9。

表 10.9　微波消解推荐程序

程序	功率及其比率	功率保持时间/min	控制温度/℃	控制保持时间/min
1	1600W 100%	6:00	120	1:00
2	1600W 100%	3:00	150	5:00
3	1600W 100%	5:00	200	10:00

也可根据不同的仪器自行设定消解条件。消解结束待冷却后，将消化液转入锥形烧瓶中，加几粒玻璃珠，在电热板上继续加热至近干，切不可蒸干。再加 5 mL 盐酸溶液（6 mol/L），继续加热至溶液变为清亮无色并伴有白烟出现，冷却，转移至 10 mL 容量瓶中，加入 2.5 mL 铁氰化钾溶液（100 g/L），用水定容，混匀待测。同时做试剂空白实验。

根据各自仪器性能调至最佳状态。参考条件为：负高压 340 V；灯电流 100 mA；原子化温度 800 ℃；炉高 8 mm；载气流速 500 mL/min；屏蔽气流速 1000 mL/min；测量方式标准曲线法；读数方式峰面积；延迟时间 1 s；读数时间 15 s；加液时间 8 s；进样体积 2 mL。

标准曲线的制作：以盐酸溶液（5+95）为载流，硼氢化钠碱溶液（8 g/L）为还原剂，连续用标准系列的零管进样，待读数稳定之后，将标硒标准系列溶液按质量浓度由低到高的顺序分别导入仪器，测定其荧光强度，以质量浓度为横坐标，荧光强度为纵坐标，制作标准曲线。

试样测定：在与测定标准系列溶液相同的实验条件下，将空白溶液和试样溶液分别导入仪器，测其荧光值强度，与标准系列比较定量。

试样中硒的含量按式（10.20）计算：

$$w = \frac{(\rho - \rho_0) \times V}{m \times 1000} \tag{10.20}$$

式中，w 为试样中硒的质量分数，mg/kg 或 mg/L；ρ 为试样溶液中硒的质量浓度，μg/L；ρ_0 为空白溶液中硒的质量浓度，μg/L；V 为试样消化液总体积，mL；m 为试样称样量或移取体积，g 或 mL；1000 为换算系数。

硒含量 ≥1.00 mg/kg（或 mg/L）时，计算结果保留三位有效数字，硒含量 <1.00 mg/kg（或 mg/L）时，计算结果保留两位有效数字。

重复性条件下获得的两次独立测定结果的绝对差值不得超过算术平均值的 20%。

称样量为 1 g（或 1 mL），定容体积为 10 mL 时，方法的检出限为 0.002 mg/kg（或 0.002 mg/L），定量限为 0.006 mg/kg（或 0.006 mg/L）。

2. 荧光分光光度法（第二法）

1）原理

将试样用混合酸消化，使硒化合物转化为无机硒 Se^{4+}，在酸性条件下 Se^{4+} 与 2, 3-二氨基萘（2, 3-diaminonapht halene，DAN）反应生成 4, 5-苯并苯硒脑（4, 5-benzopiaselenol），然后用环己烷萃取后上机测定。4, 5-苯并苯硒脑在波长为 376 nm 的激发光作用下，发射波长为 520 nm 的荧光，测定其荧光强度，与标准系列比较定量。

2）试剂和仪器

除非另有说明，所用试剂均为分析纯，水为 GB/T 6682 规定的二级水。

盐酸：优级纯；环己烷（C_6H_{12}）：色谱纯；2, 3-二氨基萘（DAN，$C_{10}H_{10}N_2$）；乙二胺四乙酸二钠（EDTA-2Na）；盐酸羟胺；甲酚红（$C_{21}H_{18}O_5S$）。氨水优级纯。

盐酸溶液(1%)：量取 5 mL 盐酸，用水稀释至 500 mL，混匀。

DAN 试剂(1 g/L)：此试剂在暗室内配制。称取 DAN 0.2 g 于一带盖锥形瓶中，加入盐酸溶液(1%)200 mL，振摇约 15 min 使其全部溶解。加入约 40 mL 环己烷，继续振荡 5 min。将此液倒入塞有玻璃棉(或脱脂棉)的分液漏斗中，待分层后滤去环己烷层，收集 DAN 溶液层，反复用环己烷纯化直至环己烷中荧光降至最低时为止(纯化五六次)。将纯化后的 DAN 溶液储于棕色瓶中，加入约 1 cm 厚的环己烷覆盖表层，于 0~5 ℃保存。必要时在使用前再以环己烷纯化一次。

注意：此试剂有一定毒性，使用本试剂的人员应注意防护。

硝酸-高氯酸混合酸(9+1)：将 900 mL 硝酸与 100 mL 高氯酸混匀；盐酸溶液(6 mol/L)：量取 50 mL 盐酸，缓慢加入 40 mL 水中，冷却后用水定容至 100 mL，混匀；氨水溶液(1+1)：将 5 mL 水与 5 mL 氨水混匀。

EDTA 混合液：①EDTA 溶液(0.2 mol/L)：称取 EDTA-2Na 37 g，加水并加热至完全溶解，冷却后用水稀释至 500 mL；②盐酸羟胺溶液(100 g/L)：称取 10 g 盐酸羟胺溶于水中，稀释至 100 mL，混匀；③甲酚红指示剂(0.2 g/L)：称取甲酚红 50 mg 溶于少量水中，加氨水溶液(1+1)1 滴，待完全溶解后加水稀释至 250 mL，混匀；④取 EDTA 溶液(0.2 mol/L)及盐酸羟胺溶液(100 g/L)各 50 mL，加甲酚红指示剂(0.2 g/L)5 mL，用水稀释至 1 L，混匀。

盐酸溶液(1+9)：量取 100 mL 盐酸，缓慢加入 900 mL 水中，混匀。

硒标准溶液(1000 mg/L)或经国家认证并授予标准物质证书的一定浓度的硒标准溶液。

硒标准中间液(100 mg/L)：准确吸取 1.00 mL 硒标准溶液(1000 mg/L)于 10 mL 容量瓶中，加盐酸溶液(1%)定容至刻度，混匀。

硒标准使用液(50.0 μg/L)：准确吸取硒标准中间液(100 mg/L)0.50 mL，用盐酸溶液(1%)定容至 1000 mL，混匀。

硒标准系列溶液：准确吸取 50.0 μg/L 硒标准使用液 0.00 mL、0.20 mL、1.00 mL、2.00 mL 和 4.00 mL，相当于含有硒的质量为 0.00 μg、0.010 μg、0.050 μg、0.100 μg 及 0.200 μg，加盐酸溶液(1+9)至 5 mL 后，加入 20 mL EDTA 混合液，用氨水溶液(1+1)及盐酸溶液(1+9)调至淡红橙色(pH=1.5~2.0)。以下步骤在暗室操作：加 DAN 试剂(1 g/L)3 mL，混匀后，置沸水浴中加热 5 min，取出冷却后，加环己烷 3 mL，振摇 4 min，将全部溶液移入分液漏斗，待分层后弃去水层，小心将环己烷层由分液漏斗上口倾入带盖试管中，勿使环己烷中混入水滴。环己烷中反应产物为 4,5-苯并苯硒脑，待测。

荧光分光光度计；天平：感量 1 mg；粉碎机；电热板；水浴锅。

3)分析步骤

试样制备同第一法氢化物原子荧光光谱法。

试样消解：称取 0.5~3 g(精确至 0.001 g)固体试样或准确吸取试液 1.00~5.00 mL，置于锥形瓶中，加 10 mL 硝酸-高氯酸混合酸(9+1)及几粒玻璃珠，盖上表面皿冷消化过夜。次日于电热板上加热，并及时补加硝酸。当溶液变为清亮无色并伴有白烟产生时，再继续加热至剩余体积 2 mL 左右，切不可蒸干，冷却后再加 5 mL 盐酸溶液(6 mol/L)，继续加热至溶液变为清亮无色并伴有白烟出现，再继续加热至剩余体积 2 mL 左右，冷却。同时做试剂空白实验。

仪器参考条件：根据各自仪器性能调至最佳状态。参考条件为：激发光波长 376 nm、发射光波长 520 nm。

标准曲线的制作：将硒标准系列溶液按质量由低到高的顺序分别上机测定 4, 5-苯并苣硒脑的荧光强度。以质量为横坐标，荧光强度为纵坐标，制作标准曲线。

试样溶液的测定：将消化后的试样溶液以及空白溶液加盐酸溶液(1+9)至 5 mL 后，加入 20 mL EDTA 混合液，用氨水溶液(1+1)及盐酸溶液(1+9)调至淡红橙色(pH=1.5～2.0)。以下步骤在暗室操作：加 DAN 试剂(1 g/L) 3 mL，混匀后，置沸水浴中加热 5 min，取出冷却后，加环己烷 3 mL，振摇 4 min，将全部溶液移入分液漏斗，待分层后弃去水层，小心将环己烷层由分液漏斗上口倾入带盖试管中，勿使环己烷中混入水滴，待测。

试样中硒的含量按式(10.21)计算：

$$w = \frac{m_1 \times V}{F_1 - F_0} \times \frac{F_2 - F_0}{m} \tag{10.21}$$

式中，w 为试样中硒的质量分数，mg/kg 或 mg/L；m_1 为试样管中硒的质量，μg；F_1 为标准管硒荧光读数；F_0 为空白管荧光读数；F_2 为试样管荧光读数；m 为试样称样量或移取体积，g 或 mL。

硒的质量分数≥1.00 mg/kg(或 mg/L)时，计算结果保留三位有效数字；当硒的质量分数<1.00 mg/kg(或 mg/L)时，计算结果保留两位有效数字。

重复性条件下获得的两次独立测定结果的绝对差值不得超过算术平均值的 20%。

称样量为 1 g(或 1 mL)时，方法的检出限为 0.01 mg/kg(或 0.01 mg/L)，定量限为 0.03 mg/kg (或 0.03 mgL)。

第三法电感耦合等离子体质谱法见 GB 5009.268—2016。

样品微波消解升温程序参考条件见表 10.10。

表 10.10　样品微波消解升温程序参考条件

步骤	设定温度/℃	升温时间/min	恒温时间/min
1	120	6	1
2	150	3	5
3	200	5	10

10.2.9　碘含量分析

GB 5009.267—2020 第一法氧化还原滴定法适用于海带、紫菜、裙带菜等藻类及其制品中碘的测定。第二法砷铈催化分光光度法适用于粮食、蔬菜、水果、豆类及其制品、乳及其制品、肉类、鱼类、蛋类等食品中碘的测定。第三法气相色谱法适用于婴幼儿食品和乳品中碘的测定。

1. 氧化还原滴定法(第一法)

1)原理

样品经炭化、灰化后，将有机碘转化为无机碘离子，在酸性介质中，用溴水将碘离子氧化成碘酸根离子，生成的碘酸根离子在碘化钾的酸性溶液中被还原析出碘，用硫代硫酸钠溶液滴定反应中析出的碘。

$$I^- + 3Br_2 + 3H_2O \longrightarrow IO_3^- + 6H^+ + 6Br^-$$

$$IO_3^- + 5I^- + 6H^+ \longrightarrow 3I_2 + 3H_2O$$

$$I_2 + 2S_2O_3^{2-} \longrightarrow 2I^- + S_4O_6^{2-}$$

2) 仪器与试剂

除非另有说明，所用试剂均为分析纯，水为 GB/T 6682 规定的三级水。

无水碳酸钠；液溴；硫酸；甲酸钠；硫代硫酸钠；碘化钾；甲基橙；可溶性淀粉。

50 g/L 碳酸钠溶液：称取 5 g 无水碳酸钠，溶于 100 mL 水中；饱和溴水：量取 5 mL 液溴置于涂有凡士林的带有塞子的棕色玻璃瓶中，加水 100 mL，充分振荡，使其成为饱和溶液（溶液底部留有少量溴液，操作应在通风橱内进行）；硫酸溶液（3 mol/L）：量取 180 mL 硫酸，缓缓注入盛有 700 mL 水的烧杯中，并不断搅拌，冷却至室温，用水稀释至 1000 mL，混匀；硫酸溶液（1 mol/L）：量取 57 mL 硫酸，按 3 mol/L 硫酸溶液方法配制；碘化钾溶液（150 g/L）：称取 15.0 g 碘化钾，用水溶解并稀释至 100 mL，储存于棕色瓶中，现用现配；甲酸钠溶液（200 g/L）：称取 20.0 g 甲酸钠，用水溶解并稀释至 100 mL。

硫代硫酸钠标准溶液（0.01 mol/L）：按 GB/T 601 中的规定配制及标定。

1 g/L 甲基橙溶液：称取 0.1 g 甲基橙粉末，溶于 100 mL 水中。

5 g/L 淀粉溶液：称取 0.5 g 淀粉于 200 mL 烧杯中，加入 5 mL 水调成糊状，再倒入 100 mL 沸水，搅拌后再煮沸 0.5 min，冷却备用，现用现配。

组织捣碎机；高速粉碎机；分析天平：感量为 0.1 mg；电热恒温干燥箱；马弗炉：≥600 ℃ 瓷坩埚：50 mL；可调电炉：1000 W；碘量瓶；棕色酸式滴定管：25 mL；微量酸式滴定管：1 mL，最小刻度为 0.01 mL。

3) 分析步骤

干样品经高速粉碎机粉碎，通过孔径为 425 μm 的标准筛，避光密闭保存或低温冷藏；鲜、冻样品取可食部匀浆后，密闭冷藏或冷冻保存；海藻浓缩汁或海藻饮料等液态样品，混匀后取样。

称取试样 2～5 g（精确至 0.1 mg），置于 50 mL 瓷坩埚中，加入 5～10 mL 碳酸钠溶液，使充分浸润试样，静置 5 min，置于 101～105 ℃电热恒温干燥箱中干燥 3 h，将样品烘干，取出。在通风橱内用电炉加热，使试样充分炭化至无烟，置于（550±25）℃马弗炉中灼烧 40 min，冷却至 200 ℃左右，取出。在坩埚中加入少量水研磨，将溶液及残渣全部转入 250 mL 烧杯中，坩埚用水冲洗数次并入烧杯中，烧杯中溶液总量为 150～200 mL，煮沸 5 min。

对于碘含量较高的样品（海带及其制品等），将得到的溶液及残渣趁热用滤纸过滤至 250 mL 容量瓶中，烧杯及漏斗内残渣用热水反复冲洗，冷却，定容。然后准确移取适量滤液于 250 mL 碘量瓶中，备用。

对于其他样品，将得到的溶液及残渣趁热用滤纸过滤至 250 mL 碘量瓶中，备用。在碘量瓶中加入 2～3 滴甲基橙溶液，用 1 mol/L 硫酸溶液调至红色，在通风橱内加 5 mL 饱和溴水，加热煮沸至黄色消失。稍冷后加入 5 mL 甲酸钠溶液，在电炉上加热煮沸 2 min，取下，用水浴冷却至 30 ℃以下，再分别加入 5 mL 3 mol/L 硫酸溶液、5 mL 碘化钾溶液，盖上瓶盖，放置 10 min，用硫代硫酸钠标准溶液滴定至溶液呈浅黄色，加入 1 mL 淀粉溶液，继续滴定至蓝色恰好消失。同时做空白实验，分别记录消耗的硫代硫酸钠标准溶液体积 V、V_0。

试样中碘的含量按式（10.22）计算：

$$w_1 = \frac{(V - V_0) \times c \times V_1 \times 21.15}{V_2 \times m_1} \times 1000 \qquad (10.22)$$

式中，w_1 为试样中碘的质量分数，mg/kg；V 为滴定样液消耗硫代硫酸钠标准溶液的体积，mL；V_0 为滴定试剂空白消耗硫代硫酸钠标准溶液的体积，mL；c 为硫代硫酸钠标准溶液的浓度，mol/L；21.15 为与 1.00 mL 硫代硫酸钠标准滴定溶液[$c(Na_2S_2O_3)$=1.000 mol/L]相当的碘的质量，mg；V_1 为碘含量较高样液的定容体积，mL；V_2 为移取碘含量较高滤液的体积，mL；m_1 为样品的质量，g；1000 为单位换算系数。

结果保留至小数点后一位。两次平行测定的绝对差值不得超过算术平均值的 10%。方法检出限为 1.4 mg/kg。

2. 砷铈催化分光光度法(第二法)

1) 原理

采用碱灰化处理试样，使用碘催化砷铈反应，反应速度与碘含量成定量关系。

$$H_3AsO_3 + 2Ce^{4+} + H_2O \longrightarrow H_3AsO_4 + 2Ce^{3+} + 2H^+$$

反应体系中，Ce^{4+} 为黄色，Ce^{3+} 为无色，用分光光度计测定剩余 Ce^{4+} 的吸光度值，碘含量与吸光度值的对数呈线性关系，计算试样中碘的含量。

2) 仪器与试剂

除非另有说明，所用试剂均为分析纯，水为 GB/T 6682 规定的二级水。

无水碳酸钾；硫酸锌；氯酸钾；硫酸：优级纯；氢氧化钠；三氧化二砷；氯化钠：优级纯；硫酸铈铵[$Ce(NH_4)_4(SO_4)_4 \cdot 2H_2O$]或[$Ce(NH_4)_4(SO_4)_4 \cdot 4H_2O$]。

碳酸钾-氯化钠混合溶液：称取 30 g 无水碳酸钾和 5 g 氯化钠，溶于 100 mL 水中。常温下可保存 6 个月。

硫酸锌-氯酸钾混合溶液：称取 5 g 氯酸钾于烧杯中，加入 100 mL 水，加热溶解，加入 10 g 硫酸锌，搅拌溶解。常温下可保存 6 个月。

硫酸溶液(2.5 mol/L)：量取 140 mL 硫酸缓缓注入盛有 700 mL 水的烧杯中，并不断搅拌，冷却至室温，用水稀释至 1000 mL，混匀。

亚砷酸溶液(0.054 mol/L)：称取 5.3 g 三氧化二砷、12.5 g 氯化钠和 2.0 g 氢氧化钠置于 1 L 烧杯中，加水约 500 mL，加热至完全溶解后冷却至室温，再缓慢加入 400 mL 2.5 mol/L 硫酸溶液，冷却至室温后用水稀释至 1 L，储存于棕色瓶中，常温下可保存 6 个月(三氧化二砷以及配制的亚砷酸溶液均为剧毒品，应遵守有关剧毒品的操作规程)。

硫酸铈铵溶液(0.015 mol/L)：称取 9.5 g 硫酸铈铵或 10.0 g[$Ce(NH_4)_4(SO_4)_4 \cdot 4H_2O$]，溶于 500 mL 2.5 mol/L 硫酸溶液中，用水稀释至 1 L，储存于棕色瓶中。常温下可避光保存 3 个月；氢氧化钠溶液(2 g/L)：称取 4.0 g 氢氧化钠溶于 2000 mL 水中；碘化钾(KI)：优级纯。

碘标准储备液(100 μg/mL)：准确称取 0.1308 g 碘化钾(经硅胶干燥器干燥 24 h)于 500 mL 烧杯中，用氢氧化钠溶液溶解后全量移入 1000 mL 容量瓶中，用氢氧化钠溶液定容。置于 4 ℃ 冰箱内可保存 6 个月。

碘标准中间溶液(10 μg/mL)：准确吸取 10.00 mL 碘标准储备液置于 100 mL 容量瓶中，用氢氧化钠溶液定容。置于 4 ℃ 冰箱内可保存 3 个月。

碘标准系列工作液：准确吸取碘标准中间溶液 0.00 mL、0.50 mL、1.00 mL、2.00 mL、

3.00 mL、4.00 mL 和 5.00 mL 分别置于 100 mL 容量瓶中，用氢氧化钠溶液定容，碘含量分别为 0.00 μg/L、50 μg/L、100 μg/L、200 μg/L、300 μg/L、400 μg/L 和 500 μg/L。置于 4 ℃冰箱内可保存 1 个月。

分光光度计：配有 1 cm 比色杯；涡旋混合器。其他仪器设备同第一法。

3）分析步骤

粮食试样，稻谷去壳，其他粮食除去可见杂质，取有代表性试样 20～50 g，粉碎，通过孔径为 425 μm 的标准筛；蔬菜、水果：取可食部分，洗净、晾干、切碎、混匀，称取 100～200 g 试样，制备成匀浆或经 105 ℃干燥 5 h，粉碎，通过孔径为 425 μm 的标准筛；奶粉、牛奶：直接称样；肉、鱼、禽和蛋类：制备成匀浆。

如果需要将湿样的碘含量换算成干样的碘含量，应按 GB 5009.3 测定食品中水分含量进行。

试样前处理：分别移取 0.5 mL 碘标准系列工作液（含碘量分别为 0 ng、25 ng、50 ng、100 ng、150 ng、200 ng 和 250 ng）和称取 0.3～1.0 g（精确至 0.1 mg）试样于瓷坩埚中，固体试样加 1～2 mL 水（液体样、匀浆样和标准溶液不需加水），各加入 1 mL 碳酸钾-氯化钠混合溶液，1 mL 硫酸锌-氯酸钾混合溶液，充分搅拌均匀。将碘标准系列和试样置于 105℃电热恒温干燥箱中干燥 3 h。在通风橱中将干燥后的试样在可调电炉上炭化约 30 min，炭化时瓷坩埚加盖留缝，直到试样不再冒烟为止。碘标准系列不需炭化。

将碘标准系列和炭化后的试样加盖置于马弗炉中，调节温度至 600 ℃灰化 4 h，待炉温降至 200 ℃后取出。灰化好的试样应呈现均匀的白色或浅灰白色。

标准曲线的制作及试样溶液的测定：向灰化后的坩埚中各加入 8 mL 水，静置 1 h，使烧结在坩埚上的灰分充分浸润，搅拌溶解盐类物质，再静置至少 1 h 使灰分沉淀完全（静置时间不得超过 4 h）。小心吸取上清液 2.0 mL 于试管中（注意不要吸入沉淀物）。碘标准系列溶液按照从高浓度到低浓度的顺序排列，向各管加入 1.5 mL 亚砷酸溶液，用涡旋混合器充分混匀，使气体放出，然后置于(30±0.2)℃恒温水浴箱中温浴 15 min。

使用秒表计时，每管间隔时间相同（一般为 30 s 或 20 s），依顺序向各管准确加入 0.5 mL 硫酸铈铵溶液，立即用涡旋混合器混匀，放回水浴中。自第一管加入硫酸铈铵溶液后准确反应 30 min 时，依顺序每管间隔相同时间（一般为 30 s 或 20 s），用 1 cm 比色杯于 405 nm 波长处，用水作参比，测定各管的吸光度值。以吸光度值的对数值为横坐标，以碘质量为纵坐标，绘制标准曲线。根据标准曲线计算试样中碘的质量 m_2。试样中碘的含量按式(10.23)计算：

$$w_2 = \frac{m_2}{m_3} \tag{10.23}$$

式中，w_2 为试样中碘的质量分数，μg/kg；m_2 为从标准曲线中查得试样中碘的质量，ng；m_3 为试样质量，g。

结果保留至小数点后一位。重复性条件下获得的两次独立测定结果的绝对差值不超过算术平均值的 10%。方法检出限为 3 μg/kg。

思考题与习题

1. 食品的灰分与食品中原有的无机成分在数量与组成上是否完全相同？
2. 食品中灰分测定的项目主要有哪些？
3. 简述测定食品灰分的意义。

4. 简述不同种类、不同组织状态样品的预处理方法。

5. 加速食品灰化的方法有哪些?

6. 目前食品灰分的快速测定主要利用哪些新技术?

7. 食品中钙测定的方法有哪些? 用滴定法测定钙含量的注意事项有哪些?

8. 简述食品中铁元素的测定步骤。

9. 简述氢化物原子荧光光谱法测定硒的基本原理,与荧光分光光度法测定硒比较有哪些优缺点?

知识扩展：警惕补铁食品的中毒

　　人体摄入大量铁后,通常会在 30 min 到 l h 内出现上腹部不适、疼痛、恶心、呕吐;80%患者的呕吐物中带血,40%患者在 12 h 内有嗜睡、昏睡和血性腹泻,患者面部呈灰紫绀色,很快并发休克,甚至不久死亡。铁中毒死亡的患者,约 25%死于中毒最初的 4 h 内,如果采用有效的支持疗法,中毒情况会在数小时内减轻,随后完全恢复正常。实验证明,铁中毒是由于铁以二价形式被人体吸收,到了体内氧化成三价,当血中三价铁浓度超过运铁蛋白的结合能力时,三价铁就沉淀为氢氧化铁,并释放出氢离子(H^+),发生代谢性酸中毒。此外,过量铁还可引起肝大、肝功能受损及皮肤色素沉着等现象的血色素沉着症,可促发糖尿病和心力衰竭。因此,人体补铁应根据年龄和生理状态,切不可没有节制,尤其是儿童更应注意。目前市场上出现了一些添加铁化合物的补铁食品,如糖果、糕点、饮料等。对于这些食品,一定要按照标签说明使用,不可任意食用。

　　　　　　　　　　　　　　　　　　　　　　　　　　　　　　　　　　　(高向阳　教授)

第 11 章　食品中有毒污染物限量分析

人体由化学元素组成，以新陈代谢特殊形式运动。人体从环境中摄取空气、水、食物等必需物质，在体内分解、同化，组成细胞和组织的各种成分并产生能量，维持机体正常生长和发育。占人体总质量万分之一以上的氢、氧、氮、氯、碳、硫、磷、钾、钠、钙、镁等化学元素称为常量元素。占总质量万分之一以下的铁、铜、锌、铬、锰、氟、碘、硒、钼、钒、锡等称为微量元素。微量元素有的是人体必需的，有的是非必需的甚至具有潜在毒性，一个体重 70 kg 成人体内各种化学元素的正常值如表 11.1 所示。

表 11.1　70 kg 成人体内各种化学元素的含量和分类

常量元素含量/g	必需微量元素含量/g	可能必需或非必需元素含量/g	有潜在毒性的元素含量/g
氧 45000.0	铁 4.00	铷 1.200	铅 0.08
碳 12600.0	锌 2.30	钡 0.016	镉 0.03
氢 7000.0	锶 0.140	钒<0.001	锑<0.09
氮 2100.0	铜 0.100	铌<0.05	铍<0.002
钙 1050.0	碘 0.030	钛<0.015	铋<0.0003
磷 700.0	硒 0.030	硼<0.01	汞 —
硫 175.0	铬 < 0.006	锆<0.006	氟 2.40
钾 140.0	钼 < 0.005	镍<0.01	铝 0.100
钠、氯 105.0	钴 < 0.003	锰 0.020	砷<0.100
镁 35.0			

目前公认的致癌微量元素有 6 种，即铍、镉、砷、镍、铬、铅及它们的某些化合物。镍的致癌性很强，已为国内外研究所证实。英国、挪威、加拿大都发现在长期接触镍粉尘和某些镍化合物的工人中，肺癌、鼻癌的发病率和死亡率比其他作业的工人明显增高。微量金属的致癌作用还与它的价态有关。例如，三价铬是人体必需的营养元素，而六价铬则是能强烈致突变和癌肿的诱发因子。研究表明，硒对癌症的发生和发展具有特殊防御作用，缺硒地区的癌症发病率明显地高于硒正常的地区，用硒防治某些癌症已经引起全世界的瞩目。

污染物(conta minant)：食品在生产、加工、包装、储存、运输、销售，直至食用过程或环境污染所产生的任何物质，这些非有意加入食品中的物质为污染物，包括除农药、兽药和真菌毒素以外的污染物。限量(maximum levels，MLs)是指污染物在食品中允许的最大浓度。

无论是微量元素还是有害物质，在食品卫生中都有一定的限量数值，超过此数值，对人体健康可能产生负面影响或毒害。在现代食品分析中，我们把这些元素称为限量元素或限量物质，对其有严格的限量指标。适用于各类食品的 GB 2762—2017《食品中污染物限量》发布的指标有铅、镉、汞、砷、铬、锡、镍、亚硝酸盐、N-亚硝胺、多氯联苯、苯并[a]芘硝酸盐、3-氯-1, 2-丙二醇共 13 项，2011 年 1 月 24 日，经食品安全国家标准审评委审查，决定取消该标准中硒的指标。之后，又取消了铝、氟、稀土的限量要求。

11.1 食品中铅含量分析

铅在环境中广泛存在，通过食物、空气、水和香烟等进入人体。吸收铅量过多时，血铅就会增高，促使组织内蓄积铅。血和软组织中铅浓度达到一定程度时，会出现中毒症状。慢性铅中毒的症状是食欲不振、口有金属味、失眠、头痛、头昏、肌肉关节酸痛、腹痛、便秘等。铅对人类心血管系统、生殖功能有影响，并有致癌、致畸、致突变的危害。铅影响血红素的合成，使红细胞寿命缩短，当机体受到铅毒性作用后，血红素和血红蛋白的合成受阻，血中血红蛋白降低，从而造成贫血。

正常情况下，成人每日约摄入 30 μg 铅，可保持体内铅的平衡，不致引起危害。儿童对铅的敏感性比成年人大得多，较易发生慢性中毒，主要出现儿童智力功能损害和贫血，严重的会出现铅毒性脑病。铅中毒的损害不可逆，治疗后的儿童其智力仍然低于正常人的水平。GB 2762—2017 中公布的常见食品中铅的限量指标如表 11.2 所示。

表 11.2 食品中铅限量指标

食品	限量 (MLs)/(mg/kg)	食品	限量 (MLs)/(mg/kg)
谷类及制品、豆类蔬菜、薯类、淀粉	0.2	蔬果制品、调味品、固体饮料、	1.0
畜禽肉类、鲜蛋及制品	0.2	鱼、甲壳类、肉制品、乳粉、食糖	0.5
可食畜禽下水、豆类制品、咖啡豆、皮蛋	0.5	水果、油脂	0.1
小水果、浆果、葡萄、豆类、坚果、酒类	0.2	乳及制品、球茎蔬菜、叶菜类	0.3
蔬菜(球茎、叶菜、食用菌除外)	0.1	鲜乳、果汁	0.05
婴儿配方乳(乳为原料，以调后乳汁计)	0.02	果酒	0.2
藻类及其制品(干重计)、水产制品	1.0	茶叶、干菊花	5
海蜇制品、食用盐、苦丁茶	2.0	食用菌及制品、蜂蜜	1.0
淀粉制品、焙烤食品、蒸馏酒、黄酒	0.5	香辛料类	3.0
饮料类(包装饮用水、果蔬汁类及其饮料、含乳饮料、固体饮料除外)	0.3	果冻、膨化食品、	0.5
		婴幼儿谷类辅助食品、水产品	0.3

分析方法按 GB 5009.12—2017 规定执行。

GB 5009.12—2017 规定了食品中铅含量测定的石墨炉原子吸收光谱法、电感耦合等离子体质谱法、火焰原子吸收光谱法和二硫腙比色法，适用于各类食品中铅含量的测定。

11.1.1 石墨炉原子吸收光谱法(GB 5009.12—2017 第一法)

1. 原理

试样消解处理后，经石墨炉原子化，在 283.3 nm 处测定吸光度。在一定浓度范围内铅的吸光度值与铅含量成正比，与标准系列比较定量。

2. 仪器与试剂

除非另有说明，所用试剂均为优级纯，水为 GB/T 6682 规定的二级水。

硝酸；高氯酸；磷酸二氢铵；硝酸钯。

硝酸溶液 (5+95)：量取 50 mL 硝酸，缓慢加入 950 mL 水中，混匀；硝酸溶液 (1+9)：量取 50 mL 硝酸，缓慢加入 450 mL 水中，混匀；磷酸二氢铵-硝酸钯溶液：称取 0.02 g 硝酸钯，加少量硝酸溶液 (1+9) 溶解后，再加入 2 g 磷酸二氢铵，溶解后用硝酸溶液 (5+95) 定容至 100 mL，混匀。

硝酸铅 $[Pb(NO_3)_2$，CAS 号：10099-74-8]：纯度>99.99%。或经国家认证并授予标准物质证书的一定浓度的铅标准溶液。

1000 mg/L 铅标准储备液：准确称取 1.5985 g (精确至 0.0001 g) 硝酸铅，用少量硝酸溶液 (1+9) 溶解，移入 1000 mL 容量瓶，加水至刻度，混匀。

1.00 mg/L 铅标准中间液：准确吸取铅标准储备液 (1000 mg/L) 1.00 mL 于 1000 mL 容量瓶中，加硝酸溶液 (5+95) 至刻度，混匀。

铅标准系列溶液：分别吸取铅标准中间液 (1.00 mg/L) 0.00 mL、0.50 mL、1.00 mL、2.00 mL、3.00 mL 和 4.00 mL 于 100 mL 容量瓶中，加硝酸溶液 (5+95) 至刻度，混匀。此铅标准系列溶液的质量浓度分别为 0.00 μg/L、5.00 μg/L、10.0 μg/L、20.0 μg/L、30.0 μg/L 和 40.0 μg/L。

原子吸收光谱仪：配石墨炉原子化器，附铅空心阴极灯；微波消解系统、压力消解罐：配聚四氟乙烯消解内罐。

3. 分析步骤

粮食、豆类样品，去除杂物后，粉碎，储于塑料瓶中；蔬菜、水果、鱼类、肉类等样品，用水洗净，晾干，取可食部分，制成匀浆，储于塑料瓶中；饮料、酒、醋、酱油、食用植物油、液态乳等液体样品摇匀。

湿法消解：称取固体试样 0.2~3 g (精确至 0.001 g) 或准确移取液体试样 0.50~5.00 mL 于带刻度消化管中，加入 10 mL 硝酸和 0.5 mL 高氯酸，在可调式电热炉上消解 [参考条件：120 ℃/(0.5~1 h)，升至 180 ℃/(2~4 h)，升至 200~220 ℃]。若消化液呈棕褐色，再加少量硝酸，消解至冒白烟，消化液呈无色透明或略带黄色，取出消化管，冷却后用水定容至 10 mL，混匀备用。同时做试剂空白实验。还可采用锥形瓶，于可调式电热板上，按上述操作方法进行湿法消解。

微波消解：称取固体试样 0.2~0.8 g (精确至 0.001 g) 或准确移取液体试样 0.500~3.00 mL 于微波消解罐中，加入 5 mL 硝酸，按照微波消解的操作步骤消解试样，消解条件参考表 10.2。冷却后取出消解罐，在电热板上于 140~160 ℃ 赶酸至 1 mL 左右。消解罐放冷后，将消化液转移至 10 mL 容量瓶中，用少量水洗涤消解罐两三次，合并洗涤液于容量瓶中并用水定容至刻度，混匀备用。同时做试剂空白实验。

压力罐消解：称取固体试样 0.2~1 g (精确至 0.001 g) 或准确移取液体试样 0.500~5.00 mL 于消解内罐中，加入 5 mL 硝酸。盖好内盖，旋紧不锈钢外套，放入恒温干燥箱，于 140~160 ℃ 下保持 4~5 h。冷却后缓慢旋松外罐，取出消解内罐，放在可调式电热板上于 140~160 ℃ 赶酸至 1 mL 左右。冷却后将消化液转移至 10 mL 容量瓶中，用少量水洗涤内罐和内盖两三次，合并洗涤液于容量瓶中并用水定容至刻度，混匀备用。同时做试剂空白实验。

根据各自仪器性能调至最佳状态。仪器参考条件如表 11.3。

表 11.3　石墨炉原子吸收光谱法仪器参考条件

元素	波长/nm	狭缝/nm	灯电流/mA	干燥	灰化	原子化
铅	283.3	0.5	8～12	(85～120) ℃/(40～50)s	750 ℃/(20～30)s	2300 ℃/(4～5)s

标准曲线的制作：按质量浓度由低到高的顺序分别将 10 μL 铅标准系列溶液和 5 μL 磷酸二氢铵-硝酸钯溶液(可根据所使用的仪器确定最佳进样量)同时注入石墨炉，原子化后测其吸光度值，以质量浓度为横坐标，吸光度值为纵坐标，制作标准曲线。

试样溶液的测定：在与测定标准溶液相同的实验条件下，将 10 μL 空白溶液或试样溶液与 5 μL 磷酸二氢铵-硝酸钯溶液(可根据所使用的仪器确定最佳进样量)同时注入石墨炉，原子化后测其吸光度值，与标准系列比较定量。试样中铅的含量按式(11.1)计算：

$$w = \frac{(\rho_1 - \rho_0)V}{m} \tag{11.1}$$

式中，w 为试样中铅质量分数或质量浓度，μg/kg 或 μg/L；ρ_1 为测定样液中铅的质量浓度，ng/mL；ρ_0 为空白液中铅的质量浓度，ng/mL；V 为试样消化液定量总体积，mL；m 为试样质量或体积，g 或 mL。

铅含量≥1.00 mg/kg(或 mg/L)时，计算结果保留三位有效数字；当铅含量<1.00 mg/kg(或 mg/L)时，计算结果保留两位有效数字。重复性条件下获得的两次独立测定结果的绝对差值不得超过算术平均值的 20%。

称样量为 0.5 g(或 0.5 mL)，定容体积为 10 mL 时，方法的检出限为 0.02 mg/kg(或 0.02 mg/L)，定量限为 0.04 mg/kg(或 0.04 mg/L)。

第二法电感耦合等离子体质谱法见 GB 5009.268—2017；第三法火焰原子吸收光谱法见 GB 5009.12—2017。

11.1.2　二硫腙比色法(GB 5009.12—2017 第四法)

1. 原理

试样经消化后，在 pH=8.5～9.0 时，铅离子与二硫腙生成红色络合物，溶于三氯甲烷。加入柠檬酸铵、氰化钾和盐酸羟胺等，防止铁、铜、锌等离子干扰。于波长 510 nm 处测定吸光度，与标准系列比较定量。

2. 试剂和仪器

除非另有说明，所用试剂均为分析纯，水为 GB/T 6682 规定的三级水。

硝酸、高氯酸、氨水、盐酸、乙醇均为优级纯；酚红($C_{19}H_{14}O_5S$)；盐酸羟胺；柠檬酸铵 $[C_6H_5O_7(NH_4)_3]$；氰化钾；三氯甲烷(CH_3Cl，不应含氧化物)；二硫腙($C_6H_5NHNHCSN{=}NC_6H_5$)。

硝酸溶液(5+95)、硝酸溶液(1+9)配制方法同第一法；氨水溶液(1+1)：量取 100 mL 氨水，加入 100 mL 水，混匀；氨水溶液(1+99)：量取 10 mL 氨水，加入 990 mL 水，混匀；盐酸溶液(1+1)：量取 100 mL 盐酸，加入 100 mL 水，混匀；酚红指示液(1 g/L)：称取 0.1 g 酚红，用少量多次乙醇溶解后移入 100 mL 容量瓶中并定容至刻度，混匀。

二硫腙-三氯甲烷溶液(0.5 g/L)：称取 0.5 g 二硫腙，用三氯甲烷溶解，并定容至 1000 mL，混匀，保存于 0～5 ℃下，必要时用下述方法纯化：称取 0.5 g 研细的二硫腙，溶于 50 mL 三氯甲烷中，如果不全溶，可用滤纸过滤于 250 mL 分液漏斗中，用氨水溶液(1+99)提取三次，每次 100 mL，将提取液用棉花过滤至 500 mL 分液漏斗中，用盐酸溶液(1+1)调至酸性，将沉淀出的二硫腙用三氯甲烷提取两三次，每次 20 mL，合并三氯甲烷层，用等量水洗涤两次，弃去洗涤液，在 50℃水浴上蒸去三氯甲烷。精制的二硫腙置硫酸干燥器中，干燥备用。或将沉淀出的二硫腙用 200 mL、200 mL、100 mL 三氯甲烷提取两次，合并三氯甲烷层为二硫腙-三氯甲烷溶液。

200 g/L 盐酸羟胺溶液：称 20 g 盐酸羟胺，加水溶解至 50 mL，加两滴酚红指示液(1 g/L)，加氨水溶液(1+1)，调 pH 至 8.5～9.0(由黄变红，再多加两滴)，用二硫腙-三氯甲烷溶液(0.5 g/L)提取至三氯甲烷层绿色不变为止，再用三氯甲烷洗两次，弃去三氯甲烷层，水层加盐酸溶液(1+1)至呈酸性，加水至 100 mL，混匀。

200 g/L 柠檬酸铵溶液：称取 50 g 柠檬酸铵，溶于 100 mL 水中，加两滴酚红指示液(1 g/L)，加氨水溶液(1+1)，调 pH 至 8.5～9.0，用二硫腙-三氯甲烷溶液(0.5 g/L)提取数次，每次 10～20 mL，至三氯甲烷层绿色不变为止，弃去三氯甲烷层，再用三氯甲烷洗二次，每次 5 mL，弃去三氯甲烷层，加水稀释至 250 mL，混匀。100 g/L 氰化钾溶液：称取 10 g 氰化钾，用水溶解后稀释至 100 mL，混匀。

二硫腙使用液：吸取 1.0 mL 二硫腙-三氯甲烷溶液(0.5 g/L)，加三氯甲烷至 10 mL，混匀。用 1 cm 比色杯，以三氯甲烷调节零点，于波长 510 nm 处测吸光度(A)，用式(11.2)算出配制 100 mL 二硫腙使用液(70%透光率)所需二硫腙-三氯甲烷溶液(0.5 g/L)的毫升数(V)。量取计算所得体积的二硫腙-三氯甲烷溶液，用三氯甲烷稀释至 100 mL。

$$V = \frac{10 \times (2 - \lg 70)V}{A} = \frac{1.55}{A} \tag{11.2}$$

硝酸铅[CAS 号：10099-74-8]：纯度>99.99%。或经国家认证并授予标准物质证书的一定浓度的铅标准溶液。

铅标准储备液(1000 mg/L)：准确称取 1.5985 g(精确至 0.0001 g)硝酸铅，用少量硝酸溶液(1+9)溶解，移入 1000 mL 容量瓶，加水至刻度，混匀。

铅标准使用液(10.0 mg/L)：准确吸取铅标准储备液(1000 mg/L)1.00 mL 于 100 mL 容量瓶中，加硝酸溶液(5+95)至刻度，混匀。

分光光度计；分析天平：感量 0.1 mg 和 1 mg。可调式电热炉和电热板。

3. 分析步骤

试样制备和前处理同第一法，测定波长：510 nm。

标准曲线的制作：吸取 0.00 mL、0.10 mL、0.20 mL、0.30 mL、0.40 mL 和 0.50 mL 铅标准使用液(相当 0.00 μg、1.00 μg、2.00 μg、3.00 μg、4.00 μg 和 5.00 μg 铅)分别置于 125 mL 分液漏斗中，各加硝酸溶液(5+95)至 20 mL。各加 2 mL 柠檬酸铵溶液(200 g/L)，1 mL 盐酸羟胺溶液(200 g/L)和两滴酚红指示液(1 g/L)，用氨水溶液(1+1)调至红色，再各加 2 mL 氰化钾溶液(100 g/L)，混匀。各加 5 mL 二硫腙使用液，剧烈振摇 1 min，静置分层后，三氯甲烷层经脱脂棉滤入 1 cm 比色杯中，以三氯甲烷调节零点于波长 510 nm 处测吸光度，以铅的质量为横坐标，吸光度值为纵坐标，制作标准曲线。

试样溶液的测定：将试样溶液及空白溶液分别置于 125 mL 分液漏斗中，各加硝酸溶液至 20 mL。于消解液及试剂空白液中各加 2 mL 柠檬酸铵溶液(200 g/L)，1 mL 盐酸羟胺溶液(200 g/L)

和两滴酚红指示液(1 g/L)，用氨水溶液(1+1)调至红色，再各加 2 mL 氰化钾溶液(100 g/L)，混匀。各加 5 mL 二硫腙使用液，剧烈振摇 1 min，静置分层后，三氯甲烷层经脱脂棉滤入 1 cm 比色杯中，于波长 510 nm 处测吸光度，与标准系列比较定量。

试样中铅的含量按式(11.3)计算：

$$w = \frac{m_1 - m_0}{m_2} \tag{11.3}$$

式中，w 为试样中铅的质量分数，mg/kg 或 mg/L；m_1 为试样溶液中铅的质量，μg；m_0 为空白溶液中铅的质量，μg；m_2 为试样称样量或移取体积，g 或 mL。

铅含量≥10.0 mg/kg(或 mg/L)时，计算结果保留三位有效数字；当铅含量<10.0 mg/kg(或 mg/L)时，计算结果保留两位有效数字。

重复性条件下获得的两次独立测定结果的绝对差值不得超过算术平均值的 10%。

称样量 0.5 g(或 0.5 mL)计算，方法的检出限为 1 mg/kg(或 1 mg/L)，定量限为 3 mg/kg(3 mg/L)。

注意事项与说明：①所有玻璃器皿及聚四氟乙烯消解内罐均需硝酸溶液(1+5)浸泡过夜，用自来水反复冲洗，最后用去离子水冲洗干净；②可根据仪器的灵敏度及样品中铅的实际含量确定标准系列溶液中铅的质量浓度；③采样和试样制备过程中，应避免试样污染

11.1.3 食品中微量铅的快速测定-离子选择性电极浓度直读法

测定食品中铅的国家标准(GB/T 5009.12—2017)的第一法、第二法、第三法均需要大型贵重仪器，不但成本高、不易操作，而且不便进行现场快速分析。微波辅助技术处理样品具有省时安全、快速简便、不污染环境也不被环境所污染、消耗试剂量少、成本低廉的显著特点。离子选择性电极浓度直读法具有选择性好、共存离子干扰少、测定快速简便、分析成本低廉等突出优点。用铅离子选择电极浓度直读法直接读取测定数据，为测定小麦面粉等食品中的微量铅提供了一种简便、准确可靠、快速直观的新型分析方法。

1. 原理

PXSJ-216 型离子分析仪用标定液 A、B 和空白校准液校正后，在相同条件下测定样品微波消解溶液，从仪器上直接读取消解溶液的含铅浓度，由样品称取质量和定容体积计算样品中铅的质量分数。该法无须作图和进行复杂计算，操作方便，快速直观，成本低廉，利于现场快速检测。

2. 仪器与试剂

PXSJ-216 型离子分析仪；305 型铅电极；217 型双液接饱和甘汞电极；T-818-B-6 型温度传感器；电磁搅拌器；FA2004A 型电子天平；WD800G 型格兰士微波炉(输出功率 800 W)或实验室专用微波炉；微波炉用样品消解装置(国家专利号：ZL 200620029827.6)等。

1.000 g/L 铅标准储备液：称取 0.1600 g 优级纯 Pb(NO₃)₂ 在烧杯中用少量 2 mol/L HNO₃ 溶解后转移至 100 mL 容量瓶中，用重蒸馏水定容至刻度，混匀。

100.0 mg/L 铅标准溶液：取 10.0 mL 1.000 g/L 铅标准储备液于 100 mL 容量瓶中，用重蒸馏水定容混匀。用时逐级稀释为 10.00 mg/L、1.000 mg/L、1.000×10^{-1} mg/L、1.000×10^{-2} mg/L

铅标准溶液。

总离子强度缓冲调节剂(TISAB)：①1.0 mol/L NaNO₃ 溶液：称干燥的 NaNO₃ 8.4990 g，在烧杯中用少量水溶解后，转移至 100 mL 容量瓶中，定容。②0.10 mol/L 抗坏血酸溶液：称 1.7613 g 抗坏血酸，在烧杯中用少量水溶解后，转移至 100 mL 容量瓶中，定容。③pH 为 3.00 的 HAc-NaAc 缓冲液。

取 1.000 mg/L Pb²⁺标准溶液 5.00 mL 于 50 mL 容量瓶中，加 1.00 mol/L NaNO₃ 溶液 5.00 mL，0.10 mol/L 抗坏血酸溶液 2.00 mL，pH=3.00 的 HAc-NaAc 缓冲液 5.00 mL，用二次重蒸水定容至刻度，此为含 Pb²⁺ 0.1000 mg/L 的 A 标定液。另取 100.0 mg/L Pb²⁺标准溶液 5.00 mL 于 50 mL 容量瓶中，加 1.00 mol/L NaNO₃ 溶液 5.00 mL，0.10 mol/L 抗坏血酸溶液 2.00 mL，pH=3.00 的 HAc-NaAc 缓冲液 5.00 mL，用重蒸水定容，此为含 Pb²⁺ 10.00 mg/L 的 B 标定液。

底液：选用 1.00 mol/L NaNO₃ 调节溶液的离子强度，用 0.10 mol/L 抗坏血酸溶液作掩蔽剂，用 HAc-NaAc 缓冲液控制溶液 pH，保证试液与标定液在完全相同的底液条件下进行测定。

HNO₃-HClO₄-H₂SO₄(3+1+1)；HNO₃-H₂SO₄(3+1)；HNO₃-HClO₄(3+1)混酸溶液。所用试剂均为优级纯(G.R.)或分析纯(A.R.)，水为二次石英亚沸去离子重蒸馏水。

3. 测定

用研钵研磨样品全部过 60 目尼龙筛，小麦样品称取 1 g 左右(称准至 0.0001 g)两份，分别置于两个 100 mL 容量瓶中，各加 9 mL 混酸，用聚四氟乙烯薄膜封口后，用微波炉 40%功率挡消解 5 min，再用 60%功率挡消解至溶液完全澄清。同时进行平行消解和空白消解。按说明书调节仪器为"浓度直读"工作状态，用 0.1000 mg/L、10.00 mg/L 铅离子标定液和空白校准液对仪器进行校准，存储斜率和空白值。将消解好的 2 g 样品消解液合并至同一烧杯中，用少量重蒸水洗涤两次，洗液并入烧杯中，于电炉上赶酸至近干。取下冷却，加少量水，用 40% NaOH 调溶液 pH=3.00 左右，移至 50.00 mL 容量瓶中，加 1.0 mol/L NaNO₃ 溶液 5.00 mL、0.10 mol/L 抗坏血酸 2.00 mL、pH=3.00 HAc-NaAc 缓冲液 5.00 mL，用二次重蒸水定容，混匀后倒入烧杯中，插入电极，待响应达平衡后，从仪器上直接读出铅离子浓度值 $\rho_{Pb^{2+}}$。按式(11.4)快速计算小麦样品中的铅含量：

$$w_{Pb} = \frac{50.00 \times \rho_{Pb^{2+}}}{m} \tag{11.4}$$

式中，w_{Pb} 为铅的质量分数，mg/kg；$\rho_{Pb^{2+}}$ 为读出的铅离子的质量浓度值，mg/L；m 为称取样品的质量，g。

因此，只要直接从离子计上读出 $\rho_{Pb^{2+}}$，即可快速计算出结果。

将微波密闭快速溶样技术、浓度直读技术和离子选择性电极方法结合为一体，对小麦面粉中的微量铅进行测定。消解剂为 9 mL HNO₃-HClO₄(3+1)混酸，在 pH=3.00 的 HAc-NaAc 缓冲溶液中，加标回收率为 92.5%～96.8%，RSD 为 0.67%～1.7%(n=11)，检出限为 0.0099 mg/L，线性范围为 0.850～206.0 mg/L，相关系数为 0.996，总需时 70 min 左右，与标准方法比较节省时间约 5 h，大大提高了工作效率，是一种快速测定小麦等食品中微量铅的新型理想方法，有一定的推广应用价值，对其他食品或生物样品的测定同样有参考和示范作用。

11.2　食品中镉含量分析

土壤对镉有很强的吸附力，特别是黏土和有机质多的土壤吸附镉的能力更强，易造成镉的富集。种植在受镉污染土壤上的作物，对镉也有特殊的吸收和富集作用。

镉对人和动物的所有器官都有毒，通过食物、水、空气进入人体后，主要储存于肝和肾中。肾脏含镉量随接触年限而增加，一旦短期接触，脱离十几年后仍有镉排出。镉在人体内蓄积到一定浓度会造成损害，且病程长，不易痊愈。镉的慢性毒性主要损害肝、肾、肺、骨、睾丸等，其中对肾脏的损害最为明显。镉的致癌、致畸胎和致突变作用已成为许多学者研究的对象，且大部分为前列腺癌。锌和硒能拮抗镉的有害作用。

镉具有潜在危险，对动物细胞染色体产生破坏，导致基因物质改变，引起遗传突变。对子孙后代有可能产生严重影响。镉积聚在人和动物的肾脏、动脉和肝脏内，这些组织中有许多需要锌的酶系统，镉干扰了锌的作用，使酶系统不能正常行使职能，引起这些器官代谢功能的紊乱。GB 2762—2017 中公布的常见食品中镉的限量指标如表 11.4 所示。

表 11.4　食品中镉限量指标

食品	限量（MLs）/（mg/kg）
鱼类及制品、面粉、杂粮、畜禽肉及制品、根茎类蔬菜、豆类蔬菜	0.1
大米、豆类、黄花菜、芹菜、新鲜食用菌、大米、糙米、鱼类罐头	0.2
花生、畜禽肝脏、香菇、食用菌制品、甲壳类、食用盐	0.5
新鲜蔬菜、水果、鲜蛋	0.05
畜禽肾脏	1.0

注：包装饮用水（矿泉水除外）0.005 mg/L；矿泉水 0.003 mg/L。

检验方法按 GB 5009.15—2014 规定方法测定。

GB 5009.15—2014《食品中镉的测定》适用于各类食品中镉的测定。石墨炉原子化法检出限为 1 μg/kg，定量限为 3 μg/kg。

1. 原理

试样经灰化或酸消解后，注入原子吸收光谱仪石墨炉中，原子化后吸收 228.8 nm 共振线，在一定浓度范围内吸光度与镉含量成正比，与标准系列比较定量。

2. 仪器与主要试剂

石墨炉原子吸收光谱仪；微波消解系统：配聚四氟乙烯或其他合适的压力罐；马弗炉等；0.5 mol/L 硝酸；硝酸(1+1)；盐酸(1+1)；磷酸铵溶液(20 g/L)；硝酸+高氯酸(4+1)混合液。

金属镉(Cd)标准品，纯度为 99.99%，或经国家认证并授予标准物质证书的标准物质。

镉标准储备液：称取 1.000 g 金属镉(99.99%)分次加 20 mL 盐酸(1+1)溶解，加两滴硝酸，移入 1 L 容量瓶，加水定容、混匀，此溶液含镉 1.00 g/mL，或购买经国家认证并授予标准物质证书的标准物质。

镉标准使用液：吸取镉标准储备液 10.00 mL 于 100 mL 容量瓶中，加 0.5 mol/L 硝酸至刻度，逐级稀释成含镉 100.0 ng/mL 的标准使用液。

镉标准曲线工作液：准确吸取镉标准使用液 0.00 mL、0.50 mL、1.00 mL、1.50 mL、2.00 mL、3.00 mL 于 100 mL 容量瓶中，用硝酸溶液(1%)定容至刻度，得到含镉量分别为 0.00 ng/mL、0.50 ng/mL、1.00 ng/mL、1.50 ng/mL、2.00 ng/mL、3.00 ng/mL 的标准系列溶液。

3. 分析步骤

干试样：粮食、豆类去除杂质，坚果类去杂质、去壳，磨碎成均匀的样品，颗粒度不大于 0.425 mm。储于洁净的塑料瓶中，并标明标记，于室温下或按样品保存条件下保存备用；鲜(湿)试样：蔬菜、水果、肉类、鱼类及蛋类等，用食品加工机打成匀浆或碾磨成匀浆，储于洁净的塑料瓶中，并标明标记，于 -18～-16 ℃冰箱中保存备用；液态试样：按样品保存条件保存备用。含气样品使用前应除气。试样可用压力消解罐法、干法灰化、微波消解技术或湿法消解。

压力消解罐消解法：称取干试样 0.3～0.5 g(精确至 0.0001 g)、鲜(湿)试样 1～2 g(精确至 0.001 g)于聚四氟乙烯内罐，加硝酸 5 mL 浸泡过夜。再加过氧化氢溶液(30%)2～3 mL(总量不能超过罐容积的 1/3)。盖好内盖，旋紧不锈钢外套，放入恒温干燥箱，120～160 ℃保持 4～6 h，在箱内自然冷却至室温，打开后加热赶酸至近干，将消化液洗入 10 mL 或 25 mL 容量瓶中，用少量硝酸溶液(1%)洗涤内罐和内盖 3 次，洗液合并于容量瓶中并用硝酸溶液(1%)定容至刻度，混匀备用；同时做试剂空白实验。

微波消解：称取干试样 0.3～0.5 g(精确至 0.0001 g)、鲜(湿)试样 1～2 g(精确至 0.001 g)置于微波消解罐中，加 5 mL 硝酸和 2 mL 过氧化氢。微波消化程序可以根据仪器型号调至最佳条件。消解完毕，待消解罐冷却后打开，消化液呈无色或淡黄色，加热赶酸至近干，用少量硝酸溶液(1%)冲洗消解罐 3 次，将溶液转移至 10 mL 或 25 mL 容量瓶中，并用硝酸溶液(1%)定容至刻度，混匀备用；同时做试剂空白实验。

湿式消解法：称取干试样 0.3～0.5 g(精确至 0.0001 g)、鲜(湿)试样 1～2 g(精确至 0.001 g)于锥形瓶中，放数粒玻璃珠，加 10 mL 硝酸　高氯酸混合溶液(9+1)，加盖浸泡过夜，加一小漏斗在电热板上消化，若变棕黑色，再加硝酸，直至冒白烟，消化液呈无色透明或略带微黄色，放冷后将消化液洗入 10～25 mL 容量瓶中，用少量硝酸溶液(1%)洗涤锥形瓶 3 次，洗液合并于容量瓶中并用硝酸溶液(1%)定容至刻度，混匀备用；同时做试剂空白实验。

干法灰化：称取 0.3～0.5 g 干试样(精确至 0.0001 g)、鲜(湿)试样 1～2 g(精确至 0.001 g)、液态试样 1～2 g(精确至 0.001 g)于瓷坩埚中，先小火在可调式电炉上炭化至无烟，移入马弗炉 500 ℃灰化 6～8 h，冷却。若个别试样灰化不彻底，加 1 mL 混合酸在可调式电炉上小火加热，将混合酸蒸干后，再转入马弗炉中 500 ℃继续灰化 1～2 h，直至试样消化完全，呈灰白色或浅灰色。放冷，用硝酸溶液(1%)将灰分溶解，将试样消化液移入 10 mL 或 25 mL 容量瓶中，用少量硝酸溶液(1%)洗涤瓷坩埚 3 次，洗液合并于容量瓶中并用硝酸溶液(1%)定容至刻度，混匀备用；同时做试剂空白实验。

注：实验要在通风良好的通风橱内进行。对含油脂的样品，尽量避免用湿式消解法消化，最好采用干法消化，如果必须采用湿式消解法消化，样品的取样量最大不能超过 1 g。

标准曲线的制作：将标准曲线工作液按浓度由低到高的顺序各取 20 μL 注入石墨炉，测其吸光度值，以标准曲线工作液的浓度为横坐标，相应的吸光度值为纵坐标，绘制标准曲线并求出吸光度值与浓度关系的一元线性回归方程。

标准系列溶液应不少于 5 个点的不同浓度的镉标准溶液，相关系数不应小于 0.995。如果有自动进样装置，也可用程序稀释来配制标准系列。

试样溶液的测定：在与标准曲线工作液相同的实验条件下，吸取样品消化液 20 μL，注入石墨炉，测其吸光度值。代入标准系列的一元线性回归方程求样品消化液中镉的质量分数。平行测定次数不少于两次。若测定结果超出标准曲线范围，用硝酸溶液(1%)稀释后再行测定。对有干扰试样，则注入基体改进剂 20 g/L 磷酸铵溶液 5 μL，消除干扰，绘制镉标准曲线时也要加入与试样测定时等量的基体改进剂。试样中镉含量按式(11.5)计算：

$$w = \frac{(\rho_1 - \rho_0)V}{m} \tag{11.5}$$

式中，w 为试样中镉的质量分数或质量浓度，μg/kg 或μg/L；ρ_1 为测定试样消化液中镉的质量浓度，ng/mL；ρ_0 为空白液中镉的质量浓度，ng/mL；V 为试样消化液总体积，mL；m 为试样质量或体积，g 或 mL。

注意事项与说明：①仪器参考条件：波长 228.8 nm，狭缝 0.2～1.0 nm，灯电流 2～10 mA，干燥温度 105 ℃，时间 20 s；灰化温度 400～700 ℃，时间 20～40 s；原子化温度 1300～2300 ℃，时间 3～5 s，背景校正为氘灯或塞曼效应。②对有干扰的试样，和样品消化液一起注入石墨炉 5 μL 基体改进剂磷酸二氢铵溶液(10 g/L)，绘制标准曲线时也要加入与试样测定时等量的基体改进剂。③计算结果保留两位有效数字；重复性条件下两次独立测定结果的绝对差值不超过算术平均值的 20%。④所用玻璃仪器均需以硝酸(1+5)浸泡过夜，用水反复冲洗后用去离子水洗净。

11.3 食品中汞含量分析

牛、羊、鱼、虾吃了含汞的植物，喝了含汞的水，再经人进一步富集，构成了一条食物链。无机汞离子进入人体后很快分布全身，迅速转移至肾、肝聚积，后经肾脏通过尿液排泄，少部分通过粪便、汗腺、唾液、乳液排出体外。二价汞离子不容易通过血脑屏障进入脑组织，因此汞的无机化合物较元素汞对脑损害的危险性小得多。

有机汞化合物分为两类：一类是在体内易降解成为汞离子的苯基汞；另一类是不易降解的烷基汞，这类有机汞以剧毒性物质甲基汞为代表。鱼体内的甲基汞不易清除，冻干、油炸、蒸煮、干燥都不能把它除掉。甲基汞经生物富集，可在鱼贝类体内达到极高浓度，所以环境中汞污染对人类健康的危害主要是甲基汞。甲基汞具有转化、排泄慢和亲脂质的特点，使它相当均匀地分布于全身各器官中，侵害中枢神经，损害最严重的是小脑和大脑两半球，脊髓后束及末梢感觉神经一般在中毒的晚期受到损害。甲基汞的毒害不可逆，在脱离接触或接受治疗后，不能再恢复健康。GB 2762—2017 中公布的常见食品中汞的限量指标如表 11.5 所示。

表 11.5 食品中汞限量指标

食品	限量(MLs)/(mg/kg)	
	总汞(以 Hg 计)	甲基汞
成 品 粮、特殊膳食食品、婴幼儿罐装食品	0.02	—
薯类、蔬菜、水果、鲜乳及乳制品	0.01	—
肉及肉制品、蛋(去壳)及蛋制品	0.05	—
食用菌及其制品、调味品、食用盐	0.1	—
鱼(不包括食肉鱼类)及其他水产品	—	0.5
食肉鱼类(如鲨鱼、金枪鱼等)	—	1.0

注：水产动物及其制品可先测定总汞，当总汞水平不超过甲基汞限量值时，不必测定甲基汞；否则，需再测定甲基汞。

分析方法按 GB 5009.17—2021 规定方法测定，食品安全国家标准 GB 5009.17—2021《食品中总汞及有机汞的测定》第一篇适用于食品中总汞的测定，第二篇适用于食品中有机汞的测定。现介绍第一篇的第一方法原子荧光光谱分析法测定食品中的总汞。

11.3.1 原子荧光光谱分析法（GB 5009.17—2021 第一法）

1. 原理

试样经酸加热消解后，在酸性介质中，试样中的汞被硼氢化钾或硼氢化钠还原成原子态汞，由载气(氩气)带入原子化器中，在汞空心阴极灯照射下，基态汞原子被激发至高能态，在由高能态回到基态时，发射出特征波长的荧光，其荧光强度与汞含量成正比，与标准系列溶液比较定量。

2. 试剂

硝酸；过氧化氢；硫酸；氢氧化钾；硼氢化钾(注：除非另有说明，方法所用试剂均为优级纯，水为 GB/T 6682 规定的一级水)。

硝酸溶液(1+9)：量取 50 mL 硝酸，缓慢加入 450 mL 水中；硝酸溶液(5+95)：量取 5 mL 硝酸，缓缓加入 95 mL 水中；氢氧化钾溶液(5 g/L)：称取 5.0 g 氢氧化钾，纯水溶解并定容至 1000 mL，混匀；硼氢化钾溶液(5 g/L)：称取 5.0 g 硼氢化钾，用 5 g/L 的氢氧化钾溶液溶解并定容至 1000 mL，混匀，现用现配；重铬酸钾的硝酸溶液(0.5 g/L)：称取 0.5 g/L 重铬酸钾溶于 100 mL 硝酸溶液(5+95)中；硝酸-高氯酸混合溶液(5+1)：量取 500 mL 硝酸，100 mL 高氯酸，混匀。

标准品：氯化汞($HgCl_2$)，纯度≥99%。

1.00 mg/mL 汞标准储备溶液：准确称取 0.1354 g 干燥过的氯化汞，用重铬酸钾的硝酸溶液(0.5 g/L)溶解并转移至 100 mL 容量瓶中，稀释至刻度混匀，于 4 ℃冰箱中避光保存，可保存两年。或购买经国家认证并授予标准物质证书的标准溶液物质。

10 μg/mL 汞标准中间液：吸取 1.00 mg/mL 汞标准储备液 1.00 mL 于 100 mL 容量瓶中，用重铬酸钾的硝酸溶液(0.5 g/L)稀释至刻度，混匀，于 4 ℃冰箱中避光保存，可保存两年。

50 ng/mL 汞标准使用液：吸取 10 μg/mL 汞标准中间液 0.5 mL 于 100 mL 容量瓶中，用

0.5 g/L 重铬酸钾的硝酸溶液稀释至刻度，混匀，现用现配。

3. 仪器和设备

原子荧光光度计；天平：感量为 0.1 mg 和 1 mg；微波消解系统；压力消解器；恒温干燥箱(50～300 ℃)；控温电热板(50～300 ℃)；超声水浴箱。

注：玻璃器皿及聚四氟乙烯消解内罐均需以硝酸溶液(1+4)浸泡 24 h，用水反复冲洗，最后用去离子水冲洗干净。

4. 分析步骤

1)试样预处理

粮食、豆类等样品去杂物后粉碎均匀，装入洁净聚乙烯瓶中，密封保存备用；蔬菜、水果、鱼类、肉类及蛋类等新鲜样品，洗净晾干，取可食部分匀浆，装入洁净聚乙烯瓶中，密封，于 4 ℃冰箱中避光保存。

(1)压力消解法：称取固体试样 0.2～1.0 g(精确到 0.001 g)，新鲜样品 0.5～2.0 g 或液体样品吸取 1～5 mL 称量(精确到 0.001 g)，置于消解内罐中，加入 5 mL 硝酸浸泡过夜。盖好内盖，旋紧不锈钢外套，放入恒温干燥箱，于 140～160 ℃下保持 4～5 h，在箱内自然冷却至室温，然后缓慢旋松不锈钢外套，将消解内罐取出，用少量水冲洗内盖，放在控温电热板上或超声水浴箱中，于 80 ℃或超声脱气 2～5 min 赶去棕色气体。取出消解内罐，将消化液转移至 25 mL 容量瓶中，用少量水分 3 次洗涤内罐，洗涤液合并于容量瓶中并定容至刻度，混匀备用，同时做空白实验。

(2)微波消解法：称取固体试样 0.2～0.5 g(精确到 0.001 g)、新鲜样品 0.2～0.8 g 或液体试样 1～3 mL 于消解罐中，加入 5～8 mL 硝酸，加盖放置过夜，旋紧罐盖，按照微波消解仪的标准操作步骤进行消解(消解参考条件见 GB 5009.17—2014 附录 A)。冷却后取出，缓慢打开罐盖排气，用少量水冲洗内盖，将消解罐放在控温电热板上或超声水浴箱中，于 80 ℃或超声脱气 2～5 min 赶去棕色气体。取出消解内罐，将消化液转移至 25 mL 容量瓶中，用少量水分 3 次洗涤内罐，洗涤液合并于容量瓶中并定容至刻度，混匀备用，同时做空白实验。

(3)回流消解法：粮食：称取 1.0～4.0 g(精确到 0.001 g)试样，置于消化装置锥形瓶中，加玻璃珠数粒，加 45 mL 硝酸、10 mL 硫酸，转动锥形瓶，防止局部炭化。装上冷凝管后，小火加热，待开始发泡立即停止加热，发泡停止后，加热回流 2 h。如果加热过程中溶液变棕色，再加 5 mL 硝酸，继续回流 2 h，消解到样品完全溶解，一般呈淡黄色或无色，放冷后从冷凝管上端小心加入 20 mL 水，继续加热回流 10 min，放冷，用适量水冲洗冷凝管，冲洗液并入消化液中，将消化液经玻璃棉过滤于 100 mL 容量瓶中，用少量水洗涤锥形瓶、滤器，洗涤液并入容量瓶内，加水至刻度，混匀。同时做空白实验。

植物油及动物油脂：称取 1.0～3.0 g(精确到 0.001 g)试样，置于消化装置锥形瓶中，加玻璃珠数粒，7 mL 硫酸，小心混匀至溶液颜色变为棕色，然后加 40 mL 硝酸。以下按粮食："装上冷凝管后，小心加热……同时做空白实验"步骤操作。

薯类、豆制品：称取 1.0～4.0 g(精确到 0.001 g)试样，置于消化装置锥形瓶中，加玻璃珠数粒，加 30 mL 硝酸、5 mL 硫酸，转动锥形瓶，防止局部炭化。以下按粮食："装上冷凝管后，小心加热……同时做空白实验"步骤操作。

肉、蛋类：称取 0.5～2.0 g(精确到 0.001 g)试样，置于消化装置锥形瓶中，加玻璃珠数粒，加 30 mL 硝酸、5 mL 硫酸，转动锥形瓶，防止局部炭化。以下按粮食："装上冷凝管后，小心加热……同时做空白实验"步骤操作。

乳及乳制品：称取 1.0～4.0 g (精确到 0.001 g)试样，置于消化装置锥形瓶中，加玻璃珠数粒及 30 mL 硝酸、乳加 10 mL 硫酸，乳制品加 5 mL 硫酸，转动锥形瓶，防止局部炭化。以下按粮食："装上冷凝管后，小心加热……同时做空白实验"步骤操作。

2)标准曲线制作

分别吸取 50 ng/mL 汞标准使用液 0.00 mL、0.20 mL、0.50 mL、1.00 mL、1.50 mL、2.00 mL和 2.50 mL 于 50 mL 容量瓶中，用硝酸溶液(1+9)稀释至刻度，混匀，各自相当于汞浓度 0.00 ng/mL、0.20 ng/mL、0.50 ng/mL、1.00 ng/mL、1.50 ng/mL、2.00 ng/mL 和 2.50 ng/mL。

3)试样溶液的测定

设定好仪器最佳条件，连续用硝酸溶液(1+9)进样，待读数稳定之后，转入标准系列测量，绘制标准曲线。转入试样测量，先用硝酸溶液(1+9)进样，使读数基本回零，再分别测定试样空白和试样消化液，每测不同的试样前都应清洗进样器。

试样中汞的含量按式(11.6)进行计算：

$$w = \frac{(\rho_1 - \rho_2)V}{m \times 1000} \qquad (11.6)$$

式中，w 为试样中汞的质量分数或质量浓度，mg/kg 或 mg/L；ρ_1 为试样消化液中汞的质量浓度，ng/mL；ρ_2 为试剂空白液中汞的质量浓度，ng/mL；V 为试样消化液总体积，mL；m 为试样质量或体积，g 或 mL。

4)仪器参考条件：光电倍增管负高压 240 V；汞空心阴极灯电流 30 mA；原子化器温度 300℃，载气 500 mL/min，屏蔽气 1000 mL/min。

计算结果保留三位有效数字，重复性条件下获得的两次独立测定结果的绝对差值不得超过算术平均值的 20%。称样量为 0.5 g，定容体积为 25 mL 时，方法检出限 0.003 mg/kg，定量限为 0.010 mg/kg。

注意事项与说明：①仪器测量方式为标准曲线法；读数方式为峰面积；读数延迟时间为 1.0 s；读数时间为 10.0 s；硼氢化钾溶液加液时间 8.0 s；标液或样液体积 2 mL。②仪器自动计算方式测量：设定好仪器条件，在试样参数画面输入试样质量(g 或 mL)、稀释体积(mL)，并选择结果的浓度单位，将炉温升至所需稳定温度后测量，连续用(1+9)硝酸溶液进样，待读数稳定后，转入标准系列测量并绘制标准曲线。试样测定前，用试样空白液进样，让仪器取其均值作为扣底的空白值。随后可依次测定试样。测定完后，选择"打印报告"自动打印测定结果。

11.3.2　食品中甲基汞的测定(液相色谱-原子荧光光谱联用方法)

1. 原理

食品中甲基汞经超声波辅助 5 mol/L 盐酸提取后，使用 C_{18} 反相色谱柱分离，色谱流出液进入在线紫外消解系统，在紫外照射下与强氧化机过硫酸钾反应，甲基汞转变为无机汞。酸性环境下，无机汞与硼氢化钾在线反应生成汞蒸气，由原子荧光光谱仪测定。由保留时间定性，外标法峰面积定量。

2. 试剂

甲醇：色谱纯；氢氧化钠；氢氧化钾；硼氢化钾：分析纯；过硫酸钾（$K_2S_2O_6$）：分析纯；乙酸铵：分析纯；盐酸；氨水；L-半胱氨酸[L-HSCH$_2$CH（NH$_2$）COOH]：分析纯（注：除非另有说明，本法所用试剂均为优级纯，水为 GB/T 6682 规定的一级水）。

试剂配制：流动相（5%甲醇+0.06 mol/L 乙酸铵+1% L-半胱氨酸）：称取 0.5 g 半胱氨酸、2.2 g 乙酸铵，置于 500 mL 容量瓶中，用水溶解，再加入 25 mL 甲醇，最后用水定容至 500 mL，经 0.45 μm 有机系滤膜过滤后，于超声水浴中超声脱气 30 min，现用现配。

5 mol/L 盐酸溶液：量取 208 mL 盐酸，溶于水并稀释至 500 mL；盐酸溶液 10%（体积比）：量取 100 mL 盐酸，溶于水并稀释至 1000 mL。

5 g/L 氢氧化钠：称取 5.0 g 氢氧化钾，溶于水并稀释至 1000 mL；6 mol/L 氢氧化钾：称取 24 g 氢氧化钠，溶于水并稀释至 500 mL；2 g/L 硼氢化钾溶液：称取 2.0 g 硼氢化钾，用氢氧化钾溶液（5 g/L）溶解并稀释至 1000 mL。现用现配。

2 g/L 过硫酸钾溶液：称取 1.0 g 过硫酸钾，用氢氧化钠（5 g/L）溶解并稀释至 1000 mL。现用现配。

10 g/L L-半胱氨酸：称取 0.1 g L-半胱氨酸，溶于 10 mL 水中。现用现配。

甲醇溶液（1+1）：量取甲醇 100 mL，加入 100 mL 水中，混匀。

标准品：氯化汞（HgCl$_2$），纯度≥99%；氯化甲基汞（HgCH$_2$Cl），纯度≥99%。

氯化汞标准储备液（200 μg/mL，以 Hg 计）：准确称取 0.0270 g 氯化汞，用 0.5 g/L 重铬酸钾的硝酸溶液溶解，并稀释、定容至 100 mL。于 4 ℃冰箱中避光保存，可保存两年。或购买经国家认证并授予标准物质证书的标准溶液物质。

甲基汞标准储备液（200 μg/mL，以 Hg 计）：准确称取 0.0250 g 氯化甲基汞，加少量甲醇溶解，用甲醇溶液（1+1）稀释和定容至 100 mL。于 4 ℃冰箱中避光保存，可保存两年。或购买经国家认证并授予标准物质证书的标准溶液物质。

混合标准使用液（1.00 μg/mL，以 Hg 计）：准确移取 0.50 mL 甲基汞标准储备液和 0.50 mL 氯化汞标准储备液，置于 100 mL 容量瓶中，以流动相稀释至刻度，摇匀。此混合标准使用液中，两种汞化合物浓度均为 1.00 μg/mL。现用现配。

3. 仪器和设备

液相色谱-原子荧光光谱联用仪（LC-AFS）：由液相色谱仪（包括液相色谱泵和手动进样阀）、在线紫外消解系统及原子荧光光谱仪组成。

组织匀浆机；高速粉碎机；冷冻干燥机；离心机：最大转速 10 000 r/min；超声清洗器。

注：玻璃器皿及聚四氟乙烯消解内罐均需硝酸溶液（1+4）浸泡 24 h，用水冲洗后用去离子水冲洗干净。

4. 分析步骤

试样预处理：同第 11.3.1 小节"原子荧光光谱分析法"。

1）试样提取

称取样品 0.5～2.0 g（精确到 0.001 g），置于 15 mL 塑料离心管中，加入 10 mL 盐酸溶液（5 mol/L），放置过夜。室温下超声水浴提取 60 min，期间振摇数次。4 ℃下以 8000 r/min 转速离心 15 min。准确移取 2.0 mL 上清液至 5 mL 容量瓶或刻度试管中，逐滴加入氢氧化钠溶液(6 mol/L)，使样液 pH 为 2～7。加入 0.1 mL 的半胱氨酸溶液(10 g/L)，最后用水定容至刻度，0.45 μm 有机系滤膜过滤，待测。同时做空白实验。

注意：滴加氢氧化钠溶液(6 mol/L)时应缓慢逐滴加入，避免酸碱中和产生的热量来不及扩散，是温度很快升高，导致汞化合物会发，造成测定值偏低。

2)仪器参考条件

液相色谱参考条件：色谱柱：C_{18} 分析柱(柱长 150 mm，内径 4.6 mm，粒径 5 μm)，C_{18} 预柱(柱长 10 mm，内径 4.6 mm，粒径 5 μm)；流速：1.0 mL/min；进样体积：100 μL。

原子荧光检测参考条件：负高压：300 V；汞灯电流：30 mA；原子化方式：冷原子；载液：10%盐酸溶液；载液流速：4.0 mL/min；还原剂：2 g/L 硼氢化钾溶液；还原剂流速：4.0 mL/min；氧化剂：2 g/L 过硫酸钾溶液，烟花剂流速 1.6 mL/min；载气流速：500 mL/min；辅助气流速：600 mL/min。

3)标准曲线制作

取 5 支 10 mL 容量瓶，分别准确加入混合标准使用液(1.00 μg/mL) 0.00 mL、0.010 mL、0.020 mL、0.040 mL、0.060 mL 和 0.10 mL，用流动相稀释至刻度。此标准系列溶液的浓度分别为 0.0 ng/mL、1.0 ng/mL、2.0 ng/mL、4.0 ng/mL、6.0 ng/mL 和 10.0 ng/mL。吸取标准系列溶液 100 μL 进样，以标准系列溶液中目标化合物的浓度为横坐标，以色谱峰面积为纵坐标，绘制标准曲线。

4)试样溶液的测定

将试样溶液 100 μL 注入液相色谱-原子荧光光谱联用仪中，得到色谱图，已保留时间定性。以外标法峰面积定量，平行测定次数不少于两次。

试样中汞含量按式(11.7)进行计算：

$$w = \frac{f \times (\rho_1 - \rho_0) \times V}{m \times 1000} \tag{11.7}$$

式中，w 为试样中甲基汞的质量分数，mg/kg；f 为稀释因子；ρ_1 为经标准曲线得到的测定溶液中甲基汞的浓度，ng/mL；ρ_0 为经标准曲线得到的空白溶液中甲基汞的浓度，ng/mL；V 为加入提取剂的体积，mL；1000 为换算系数；m 为试样称样量，g。

计算结果保留两位有效数字。两次平行测定的绝对差值不得超过算术平均值的 20%。称样量为 1.0 g，定容体积为 10 mL 时，方法检出限 0.008 mg/kg，定量限为 0.025 mg/kg。

11.4　食品中铬含量分析

三价铬具有重要的生物功能，但六价铬化合物有毒，其毒性比三价铬高 100 倍。六价铬干扰很多重要酶的活性，损伤肝脏和肾脏，诱发肺癌等恶性肿瘤。无机铬化合物的生物活性极小，且难以吸收，当铬与有机物质结合后，具有强大的生物学特性，易被人体吸收利用。

长期接触六价铬对上呼吸道有刺激性症状出现，如鼻黏膜溃疡及鼻中隔穿孔、口腔多发性溃疡等。接触大量铬酸、重铬酸钾粉尘可引起接触性皮炎，皮肤"铬溃疡"，有时可深达骨内，痊愈较慢。铬慢性中毒有头痛、头晕、消瘦、消化道障碍等症状。

正常人血液中葡萄糖含量过高或过低都异常，因为大自然赐予人体一种特殊机构，用于维持体内糖正常代谢和平衡。其中有一套机构专门清除血液中多余的葡萄糖，该机构中有两个充当主角的化合物，一个是胰岛素，另一个是低相对分子质量的有机铬复合物，即天然存在的铬烟酸，称为葡萄糖耐受因子(glucose tolerance factor，GTF)，铬就是 GTF 的一个必要成分。凡是三价铬与烟酸或氨基酸形成的复合物都有 GTF 的功能，能清除血液中多余的葡萄糖。单纯的铬离子几乎没有这种生物活性。

胰岛素发挥作用时需要铬参加，含铬的 GTF 只有在胰岛素存在的情况下才能发挥生物效能。给糖尿病患者补充氯化铬后，体内的葡萄糖可较快地转化为脂肪，使血糖有所降低，糖的利用得到改善，40%～50%的人改善了糖耐量，从临床上证实了铬与糖代谢有密切关系。

以粗粮、杂粮为主食，吃白糖不多的国家动脉粥样硬化的人比较少见。因为粗粮、红糖、不饱和植物油和鱼、肉、贝类都含有较多的铬，多吃这些食物则可预防动脉粥样硬化。

而环境中六价铬的污染对人体健康具有潜在的危害。GB 2762—2017 中公布的常见食品中铬的限量指标如表 11.6 所示。

表 11.6　食品中铬限量指标

食品	限量(MLs)/(mg/kg)
粮食、豆类、蛋类、肉类(包括肝、肾)	1.0
薯类、蔬菜、水果	0.5
鱼贝类、乳粉、水产动物及制品	2.0
鲜乳、调制乳、发酵乳、灭菌乳、巴氏杀菌乳	0.3

铬按 GB 5009.123—2014 规定了食品中铬的石墨炉原子吸收光谱测定方法，适用于各类食品中铬的含量测定。

1. 原理

试样经消解处理后，采用石墨炉原子吸收光谱法，在 357.9 nm 处测定吸收值，在一定浓度范围内其吸收值与标准系列溶液比较定量。

2. 仪器与试剂

除非另有规定，本方法所用试剂均为优级纯，水为 GB/T 6682 规定的二级水。

硝酸；高氯酸；磷酸二氢铵。

硝酸溶液(5+95)：量取 50 mL 硝酸慢慢倒入 950 mL 水中，混匀；硝酸溶液(1+1)：量取 250 mL 硝酸缓慢倒入 250 mL 水中，混匀；磷酸二氢铵溶液(20 g/L)：称取 2.0 g 磷酸二氢铵，溶于水中，并定容至 100 mL，混匀。

重铬酸钾：纯度>9.5%或经国家认证并授予标准物质证书的标准物质。

铬标准储备液：准确称取基准物质重铬酸钾(110 ℃，烘干 2 h)1.4315 g(精确至 0.0001 g)，溶于水中，移入 500 mL 容量瓶中，用硝酸溶液(5+95)稀释至刻度，混匀。此溶液每毫升含 1.000 mg 铬。或购置经国家认证并授予标准物质证书的铬标准储备液。

铬标准使用液：将铬标准储备液用硝酸溶液(5+95)逐级稀释至每毫升含 100 ng 铬。

标准系列溶液的配制：分别吸取铬标准使用液(100 ng/mL)0 mL、0.50 mL、1.00 mL、2.00 mL、

3.00 mL、4.00 mL 于 25 mL 容量瓶中，用硝酸溶液 (5+95) 稀释至刻度，混匀。各容量瓶中每毫升分别含铬 0 ng、2.00 ng、4.00 ng、8.00 ng、12.00 ng、16.00 ng，或采用石墨炉自动进样器自动配制。

玻璃仪器需硝酸溶液 (1+4) 浸泡 24 h 以上，水反复冲洗后，用去离子水冲洗干净。原子吸收光谱仪，配石墨炉原子化器；微波消解系统、压力消解器：配有消解内罐；可调式电热炉和电热板；马弗炉；恒温干燥箱。电子天平感量 0.1 mg 和 1 mg。

3. 分析步骤

粮食、豆类等去除杂物后，粉碎，装入洁净的容器内，作为试样。密封，并标明标记，试样应于室温下保存；蔬菜、水果、鱼类、肉类及蛋类等水分含量高的鲜样，直接打成匀浆，装入洁净的容器内，作为试样。密封，并标明标记。试样应于冰箱冷藏室保存。

微波消解：称取试样 0.2～0.6 g (精确至 0.001 g) 于微波消解罐中，加入 5 mL 硝酸，按照表 11.7 微波消解条件消解试样。冷却后取出消解罐，在电热板上于 140～160 ℃ 赶酸至 0.5～1.0 mL。消解罐放冷后，将消化液转移至 10 mL 容量瓶中，用少量水洗涤消解罐两三次，合并洗涤液，用水定容至刻度。同时做试剂空白实验。

表 11.7　微波消解参考条件

步骤	功率 (1200 W) 变化/%	设定温度/℃	升温时间/min	恒温时间/min
1	0～80	120	5	5
2	0～80	160	5	10
3	0～80	180	5	10

湿法消解：称取试样 0.5～3 g (精确至 0.001 g) 于消化管中，加入 10 mL 硝酸、0.5 mL 高氯酸，在可调式电热炉上消解 (参考条件：120 ℃ 保持 0.5～1 h、升温至 180 ℃ 保持 2～4 h、再升温至 200～220 ℃)。若消化液呈棕褐色，再加硝酸，消解至冒白烟，消化液呈无色透明或略带黄色，取出消化管，冷却后用水定容至 10 mL。同时做试剂空白实验。

高压消解：准确称取试样 0.3～1 g (精确至 0.001 g) 于消解内罐中，加入 5 mL 硝酸。盖好内盖，旋紧不锈钢外套，放入恒温干燥箱，于 140～160 ℃ 下保持 4～5 h。在箱内自然冷却至室温，缓慢旋松外罐，取出消解内罐，放在可调式电热板上于 140～160 ℃ 赶酸至 0.5～1.0 mL。冷却后将消化液转移至 10 mL 容量瓶中，用少量水洗涤内罐和内盖两三次，合并洗涤液于容量瓶中并用水定容至刻度。同时做试剂空白实验。

干法灰化：称取试样 0.5～3 g (精确至 0.001 g) 于坩埚中，小火加热，炭化至无烟，转移至马弗炉中，于 550 ℃ 恒温 3～4 h。取出冷却，对于灰化不彻底的试样，加数滴硝酸，小火加热，小心蒸干，再转入 550 ℃ 高温炉中，继续灰化 1～2 h，至试样呈白灰状，从高温炉取出冷却，用硝酸溶液 (1+1) 溶解并用水定容至 10 mL。同时做试剂空白实验。

根据各自仪器性能调至最佳状态。铬石墨炉原子吸收法测定参考条件：波长 357.9 nm，狭缝 0.2 nm，灯电流 5～7 mA，85～120 ℃ 干燥 40～50 s，900℃ 灰化 20～30 s，2700 ℃ 原子化 4～5 s。

标准曲线的制作：将标准系列溶液工作液按浓度由低到高的顺序分别取 10 μL (可根据使用仪器选择最佳进样量)，注入石墨管，原子化后测其吸光度值，以浓度为横坐标，吸光度值为纵坐标，绘制标准曲线。

试样测定:在与测定标准溶液相同的实验条件下,将空白溶液和样品溶液分别取 10 μL(可根据使用仪器选择最佳进样量),注入石墨管,原子化后测其吸光度值,与标准系列溶液比较定量。对有干扰的试样应注入 20.0 g/L 磷酸二氢铵溶液 5 μL(可根据使用仪器选择最佳进样量)。试样中铬的含量按式(11.8)计算:

$$w = \frac{(\rho_1 - \rho_0) \times V}{m \times 1000} \tag{11.8}$$

式中,w 为试样中铬的含量,mg/kg;ρ_1 为测定样液中铬的含量,ng/mL;ρ_0 为空白液中铬的含量,ng/mL;V 为样品消化液的定容总体积,mL;m 为样品称样量,g;1000 为换算系数。

当分析结果≥1 mg/kg 时,保留三位有效数字;当分析结果<1 mg/kg 时,保留两位有效数字。重复性条件下获得的两次独立测定结果的绝对差值不得超过算术平均值的 20%。

称样量 0.5 g 定容至 10 mL 计算的方法检出限为 0.01 mg/kg,定量限为 0.03 mg/kg。

注意事项:所用玻璃仪器及高压消解罐的聚四氯乙烯内筒均需在使用前用热盐酸(1+1)浸泡 1 h,用热硝酸(1+1)浸泡 1 h,用水冲洗干净使用。

11.5　食品中砷含量分析

砷是剧毒物质,三价砷化合物比五价砷化合物的毒性更强,三氧化二砷是毒性最强的物质之一,人口服几毫克即可中毒,服 60~200 mg 可致死。长期饮用含砷较高的水会导致砷慢性中毒,主要表现为皮肤色素沉着、变黑或呈现雨点状,暗褐色密集斑点分布于全身,以躯干、臀腿等非裸露部位最明显。因此,称这类慢性砷中毒为“皮肤黑变病”。长期接触砷化物可诱发皮肤癌。GB 2762—2017 中公布的常见食品中砷的限量指标如表 11.8 所示。

表 11.8　食品中砷的限量指标

食品	限量(MLs)/(mg/kg)
蔬菜、水果、肉、禽、蛋、酒类、鲜乳	0.05(无机砷)
面粉、豆类、鱼类及调制品	0.1(无机砷)
大米、糙米、稻谷	0.2(无机砷)
杂粮	0.2(无机砷)
水产调味品、水产动物及制品	0.5(无机砷)
贝类、虾蟹类(以干重计)	1.0(无机砷)
藻类(以干重计)	1.5(无机砷)
食用油及制品、生乳及调制乳	0.1(总砷)
果汁及果浆	0.2(总砷)
可可脂及巧克力、食糖及淀粉糖、辅助营养补充品、谷物及制品、新鲜蔬菜、肉及制品、食用菌及制品、乳粉	0.5(总砷)
其他可可制品	1.0(总砷)

注:总砷水平不超过限量时,不必测定无机砷,否则,需测定无机砷。

检验方法按食品安全国家标准 GB 5009.11—2014《食品中总砷及无机砷的测定》进行。

标准第一篇规定了食品中总砷的测定方法。第二篇规定了食品中无机砷含量测定的液相色谱-原子荧光光谱法、液相色谱-电感耦合等离子体质谱法。第一篇的第一法、第二法和第三法适用于各类食品中总砷的测定。第二篇适用于稻米、水产动物、婴幼儿谷类辅助食品、婴幼儿罐装辅助食品中无机砷含量的测定。

11.5.1 电感耦合等离子体质谱法(总砷的测定第一法)

1. 原理

样品经酸消解处理为样品溶液,经雾化由载气送入 ICP 炬管中,经过蒸发、离解、原子化和离子化等过程,转化为带电荷的离子,经离子采集系统进入质谱仪,质谱仪根据质荷比进行分离。对于一定的质荷比,质谱的信号强度与进入质谱仪的离子数成正比,即样品浓度与质谱信号强度成正比。通过测量质谱的信号强度对试样溶液中的砷元素进行测定。

2. 试剂

硝酸:MOS 级(电子工业专用高纯化学品)、BV(Ⅲ)级;过氧化氢;质谱调谐液:Li、Y、Ce、Ti、Co,推荐使用浓度为 10 ng/mL;内标储备液:Ge,浓度为 100 μg/mL;氢氧化钠(注:除非另有说明,本法所用试剂为优级纯,水为 GB/T 6682 规定的一级水)。

硝酸溶液(2+98):量取 20 mL 硝酸,缓缓倒入 980 mL 水中,混匀;内标溶液 Ge 或 Y (1.0 μg/mL):取 1.0 mL 内标溶液,用硝酸溶液(2+98)稀释并定容至 100 mL;氢氧化钠溶液 (100 g/L):称取 10.0 g 氢氧化钠,用水溶解和定容至 100 mL。

三氧化二砷(As_2O_3)标准品:纯度≥99.5%。

砷标准储备液(100 mg/L,按 As 计):准确称取于 100 ℃干燥 2 h 的三氧化二砷 0.0132 g,加 1 mL 氢氧化钠溶液(100 g/L)和少量水溶解,转入 100 mL 容量瓶中,加入适量盐酸调整其酸度近中性,用水稀释至刻度。4 ℃避光保存,保存期一年。或购买经国家认证并授予标准物质证书的标准溶液物质。

砷标准使用液(1.00 mg/L,按 As 计):准确吸取 1.00 mL 砷标准储备液(100 mg/L)于 100 mL 容量瓶中,用硝酸溶液(2+98)稀释定容至刻度。现用现配。

3. 仪器和设备

电感耦合等离子体质谱仪(ICP-MS);微波消解系统;压力消解器;恒温干燥箱(50~300 ℃);控温电热板(50~200 ℃);超声水浴箱;天平:感量为 0.1 mg 和 1 mg。

注:玻璃器皿及聚四氟乙烯消解内罐均需硝酸溶液(1+4)浸泡 24 h,用水冲洗后用去离子水冲洗干净。

4. 分析步骤

试样预处理:粮食、豆类等样品去杂物后粉碎均匀,装入洁净聚乙烯瓶中,密封保存备用;蔬菜、水果、鱼类、肉类及蛋类等新鲜样品,洗净晾干,取可食部分匀浆,装入洁净聚乙烯瓶中,密封,于 4 ℃冰箱冷藏备用。

试样微波消解法:蔬菜、水果等含水分高的样品,称取 2.0~4.0 g(精确至 0.001 g)样品于消解罐中,加入 5 mL 硝酸,放置 30 min;粮食、肉类、鱼类等样品,称取 0.2~0.5 g(精确至 0.001 g)样品于消解罐中，加入 5 mL 硝酸，放置 30 min，盖好安全阀，将消解罐放入微波消解系统中，根据不同类型的样品，设置适宜的微波消解程序，按相关步骤进行消解，消解完全后赶酸，将消化液转移至 25 mL 容量瓶或比色管中，用少量水洗涤内罐 3 次，合并洗涤液并定容至刻度，混匀。同时做空白实验。

高压密闭消解法：称取固体试样 0.20～1.0 g(精确至 0.001 g)，湿样 1.0～5.0 g(精确至 0.001 g)或取液体试样 2.00～5.00 mL 于消解内罐中，加入 5 mL 硝酸浸泡过夜。盖好内盖，旋紧不锈钢外套，放入恒温干燥箱，140～160 ℃保持 3～4 h，自然冷却至室温，然后缓慢旋松不锈钢外套，将消解内罐取出，用少量水冲洗内盖，放在控温电热板上于 120 ℃赶去棕色气体。取出消解内罐，将消化液转移至 25 mL 容量瓶或比色管中，用少量水洗涤内罐 3 次，合并洗涤液并定容至刻度，混匀。同时做空白实验。

仪器参考条件：RF 功率 1550 W；载气流速 1.14 L/min；采样深度 7 mm；雾化室温度 2 ℃；Ni 采样锥，Ni 截取锥。

质谱干扰主要来源于同量异位素、多原子、双电荷离子等，可采用最优化仪器条件、干扰校正方程校正或采用碰撞池、动态反应池技术方法消除干扰。砷的干扰校正方程为：$^{75}As=^{75}As^{77}M(3.127)+^{82}M(2.733)-^{83}M(2.757)$；采用内标校正、稀释样品等方法校正非质谱干扰。砷的 $m/2$ 为 75，选 ^{72}Ge 为内标元素。

推荐使用碰撞/反应池技术，在没有碰撞/反应池技术的情况下用干扰方程消除干扰。

标准曲线的制作：吸取适量砷标准使用液(1.00 mg/L)，用硝酸溶液(2+98)配制砷浓度分别为 0.00 ng/mL、1.0 ng/mL、5.0 ng/mL、10 ng/mL、50 ng/mL 和 100 ng/mL 的标准系列溶液。当仪器真空度达到要求时，用调谐液调整仪器灵敏度、氧化物、双电荷、分辨率等各项指标，当仪器各项指标达到测定要求，编辑测定方法、选择相关消除干扰方法，引入内标，观测内标灵敏度、脉冲与模拟模式的线性拟合，符合要求后，将标准系列引入仪器。进行相关数据处理，绘制标准曲线、计算回归方程。

试样溶液的测定：相同条件下，将试剂空白、样品溶液分别引入仪器进行测定。根据回归方程计算出样品中砷元素的浓度。试样中砷含量按式(11.9)计算：

$$w=\frac{(\rho_1-\rho_0)V}{m\times1000}\qquad(11.9)$$

式中，w 为试样中砷的质量分数，mg/kg 或 mg/L；ρ 为试样消化液中砷的测定浓度，ng/mL；ρ_0 为试样空白消化液中砷的测定浓度，ng/mL；V 为试样消化液总体积，mL；m 为试样质量，g 或 mL；1000 为换算系数。

计算结果保留两位有效数字。两次平行测定的绝对差值不得超过算术平均值的 20%。称样量为 1 g，定容体积为 25 mL 时，方法检出限为 0.003 mg/kg，方法定量限为 0.010 mg/kg。

11.5.2　氢化物原子荧光光度法(GB 5009.11—2014 总砷的测定第二法)

1. 原理

食品试样经湿法消解或干灰化法处理后，加入硫脲使五价砷预还原为三价砷，再加入硼氢化钠或硼氢化钾使还原生成砷化氢，由氩气载入石英原子化器中分解为原子态砷，在高强度砷空心阴极灯的发射光激发下产生原子荧光，其荧光强度在固定条件下与被测液中的砷浓度成正比，与标准系列比较定量。

2. 试剂

氢氧化钠；氢氧化钾；硼氢化钾：分析纯；硫脲($CH_4N_2O_2S$)：分析纯；盐酸；硝酸；硫酸；高氯酸；硝酸镁：分析纯；氧化镁：分析纯；抗坏血酸($C_6H_8O_6$)(注：除非另有说明，本法所用试剂均为优级纯，水为 GB/T 6682 规定的一级水)。

氢氧化钾溶液(5 g/L)：称取 5.0 g 氢氧化钾，溶于水并稀释至 1000 mL；硼氢化钾溶液(20 g/L)：称取硼氢化钾 20.0 g，溶于 100 mL 5 g/L 氢氧化钾溶液中，混匀；硫脲+抗坏血酸溶液：称取 10.0 g 硫脲，加约 80 mL 水，加热溶解，待冷却后加入 10.0 g 抗坏血酸，稀释至 100 mL。现用现配；氢氧化钠溶液(100 g/L)：称取 10.0 g 氢氧化钠，溶于水并稀释至 100 mL；硝酸镁溶液(150 g/L)：称取 15.0 g 硝酸镁，溶于水并稀释至 100 mL；盐酸溶液(1+1)：量取 100 mL 盐酸，缓缓倒入 100 mL 水中，混匀；硫酸溶液(1+9)：量取硫酸 100 mL，缓慢倒入 900 mL 水中，混匀；硝酸溶液(2+98)：量取硝酸 20 mL，缓缓倒入 980 mL 水中，混匀。

三氧化二砷(As_2O_3)标准品：纯度≥99.5%。

砷标准储备液(100 mg/L，按 As 计)：准确称取于 100 ℃干燥 2 h 的三氧化二砷 0.0132 g，加 100 g/L 氢氧化钠溶液 1 mL 和少量水溶解，转入 100 mL 容量瓶中，加入适量盐酸调整其酸度近中性，加水稀释至刻度。4 ℃避光保存，保存期一年。或购买经国家认证并授予标准物质证书的标准溶液物质。

砷标准使用液(1.00 mg/L，按 As 计)：准确吸取 1.00 mL 砷标准储备液(100 mg/L)于 100 mL 容量瓶中，用硝酸溶液(2+98)稀释至刻度。现用现配。

3. 仪器和设备

原子荧光光谱仪；天平：感量为 0.1 mg 和 1 mg；组织匀浆器。高速粉碎机；控温电热板：50~200 ℃；马弗炉。

注：玻璃器皿及聚四氟乙烯消解内罐均需硝酸溶液(1+4)浸泡 22 h，用水冲洗后用去离子水冲洗干净。

4. 分析步骤

试样预处理同第 11.5.1 小节"电感耦合等离子体质谱法"。

试样消解：湿法消解，固体试样称取 1.0~2.5 g、液体试样称取 5.0~10.0 g(或 mL)(精确至 0.001 g)，置于 50~100 mL 锥形瓶中，同时做两份试剂空白。加硝酸 20 mL、高氯酸 4 mL、硫酸 1.25 mL，放置过夜。次日置于电热板上加热消解。若消解液处理至 1 mL 左右时仍有未分解物质或色泽变深，取下放冷，补加硝酸 5~10 mL，再消解至 2 mL 左右，如此反复两三次，注意避免炭化。继续加热至消解完全后，再持续蒸发至高氯酸的白烟散尽，硫酸的白烟开始冒出。冷却，加水 25 mL，再蒸发至冒硫酸白烟。冷却，用水将内溶物转入 25 mL 容量瓶或比色管中，加入硫脲+抗坏血酸溶液 2 mL，补加水至刻度，混匀，放置 30 min，待测。按同一操作方法做空白实验。

干灰化法，固体试样称取 1.0~2.5 g，液体试样取 4.00 mL(g)(精确至 0.001 g)，置于 50~100 mL 坩埚中，同时做两份试剂空白。加 150 g/L 硝酸镁 10 mL 混匀，低热蒸干，将 1 g 氧化镁覆盖在干渣上，于电炉上炭化至无黑烟，移入 550 ℃马弗炉灰化 1 h。取出放冷，小心加入盐酸溶液(1+1)10 mL 以中和氧化镁并溶解灰分，转入 25 mL 容量瓶或比色管，向容量瓶或比色管中加入硫脲+抗坏血酸溶液 2 mL，另用硫酸溶液(1+9)分次洗涤坩埚后合并洗涤液至 25 mL 刻度，混匀，放置 30 min，待测。按同一操作方法做空白实验。

仪器参考条件：负高压：260 V；砷空心阴极灯电流：50～80 mA；载气：氩气；载气流速：500 mL/min；屏蔽气流速：800 mL/min；测量方式：荧光强度；读数方式：峰面积。

标准曲线制作：取 25 mL 容量瓶或比色管 6 支，依次准确加入 1.00 μg/mL 砷标准使用液 0.00 mL、0.10 mL、0.25 mL、0.50 mL、1.50 mL 和 3.00 mL(分别相当于砷浓度 0.00 ng/mL、1.00 ng/mL、10.00 ng/mL、20.00 ng/mL、60.00 ng/mL、120.00 ng/mL)，各加硫酸溶液(1+9) 12.5 mL，硫脲+抗坏血酸溶液 2 mL，补加水至刻度，混匀后放置 30 min 后测定。

仪器预热稳定后，将试剂空白、标准系列溶液依次引入仪器进行原子荧光强度的测定。以原子荧光强度为纵坐标，砷浓度为横坐标绘制标准曲线，得到回归方程。

试样溶液的测定：相同条件下，将样品溶液分别引入仪器进行测定。根据回归方程计算出样品中砷元素的浓度。

试样中总砷含量按式(11.9)计算，结果保留两位有效数字。重复性条件下获得的两次独立测定结果的绝对差值不得超过算术平均值的 20%。称样量为 1 g，定容体积为 25 mL 时，方法检出限为 0.010 mg/kg，方法定量限为 0.040 mg/kg。

注意事项与说明： ①浓度方式测量：如果直接测荧光强度，设定好仪器条件后，预热稳定 20 min。按"B"键进入空白值测量状态，连续用标准系列的"0"管进样，待读数稳定后按空档键记下空白值，即可开始测量。先依次测标准系列(可不再测"0"管)，之后仔细清洗进样器，并再用"0"管测试使读数基本回零后，测试剂空白和试样。测不同试样前都应清洗进样器，记录(或打印)下测量数据。②仪器自动方式：利用仪器提供的软件功能可进行浓度直读测定，在设定条件和预热后，需输入必要的参数，即：试样量(g 或 mL)；稀释体积(mL)；进样体积(mL)，结果的浓度单位；标准系列各点的重复测量次数；标准系列的点数(不计零点)及各点的浓度值。先进入空白值测量状态，连续用标准系列的"0"管进样以获得稳定空白值并自动扣底后，再依次测标准系列(此时"0"管需再测一次)在测样液前，需再进入空白值测量状态，用标准系列"0"管测试使读数复原并稳定后，再用两个试剂空白各进一次样，让仪器取其均值作为扣底的空白值，随后可测试样。测完后退回主菜单，选择"打印报告"可打出测定结果。

干灰化法测定的回收率为 85%～100%。

11.5.3　液相色谱-原子荧光光谱法(LC-AFS)测定无机砷

1. 原理

食品中无机砷经稀硝酸提取后，以液相色谱进行分离，分离后的目标化合物在酸性环境下与 KBH₄ 反应，生成气态砷化合物，以原子荧光光谱仪进行测定。按保留时间定性，外标法定量。

2. 试剂

磷酸二氢铵：分析纯；硼氢化钾(KBH₄)：分析纯；氢氧化钾；硝酸；盐酸；氨水；正己烷[CH₃(CH₂)₄CH₃]。

注：除非另有说明，本方法所用试剂均为优级纯，水为 GB/T 6682 规定的一级水。

盐酸溶液[20%(体积分数)]：量取 200 mL 盐酸，溶于水并稀释至 1000 mL；硝酸溶液 (0.15 mol/L)：量取 10 mL 硝酸，溶于水并稀释至 1000 mL；氢氧化钾溶液(100 g/L)：称取 10 g 氢氧化钾，溶于水并稀释至 100 mL；氢氧化钾溶液(5 g/L)：称取 5 g 氢氧化钾，溶于水并稀释至 1000 mL；硼氢化钾溶液(30 g/L)：称取 30 g 硼氢化钾，用 5 g/L 氢氧化钾溶液溶解并定容至 1000 mL，现用现配；磷酸二氢铵溶液(20 mmol/L)：称取 2.3 g 磷酸二氢铵，溶于 1000 mL 水中，以氨水调节 pH 至 8.0，经 0.45 μm 水系滤膜过滤后，于超声水浴中超声脱气 30 min，备用；磷酸二氢铵溶液(1 mmol/L)：量取 20 mmol/L 磷酸二氢铵溶液 50 mL，水稀释至 1000 mL，以氨水调 pH 至 9.0，经 0.45 μm 水系滤膜过滤后，于超声水浴中超声脱气 30 min，备用；磷酸二氢铵溶液(15 mmol/L)：称取 1.7 g 磷酸二氢铵，溶于 1000 mL 水中，以氨水调节 pH 至 6.0，经 0.45 μm 水系滤膜过滤后，于超声水浴中超声脱气 30 min，备用。

三氧化二砷(As_2O_3)标准品：纯度≥99.5%；砷酸二氢钾(KH_2AsO_4)标准品：纯度≥99.5%。

亚砷酸盐[As(Ⅲ)]标准储备液(100 mg/L，按 As 计)：准确称取三氧化二砷 0.0132 g，加 100 g/L 氢氧化钾溶液 1 mL 和少量水溶解，转入 100 mL 容量瓶中，加入适量盐酸调整其酸度近中性，加水稀释至刻度。4 ℃保存，保存期一年。或购买经国家认证并授予标准物质证书的标准溶液物质。砷酸盐[As(Ⅴ)]标准储备液(100 mg/L，按 As 计)：准确称取砷酸二氢钾 0.0240 g，水溶解，转入 100 mL 容量瓶中并用水稀释至刻度。4℃保存，保存期一年。或购买经国家认证并授予标准物质证书的标准溶液物质；As(Ⅲ)、As(Ⅴ)混合标准使用液(1.00 mg/L，按 As 计)：分别准确吸取 1.0 mL As(Ⅲ)标准储备液(100 mg/L)，1.0 mL As(Ⅴ)标准储备液(100 mg/L)于 100 mL 容量瓶中，加水稀释并定容至刻度。现用现配。

3. 仪器和设备

液相色谱-原子荧光光谱联用仪(LC-AFS)：由液相色谱仪(包括液相色谱泵和手动进样阀)与原子荧光光谱仪组成；组织匀浆器；高速粉碎机；冷冻干燥机；离心机：转速≥8000 r/min；pH 计：精度为 0.01；天平：感量为 0.1 mg 和 1 mg；恒温干燥箱(50～300 ℃)；C_{18}净化小柱或等效柱。

4. 分析步骤

试样预处理：同第 11.5.1 小节"电感耦合等离子体质谱法"。

试样提取：稻米样品，称取约 1.0 g 稻米试样(准确至 0.001 g)于 50 mL 塑料离心管中，加入 2 mL 0.15 mol/L 硝酸溶液，放置过夜。于 90℃恒温箱中热浸提 2.5 h，每 0.5 h 振摇 1 min。提取完毕，取出冷却至室温，8000 r/min 离心 15 min，取上层清液，经 0.45 μm 有机滤膜过滤后进样测定。按同一操作方法做空白实验。

水产动物样品，称取约 1.0 g 水产动物湿样(准确至 0.001 g)于 50 mL 塑料离心管中，加 20 mL 0.15 mol/L 硝酸溶液，放置过夜。于 90℃恒温箱中热浸提 2.5 h，每 0.5 h 振摇 1 min。提取完毕，取出冷却至室温，8000 r/min 离心 15 min。取 5 mL 上清液置于离心管中，加入 5 mL 正己烷，振摇 1 min 后，8000 r/min 离心 15 min，弃去上层正己烷。按此过程重复一次。吸取下层清液，经 0.45 μm 有机滤膜过滤及 C_{18}小柱净化后进样。按同一操作方法做空白实验。

婴幼儿辅助食品样品,称取婴幼儿辅助食品约 1.0 g(准确至 0.001 g)于 15 mL 塑料离心管中,加入 10 mL 0.15 mol/L 硝酸溶液,放置过夜。于 90 ℃恒温箱中热浸提 2.5 h,每 0.5 h 振摇 1 min,提取完毕,取出冷却至室温。8000 r/min 离心 15 min。取 5 mL 上清液置于离心管中,加入 5 mL 正己烷,振摇 1 min,8000 r/min 离心 15 min,弃去上层正己烷。按此过程重复一次。吸取下层清液,经 0.45 μm 有机滤膜过滤及 C18 小柱净化后进行分析。按同一操作方法做空白实验。

液相色谱参考条件:色谱柱:阴离子交换色谱柱(柱长 250 mm,内径 4 mm),或等效柱。阴离子交换色谱保护柱(柱长 10 mm,内径 4 mm),或等效柱。

流动相组成:①等度洗脱流动相:15 mmol/L 磷酸二氢铵溶液(pH=6.0),流动相洗脱方式:等度洗脱。流动相流速:1.0 mL/min;进样体积:100 μL。等度洗脱适用于稻米及稻米加工食品。②梯度洗脱:流动相 A,11 mmol/L 磷酸二氢铵溶液(pH=9.0);流动相 B,20 mmol/L 磷酸二氢铵溶液(pH=8.0)。流动相流速:1.0 mL/min;进样体积:100 μL。梯度洗脱适用于水产动物样品、含水产动物组成的样品、含藻类等海产植物的样品及婴幼儿辅助食品。

原子荧光检测参考条件:负高压:320 V;砷灯总电流:90 mA;主电流/辅助电流:55/35;原子化方式:火焰原子化;原子化器温度:中温。

载液:20%盐酸溶液,流速 4 mL/min;还原剂:30 g/L 硼氢化钾溶液,流速 4 mL/min;载气流速:400 mL/min;辅助气流速:400 mL/min。

标准曲线制作:取 7 支 10 mL 容量瓶,分别准确加入 1.00 mg/L 混合标准使用液 0.00 mL、0.050 mL、0.10 mL、0.20 mL、0.30 mL、0.50 mL 和 1.0 mL,加水稀释至刻度,此标准系列溶液的浓度分别为 0.00 ng/mL、5.00 ng/mL、10.00 ng/mL、20.00 ng/mL、30.00 ng/mL、50.00 ng/mL 和 100 ng/mL。

吸取标准系列溶液 100 μL 注入液相色谱-原子荧光光谱联用仪进行分析,得到色谱图,以保留时间定性。以标准系列溶液中目标化合物的浓度为横坐标,色谱峰面积为纵坐标,绘制标准曲线。标准溶液色谱图见图 11.1 和图 11.2。

试样溶液的测定:吸取试样溶液 100 μL 注入液相色谱-原子荧光光谱联用仪中,得到色谱图,以保留时间定性。根据标准曲线得到试样溶液中 As(Ⅲ)与 As(Ⅴ)含量,As(Ⅲ)与 As(Ⅴ)含量的加和为总无机砷含量,平行测定次数不少于两次。

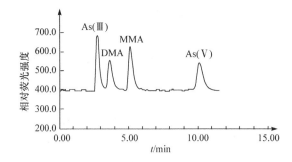

图 11.1 标准溶液色谱图(LC-AFS 法,等度洗脱)
As(Ⅲ)为亚砷酸;DMA 为二甲基砷;MMA 为甲基砷;As(Ⅴ)为砷酸

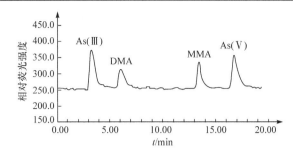

图 11.2　砷混合标准溶液色谱图(LC-AFS 法，梯度洗脱)

As(Ⅲ)为亚砷酸；DMA 为二甲基砷；MMA 为甲基砷；As(Ⅴ)为砷酸

试样中无机砷的含量按式(11.10)计算：

$$w = \frac{(\rho_1 - \rho_0)V}{m \times 1000} \tag{11.10}$$

式中，w 为样品中无机砷的质量分数(以 As 计)，mg/kg；ρ_0 为空白溶液中无机砷化合物质量浓度，ng/mL；ρ 为测定溶液中无机砷化合物质量浓度，ng/mL；V 为试样消化液体积，mL；m 为试样质量，g；1000 为换算系数。

计算结果保留两位有效数字。在重复性条件下获得的两次独立测定结果的绝对差值不得超过算术平均值的 20%。取样量为 1 g，定容体积为 20 mL 时，检出限为：稻米 0.02 mg/kg、水产动物 0.03 mg/kg、婴幼儿辅助食品 0.02 mg/kg；定量限为：稻米 0.05 mg/kg、水产动物 0.08 mg/kg、婴幼儿辅助食品 0.05 mg/kg。

11.6　食品中氟及氟的快速分析

氟(fluorine)是人体必需微量元素，微量氟对促进儿童发育、牙齿和骨骼结构的形成及钙、磷代谢有重要良好作用。适量氟能被牙齿釉质的羟基磷灰石晶粒表面吸着，形成一种抗酸性氟磷灰石保护层，使牙齿硬度增大，提高牙齿抗酸能力，还可抑制口腔中的乳酸杆菌，降低碳水化合物分解产生的酸度，有预防龋齿的作用。老年人缺氟会影响钙和磷的利用，导致骨质松脆，易发生骨折。饮用水和食物中含氟量太低，会使儿童患龋齿，含量太高，会使人患氟斑牙，甚至罹患氟骨症。国家规定饮用水氟的容许限量为 0.50～1.00 mg/L。

饲草对氟的富集作用达 20 万倍，叶片是植物富集氟的主要器官。牛、羊等食草动物，用含氟牧草饲养后，骨骼中含氟量显著增高。牛、羊在氟浓度为十亿分之一的空气中生活三年后，骨骼中蓄积的氟分别为 5000 mg/kg、3000～4000 mg/kg，比对照群高出 4 倍。氟引起牛体中毒，主要表现为牙齿畸形及骨骼损害，病牛足痛、关节肿胀、牛蹄形成剪刀蹄，蹄尖无法触地，跪着吃草，逐渐四肢僵硬，体重减轻、瘫痪，直至死亡。

氟化物对植物的危害比其他常见污染物严重得多，植物对氟化氢的敏感性，由于种类、品种不同而出现很大的差异。氟化氢进入植物叶片后，在进入的位置不造成损害，而是转移到叶片的先端和边缘，成环带状分布，积累到足够浓度，使叶片细胞的质壁分离而造成植株死亡。我国卫生部建议成人每日从天然食物和饮用水中获得的氟摄入量为 3.5 mg。部分食物的含氟量如表 11.9 所示。

表 11.9　部分食物的含氟量

食物	干海藻	鲭鱼、茶叶、沙丁鱼	虾、蟹、小麦芽	肉类、鸡蛋、水果、蔬菜、小麦、大豆、黄油
含量/(mg/kg)	326	10~30	2~10	<2

通常，海洋生物、茶叶和天然盐类含有丰富的氟，饮水和食物可为机体带来充足的氟营养，缺氟地区向饮用水中加氟是补充氟营养的最简单和有效的方法。但摄取太多会影响健康，GB 2762—2017 中取消了食品中氟的限量指标。

检验方法按 GB/T 5009.18 规定的方法进行测定。

GB/T 5009.18—2003《食品中氟的测定》(Deter Mination of Fluorine in Foods)标准中规定了粮食、果蔬、豆类及其制品、肉、蛋等食品中氟的测定方法。其中，氟离子选择电极法不适用于花生、肥肉等脂肪含量高而又未经灰化的试样。第一法检出限为 0.10 mg/kg，第二法为 1.25 mg/kg。

11.6.1　扩散-氟试剂比色法

1. 原理

食品中氟化物在扩散盒内与酸作用，产生氟化氢气体，经扩散被氢氧化钠吸收。氟离子与镧(Ⅲ)、氟试剂(茜素氨羧络合剂)在适宜 pH 下生成蓝色三元络合物，颜色随氟离子浓度的增大而加深，用或不用含胺类有机溶剂提取，与标准系列比较定量。

2. 仪器与主要试剂

塑料扩散盒：内径 4.5 cm，深 2 cm，盖内壁顶部光滑，并带有凸起的圈(盛放氢氧化钠吸收液用)盖紧后不漏气，其他类型塑料盒也可使用。恒温箱；可见分光光度计；酸度计；马弗炉。

20 g/L 硫酸银-硫酸溶液：称取 2 g 硫酸银，溶于 100 mL 硫酸(3+1)中；40 g/L 氢氧化钠-无水乙醇溶液；1 mol/L 乙酸溶液：取 3 mL 冰醋酸，加水稀至 50 mL；40 g/L 茜素氨羧络合剂溶液：称取 0.19 g 茜素氨羧络合剂，加少量水及氢氧化钠溶液使其溶解，加 0.125 g 乙酸钠，用乙酸溶液调节 pH 至 5.00(红色)，加水稀释至 500 mL，置冰箱内保存；硝酸镧溶液：称取 0.22 g 硝酸镧，用少量乙酸溶液溶解，加水至约 450 mL，用乙酸钠溶液(250 g/L)调节 pH 为 5.00，再加水稀释至 500 mL，置冰箱内保存；pH=4.7 缓冲液：称取 30 g 无水乙酸钠，溶于 400 mL 水中，加 22 mL 冰醋酸，再缓缓加冰醋酸调节 pH 为 4.7，加水稀释至 500 mL；二乙基苯胺-异戊醇溶液(5+100)；40 g/L 氢氧化钠溶液；氟标准溶液：称取 0.2210 g 经 95~105 ℃干燥 4 h 的冷的氟化钠，溶于水，移入 100 mL 容量瓶中，加水定容，混匀，置冰箱中保存，此溶液含氟 1.00 mg/mL；氟标准使用液：吸取 1.00 mL 氟标准溶液，置于 200 mL 容量瓶，加水定容，混匀，此溶液含氟 5.00 μg/mL；圆滤纸片：滤纸剪成 Φ 4.5 cm，浸于 40 g/L 氢氧化钠-无水乙醇溶液，于 100 ℃下烘干、备用；250 g/L 乙酸钠溶液；100 g/L 硝酸镁溶液。

所用水均为不含氟的去离子水，试剂为分析纯，全部试剂储于聚乙烯塑料瓶中。

3. 分析步骤

对谷物、果蔬等试样，取可食部分干燥、粉碎、混匀、过 40 目筛，称取 50～200 g 试样。对含脂肪高、不易粉碎过筛的试样，如花生、肥肉、含糖分高的果实等称取研碎的试样 1.00～2.00 g 于坩埚(镍、银、瓷等)内，加 100 g/L 硝酸镁溶液 4 mL，加 100 g/L 氢氧化钠溶液使呈碱性，混匀后浸泡 0.5 h，固定试样中氟，在水浴上挥干，加热炭化至不冒烟，于 600 ℃马弗炉内 6 h，至灰化完全，取出放冷，取灰分进行扩散。取塑料盒若干个，分别于盒盖中央加 40 g/L 氢氧化钠-无水乙醇溶液 0.20 mL，在圈内均匀涂布，于(55±1)℃恒温箱中烘干，形成一层薄膜，取出备用。或把滤纸片贴于盒内。

称取 1.00～2.00 g 试样于塑料盒内，加 4 mL 水，使试样均匀分布不结块。加 20 g/L 硫酸银-硫酸溶液 4 mL，立即盖紧，轻轻摇匀。如果试样经灰化处理，则先将灰分全部移入塑料盒内，用 4 mL 水分数次将坩埚洗净，洗液均倒入塑料盒内，使灰分均匀分散，如果坩埚未完全洗净，可加 4 mL 20 g/L 硫酸银-硫酸溶液于坩埚内继续洗涤，洗液倒入塑料盒，立即盖紧，轻轻摇匀，置(55±1)℃恒温箱内保温 20 h。分别于塑料盒内加 0.00 mL、0.20 mL、0.40 mL、0.80 mL、1.20 mL、1.6 mL 氟标准使用液。加水至 4 mL，各加 20 g/L 硫酸银-硫酸溶液 4 mL，盖紧，轻轻摇匀，置恒温箱内保温 20 h。将盒取出，取下盒盖，分别用 20 mL 水，少量多次地将盒盖内氢氧化钠薄膜溶解，用滴管小心完全移入 10 mL 分液漏斗中。

分别于分液漏斗中加 3 mL 茜素氨羧络合剂溶液、3.00 mL 缓冲液、8.00 mL 丙酮、3.00 mL 硝酸镧溶液、13.00 mL 水，混匀，放置 10 min，各加 10.00 mL 二乙基苯胺-异戊醇(5+100)溶液，振摇 2 min，待分层后，弃去水层，分出有机层，用滤纸过滤于 10 mL 带塞比色管中。用 1 cm 比色杯于 580 nm 波长处以标准零管调节零点，测吸光度绘制标准曲线，试样吸光度与标准曲线比较求得含量。试样中氟的含量按式(11.11)计算。

$$w = \frac{m_1}{m} \tag{11.11}$$

式中，w 为试样中氟的质量分数，mg/kg；m_1 为测定用试样中氟的质量，μg；m 为试样的质量，g。

计算结果保留两位有效数字。在重复性条件下获得的两次独立测定结果的绝对差值不得超过算术平均值的 10%

11.6.2 氟离子选择电极法

1. 原理

氟电极和饱和甘汞电极组成的电池电动势 E 与溶液中氟离子活度 a_F(或浓度 c_F)遵循能斯特(Nernst)方程，E 与 pc_F 呈线性关系，直线的斜率 25 ℃时为 59.159。溶液的酸度为 pH=5～6，用总离子强度调节缓冲剂(TISAB)消除铁、铝等离子的干扰及酸度的影响。

2. 仪器及主要试剂

甘汞电极、氟电极、离子分析仪等；总离子强度调节缓冲剂(TISAB)：3 mol/L 乙酸钠溶液与 0.75 mol/L 柠檬酸钠溶液等体积量混合，用时现配。氟标准使用液：吸取 1.00 mg/mL 氟标准溶液 10.00 mL 于 100 mL 容量瓶中，加水逐级稀释至 1.00 μg/mL。

所用水均为不含氟的去离子水，试剂为分析纯。

3. 分析步骤

称取 40 目试样 1.00 g 于 50 mL 容量瓶中，加 10 mL 盐酸(1+11)，密闭浸泡提取 1 h(不时轻轻摇动)，应尽量避免试样黏于瓶壁上。提取后加 TISAB 25 mL、加水至刻度，混匀，备用。吸取 0.00 mL、1.00 mL、2.00 mL、5.00 mL、10.00 mL 氟标准使用液(相当 0.00 μg、1.00 μg、2.00 μg、5.00 μg、10.00 μg 氟)，分别置于 50 mL 容量瓶中，各加 TISAB 25 mL、盐酸(1+11) 10 mL，加水定容，混匀备用。

将连接好的氟电极和甘汞电极插入盛有水的小塑料杯中，在电磁搅拌中读取平衡电位值，更换两三次水，待电位值平衡后，可进行样液与标准液的测定。以原电池电动势为纵坐标，氟离子浓度的负对数 pC_F 为横坐标绘制标准曲线，根据试样测得的电池电动势在标准曲线上求得含量，按式(11.12)计算试样中氟的质量分数：

$$w = \frac{\rho V}{m} \tag{11.12}$$

式中，w 为试样中氟的质量分数，mg/kg；ρ 为测定用样液中氟的质量浓度，μg/mL；m 为试样质量，g；V 为样液总体积，mL。

计算结果保留两位有效数字。在重复性条件下获得的两次独立测定结果的绝对值不得超过算术平均值的 20%。

11.6.3　氟的浓度直读快速测定法

1. 原理

PXSJ-216 型离子分析仪用标定液 A、B 和空白校准液校正后，在相同条件下测定样品超声波浸提溶液，从仪器上直接读取浸提溶液中氟的浓度值，由样品称取质量和定容体积计算样品中氟的质量分数。该法无须作图和进行复杂计算，操作方便，快速直观，成本低廉，利于现场快速检测。

2. 仪器和试剂

PXSJ-216 型离子分析仪及其配套装置；SKF-12 型超声波清洗器；SYZ-B 型石英亚沸高纯水蒸馏器；氟标准储备液的配制：准确称取 120 ℃烘 2 h 并在干燥器中冷却至室温的 NaF(G.R.) 0.2210 g，用少量水溶解后定量移入 1 L 容量瓶中定容，混匀后置于聚乙烯瓶中保存，此溶液为浓度等于 100.00 mg/L 氟离子标准储备液。氟标准使用液：使用前，用氟离子标准储备液逐级用水定容稀释至 1.00 mg/L。总离子强度缓冲调节剂(TISAB)：在 700 mL 水中依次加入 57.00 mL 冰醋酸、58.00 g NaCl 和 12.00 g 柠檬酸钠，搅拌至溶解，用 5.00 mol/L NaOH 溶液调节 pH=5.30，移入 1 L 容量瓶，用水定容，混匀，储存于聚乙烯瓶中备用。1.0 mol/L HCl；5.0 mol/L NaOH；所用试剂均为 G.R.或 A.R.级。水为经石英亚沸蒸馏器重蒸两次的去离子水。

样品的预处理：样品用"四分法"取约 50 g，分批次置于玛瑙研钵中，用研锤挤碎，再研至全部过 60 目筛，混匀后置于聚乙烯瓶中备用。

3. 分析步骤

仪器的标定:准确移取氟标准使用液 0.50 mL 于 50.00 mL 比色管中，加入 TISAB 25.00 mL、1.0 mol/L HCl 5.00 mL，用水稀至刻度，加盖混匀，此为含氟离子 10.00 μg/L 的 A 标定液。另取 5.00 mL 氟标准使用液于 50.00 mL 比色管中，以下同 A 标定液配制，混匀，此为含氟离子 100.00 μg/L 的 B 标定液。用时，置于 50 mL 塑料烧杯中。

按说明书安装电极并预热好仪器，按"开关"、"模式/4"键，选择"直读浓度"模式，按"确认"键，选择浓度单位"μg/L"，按两次"确认"键，选择"二点校准"并确认，将温度传感器及电极对插入 A 标定液中，轻轻摇动、静止，等数显稳定后，输入 c_1=10.00 μg/L。按两次"确认"键，清洗、处理电极后插入 B 标定液中，再输入 c_2=100.00 μg/L，按三次"确认"键，进行"空白浓度"校准，按"确认"，呈现空白浓度值，按"确认"储存"空白值"。至此，仪器的标定结束。

样品的测定：准确称取过 60 目筛的全麦粉样品 1 g 左右(称准至 0.0001 g)，置于 50 mL 比色管中，加 1.0 mol/L HCl 溶液 5.00 mL、水 5.00 mL，加盖于超声波清洗器中超声浸提 3.0 min 后，加入 TISAB 25.00 mL，用水稀释至刻度，混匀后倒入塑料杯中，插入清洗、处理好的电极对，从仪器上直接读取测定的质量浓度值 ρ，按式(11.13)计算样品中氟的含量：

$$w = \frac{50.00\rho}{1000 \times m} \tag{11.13}$$

式中，w 为样品中氟的质量分数，μg/g；m 为干基样品的质量，g；ρ 为仪器上读取测定的质量浓度，μg/L。

11.7　其他几种重要有毒物质分析简介

11.7.1　食品中 N-亚硝胺的分析

亚硝基化合物是一类重要的环境强致癌物，在研究的 300 多种亚硝基化合物中有 200 多种是亚硝胺，其中 90%左右致癌作用已在大量动物实验中证实，尤其与食道癌、胃癌和肺癌密切相关。我国制定的亚硝胺检测方法 GB/T 5009.26—2003 的第一方法规定用气相色谱-热能分析仪(GC-TEA)测定啤酒中挥发性 N-亚硝胺。本标准适用于啤酒中 N-亚硝基二甲胺含量的测定，仪器的最低检出量为 0.10 ng。在试样取样量为 50 g，浓缩体积为 0.50 mL，进样体积为 10 μL 时，方法的最低检出浓度为 0.10 μg/kg，在取样量为 20 g，浓缩体积为 1.00 mL，进样体积为 5 μL 时，方法的最低检出浓度为 1.0 μg/kg。GB 2762—2017 中公布的部分食品中 N-亚硝胺的限量指标如表 11.10 所示。

表 11.10　食品中 N-亚硝胺的限量指标

食品	限量(MLs)/(μg/kg)	
	N-二甲基亚硝胺	N-二乙基亚硝胺
肉制品、熟肉干制品	3	5
水产制品、干制水产品	4	7

表 11.11 列出了部分食品中测定 N-亚硝胺的质量分数，其中，酸菜类的含量相对较高，新鲜水果、蔬菜的含量相对较低。

表 11.11　部分食品中 N-亚硝胺的测定结果

食品	N-亚硝胺的质量分数/(μg/kg)	食品	N-亚硝胺的质量分数/(μg/kg)
萝卜	0.8~1.1	酸白菜	0.05~7.30
菠菜	1.8	酸豆角	20.6
苹果	0.8	酸米汤	0.4~22.0
西瓜	0.013	大豆油	6.0

注：食品中 N-亚硝胺的测定按 GB/T 5009.26—2016 规定方法进行分析。

11.7.2　食品中多氯联苯的分析

多氯联苯(polychlorinated biphenyl，PCB)，是一系列不同含氯量的多氯代物的混合物，共有 209 种异构体，主要代表物是 $C_{12}H_{12}Cl_{10}$，人类可以通过食品污染的途径受到多氯苯的影响。多氯联苯是首批被《斯德哥尔摩公约》列入全球控制的 12 种持久性有机污染物(POPs)之一，属于致癌物质，容易累积在脂肪组织，造成脑部、皮肤及内脏的疾病，并影响神经、生殖及免疫系统。

多氯联苯通过水体中生物食物链，在鱼类体内可以富集几万甚至几十万倍，对鱼类产生毒害。小剂量时可导致鱼产卵失败，大剂量时可导致鱼类死亡。多氯苯还可导致多种野生动物生殖能力和免疫系统受损。1968 年及 1979 年分别在日本及我国台湾出现米糠油中毒事件，原因是生产过程中有多氯联苯漏出，污染米糠油，因此各国纷纷禁止多氯联苯的生产及使用。GB 2762—2017 中公布的部分海产品中多氯联苯的限量指标如表 11.12 所示。

表 11.12　海产品中多氯联苯的限量指标

海产食品	限量(MLs)/(mg/kg)		
	多氯联苯*	PCB138	PCB153
水产动物及其制品	0.50	0.50	0.50

*以 PCB28、PCB52、PCB101、PCB118、PCB138、PCB153 和 PCB180 总和计。

多氯联苯按 GB/T 5009.190—2014《食品中指示性多氯联苯含量的测定》规定方法测定，第一法稳定性同位素稀释的气相色谱-质谱法规定了食品中包括全球环境监测系统/食品规划部分(GEMS/Food)中规定的 PCB28、PCB52、PCB101、PCB118、PCB138、PCB153 和 PCB180在内的 20 种指示性 PCB 含量的测定方法。第二法气相色谱法规定了 GEMS/Food 中规定的 PCB28、PCB52、PCB101、PCB118、PCB138、PCB153 和 PCB180 的测定方法。本标准适用于鱼类、贝类、蛋类、肉类、奶类等动物性食品及其制品和油脂类样品中指示性 PCB 的测定。两种方法的定量限均为 0.5 μg/kg。

11.7.3　食品中丙烯酰胺的分析

丙烯酰胺(CH_2=CH—$CONH_2$，acrylamide，AM)，是一种无色透明片状晶体物质，无臭，有毒，常温下能升华，相对分子质量为 70.08，相对密度 1.122(20/4 ℃)，熔点 84.5 ℃，沸点 125 ℃，易溶于水、乙醇、丙酮，微溶于苯、甲苯。丙烯酰胺分子中含有氨基和双链，化学性质相当活泼，可发生霍夫曼反应、水解反应、迈克尔型加成反应和聚合反应等。丙烯酰胺对各类动物均有不同程度的神经毒作用。WHO 国际癌病研究中心将丙烯酰胺列为可能致癌物，可导致遗传物质改变。目前发现可通过日常饮食(如油炸薯条、高温烤面包等)摄入大量的丙烯酰胺。

丙烯酰胺对眼睛和皮肤有一定的刺激作用，可经皮肤、呼吸道和消化道吸收，一次性大剂量摄入会引起脑出血症状。对职业接触人群的流行病学观察表明，长期小剂量摄入丙烯酰胺会出现嗜睡、情绪波动、记忆衰退、幻觉和震颤等症状，中毒可出现或伴随出汗、肌肉无力等。中毒的潜伏期取决于剂量，小剂量接触数周就可发病，长时间低剂量接触数年后发病。高含量丙烯酰胺能使动物患生殖系统癌症。

丙烯酰胺主要存在于经油炸、烘烤等高温处理过的高淀粉食品中，在生食品和蒸煮食品中基本未检出。由我国疾病预防控制中心营养与食品安全研究所提供的资料显示，在监测的 100 余份样品中，丙烯酰胺含量为：薯类油炸食品，平均含量为 0.78 mg/kg，最高含量为 3.21 mg/kg；谷物类油炸食品平均含量为 0.15 mg/kg，最高含量为 0.66 mg/kg；谷物类烘烤食品平均含量为 0.13 mg/kg，最高含量为 0.59 mg/kg；其他食品，如速溶咖啡为 0.36 mg/kg、大麦茶为 0.51 mg/kg、玉米茶为 0.27 mg/kg。就这些少数样品的结果来看，我国的食品中的丙烯酰胺含量与其他国家的相近。

食品安全国家标准 GB 5009.204—2014 适用于热加工(如煎、炙烤、焙烤等)食品中丙烯酰胺的测定，第一法为稳定性同位素稀释的液相色谱-质谱/质谱法，定量限为 10 μg/kg。第二法稳定性同位素稀释的气相色谱-质谱法，定量限与第一法相同，下面介绍第二法。

1. 原理

应用稳定性同位素稀释技术，在试样中加入 $^{13}C_3$ 标记的丙烯酰胺内标溶液，以水为提取溶剂，试样提取液采用基质固相分散萃取净化、溴试剂衍生后，采用气相色谱-串联质谱仪的多反应离子监测(MRM)或气相色谱-质谱仪的选择离子监测(SIM)进行检测，内标法定量。

2. 试剂和材料

正己烷，重蒸后使用；乙酸乙酯，重蒸后使用；无水硫酸钠：400 ℃，烘烤 4 h；硫酸铵；硫代硫酸钠；溴(Br_2)；氢溴酸(HBr)：含量>48.0%；溴化钾；超纯水，电导率(25℃)≤0.01 mS/m；溴试剂；硅藻土：Extrelut™20 或相当产品。

注：除非另有说明，本法所用试剂均为分析纯，水为超纯水。

饱和溴水：量取 100 mL 超纯水，置于 200 mL 的棕色试剂瓶中，加入 8 mL 溴，4 ℃避光放置 8 h，上层为饱和溴水溶液。

溴试剂：称取溴化钾 20.0 g，加超纯水 50 mL，使完全溶解，再加入 1.0 mL 氢溴酸和 16.0 mL 饱和溴水，摇匀，用超纯水稀释至 100 mL，4 ℃避光保存。

硫代硫酸钠溶液(0.1 mol/L)：称取硫代硫酸钠 2.48 g，加超纯水 50 mL，使完全溶解，用超纯水稀释至 100 mL，4 ℃避光保存。

饱和硫酸铵溶液：称取 80 g 硫酸铵晶体，加入超纯水 100 mL，超声溶解，室温放置。

丙烯酰胺(CH_2=$CHCONH_2$)标准品：纯度>99%；$^{13}C_3$-丙烯酰胺($^{13}CH_2$=$^{13}CH^{13}CONH_2$)标准品：纯度>98%。

丙烯酰胺标准储备溶液(1000 mg/L)：准确称取丙烯酰胺标准品，用甲醇溶解并定容，使丙烯酰胺浓度为 1000 mg/L，置–20 ℃冰箱中保存。

丙烯酰胺中间溶液(100 mg/L)：移取丙烯酰胺标准储备溶液 1 mL，加甲醇稀释至 10 mL，使丙烯酰胺浓度为 100 mg/L，置–20 ℃冰箱中保存。

丙烯酰胺工作溶液 I (10 mg/L)：移取丙烯酰胺中间溶液 1 mL，用 0.1%甲酸溶液稀释至 10 mL，使丙烯酰胺浓度为 10 mg/L。临用时配制。

丙烯酰胺工作溶液 II (1 mg/L)：移取丙烯酰胺工作溶液 I 1 mL，用 0.1%甲酸溶液稀释至 10 mL，使丙烯酰胺浓度为 1 mg/L。临用时配制。

$^{13}C_3$-丙烯酰胺内标储备溶液(1000 mg/L)：准确称取 $^{13}C_3$-丙烯酰胺标准品，用甲醇溶解并定容，使 $^{13}C_3$-丙烯酰胺浓度为 1000 mg/L，置–20 ℃冰箱保存。

内标工作溶液(10 mg/L)：移取内标储备溶液 1 mL，用甲醇稀释至 100 mL，使 $^{13}C_3$-丙烯酰胺浓度为 10 mg/L，置–20 ℃冰箱保存。

标准曲线工作溶液：取 5 个 10 mL 容量瓶，分别移取 0.1 mL、0.5 mL、2 mL 丙烯酰胺工作溶液 II (1 mg/L)和 0.5 mL 及 1 mL 丙烯酰胺工作溶液 I (1 mg/L)与 0.5 mL 内标工作溶液(1 mg/L)，用超纯水稀释至刻度。标准系列溶液中丙烯酰胺浓度分别为 10 μg/L、50 μg/L、200 μg/L、500 μg/L、1000 μg/L，内标浓度为 50 μg/L。临用时配制。

3. 仪器和设备

气相色谱-四级杆质谱联用仪(GC-MS)；色谱柱：DB-5ms 柱(30 m×0.25 mmi.d.×0.25 μm)或等效柱；组织粉碎机；旋转蒸发仪；氮气浓缩器；振荡器；玻璃层析柱：柱长 30 cm，柱内径 1.8 cm；涡旋混合器；超纯水装置；分析天平：感量为 0.1 mg；离心机：转速≤10 000 r/min。

4. 分析步骤

取 50 g 试样，经粉碎机粉碎，–20 ℃冷冻保存。准确称取试样 2 g(精确到 0.001 g)，加入 10.0 mg/L $^{13}C_3$-丙烯酰胺内标溶液 10 μL(或 20 μL)，相当于 100 ng(或 200 ng)的 $^{13}C_3$-丙烯酰胺内标，再加入超纯水 10 mL，振荡 30 min 后，于 4000 r/min 离心 10 min，取上清液备用。在试样提取的上清液中加入硫酸铵 15 g，振荡 10 min，使其充分溶解，于 4000 r/min 离心 10 min，取上清液 10 mL，备用。如上清液不足 10 mL，则用饱和硫酸铵补足。取洁净玻璃层析柱，在底部填少许玻璃棉，压紧，依次填装无水硫酸钠 10 g、Extrelut^{TM}20 硅藻土 2 g。称取 5 g Extrelut^{TM}20 硅藻土与上述备用的试样上清液搅拌均匀后，装入层析柱中。用 70 mL 正己烷淋洗，控制流速为 2 mL/min，弃去正己烷淋洗液。用 70 mL 乙酸乙酯洗脱，控制流速为 2 mL/min，收集乙酸乙酯洗脱溶液，并在 45 ℃水浴下减压旋转蒸发至近干，用乙酸乙酯洗涤蒸发瓶残渣三次(每次 1 mL)，并将其转移至已加入 1 mL 超纯水的试管中，涡旋振荡。在氮气流下吹去上层有机相后，加入 1 mL 正己烷，涡旋振荡，于 3500 r/min 离心 5 min，取下层水相备用衍生。

试样的衍生：在试样提取液中加入溴试剂 1 mL，涡旋振荡，4℃放置至少 1 h 后，加入 0.1 mol/L 硫代硫酸钠溶液约 100 μL，涡旋振荡除去剩余的衍生剂；加入 2 mL 乙酸乙酯，涡旋振荡 1 min，于 4000 r/min 离心 5 min，吸取上层有机相转移至加有 0.1 g 无水硫酸钠的试管中，加入乙酸乙酯 2 mL 重复萃取，合并有机相；静置至少 0.5 h，转移至另一试管，在氮气流下吹至近干，加 0.5 mL 乙酸乙酯溶解残渣(注意：根据仪器的灵敏度，调整溶解残渣的乙酸乙酯体积，通常情况下，采用串联质谱仪检测，其使用量为 0.5 mL，采用单级质谱仪检测，其使用量为 0.1 mL)，备用。

标准系列溶液的衍生：量取标准系列溶液各 1.0 mL，按照上述试样衍生方法同步操作。

色谱条件：色谱柱：DB-5ms 柱（30 m×0.25 mm i.d.×0.25 μm）或等效柱；进样口温度：120 ℃保持 2 min，以 40 ℃/min 速率升至 240 ℃，并保持 5 min；色谱柱程序温度：65 ℃保持 1 min，以 15 ℃/min 速率升至 200 ℃，再以 40 ℃/min 的速率升至 240 ℃，并保持 5 min；载气：高纯氦气（纯度>99.999%），柱前压为 69 mPa，相当于 10 psi（1 psi=6.895 kPa）；不分流进样，进样体积 1 μL。

质谱参数：检测方式：选择离子扫描（SIM）采集；电离模式：电子轰击源（EI），能量为 70 eV；传输线温度：250 ℃；离子源温度：200 ℃；溶剂延迟：6 min；质谱采集时间：6～12 min；丙烯酰胺监测离子 m/z 为 106、133、150 和 152，定量离子 m/z 为 150；^{13}C$_3$-丙烯酰胺内标监测离子 m/z 为 108、136、153 和 155，定量离子 m/z 为 155。

标准曲线的制作：将衍生的标准系列工作液分别注入气相色谱-质谱系统，测定相应的丙烯酰胺及其内标的峰面积，以各标准系列工作液的丙烯酰胺进样浓度（μg/L）为横坐标，以丙烯酰胺及其内标 ^{13}C$_3$ 丙烯酰胺定量离子质量色谱图上测得的峰面积比为纵坐标，绘制线性曲线。

试样溶液的测定：将衍生的试样溶液注入气相色谱-质谱系统中，得到丙烯酰胺和内标 ^{13}C$_3$ 丙烯酰胺的峰面积比，根据标准曲线得到待测液中丙烯酰胺进样浓度（μg/L），平行测定次数不少于两次。

质谱分析：分别将试样和标准系列工作液注入气相色谱-质谱仪中，记录总离子流图和质谱图及丙烯酰胺和内标的峰面积，以保留时间及碎片离子的丰度定性，要求所检测的丙烯酰胺色谱峰信噪比（S/N）大于 3，被测试样中目标化合物的保留时间与标准溶液中目标化合物的保留时间一致，同时被测试样中目标化合物的相应监测离子丰度比与标准溶液中目标化合物的色谱峰丰度比一致。

分析结果的表述：采用内标法，按式（11.14）计算试样中丙烯酰胺含量。

$$w = \frac{Af}{m} \tag{11.14}$$

式中，w 为试样中丙烯酰胺的质量分数，μg/kg；A 为试样中丙烯酰胺（m/z 55）色谱峰与 ^{13}C$_3$ 丙烯酰胺内标（m/z 58）色谱峰的峰面积比值对应的丙烯酰胺质量，ng；f 为试样中内标加入量的换算因子（内标为 10 μL 时 f=1 或内标为 20 μL 时 f=2）；m 为加入内标时的取样量，g。

结果以两次平行测定结果的算术平均值表示，保留三位有效数字（或小数点后一位），两次平行测定结果的绝对差值不得超过算术平均值的 20%。

11.7.4　食品中苯并[a]芘的分析

苯并[a]芘（benzo[a]pyrene，BaP）也称为 3, 4-苯并芘（3, 4-benzpyrene）不溶于水，微溶于乙醇、甲醇，易溶于苯、甲苯、氯仿、乙醚、丙酮等，在自然环境中较为稳定。

苯并[a]芘具有"三致"作用，是多环芳烃中毒性最大的一种强致癌物，空气中的 BaP 是导致肺癌的最重要因素之一。长期生活在含 BaP 的环境中会造成慢性中毒，BaP 进入机体后，少部分以原形随粪便排出，大部分经肝、肺细胞微粒体中的混合功能氧化酶激活而转化为数十种代谢产物，其中转化为 7, 8-环氧化物再代谢产生 7, 8-二氢二羟基-9, 10-环氧化物，便可能是最终致癌物。这种最终致癌物有四种异构体，其中（+）-BP-7β, 8α-二醇体-9α, 10α-环氧化物-苯并[a]芘,已证明致癌性最强,它与 DNA 以共价键结合,造成 DNA 损伤,如果 DNA 不能修复或修而不复,细胞就可能发生癌变。其他三种异构体也有致癌作用。

BaP 主要来源于煤焦油、各类炭黑和煤、石油等燃烧产生的烟气、香烟烟雾、汽车尾气,以及焦化、炼油、沥青、塑料等工业污水中。地面水中 BaP 除工业排污外,主要来自雨水。水生生物对 BaP 的富集系数不高,在 0.10 μg/L 浓度水中,鱼对 BaP 的富集系数 35 天为 61 倍,清除 75%的时间为 5 d。

食物中 BaP 的残留浓度取决于附近是否有工业区、交通要道和食物的烹调方法。水体、土壤和作物中 BaP 都容易残留,果蔬和粮食中的 BaP 含量主要取决于其来源。而肉和鱼中 BaP 含量除取决于其来源外,还取决于烹调方法,不适当的油炸可能使 BaP 含量升高。BaP 对酸碱较稳定,日光照射能促使分解,速度加快。

苯并[a]芘的限量指标:粮食类、熏烤肉类及其制品、熏烤水产品均为 5 μg/kg,植物食用油为 10 μg/kg,生活用水的限量为 0.01 μg/L。其分析方法自 2017 年 6 月 23 日起,按 GB 5009.27—2016 规定进行,适用于谷物及其制品(稻谷、糙米、大米、小麦、小麦粉、玉米、玉米面、玉米渣、玉米片)、肉及肉制品(熏、烧、烤肉类)、水产动物及其制品(熏、烤水产品)、油脂及其制品中苯并[a]芘的测定。

1. 原理

试样经过有机溶剂提取,中性氧化铝或分子印迹小柱净化,浓缩至干,乙腈溶解,反相液相色谱分离,荧光检测器检测,根据色谱峰的保留时间定性,外标法定量。

2. 试剂

甲苯(C_7H_8);乙腈(CH_3CN);正己烷(C_6H_{14});二氯甲烷(CH_2Cl_2)均为色谱纯。

苯并[a]芘标准品($C_{20}H_{12}$,CAS 号:50-32-8):纯度≥99.0%,或经国家认证并授予标准物质证书的标准物质。

注意:苯并[a]芘是一种已知的致癌物质,测定时应特别注意安全防护。测定应在通风橱中进行并戴手套,尽量减少暴露。如果已污染了皮肤,应采用 10%次氯酸钠水溶液浸泡和洗刷,在紫外光下观察皮肤上有无蓝紫色斑点,一直洗到蓝色斑点消失为止。

苯并[a]芘标准储备液(100 μg/mL):准确称取苯并[a]芘 1 mg(精确到 0.01 mg)于 10 mL 容量瓶中,用甲苯溶解,定容。避光保存在 0~5 ℃的冰箱中,保存期 1 年。

苯并[a]芘标准中间液(1.0 μg/mL):吸取 0.10 mL 苯并[a]芘标准储备液(100 μg/mL),用乙腈定容到 10 mL。避光保存在 0~5 ℃的冰箱中,保存期 1 个月。

苯并[a]芘标准工作液:把苯并[a]芘标准中间液(1.0 μg/mL)用乙腈稀释得到 0.5 ng/mL、1.0 ng/mL、5.0 ng/mL、10.0 ng/mL、20.0 ng/mL 的校准曲线溶液,临用现配。

材料:中性氧化铝柱:填料粒径 75~150 μm,22 g,60 mL(注:空气中水分对其性能影响很大,打开柱子包装后应立即使用或密闭避光保存。由于不同品牌氧化铝活性存在差异,建议对质控样品进行测试,或做加标回收实验,以验证氧化铝活性是否满足回收率要求);苯并[a]芘分子印迹柱:500 mg,6 mL(注:由于不同品牌分子印迹柱质量存在差异,建议对质控样品进行测试,或做加标回收实验,以验证是否满足要求);微孔滤膜:0.45 μm。

3. 仪器和设备

液相色谱仪：配有荧光检测器；分析天平：感量为 0.01 mg 和 1 mg；粉碎机；组织匀浆机；离心机：转速≥4000 r/min；涡旋振荡器；超声波振荡器；旋转蒸发器或氮气吹干装置；固相萃取装置。

4. 分析步骤

谷物及其制品预处理：去除杂质，磨碎成均匀的样品，储于洁净的样品瓶中，并标明标记，于室温下或按产品包装要求的保存条件保存备用。

提取：称取 1 g(精确到 0.001 g)试样，加入 5 mL 正己烷，旋涡混合 0.5 min，40 ℃下超声提取 10 min，在 4000 r/min 下离心 5 min，转移出上清液。再加入 5 mL 正己烷重复提取一次。合并上清液，用下列两种净化方法之一进行净化。

净化方法 1：采用中性氧化铝柱，用 30 mL 正己烷活化柱子，待液面降至柱床时，关闭底部旋塞。将待净化液转移进柱子，打开旋塞，以 1 mL/min 的速度收集净化液到茄形瓶，再转入 50 mL 正己烷洗脱，继续收集净化液。将净化液在 40 ℃下旋转蒸至约 1 mL，转移至色谱仪进样小瓶，在 40 ℃氮气流下浓缩至近干。用 1 mL 正己烷清洗茄形瓶，将洗涤液再次转移至色谱仪进样小瓶并浓缩至干。准确吸取 1 mL 乙腈到色谱仪进样小瓶，涡旋复溶 0.5 min，过微孔滤膜后供液相色谱测定。

净化方法 2：采用苯并[a]芘分子印迹柱，依次用 5 mL 二氯甲烷及 5 mL 正己烷活化柱子。将待净化液转移进柱子，待液面降至柱床时，用 6 mL 正己烷淋洗柱子，弃去流出液。用 6 mL 二氯甲烷洗脱并收集净化液到试管中。将净化液在 40 ℃下氮气吹干，准确吸取 1 mL 乙腈涡旋复溶 0.5 min，过微孔滤膜后供液相色谱测定。

熏、烧、烤肉类及熏、烤水产品预处理：肉去骨、鱼去刺、贝去壳，把可食部分绞碎均匀，储于洁净的样品瓶中，并标明标记，于–18～–16 ℃冰箱中保存备用。

提取：同谷物及其制品中提取部分。

净化方法 1：除了正己烷洗脱液体积为 70 mL 外，其余操作同谷物及其制品中净化方法 1。

净化方法 2：操作同谷物及其制品中净化方法 2。

油脂及其制品提取：称取 0.4 g(精确到 0.001 g)试样，加入 5 mL 正己烷，旋涡混合 0.5 min，待净化(注：若样品为人造黄油等含水油脂制品，则会出现乳化现象，需要 4000 r/min 离心 5 min，转移出正己烷层待净化)。

净化方法 1：除了最后用 0.4 mL 乙腈涡旋复溶试样外，其余操作同谷物及其制品中的净化方法 1。

净化方法 2：除了最后用 0.4 mL 乙腈涡旋复溶试样外，其余操作同谷物及其制品中的净化方法 2。

试样制备时，不同试样的前处理需要同时做试样空白实验。

仪器参考条件：①色谱柱：C_{18}，柱长 250 mm，内径 4.6 mm，粒径 5 μm，或性能相当者；②流动相：乙腈+水=88+12；③流速：1.0 mL/min；④荧光检测器：激发波长 384 nm，发射波长 406 nm；⑤柱温：35 ℃；⑥进样量：20 μL。

标准曲线的制作：将标准系列工作液分别注入液相色谱中，测定相应的色谱峰，以标准系列工作液的浓度为横坐标，以峰面积为纵坐标，得到标准曲线回归方程。

试样溶液的测定：将待测液进样测定，得到苯并[a]芘色谱峰面积。根据标准曲线回归方程计算试样溶液中苯并[a]芘的浓度。试样中苯并[a]芘的含量按式(11.15)计算：

$$w = \frac{\rho V}{m} \qquad\qquad (11.15)$$

式中，w 为试样中苯并[a]芘质量分数，μg/kg；ρ 为由标准曲线得到的样品净化溶液浓度，ng/mL；V 为试样最终定容体积，mL；m 为试样质量，g。

结果保留到小数点后一位；重复性条件下获得的两次独立测试结果的绝对差值不得超过算术平均值的 20%；方法检出限为 0.2 μg/kg，定量限为 0.5 μg/kg

11.7.5　食品中三聚氰胺的分析

三聚氰胺，简称三胺，又称氰脲三酰胺、三聚氰酰胺、蜜胺，是一种三嗪类含氮杂环有机化合物，化学名称为 2, 4, 6-三胺基-1, 3, 5-三嗪(2, 4, 6-triamino-1, 3, 5-triazine)或 1, 3, 5-三嗪-2, 4, 6-三胺(1, 3, 5-triazine-2, 4, 6-triamino)，分子式 $C_3H_6N_6$，相对分子质量 126.12。三聚氰胺不是食品原料，也不是食品添加剂，禁止人为添加到食品中。对在食品中人为添加三聚氰胺的，依法追究法律责任。三聚氰胺是重要的氮杂环有机化工原料，可用于塑料、涂料、黏合剂、食品包装材料的生产。三聚氰胺本身毒性较小，长期或反复摄入可能对肾和膀胱产生影响，导致结石产生。但由于其含氮量高，又无气味和味道，常被不法商人用于冒充食品中的蛋白质，而现行的 GB 5009.5—2016《食品中蛋白质的测定》中的方法不能鉴别。鉴于三聚氰胺人为添加会对消费者造成危害，国家卫生部等五部门于 2008 年 10 月联合发布了"关于乳与乳制品中三聚氰胺临时管理限量值规定的公告"，国家农业部于 2009 年 6 月发布了"关于饲料原料和饲料产品中三聚氰胺限量值规定的公告"。

资料表明，三聚氰胺可能从环境、食品包装材料等途径进入到食品中，其含量很低。为确保人体健康，确保乳与乳制品质量安全，国家特制定三聚氰胺在乳与乳制品中的临时管理限量值(以下简称限量值)。如表 11.13 所示。

表 11.13　乳与乳制品中三聚氰胺临时管理限量值

乳制品	限量值/(mg/kg)
婴幼儿配方乳粉	1
液态奶(包括原料乳)、奶粉、其他配方乳粉	2.5
含乳 15%以上的其他食品	2.5

三聚氰胺的检测方法主要有高效液相色谱法、液相质谱法、酶联免疫法、高效毛细管电泳法、气相色谱法、荧光光度法、流动注射化学发光法等。流动注射-化学发光快速测定三聚氰胺具有简便、快速、灵敏、准确、成本低廉的显著优点。

国家质量监督检验检疫总局、国家标准化管理委员会于 2008 年 10 月批准发布了《原料乳与乳制品中三聚氰胺检测方法》(GB/T 22388—2008)国家标准，该标准是在《乳与乳制品中非蛋白氮含量的测定》《植物源产品中三聚氰胺的测定》等现有国家标准的基础上，参考美国食品药品管理局(FDA)和美国食品化学品法典(FCC)三聚氰胺检测方法制定的。

　　标准规定了高效液相色谱法、气相色谱-质谱联用法、液相色谱-质谱/质谱法三种方法为三聚氰胺的检测方法，检测定量限分别为 2 mg/kg、0.05 mg/kg 和 0.01 mg/kg。标准适用于原料乳、乳制品及含乳制品中三聚氰胺的定量测定。检测时，根据被检测对象与其限量值的规定，选用与其相适应的检测方法。

思考题与习题

1. 什么是限量元素？测定食品中的限量元素有什么意义？
2. 铁、铜是人体必需的微量元素之一，铁、铜平衡失调会产生什么后果？
3. 目前公认的致癌微量元素有哪几种？其中，哪种元素的致癌能力最强？
4. 简述锌元素的生理活性和功能。
5. 简述原子吸收法测定铅、镉、铜、铬等金属元素的基本原理，产生吸收的质点的形态。
6. 原子荧光光度法可以测定哪些元素？请简述测定的原理。
7. 为什么说甲基汞是对人类威胁最大的一种汞化合物？用什么方法进行测定？
8. 简述硒对保障机体持久健康的重要性，人体缺硒会产生哪些疾病及症状？
9. 叙述氟的污染对动植物所造成的危害，用什么方法可以进行氟化物的快速测定？
10. 离子选择性电极法测定氟时，为什么要加入"TISAB"？

知识扩展：氟对环境的影响

　　氟对人体有利也有弊，饮用水和食物中含氟量太低，会使儿童患龋齿，含量太高，则会使人患氟斑牙，甚至罹患氟骨症。如果环境受到氟污染，过多的氟通过呼吸道或消化道侵入人体就要危害健康。因此了解氟污染的来源和其严重性，唤起人们共同关心和其消除氟污染，才能保障人体健康。

　　水和植物中的氟化物通过饮用水和饲料进入动物体，在动物体内聚积。牛长期食用被氟化物污染的草料和饮用被氟污染的水后，氟就在牛体内蓄积，引起中毒，主要表现为牙齿畸形及骨骼损害。患病的牛开始足痛，关节肿胀，牛蹄变形（形成剪刀蹄），蹄尖无法触地，跛足，只能跪在地上吃草等；然后逐渐四肢僵硬，体重减轻，严重者瘫痪，直至死亡。氟化氢进入植物叶片后，在进入的位置不造成损害，而是转移到叶片的先端和边缘，积累到足够的浓度时，便使叶片细胞的质壁分离而造成植株死亡。因此氟化氢在植物叶片上所引起的伤斑开始多集中在叶片的先端和边缘，成环带状分布，然后逐渐向内发展，受害严重时就会使整个叶片枯焦脱落。

（高向阳　教授）

第12章　农药、兽药与霉菌毒素残留量分析

12.1　食品中农药残留量的常规分析方法

12.1.1　概述

农药残留分析涉及化学、物理、生物、生化多个学科，其手段正不断地更新和完善。随着人们对食品中农药残留及食品安全性的关注，新型快速、灵敏、准确的检测方法不断问世，满足了人类对健康和食品贸易的要求。但分析方法仍以色谱法为主，选择性检测器、联用技术及先进的样品前处理技术在食品中的广泛应用，为现场分析提供了准确、可靠的对照依据。

农药残留的色谱分析正向着省时、省力、廉价、微型化和自动化方向发展，经典的主要分析技术如下：

1. 薄层色谱法

薄层色谱法(TLC)是以固体吸附剂(如硅胶、氧化铝等)为载体，流动相为有机溶剂的分配型色谱分离方法。该法快速、直观、简便易行，可用于复杂混合物的分离和筛选；TLC 除用特殊的显色剂观察斑点颜色和用 R_f 定性外，与其他技术联用可对样品中多种成分进行定量分析。TLC 在食品分析中可测定含硫有机磷农药和敌敌畏、敌百虫等，检出限达 0.5 μg/kg，测定大米中甲胺磷，检出限为 0.04 μg/kg，回收率为 90%～100%。用薄层扫描法测定食品中六六六、滴滴涕等有机氯农药残留量，加标回收率为 74.1%～107.6%，RSD 为 3.10%～7.67%，检测范围为 $0.02 \times 10^{-6} \sim 2.0 \times 10^{-6}$ g。

2. 纸色谱

作为快速分离和鉴定物质的一种手段，纸色谱法可进行有机氯农药残留的半定量测定，与国家标准方法薄层色谱法相比无显著差异。具有方法简单、操作方便、快速、灵敏度高、干扰少等特点。

3. 气相色谱法

气相色谱法(GC)具有高选择性、高分离效能、高灵敏度、快速等优点。易气化，气化后不发生分解等现象的农药均可用气相色谱法检测，色谱柱主要用填充柱和毛细管柱，检测器有 FID、ECD、TCD、FPD、PID 等。

4. 高效液相色谱法

高效液相色谱法(HPLC)可分离检测极性强、相对分子质量大及离子型农药，尤其对不易

气化或受热易分解的化合物更能显示出其突出优点。近年来，采用高效色谱柱、高压泵和高灵敏度的检测器、柱前或柱后衍生化技术及计算机联用等，大大提高了液相色谱的检测效率、灵敏度、速度和自动化程度，已成为农药残留检测不可缺少的重要方法。缺点是溶剂耗量大，检测器种类较气相色谱少，灵敏度不如气相色谱高，HPLC 色谱柱制备较气相色谱柱困难，价格也高。

5. 色-质联用技术

质谱法的优点是能在多种残留物共存时进行定性和定量分析。用气相色谱法检测通常需要多个检测器，色-质联用一般只需一次提取和 GC-MS 检测即可。色-质联用技术包括气相色谱-质谱联用(GC-MS)和液相色谱-质谱联用技术(LC-MS)。用于农药代谢物、降解物的检测和多残留检测等，具有突出的特点，但由于仪器昂贵，目前，国内尚未广泛开展农药残留量的检测工作。

电化学分析也是一种快速、灵敏、准确的微痕量分析技术，在有机分析中显示出较大的潜力和优越性，农药残留分析中的应用也日趋增多，一些研究结合了化学计量学(chemometrics)，大大提高了分析的范围。极谱法(polar graphic analysis, PA)的特点是设备简单、操作简便快速，尤其是在样品前处理上可简化许多步骤，适于现场检测，但需某些特殊的装置，应用上受到一定的限制。

12.1.2　食品中有机氯农药残留的分析

1. 毛细管柱气相色谱-电子捕获检测器法(GB/T 5009.19—2008 的第一法)

1) 原理

试样中有机氯农药组分经有机溶剂提取、凝胶色谱层析净化，用毛细管柱气相色谱分离，电子捕获检测器检测，以保留时间定性，外标法定量。

2) 仪器与试剂

气相色谱仪(GC)：配有电子捕获检测器(ECD)。

凝胶净化柱：长 30 cm，内径 2.3~2.5 cm，具活塞玻璃层析柱，柱底垫少许玻璃棉。用洗脱剂乙酸乙酯-环己烷(1+1)浸泡的凝胶，以湿法装入柱中，柱床高约 26 cm，凝胶始终保持在洗脱剂中。全自动凝胶色谱系统：带有固定波长(254 nm)紫外检测器，供选择使用。其他包括旋转蒸发仪、组织匀浆器、振荡器、氮气浓缩器。

丙酮(CH_3COCH_3)、石油醚(沸程 30~60 ℃)、乙酸乙酯($CH_3COOC_2H_5$)、环己烷(C_6H_{12})、正己烷($n\text{-}C_6H_{14}$)，重蒸；氯化钠(NaCl)、无水硫酸钠(Na_2SO_4)；将无水硫酸钠置 120 ℃干燥箱中干燥 4 h，冷却后，密闭保存；聚苯乙烯凝胶(Bio-Beads S-X3)：200~400 目，或同类产品。试剂均为分析纯。

标准溶液的配制：分别准确称取或量取农药标准品(表 12.1)适量，用少量苯溶解，再用正己烷稀释成一定浓度的标准储备溶液。量取适量标准储备溶液，用正己烷稀释为系列混合标准溶液。

表 12.1　有机氯农药标准品

农药名称	英文名称	纯度
α-六六六	α-HCH	≥98%
β-六六六	β-HCH	≥98%
γ-六六六	γ-HCH	≥98%
δ-六六六	δ-HCH	≥98%
p, p'-滴滴伊	p, p'-DDE	≥98%
p, p'-滴滴滴	p, p'-DDD	≥98%
p, p'-滴滴涕	p, p'-DDT	≥98%
o, p'-滴滴涕	o, p'-DDT	≥98%
七氯	heptaCHlor	≥98%
艾氏剂	aldrin	≥98%
狄氏剂	dieldrin	≥98%
α-硫丹	α-endosulfan	≥98%
β-硫丹	β-endosulfan	≥98%
氧氯丹	oxychlordane	≥98%
顺氯丹	cis-chlordane	≥98%
反氯丹	trans-chlordane	≥98%
灭蚁灵	mirex	≥98%
六氯苯	HCB	≥98%
五氯苯胺	PCA	≥98%
环氧七氯	heptachlor epoxide	≥98%
异狄氏剂	endrin	≥98%
异狄氏剂醛	endrin aldehyde	≥98%
异狄氏剂酮	endrin ketone	≥98%
五氯硝基苯	PCNB	≥98%
硫丹硫酸盐	endosulfan sulfate	≥98%
五氯苯基硫醚	PCPs	≥98%

3) 分析步骤

(1) 试样制备。蛋品去壳，制成匀浆；肉品去筋后，切成小块，制成肉糜；乳品混匀待用。

(2) 提取与分配。蛋类：称取试样 20 g (精确到 0.01 g) 于 20 mL 具塞三角瓶中，加水 5 mL (视试样水分含量加水，使总水量约为 20 g。通常鲜蛋水分含量约 75%，加水 5 mL 即可)，再加 4 mL 丙酮，振摇 30 min 后，加氯化钠 6 g，充分摇匀，再加 3 mL 石油醚，振摇 30 min。静置分层后，将有机相全部转移至 10 mL 具塞三角瓶中经无水硫酸钠干燥，量取 35 mL 于旋转蒸发瓶中，浓缩至约 1 mL，加入 2 mL 乙酸乙酯-环己烷 (1+1) 溶液再浓缩，如此重复 3 次，浓缩至约 1 mL，供凝胶色谱层析净化使用，或将浓缩液转移至全自动凝胶渗透色谱系统配套的进样试管中，用乙酸乙酯-环己烷 (1+1) 溶液洗涤旋转蒸发瓶数次，将洗涤液合并至试管中，定容至 10 mL。

肉类:称取试样 20 g(精确到 0.01 g),加水 15 mL(视试样水分含量加水,使总水量约 20 g)。加 4 mL 丙酮,振摇 30 min,以下按照蛋类试样的提取、分配步骤处理。

乳类：称取试样 20 g(精确到 0.01 g),鲜乳不加水,直接加丙酮提取。以下按照蛋类试样的提取、分配步骤处理。

大豆油:称取试样 1 g(精确到 0.01 g),直接加 30 mL 石油醚,振摇 30 min 后,将有机相全部转移至旋转蒸发瓶中,浓缩至约 1 mL,加 2 mL 乙酸乙酯-环己烷(1+1)溶液再浓缩,如此重复 3 次,浓缩至约 1 mL,供凝胶色谱层析净化使用,或将浓缩液转移至全自动凝胶渗透色谱系统配套的进样试管中,用乙酸乙酯-环己烷(1+1)溶液洗涤旋转蒸发瓶数次,将洗涤液合并至试管中,定容至 10 mL。

植物类:称取试样匀浆 20 g,加水 5 mL(视水分含量加水,使总水量约 20 mL),加丙酮 40 mL,振荡 30 min,加氯化钠 6 g,摇匀。加石油醚 30 mL,再振荡 30 min,以下按照蛋类试样的提取、分配步骤处理。

(3)净化。手动凝胶色谱柱净化:将试样浓缩液经凝胶柱以乙酸乙酯-环己烷(1+1)溶液洗脱,弃去 0～35 mL 馏分,收集 35～70 mL 馏分。将其旋转蒸发浓缩至约 1 mL,再经凝胶柱净化收集 35～70 mL 馏分,蒸发浓缩,用氮气吹除溶剂,用正己烷定容至 1 mL,留待 GC 分析。

全自动凝胶渗透色谱系统净化:试样由 5 mL 试样环注入凝胶渗透色谱(GPC)柱,泵流速 5.0 mL/min,以乙酸乙酯-环己烷(1+1)溶液洗脱,弃去 0～7.5 min 馏分,收集 7.5～15 min 馏分,15～20 min 冲洗 GPC 柱。将收集的馏分旋转蒸发浓缩至约 1 mL,用氮气吹至近干,用正己烷定容至 1 mL,留待 GC 分析。

手动或全自动净化方法可任选一种进行。

(4)测定。气相色谱参考条件:色谱柱:DM-5 石英弹性毛细管柱,长 30 m、内径 0.32 mm、膜厚 0.25 μm;或等效柱。柱温:程序升温 90 ℃ (1 min) $\xrightarrow{40\ ℃/min}$ 170 ℃ $\xrightarrow{2.3\ ℃/min}$ 230 ℃ (17 min) $\xrightarrow{40\ ℃/min}$ 280 ℃ (5 min)

进样口温度:280 ℃。不分流进样,进样量 1 μL;检测器:电子捕获检测器(ECD),温度 300℃。载气流速:氮气(N_2),流速 1 mL/min;尾吹,25 mL/min;柱前压:0.5 MPa。

色谱分析:分别吸取 1 μL 混合标准液及试样净化液注入气相色谱仪中,记录色谱图,以保留时间定性,以试样和标准的峰高或峰面积比较定量。试样中各农药的含量按式(12.1)进行计算:

$$w = \frac{m_1 \times V_1 \times f}{m \times V_2} \tag{12.1}$$

式中,w 为试样中各农药的质量分数,mg/kg;m_1 为被测样液中各农药的质量,ng;V_2 为样液进样体积,μL;f 为稀释因子;m 为试样的质量,g;V_1 为样液最后定容体积,mL。

计算结果保留两位有效数字。在重复性条件下两次独立测定结果的绝对差值不得超过算术平均值的 20%。

2. 填充柱气相色谱-电子捕获检测器法(GB/T 5009.19—2008 的第二法)

1)原理

试样中六六六、滴滴涕经提取、净化后用气相色谱法测定,与标准比较定量。电子捕获检测器对于负电极强的化合物具有极高的灵敏度,利用这一特点,可分别测出痕量的六六六、滴滴涕。不同异构体和代谢物可同时分别测定。

出峰顺序:α-HCH、γ-HCH、β-HCH、δ-HCH、p, p'-DDE、o, p'-DDT、p, p'-DDD、p, p'-DDT。

2)仪器与试剂

气相色谱仪:具电子捕获检测器;旋转蒸发器;氮气浓缩器;匀浆机;调速多用振荡器;离心机;植物样本粉碎机等。

丙酮(CH_3COCH_3)、正己烷(n-C_6H_{14})、石油醚(沸程 30~60 ℃),重蒸;苯(C_6H_6)、无水硫酸钠(Na_2SO_4);硫酸(H_2SO_4);硫酸钠溶液(20 g/L);试剂均为分析纯。

农药标准品:六六六(α-HCH、β-HCH、γ-HCH、δ-HCH)纯度>99%,滴滴涕(p, p'-DDE、o, p'-DDT、p, p'-DDD 和 p, p'-DDT)纯度>99%。

农药标准储备液:精密称取 α-HCH、β-HCH、γ-HCH、δ-HCH、p, p'-DDE、o, p'-DDT、p, p'-DDD 和 p, p'-DDT 各 10 mg,溶于苯中,分别移入 100 mL 容量瓶中,以苯稀释至刻度,混匀,浓度为 100 mg/L,储存于冰箱中。

农药混合标准工作液:分别量取上述各标准储备液于同一容量瓶中,以正己烷稀释至刻度。α-HCH、γ-HCH 和 δ-HCH 的浓度为 0.005 mg/L,β-HCH 和 p, p'-DDE 浓度为 0.01 mg/L,o, p'-DDT 浓度为 0.05 mg/L,p, p'-DDD 浓度为 0.02 mg/L,p, p'-DDT 浓度为 0.1 mg/L。

3)分析步骤

谷类制成粉末,其制品制成匀浆;蔬菜、水果及其制品制成匀浆;蛋品去壳制成匀浆;肉品去皮、筋后,切成小块,制成肉糜;鲜乳混匀待用;食用油混匀待用。

称取具有代表性的各类食品样品匀浆 20 g,加水 5 mL(视样品水分含量加水,使总水量约 20 mL),加丙酮 40 mL,振荡 30 min,加氯化钠 6 g,摇匀。加石油醚 30 mL,再振荡 30 min,静置分层。取上清液 35 mL 经无水硫酸钠脱水,于旋转蒸发器中浓缩至近干,以石油醚定容至 5 mL,加浓硫酸 0.5 mL 净化,振摇 0.5 min,于 3000 r/min 条件下离心 15 min。取上清液进行 GC 分析。

称取具有代表性的 2 g 粉末样品,加石油醚 20 mL,振荡 30 min,过滤,浓缩,定容至 5 mL,加 0.5 mL 浓硫酸净化,振摇 0.5 min,于 3000 r/min 条件下离心 15 min。取上清液进行 GC 分析。

称取具有代表性的食用油试样 0.50 g,以石油醚溶解于 10 mL 刻度试管中,定容至刻度。加 1.00 mL 浓硫酸净化,振摇 0.5 min,于 3000 r/min 离心 15 min。取上清液进行 GC 分析。

气相色谱条件:填充色谱柱:内径 3 mm、长 2 m 的玻璃柱,内装涂以 1.5% OV-17 和 2% QF-1 混合固定液的 80~100 目硅藻土;载气:高纯氮,流速 110 mL/min;柱温:185 ℃;检测器温度:225 ℃;进样口温度:195 ℃。进样量为 1~10 μL。外标法定量。

试样中六六六、滴滴涕及其异构体或代谢物的单一含量按式(12.2)进行计算:

$$w = \frac{A_1 \times m_1 \times V_1}{A_2 \times m_2 \times V_2} \tag{12.2}$$

式中,w 为试样中六六六、滴滴涕及其异构体或代谢物的单一质量分数,mg/kg;A_1 为被测定试样各组分的峰值(峰高或面积);A_2 为各农药组分标准的峰值(峰高或面积);m_1 为单一农药标准溶液的质量分数,ng;m_2 为被测定试样的取样量,g;V_1 为被测定试样的稀释体积,mL;

V_2 为被测定试样的进样体积，μL。

重复性条件下两次独立测定结果的绝对差值不得超过算术平均值的 15%。

12.1.3　食品中有机磷农药残留的分析

1. 动物性食品中有机磷农药残留量的测定

1）原理

试样经提取、净化、浓缩、定容，用毛细管柱气相色谱分离，火焰光度检测器检测，以保留时间定性，外标法定量。出峰顺序：甲胺磷、敌敌畏、乙酰甲胺磷、久效磷、乐果、乙拌磷、甲基对硫磷、杀螟硫磷、甲基嘧啶磷、马拉硫磷、倍硫磷、对硫磷、乙硫磷。

2）仪器与试剂

气相色谱仪：有火焰光度检测器，其余同动物性食品用中有机氯农药残留量的测定。涂以 SE-54 0.25 μm，30 m×0.32 mm（内径）石英弹性毛细管柱；柱程序升温：60 ℃ 1 min $\xrightarrow{40\ ℃/min}$ 110 ℃ $\xrightarrow{5\ ℃/min}$ 235 ℃ $\xrightarrow{40\ ℃/min}$ 265 ℃；进样口温度 270 ℃；气体流速：氮气（载气）1 mL/min；尾吹 50 mL/min；氢气 50 mL/min；空气 500 mL/min。有机磷农药标准品见表 12.2。

表 12.2　有机磷农药标准品

农药名称	英文名称	纯度
甲胺磷	methamidophos	≥99%
敌敌畏	dichlorvos	≥99%
乙酰甲胺磷	acephate	≥99%
久效磷	monocrotophos	≥99%
乐果	dimethoate	≥99%
乙拌磷	disulfoton	≥99%
甲基对硫磷	methyl-parathion	≥99%
杀螟硫磷	fenitrothion	≥99%
甲基嘧啶磷	pirimiphos methyl	≥99%
马拉硫磷	malathion	≥99%
倍硫磷	fenthion	≥99%
对硫磷	parathion	≥99%
乙硫磷	ethion	≥99%

单体有机磷农药标准储备液：准确称取各有机磷农药标准品 0.0100 g，分别置于 25 mL 容量瓶中，用乙酸乙酯溶解、定容（浓度各为 400 μg/mL）。

混合有机磷农药标准应用液：测定前，量取不同体积的各单体有机磷农药储备液于 10 mL 容量瓶中，用氮气吹尽溶剂，用经提取、净化处理的鲜牛乳提取液稀释、定容。此混合标准应用液中各有机磷农药浓度（μg/mL）为：甲胺磷 16、敌敌畏 80、乙酰甲胺磷 24、久效磷 80、乐果 16、乙拌磷 24、甲基对硫磷 16、杀螟硫磷 16、甲基嘧啶磷 16、马拉硫磷 16、倍硫磷 24、对硫磷 16、乙硫磷 8。

3)测定

蛋品去壳制成匀浆;肉品去筋后,切小块制成肉糜;乳品混匀待用。称取蛋类试样 20 g(精确到 0.01 g)于 100 mL 具塞三角瓶中,加水 5 mL(视试样水分含量加水,使总量约 20 g),加 40 mL 丙酮,振摇 30 min,加氯化钠 6 g,充分摇匀,再加 30 mL 二氯甲烷,振摇 30 min。取 35 mL 上清液,经无水硫酸钠滤于旋转蒸发瓶中,浓缩至约 1 mL,加 2 mL 乙酸乙酯-环己烷 (1+1)溶液再浓缩,如此重复 3 次,浓缩至约 1 mL。

称取肉类、乳类试样各 20 g(精确到 0.01 g),以下按照动物性食品用中有机氯农药残留量的测定进行提取、分配、旋转蒸发浓缩步骤处理。

分别量取 1 μL 混合标准液及试样净化液注入色谱仪中,以保留时间定性,以试样和标准的峰高或峰面积比较定量。按照(12.3)式进行计算。

$$w = \frac{m_1 \times V_2}{m \times V_1} \tag{12.3}$$

式中,w 为试样中各农药的质量分数,mg/kg;m_1 为被测样液中各农药的质量,ng;m 为试样质量,g;V_1 为样液进样体积,μL;V_2 为试样最后定容体积,mL。

计算结果保留两位有效数字。重复性条件下两次独立测定结果的绝对差值不超过算术平均值的 15%。

2. 植物性食品中有机磷残留的测定

1)原理

试样中有机磷农药用有机溶剂提取,经液液分配、微型柱净化等步骤除去干扰物质,用氮磷检测器(FTD)检测,根据色谱峰的保留时间定性,外标法定量。

2)仪器与试剂

气相色谱仪:附氮磷检测器(NPD);超声波清洗器;重蒸甲醇;磷酸;氯化铵;硅胶 60~80 目 130 ℃烘干 2 h,以 5%水失活;助滤剂 celite 545;凝结液:5 g 氯化铵+10 mL 磷酸+100 mL 水,用前稀释 5 倍;其余试剂同动物性食品用中有机氯农药残留量的测定。

气相色谱参考条件:BP5 或 OV-101,25 m×0.32 mm(内径)石英弹性毛细管柱;气体流速:氮气 50 mL/min;尾吹气(氮气)30 mL/min;氢气 0.5 kg/cm²;空气 0.3 kg/cm²。柱温用程序升温:140 ℃ $\xrightarrow{50\ ℃/min}$ 185 ℃ $\xrightarrow{2\ ℃/min}$ 195 ℃(2 min)$\xrightarrow{10\ ℃/min}$ 235 ℃(1 min)进样口温度 240 ℃。

农药标准溶液的配制:分别准确称取表 12.2 中的标准品,用丙酮为溶剂,分别配制成 1 mg/mL 标准储备液,储于冰箱中,使用时用丙酮稀释配成单品种的标准使用液。再根据农药品种在仪器上的响应情况,吸收不同量的标准储备液,用丙酮稀释成混合标准使用液。

取过 20 目筛的粮食试样。蔬菜擦去表层泥水,取可食部分匀浆制成分析试样。

3)测定

方法一:称取 10 g 蔬菜试样于三角瓶中,加入与试样含水量之和为 10 g 的水和 20 mL 丙酮。振荡 30 min,抽滤,取 20 mL 滤液于分液漏斗中。

方法二:称取 5 g 蔬菜试样(视试样中农药残留量而定),置于 50 mL 离心管中,加入与试样含水量之和为 5 g 的水和 10 mL 丙酮。置于超声波清洗器中,超声提取 10 min。在 5000 r/min 离心转速下离心使蔬菜沉降,用移液管吸出上清液 10 mL 至分液漏斗中。

称取 20 g 粮食试样于三角瓶中，加入 5 g 无水硫酸钠和 100 mL 丙酮。振荡提取 30 min，过滤后取 50 mL 滤液于分液漏斗中。

向蔬菜样分液漏斗中加 40 mL 凝结液和 1 g 助滤剂 celite 545，或向粮食试样的分液漏斗中分别加 20 mL 凝结液和 1 g 助滤剂 celite 545，轻摇后放置 5 min，经两层滤纸的布氏漏斗抽滤，用少量凝结液洗涤分液漏斗和布氏漏斗。将滤液移至分液漏斗中，加 3 g 氯化钠，依次用 50 mL、50 mL、30 mL 二氯甲烷提取，合并三次二氯甲烷提取液，经无水硫酸钠漏斗过滤至浓缩瓶中，在 35℃水浴的旋转蒸发仪上浓缩至少量，用氮气吹干。取下浓缩瓶，加少量正己烷。以少许棉花塞住 5 mL 医用注射器出口，1 g 硅胶以正己烷湿法装柱，敲实，将浓缩瓶中液体倒入，再以少量正己烷+二氯甲烷(9+1)洗涤浓缩瓶，倒入柱中。依次以 4 mL 正己烷+丙酮(7+3)，4 mL 乙酸乙酯，8 mL 丙酮+乙酸乙酯(1+1)，4 mL 丙酮+甲醇(1+1)洗柱，汇集全部滤液经旋转蒸发仪 45 ℃水浴浓缩近干，定容至 1 mL。

向粮食试样分液漏斗中加入 50 mL 5%氯化钠溶液，再以 50 mL、50 mL、30 mL 二氯甲烷提取三次，合并二氯甲烷层经无水硫酸钠过滤后，在旋转蒸发仪 40 ℃水浴上浓缩近干，定容至 1 mL。

量取 1 μL 混合标准溶液及试样净化液注入色谱仪中，以保留时间定性，以试样峰高或峰面积与标准比较定量。结果按式(12.4)计算：

$$w_i = \frac{h_i \times m_{si} \times 1000}{h_{si} \times m \times f} \tag{12.4}$$

式中，w_i 为 i 组分有机磷农药的质量分数，ng/kg；h_i 为试样中 i 组分的峰高或峰面积；h_{si} 为标样中 i 组分的峰高或峰面积；m_{si} 为标样中 i 组分的量，ng；m 为试样量，g；f 为换算系数，粮食为 1/2，蔬菜为 2/3。

将有机磷农药混合标准分别加入到大米、西红柿、白菜中进行方法的精密度和准确度实验，加标回收率为 73.38%～108.22%，RSD 为 2.2%～7.7%。检出限为 2～15 μg/kg。

国家标准 GB/T 5009.20—2003 第二法适用于粮食、蔬菜、食用油中敌敌畏、乐果、马拉硫磷、甲拌磷、对硫磷、稻瘟净、杀螟硫磷、倍硫磷、虫螨磷等农药残留量分析，最低检出量为 0.1～0.3 ng，最低检出质量分数为 0.01～0.03 mg/kg。

其他农药残留量的分析请参阅书后附录食品卫生检验方法理化部分 GB/T 5009 系列标准目录。

12.2　食品中农药残留的快速分析方法

12.2.1　概述

食品中农药残留快速测定方法从反应原理上可分为活体生物测定法、分子生物学方法、生物化学测定法等。活体生物测定法使用发光细菌或敏感性家蝇作为测定材料；分子生物学方法则采用免疫反应，如酶联免疫反应，特异性的酶联免疫试剂盒；生物化学测定法用胆碱酯酶抑制原理，使用范围仅限于能抑制胆碱酯酶活性的农药。从仪器使用上分有气相色谱和液相色谱法(如农药多残留扫描法)、农药残留分光光度计法(抑制率法)、目视法(如有机磷农药速测灵法、农药残留试纸法、酶片法)等。农药残留试纸法、酶片法、农药残留分光光度计法-抑制率法等属于生物化学测定法；酶联免疫试剂盒法为分子生物学法；有机磷农药速测灵法属于化学方法。在《蔬菜中有机磷和氨基甲酸酯类农药残留量快速检测方法》(GB/T 5009.199—2003)中，就将农药速测卡法和农药残留分光光度计法(抑制率法)定为国家标准推荐分析方法，2004 年开始实施。

12.2.2　有机磷类、氨基甲酸酯类农药残留快速分析方法(速测卡法)

1. 原理

胆碱酯酶可催化靛酚乙酸酯(红色)水解为乙酸与靛酚(蓝色)，有机磷或氨基甲酸酯类农药对胆碱酯酶有抑制作用，使催化、水解、变色的过程发生改变，由此可判断出样品中是否含有有机磷或氨基甲酸酯类农药的存在。

2. 仪器与试剂

天平；恒温装置；速测卡：固定化有胆碱酯酶和靛酚乙酸酯试剂的纸片；pH=7.5 的缓冲溶液：分别取 15.00 g 磷酸氢二钠(Na$_2$HPO$_4$·12H$_2$O)与 1.59 g 无水磷酸二氢钾(KH$_2$PO$_4$)，用 500 mL 蒸馏水溶解。

3. 测定

1)整体测定法

(1)取有代表性的蔬菜样品，擦去表面泥土，剪成 0.5 cm^2 碎片，取 5 g 放入带盖瓶中，加 10 mL 缓冲溶液，振摇 50 次，静置 2 min 以上。

(2)取一片速测卡，用白色药片蘸取提取液，在 37 ℃恒温装置中放置 10 min，预反应后的药片表面必须保持湿润。

(3)将速测卡对折，用手捏 3 min 或用恒温装置恒温 3 min，使红色药片与白色药片叠合。

(4)每批测定应设一个缓冲液的空白对照。

2)表面测定法(粗筛法)

(1)擦去蔬菜表面泥土，滴两三滴缓冲溶液，用另一片蔬菜在滴液处轻轻摩擦。

(2)取一片速测卡，将蔬菜上的液滴滴在白色药片上。

(3)在 37 ℃放置 10 min，有条件时在恒温装置中放置，预反应后的药片表面必须保持湿润。

(4)将速测卡对折，用手捏 3 min 或用恒温装置恒温 3 min，使红色药片与白色药片叠合反应。

(5)每批测定设一个缓冲液空白对照。

3)结果判定

结果以酶被有机磷或氨基甲酸酯类农药抑制(为阳性)、未抑制(为阴性)表示。白色药片不变色及略有浅蓝色均为阳性结果，白色药片变为天蓝色为阴性结果。阳性结果的样品可用其他分析方法进一步确定具体农药品种和含量。

速测卡对部分农药的检出限见表 12.3。

表 12.3　农药速测卡对几种常用农药的最低检出限

农药	最低检出限 /(mg/kg)	农药	最低检出限 /(mg/kg)	农药	最低检出限 /(mg/kg)
甲胺磷	1.7	乙酰甲胺磷	3.5	甲萘威(西维因)	2.5
敌敌畏	0.3	丁硫克百威	1.0	克百威(呋喃丹)	0.1
氧乐果	2.3	马拉硫磷	2.0	久效磷	2.5
乐果	1.3	水胺硫磷	3.1		
敌百虫	0.5	对硫磷	1.7		

在检出的 30 份以上阳性样品中，经气相色谱法验证，阳性结果的符合率大于 80%。

温馨提示：韭菜、生姜、葱、蒜、辣椒、胡萝卜等蔬菜中含有破坏酶活性或使蓝色产物褪色的物质，处理时不要剪得太碎，浸提时间不要太长，必要时可用整株蔬菜浸提。

12.2.3　氨基甲酸酯类、有机磷类农药残留快速分析方法(抑制率法)

1. 原理

一定条件下，氨基甲酸酯类和有机磷农药对胆碱酯酶正常功能有抑制作用，其抑制率与农药浓度呈正相关。正常情况下，酶催化神经传导代谢产物(乙酰胆碱)水解，其水解产物与显色剂反应产生黄色物质，用分光光度计在 412 nm 处测定吸光度随时间的变化值，计算出抑制率，可判断样品是否含有有机磷或氨基甲酸酯类农药。

2. 仪器与试剂

分光光度计或快速测定仪；pH=8.0 的缓冲溶液：分别取 11.9 g 无水磷酸氢二钾与 3.2 g 磷酸二氢钾，用 1 L 蒸馏水溶解；显色剂：分别取 160 mg 二硫代二硝基苯甲酸(DTNB)和 15.6 mg 碳酸氢钠，用 20 mL 缓冲溶液溶解，4 ℃冰箱中保存；底物：取 25.0 mg 硫代乙酰胆碱，加 3.0 mL 蒸馏水溶解，摇匀后置于 4℃冰箱中保存不超过两周；乙酰胆碱酯酶：根据酶的活性情况，用缓冲溶液溶解，ΔA_0 值应控制在 0.3 以上。

3. 测定

取有代表性的蔬菜样品，擦去表面泥土，剪成 1 cm² 碎片，取样品 1 g，放入烧杯或提取瓶中，加 5 mL 缓冲溶液，振荡 1~2 min，倒出提取液，静置 3~5 min，待用。

对照溶液测试：于试管中加 2.5 mL 缓冲溶液，再加 0.10 mL 酶液、0.10 mL 显色剂，摇匀，于 37 ℃放置 15 min 以上(每批样品的控制时间应一致)。加 0.10 mL 底物摇匀，此时检液开始显色反应，应立即放入仪器比色池中，记录反应 3 min 的吸光度变化值 ΔA_0。

样品测试：于试管中加 2.5 mL 样品提取液，其他操作与对照溶液测试相同，记录反应 3 min 吸光度的变化值 ΔA_t。检测结果按式(12.5)计算：

$$抑制率(\%)=\frac{\Delta A_0 - \Delta A_t}{\Delta A_0}\times 100 \qquad (12.5)$$

式中，ΔA_0 为对照溶液反应 3 min 吸光度的变化值；ΔA_t 为样品溶液反应 3 min 吸光度的变化值。

当蔬菜样品提取液对酶的抑制率≥50%时，表示蔬菜中含有有机磷或氨基甲酸酯类农药。抑制率≥50%的样品需要重复检验两次以上，并用其他方法进一步确定具体农药品种和含量。酶抑制率法对部分农药的检出限见表 12.4。

表 12.4　抑制率法对部分农药的检出限

农药名称	检出限/(mg/kg)	农药名称	检出限/(mg/kg)	农药名称	检出限/(mg/kg)
敌敌畏	0.01	马拉硫磷	4.0	灭多威	0.1
对硫磷	0.01	乐果	1.0	敌百虫	0.2
辛硫磷	0.3	氧乐果	0.8	克百威	0.002
甲胺磷	1.5	甲基异柳磷	5.0		

在检出抑制率≥50%的 30 份样品中，经气相色谱法验证，阳性结果的符合率>80%。

注意事项与说明：韭菜、生姜、葱、蒜、辣椒及番茄汁液中，含有对酶有影响的植物次生物质，处理这类样品时，可采取整株(体)蔬菜浸提。

12.3　食品中兽药残留分析方法

12.3.1　兽药残留概述

兽药残留是指动物产品的任何可食部分所含兽药的母体化合物或其代谢物，以及与兽药有关杂质的残留。兽药残留可能引起的危害主要包括：增加细菌耐药性、引起过敏反应、扰乱肠道微生物菌群平衡、污染环境等。国际农产品及食品进出口贸易中，涉及需检测的抗生素残留主要有以下六类。

1. β-内酰胺类抗生素

β-内酰胺类抗生素(β-lactams antibiotic)都含有抗生素活性的 β-内酰胺环，如青霉素、头孢霉素(先锋霉素)、头孢噻呋、氨苄青霉素、羟氨苄青霉素(阿莫西林)、邻氨青霉素、苯唑青霉素等。β-内酰胺类抗生素主要用于抗革兰氏阳性细菌感染，部分也能有效抑制革兰阴性菌。因此，β-内酰胺类抗生素被养殖场广泛用于动物疾病的防制，可能会因没有遵守用药规范，导致超量、长时间使用，引起抗生素在动物性食品中的残留，牛奶及其他动物性食品中检出残留报道较多，其本身毒性较低，但会引起部分人群产生十分剧烈的过敏反应。

2. 氨基糖苷类抗生素

氨基糖苷类抗生素(aminoglycoside antibiotics)通常是指半个氨基糖苷以一个糖苷键与一个氨基环多醇(一个氨基取代的羟基环己烷)相连接的一类化合物，是最常用于食品动物的广谱抗生素之一，如庆大霉素、新霉素、链霉素、二氢链霉素等。氨基糖苷类抗生素可损害颅神经，引起失聪和损害肾脏。氨基糖苷类是抗菌药，如卡那霉素、新霉素、链霉素及庆大霉素被用在水产养殖中治疗鱼类疾病。该类药物较难通过肠道吸收，因此其使用受到限制。

3. 氯霉素类

氯霉素(chloramphenicols)是一类 1-苯基-2-氨基-1-丙醇的二乙酰胺衍生物,通常由氯霉素(CAP)、甲砜(氯)霉素(THA)、氟甲砜(氯)霉素(FLR)三种化合物组成,它们都具有共同的主链架,称为"苯醇类",其结构如下:

$$R_1 - C_6H_4 - \underset{\underset{HN-R_3}{|}}{\overset{\overset{OH}{|}}{CH}} - CH - CH_2 - R_2$$

结构式中 R_1、R_2、R_3 表示如下:

化合物名称	R_1	R_2	R_3	化合物名称	R_1	R_2	R_3
CAP	NO_2	OH	$COCHCl_2$	FLR	CH_3SO_2	F	$COCHCl_2$
THA	CH_3SO_2	OH	$COCHCl_2$				

由于氯霉素在用于治疗人类疾病时,可引起诸如再生障碍性贫血、再生不良性贫血症、粒性白细胞减少、舌炎、口腔炎等副作用,美国和加拿大立法规定不允许将氯霉素用于食用动物和鱼类养殖中。我国各相关部门也加强了对动物性食品中氯霉素类抗生素残留的检测。

4. 四环素类

四环素类(tetracyclines)抗生素包括金霉素、土霉素和四环素等,广泛用于食用动物和海洋生物的养殖中,起到促进生长、预防疾病及治疗某些疾病的作用。蜂蜜中含有自然生成的易被误认为是土霉素残留的抗生性物质,该物质造成本底相当于 0.25 μg/kg 的土霉素,这给四环素类在蜂蜜中的检验带来一定困扰。

5. 大环内酯类

大环内酯类(macrolides)抗生素是由联络一个或多个糖的多内酯环组成,呈弱碱性,几乎不溶于水,对革兰氏阳性菌及李斯特氏菌和支原体的某些菌株效果最好。红霉素(Er)和泰乐霉素(Ty)是最常用于食用性动物的大环内酯类抗菌素。红霉素用以控制几种食用动物中因易感细菌引起的感染,还可作为注射用药治疗牛呼吸道疾病(斑疹、伤寒和细菌性肺炎),治疗乳腺炎。红霉素的硫氰酸盐可添加在鸡和猪的饲料中以增加质量和提高饲养效率,可防止禽类的慢性呼吸道疾病。大环内酯类和林可酰胺类(lincosamides)药物对人体潜在的毒副作用同其他抗生素相似。

6. 磺胺类

磺胺类(sulfonamides)药物是磺胺的衍生物,这类药物在 N^1 位上存在取代基。磺胺类药物可分为三类:①用于全身感染的磺胺药(如磺胺嘧啶、磺胺甲基嘧啶、磺胺二甲嘧啶);②用于肠道感染内服难吸收的磺胺药;③用于局部的磺胺药(如磺胺乙酰)。磺胺类药物残留问题已有近 30 年时间,超标现象比其他任何兽药残留都严重。如果给猪内服 1%推荐剂量的氨苯磺胺,在休药期内也可造成肝脏中药物残留超标。牛奶和肉类中,致癌性的磺胺二甲基嘧啶给人类的健康带来了严重威胁。

12.3.2　抗生素残留快速检测技术

1. 氯化三苯四氮唑法(TTC)

1) 原理

当乳中加入嗜热链球菌后，如果乳中无抗生素，嗜热链球菌就会生长繁殖，在新陈代谢过程中进行生物氧化，其中脱出的氢与加在乳中无色的氧化型TTC结合成红色的还原型TTC，使乳变红色。相反，如果乳中存在抗生素，嗜热链球菌不能生长繁殖，没有氢释放，TTC不被还原，乳汁仍为无色。

2) 检测步骤

(1) 培养基和菌种。脱脂乳 113 ℃灭菌 20 min；4% 2, 3, 5-氯化三苯四氮唑水溶液(TTC试剂)：称取 2, 3, 5-氯化三苯四氮唑 1 g 于褐色瓶内，加 5 mL 灭菌蒸馏水，置于 7 ℃冰箱保存。临用时用灭菌蒸馏水稀释至 5 倍，如果溶液变为玉色或淡褐色，不能再用。嗜热乳酸链球菌菌种应注意传代，以保持活力。

(2) 操作步骤。将菌种移种脱脂乳，经(36±1)℃培养 15 h 后，以灭菌脱脂乳 1∶1 稀释待用。取检样 9 mL，置 15 mm×150 mm 试管内，80 ℃水浴加热 5 min 后冷至 37 ℃以下，加菌液 1 mL，(36±1)℃水浴培养 2 h，加 TTC 0.3 mL，(36±1)℃水浴培养 30 min，观察如为阳性，再于水浴中培养 30 min 做第二次观察。每份检样做两份，另做阴性和阳性对照各一份，阳性对照用无抗生素的乳 8 mL 加抗生素、菌液和 TTC，阴性对照管用无抗生素乳 9 mL 加菌液和 TTC，检测程序见图 12.1。

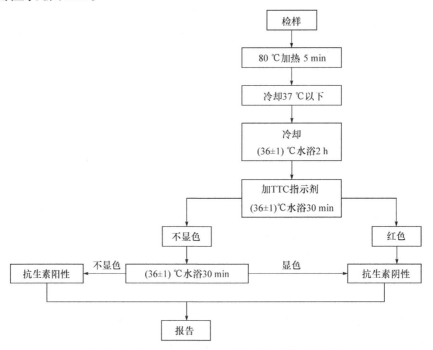

图 12.1　TTC 法检测牛奶中抗生素残留的检测程序

如果为阳性，继续培养 30 min 做第二次观察。观察要迅速，避免光照过久发生干扰。乳中有抗生素存在，因细菌的繁殖受抑制，指示剂 TTC 不还原，不显色。如果无抗生素，加入菌液即增殖，TTC 被还原显红色。即检样呈乳的原色时为阳性，呈红色为阴性，见表 12.5。

检测各种抗生素的灵敏度见表 12.6。

表 12.5　显色状态判断标准

显色状态	判断
未显色者	可疑
微红色者	可疑
桃红色至红色	阴性

表 12.6　检测各种抗生素的灵敏度　（单位：mg/kg）

抗生素	最低检出量	抗生素	最低检出量
青霉素	0.004g	庆大霉素	0.4
链霉素	0.5	卡那霉素	5

2. 传统微生物抑制试验法（MIT）

国际上公认并作为法定检测食品中抗生素残留的方法首推嗜热脂肪芽孢杆菌纸片法（paper disk method using bacillus sterarother-mophillus）。1977 年由 Kaufman 提出，利用 Difco 抗生素 4 号培养基接种嗜热脂肪芽孢杆菌芽孢，把接种培养基 6 mL 倒入各个 15 mm×100 mm 的培养皿中（平皿需于 7 天内使用），纸片直径 12.7 mm 浸渍奶样，放于琼脂上，把平皿于 64 ℃ 培养 2 h 或者 55 ℃培养 4 h。培养结束，用毫米游标尺测量抑菌圈直径，阳性结果以≥16 mm 为准，能检出牛奶中青霉素含量 0.005 μg/kg，本法可进行定量测定，1981 年由 FDA 认可，1982 年 1 月 1 日起为法定生效方法。此法优点如下：①用嗜热脂肪芽孢杆菌芽孢悬浮物代替藤黄八迭球菌过夜肉汤培养物做试验菌，因此性质更稳定，储存时间更长，可达 6～8 个月；②检测敏感度高，能检出牛奶中青霉素 G 含量为 5 μg/kg；③方法简便、快速、省钱，2～4 h 即可出现抑菌圈；④不仅能检测青霉素 G，还能检测其他多种常用抗生素，如氨苄青霉素，头孢菌素、邻氯青霉素和四环素等；⑤可作定量测定；⑥不受消毒剂干扰。

12.3.3　磺胺二甲基嘧啶快速测定（试剂盒筛选方法）

1. 原理

测定基础是抗原抗体反应。微孔板包被有针对兔 IgG（磺胺二甲基嘧啶抗体）的羊抗体。加入磺胺二甲基嘧啶抗体、磺胺二甲基嘧啶酶标记物、标准或样品溶液，游离磺胺二甲基嘧啶与磺胺二甲基嘧啶酶标记物竞争磺胺二甲基嘧啶抗体，同时磺胺二甲基嘧啶抗体与羊抗体连接。没有连接的酶标记物在洗涤时被除去，将酶基质（过氧化尿素）和发色剂（四甲基联苯胺）加到孔中并且孵育。结合的酶标记物将无色的发色剂转化为蓝色的产物，加入反应停止液后使颜色由蓝变为黄色。在 450 nm 处，吸光度与样品中的磺胺二甲基嘧啶浓度成反比。

2. 试剂

96 孔板（12 条×8 孔）包被有羊抗体；磺胺二甲基嘧啶过氧化物酶标记物浓缩液；四甲基联苯胺；磺胺二甲基嘧啶浓缩标准液（0 μg/kg、10 μg/kg、30 μg/kg、90 μg/kg、270 μg/kg、810 μg/kg）；磺胺二甲基嘧啶抗体浓缩液；含有过氧化尿素的酶基质；1 mol/L 硫酸反应停止液。

3. 样品处理

样品应于暗处冷藏保存。脂肪奶(在 10 ℃ 3000g 离心力离心 10 min 撇去脂肪)、牛奶样品均用缓冲液以 1+10 稀释(50 μL 牛奶+450 μL 稀释的缓冲液),使用前将缓冲液用蒸馏水稀释 20 倍。取 50 μL 进行测定。

肉及肾脏样品(定量):去除脂肪并粉碎,取 5 g 与 20 mL 乙腈-水溶液(86+16)混合 10 min;①15 ℃ 3000g 离心力离心 10 min;②3 mL 上清液与 3 mL 蒸馏水混合,加入 4.5 mL 乙酸乙酯混合 10 min;③15 ℃ 3000g 离心力离心 10 min;④将乙酸乙酯层转移至另一瓶中完全干燥,用 1.5 mL 稀释的缓冲液溶解干燥的残留物(用前将缓冲液用蒸馏水稀释 20 倍备用);⑤加入 1.5 mL 正己烷混合 5 min,以进一步去掉脂肪;⑥15 ℃ 3000g 离心力离心 10 min,完全除去正己烷相(上层);⑦取 50 μL 水相进行分析。

肉及肾脏样品(定性):①用新鲜或冷冻肉样(室温下解冻),用蒸馏水洗涤并用吸水纸吸干样品上的水;②称 1 g 去脂肪的肉样置小瓶中,加 10 mL 稀释的缓冲液(用前将缓冲液用蒸馏水稀释 20 倍备用);③13 500 r/min 均质 30 s,或混合 3~5 min;④室温 4000g 离心力离心 10 min;⑤移出上清液;⑥取 50 μL 上清液进行分析。(注意:2~8 ℃提取的上清液要在当天分析。上清液在-20 ℃可保存 90 天,分析前将样品回到室温。)

蜂蜜:①取 2 g 蜂蜜置离心管中,加 4 mL 双蒸水溶解;②加 4 mL 乙酸乙酯上下振荡 10 min;③室温 3000g 离心力离心 10 min;④移取 1 mL 上层乙酸乙酯(相当于 0.5 g 样品)至另一试管中,60 ℃氮气流下蒸干;⑤残留物用 0.5 mL 缓冲液溶解;⑥取 50 μL 进行分析。样品稀释倍数为 1,检测下限达到 1 μg/kg,定量下限为 3 μg/kg。

4. 测定

制备磺胺二甲基嘧啶标准应用液,取 50 μL 标准浓缩液用 450 μL 稀释的缓冲液稀释并混匀,浓度分别为 1 μg/L、31 μg/L、91 μg/L、271 μg/L、811 μg/L,用玻璃瓶保存。测定牛奶样时用稀释的缓冲液配制。将足够标准和样品所用数量的孔条插入微孔架,标准和样品做两个平行实验,记录下标准和样品的位置。加入 50 μL 稀释的酶标记物到微孔底部,再加 50 μL 标准或处理好的样品到各自的微孔中,标准和样品做两个平行实验。加 50 μL 稀释的抗体溶液到每一个微孔底部充分混合,室温孵育 2 h,覆盖上薄膜(防止蒸发)。

倒出孔中的液体,将微孔架倒置在吸水纸上拍打(每行拍打 3 次)以保证完全除去孔中的液体。用 250 μL 蒸馏水充入孔中,再次倒掉微孔中液体,重复操作两次。加 50 μL 基质和 50 μL 发色试剂到微孔中,充分混合并在室温暗处孵育 30 min;加 100 μL 反应停止液到微孔中,混匀在 450 nm 处测吸光度(以空气为空白),必须在加入停止液后 60 min 内读吸光度。定性分析单孔实验即可。

所获得的标准和样品吸光度均值除以第一个标准(0 标准)的吸光度再乘以 100。因此 0 标准等于 100%并且以百分比给出吸光度。

[标准的吸光度(或样品)/0 标准的吸光度]×100=吸光度(%)

计算的标准值绘成一个对应磺胺二甲基嘧啶浓度(μg/kg)的半对数坐标系统曲线图,相对应每一个样品的浓度(μg/kg)可以从校正曲线上读出。

注意事项与说明:为获得样品中的磺胺二甲基嘧啶的实际浓度(μg/kg),从校正曲线上读出的浓度值必须乘以相对应的稀释系数。样品处理过程按上述进行时,稀释系数为牛奶样品

10、肉类样品 2、血清样品 4、蜂蜜样品 1。RIDASCREEN 磺胺二甲基嘧啶试剂盒的平均检测下限约为 1 μg/kg。

12.3.4 盐酸克伦特罗快速测定

盐酸克伦特罗(clenbuterol)，俗称"瘦肉精"，又称 β-兴奋剂，是一种高选择性的兴奋剂和激素，常用 HPLC 或 GC-MS 检测，但前处理步骤烦琐且费用昂贵。盐酸克伦特罗测定试剂盒实验是一种有用的筛选方法，可检测尿、肌肉、肝脏中的盐酸克伦特罗残留。但仲裁方法还是 HPLC 或 GC-MS 法。我国国家标准 GB/T 5009.192—2003 中的第一方法为气相色谱-质谱法(GC-MS)，现以德国 r-BiopHarm 公司的产品 RIDASCREEN Clenbuterol Fast 试剂盒为例介绍。

1. 原理

微孔板包被有针对兔 IgG(盐酸克伦特罗抗体)的羊抗体。加入盐酸克伦特罗抗体，经过孵育及洗涤步骤后，加入盐酸克伦特罗酶标记物标准或样品溶液。盐酸克伦特罗与盐酸克伦特罗酶标记物竞争盐酸克伦特罗抗体，没有连接的盐酸克伦特罗酶标记物在洗涤步骤中被除去。将酶基质(过氧化尿素)和发色剂(四甲基联苯胺)加入到孔中并且孵育。结合的酶标记物将无色的发色剂转化为蓝色产物。加反应停止液后颜色由蓝变为黄色。450 nm 处测定的吸光度与样品中的盐酸克伦特罗浓度成反比。

2. 试剂

包被有兔 IgG 抗体的 96 孔板(12 条×8 孔)；盐酸克伦特罗标准水溶液；盐酸克伦特罗过氧化物酶标记物浓缩液；盐酸克伦特罗抗体浓缩液；含有过氧化尿素的酶基质；四甲基联苯胺发色剂；1 mol/L 硫酸反应停止液。

3. 样品处理

对带有低脂肪的肝、肉或组织，按下面步骤处理：①5 g 粉碎样与 25 mL 50 mmol/L HCl 混合，振荡 1.5 h 均质；②称 6 g 均质物(约 1 g 肝脏)于离心瓶中，4000g 离心力或更高的转速离心 15 min，10~15 ℃(重要)转移上清液到另一离心瓶中，加 300 μL 1 mol/L NaOH 混 15 min；③加 4 mL 500 mmol/L 磷酸二氢钾缓冲液(pH=3.0)，混合并在 4 ℃保存至少 1.5 h 或过夜(重要)；④4000g 离心力或更高的转速离心 15 min，10~15 ℃(重要)分离全部上清液，使其升至室温(20~24 ℃)后用 RIDA C18 柱纯化。

对肉和组织样品：①5 g 粉碎样与 25 mL 50 mmol/L Tris 缓冲液(pH=8.5)混合，振荡 0.5 h 均质；②加 15 mL 庚烷(n-heptane)振荡 5 min 除去脂肪，10~15 ℃，4000g 离心力或更高的速度离心 5 min；③用巴斯德吸管除去上面的庚烷层及中间薄的脂肪层，再用 15 mL 庚烷 (n-heptane)重复以上步骤；④向均质的肉液中加 0.5 mL 6 mol/L HCl，振荡 1 h；⑤称 6 g 均质物(约 1 g 肝脏)于离心瓶中离心 15 min，4000g 离心力或更高的转速，在 10~15 ℃(非常重要)分离全部上清液(应该是清亮的)，使其升至室温(20~24 ℃)后，用 RIDA C18 柱纯化。

如果进行半定量分析，可选择试剂盒中的一个标准作为临界标准值(建议选浓度为 900 ng/g 标准液)，结合 RIDASCREEN Clenbuterol Fast 直接测定，目测颜色，较标准孔颜色浅为阳性，反之则为阴性。如果进行定量分析，必须考虑将样品中可能含有盐酸克伦特罗的浓度用双蒸水稀释至试剂盒可测定范围之内，再用试剂盒进行分析。

如果希望提高测定的灵敏度可以减少稀释倍数。如果样品中盐酸克伦特罗浓度超出试剂盒的测定范围，测定前酌情增加稀释倍数。

4. RIDA C18 柱纯化

所有试剂和样品处理必须在室温条件下(20～24 ℃)严格控制过柱时的流速(非常关键)。用 3 mL 甲醇(100%)洗涤柱子，流速为 1 滴/s。用 2 mL 洗涤液洗涤柱子(50 mmol/L 磷酸二氢钾缓冲液 pH=3.0)。样品进柱(肝、肉或组织上清液)，用 2 mL 洗涤液洗涤柱子(50 mmol/L 磷酸二氢钾缓冲液 pH=3.0)。用正压去除残留的流体并且用空气或氮气吹 2 min 干燥柱子。用 1 mL 甲醇(100%)洗脱样品，流速为 15 滴/min。在 50～60 ℃并且在弱空气或氮气流下完全蒸发溶剂。用 1 mL 蒸馏水溶解干燥的残留物，取 20 μL 进行分析。

5. 测定

室温 20～24 ℃条件下操作。将足够标准和样品所用数量的孔条插入微孔架，标准和样品做两个平行实验，记录下标准和样品的位置。加入 100 μL 稀释后的抗体溶液到每一个微孔中底部，在室温孵育 15 min。

倒出孔中的液体，将微孔架倒置在吸水纸上拍打(每行拍打 3 次)以保证完全除去孔中的液体；用 250 μL 蒸馏水充入孔中，再次倒掉微孔中液体，重复操作两遍。加 20 μL 标准或处理好的样品到各自的微孔中，标准和样品做两个平行实验。加 100 μL 稀释的酶标记物到微孔底部，室温孵育 30 min。倒出孔中的液体，将微孔架倒置在吸水纸上拍打(每行拍打 3 次)以保证完全除去孔中的液体。用 250 μL 蒸馏水充入孔中，再次倒掉微孔中液体，重复操作两次。加 50 μL 基质和 50 μL 发色试剂到微孔中，充分混合并在室温暗处孵育 15 min。加 100 μL 反应停止液到微孔中混匀，在 450 nm 处测定吸光度(以空气为空白)，必须在加入停止液后 60 min 内读取光度值。

所获得的标准和样品吸光度均值除以第一个标准(0 标准)的吸光度再乘以 100，因此 0 标准等于 100%并且以百分比的形式给出相对吸光度。

相对吸光度值(%)= [标准(或样品)的吸光度/0 标准的吸光度]×100

计算的标准值绘成一个对应盐酸克伦特罗浓度(ng/kg)的半对数坐标系统曲线图，校正曲线在 200～2000 ng/kg 内应为线性，对应每个样品的浓度(ng/kg)可从校正曲线上读出。RIDASCREEN Clenbuterol Fast 试剂盒的平均检测下限约为 100 ng/kg。

12.4　霉菌毒素残留分析

12.4.1　概述

真菌毒素(mycotoxin)，也称霉菌毒素，是某些真菌产生的代谢产物，目前已发现产毒真菌多为曲霉属、青霉属和镰刀菌属三类，所产真菌毒素有 200 多种，它们包括黄曲霉毒素、赭曲霉毒素、伏马霉素、脱氧雪腐镰刀菌烯酮(也称为呕吐毒素)、玉米赤霉烯酮、麦角碱、杂色曲霉素、黄米毒素、岛青霉素、展青霉毒素(棒曲霉素)、橘青霉素、黄绿青霉素、红天精、黄绿素和 F-2 毒素等。

真菌毒素快速检测方法主要有生物化学方法(如亲和色谱法)和酶联免疫吸附测定法。真菌毒素分析属于痕量分析,仲裁时必须通过气相或液相色谱法进行准确定量。

12.4.2　样品的采集

对于霉菌毒素检测,最大困难是采集具有代表性的被霉菌毒素污染的样品,尤其是用食品体系中霉菌毒素来检测食品安全性时,因为真菌毒素在总体中的分布不能假定为正态分布,这样的分布需综合许多随机选择的样品才能得到真菌毒素密度的合理评价。此时,采样的方式及颗粒细化前的粉碎、混合要比化学分析本身更重要。

操作步骤:从受污染区取样测定霉菌或霉菌毒素污染,必须采集大量样品并取那些最可能受污染区域的样品。可以采取在装卸时取样、用取样器从仓库、进料车直接取样、注意观察选对采样点、多次多点采样、做好采样记录、留足分析样品等方式进行采样。对每批谷物或饲料从不同位置采样 10 份,每份不少于 0.45 kg。样品必须全部通过 0.84 mm 孔筛。使用沉降分离器或类似仪器来筛选小量样品,用于分析。如果使用采集器收集样品,则必须将各批号样品混合,以便混合成一个具有代表全部批号的样品。

12.4.3　真菌毒素的快速分析方法

1. 亲和色谱法

1)原理

亲和色谱法(affinity chromatography)是利用生物分子间所具有的专一亲和力而设计的层析分离技术。先将载体在碱性条件下用溴化氰(CNBr)活化,再用化学法将能与生物分子进行可逆性结合的物质(配基)结合到活化固相载体上,此过程称为偶联反应。将偶联反应得到的亲和吸附剂装入层析柱中就成为亲和柱,试液通过亲和柱时,生物大分子和亲和柱中的配基结合而被吸附在亲和吸附剂表面,而其他没有特异结合的杂蛋白可通过清洗而流出。再用适当方法使这些生物大分子与配基分离而被洗脱下来,达到分离、纯化的目的。在真菌毒素快速分析中,作为配基的通常是真菌毒素的单克隆抗体,将其制备成亲和柱用来分离、净化、浓缩样品中的真菌毒素。

2)载体的选择

用于亲和色谱法的理想载体应具有如下特点:非特异性吸附要尽可能小、具有多孔的网状结构、有足够的化学基团在温和条件下与大量的配基连接、有良好的化学性能、化学和机械稳定性强、高度亲水。亲和色谱法常用的载体有纤维素、琼脂糖凝胶、聚丙烯酰胺凝胶及聚乙烯凝胶等。

配基的选择:纯化生物大分子的配基可选小的有机分子,也可选理想的天然生物高分子,它必须对欲纯化的大分子具有很高的亲和力。另外这些配基必须具备可修饰的基团,且通过这些基团与载体形成共价键。这些共价键的形成不至于严重地影响配基与欲纯化蛋白质的亲和力。用于亲和层析的配基有酶的底物、酶的辅助因子以及抗体(或抗原)等。

3)配基与载体的结合

配基要结合到载体上,先要活化载体上的功能基团,再将配基连接到活化基团上。此偶联反应必须在温和条件下进行,不使配基和载体遭到破坏;且偶联后要反复洗涤载体,以除去残存的未偶联配基,还要测定偶联配基的量。

4）亲和色谱法条件的选择

亲和色谱法一般采用柱层析法，要达到好的分离效果，必须选择好操作条件。

（1）吸附。亲和柱所用的平衡缓冲液的组成、pH 和离子强度都应选择最有利于配基与生物大分子形成复合物。

（2）洗涤。样品上柱后，用大量平衡缓冲液连续洗去无亲和力的杂蛋白，层析色谱上出现第一个蛋白峰和其他杂质峰。除了用平衡缓冲液，经常还用各种不同的缓冲液或有机溶剂洗涤，这样可以进一步除去非专一性吸附的杂质，在柱上只保留下专一性的亲和物。

（3）洗脱。洗脱所选取的条件应能减弱亲和对象与吸附剂间的相互作用，使复合物完全解离。

（4）再生。当洗脱结束后，需用大量洗脱剂彻底洗涤亲和柱，后用平衡缓冲液使亲和柱充分平衡，亲和柱上可再加试样，反复进行亲和层析。

2. 酶联免疫吸附测定法

免疫酶技术是将酶标记在抗体/抗原分子上，形成酶标抗体/酶标抗原，称为酶结合物。在抗原与抗体反应形成复合物后，该酶结合物的酶作用于加入的底物使之呈色，根据颜色的深浅，定性或定量抗体/抗原。酶联免疫吸附测定法（enzyme linked immunosorbent assay，ELISA）是免疫酶技术的一种。其特点是利用聚苯乙烯微量反应板（或球）吸附抗原/抗体，使之固相化。免疫反应和酶促反应在其中进行。无论是免疫反应，还是酶促反应，每次反应后都要反复洗涤，这既保证反应的定量关系，也免除了未反应的游离抗体/抗原的分离步骤。ELISA 法中酶促反应只进行一次，而抗原、抗体的免疫反应可进行一次或数次，可用二抗（抗抗体）、三抗再次进行免疫反应，便于根据需要自行设计实验。所需酶标抗体、酶标抗抗体已试剂化出售，便于各种 ELISA 测定。

1）几种常用的 ELISA 测定法

（1）测定抗体的间接法。首先将已知定量抗原吸附在聚苯乙烯微量反应板的凹孔内，加待测抗体（如需筛选的杂交瘤细胞株的组织培养上清液）；保温后洗涤以除去未结合的杂蛋白质，加酶标抗抗体；保温后洗涤，加底物保温 30 min 后，加酸或碱中止酶促反应，用目测或光电比色测定抗体含量。

（2）测定抗原的双抗体夹心法。先将抗原免疫第一种动物获得的特异抗体的免疫球蛋白吸附在反应板凹孔内，洗去未吸附的抗体，加入含有抗原的待测溶液，保温形成抗原-抗体复合物，洗去杂蛋白后再加抗原免疫第二种动物获得的特异抗体。由于抗原是多价的并未被抗体饱和，经保温可形成抗体-抗原-抗体复合物，洗涤后加酶标抗抗体（抗第二种动物抗体的抗体），保温洗涤后加底物呈色，终止酶活性，比色测定抗原量。由于该法要求抗原是多价的，因此不能用来测定半抗原或低于二价的小分子抗原。

（3）测定抗原的竞争法。将含有特异抗体的免疫球蛋白吸附在两份相同的载体甲和乙中，然后在甲中加入酶标抗原和待测抗原，乙中只加酶标抗原，其浓度相当于甲中加入的酶标抗原的浓度，保温洗涤后加底物呈色。待测液中未知抗原量越多，则酶标抗原被结合的量就越少，有色产物就越少，以此便可测出未知抗原的量，即等于甲与乙底物降解量的差值。

2）特点

用 ELISA 法检测半抗原时，不能被聚苯乙烯反应板吸附，因此不能直接进行检测。目前常用的方法是用半抗原-载体蛋白结合物的形式包被。例如，将半抗原与牛血清蛋白偶联产物免疫动物制备半抗原的抗血清或单克隆抗体，再用半抗原与卵清蛋白偶联产物进行包被和检测。但这种方法制备的包被抗原重复性不好，在储存中不稳定，且易与抗血清发生交叉反应。总之，用 ELISA 法测定半抗原是很困难的。

在提高 ELISA 法的灵敏度方面，可采用预先将抗体、酶标抗抗体混合，使之充分结合后，再加入包被抗原中。也有的采用多种酶的放大系统，如采用形成酶 1-抗体-抗原-酶 2 复合物的两种酶的级联放大系统，使灵敏度大大提高。

目前，ELISA 法测定技术与其他技术结合已发展为专门的分析方法；ELISA 法可检测范围在 ng 至 pg 水平，属于超微量分析技术。显然它对试剂、蒸馏水、微孔板及实验各步骤的反应条件和操作，都有严格要求。

12.4.4　黄曲霉毒素分析

1. 概述

黄曲霉毒素是一组化学结构类似的化合物，已分离鉴定出 12 种，包括 B_1、B_2、G_1、G_2、M_1、M_2、P_1、Q、H_1、GM、B_{2a} 和毒醇。其基本结构为二呋喃环和香豆素，相对分子质量为 312～346。在紫外线下，黄曲霉毒素 B_1、B_2 发蓝色荧光，黄曲霉毒素 G_1、G_2 发绿色荧光。黄曲霉毒素 M_1 是黄曲霉毒素 B_1 在体内经过羟化而衍生成的代谢产物。黄曲霉毒素难溶于水，易溶于油、甲醇、丙酮和氯仿等有机溶剂，但不溶于石油醚、己烷和乙醚中。一般在中性及酸性溶液中较稳定，在碱性溶液中稍有分解，在 pH=9～10 的强碱溶液中分解迅速。其纯品为无色结晶，耐高温，黄曲霉毒素 B_1 的分解温度为 268 ℃，紫外线对低浓度黄曲霉毒素有一定的破坏性。

黄曲霉毒素是一种毒性极强的剧毒物质和 Ⅰ 类致癌物，对人及动物肝脏组织有破坏作用，严重时可导致肝癌甚至死亡。天然污染的食品中以黄曲霉毒素 B_1 最为多见，其毒性和致癌性也最强。食品中黄曲霉毒素最高允许浓度为 15 μg/kg，各国及地区对花生及其制品中黄曲霉毒素的最高允许含量略有不同。

黄曲霉毒素常存在于土壤、动植物、花生、核桃等各种坚果中。大豆、稻谷、玉米、通心粉、调味品、牛奶、奶制品中也常发现黄曲霉毒素。在热带和亚热带地区，食品中黄曲霉毒素的检出率较高。我国产生黄曲霉毒素的产毒菌种主要为黄曲霉，我国总的分布情况为：华中、华南、华北产毒株多，产毒量也大；东北、西北地区较少。

2. 测定方法

食品安全国家标准 GB 5009.24—2016《食品中黄曲霉毒素 M 族的测定》规定了食品中黄曲霉毒素 M_1 和黄曲霉毒素 M_2（以下简称 AFT M_1 和 AFT M_2）的测定方法。

第一法为同位素稀释液相色谱-串联质谱法，适用于乳、乳制品和含乳特殊膳食用食品中 AFT M_1 和 AFT M_2 的测定。第二法为高效液相色谱法，适用范围同第一法。第三法为酶联免疫吸附筛查法，适用于乳、乳制品和含乳特殊膳食用食品中 AFT M_1 的筛查测定。下面介绍第一法：同位素稀释液相色谱-串联质谱法。

1）原理

试样中的黄曲霉毒素 M_1 和黄曲霉毒素 M_2 用甲醇-水溶液提取，上清液用水或磷酸盐缓冲液稀释后，经免疫亲和柱净化和富集，净化液浓缩、定容和过滤后经液相色谱分离，串联质谱检测，同位素内标法定量。

2）试剂

乙腈（CH_3CN）：色谱纯；甲醇：色谱纯；乙酸铵；氯化钠；磷酸氢二钠；磷酸二氢钾；氯化钾；盐酸；石油醚（C_nH_{2n+2}）：沸程为30～60 ℃。

除非另有说明，本法所用试剂均为分析纯，水为GB/T 6682规定的一级水。

乙酸铵溶液（5 mmol/L）：称取0.39 g乙酸铵，溶于1000 mL水中，混匀；乙腈-水溶液（25+75）：量取250 mL乙腈加入750 mL水中，混匀；乙腈-甲醇溶液（50+50）：量取500 mL乙腈加入500 mL甲醇中，混匀；磷酸盐缓冲溶液（以下简称PBS）：称取8.00 g氯化钠、1.20 g磷酸氢二钠（或2.92 g十二水磷酸氢二钠）、0.20 g磷酸二氢钾、0.20 g氯化钾，用90 mL水溶解后，用盐酸调节pH至7.4，再加水至1000 mL。

AFT M_1标准品（$C_{17}H_{12}O_7$，CAS：6795-23-9）：纯度≥98%，或经国家认证并授予标准物质证书的标准物质；AFT M_2标准品（$C_{17}H_{14}O_7$，CAS：6885-57-0）：纯度≥98%，或经国家认证并授予标准物质证书的标准物质；$_{13}C_{17}$-AFT M_1同位素溶液（$C_{17}H_{14}O_7$）：0.5 μg/mL。

10 μg/mL标准储备溶液：分别称取AFT M_1和AFT M_2 1 mg（精确至0.01 mg），分别用乙腈溶解并定容至100 mL。将溶液转移至棕色试剂瓶中，在–20 ℃下避光密封保存。临用前进行浓度校准。

1.0 μg/mL混合标准储备溶液：分别准确吸取10 μg/mL AFT M_1和AFT M_2标准储备液1.00 mL于同一10 mL容量瓶中，加乙腈稀释至刻度，得到1.0 μg/mL的混合标准溶液。此溶液密封后避光4 ℃保存，有效期3个月。

100 ng/mL混合标准工作液：准确吸取混合标准储备溶液（1.0 μg/mL）1.00 mL至10 mL容量瓶中，乙腈定容。此溶液密封后避光4 ℃下保存，有效期3个月。

50 ng/mL同位素内标工作液1（$^{13}C_{17}$-AFT M_1）：取AFTM$_1$同位素内标（0.5 μg/mL）1 mL，用乙腈稀释至10 mL。在–20 ℃下保存，供测定液体样品时使用。有效期3个月。

5 ng/mL同位素内标工作液2（$^{13}C_{17}$-AFT M_1）：取AFTM$_1$同位素内标（0.5 μg/mL）100 μL，用乙腈稀释至10 mL。在–20 ℃下保存，供测定固体样品时使用。有效期3个月。

标准系列工作溶液：分别准确吸取标准工作液5 μL、10 μL、50 μL、100 μL、200 μL、500 μL至10 mL容量瓶中，加入100 μL 50 ng/mL的同位素内标工作液，用初始流动相定容至刻度，配制AFT M_1和AFT M_2的浓度均为0.05 ng/mL、0.1 ng/mL、0.5 ng/mL、1.0 ng/mL、2.0 ng/mL、5.0 ng/mL的系列标准溶液。

3）仪器和设备

天平：感量0.01 g、0.001 g和0.000 01 g；水浴锅：温控（50±2）℃；涡旋混合器；超声波清洗器；离心机：≥6000 r/min；旋转蒸发仪；固相萃取装置（带真空泵）；氮吹仪；液相色谱-串联质谱仪：带电喷雾离子源；圆孔筛：1～2 mm孔径；玻璃纤维滤纸：快速，高载量，液体中颗粒保留1.6 μm；一次性微孔滤头：带0.22 μm微孔滤膜（所选用滤膜应采用标准溶液检验确认无吸附现象，方可使用）；免疫亲和柱：柱容量≥100 ng。

注：对于每个批次的亲和柱在使用前需进行质量验证。

4）分析步骤

使用不同厂商的免疫亲和柱，在样品的上样、淋洗和洗脱的操作方面可能略有不同，应该按照供应商所提供的操作说明书要求进行操作。

注意：整个分析操作过程应在指定区域内进行。该区域应避光(直射阳光)，具备相对独立的操作台和废弃物存放装置。在整个实验过程中，操作者应按照接触剧毒物的要求采取相应的保护措施。

(1)样品提取。液态乳、酸奶：称取 4 g 混合均匀的试样(精确到 0.001 g)于 50 mL 离心管中，加入 100 μL $^{13}C_{17}$-AFT M_1 内标溶液(5 ng/mL)振荡混匀后静置 30 min，加入 10 mL 甲醇，涡旋 3 min。置于 4 ℃、6000 r/min 条件下离心 10 min 或经玻璃纤维滤纸过滤，将适量上清液或滤液转移至烧杯中，加 40 mL 水或 PBS 稀释，备用。

乳粉、特殊膳食用食品：称取 1 g 样品(精确到 0.001 g)于 5 mL 离心管中，加入 100 μL $^{13}C_{17}$-AFT M_1 内标溶液(5 ng/mL)振荡混匀后静置 30 min，加入 4 mL 50 ℃热水，涡旋混匀。如果乳粉不能完全溶解，将离心管置于 50 ℃的水浴中，将乳粉完全溶解后取出。待样液冷却至 20 ℃后，加入 10 mL 甲醇，涡旋 3 min。置于 4 ℃、6000 r/min 下离心 10 min 或经玻璃纤维滤纸过滤，将适量上清液或滤液转移至烧杯中，加 40 mL 水或 PBS 稀释，备用。

奶油：称取 1 g 样品(精确到 0.001 g)于 5 mL 离心管中，加入 100 μL $^{13}C_{17}$-AFT M_1 内标溶液(5 ng/mL)振荡混匀后静置 30 min，加入 8 mL 石油醚，待奶油溶解，再加 9 mL 水和 11 mL 甲醇，振荡 30 min，将全部液体移至分液漏斗中。加入 0.3 g 氯化钠充分摇动溶解，静置分层后，将下层移到圆底烧瓶中，旋转蒸发至 10 mL 以下，用 PBS 稀释至 30 mL。

奶酪：称取 1 g 已切细、过孔径 1～2 mm 圆孔筛混匀样品(精确到 0.001 g)于 5 mL 离心管中，加 100 μL $^{13}C_{17}$-AFT M_1 内标溶液(5 ng/mL)振荡混匀后静置 30 min，加入 1 mL 水和 18 mL 甲醇，振荡 30 min，置于 4 ℃、6000 r/min 下离心 10 min 或经玻璃纤维滤纸过滤，将适量上清液或滤液转移至圆底烧瓶中，旋转蒸发至 2 mL 以下，用 PBS 稀释至 30 mL。

(2)免疫亲和柱的准备。将低温下保存的免疫亲和柱恢复至室温。

(3)净化。免疫亲和柱内的液体放弃后，将上述样液移至 50 mL 注射器筒，调节下滴流速为 1～3 mL/min。待样液滴完后，往注射器筒内加入 10 mL 水稳定流速淋洗免疫亲和柱。待水滴完后，用真空泵抽干亲和柱。脱离真空系统，在亲和柱下放置 10 mL 刻度试管，取下 50 mL 的注射器筒，加入 2×2 mL 乙腈(或甲醇)洗脱亲和柱，控 1～3 mL/min 下滴速度，用真空泵抽干亲和柱，收集全部洗脱液至刻度试管中。在 50 ℃下氮气缓缓地将洗脱液吹至近干，用初始流动相定容至 1.0 mL，涡旋 30 s 溶解残留物，0.22 μm 滤膜过滤，收集滤液于进样瓶中以备进样。

注：全自动(在线)或半自动(离线)的固相萃取仪器可优化操作参数后使用。为防止黄曲霉毒素 M 破坏，相关操作在避光(直射阳光)条件下进行。

(4)液相色谱参考条件。①液相色谱柱：C18 柱(柱长 100 mm，柱内径 2.1 mm，填料粒径 1.7 μm)，或相当者；②色谱柱柱温：40 ℃；③流动相：A 相，5 mmol/L 乙酸铵水溶液；B 相，乙腈-甲醇(50+50)；④流速：0.3 mL/min；⑤进样体积：10 μL。梯度洗脱：参见表 12.7。

表 12.7　液相色谱梯度洗脱条件

时间/min	流动相 A/%	流动相 B/%	梯度变化曲线
0.0	68.0	32.0	—
0.5	68.0	32.0	1
4.2	55.0	45.0	6
5.0	0.0	100.0	6

续表

时间/min	流动相 A/%	流动相 B/%	梯度变化曲线
5.7	0.0	100.0	1
6.0	68.0	32.0	6

质谱参考条件：①检测方式：多离子反应监测（MRM）；②离子源控制条件：参见表 12.8；③离子选择参数：见表 12.9。

表 12.8　离子源控制条件

电离方式	ESI+
毛细管电压/kV	17.5
锥孔电压/V	45
射频透镜 1 电压/V	12.5
射频透镜 2 电压/V	12.5
离子源温度/℃	120
锥孔反吹气流量/(L/h)	50
脱溶剂气温度/℃	350
脱溶剂气流量/(L/h)	500
电子倍增电压/V	650

表 12.9　质谱条件参数

化合物名称	母离子(m/z)	定量子离子(m/z)	碰撞能量/eV	定性子离子(m/z)	碰撞能量/eV	离子化方式
AFT M_1	329	273	23	259	23	ESI+
^{13}C-AFT M_1	346	317	23	288	24	ESI+
AFT M_2	331	275	23	261	22	ESI+

(5)定性测定。试样中目标化合物色谱峰的保留时间与相应标准色谱峰的保留时间相比较，变化范围应在±2.5%之内。每种化合物的质谱定性离子必须出现，至少应包括一个母离子和两个子离子，而且同一检测批次，同一化合物，样品中目标化合物的两个子离子的相对丰度比与浓度相当的标准溶液相比，其允许偏差不超过表 12.10 规定的范围。

表 12.10　定性时相对离子丰度的最大允许偏差

相对离子丰度/%	>50	20～50	10～20	≤10
允许相对偏差/%	±20	±25	±30	±50

(6)标准曲线的制作。在液相色谱-串联质谱仪分析条件下，将标准系列溶液由低到高浓度进样检测，以 AFT M_1 和 AFT M_2 色谱峰与内标色谱峰 ^{13}C$_{17}$-AFT M_1 的峰面积比值-浓度作图，得到标准曲线回归方程，其线性相关系数应大于 0.99。

(7)试样溶液的测定：取处理得到的待测溶液进样，内标法计算待测液中目标物质的质量浓度，按式(12.6)计算样品中待测物的含量。同时做空白实验。应确认不含有干扰待测组分的物质。

试样中 AFT M_1 或 AFT M_2 的残留量按式(12.6)计算：

$$w = \frac{\rho \times V \times f \times 1000}{m \times 1000} \tag{12.6}$$

式中，w 为试样中 AFT M_1 或 AFT M_2 的质量分数，µg/kg；ρ 为进样溶液中 AFT M_1 或 AFT M_2 按照内标法在标准曲线中对应的质量浓度，ng/mL；V 为样品经免疫亲和柱净化洗脱后的最终定容体积，mL；f 为样液稀释因子；1000 为换算系数；m 为试样的称样量，g。

　　计算结果保留三位有效数字；重复性条件下两次平行测定结果的绝对差值不得超过算术平均值的 20%。

　　称取液态乳、酸奶 4 g 时，本方法 AFT M_1 检出限为 0.005 µg/kg，AFT M_2 检出限为 0.005 µg/kg，AFT M_1 定量限为 0.015 µg/kg，AFT M_2 定量限为 0.015 µg/kg。称取乳粉、特殊膳食用食品、奶油和奶酪 1 g 时，本方法 AFT M_1 检出限为 0.02 µg/kg，AFT M_2 检出限为 0.02 µg/kg，AFT M_1 定量限为 0.05 µg/kg，AFT M_2 定量限为 0.05 µg/kg。AFT M_1、AFT M_2 的离子扫描图和液相色谱图分别参见图 12.2～图 12.4。

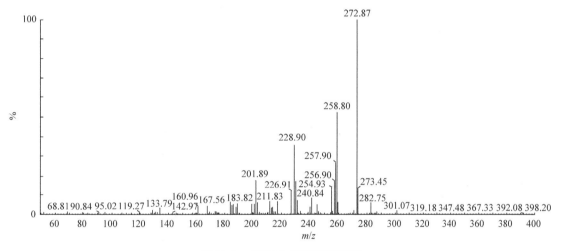

图 12.2　AFT M_1 的离子扫描图

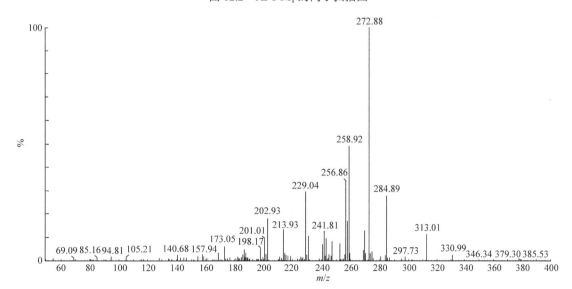

图 12.3　AFT M_2 的离子扫描图

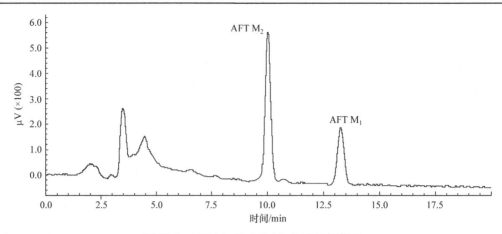

图 12.4　AFT M_1 和 AFT M_2 的液相色谱图

食品安全国家标准 GB 5009.22—2016《食品中黄曲霉毒素 B 族和 G 族的测定》，规定了食品中黄曲霉毒素 B_1、黄曲霉毒素 B_2、黄曲霉毒素 G_1、黄曲霉毒素 G_2（以下简称 AFT B_1、AFT B_2、AFT G_1 和 AFT G_2）的测定方法。标准第一法也为同位素稀释液相色谱-串联质谱法，适用于谷物及其制品、豆类及其制品、坚果及籽类、油脂及其制品、调味品、婴幼儿配方食品和婴幼儿辅助食品中 AFT B_1、AFT B_2、AFT G_1 和 AFT G_2 的测定。第二法为高效液相色谱-柱前衍生法，适用于谷物及其制品、豆类及其制品、坚果及籽类、油脂及其制品、调味品、婴幼儿配方食品和婴幼儿辅助食品中 AFT B_1、AFT B_2、AFT G_1 和 AFT G_2 的测定。第三法为高效液相色谱-柱后衍生法，适用于谷物及其制品、豆类及其制品、坚果及籽类、油脂及其制品、调味品、婴幼儿配方食品和婴幼儿辅助食品中 AFT B_1、AFT B_2、AFT G_1 和 AFT G_2 的测定。第四法为酶联免疫吸附筛查法，适用于谷物及其制品、豆类及其制品、坚果及籽类、油脂及其制品、调味品、婴幼儿配方食品和婴幼儿辅助食品中 AFT B_1 的测定。第五法为薄层色谱法，适用于谷物及其制品、豆类及其制品、坚果及籽类、油脂及其制品、调味品中 AFT B_1 的测定。

黄曲霉毒素分析的其他具体问题，请参阅食品安全国家标准 GB 5009.22—2016 和 GB 5009.24—2016。

12.4.5　赭曲霉毒素分析

1. 概述

赭曲霉毒素是赭色曲霉属和几种青霉属真菌产生的一种毒素，包括 A、B、C 等 7 种结构类似的化合物，其中以赭曲毒素 A 毒性最大。赭曲毒素 A 是稳定的无色结晶体，溶于极性溶剂和稀碳酸氢钠溶液，微溶于水。将赭曲毒素 A 的乙醇溶液储于冰箱中一年以上也无损失，但如果接触紫外线，几天就会分解，应避光保存。该毒素可损害动物的肾脏及肝脏，有致畸和致癌作用，并与人类的巴尔干肾病有关。国际癌症研究机构 IARC 将其定为 2B 类致癌物。2001 年 3 月在荷兰举行的关于食品添加剂和污染物的第 33 次 Codex 会议上，提议赭曲毒素 A 在小麦、大麦、黑麦及其他制品中的含量不得超过 5 μg/kg。

产生赭曲毒素 A 的曲霉属主要是淡褐色曲霉属(A. *alutaceus*)，硫黄色曲霉属(A. *Sulphureus*)，菌核(A. *sclerotium*)和蜂蜜味曲霉属(A. *melleus*)也能产生赭曲毒素 A，但它们在食品和饲料中比较少见，曲霉属产生赭曲毒素 A 的条件是中温、寒冷气候。青霉属产生赭曲毒素 A 的地区主要是亚热带，一般容易感染赭曲毒素 A 的商品包括大豆、绿豆、绿咖啡豆、酒、啤酒、葡萄汁、调味品、草本植物、猪肾等。

2. 测定方法

测定赭曲霉毒素的方法有薄层色谱法、HPLC、酶联吸附免疫法、免疫亲和柱-HPLC 法等。食品安全国家标准 GB 5009.96—2016 食品中赭曲霉毒素 A 的测定，第一法适用于谷物、油料及其制品、酒类、酱油、醋、酱及酱制品、葡萄干、胡椒粒/粉中赭曲霉毒素 A 的测定；第二法适用于玉米、稻谷(糙米)、小麦、小麦粉、大豆、咖啡、葡萄酒中赭曲霉毒素 A 的测定；第三法适用于玉米、小麦等粮食产品、辣椒及其制品等、啤酒等酒类、酱油等产品、生咖啡、熟咖啡中赭曲霉毒素 A 的测定；第四法适用于玉米、小麦、大麦、大米、大豆及其制品中赭曲霉毒素 A 的测定；第五法适用于小麦、玉米、大豆中赭曲霉毒素 A 的测定。

下面介绍第一法免疫亲和层析净化液相色谱法 (GB 5009.96—2016)。

1) 原理

用提取液提取试样中的赭曲霉毒素 A，经免疫亲和柱净化后，采用高效液相色谱结合荧光检测器测定赭曲霉毒素 A 的含量，外标法定量。

2) 试剂

甲醇：色谱纯；乙腈：色谱纯；冰醋酸：色谱纯；氯化钠；聚乙二醇；吐温 20 ($C_{58}H_{114}O_{26}$)；碳酸氢钠；磷酸二氢钾；浓盐酸；氮气：纯度 ≥ 99.9%。

提取液 Ⅰ：甲醇-水 (80+20)；提取液 Ⅱ：称取 150.0 g 氯化钠、20.0 g 碳酸氢钠溶于 950 mL 水中，加水定容至 1 L；提取液 Ⅲ：乙腈-水 (60+40)；冲洗液：称取 25.0 g 氯化钠、5.0 g 碳酸氢钠溶于 950 mL 水中，加水定容至 1 L；真菌毒素清洗缓冲液：称取 25.0 g 氯化钠、5.0 g 碳酸氢钠溶于水中，加入 0.1 mL 吐温 20，用水稀释至 1 L。

磷酸盐缓冲液：称取 8.0 g 氯化钠、1.2 g 磷酸氢钠、0.2 g 磷酸二氢钾、0.2 g 氯化钾溶解于约 990 mL 水中，用浓盐酸调节 pH 至 7.0，用水稀释至 1 L；碳酸氢钠溶液 (10 g/L)：称取 1.0 g 碳酸氢钠，用水溶解并稀释到 100 mL；淋洗缓冲液：在 1000 mL 磷酸盐缓冲液中加入 1.0 mL 吐温 20。

赭曲霉毒素 A 标准品 ($C_{20}H_{18}ClNO_6$，CAS 号：303-47-9)：纯度 ≥ 99%。或经国家认证并授予标准物质证书的标准物质。

赭曲霉毒素 A 标准储备液：准确称取一定量的赭曲霉毒素 A 标准品，用甲醇-乙腈 (50+50) 溶解，配成 0.1 mg/mL 的标准储备液，在 -20 ℃ 保存，可使用 3 个月。

赭曲霉毒素 A 标准工作液：根据使用需要，准确移取一定量的赭曲霉毒素 A 标准储备液，用流动相稀释，分别配成相当于 1 ng/mL、5 ng/mL、10 ng/mL、20 ng/mL、50 ng/mL 的标准工作液，4 ℃ 保存，可使用 7 天。

除非另有说明，本法所用试剂均为分析纯，水为 GB/T 6682 规定的一级水。

材料：赭曲霉毒素 A 免疫亲和柱：柱规格 1 mL 或 3 mL，柱容量 ≥ 100 ng，或等效柱；定量滤纸；玻璃纤维滤纸：直径 11 cm，孔径 1.5 μm，无荧光特性。

3) 仪器和设备

分析天平：感量 0.001 g；高效液相色谱仪，配荧光检测器；高速均质器：≥ 12 000 r/min；

玻璃注射器：10 mL；试验筛：孔径 1 mm；空气压力泵；超声波发生器：功率>180 W；氮吹仪；离心机：≥10 000 r/min；涡旋混合器；往复式摇床：≥250 r/min；pH 计：精度为 0.01。

　　4)分析步骤

　　粮食和粮食制品，颗粒状样品需全部粉碎通过试验筛(孔径 1 mm)，混匀后备用。

　　提取方法 1：称取试样 25.0 g(精确到 0.1 g)，加入 100 mL 提取液Ⅲ，高速均质 3 min 或振荡 30 min，定量滤纸过滤，移取 4 mL 滤液加入 26 mL 磷酸盐缓冲液混合均匀，混匀后于 8000 r/min 离心 5 min，上清液作为滤液 A 备用。提取方法 2：称取试样 25.0 g(精确到 0.1 g)，加入 100 mL 提取液Ⅰ，高速均质 3 min 或振荡 30 min，定量滤纸过滤，移取 10 mL 滤液加入 40 mL 磷酸盐缓冲液稀释至 50 mL，混合均匀，经玻璃纤维滤纸过滤，滤液 B 收集于干净容器中，备用。

　　食用植物油：准确称取试样 5.0 g(精确到 0.1 g)，加入 1 g 氯化钠及 25 mL 提取液Ⅰ，振荡 30 min，于 6000 r/min 离心 10 min，移取 15 mL 上层提取液，加入 30 mL 磷酸盐缓冲液混合均匀，经玻璃纤维滤纸过滤，滤液 C 收集于干净容器中，备用。

　　大豆、油菜籽：准确称取试样 50.0 g(精确到 0.1 g)(大豆需要磨细且粒度≤2 mm)于均质器配置的搅拌杯中，加入 5 g 氯化钠及 100 mL 甲醇(适用于油菜籽)或 100 mL 提取液Ⅰ，以均质器高速均质提取 1 min。定量滤纸过滤，移取 10 mL 滤液并加入 40 mL 水稀释，经玻璃纤维滤纸过滤至滤液澄清，滤液 D 收集于干净容器中，备用。

　　酒类：取脱气酒类试样(含二氧化碳的酒类样品使用前先置于 4 ℃冰箱冷藏 30 min，过滤或超声脱气)或其他不含二氧化碳的酒类试样 20.0 g(精确到 0.1 g)，置于 25 mL 容量瓶中，加提取液Ⅱ定容至刻度，混匀，经玻璃纤维滤纸过滤至滤液澄清，滤液 E 收集于干净容器中，备用。

　　酱油、醋、酱及酱制品：称取 25.0 g(精确到 0.1 g)混匀的试样，加提取液Ⅰ定容至 50 mL，超声提取 5 min。定量滤纸过滤，移取 10 mL 滤液于 50 mL 容量瓶中，加水定容至刻度，混匀，经玻璃纤维滤纸过滤至滤液澄清，滤液 F 收集于干净容器中，备用。

　　葡萄干：称取粉碎试样 50.0 g(精确到 0.1 g)于均质器配置的搅拌杯中，加入 100 mL 碳酸氢钠溶液，将搅拌杯置于均质器上，以 22 000 r/min 高速均质提取 1 min。定量滤纸过滤，准确移取 10 mL 滤液并加入 40 mL 淋洗缓冲液稀释，经玻璃纤维滤纸过滤至滤液澄清，滤液 G 收集于干净容器中，备用。

　　胡椒粒/粉：称取粉碎试样 25.0 g(精确到 0.1 g)于均质器配置的搅拌杯中，加入 100 mL 碳酸氢钠溶液，将搅拌杯置于均质器上，以 22 000 r/min 高速均质提取 1 min。将提取物置离心杯中以 4000 r/min 离心 15 min。移取 20 mL 滤液并加入 30 mL 淋洗缓冲液稀释，经玻璃纤维滤纸过滤至滤液澄清，滤液 H 收集于干净容器中，备用。

　　试样净化：粮食和粮食制品，将免疫亲和柱连接于玻璃注射器下，准确移取提取方法 1 中全部滤液 A 或提取方法 2 中 20 mL 滤液 B，注入玻璃注射器中(食用植物油，将免疫亲和柱连接于玻璃注射器下，准确移取 30 mL 滤液 C，注入玻璃注射器中；大豆、油菜籽，将免疫亲和柱连接于玻璃注射器下，准确移取 10 mL 滤液 D，注入玻璃注射器中；酒类，将免疫亲和柱连接于玻璃注射器下，准确移取 10 mL 滤液 E，注入玻璃注射器中；酱油、醋、酱及酱制品，将免疫亲和柱连接于玻璃注射器下，准确移取 10 mL 滤液 F，注入玻璃注射器中；葡萄干，将免疫亲和柱连接于玻璃注射器下，准确移取 10 mL 滤液 G，注入玻璃注射器中；

胡椒粒/粉),将免疫亲和柱连接于玻璃注射器下,准确移取 10 mL 滤液 H,注入玻璃注射器中),将空气压力泵与玻璃注射器相连接,调节压力,使溶液以约 1 滴/s 的流速通过免疫亲和柱,直至空气进入亲和柱中,依次用 10 mL 真菌毒素清洗缓冲液、10 mL 水先后淋洗免疫亲和柱,流速为 1～2 滴/s,弃去全部流出液,抽干小柱。

洗脱:准确加入 1.5 mL 甲醇或免疫亲和柱厂家推荐的洗脱液进行洗脱,流速约为 1 滴/s,收集全部洗脱液于干净的玻璃试管中,45 ℃下氮气吹干。用流动相溶解残渣并定容到 500 μL,供检测用。

高效液相色谱条件:①色谱柱:C18 柱,柱长 150 mm,内径 4.6 mm,粒径 5 μm,或等效柱;②流动相:乙腈-水-冰醋酸(96+102+2);③流速:1.0 mL/min;④柱温:35 ℃;⑤进样量:50 μL;⑥检测波长:激发波长 333 nm,发射波长 460 nm。

色谱测定:在色谱条件下,将赭曲霉毒素 A 标准工作溶液按浓度从低到高依次注入高效液相色谱仪,待仪器条件稳定后,以目标物质的浓度为横坐标(x 轴),目标物质的峰面积积为纵坐标(y 轴),对各个数据点进行最小二乘线性拟合,标准工作曲线按式(12.7)计算:

$$y = ax + b \tag{12.7}$$

式中,y 为目标物质的峰面积比;a 为回归曲线的斜率;x 为目标物质的浓度;b 为回归曲线的截距。

标准工作溶液和样液中待测物的响应值均应在仪器线性响应范围内,如果样品含量超过标准曲线范围,需稀释后再测定。不称取试样按步骤做空白实验。应确认不含有干扰待测组分的物质。

试样中赭曲霉毒素 A 的含量按式(12.8)计算:

$$w = \frac{\rho \times V \times f \times 1000}{m \times 1000} \tag{12.8}$$

式中,w 为试样中赭曲霉毒素 A 的质量分数,μg/kg;ρ 为试样测定液中赭曲霉毒素 A 的浓度,ng/mL;V 为试样测定液最终定容体积,mL;1000 为单位换算常数;m 为试样的质量,g;f 为稀释倍数。

计算结果时需扣除空白值,检测结果以两次测定值的算数平均值表示,结果保留两位有效数字。两次平行测定的绝对差值不得超过算术平均值的 15%。

粮食和粮食制品、食用植物油、大豆、油菜籽、葡萄干、胡椒粒/粉的检出限和定量限分别为 0.3 μg/kg 和 1 μg/kg。酒类的检出限和定量限分别为 0.1 μg/kg 和 0.3 μg/kg。酱油、醋、酱及酱制品的检出限和定量限分别为 0.5 μg/kg 和 1.5 μg/kg。

12.4.6　杂色曲霉素分析

GB 5009.25—2016《食品中杂色曲霉素的测定》规定了第一法为液相色谱-串联质谱法,第二法为高效液相色谱法,第三法为薄层色谱法,适用于大米、玉米、小麦、黄豆及花生中杂色曲霉素的测定。下面介绍第一法液相色谱-串联质谱法。

1. 原理

样品中的杂色曲霉素乙腈-水溶液提取,经涡旋、超声、离心,取上清液经稀释,通过固相萃取柱或免疫亲和柱净化、浓缩、甲醇-水溶液定容、微孔滤膜过滤,液相色谱分离,电喷雾离子源离子化，多反应离子监测检测，同位素内标法定量。

2. 试剂

乙腈(CH_3CN)：色谱纯；甲醇：色谱纯；氯化钠；磷酸氢二钠；磷酸二氢钾；盐酸；氯化钾；乙腈-水溶液(80+20)：取 800 mL 乙腈，加 200 mL 水，混匀；乙腈-水溶液(40+60)：取 400 mL 乙腈，加 600 mL 水，混匀；甲醇-水溶液(40+60)：取 400 mL 甲醇，加 600 mL 水，混匀；甲醇-水溶液(70+30)：取 700 mL 甲醇，加 300 mL 水，混匀；磷酸盐缓冲溶液(以下简称 PBS)：称取 8.0 g 氯化钠，1.2 g 磷酸氢二钠(或 2.92 g 十二水磷酸氢二钠)，0.2 g 磷酸二氢钾，0.2 g 氯化钾，用 90 mL 水溶解，用盐酸调节 pH 至 7.4，用水定容至 1000 mL。

除非另有说明，本法使用的试剂均为分析纯，水为 GB/T 6682 规定的一级水。

杂色曲霉素标准品($C_{18}H_{12}O_6$，CAS 号：10048-13-2)：纯度≥99%，或经国家认证并授予标准物质证书的标准物质。

$^{13}C_{18}$-杂色曲霉素同位素内标：25 μg/mL，或经国家认证并授予标准物质证书的标准物质。

标准储备溶液(100 μg/mL)：准确称取杂色曲霉素标准品 1.00 mg(准确至 0.01 mg)，用甲醇溶解并定容至 10 mL。溶液转移至试剂瓶中后，密封后–20 ℃下保存，保存期 6 个月。标准工作液(1 μg/mL)：准确移取 1.00 mL 的杂色曲霉素标准储备溶液至 100 mL 容量瓶中，用甲醇定容。–20℃下保存，保存期 3 个月。

同位素内标工作液(1.0 μg/mL)：准确移取杂色曲霉素同位素内标(25 μg/mL)0.4 mL 至 10 mL 容量瓶中，用甲醇定容。–20 ℃下保存，保存期 3 个月。

标准系列工作溶液：准确移取标准工作液适量至 5 mL 容量瓶中，加入 50 μL 1.0 μg/mL 的同位素内标工作液，用甲醇-水溶液(70+30)定容至刻度(含杂色曲霉素浓度为 1 ng/mL、2 ng/mL、5 ng/mL、10 ng/mL、20 ng/mL、30 ng/mL、40 ng/mL、50 ng/mL 系列标准溶液)，临用前配制。

3. 材料

免疫亲和柱：柱容量≥600 ng；固相萃取柱：N-乙烯吡咯烷酮和二乙烯基苯共聚物填料柱(200 mg/6 mL)，或相当者，使用前分别用 5 mL 甲醇和 5 mL 水活化；微孔滤膜：0.22 μm。

4. 仪器和设备

液相色谱-串联质谱仪：配电喷雾离子源；高速粉碎机；涡旋混合器；超声波发生器；天平：感量为 0.01 g 和 0.000 01 g；离心机：转速≥6000 r/min；固相萃取装置(带真空泵)；氮吹仪；实验筛：1～2 mm 孔径。

5. 分析步骤

试样制备：用高速粉碎机将试样粉碎后过 1～2 mm 孔径试验筛，混合均匀后取试样 100 g 用于检测。称取 5 g 均质试样(精确至 0.01 g)至 50 mL 离心管中(花生和黄豆样品：称取 2 g 均质试样)，加入 100 μL 同位素内标工作液，加入 20.0 mL 乙腈-水溶液(80+20)，涡旋混匀后超声 10 min，在 6000 r/min 下离心 10 min，取上清液备用。

固相萃取柱净化：确移取 2.0 mL 上述上清液用水稀释至 8 mL 待上样。将上样液转移至活化好的固相萃取柱中,控制样液以约 3 mL/min 的速度稳定下滴。上样完毕后,依次加入 5 mL 的乙腈-水溶液(40+60)、5 mL 的甲醇-水溶液(40+60)淋洗。待淋洗结束后,用真空泵抽干固相萃取柱,加入 6 mL 乙腈洗脱,控制流速为约 3 mL/min,用真空泵抽干固相萃取柱,收集洗脱液。在 60 ℃下用氮气缓缓吹至干,用甲醇-水溶液(70+30)定容至 1.0 mL,涡旋 30 s 溶解残留物,0.22 μm 滤膜过滤,收集滤液于进样瓶中以备进样。按同一操作方法做空白实验。

免疫亲和柱净化:准确移取 2 mL 上述上清液,加入 28 mL PBS 混匀。将 50 mL 一次性注射器筒与亲和柱的顶部相连。将上述样液移至注射器筒中,调节下滴速度,控制样液以约 3 mL/min 的速度稳定下滴。待样液滴完后,往注射器筒内依次加入 10 mL PBS 和 10 mL 水,以稳定流速淋洗免疫亲和柱。待水滴完后,用真空泵抽干亲和柱。在亲和柱下部放置 10 mL 刻度试管,取下 50 mL 的注射器筒,加入 2 mL 乙腈洗脱亲和柱,控制约 3 mL/min 的自然下滴速度,收集全部洗脱液至刻度试管中,用真空泵抽干亲和柱。在 60 ℃下用氮气缓缓地将洗脱液吹至干,用甲醇-水溶液(70+30)定容至 1.0 mL,涡旋 30 s 溶解残留物,0.22 μm 滤膜过滤,收集滤液于进样瓶中以备进样。

按同一操作方法做空白实验。

注:可根据实验室实际情况,选择上述净化方法中的一种净化方法即可。

色谱参考条件:①液相色谱柱:C18 柱,柱长 100 mm,内径 2.1 mm,粒径 1.8 μm,或相当色谱柱;②流动相:A 相为水,B 相为甲醇;③梯度洗脱条件:70% B(0~5 min),100% B(5~8 min),70% B(8~12 min);④流速:0.2 mL/min;⑤色谱柱柱温:40 ℃;⑥进样量:10 μL。

质谱参考条件:①检测方式:多离子反应监测(MRM);②质谱条件及离子选择参数参见 GB 5009.25—2016;③子离子扫描图参见 GB 5009.25—2016;④液相色谱-质谱图见 GB 5009.25—2016。

标准曲线制作:将标准系列工作溶液按浓度由低到高注入液相色谱-串联质谱仪中,测得相应色谱峰的峰面积,以标准系列工作溶液中杂色曲霉素的浓度为横坐标,杂色曲霉素色谱峰的峰面积与同位素内标色谱峰的峰面积的比值为纵坐标,绘制标准曲线。

试样溶液的测定:试样溶液注入液相色谱-串联质谱仪中,测得相应色谱峰的峰面积,根据标准曲线得到试样溶液中杂色曲霉素的浓度。如试样溶液中杂色曲霉素的浓度超出线性范围,则需适当减少取样量,处理试样后重新测定。

定性:试样中目标化合物色谱峰的保留时间与相应标准色谱峰的保留时间相比较,变化范围在±2.5%之内。待测化合物定性离子色谱峰的信噪比≥3,定量离子色谱峰的信噪比≥10。每种化合物的质谱定性离子必须出现,至少应包括一个母离子和两个子离子,而且同一检测批次,对同一化合物,样品中目标化合物的两个子离子的相对丰度比与浓度相当的标准溶液相比,其允许偏差不超过表 12.11 规定的范围。

表 12.11 定性时相对离子丰度的最大允许偏差

相对离子丰度	>50%	>20%~50%	>10%~20%	≤10%
允许相对偏差	±20%	±25%	±30%	±50%

试样中杂色曲霉素的含量按式(12.9)计算:

$$w = \frac{\rho \times V \times f}{m} \tag{12.9}$$

式中，w 为试样中杂色曲霉素的质量分数，μg/kg；ρ 为由标准曲线得到的试样溶液中杂色曲霉素的浓度，ng/mL；V 为最终定容体积，mL；m 为试样的称样量，g；f 为稀释倍数（f=10）。

计算结果保留三位有效数字。两次平行测定结果的绝对差值不得超过算术平均值的 20%。

称取大米、玉米及小麦试样 5 g 时，其检出限为 0.6 μg/kg，定量限为 2 μg/kg；称取黄豆及花生试样 2 g 时，其检出限为 1.5 μg/kg，定量限为 5 μg/kg。

第二法液相色谱法原理，样品中的杂色曲霉素用乙腈-水溶液提取，经均质、涡旋、超声、离心等处理，取上清液用磷酸盐缓冲液稀释、免疫亲和柱净化、洗脱、氮气吹干浓缩、流动相定容、微孔滤膜过滤，液相色谱分离紫外检测器检测，外标法定量。具体参阅 GB 5009.25—2016。

12.4.7　伏马毒素分析

食品安全国家标准 GB 5009.240—2016 食品中伏马毒素的测定规定了玉米及其制品中伏马毒素 B_1、伏马毒素 B_2、伏马毒素 B_3（以下简写为 FB_1、FB_2、FB_3）的测定方法。第一法为免疫亲和柱净化-柱后衍生高效液相色谱法，第二法为高效液相色谱-串联质谱联用法，第三法为免疫亲和柱净化-柱前衍生高效液相色谱法，适用于玉米及其制品中伏马毒素的测定。下面介绍第一法免疫亲和柱净化-柱后衍生高效液相色谱法。

1. 原理

样品用乙腈-水溶液提取，经稀释后过免疫亲和柱净化，去除脂肪、蛋白质、色素及碳水化合物等干扰物质。经高效液相色谱分离后柱后邻苯二甲醛衍生，荧光检测，外标法定量。

2. 试剂

甲醇：色谱纯；乙腈：色谱纯；乙酸；氢氧化钠；氯化钠；磷酸氢二钠；磷酸二氢钾；氯化钾；硼砂；2-巯基乙醇（C_2H_6OS）；邻苯二甲醛（OPA，$C_8H_6O_2$）；吐温 20（$C_{58}H_{114}O_{26}$）。

除非另有说明，试剂均为分析纯，水为 GB/T 6682 规定的一级水。

甲酸水溶液（0.1%）：吸取 1 mL 甲酸，加入 999 mL 水中，混合均匀；乙腈-水溶液（50+50）：分别量取 500 mL 乙腈和 500 mL 水，混合均匀；乙腈-水溶液（20+80）：分别量取 200 mL 乙腈和 800 mL 水，混合均匀；甲醇-乙酸溶液（98+2）：吸取 2 mL 乙酸，加入 98 mL 甲醇中，混合均匀；氢氧化钠溶液（1 mol/L）：准确称取氢氧化钠 4.0 g，溶于 100 mL 水，混合均匀；磷酸盐缓冲液（PBS）：称取 8.0 g 氯化钠、1.2 g 磷酸氢二钠、0.2 g 磷酸二氢钾、0.2 g 氯化钾，用 980 mL 水溶解，用盐酸调整 pH 至 7.4，用水稀释至 1000 mL，混合均匀；吐温 20/PBS 溶液（0.1%）：吸取 1 mL 吐温 20，加入磷酸盐缓冲液并稀释至 1000 mL，混合均匀；硼砂溶液（0.05 mol/L，pH=10.5）：称取硼砂 19.1 g，溶于 980 mL 水中，用氢氧化钠溶液调 pH 至 10.5，用水稀释至 1000 mL，混合均匀；衍生溶液：称取 2.0 g 邻苯二甲醛，溶于 20 mL 甲醇中，用硼砂溶液（0.05 mol/L，pH=10.5）稀至 500 mL，加入 2-巯基乙醇 500 μL，混匀，装入棕色瓶中，现用现配。

标准品：伏马毒素 B_1（FB_1，$C_{34}H_{59}NO_{15}$），伏马毒素 B_2（FB_2，$C_{34}H_{59}NO_{14}$），伏马毒素 B_3（FB_3，$C_{34}H_{59}NO_{14}$），纯度≥95%，或有证标准溶液。纯度≥95%，或有证标准溶液。纯度≥95%，或有证标准溶液。

标准储备溶液(0.1 mg/mL)：分别准确称取 FB_1、FB_2、FB_3 各 0.01 g(精确至 0.0001 g)至小烧杯中，用乙腈-水溶液溶解，并转移至 100 mL 容量瓶中，定容至刻度。此溶液密封后避光–20 ℃保存。有效期 6 个月。

混合标准溶液：准确吸取 FB_1 标准储备液 1 mL、FB_2 和 FB_3 标准储备液 0.5 mL 至同一 10 mL 容量瓶中，加乙腈-水溶液稀释至刻度，得到 FB_1 浓度为 10 μg/mL、FB_2 和 FB_3 浓度为 5 μg/mL 的混合标准溶液。再稀释 10 倍，得到 FB_1 浓度为 1 μg/mL、FB_2 和 FB_3 浓度为 0.5 μg/mL 的混合标准溶液。此溶液密封后避光 4 ℃保存，有效期 6 个月。

混合标准工作溶液：准确吸取混合标准溶液，用乙腈-水溶液稀释，配制成 FB_1 浓度依次为 20 ng/mL、80 ng/mL、160 ng/mL、240 ng/mL、320 ng/mL、400 ng/mL，FB_2 和 FB_3 浓度依次为 10 ng/mL、40 ng/mL、80 ng/mL、120 ng/mL、160 ng/mL、200 ng/mL 的系列混合标准工作溶液。

3. 仪器和设备

高效液相色谱仪：带荧光检测器；柱后衍生系统；天平：感量 0.01 g 和 0.0001 g；均质器；振荡器；氮吹仪；离心机：转速≥4000 r/min；免疫亲和柱(柱容量≥5000 ng，FB_1 柱回收率≥80%，每个批次的亲和柱在使用前需进行质量检验)；孔滤膜：0.45 μm，有机型。

4. 分析步骤

样品制备：固体样品按四分法缩分至 1 kg，全部用谷物粉碎机磨碎并细至粒度小于 1 mm，混匀分成两份作为试样，分别装入洁净的容器内，密封，标识后置于 4 ℃下避光保存。玉米油样品直接取两份作为试样，分别装入洁净的容器内，密封，标识后置于 4 ℃下避光保存。在制样的操作过程中，应防止样品受到污染或发生残留物含量的变化。

试样提取：确称取固体样品 5 g(精确至 0.01 g)样品于 50 mL 离心管中，加入 20 mL 乙腈-水溶液，涡旋或振荡提取 20 min，取出后，在 4000 r/min 下离心 5 min，将上清液转移至另一离心管中。玉米油样品操作同固体样品，提取液在下层。

试样净化：2 mL 提取液，加入 47 mL 吐温 20/PBS 溶液，混合均匀后过免疫亲和柱，流速控制在 1～3 mL/min，用 10 mL PBS 缓冲液淋洗免疫亲和柱，分别用 1 mL 甲醇-乙酸溶液洗脱免疫亲和柱三次，收集洗脱液，55 ℃下氮吹至干，加入 1 mL 乙腈-水溶液溶解残渣。涡旋 30 s，过 0.45 μm 微孔滤膜后，收集于进样瓶中，待测。

仪器参考条件：C18 色谱柱：250 mm×4.6 mm，5 μm，或相当者；检测波长：激发波长 335 nm；发射波长 440 nm；流动相：A 为甲酸水溶液；B 为甲醇；梯度洗脱，洗脱程序见表 12.12；流动相流速：0.8 mL/min。衍生液流速：0.4 mL/min；柱温：40 ℃；反应器温度：40 ℃；进样量：50 μL。

表 12.12　流动相洗脱程序

时间/min	流动相 A/%	流动相 B/%
0.00	45.0	55.0
2.00	45.0	55.0
9.00	30.0	70.0

续表

时间/min	流动相 A/%	流动相 B/%
14.00	10.0	90.0
14.50	10.0	90.0
15.00	45.0	55.0
22.00	45.0	55.0

试样溶液的测定：色谱条件下，将 50.0 μL 系列伏马毒素混合标准工作溶液按浓度从低到高依次注入高效液相色谱仪；待仪器条件稳定后，以目标物质的浓度为横坐标（x 轴），目标物质的峰面积为纵坐标（y 轴），对各个数据点进行最小二乘线性拟合，标准工作曲线按式（12.10）计算：

$$y = ax + b \tag{12.10}$$

式中，y 为目标物质的峰面积比；a 为回归曲线的斜率；x 为目标物质的浓度；b 为回归曲线的截距。标准工作溶液和样液中待测物的响应值均应在仪器线性响应范围内，如果样品含量超过标准曲线范围，需稀释后再测定，同时做空白实验。应确认不含有干扰待测组分的物质。

待测样品中 FB_1、FB_2、FB_3 的含量按式（12.11）计算：

$$w = \frac{\rho_i \times V \times f}{m} \tag{12.11}$$

式中，w 为待测样品中 FB_1、FB_2、FB_3 的质量分数，μg/kg；ρ_i 为待测物进样液中 FB_1、FB_2、FB_3 的浓度，ng/mL；V 为定容体积，mL；f 为试液稀释倍数；m 为样品的称样量，g。

注：计算结果需扣除空白值，测定结果用平行测定的算术平均值表示，保留两位有效数字。

样品中伏马毒素含量在重复性条件下获得的两次独立测定结果的绝对差值不得超过算术平均值的 20%。称样量为 5 g 时，FB_1、FB_2、FB_3 的检出限分别为 17 μg/kg、8 μg/kg、8 μg/kg；定量限分别为 50 μg/kg、25 μg/kg、25 μg/kg。

思考题与习题

1. 食品中农药残留的常规测定方法有哪些？
2. 在确认样品中是否存在农药、霉菌毒素或药物残留的实验中可以采用什么策略？如何评价这些方法？
3. 酶联免疫检验分析方法的原理？
4. 什么是兽药残留？
5. 为什么即使是处理相同的样品基质，农药残留的采样程序与霉菌毒素的采样程序还是大不相同？
6. 农药、霉菌毒素和药物残留的筛选分析方法的优缺点是什么？

知识扩展：某些碳氢化合物与人体健康

许多含碳氢的有机物，虽然是工农业生产和人民生活的必需品，但同时又对接触者有毒害作用。如具有广泛应用价值的有机溶剂苯、甲苯和二甲苯。如果人体吸入了它们的高浓度蒸气，会引起急性中毒，严重者可因麻醉而死亡。若长期吸入低浓度的苯类物质，可使人的造血器官受损害，出现白细胞和瓶小板减少、再生障碍性贫血，甚至患白血瘤（血癌），严重威胁人的生命和健康。苯的氨基和硝基化合物，对人的血液系统、神经系统、肝脏、眼睛、皮肤、泌尿生殖系统等都有严重的损害作用。尤其是某些芳香胺物质，如 1-萘胺、

2-萘胺、4-氨基联苯和联苯胺可引起膀胱癌，威胁人的健康和生命。丙烯腈对中枢神经有麻醉作用，能引起神经系统弥漫性损害综合征，还可抑制细胞色素酶。据报道，丙烯腈与肺癌、结肠癌发病有关。氯乙烯能引起急性和慢性中毒，使人体的许多部位组织产生多种癌瘤，并有致畸胎(畸形儿)和致突变(遗传物质的突然改变)作用，影响子孙后代的身体素质。苯乙烯、氯丁二烯等物质，对人体都有急性和慢性的毒害作用。此外，常见的醇类、酚类、丙酮、有机磷、有机氯、有机汞、有机氟等物质，对人体健康也都有不同程度的危害作用。

多环芳烃是一类多环状的碳氢化合物。它的代表物苯并[a]芘，具有很强的致癌作用。各国学者从大量的动物实验、流性病学调查结果证明，多环芳烃与皮肤癌、肺癌、胃癌的发病率有密切关系，苯并[a]芘已被世界公认是强致癌物质。

（高晓平　高向阳　教授）

第 13 章　食品添加剂分析

13.1　概　　述

13.1.1　食品添加剂的定义和分类

食品添加剂是消费者极为关注的问题，2015 年 4 月 24 日第十二届全国人民代表大会常务委员会第十四次会议修订的《中华人民共和国食品安全法》第一百五十条对食品添加剂的定义是："为改善食品品质和色、香、味及为防腐、保鲜和加工工艺的需要而加入食品中的人工合成或者天然物质，包括营养强化剂"。在食品调制、处理、生产、加工、填充、包装、运输、储存等过程中，食品添加剂是为一定的明确目的，特意加入食品中改善食品特性的物质，食品用香料、胶基糖果中基础剂物质、食品工业用加工助剂也包括在内，但不包括污染物。

按食品添加剂的功能、用途不同，我国在《食品添加剂使用标准》(GB 2760—2014)中，将其分为 23 类：①酸度调节剂；②抗结剂；③消泡剂；④抗氧化剂；⑤漂白剂；⑥膨松剂；⑦胶基糖果中基础剂；⑧着色剂；⑨护色剂；⑩乳化剂；⑪酶制剂；⑫增味剂；⑬面粉处理剂；⑭被膜剂；⑮水分保持剂；⑯营养强化剂；⑰防腐剂；⑱稳定剂和凝固剂；⑲甜味剂；⑳增稠剂；㉑食品用香料；㉒食品工业用加工助剂；㉓其他。

我国食品安全国家标准 GB 2760—2014《食品添加剂使用标准》规定，下列情况下可使用食品添加剂：①为保持或提高食品本身的营养价值；②作为某些特殊膳食用食品的必要配料或成分；③提高食品的质量和稳定性，改进其感官特性；④便于食品的生产、加工、包装、运输或者储藏。

食品添加剂法典委员会(CCFA)在由 FAO/WHO 食品添加剂联合专家委员会(JECFA)建议的基础上，按食品添加剂的安全评价划分，将其分为 A、B、C 三类。

A 类：指 JECFA 已经制定出人体每日容许摄入量(ADI)和暂定 ADI 值的食品添加剂，又分为 A1 和 A2 类。A1 类：经 JECFA 评价，毒理学资料清楚充足，已制定出 ADI 值或认为毒性有限无须规定 ADI 值的食品添加剂。A2 类：JECFA 已制定暂定的 ADI 值，但毒理学资料不够完善，暂时许可用于食品的添加剂。

B 类：JECFA 曾经对其进行安全评价，但未建立 ADI 值，或未进行安全评价的食品添加剂，包括 B1 和 B2 类。B1 类：JECFA 曾进行安全评价，因毒理学资料不足，未建立 ADI 值的食品添加剂。B2 类：JECFA 未进行安全评价的食品添加剂。

C 类：JECFA 根据毒理学资料认为在食品中使用不安全，或应严格限制在某些食品中作特殊用途的食品添加剂，又分为 C1 和 C2 类。C1 类：JECFA 根据毒理学资料认为在食品中使用不安全的食品添加剂。C2 类：JECFA 认为应严格限制在某些食品中作特殊使用的食品添加剂。

应当注意：被 JECFA 评价过的品种再评价时，其安全性评价分类可能会有变化，因此，食品添加剂安全性评价情况要及时注意新变化。食品添加剂分为天然食品添加剂(即利用动植物或微生物的代谢产物等为原料,经提取而得的天然物质)和化学合成食品添加剂(包括一般化学合成品和人工合成天然等同物)两大类。

13.1.2 食品添加剂的安全性

食品添加剂的安全问题是消费者关注的焦点,人们担心其添加种类和添加量会对人体健康带来不利影响。食品添加剂对人体的毒性概括起来有致癌性、致畸性和致突变性(简称"三致作用"),"三致作用"的共同特点是需要经历较长时间才可能出现症状。食品添加剂有积储和叠加毒性,本身含有的杂质和在体内代谢转化形成的产物,也会带来很大的安全性问题。

理想的食品添加剂应当具有无毒,在允许使用量内,长期摄入不会引起人体的慢性毒害;不破坏食品原有的营养成分,不降低食品的品质,不分解产生有毒物质;两种以上添加剂同时使用不会发生协同或叠加的毒性作用。使用的食品添加剂必须进行安全性评价,即根据国家标准、卫生要求,以食品添加剂的生产工艺、理化性质、质量标准、使用效果、范围、加入量、毒理学评价及检验方法等做出综合性的安全评价。这是制定食品添加剂规格标准的重要依据。食品添加剂使用标准是提供安全使用食品添加剂的定量指标,包括允许使用的食品添加剂种类、使用目的、使用范围、最大使用量及使用方法。

我国《食品添加剂卫生管理办法》规定:"不得以掩盖食品腐败或掺杂掺假、伪造为目的而使用食品添加剂""不允许以掩盖食品本身的缺陷为目的而使用食品添加剂"等,因此,要保证食品添加剂的安全使用,必须严格遵守国家的相关法律和法规。

13.1.3 食品添加剂测定的意义和方法

随着科学研究的深入、科学技术的进步和食品工业的迅猛发展,新的食品添加剂品种逐渐增多,目前全世界批准使用的食品添加剂已达 4000 多种,我国批准使用的有 1000 多种,常用的有 680 多种。如何正确选择和准确判断食品添加剂的质量,必须以国家批准的食品添加剂标准为依据,对购进的食品添加剂进行定量分析,这是企业保证食品加工质量的关键,也是食品安全监管部门主要的关注点。我国《食品添加剂使用标准》《食品添加剂卫生管理办法》等明确规定了各种添加剂的最大使用量和残留量,食品检验人员可以根据食品种类和需要,结合实验室条件,优先选择国家标准方法进行检验。

13.2 食品中二氧化硫的测定

二氧化硫有强还原作用,可使果蔬中的许多色素分解褪色(对于花色苷作用明显,类胡萝卜素次之,叶绿素几乎不褪色),并能抑制某些微生物活动所必需酶的活性,具有一般酸性防腐剂的特性。亚硫酸有显著的抗氧化性,可消耗果蔬组织中的氧,有效地防止果蔬中维生素 C 氧化。在食品加工过程中使用适量的亚硫酸盐类,加热过程中,大部分变为二氧化硫挥发散失,但用量过多可破坏食品中的营养成分,也会对易感人群造成过敏反应。

我国食品添加剂使用标准规定,以二氧化硫残留量计,脱水马铃薯中不得超过 0.4 g/kg,蜜饯凉果中不得超过 0.35 g/kg,干制蔬菜、腐竹类中不得超过 0.2 g/kg,食糖、粉丝、粉条、饼干、可可制品、巧克力和巧克力制品、糖果、腌渍的蔬菜、水果干类中不得超过 0.1 g/kg,

经表面处理的鲜水果、蔬菜罐头(仅限竹笋、酸菜)、干制的食用菌和藻类、蘑菇罐头、坚果与籽类罐头、水磨年糕、冷冻米面制品、半固体复合调味料、果蔬汁、调味糖浆中不得超过 0.05 g/kg,淀粉糖中不得超过 0.04 g/kg,食用淀粉中不得超过 0.03 g/kg,二氧化硫可通入葡萄酒、果酒,最大通入量不得超过 0.25 g/L,啤酒和麦芽饮料中不得超过 0.01 g/L,以二氧化硫计此类盐的 ADI 值为 0~0.7 mg/kg(体重)。

GB 5009.34—2022 规定了果脯、干菜、米粉类、粉条、砂糖、食用菌和葡萄酒等食品中总二氧化硫的测定方法,适用于果脯、干菜、米粉类、粉条、砂糖、食用菌和葡萄酒等食品中总二氧化硫的测定。

1. 原理

在密闭容器中对样品进行酸化、蒸馏,蒸馏物用乙酸铅溶液吸收。吸收后的溶液用盐酸酸化,碘标准溶液滴定,根据所消耗的碘标准溶液量计算出样品中的二氧化硫含量。

2. 试剂和材料

除非另有说明,本法所用试剂均为分析纯,水为 GB/T 6682 规定的三级水。

盐酸;硫酸;可溶性淀粉;氢氧化钠;碳酸钠;乙酸铅;硫代硫酸钠($Na_2S_2O_3\cdot5H_2O$)或无水硫代硫酸钠($Na_2S_2O_3$);碘;碘化钾(KI);重铬酸钾,优级纯,纯度≥99%。

盐酸溶液(1+1):量取 50 mL 盐酸,缓缓倾入 50 mL 水中,边加边搅拌。

硫酸溶液(1+9):量取 10 mL 硫酸,缓缓倾入 90 mL 水中,边加边搅拌。

淀粉指示液(10 g/L):称取 1 g 可溶性淀粉,用少许水调成糊状,缓缓倾入 100 mL 沸水中,边加边搅拌,煮沸 2 min,放冷备用,临用现配。

乙酸铅溶液(20 g/L):称取 2 g 乙酸铅,溶于少量水中并稀释至 100 mL。

硫代硫酸钠标准溶液(0.1 mol/L):称取 25 g 含结晶水的硫代硫酸钠或 16 g 无水硫代硫酸钠溶于 1000 mL 新煮沸放冷的水中,加入 0.4 g 氢氧化钠或 0.2 g 碳酸钠,摇匀,储存于棕色瓶内,放置两周后过滤,用重铬酸钾标准溶液标定其准确浓度。或购买有证书的硫代硫酸钠标准溶液。

碘标准溶液[$c(1/2I_2)$=0.10 mol/L]:称取 13 g 碘和 35 g 碘化钾,加水约 100 mL,溶解后加入 3 滴盐酸,用水稀释至 1000 mL,过滤后转入棕色瓶。使用前用硫代硫酸钠标准溶液标定。

重铬酸钾标准溶液[$c(1/6K_2Cr_2O_7)$=0.1000 mol/L]:准确称取 4.9031 g 已于(120±2)℃电烘箱中干燥至恒量的重铬酸钾,溶于水并转移至 1000 mL 量瓶中,定容至刻度。或购买有证书的重铬酸钾标准溶液。

碘标准溶液[$c(1/2I_2)$=0.01000 mol/L]:将 0.1000 mol/L 碘标准溶液用水稀释 10 倍。

全玻璃蒸馏器:500 mL,或等效的蒸馏设备;剪切式粉碎机。

3. 分析步骤

1)样品制备

果脯、干菜、米粉类、粉条和食用菌适当剪成小块,再用剪切式粉碎机剪碎,搅均匀,备用。

2）样品蒸馏

称取 5 g 均匀样品（精确至 0.001 g，取样量可视含量高低而定），液体样品可直接吸取 5.00～10.00 mL 样品，置于蒸馏烧瓶中。加入 250 mL 水，装上冷凝装置，冷凝管下端插入预先备有 25 mL 乙酸铅吸收液的碘量瓶的液面下，然后在蒸馏瓶中加入 10 mL 盐酸溶液，立即盖塞，加热蒸馏。当蒸馏液约 200 mL 时，使冷凝管下端离开液面，再蒸馏 1 min。用少量蒸馏水冲洗插入乙酸铅溶液的装置部分。同时做空白实验。

3）滴定

向取下的碘量瓶中依次加入 10 mL 盐酸、1 mL 淀粉指示液，摇匀之后用碘标准溶液滴定至溶液颜色变蓝且 30 s 内不褪色为止，记录消耗的碘标准滴定溶液体积。试样中二氧化硫的含量按式（13.1）计算：

$$w = \frac{(V - V_0) \times 0.032 \times c \times 1000}{m} \tag{13.1}$$

式中，w 为试样中的二氧化硫总含量（以 SO_2 计），g/kg 或 g/L；V 为滴定样品所用的碘标准溶液体积，mL；V_0 为空白实验所用的碘标准溶液体积，mL；0.032 为 1 mL 碘标准溶液 $[c(1/2I_2)=1.0$ mol/L$]$ 相当于二氧化硫的质量，g；c 为碘标准溶液浓度，mol/L；m 为试样质量或体积，g 或 mL。

计算结果以重复性条件下获得的两次独立测定结果的算术平均值表示，二氧化硫含量≥1 g/kg（L）时，结果保留三位有效数字；二氧化硫含量<1 g/kg（L）时，结果保留两位有效数字。

重复性条件下获得的两次独立测试结果的绝对差值不得超过算术平均值的 10%。取 5 g 固体样品时，方法的检出限为 3.0 mg/kg，定量限为 10.0 mg/kg；取 10 mL 液体样品时，方法的检出限为 1.5 mg/L，定量限为 5.0 mg/L。

13.3　甜味剂和防腐剂的分析

甜味剂是指赋予食品甜味的食品添加剂，按其来源可分为天然甜味剂和人工合成甜味剂；以其营养价值可分为营养型和非营养型甜味剂；按其化学结构和性质可分为糖类和非糖类甜味剂等。通常所说的甜味剂是指人工合成的非营养型甜味剂、糖醇类甜味剂和非糖天然甜味剂三类。蔗糖、葡萄糖、果糖、麦芽糖、淀粉糖、蜂蜜等物质虽然是天然营养型甜味剂，但为食品营养物质，我国不作为食品添加剂看待。

防腐剂是能防止食品腐败、变质，抑制食品中微生物繁殖，延长食品保存期的物质。但不包括食品中具有同样作用的调味品，如盐、糖、醋、香辛料等及作为食品容器具消毒灭菌的消毒剂。一定条件下，使用防腐剂作为一种保藏的辅助手段，对防止某些易腐食品的损失有显著效果。它使用简便，一般不需要特殊设备，可使食品在常温及简易包装条件下短期储藏。防腐剂是人类使用最悠久、最广泛的食品添加剂。随着科学技术的发展，特别是分析检测技术的进步，过去使用的一些防腐剂如硼砂、甲醛、水杨酸等相继被禁用；一些新的防腐剂如乳酸链球菌肽等高效、高安全性防腐剂被进一步扩大使用。我国批准使用的食品防腐剂包括苯甲酸、山梨酸、苯甲酸钠、山梨酸钾、乙酸钠、对羟基苯甲酸甲酯钠和乙酯、脱氢醋酸、二氧化硫、焦亚硫酸钾和焦亚硫酸钠等 30 多种，山梨酸、苯甲酸及它们的盐类可用于酱油、酱菜、水果汁和果酱、蜜饯类、面酱类等，使用量为 0.2～1 g/kg。

13.3.1　糖精钠、苯甲酸和山梨酸的测定

糖精钠学名为邻苯酰磺酰亚胺，又称水溶性糖精，分子式为 $C_7H_4O_3NSNa\cdot2H_2O$，无色、结晶或稍带白色的结晶性粉末，无臭或微有香气，味浓甜带苦，易溶于水，浓度低时呈甜味，浓度高时有苦味；甜度约相当于蔗糖的 300～500 倍；ADI 值为 0～5 mg/kg(体重)。

苯甲酸和山梨酸是常用的食品防腐剂，食品安全国家标准 GB 5009.28—2016《食品中苯甲酸、山梨酸和糖精钠的测定》，规定了食品中苯甲酸、山梨酸和糖精钠测定的方法。第一法为高效液相色谱法，适用于食品中苯甲酸、山梨酸和糖精钠的测定；第二法为气相色谱法，适用于酱油、水果汁、果酱中苯甲酸、山梨酸的测定。现介绍第一法高效液相色谱法。

1. 原理

样品经水提取，高脂肪样品经正己烷脱脂、高蛋白样品经蛋白沉淀剂沉淀蛋白，采用液相色谱分离、紫外检测器检测，外标法定量。

2. 试剂

氨水；亚铁氰化钾；乙酸锌；无水乙醇；正己烷；甲醇：色谱纯；乙酸铵：色谱纯；甲酸：色谱纯。除非另有说明，所用试剂均为分析纯，水为 GB/T 6682 规定的二级水。

氨水溶液(1+99)：取氨水 1 mL，加入 99 mL 水中，混匀；亚铁氰化钾溶液(92 g/L)：称取 106 g 亚铁氰化钾，加入适量水溶解，用水定容至 1000 mL；乙酸锌溶液(183 g/L)：称取 220 g 乙酸锌溶于少量水中，加入 30 mL 冰醋酸，用水定容至 1000 mL；乙酸铵溶液(20 mmol/L)：称取 1.54 g 乙酸铵，加入适量水溶解，用水定容至 1000 mL，经 0.22 μm 水相微孔滤膜过滤后备用；甲酸-乙酸铵溶液(2 mmol/L 甲酸+20 mmol/L 乙酸铵)：称取 1.54 g 乙酸铵，加入适量水溶解，再加入 75.2 μL 甲酸，用水定容至 1000 mL，经 0.22 μm 水相微孔滤膜过滤后备用。

苯甲酸标准品钠(C_6H_5COONa，CAS 号：532-32-1)，纯度≥99.0%；或苯甲酸(C_6H_5COOH，CAS 号：65-85-0)，纯度≥99.0%，或经国家认证并授予标准物质证书的标准物质。

山梨酸钾标准品($C_6H_7KO_2$，CAS 号：590-00-1)，纯度≥99.0%；或山梨酸($C_6H_8O_2$，CAS 号：110-44-1)，纯度≥99.0%，或经国家认证并授予标准物质证书的标准物质。

糖精钠标准品($C_6H_4CONNaSO_2$，CAS 号：128-44-9)，纯度≥99%，或经国家认证并授予标准物质证书的标准物质。

苯甲酸、山梨酸和糖精钠(以糖精计)标准储备溶液(1000 mg/L)：分别准确称取苯甲酸钠 0.118 g、山梨酸钾 0.134 g 和糖精钠 0.117 g(精确到 0.0001 g)，用水溶解并分别定容至 100 mL。于 4℃储存，保存期为 6 个月。当使用苯甲酸和山梨酸标准品时，需要用甲醇溶解并定容。

注：糖精钠含结晶水，使用前需在 120 ℃烘 4 h，干燥器中冷却至室温后备用。

苯甲酸、山梨酸和糖精钠(以糖精计)混合标准中间溶液(200 mg/L)：分别准确吸取苯甲酸、山梨酸和糖精钠标准储备溶液各 10.0 mL 于 50 mL 容量瓶中，用水定容。于 4 ℃储存，保存期为 3 个月。苯甲酸、山梨酸和糖精钠(以糖精计)混合标准系列工作溶液：分别准确吸取苯甲酸、山梨酸和糖精钠混合标准中间溶液 0 mL、0.05 mL、0.25 mL、0.50 mL、1.00 mL、2.50 mL、5.00 mL 和 10.0 mL，用水定容至 10 mL，配制成质量浓度分别为 0 mg/L、1.00 mg/L、5.00 mg/L、10.0 mg/L、20.0 mg/L、50.0 mg/L、100 mg/L 和 200 mg/L 的混合标准系列工作溶液。临用现配。

材料：水相微孔滤膜：0.22 μm；塑料离心管：50 mL。

3. 仪器和设备

高效液相色谱仪：配紫外检测器；分析天平：感量为 0.001 g 和 0.0001 g；涡旋振荡器；离心机：转速>8000 r/min；匀浆机；恒温水浴锅；超声波发生器。

4. 分析步骤

1）试样制备

取多个预包装的饮料、液态奶等均匀样品直接混合；非均匀的液态、半固态样品用组织匀浆机匀浆；固体样品用研磨机充分粉碎并搅拌均匀；奶酪、黄油、巧克力等采用 50～60 ℃加热熔融，并趁热充分搅拌均匀。取其中的 200 g 装入玻璃容器中，密封，液体试样于 4 ℃保存，其他试样于–18 ℃保存。

2）试样提取

一般性试样，准确称取约 2 g（精确到 0.001 g）试样于 50 mL 具塞离心管中，加水约 25 mL，涡旋混匀，于 50 ℃水浴超声 20 min，冷却至室温后加亚铁氰化钾溶液 2 mL 和乙酸锌溶液 2 mL，混匀，于 8000 r/min 离心 5 min，将水相转移至 50 mL 容量瓶中，于残渣中加水 20 mL，涡旋混匀后超声 5 min，于 8000 r/min 离心 5 min，将水相转移到同一 50 mL 容量瓶中，并用水定容至刻度，混匀。取适量上清液过 0.22 μm 滤膜，待液相色谱测定。

注：碳酸饮料、果酒、果汁、蒸馏酒等测定时可以不加蛋白沉淀剂。

含胶基的果冻、糖果等试样，准确称取约 2 g（精确到 0.001 g）试样于 50 mL 具塞离心管中，加水约 25 mL，涡旋混匀，于 70 ℃水浴加热溶解试样，于 50 ℃水浴超声 20 min，之后的操作同上。

油脂、巧克力、奶油、油炸食品等高油脂试样，准确称取约 2 g（精确到 0.001 g）试样于 50 mL 具塞离心管中，加正己烷 10 mL，于 60 ℃水浴加热约 5 min，并不时轻摇以溶解脂肪，然后加氨水溶液（1+99）25 mL，乙醇 1 mL，涡旋混匀，于 50 ℃水浴超声 20 min，冷却至室温后，加亚铁氰化钾溶液 2 mL 和乙酸锌溶液 2 mL，混匀，于 8000 r/min 离心 5 min，弃去有机相，水相转移至 50 mL 容量瓶中，残渣再提取一次后测定。

3）仪器参考条件

色谱柱 C18 柱，柱长 250 mm，内径 4.6 mm，粒径 5 μm，或等效色谱柱；流动相：甲醇+乙酸铵溶液=5+95；流速：1 mL/min；检测波长：230 nm；进样量：10 μL。

注：当存在干扰峰或需要辅助定性时，可以采用加入甲酸的流动相来测定，如流动相：甲醇+甲酸-乙酸铵溶液=8+92。

4）标准曲线的制作

将混合标准系列工作溶液分别注入液相色谱仪中，测定相应的峰面积，以混合标准系列工作溶液的质量浓度为横坐标，以峰面积为纵坐标，绘制标准曲线。

5）测定

将试样溶液注入液相色谱仪中，得到峰面积，根据标准曲线得到待测液中苯甲酸、山梨酸和糖精钠（以糖精计）的质量浓度。试样中苯甲酸、山梨酸和糖精钠（以糖精计）的含量按式（13.2）计算：

$$w = \frac{\rho_i \times V}{m \times 1000} \tag{13.2}$$

式中，w 为试样中待测组分的质量分数，g/kg；ρ_i 为由标准曲线得出的试样液中待测物的质量浓度，mg/L；V 为试样定容体积，mL；m 为试样质量，g；1000 为由 mg/kg 转换为 g/kg 的换算因子。

结果保留三位有效数字。两次平行测定结果的绝对差值不得超过算术平均值的 10%。按取样量 2 g，定容 50 mL 时，苯甲酸、山梨酸和糖精钠(以糖精计)的检出限均为 0.005 g/kg，定量限均为 0.01 g/kg。

13.3.2　环己基氨基磺酸钠(甜蜜素)的分析

甜蜜素分子式为 $C_6H_{12}NNaO_3S \cdot nH_2O$ (结晶品 $n=2$，无水品 $n=0$)，白色结晶或结晶性粉末，无臭，味甜，甜度为蔗糖的 30～50 倍；ADI 值为 0～11 mg/kg(体重)。

食品安全国家标准 GB 5009.97—2016《食品中环己基氨基磺酸钠的测定》，规定了食品中环己基氨基磺酸钠(甜蜜素)的三种测定方法——气相色谱法、液相色谱法和液相色谱-质谱/质谱法。气相色谱法适用于饮料类、蜜饯凉果、果丹类、话化类、带壳及脱壳熟制坚果与籽类、水果罐头、果酱、糕点、面包、饼干、冷冻饮品、果冻、复合调味料、腌渍的蔬菜、腐乳食品中环己基氨基磺酸钠的测定。气相色谱法不适用于白酒中该化合物的测定。液相色谱法适用于饮料类、蜜饯凉果、果丹类、话化类、带壳及脱壳熟制坚果与籽类、配制酒、水果罐头、果酱、糕点、面包、饼干、冷冻饮品、果冻、复合调味料、腌渍的蔬菜、腐乳食品中环己基氨基磺酸钠的测定。液相色谱-质谱/质谱法适用于白酒、葡萄酒、黄酒、料酒中环己基氨基磺酸钠的测定。

下面介绍第一法气相色谱法。

1. 原理

食品中的环己基氨基磺酸钠用水提取，在硫酸介质中环己基氨基磺酸钠与亚硝酸反应，生成环己醇亚硝酸酯，利用气相色谱氢火焰离子化检测器进行分离及分析，保留时间定性，外标法定量。

2. 试剂

正庚烷[$CH_3(CH_2)_5CH_3$]；氯化钠；石油醚：沸程为 30～60 ℃；氢氧化钠；硫酸；亚铁氰化钾；硫酸锌；亚硝酸钠；氢氧化钠溶液(40 g/L)：称取 20 g 氢氧化钠，溶于水并稀释至 500 mL，混匀；200 g/L 硫酸溶液：量取 54 mL 硫酸小心缓缓加入 400 mL 水中，后加水至 500 mL，混匀；亚铁氰化钾溶液(150 g/L)：称取折合 15 g 亚铁氰化钾，溶于水稀释至 100 mL，混匀；硫酸锌溶液(300 g/L)：称取折合 30 g 硫酸锌的试剂，溶于水并稀释至 100 mL，混匀；亚硝酸钠溶液(50 g/L)：称取 25 g 亚硝酸钠，溶于水并稀释至 500 mL，混匀。

除非另有说明，本法所用试剂均为分析纯，水为 GB/T 6682 规定的二级水。

环己基氨基磺酸钠标准品($C_6H_{12}NSO_3Na$)：纯度≥99%。

5.00 mg/mL 环己基氨基磺酸标准储备液：精确称取 0.5612 g 环己基氨基磺酸钠标准品，用水溶解并定容至 100 mL，混匀，此溶液 1.00 mL 相当于环己基氨基磺酸 5.00 mg(环己基氨基磺酸钠与环己基氨基磺酸的换算系数为 0.8909)。置于 1～4 ℃冰箱保存,可保存 12 个月。

1.00 mg/mL 环己基氨基磺酸标准使用液:准确移取 20.0 mL 环己基氨基磺酸标准储备液用水稀释并定容至 100 mL,混匀。置于 1～4 ℃冰箱保存,可保存 6 个月。

3. 仪器和设备

气相色谱仪:配有氢火焰离子化检测器(FID);涡旋混合器;离心机:转速≥4000 r/min;超声波振荡器;样品粉碎机;10 μL 微量注射器;恒温水浴锅;天平:感量 1 mg、0.1 mg。

4. 分析步骤

液体试样处理:普通液体试样摇匀后称取 25.0 g 试样(如需要可过滤),用水定容至 50 mL 备用;含二氧化碳的试样:称取 25.0 g 试样于烧杯中,60 ℃水浴加热 30 min 以除二氧化碳,放冷,用水定容至 50 mL 备用;含酒精的试样:称取 25.0 g 试样于烧杯中,用氢氧化钠溶液调至弱碱性 pH=7～8,60 ℃水浴加热 30 min 以除酒精,放冷,用水定容至 50 mL 备用。

低脂、低蛋白样品(果酱、果冻、水果罐头、果丹类、蜜饯凉果、浓缩果汁、面包、糕点、饼干、复合调味料、带壳熟制坚果和籽类、腌渍的蔬菜等):称取打碎、混匀的样品 3.00～5.00 g 于 50 mL 离心管中,加 30 mL 水,振摇,超声提取 20 min,混匀,离心(3000 r/min)10 min,过滤,用水分次洗涤残渣,收集滤液并定容至 50 mL,混匀备用。

高蛋白样品(酸乳、雪糕、冰淇淋等奶制品及豆制品、腐乳等):冰棒、雪糕、冰淇淋等分别放置于 250 mL 烧杯中,待融化后搅匀称取;称取样品 3.00～5.00 g 于 50 mL 离心管中,加 30 mL 水,超声提取 20 min,加 2 mL 亚铁氰化钾溶液,混匀,再加入 2 mL 硫酸锌溶液,混匀,离心(3000 r/min)10 min,过滤,用水分次洗涤残渣,收集滤液并定容至 50 mL,混匀备用。

高脂样品(奶油制品、海鱼罐头、熟肉制品等):称取打碎、混匀的样品 3.00～5.00 g 于 50 mL 离心管中,加入 25 mL 石油醚,振摇,超声提取 3 min,再混匀,离心(1000 r/min 以上)10 min,弃石油醚,再用 25 mL 石油醚提取一次,弃石油醚,60 ℃水浴挥发去除石油醚,残渣加 30 mL 水,混匀,超声提取 20 min,加 2 mL 亚铁氰化钾溶液,混匀,再加入 2 mL 硫酸锌溶液,混匀,离心(3000 r/min)10 min,过滤,用水洗涤残渣,收集滤液并定容至 50 mL,混匀备用。

衍生化:准确移取液体试样溶液、固体、半固体试样溶液 10.0 mL 于 50 mL 带盖离心管中。离心管置试管架上冰浴中 5 min 后,准确加入 5.00 mL 正庚烷,加入 2.5 mL 亚硝酸钠溶液,2.5 mL 硫酸溶液,盖紧离心管盖,摇匀,在冰浴中放置 30 min,其间振摇 3～5 次;加入 2.5 g 氯化钠,盖上盖后置旋涡混合器上振动 1 min(或振摇 60～80 次),低温离心(3000 r/min)10 min 分层或低温静置 20 min 至澄清分层后取上清液放置 1～4 ℃冰箱冷藏保存以备进样用。

标准溶液系列的制备及衍生化:移取 1.00 mg/mL 环己基氨基磺酸标准溶液 0.50 mL、1.00 mL、2.50 mL、5.00 mL、10.0 mL 和 25.0 mL 于 50 mL 容量瓶中,加水定容。配成标准溶液系列浓度为:0.01 mg/mL、0.02 mg/mL、0.05 mg/mL、0.10 mg/mL、0.20 mg/mL 和 0.50 mg/mL。用时配制以备衍生化用。准确移取标准系列溶液 10.0 mL 衍生化。

色谱条件:弱极性石英毛细管柱(内涂 5%苯基甲基聚硅氧烷,30 m×0.53 mm×1.0 μm)或等效柱;柱温升温程序:初温 55 ℃保持 3 min, 10 ℃/min 升温至 90 ℃保持 0.5 min, 20 ℃/min 升温至 200 ℃保持 3 min;进样口:温度 230 ℃;进样量 1 μL,不分流/分流进样,分流比 1:5(分流比及方式可根据色谱仪器条件调整);检测器:氢火焰离子化检测器(FID),温度 260℃;载气:高纯氮气,流量 12.0 mL/min,尾吹 20 mL/min;氢气 30 mL/min;空气 330 mL/min(载气、氢气、空气流量大小可根据仪器条件进行调整)。

　　色谱分析:分别吸取 1 μL 经衍生化处理的标准系列各浓度溶液上清液,注入气相色谱仪中,可测得不同浓度被测物的响应值峰面积,以浓度为横坐标,以环己醇亚硝酸酯和环己醇两峰面积之和为纵坐标,绘制标准曲线。在完全相同的条件下进样 1 μL 经衍生化处理的试样待测液上清液,保留时间定性,测得峰面积,根据标准曲线得到样液中的组分浓度;试样上清液响应值若超出线性范围,应用正庚烷稀释后再进样分析。平行测定次数不少于两次。

　　试样中环己基氨基磺酸含量按式(13.3)计算:

$$w = \frac{\rho \times V}{m} \tag{13.3}$$

式中,w 为试样中环己基氨基磺酸的质量分数,g/kg;ρ 为由标准曲线计算出定容样液中环己基氨基磺酸的浓度,mg/mL;m 为试样质量,g;V 为试样的最后定容体积,mL。

　　结果用两次平行测定的平均值表示,保留三位有效数字。绝对差值不得超过算术平均值的 10%。取样量 5 g 时,本方法检出限为 0.010 g/kg,定量限 0.030 g/kg。

13.3.3　阿斯巴甜和阿力甜的分析

　　食品安全国家标准 GB 5009.263—2016《食品中阿斯巴甜和阿力甜的测定》适用于食品中阿斯巴甜和阿力甜的测定。

1. 原理

　　阿斯巴甜和阿力甜易溶于水、甲醇和乙醇等极性溶剂而不溶于脂溶性溶剂,蔬菜及其制品、水果及其制品、食用菌和藻类、谷物及其制品、焙烤食品、膨化食品和果冻试样用甲醇水溶液在超声波振荡下提取;浓缩果汁、碳酸饮料、固体饮料类、餐桌调味料和除胶基糖果以外的其他糖果试样用水提取;乳制品、含乳饮料类和冷冻饮品试样用乙醇沉淀蛋白后用乙醇水溶液提取;胶基糖果用正己烷溶解胶基并用水提取;脂肪类乳化制品、可可制品、巧克力及巧克力制品、坚果与籽类、水产及其制品、蛋制品用水提取,然后用正己烷除去脂类成分。各提取液在液相色谱 C18 反相柱上进行分离,在波长 200 nm 处检测,以色谱峰的保留时间定性,外标法定量。

2. 试剂

　　甲醇:色谱纯;乙醇:优级纯;阿力甜标准品($C_{14}H_{25}N_3O_4S$,CAS 号:80863-62-3):纯度≥99%;阿斯巴甜标准品($C_{14}H_{18}N_2O_5$,CAS 号:22839-47-0):纯度≥99%。

　　阿斯巴甜和阿力甜的标准储备液(0.5 mg/mL):各称取 0.025 g(精确至 0.0001 g)阿斯巴甜和阿力甜,用水溶解并转移至 50 mL 容量瓶中并定容至刻度,置于 4 ℃左右的冰箱保存,有效期为 90 天。

阿斯巴甜和阿力甜混合标准工作液系列的制备：将阿斯巴甜和阿力甜标准储备液用水逐级稀释成混合标准系列，阿斯巴甜和阿力甜的浓度均分别为 100 μg/mL、50 μg/mL、25 μg/mL、10.0 μg/mL、5.0 μg/mL 的标准使用溶液系列。置于 4 ℃左右的冰箱保存，有效期为 30 天。

除非另有说明，所用试剂均为分析纯，水为 GB/T 6682 规定的实验室一级水。

3. 仪器和设备

液相色谱仪，配有二极管阵列检测器或紫外检测器；超声波振荡器；天平：感量为 1 mg 和 0.1 mg；离心机：转速≥4000 r/min。

4. 分析步骤

1) 试样制备及处理

碳酸饮料、浓缩果汁、固体饮料、餐桌调味料和除胶基糖果以外的其他糖果称取约 5 g(精确到 0.001 g)碳酸饮料试样于 50 mL 烧杯中，在 50 ℃水浴上除去二氧化碳，然后将试样全部转入 25 mL 容量瓶中，备用；称取约 2 g 浓缩果汁试样(精确到 0.001 g)于 25 mL 容量瓶中，备用；称取约 1 g 的固体饮料或餐桌调味料或绞碎的糖果试样(精确到 0.001 g)于 50 mL 烧杯中，加 10 mL 水后超声波振荡提取 20 min，将提取液移入 25 mL 容量瓶中，烧杯中再加入 10 mL 水超声波振荡提取 10 min，提取液移入同一 25 mL 容量瓶，备用。将上述容量瓶的液体用水定容，混匀，4000 r/min 离心 5 min，上清液经 0.45 μm 水系滤膜过滤后用于色谱分析。

乳制品、含乳饮料和冷冻饮品：对于含有固态果肉的液态乳制品需要用食品加工机进行匀浆，对于干酪等固态乳制品，需用食品加工机按试样与水的质量比 1∶4 进行匀浆。

分别称取约 5 g 液态乳制品、含乳饮料、冷冻饮品、固态乳制品匀浆试样(精确到 0.001 g)于 50 mL 离心管，加入 10 mL 乙醇，盖上盖子；对于含乳饮料和冷冻饮品试样，首先轻轻上下颠倒离心管 5 次(不能振摇)，对于乳制品，先将离心管涡旋混匀 10 s，然后静置 1 min，4000 r/min 离心 5 min，上清液滤入 25 mL 容量瓶，沉淀用 8 mL 乙醇-水(2+1)洗涤，离心后上清液转移入同一 25 mL 容量瓶，用乙醇-水(2+1)定容，经 0.45 μm 有机系滤膜过滤后用于色谱分析。

果冻：对于可吸果冻和透明果冻，用玻棒搅匀，含有水果果肉的果冻需要用食品加工机进行匀浆。称取约 5 g(精确到 0.001 g)制备均匀的果冻试样于 50 mL 的比色管中，加入 25 mL 80%的甲醇水溶液，在 70 ℃的水浴上加热 10 min，取出比色管，趁热将提取液转入 50 mL 容量瓶，再用 15 mL 80%的甲醇水溶液分两次清洗比色管，并每次振摇约 10 s，并转入同一个 50 mL 的容量瓶，冷却至室温，用 80%的甲醇水溶液定容到刻度，混匀，4000 r/min 离心 5 min，将上清液经 0.45 μm 有机系滤膜过滤后用于色谱分析。

蔬菜及其制品、水果及其制品、食用菌和藻类：水果及其制品试样如有果核首先需要去掉果核。对于较干较硬的试样，用食品加工机按试样与水的质量比为 1∶4 进行匀浆，称取约 5 g(精确到 0.001 g)匀浆试样于 25 mL 的离心管中，加入 10 mL 70%的甲醇水溶液，摇匀，超声 10 min，4000r/min 条件下离心 5 min，上清液转入 25 mL 容量瓶，再加 8 mL 50%的甲醇水溶液重复操作一次，上清液转入同一个 25 mL 容量瓶，最后用 50%的甲醇水溶液定容，经 0.45 μm 有机系滤膜过滤后用于色谱分析。

对于含糖多的、较黏的、较软的试样，用食品加工机按试样与水的质量比为 1∶2 进行匀浆，称取约 3 g(精确到 0.001 g)匀浆试样于 25 mL 的离心管中；对于其他试样，用食品加工机按试样与水的质量比 1：1 进行匀浆，称取约 2 g(精确到 0.001 g)匀浆试样于 25 mL 的离心管中；然后向离心管加入 10 mL 60%的甲醇水溶液，摇匀，超声 10 min，4000 r/min 离心 5 min，上清液转入 25 mL 容量瓶中，再加 10 mL 50%的甲醇水溶液重复操作一次，上清液转入同一个 25mL 容量瓶中，最后用 50%的甲醇水溶液定容，经 0.45 μm 有机系滤膜过滤后用于色谱分析。

谷物及其制品、焙烤食品和膨化食品：试样需要用食品加工机进行均匀粉碎，称取 1 g(精确到 0.001 g)粉碎试样于 50 mL 离心管中，加入 12 mL 50%甲醇水溶液，涡旋混匀，超声振荡提取 10 min，4000 r/min 离心 5 min，上清液转移入 25 mL 容量瓶中，再加 10 mL 50%甲醇水溶液，涡旋混匀，超声振荡提取 5 min，4000 r/min 离心 5 min，上清液转入同一 25 mL 容量瓶中，用蒸馏水定容，经 0.45 μm 有机系滤膜过滤后用于色谱分析。

胶基糖果、脂肪类乳化制品、可可制品、巧克力及巧克力制品、坚果与籽类、水产及其制品和蛋制品胶基糖果：用剪刀将胶基糖果剪成细条状，称取约 3 g(精确到 0.001 g)剪细的胶基糖果试样，转入 100 mL 的分液漏斗中，加入 25 mL 水剧烈振摇约 1 min，再加入 30 mL 正己烷，继续振摇直至口香糖全部溶解(约 5 min)，静置分层约 5 min，将下层水相放入 50 mL 容量瓶，然后加入 10 mL 水到分液漏斗，轻轻振摇约 10 s，静置分层约 1 min，再将下层水相放入同一容量瓶中，再加入 10 mL 水重复 1 次操作，最后用水定容至刻度，摇匀后过 0.45 μm 水系滤膜后用于色谱分析。

脂肪类乳化制品、可可制品、巧克力及巧克力制品、坚果与籽类、水产及其制品、蛋制品：用食品加工机按试样与水的质量比为 1：4 进行匀浆，称取约 5 g(精确到 0.001 g)匀浆试样于 25 mL 离心管中，加入 10 mL 水，超声振荡提取 20 min，静置 1 min，在 4000 r/min 条件下离心 5 min，上清液转入 100 mL 的分液漏斗中，离心管中再加入 8 mL 水，超声振荡提取 10 min，静置和离心后将上清液再次转入分液漏斗中，向分液漏斗加入 15 mL 正己烷，振摇 30 s，静置分层约 5 min，将下层水相放入 25 mL 容量瓶，用水定容至刻度，摇匀后过 0.45 μm 水系滤膜后用于色谱分析。

2)仪器参考条件

①色谱柱：C18，柱长 250 mm，内径 4.6 mm，粒径 5 μm；②柱温：30 ℃；③流动相：甲醇-水(40+60)或乙腈-水(20+80)；④流速：0.8 mL/min；⑤进样量：20 μL；⑥检测器：二极管阵列检测器或紫外检测器；⑦检测波长：200 nm。

3)标准曲线的制作

将标准系列工作液分别在上述色谱条件下测定相应的峰面积(峰高)，以标准工作液的浓度为横坐标，以峰面积(峰高)为纵坐标，绘制标准曲线。

4)试样溶液的测定

在相同的液相色谱条件下，将试样溶液注入液相色谱仪中，以保留时间定性，以试样峰高或峰面积与标准比较定量。

试样中阿斯巴甜或阿力甜的含量按式(13.4)计算：

$$w = \frac{\rho \times V}{m \times 1000} \tag{13.4}$$

式中，w 为试样中阿斯巴甜或阿力甜的质量分数，g/kg；ρ 为由标准曲线计算出进样液中阿斯巴甜或阿力甜的质量浓度，μg/mL；V 为试样的最后定容体积，mL；m 为试样质量，g；1000 为由 μg/g 换算成 g/kg 的换算因子。

结果保留三位有效数字。获得的两次独立测定结果的绝对差值不得超过算术平均值的
10%。各类食品的阿斯巴甜和阿力甜的检出限和定量限见表 13.1。

表 13.1　各类食品中阿斯巴甜和阿力甜的检出限和定量限

食品类别	称样量/g	定容体积/mL	进样量/μL	定量限/(mg/kg)	检出限/(mg/kg)
碳酸饮料、含乳饮料、冷冻饮品、液态乳制品	5.0	25.0	20	3.0	1.0
果冻	5.0	50.0	20	6.0	2.0
浓缩果汁	2.0	25.0	20	7.5	2.5
胶基糖果	3.0	50.0	20	10	3.3
固体饮料、餐桌调味料、除胶基糖果以外的其他糖果、固态乳制品、蔬菜及其制品、水果及其制品、食用菌和藻类、谷物及其制品、焙烤食品和膨化食品、脂肪类乳化制品、可可制品、巧克力及巧克力制品、坚果与籽类、水产及其制品、蛋制品	1.0	25.0	20	15	5.0

阿斯巴甜和阿力甜标准色谱图见 GB 5009.263—2016。

13.3.4　木糖醇、山梨醇、麦芽糖醇、赤藓糖醇的分析

食品安全国家标准 GB 5009.279—2016《食品中木糖醇、山梨醇、麦芽糖醇、赤藓糖醇的
测定》规定了口香糖、饼干、糕点、面包、饮料中木糖醇、山梨醇、麦芽糖醇、赤藓糖醇的高
效液相色谱-示差折光检测和蒸发光散射检测测定方法适用于口香糖、饼干、糕点、面包、饮
料中木糖醇、山梨醇、麦芽糖醇、赤藓糖醇含量的测定。第一法为高效液相色谱-示差折光检
测法。

1. 原理

试样经沉淀蛋白质后过滤，上清液进高效液相色谱仪，经氨基色谱柱或阳离子交换色谱
柱分离，示差折光检测器检测，外标法定量。

2. 试剂

乙腈（CH_3CN）：色谱纯；三氯乙酸；无水碳酸钠。除非另有说明，所用试剂均为分析纯，
水为 GB/T 6682 规定的一级水。

三氯乙酸溶液（100 g/L）：称取 10 g 三氯乙酸，加水溶解并定容至 100 mL；碳酸钠溶液
（21.2 g/L）：称取 2.12 g 碳酸钠，加水溶解并定容至 100 mL，现用现配。

标准品：木糖醇（$C_5H_{12}O_5$，CAS 号：87-99-0），纯度≥99%，或经国家认证并授予标准
物质证书的标准物质；山梨醇（$C_6H_{14}O_6$，CAS 号：50-70-4），纯度≥99%，或经国家认证并
授予标准物质证书的标准物质；麦芽糖醇（$C_{12}H_{24}O_{11}$，CAS 号：585-88-6），纯度≥99%，或
经国家认证并授予标准物质证书的标准物质；赤藓糖醇（$C_4H_{10}O_4$，CAS 号：149-32-6），纯
度≥99%，或经国家认证并授予标准物质证书的标准物质。

40 mg/mL 标准储备液：分别称取 400 mg（精确至 0.1 mg）木糖醇、山梨醇、麦芽糖醇、赤藓糖醇标准品，加水定容至 10 mL，放置 4 ℃密封可储藏 1 个月。

标准工作液：分别准确移取各种糖醇标准储备液 40 μL、60 μL、80 μL、100 μL、120 μL、150 μL，加水定容至 1 mL，配制成质量浓度分别为 1.6 mg/mL、2.4 mg/mL、3.2 mg/mL、4.0 mg/mL、4.8 mg/mL、6.0 mg/mL 的混合系列标准工作溶液。

3. 仪器和设备

高效液相色谱仪：具有示差折光检测器；色谱柱：氨基色谱柱（内径 4.6 mm，柱长 250 mm，粒径 5 μm）或阳离子交换色谱柱（内径 6.5 mm，柱长 300 mm）；食品粉碎机；分析天平：感量为 0.1 mg、0.01 g；高速离心机：转速≥9500 r/min；超声波清洗机：工作频率 40 kHz，功率 500 W。

4. 分析步骤

1）试样制备及前处理

口香糖：取口香糖样品至少 20 g，用刀片切成小碎块，置于密闭的容器内混匀。准确称取 2 g 左右切碎的样品，置于 50 mL 离心管中，加入 40 mL 水，混匀后置于 80 ℃水浴锅中加热 20 min，每隔 5 min 振荡混匀，取出后 9000 r/min 离心 10 min。取 8 mL 上清液置于 10 mL 容量瓶中，加水定容、摇匀，0.22 μm 滤膜过滤后，上机测试。

饮料：对非蛋白饮料类，取样品至少 200 mL，充分混匀，置于密闭的容器内。称取 10 g 饮料于 50 mL 容量瓶中，加水定容至 50 mL，摇匀，0.22 μm 滤膜过滤后，上机测试。对蛋白饮料类，取样品至少 200 g，置于密闭的容器内混匀。称取样品 5 g，置于 50 mL 容量瓶中，加入 35 mL 水，摇匀后超声 30 min，每隔 5 min 振荡混匀，取出后 9000 r/min 离心 10 min。沉淀蛋白质：上清液中加入三氯乙酸溶液（100 g/L）5 mL，摇匀后室温放置 30 min，9500 r/min 离心 10 min。取 8 mL 上清液于 10 mL 容量瓶中并加水定容，摇匀后取滤液 850 μL，加入碳酸钠溶液（21.2 g/L）150 μL，摇匀中和；或取 10 mL 上清液加入 20 mL 乙腈，摇匀后室温放置 30 min，9500 r/min 离心 10 min，上清定容至 50 mL，摇匀。0.22 μm 的微孔滤膜过滤，上机测试。

注：对糖醇含量较低，经乙腈沉淀稀释后低于检出限的样品，应采用三氯乙酸沉淀。对赤藓糖醇含量较低（≤1%）的样品，应采用乙腈沉淀。其他情况两种方法均可。

饼干、糕点、面包：取样品至少 200 g，用粉碎机粉碎，置于密闭的容器内混匀。称取粉碎的样品 1～5 g，置于 50 mL 离心管中，加入 40 mL 水，摇匀后超声 30 min，每隔 5 min 振荡混匀，取出后 9000 r/min 离心 10 min。沉淀蛋白质：上清液中加入三氯乙酸溶液 5 mL，摇匀后室温放置 30 min，9500 r/min 离心 10 min。取 8 mL 上清液于 10 mL 容量瓶中并加水定容，摇匀后取滤液 850 μL，加入碳酸钠溶液 150 μL，摇匀中和；或取 10 mL 上清液加入 20 mL 乙腈，摇匀后室温放置 30 min，9500 r/min 离心 10 min，上清定容至 50 mL，摇匀。0.22 μm 滤膜过滤后，上机测试。

注：对糖醇含量较低，经乙腈沉淀稀释后低于检出限的样品，应采用三氯乙酸沉淀。对赤藓糖醇含量较低（≤1%）的样品，应采用乙腈沉淀。其他情况两种方法均可。

2）氨基色谱柱的仪器条件

色谱柱：氨基柱，柱长 250 mm，内径 4.6 mm，粒径 5 μm，或等效柱；柱温：30 ℃；

流动相：乙腈∶水=80∶20；流速：1.0 mL/min；进样量：20 μL；检测池温度：30 ℃。

3）阳离子交换色谱柱的仪器条件

色谱柱：阳离子交换柱，柱长 300 mm，内径 6.5 mm，或等效柱；柱温：80 ℃；流动相：水或与色谱柱匹配的酸性水溶液；流速：0.5 mL/min；进样量：20 μL；检测池温度：50 ℃。

4）标准曲线的制作

将 20 μL 标准系列工作液分别注入高效液相色谱仪中，在色谱条件下测定标准溶液的响应值(峰面积)，以标准工作液的浓度为横坐标，以响应值(峰面积)为纵坐标，绘制标准曲线。

5）试样溶液的测定

将 20 μL 试样溶液注入高效液相色谱仪中，在色谱条件下测定试样的响应值(峰面积)，通过各个糖醇的色谱峰的保留时间定性。根据峰面积由标准曲线得到试样溶液中木糖醇、山梨醇、麦芽糖醇、赤藓糖醇的浓度。

试样中糖醇含量按式(13.5)计算：

$$w = \frac{\rho \times V \times 100}{m \times 1000} \tag{13.5}$$

式中，w 为试样中木糖醇、山梨醇、麦芽糖醇、赤藓糖醇的质量分数，%；ρ 为由标准曲线获得的试样溶液中木糖醇、山梨醇、麦芽糖醇、赤藓糖醇的浓度，mg/mL；V 为水溶液总体积，mL；m 为试样的质量，g；1000 为换算系数。

计算结果保留两位有效数字。在重复性条件下获得的两次独立测定结果的绝对差值不得超过算术平均值的 10%。木糖醇、山梨醇、麦芽糖醇、赤藓糖醇的检出限均为 0.4 g/(100 g)，定量限均为 1.3 g/(100 g)。

13.4 护色剂——硝酸盐和亚硝酸盐的分析

食品加工过程中，添加适量化学物质与食品中某些成分作用，使制品呈现良好色泽的物质称为护色剂。常用的护色剂主要有硝酸盐和亚硝酸盐，在微生物作用下，硝酸盐可还原为亚硝酸盐(或直接加入亚硝酸盐)，在肌肉中的乳酸作用下生成亚硝酸，亚硝酸不稳定，可分解产生亚硝基(—NO)，与肉类中的肌红蛋白结合，生成鲜艳红色的亚硝基肌红蛋白和亚硝基血红蛋白，保持肉制品的良好色泽。

亚硝酸盐有毒性，与胺类物质生成强致癌物亚硝胺；摄入量过多可使血液中正常的血红蛋白(二价铁)变成正铁血红蛋白(三价铁)而失去携氧功能，影响血液中氧的运输而发生肠原性青紫症；长时间摄入亚硝酸钠可破坏体内的维生素 A，并影响胡萝卜素转化为维生素 A。亚硝酸盐除护色外，还抑制微生物的繁殖，尤其是防止肉毒梭状芽孢杆菌中毒，是一种防腐剂，可增强肉制品风味，所以，各国均在一定的严格限量范围之内使用。用时加适量抗坏血酸或异抗坏血酸与其钠盐混合，可阻断亚硝酸胺的形成，提高食品的安全性。FAO/WHO 规定亚硝酸钠的 ADI 值为 0～0.2 mg/kg(体重)。HACSG 建议不得用于儿童食品。我国《食品添加剂使用卫生标准》(GB 2760—2011)规定，亚硝酸钠可用于腌制畜、禽肉类罐头、肉制品，最大使用量为 0.15 g/kg，其残留量在西式火腿中不得超过 70 mg/kg(以亚硝酸计)，在肉类罐头中不得超过 50 mg/kg，其他肉制品中不得超过 30 mg/kg。

食品安全国家标准 GB 5009.33—2016《食品中亚硝酸盐与硝酸盐的测定》，规定了食品中亚硝酸盐和硝酸盐的测定方法，适用于食品中亚硝酸盐和硝酸盐的测定。第一法为离子色谱法，第二法为可见分光光度法，第三法为紫外分光光度法。下面先介绍第一法。

13.4.1 离子色谱法（GB 5009.33—2016 的第一法）

1. 原理

试样经沉淀蛋白质、除去脂肪后，采用相应的方法提取和净化，以氢氧化钾溶液为淋洗液，阴离子交换柱分离，电导检测器或紫外检测器检测。以保留时间定性，外标法定量。

2. 试剂

乙酸；氢氧化钾；乙酸溶液（3%）：量取乙酸 3 mL 于 100 mL 容量瓶中，以水稀释至刻度，混匀；氢氧化钾溶液（1 mol/L）：称取 6 g 氢氧化钾，加入新煮沸过的冷水溶解，并稀释至 100 mL，混匀。

亚硝酸钠（CAS 号：7632-00-0）：基准试剂，或采用具有标准物质证书的亚硝酸盐标准溶液。

硝酸钠（CAS 号：7631-99-4）：基准试剂，或采用具有标准物质证书的硝酸盐标准溶液。

亚硝酸盐标准储备液（100 mg/L，以 NO_2^- 计，下同）：准确称取 0.1500 g 于 110～120 ℃干燥至恒量的亚硝酸钠，用水溶解并转移至 1000 mL 容量瓶中，加水稀释至刻度，混匀。

硝酸盐标准储备液（1000 mg/L，以 NO_3^- 计，下同）：准确称取 1.3710 g 于 110～120 ℃干燥至恒量的硝酸钠，用水溶解并转移至 1000 mL 容量瓶中，加水稀释至刻度，混匀。

亚硝酸盐和硝酸盐混合标准中间液：准确移取亚硝酸根离子（NO_2^-）和硝酸根离子（NO_3^-）的标准储备液各 1.0 mL 于 100 mL 容量瓶中，用水稀释至刻度，此溶液每升含亚硝酸根离 1.0 mg 和硝酸根离子 10.0 mg。

亚硝酸盐和硝酸盐混合标准使用液：移取亚硝酸盐和硝酸盐混合标准中间液，加水逐级稀释，制成系列混合标准使用液，亚硝酸根离子浓度分别为 0.02 mg/L、0.04 mg/L、0.06 mg/L、0.08 mg/L、0.10 mg/L、0.15 mg/L 和 0.20 mg/L；硝酸根离子浓度分别为 0.2 mg/L、0.4 mg/L、0.6 mg/L、0.8 mg/L、1.0 mg/L、1.5 mg/L 和 2.0 mg/L。

3. 仪器和设备

离子色谱仪：配电导检测器及抑制器或紫外检测器，高容量阴离子交换柱，50 μL 定量环；食物粉碎机；超声波清洗器；分析天平：感量为 0.1 mg 和 1 mg；离心机：转速≥10000 r/min，配 50 mL 离心管；0.22 μm 水性滤膜针头滤器；净化柱：包括 C18 柱、Ag 柱和 Na 柱或等效柱；注射器：1.0 mL 和 2.5 mL。

注：玻璃器皿用前需依次用 2 mol/L 氢氧化钾和水分别浸泡 4 h 后，用水冲洗 3～5 次，晾干备用。

4. 分析步骤

1) 试样预处理

蔬菜、水果：将新鲜蔬菜、水果试样用自来水洗净后，用水冲洗，晾干后，取可食部分切碎混匀。将切碎的样品用四分法取适量，用食物粉碎机制成匀浆，备用。如需加水应记录加水量；粮食及其他植物样品：除去可见杂质后，取有代表性试样 50～100 g，粉碎后，过 0.30 mm 孔筛，混匀，备用； 肉类、蛋、水产及其制品：用四分法取适量或取全部，用食物粉碎机制成匀浆，备用； 乳粉、豆奶粉、婴儿配方粉等固态乳制品(不包括干酪)：将试样装入能够容纳两倍试样体积的带盖容器中，通过反复摇晃和颠倒容器使样品充分混匀直到使试样均一化；发酵乳、乳、炼乳及其他液体乳制品：通过搅拌或反复摇晃和颠倒容器使试样充分混匀；干酪：取适量的样品研磨成均匀的泥浆状。为避免水分损失，研磨过程中应避免产生过多的热量。

2) 提取

蔬菜、水果等植物性试样：称取试样 5 g(精确至 0.001 g，可适当调整试样的取样量，以下相同)，置于 150 mL 具塞锥形瓶中，加入 80 mL 水，1 mL 1 mol/L 氢氧化钾溶液，超声提取 30 min，每隔 5 min 振摇 1 次，保持固相完全分散。于 75 ℃水浴中放置 5 min，取出放置至室温，定量转移至 100 mL 容量瓶中，加水稀释至刻度，混匀。溶液经滤纸过滤后，取部分溶液于 10 000 r/min 离心 15 min，上清液备用。肉类、蛋类、鱼类及其制品等：称取试样匀浆 5 g(精确至 0.001 g)，置于 150 mL 具塞锥形瓶中，加入 80 mL 水，超声提取 30 min，每隔 5 min 振摇 1 次，保持固相完全分散。于 75 ℃水浴中放置 5 min，取出放置至室温，定量转移至 100 mL 容量瓶中，加水稀释至刻度，混匀，溶液经滤纸过滤后，取部分溶液于 10 000 r/min 离心 15 min，上清液备用。腌鱼类、腌肉类及其他腌制品：称取试样匀浆 2 g(精确至 0.001 g)，置于 150 mL 具塞锥形瓶中，加入 80 mL 水，超声提取 30 min，每隔 5 min 振摇 1 次，保持固相完全分散。于 75 ℃水浴中放置 5 min，取出放置至室温，定量转移至 100 mL 容量瓶中，加水稀释至刻度，混匀。溶液经滤纸过滤后，取部分溶液于 10 000 r/min 离心 15 min，上清液备用。乳：称取试样 10 g(精确至 0.01 g)，置于 100 mL 具塞锥形瓶中，加水 80 mL，摇匀，超声 30 min，加入 3%乙酸溶液 2 mL，于 4 ℃放置 20 min，取出放置至室温，加水稀释至刻度。溶液经滤纸过滤，滤液备用。乳粉及干酪：称取试样 2.5 g(精确至 0.01 g)，置于 100 mL 具塞锥形瓶中，加水 80 mL，摇匀，超声 30 min，取出放置至室温，定量转移至 100 mL 容量瓶中，加入 3%乙酸溶液 2 mL，加水稀释至刻度，混匀。于 4 ℃放置 20 min，取出放置至室温，溶液经滤纸过滤，滤液备用。

取上述备用溶液约 15 mL，通过 0.22 μm 水性滤膜针头滤器、C18 柱，弃去前面 3 mL(如果氯离子大于 100 mg/L，则需要依次通过针头滤器、C18 柱、Ag 柱和 Na 柱，弃去前面 7 mL)，收集后面洗脱液待测。固相萃取柱使用前需进行活化，C18 柱(1.0 mL)、Ag 柱(1.0 mL)和 Na 柱(1.0 mL)，其活化过程为：C18 柱(1.0 mL)使用前依次用 10 mL 甲醇、15 mL 水通过，静态活化 30 min。Ag 柱(1.0 mL)和 Na 柱(1.0 mL)用 10 mL 水通过，静置活化 30 min。

3) 仪器参考条件

色谱柱：氢氧化物选择性，可兼容梯度洗脱的二乙烯基苯-乙基苯乙烯共聚物基质，烷醇基季铵盐功能团的高容量阴离子交换柱，4 mm×250 mm(带保护柱 4 mm×50 mm)，或性能相当的离子色谱柱。

4) 淋洗液

氢氧化钾溶液，浓度为 6～70 mmol/L；洗脱梯度 6 mmol/L 30 min，70 mmol/L 5 min，6 mmol/L 5 min；流速 1.0 mL/min；粉状婴幼儿配方食品：氢氧化钾溶液，浓度为 5～50 mmol/L；洗脱梯度 5 mmol/L 33 min，50 mmol/L 5 min，5 mmol/L 5 min；流速 1.3 mL/min。

检测器：电导检测器，检测池温度为 35 ℃；或紫外检测器，检测波长为 226 nm。进样体积：50 μL（可根据试样中被测离子含量进行调整）；抑制器。

5) 标准曲线的制作

将标准系列工作液分别注入离子色谱仪中，得到各浓度标准工作液色谱图，测定相应的峰高（μS）或峰面积，以标准工作液的浓度为横坐标，以峰高或峰面积为纵坐标绘制标准曲线。

6) 试样溶液的测定

将空白和试样溶液注入离子色谱仪中，得到空白和试样溶液的峰高或峰面积，根据标准曲线得到待测液中亚硝酸根离子或硝酸根离子的浓度。

试样中亚硝酸离子或硝酸根离子的含量按式 (13.6) 计算：

$$w = \frac{(\rho - \rho_0) \times V \times f}{m} \tag{13.6}$$

式中，w 为试样中亚硝酸根离子或硝酸根离子的质量分数，mg/kg；ρ 为测定用试样溶液中的亚硝酸根离子或硝酸根离子浓度，mg/L；ρ_0 为试剂空白液中亚硝酸根离子或硝酸根离子的浓度，mg/L；V 为试样溶液体积，mL；f 为试样溶液稀释倍数；m 为试样取样量，g。

试样中测得的亚硝酸根离子含量乘以换算系数 1.5，即得亚硝酸盐（按亚硝酸钠计）含量；试样中测得的硝酸根离子含量乘以换算系数 1.37，即得硝酸盐（按硝酸钠计）含量。结果保留两位有效数字。

重复性条件下获得的两次独立测定结果的绝对差值不得超过算术平均值的 10%。第一法中亚硝酸盐和硝酸盐检出限分别为 0.2 mg/kg 和 0.4 mg/kg。

13.4.2　可见分光光度法（GB 5009.33—2016 第二法）

1. 原理

亚硝酸盐采用盐酸萘乙二胺法测定，硝酸盐采用镉柱还原法测定。试样经沉淀蛋白质、除去脂肪后，在弱酸条件下，亚硝酸盐与对氨基苯磺酸重氮化后，再与盐酸萘乙二胺偶合形成紫红色染料，外标法测得亚硝酸盐含量。采用镉柱将硝酸盐还原成亚硝酸盐，测得亚硝酸盐总量，由测得的亚硝酸盐总量减去试样中亚硝酸盐含量，即得试样中硝酸盐含量。

2. 仪器与试剂

亚铁氰化钾；乙酸锌；冰醋酸；硼酸钠；盐酸；氨水；对氨基苯磺酸；盐酸萘乙二胺 ($C_{12}H_{14}N_2 \cdot 2HCl$)；锌皮或锌棒；硫酸镉；硫酸铜。

除非另有说明，本法所用试剂均为分析纯，水为 GB/T 6682 规定的一级水。

亚铁氰化钾溶液（106 g/L）：称取 106.0 g 亚铁氰化钾，用水溶解，并稀释至 1000 mL；乙酸锌溶液（220 g/L）：称取 220.0 g 乙酸锌，先加 30 mL 冰醋酸溶解，用水稀释至 1000 mL；饱和硼砂溶液（50 g/L）：称取 5.0 g 硼酸钠，溶于 100 mL 热水中，冷却后备用；氨缓冲溶液（pH=9.6～9.7）：量取 30 mL 盐酸，加 100 mL 水，混匀后加 65 mL 氨水，再加水稀释至 1000 mL，混匀调节 pH 至 9.6～9.7；氨缓冲液的稀释液：量取 50 mL pH=9.6～9.7 氨缓冲溶液，加水稀释至 500 mL，混匀；盐酸（0.1 mol/L）：量取 8.3 mL 盐酸，用水稀释至 1000 mL；盐酸（2 mol/L）：量取 167 mL 盐酸，用水稀释至 1000 mL；盐酸（20%）：量取 20 mL 盐酸，用水稀释至 100 mL；对氨基苯磺酸溶液（4 g/L）：称取 0.4 g 对氨基苯磺酸，溶于 100 mL 20%盐酸中，混匀，置于棕色瓶中，避光保存；盐酸萘乙二胺溶液（2 g/L）：取 0.2 g 盐酸萘乙二胺，溶于 100 mL 水中，混匀，置于棕色瓶中，避光保存；硫酸铜溶液（20 g/L）：称取 20 g 硫酸铜，加水溶解，并稀释至 1000 mL；硫酸镉溶液（40 g/L）：称取 40 g 硫酸镉，加水溶解，并稀释至 1000 mL；乙酸溶液（3%）：量取冰醋酸 3 mL 于 100 mL 容量瓶中，以水稀释至刻度，混匀。

标准品：亚硝酸钠（CAS 号：7632-00-0）：基准试剂，或采用具有标准物质证书的亚硝酸盐标准溶液；硝酸钠（CAS 号：7631-99-4）：基准试剂，或采用具有标准物质证书的硝酸盐标准溶液。

亚硝酸钠标准溶液（200 μg/mL，以亚硝酸钠计）：准确称取 0.1000 g 于 110～120 ℃干燥恒量的亚硝酸钠，加水溶解，移入 500 mL 容量瓶中，加水稀释至刻度，混匀。

硝酸钠标准溶液（200 μg/mL，以亚硝酸钠计）：准确称取 0.1232 g 于 110～120 ℃干燥恒量的硝酸钠，加水溶解，移入 500 mL 容量瓶中，并稀释至刻度。

亚硝酸钠标准使用液（5.0 μg/mL）：临用前，吸取 2.50 mL 亚硝酸钠标准溶液，置于 100 mL 容量瓶中，加水稀释至刻度。

硝酸钠标准使用液（5.0 μg/mL，以亚硝酸钠计）：临用前，吸取 2.50 mL 硝酸钠标准溶液，置于 100 mL 容量瓶中，加水稀释至刻度。

天平：感量为 0.1 mg 和 1 mg；组织捣碎机；超声波清洗器；恒温干燥箱；分光光度计；镉柱或镀铜镉柱。

3. 镉柱的处理

1）海绵状镉的制备

镉粒直径 0.3～0.8 mm。将适量的锌棒放入烧杯中，用 40 g/L 硫酸镉溶液浸没锌棒。在 24 h 之内，不断将锌棒上的海绵状镉轻轻刮下。取出残余锌棒，使镉沉底，倾去上层溶液。用水冲洗海绵状镉两三次后，将镉转移至搅拌器中，加 400 mL 盐酸（0.1 mol/L），搅拌数秒，以得到所需粒径的镉颗粒。将制得的海绵状镉倒回烧杯中，静置 3～4 h，期间搅拌数次，以除去气泡。倾去海绵状镉中的溶液，并可按下述方法进行镉粒镀铜。

2）镉粒镀铜

将制得的镉粒置锥形瓶中（所用镉粒的量以达到要求的镉柱高度为准），加足量的 2 mol/L 盐酸浸没镉粒，振荡 5 min，静置分层，倾去上层溶液，用水多次冲洗镉粒。在镉粒中加入 20 g/L 硫酸铜溶液（每克镉粒约需 2.5 mL），振荡 1 min，静置分层，倾去上层溶液后，立即用水冲洗镀铜镉粒（注意镉粒要始终用水浸没），直至冲洗的水中不再有铜沉淀。

3）镉柱的装填

如图 13.1 所示，用水装满镉柱玻璃柱，并装入约 2 cm 高的玻璃棉做垫，将玻璃棉压向柱底时，应将其中所包含的空气全部排出，在轻轻敲击下加入海绵状镉至 8～10 cm[图 13.1（a）]或 15～20 cm[图 13.1（b）]，上面用 1 cm 高的玻璃棉覆盖。若使用装置（b），则上置一储液漏斗，末端要穿过橡胶塞与镉柱玻璃管紧密连接。如果无上述镉柱玻璃管时，可以用 25 mL 酸式滴定管代用，但过柱时要注意始终保持液面在镉层之上。当镉柱填装好后，先用 25 mL 盐酸（0.1 mol/L）洗涤，再以水洗两次，每次 25 mL，镉柱不用时用水封盖，随时都要保持水平面在镉层之上，不得使镉层夹有气泡。镉柱使用完毕后，应先以 25 mL 盐酸（0.1 mol/L）洗涤，再以水洗两次，每次 25 mL，最后用水覆盖镉柱。

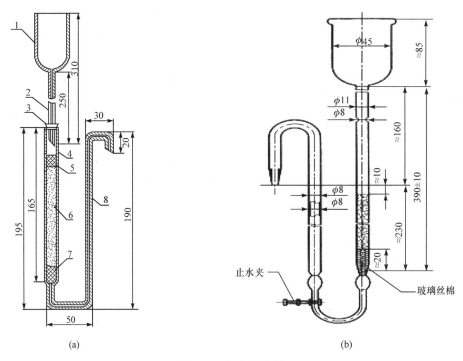

图 13.1　镉柱示意图

1. 储液漏斗，内径 35 mm，外径 37 mm；2. 进液毛细管，内径 0.4 mm，外径 6 mm；3. 橡皮塞；4. 镉柱玻璃管，内径 12 mm，
外径 16 mm；5、7. 玻璃棉；6. 海绵状镉；8. 出液毛细管，内径 2 mm，外径 8 mm

4）镉柱还原效率的测定

吸取 20 mL 硝酸钠标准使用液，加入 5 mL 氨缓冲液的稀释液，混匀后注入储液漏斗，使流经镉柱还原，用一个 100 mL 的容量瓶收集洗提液。洗提液的流量不应超过 6 mL/min，在储液杯将要排空时，用约 15 mL 水冲洗杯壁。冲洗水流尽后，再用 15 mL 水重复冲洗，第 2 次冲洗水也流尽后，将储液杯灌满水，并使其以最大流量流过柱子。当容量瓶中的洗提液接近 100 mL 时，从柱子下取出容量瓶，用水定容至刻度，混匀。取 10.0 mL 还原后的溶液（相当 10 μg 亚硝酸钠）于 50 mL 比色管中，以下按亚硝酸盐的测定中自"吸取 0.00 mL、0.20 mL、0.40 mL、0.60 mL、0.80 mL、1.00 mL、…"起操作，根据标准曲线计算测得结果，与加入量一致，还原效率应大于 95%为符合要求。还原效率计算按式（13.7）计算：

$$x = \frac{m_1}{10} \times 100\% \tag{13.7}$$

式中，x 为还原效率，%；m_1 为测得亚硝酸钠的质量，μg；10 为测定用溶液相当亚硝酸钠的质量，μg。

如果还原率小于 95%时，将镉柱中的镉粒倒入锥形瓶中，加入足量的盐酸（2 mol/L）中，振荡数分钟，再用水反复冲洗。

4. 分析步骤

1）试样的预处理
同离子色谱法。

2) 提取

干酪：称取试样 2.5 g（精确至 0.001 g），置于 150 mL 具塞锥形瓶中，加水 80 mL，摇匀，超声 30 min，取出放置至室温，定量转移至 100 mL 容量瓶中，加入 3%乙酸溶液 2 mL，加水稀释至刻度，混匀。于 4 ℃放置 20 min，取出放置至室温，溶液经滤纸过滤，滤液备用。

液体乳样品：称取试样 90 g（精确至 0.001 g），置于 250 mL 具塞锥形瓶中，加 12.5 mL 饱和硼砂溶液，加入 70 ℃左右的水约 60 mL，混匀，于沸水浴中加热 15 min，取出置冷水浴中冷却，并放置至室温。定量转移上述提取液至 200 mL 容量瓶中，加入 5 mL 106 g/L 亚铁氰化钾溶液，摇匀，再加入 5 mL 220 g/L 乙酸锌溶液，以沉淀蛋白质。加水至刻度，摇匀，放置 30 min，除去上层脂肪，上清液用滤纸过滤，滤液备用。

乳粉：称取试样 10 g（精确至 0.001 g），置于 150 mL 具塞锥形瓶中，加 12.5 mL 50 g/L 饱和硼砂溶液，加入 70 ℃左右的水约 150 mL，混匀，于沸水浴中加热 15 min，取出置冷水浴中冷却，并放置至室温。定量转移上述提取液至 200 mL 容量瓶中，加入 5 mL 106 g/L 亚铁氰化钾溶液，摇匀，再加入 5 mL 220 g/L 乙酸锌溶液，以沉淀蛋白质。加水至刻度，摇匀，放置 30 min，除去上层脂肪，上清液用滤纸过滤，弃去初滤液 30 mL，滤液备用。

其他样品：称取 5 g（精确至 0.001 g）匀浆试样（如果制备过程中加水，应按加水量折算），置于 250 mL 具塞锥形瓶中，加 12.5 mL 50 g/L 饱和硼砂溶液，加入 70 ℃左右的水约 150 mL，混匀，于沸水浴中加热 15 min，取出置冷水浴中冷却，并放置至室温。定量转移上述提取液至 200 mL 容量瓶中，加入 5 mL 106 g/L 亚铁氰化钾溶液，摇匀，再加入 5 mL 220 g/L 乙酸锌溶液，以沉淀蛋白质。加水至刻度，摇匀，放置 30 min，除去上层脂肪，上清液用滤纸过滤，弃去初滤液 30 mL，滤液备用。

3) 亚硝酸盐的测定

吸取 40.0 mL 上述滤液于 50 mL 带塞比色管中，另吸取 0.00 mL、0.20 mL、0.40 mL、0.60 mL、0.80 mL、1.00 mL、1.50 mL、2.00 mL 和 2.50 mL 亚硝酸钠标准使用液（相当于 0.0 μg、1.0 μg、2.0 μg、3.0 μg、4.0 μg、5.0 μg、7.5 μg、10.0 μg 和 12.5 μg 亚硝酸钠），分别置于 50 mL 带塞比色管中。于标准管与试样管中分别加入 2 mL 4 g/L 对氨基苯磺酸溶液，混匀，静置 3～5 min 后各加入 1 mL 2 g/L 盐酸萘乙二胺溶液，加水至刻度，混匀，静置 15 min，用 1 cm 比色杯，以零管调节零点，于波长 538 nm 处测吸光度，绘制标准曲线比较。同时做试剂空白。

4) 硝酸盐的测定

镉柱还原：先以 25 mL 氨缓冲液的稀释液冲洗镉柱，流速控制在 3～5 mL/min（以滴定管代替的可控制在 2～3 mL/min）。吸取 20 mL 滤液于 50 mL 烧杯中，加 5 mL pH=9.6～9.7 的氨缓冲溶液，混合后注入储液漏斗，使流经镉柱还原，当储液杯中的样液流尽后，加 15 mL 水冲洗烧杯，再倒入储液杯中。冲洗水流后，再用 15 mL 水重复 1 次。当第 2 次冲洗水快流尽时，将储液杯装满水，以最大流速过柱。当容量瓶中的洗提液接近 100 mL 时，取出容量瓶，用水定容刻度，混匀。

5) 亚硝酸钠总量的测定

吸取 10～20 mL 还原后的样液于 50 mL 比色管中。以下按亚硝酸盐的测定中自"吸取 0.00 mL、0.20 mL、0.40 mL、0.60 mL、0.80 mL、1.00 mL……"起操作。

亚硝酸盐(以亚硝酸钠计)的含量按式(13.8)计算:

$$w_1 = \frac{m_2 \times V_0}{m_3 \times V_1} \qquad (13.8)$$

式中,w_1 为试样中亚硝酸钠的质量分数,$\mu g/g$;m_2 为测定用样液中亚硝酸钠的质量,μg;m_3 为试样质量,g;V_1 为测定用样液体积,mL;V_0 为试样处理液总体积,mL。

结果保留两位有效数字。

6) 硝酸盐含量的计算

硝酸盐(以硝酸钠计)的含量按式(13.9)计算:

$$w_2 = \left(\frac{m_4 \times V_2 \times V_4}{m_5 \times V_3 \times V_5} - w_1 \right) \times 1.232 \qquad (13.9)$$

式中,w_2 为试样中硝酸钠的质量分数,$\mu g/g$;m_4 为经镉粉还原后测得总亚硝酸钠的质量,μg;m_5 为试样的质量,g;V_2 为试样处理液总体积,mL;V_3 为测总亚硝酸钠的测定用样液体积,mL;V_4 为经镉柱还原后样液总体积,mL;V_5 为经镉柱还原后样液的测定用体积,mL;w_1 为由式(13.12)计算出的试样中亚硝酸钠的质量分数,$\mu g/g$;1.232 为亚硝酸钠换算成硝酸钠的系数。

结果保留两位有效数字。重复性条件下获得的两次独立测定结果的绝对差值不得超过算术平均值的 10%。亚硝酸盐检出限:液体乳 0.06 mg/kg,乳粉 0.5 mg/kg,干酪及其他 1 mg/kg;硝酸盐检出限:液体乳 0.6 $\mu g/g$,乳粉 5 $\mu g/g$,干酪及其他 10 $\mu g/g$。

13.4.3　蔬菜、水果中硝酸盐的测定(GB 5009.33—2016 第三法紫外分光光度法)

1. 原理

用 pH=9.6～9.7 的氨缓冲液提取样品中硝酸根离子,同时加活性炭去除色素类,加沉淀剂去除蛋白质及其他干扰物质,利用硝酸根离子和亚硝酸根离子在紫外区 219 nm 处具有等吸收波长的特性,测定提取液的吸光度,其测得结果为硝酸盐和亚硝酸盐吸光度的总和,鉴于鲜蔬菜、水果中亚硝酸盐含量甚微,可忽略不计。测定结果为硝酸盐的吸光度,可从工作曲线上查得相应的质量浓度,计算样品中硝酸盐的含量。

2. 试剂

盐酸;25%氨水; 亚铁氰化钾; 硫酸锌;正辛醇($C_8H_{18}O$); 活性炭(粉状)。
除非另有说明,本法所用试剂均为分析纯。水为 GB/T 6682 规定的一级水。
氨缓冲溶液(pH=9.6～9.7):量取 20 mL 盐酸,加入 500 mL 水中,混合后加入 50 mL 氨水,用水定容至 1000 mL。调 pH 至 9.6～9.7。
亚铁氰化钾溶液(150 g/L):称取 150 g 亚铁氰化钾溶于水,定容至 1000 mL。
硫酸锌溶液(300 g/L):称取 300 g 硫酸锌溶于水,定容至 1000 mL。
硝酸钾(CAS 号:7757-79-1):基准试剂,或采用具有标准物质证书的硝酸盐标准溶液。
硝酸盐标准储备液(500 mg/L,以硝酸根计):称取 0.2039 g 于 110～120 ℃干燥至恒量的硝酸钾,用水溶解并转移至 250 mL 容量瓶中,加水稀释至刻度,混匀。此溶液硝酸根质量浓度为 500 mg/L,于冰箱内保存。
硝酸盐标准曲线工作液:分别吸取 0.00 mL、0.20 mL、0.40 mL、0.60 mL、0.80 mL、1.00 mL 和 1.20 mL 硝酸盐标准储备液于 50 mL 容量瓶中,加水定容至刻度,混匀。此标准系列溶液硝酸根质量浓度分别为 0.00 mg/L、2.00 mg/L、4.00 mg/L、6.00 mg/L、8.00 mg/L、10.00 mg/L 和 12.0 mg/L。

3. 仪器和设备

紫外分光光度计；分析天平：感量 0.01 g 和 0.0001 g；组织捣碎机；可调式往返振荡机；pH 计：精度为 0.01。

4. 分析步骤

1）试样制备

选取一定数量有代表性的样品，先用自来水冲洗，再用水清洗干净，晾干表面水分，用四分法取样，切碎，充分混匀，于组织捣碎机中匀浆（部分少汁样品可按一定质量比例加入等量水），在匀浆中加 1 滴正辛醇消除泡沫。

2）提取

称取 10 g（精确至 0.01 g）匀浆试样（如制备过程中加水，应按加水量折算）于 250 mL 锥形瓶中，加水 100 mL，加入 5 mL 氨缓冲溶液（pH=9.6～9.7），2 g 粉末状活性炭。振荡（往复速度为 200 次/min）30 min。定量转移至 250 mL 容量瓶中，加入 2 mL 150 g/L 亚铁氰化钾溶液和 2 mL 300 g/L 硫酸锌溶液，充分混匀，加水定容至刻度，摇匀，放置 5 min，上清液用定量滤纸过滤，滤液备用。同时做空白实验。

3）测定

根据试样中硝酸盐含量的高低，吸取上述滤液 2～10 mL 于 50 mL 容量瓶中，加水定容至刻度，混匀。用 1 cm 石英比色皿，于 219 nm 处测定吸光度。

标准曲线的制作：将标准曲线工作液用 1 cm 石英比色皿，于 219 nm 处测定吸光度。以标准溶液质量浓度为横坐标，吸光度为纵坐标绘制工作曲线。

硝酸盐（以硝酸根计）的含量按式（13.10）计算：

$$w = \frac{\rho \times V_1 \times V_3}{m \times V_2} \tag{13.10}$$

式中，w 为试样中硝酸盐的质量分数，mg/kg；ρ 为由工作曲线获得的试样溶液中硝酸盐的质量浓度，mg/L；V_1 为提取液定容体积，mL；V_3 为待测液定容体积，mL；m 为试样的质量，g；V_2 为吸取的滤液体积，mL。

结果保留两位有效数字。重复性条件下获得的两次独立测定结果的绝对差值不得超过算术平均值的 10%。第三法中硝酸盐检出限为 1.2 mg/kg。

13.5　合成着色剂的分析

13.5.1　概述

食用天然着色剂主要是指由动、植物组织中提取的色素，多为植物色素，包括微生物色素、动物色素及无机色素，一般较为安全，但稳定性及染着性、较差，价格较高。人工化学合成所制得的食用有机色素，与天然色素相比，颜色更鲜艳，不易褪色，且价格较低。但合成色素一般具有不同程度的毒性，我国允许使用的合成色素有苋菜红、胭脂红、赤藓红、新红、诱惑红、柠檬黄、日落黄、亮蓝、靛蓝等。

13.5.2 分析方法

食品安全国家标准 GB 5009.35—2016《食品中合成着色剂的测定》规定了饮料、配制酒、硬糖、蜜饯、淀粉软糖、巧克力豆及着色糖衣制品中合成着色剂(不含铝色锭)的测定方法，适用于饮料、配制酒、硬糖、蜜饯、淀粉软糖、巧克力豆及着色糖衣制品中合成着色剂(不含铝色锭)的测定。

1. 原理

食品中人工合成着色剂用聚酰胺吸附法或液-液分配法提取，制成水溶液，注入高效液相色谱仪，经反相色谱分离，根据保留时间定性和与峰面积比较进行定量。

2. 试剂

甲醇：色谱纯；正己烷(C_6H_{14})；盐酸；冰醋酸；甲酸；乙酸铵；柠檬酸($C_6H_8O_7 \cdot H_2O$)；硫酸钠；正丁醇($C_4H_{10}O$)；三正辛胺($C_{24}H_{51}N$)；无水乙醇；氨水：含量 20%～25%；聚酰胺粉(尼龙 6)：过 200 μm(目)筛。

除非另有说明，本法所用试剂均为分析纯，水为 GB/T 6682 规定的一级水。

乙酸铵溶液(0.02 mol/L)：称取 1.54 g 乙酸铵，加水至 1000 mL，溶解，经 0.45 μm 微孔滤膜过滤；氨水溶液：量取氨水 2 mL，加水至 100 mL，混匀；甲醇-甲酸溶液(6+4，体积比)：量取甲醇 60 mL，甲酸 40 mL，混匀；柠檬酸溶液：称取 20 g 柠檬酸，加水至 100 mL，溶解混匀；无水乙醇-氨水-水溶液(7+2+1，体积比)：量取无水乙醇 70 mL、氨水溶液 20 mL、水 10 mL，混匀；三正辛胺-正丁醇溶液(5%)：量取三正辛胺 5 mL，加正丁醇至 100 mL，混匀；饱和硫酸钠溶液；pH=6 的水：水加柠檬酸溶液调 pH 到 6；pH=4 的水：水加柠檬酸溶液调 pH 到 4。

标准品：柠檬黄(CAS：1934-21-0)；新红(CAS：220658-76-4)；苋菜红(CAS：915-67-3)；胭脂红(CAS：2611-82-7)；日落黄(CAS：2783-94-0)；亮蓝(CAS：3844-45-9)；赤藓红(CAS：16423-68-0)。

合成着色剂标准储备液(1 mg/mL)：准确称取按其纯度折算为 100%质量的柠檬黄、日落黄、苋菜红、胭脂红、新红、赤藓红、亮蓝各 0.1 g(精确至 0.0001 g)，置 100 mL 容量瓶中，加 pH=6 的水到刻度。配成水溶液(1.00 mg/mL)。

合成着色剂标准使用液(50 μg/mL)：临用时将标准储备液加水稀释 20 倍，经 0.45 μm 微孔滤膜过滤。配成每毫升相当 50.0 μg 的合成着色剂。

3. 仪器和设备

高效液相色谱仪，带二极管阵列或紫外检测器；天平：感量为 0.001 g 和 0.0001 g；恒温水浴锅；G3 垂融漏斗。

4. 分析步骤

1)试样制备

果汁饮料及果汁、果味碳酸饮料等：称取 20～40 g(精确至 0.001 g)，放入 100 mL 烧杯中。含二氧化碳样品加热或超声驱除二氧化碳；配制酒类：称取 20～40 g（精确至 0.001 g），放入 100 mL 烧杯中，加小碎瓷片数片，加热驱除乙醇；硬糖、蜜饯类、淀粉软糖等：称取 5～10 g（精确至 0.001 g）粉碎样品，放入 100 mL 小烧杯中，加水 30 mL，温热溶解，若样品溶液 pH 较高，用柠檬酸溶液调 pH 到 6 左右；巧克力豆及着色糖衣制品：称取 5～10 g（精确至 0.001 g），放入 100 mL 小烧杯中，用水反复洗涤色素，到巧克力豆无色素为止，合并色素漂洗液为样品溶液。

2）色素提取

聚酰胺吸附法：样品溶液加柠檬酸溶液调 pH 到 6，加热至 60 ℃，将 1 g 聚酰胺粉加少许水调成粥状，倒入样品溶液中，搅拌片刻，以 G3 垂融漏斗抽滤，用 60 ℃ pH 为 4 的水洗涤 3～5 次，然后用甲醇-甲酸混合溶液洗涤 3～5 次（含赤藓红的样品用液-液分配法处理），再用水洗至中性，用乙醇-氨水-水混合溶液解吸 3～5 次，直至色素完全解吸，收集解吸液，加乙酸中和，蒸发至近干，加水溶解，定容至 5 mL。经 0.45 μm 微孔滤膜过滤，进高效液相色谱仪分析。

液-液分配法（适用于含赤藓红的样品）：将制备好的样品溶液放入分液漏斗中，加 2 mL 盐酸、三正辛胺-正丁醇溶液（5%）10～20 mL，振摇提取，分取有机相，重复提取，直至有机相无色，合并有机相，用饱和硫酸钠溶液洗两次，每次 10 mL，分取有机相，放蒸发皿中，水浴加热浓缩至 10 mL，转移至分液漏斗中，加 10 mL 正己烷，混匀，加氨水溶液提取两三次，每次 5 mL，合并氨水溶液层（含水溶性酸性色素），用正己烷洗两次，氨水层加乙酸调成中性，水浴加热蒸发至近干，加水定容至 5 mL。经 0.45 μm 微孔滤膜过滤，进高效液相色谱仪分析。

3）仪器参考条件

色谱柱：C18 柱，4.6 mm×250 mm，5 μm；进样量：10 μL；柱温：35 ℃；二极管阵列检测器波长范围：400～800 nm，或紫外检测器检测波长：254 nm。梯度洗脱表见表 13.2。

表 13.2　梯度洗脱表

时间/min	流速/（mL/min）	0.02 mol/L 乙酸铵溶液/%	甲醇/%
0	1.0	95	5
3	1.0	65	35
7	1.0	0	100
10	1.0	0	100
10.1	1.0	95	5
21	1.0	95	5

4）测定

将样品提取液和合成着色剂标准使用液分别注入高效液相色谱仪，根据保留时间定性，外标峰面积法定量。试样中着色剂含量按式（13.11）计算：

$$w = \frac{\rho \times V}{m \times 1000} \tag{13.11}$$

式中，w 为试样中着色剂的质量分数，g/kg；ρ 为进样液中着色剂的浓度，μg/mL；V 为试样稀释总体积，mL；m 为试样质量，g；1000 为换算系数。

以重复性条件下两次独立测定结果的算术平均值表示，保留两位有效数字，两次独立测定结果的绝对差值不得超过算术平均值的 10%。方法检出限：柠檬黄、新红、苋莱红、胭脂红、日落黄均为 0.5 mg/kg，亮蓝、赤藓红均为 0.2 mg/kg(检测波长 254 nm 时亮蓝检出限为 1.0 mg/kg，赤藓红检出限为 0.5 mg/kg)。

思考题与习题

1. 什么是食品添加剂？食品添加剂有哪些种类？
2. 简述环己基氨基磺酸钠(甜蜜素)的分析原理。
3. 简述离子色谱法测定食品中硝酸盐、亚硝酸盐的方法和步骤。
4. 食品安全国家标准 GB 5009.35—2016《食品中合成着色剂的测定》中可以测定哪些色素？
5. 说明食品中 SO_2 的测定方法及原理。

知识扩展：警惕食品包装材料的危害

加拿大科学家发现,垃圾食品包装材料及微波爆米花袋上的化学物质会转移到食物中去,并被人体吸收,导致血液化学污染。

全氟羧酸(PFCAs)是一种可分解的化学物质,主要用于制造不粘锅及食品包装材料的防水剂、防污剂。而全氟辛酸(PFOA)目前已在全世界各地的人体内发现。

研究人员推测,人体内全氟羧酸的来源可能与多氟烷基磷酸酯(PAPS)有关,多氟烷基磷酸酯代谢物是全氟辛酸(PFOA)和全氟羧酸(PFCAs)的主要来源,因此人体内发现的全氟辛酸很可能与人们平时接触多氟烷基磷酸酯有关。

(高向阳　教授)

第14章 转基因食品快速分析技术

14.1 概　　述

14.1.1 转基因食品的安全性

用遗传工程的方法将一种生物的基因转入到另一种生物体内，从而使接受外来基因的生物获得它本身所不具有的新特性，这种获得外源基因的生物称为转基因生物（genetically modified organism，GMO）。含有转基因生物成分或者利用转基因植物、动物或微生物生产加工的食品称为转基因食品。

转基因食品的安全性主要包括食品安全性和环境安全性两个方面。转基因产品在人体内是否会导致基因突变而有害人体健康，是人们对转基因食品安全性产生怀疑的主要原因，主要涉及以下几个方面。首先是转基因食物的直接影响，包括营养成分、毒性或增加食物过敏物质的可能性。其次是转基因食品的间接影响。例如，经遗传工程修饰的基因片段导入后，引发基因突变或改变代谢途径，致使最终产物可能含有新的成分或改变现有成分的含量所造成的间接影响。再次是植物里导入了具有抗除草剂或毒杀病虫功能的基因后，是否会像其他有害物质那样能通过食物链进入人体。最后是转基因食品经由胃肠道吸收将基因转移至肠道微生物中，对人体健康造成影响。

环境安全性问题主要是指转基因植物释放到田间后，是否会将基因转移到野生植物中，是否会破坏自然生态环境，打破原有生物种群的动态平衡。包括：转基因生物对农业和生态环境的影响；产生超级杂草的可能；种植抗虫转基因植物后，可能使害虫产生免疫并遗传，从而产生更加难以消灭的"超级害虫"；转基因向非目标生物转移的可能性；其他生物吃了转基因食品后是否会产生畸变或灭绝；转基因生物是否会破坏生物的多样性。

这些担忧来源于转基因技术的不成熟性及其产品品质安全的不确定性，还来源于转基因技术对人类社会经济影响的不可预见性，需要大量的实践和较长的时间来证明。转基因产品安全评价，应作为转基因安全检测的核心内容。

14.1.2 转基因食品分析技术

根据检测目标，转基因产品的检测技术主要分成三个类型：一是检测转基因产品插入的外源基因，主要通过 PCR 技术和核酸探针的杂交检测技术准确、快速地检测外来基因；二是检测外源基因的表达产物，主要采用化学分析、凝胶电泳和酶联免疫方法；三是检测插入外源基因对载体基因表达的影响。目前食品中 GMO 成分的检测方法主要是前两种类型。检测工作中所涉及的检测目标包括三种类型：DNA、RNA 和蛋白质。蛋白质的检测主要用血清学方法，DNA 和 RNA 的检测主要用 PCR 及核酸杂交的方法。通过检测蛋白质和核酸，可确认转基因产品种类和成分含量。根据检验技术依据的原理，可大致分为以下几种。

1. 依赖于 GMO 中 DNA 成分的 PCR 技术

基于 DNA 生物合成的分子生物学原理而发明的聚合酶链式反应技术(PCR)是目前转基因食品检测的主要方法。利用与外源基因序列互补的特定引物对转基因食品中的外源 DNA 序列进行 PCR 扩增后分析,可以对转基因食品进行定性鉴别,也可进行转基因成分定量分析。PCR 简便、快速、几小时内可使某特异 DNA 片段扩增数万倍,所需的 DNA 模板量仅为 10 ng 以内,且使用粗提的 DNA 就可获得良好的扩增效果。这一技术的出现为外源基因的检测提供了便利条件,尤其是在转化材料少又需要及早检测的情况下。但是,由于 PCR 扩增的高度灵敏性,有时会出现假阳性扩增,因此常使 PCR 与其他技术相结合。常用的 PCR 种类有普通 PCR、槽式 PCR、多引物 PCR、定量 PCR、PCR-ELISA 等。

2. 免疫学方法

免疫学方法主要是利用抗体可以特异地与抗原分子(GMO 蛋白成分)结合,通过抗原-抗体的特异性识别反应进行检测,是一种特异、简便的检测程序。目前,人们发明了检测抗体与其目标抗原结合的许多方法,酶联免疫吸附测定(ELISA)就是其中之一。酶联免疫测定的过程中,抗体上通常还连接有一种酶,如碱性磷酸酶、过氧化物酶或脲酶等。如果样品中带有目标分子,抗体上连带的酶就能催化一种化学反应将无色的底物转变成有色物质,通过颜色的变化能判断出被测样品中是否含有目标分子。

3. 核酸杂交技术

核酸杂交技术的基本原理是两条 DNA 链之间可通过碱基配对形成氢键,通常该技术检测过程主要包括以下步骤:将单链的目的 DNA 结合到膜上,然后加入单链、标记过的探针 DNA,在一定的条件下使探针分子与目标 DNA 分子碱基配对,洗去未结合的标记探针,再检测探针和目标 DNA 形成的杂合分子。由此可知,一个核酸杂交技术有三个关键因素:探针 DNA、目的 DNA 和信号检测。把握好这三个因素,核酸杂交技术可以达到高特异性和高灵敏度的水平。

4. 生物传感器和生物芯片技术

转基因食品检测中常用的 ELISA 和 PCR 技术最大的缺点是检测范围窄,效率低,无法高通量大规模地同时检测多种样品,尤其对转基因背景一无所知时,对各种待检基因序列或蛋白逐一筛查几乎是不可能的。目前正在研究的转基因产品涉及的基因数量有上万种,今后都有可能进入商品化生产。因此,对转基因食品的检测,需要有更有效、快速、特别是高通量的检测方法,生物芯片技术能较好地解决这一问题。生物芯片根据所载探针种类分为基因芯片和蛋白质芯片两大类:基因芯片以 DNA 为探针,依据核酸杂交的原理检测样品中的特定基因序列;蛋白质芯片以蛋白质为探针,依据抗原抗体反应的免疫学原理检测样品中的特定蛋白质。

14.2　免疫化学分析技术

14.2.1　概述

在哺乳动物细胞中存在一套复杂的自身防御系统,以保护自己在受到外来有害物质和病原菌侵染时不受到致命伤害。其中有一类防御反应是淋巴细胞经过诱导产生特异的蛋白质，这些蛋白与外来物质的结合物能被机体中专门从事清理外来物质的细胞(如巨噬细胞)吞噬，被消化或被排出体外。机体的这一防御过程就是免疫反应，淋巴细胞产生的特异蛋白就是抗体。能刺激免疫系统发生免疫反应，产生抗体或形成致敏淋巴细胞，并能与相对应的抗体或致敏淋巴细胞发生特异性反应的物质，就是抗原。

抗原和抗体之间的结合特异性是免疫学检测技术的基础。在检测中，抗原是要检测的对象。免疫学检测法已经成为最特异、最灵敏、用途最广的现代分子检测技术之一，检出限可达到纳克、皮克级水平，并且可以利用抗原的范围也在扩大。无论是生物大分子还是有机小分子，都可通过免疫技术获得相应的抗体，大大拓宽了检测的应用范围。采用免疫学方法，尤其是利用酶联免疫吸附测定法制备的试剂盒在转基因成分快速检测中得到了广泛应用。

14.2.2 ELISA 快速检测方法

1. 基本原理

酶联免疫吸附分析法(ELISA)的基本原理是利用抗原抗体特异识别结合的免疫学特性，与酶反应相偶联，通过酶反应将抗原抗体结合的信号放大，提高检测灵敏度，还能产生有颜色的物质由肉眼或仪器识别。ELISA 测定一般在酶联板或膜上进行。另一种称为试纸条法，将特异的抗体交联到试纸条上，当纸上抗体和特异抗原结合后，再与有颜色的特异抗体反应形成带有颜色的三明治结构并固定在试纸上，若没有抗原就没有颜色。具体说，若要分析待测抗原 A，则需要 A 的抗体"抗 A"(第一抗体)，第一抗体通常不与酶连接，不能直接测定，因此常需制备抗 A 的抗体"抗抗 A"(第二抗体)，第二抗体不仅能特异识别并结合第一抗体，而且被共价连接上有催化活性的酶分子，此即酶标抗体，酶分子能专一催化底物生成容易检测的产物，使待测抗原得到定性或定量检测。ELISA 可分为直接法和间接法两种，根本区别在于酶分子标记的是第一抗体还是第二抗体，其中标记第二抗体的间接法特异性高，更常用。

ELISA 分析法必须具备三种试剂：待检测的固定相抗原或抗体，酶标记的抗原或抗体，以及酶作用的底物。该方法必须满足两个前提条件：待检测的抗原或抗体能够结合到不溶性载体表面并保持活性，标记酶能与抗原或抗体结合并同样保持各自生物活性。

2. 分析方法

ELISA 分析法首先将抗原或抗体结合到固相载体平板的孔里，再将待测溶液的特殊抗原或抗体结合到敏化载体表面，加入酶标抗体使之与抗原或抗体化合物结合，结合物通过标记酶催化底物的颜色改变被检测，由最后溶液的颜色深浅对待测抗原或抗体进行定量分析。

ELISA 分析法特异性高，获得结果快、仪器简单、易操作、对人员要求不高。免去了对样品进行核酸提取的麻烦，可降低检测的成本。酶具有很高的催化效率，可急剧放大反应效果，使测定达到很高的灵敏度和稳定性。

ELISA 分析法有一定的局限性，易出现假阴性结果。一方面转基因食品中"新蛋白"含量通常很低，难以检出；另一方面蛋白质在食品加工过程中易变性，蛋白质很可能失去抗体所针对的抗原表位，造成 ELISA 检测结果假阴性。此外蛋白质在受体生物基因组内表达前后如果进行新的修饰，也可导致检测敏感性降低及假阴性结果，不表达蛋白质的外源基因的转基因产品则无法检测。

14.3　PCR 检测技术

14.3.1　植物总 DNA 的提取方法

植物样品中的某些组分能抑制 DNA 聚合酶的活性。CTAB 法、Wizard 法和试剂盒法都能从真核生物或叶绿体中提取高产量的 DNA，满足 PCR 扩增检测的质量要求。但为避免出现假阴性结果，DNA 提取的质量控制步骤必不可少。在转基因产品检测中，同时对相关植物的内源基因进行对照检测是确定 DNA 提取是否成功的指标。对一些加工食品，其 DNA 含量有可能减少或受到一定程度的破坏，DNA 提取较为困难。

从食品样品中提取的 DNA 采用紫外分光光度法进行定量，所测定的吸光度 A（旧教科书中用光密度缩写"OD"值表示，已废止）为核酸总量。紫外分光光度法检测核酸的最佳范围是 2～50 μg/mL，吸光度 A 应控制在 0.05～1。PCR 级 DNA 溶液的 A_{260}/A_{280} 比值为 1.7～2.0。

1. CTAB 提取法

称取 100 mg 匀碎的样品，转移至无菌的反应管中，加 500 μL CTAB 缓冲液（2% CTAB，1.4 mol/L NaCl，0.1 mol/L Tris-HCl，20 mmol/L EDTA）于 65 ℃孵育 30 min，12 000g 离心力离心 10 min，转移上层液至含 200 μL 氯仿的管中，混匀 30 s 后以 11 500g 离心力离心 10 min 直至液相分层，上层液转移到另一个新管中，加两倍体积的 CTAB 沉淀液（5% CTAB，0.04 mol/L NaCl），室温下孵育 60 min，然后 12 000g 离心力离心 5 min，弃上清液。用 1.2 mol/L NaCl 溶液 350 μL 溶解沉淀，加 350 μL 氯仿，混匀 30 s 后以 12 000g 离心力离心 10 min。将上清液转移到另一新管中，加 0.6 倍体积异丙醇，充分混合后以 11 500g 离心力离心 10 min，弃上层液，将 500 μL 70%乙醇加入含有沉淀的小管中，混匀后离心 10 min，弃上清液直到沉淀物变干后，将 DNA 溶解在 100 μL 的无菌去离子水中。

2. 试剂盒法

在对转基因产品进行定量检测时，可用试剂盒法提取核酸。试剂盒法不仅操作简易，使用方便，并且试剂不需要自己配制，批次间的质量能够得到保证。目前商品化的试剂盒主要有 Wizard Genomie DNA Purification Kit（Promega）、Dneasy Plant Mini Kit（QIAGEN）、Wizard magnetic DNA Purification System 和 Plant DNA Prep Kit（上海农业科学院）等。

14.3.2　PCR 技术的原理及程序

1. 原理

PCR 技术就是利用核酸 DNA 聚合酶、引物和 4 种脱氧单核苷酸在试管内完成模板 DNA 的快速复制，每轮复制包括变性（DNA 模板双链以及 DNA 模板与引物之间在 94 ℃高温变性成单链）、退火（55 ℃引物与模板上特定互补区结合成双链）、延伸（72 ℃在 DNA 聚合酶作用下利用 4 种单核苷酸从引物结合位点沿模板 DNA 合成互补新链），如此循环往复，使模板 DNA 在短时间内得以指数扩增。理论上讲，只要有一个模板分子存在就可通过 PCR 扩增将其放大到可检测水平。通过 PCR 技术可简便快速地从微量生物材料中以体外扩增的方式获得大量特定核酸，并有很高的灵敏度和特异性。目前基于 GMO 特异外源 DNA 片段的定性 PCR 筛选方法已广泛用于转基因生物及食品的检测，一些国家将此作为本国有关食品法规的标准检验方法。

PCR 反应具有高度特异性和敏感性，只需对少量的 DNA 进行测定便可检测 GMO 成分。但对实验技术要求很高，结果易受许多因素干扰产生误差，检测的灵敏度和重现性降低，如操作人员移液时的误差、器皿用品的交叉污染等，还有 PCR 反应体系存在的抑制因素也可带来干扰。用于大批量检测时，费用较昂贵，一般 PCR 只用作转基因食品的定性筛选检测。

2. 检测过程

先在 92～95 ℃高温下使模板 DNA 变性，双链解开后，再降低温度至 40～60 ℃，两引物分别与单链模板中的目的片段 3'端互补区退火，形成局部双链区。这种结构的形成聚合酶的催化作用打下了基础。聚合酶将单核苷酸从引物的 3'端开始掺入，催化磷酸二酯键生成，温度升至 72 ℃，多核苷酸链根据模板的顺序按一定方向不断延伸，形成互补双链。由于两引物 3'端相对，双引物扩增的结果是形成目的片段的复制品。变性、退火、延伸，三步构成一个循环之后，目的基因扩增一倍。由于每次循环的产物都能成为下一循环的模板，因此 PCR 的产物量以指数方式增长，经过 20 个循环，目的片段可被扩增 10^6 倍。

3. 检测程序

PCR 检测转基因食品的基本步骤：首先提取待检材料 DNA，通常用 CTAB 法从食品材料中提取核酸；其次设计合适引物，PCR 扩增待检样品中的靶标 DNA；再次观测 PCR 产物，通过凝胶电泳分析将 PCR 产物展现；最后确定结果，有时为了避免假阳性，需对 PCR 产物进行限制性酶切分析，以进行质量控制。

阳性个体筛选的第一步是将模板 DNA 从待检样品中提取出来并纯化，不同的植物材料提取方法可能不完全一致。由于提取的 DNA 是和细胞内的蛋白质、RNA、多糖及其他杂质混合在一起，提取过程中必须利用不同试剂和不同方法将这些杂质去除。有商品化的 DNA 提取试剂盒可供选用，效果比较理想。提取后的 DNA 经琼脂糖凝胶电泳检测完整性，同时通过紫外分光光度计测定纯度并定量，方可用于 PCR 分析。

转基因食品检测的 PCR 扩增体系中，能否准确的检测到外源基因，引物的设计是非常关键的因素。高效而专一性强的引物才能精确地与样品模板 DNA 中待检测的序列杂交，得到特异性强的扩增产物。转基因作物 PCR 检测中引物的设计除了遵循一般的引物设计原则外，还要根据外源基因的遗传背景情况来设计。

在所有转基因植物中，外源基因都含有三个基本元件：第一是可提供植物理想性状的外源 DNA，称为目的基因；第二是基因 5'端大约含几十个碱基的特殊调控序列，可以控制目的基因在植物体内的表达，称为启动子；第三是终止子，即基因 3'端的一段信号序列，用来保证目的外源基因在此点转录正确终止。

转基因作物常用来自于花椰菜花叶病毒的 35 S 启动子和来自于植物细菌的 NOS 终止子，它们担任着新插入基因表达调控的开关。不同的转基因植物所含的外源目的基因种类千差万别，无法针对目的基因序列设计引物，也就无法根据目的基因状况获得扩增结果。由于启动子序列和终止子序列存在于所有转基因作物目的基因的两侧，在自然状态下的植物基因组中并不存在这两种序列，所以根据外源基因两端所用的启动子和终止子序列设计引物对转基因食品进行 PCR 检测，根据能否扩增出相应的启动子和终止子序列来筛选转基因食品。现已有商品化的 35 S 启动子和 NOS 终止子检测试剂盒。

除上述以外源基因调控序列设计引物进行转基因食品阳性个体筛选外，外源基因的定量和半定量检测还需要对目的基因进行 PCR 扩增。因这些人为插入的外源目的基因在自然状态下不存在于被检测的作物中，因此可作为鉴定指标。但因大多数转入作物中的外源目的基因具有专利保护，因此无法获得完整外源目的基因的全序列。除外源插入目的基因具有特殊的已知的序列才可以据此设计引物进行 PCR 定量或半定量检测外，进行基于标准 PCR 方法的多数转基因食品的定量和半定量分析均受到了限制。

PCR 扩增在扩增管中进行，肉眼难以观察到是否有特异性扩增产物生成，必须用琼脂糖凝胶电泳或聚丙烯酰胺凝胶电泳分离扩增产物。根据分子量 Marker 确定条带的分子质量，扩增条带的分子质量与理论上应该产生的条带分子质量相同，则可说明被检测对象基因组中含有外源基因，否则即为非转基因产品。

14.3.3　PCR-ELISA 法

PCR-ELISA 法是免疫学技术和分子生物学技术的结合，是在 PCR 扩增引物的 5′端标记上生物素或地高辛等非放射性标记物，PCR 扩增结束后，将扩增产物加入已固定有特异性探针的微孔板上，再加入抗生物素或地高辛酶标抗体——辣根过氧化物酶结合物，最后加底物显色，在酶标板上测定吸光度 A 值，判定结果。常规的 PCR-ELISA 法只能作为一种定性实验，但若加入内标，做出标准曲线也可实现定量检测的目的。

1. 原理

PCR-ELISA 法是一种将 PCR 的高效性与 ELISA 的高特异性结合在一起的转基因检测方法。利用共价交联在 PCR 管壁上的寡核苷酸作为固相引物，在 Taq DNA 聚合酶作用下，以目标核酸为模板进行扩增，产物一部分交联在管壁上成为固相产物，一部分游离于液体中成为液相产物。固相产物可用标记探针与之杂交，用碱性磷酸酯酶标记的链亲和素进行 ELISA 检测，通过凝胶电泳对液相产物进行分析。

2. 分析方法

1）固相引物的包被

固相引物的包被是指利用特殊试剂将 5′磷酸化或氨基化的引物特异性地固定在附着物上，它是固相扩增的前提，是杂交检测的基础。附着物的种类很多，如硝化纤维、尼龙膜、聚苯乙烯等。用处理过的 PCR 管壁充当附着物，以方便 PCR 扩增。一般来讲，吸附到管壁上的寡核苷酸有 35~50 ng，高浓度的寡核苷酸并不能提高吸附量。包被的效果与温度、时间、核酸分子的浓度及缓冲液的种类和 pH 等有关。

2）PCR 扩增

在包被寡核苷酸的管内进行 PCR 扩增，扩增条件因目的片段而异。35 S 启动子和 NOS 终止子的扩增条件为：94 ℃变性 5 min，54 ℃退火 55 s，72 ℃延伸 1 min，1 个循环；94 ℃变性 30 s，54 ℃退火 50 s，72 ℃延伸 30 s，35 个循环；72 ℃延伸 8 min。取液相产物 8 μL，

80 V 电压 2%琼脂糖凝胶电泳 40 min，EB 染色 30 min，观察结果。

3）ELISA 检测

变性后的固相产物杂交 1 h,杂交温度因探针而异,一般在 45～50 ℃都能得到较好效果。杂交后用 0.5 倍 SSC，0.1%吐温 20 洗掉非特异性结合的探针，加入 100 μL 过硫酸铵（1 份 AP 溶于 500 份 0.5% BR 洗液中），使之与探针上的地高辛结合,10 mg/mL 的 PNPP 显色 30 min 后，通过酶标仪读数。

3. 优点

PCR-ELISA 检测法特异性强，检测结果可靠，可用于半定量检测。采用了特异探针与固相产物杂交，提高了检测的特异性；用紫外分光光度计或酶标仪判定结果，以数字的形式输出，无人为误差；在对扩增的固相产物进行 ELISA 检测的同时，可通过凝胶电泳对液相产物进行检测，这两次检测有效地避免了假阳性出现，提高检测结果的可靠性。灵敏度高于常规的 PCR 和 ELISA 检测法，灵敏度可达 0.1%。所需仪器简单，操作简便，包被管能长时间保存，杂交自动化进行，可实现大批量检测。

14.3.4　定量 PCR 方法

尽管采用特异 DNA 片段的定性 PCR 方法已广泛用于 GMO 食品的检测，但无法对 GMO 进行定量分析。随着各国有关 GMO 标签法的建立和不断完善，对食品中的 GMO 含量的下限已有所规定。为此，在定性 PCR 方法的基础上发展了转基因食品的定量 PCR 检测方法。

目前转基因成分的定量检测方法有半定量 PCR 法、定量竞争 PCR 法和实时定量 PCR 法。其中，半定量 PCR 法较简单，但结果精确性较差；定量竞争 PCR 的特点是含有内部标准子，可降低实验室间的检测误差；而实时定量 PCR 法可在提取 DNA 后 3 h 内检测样品的总 DNA 量及 2 pg 转基因成分的量，但这套 PCR 系统价格昂贵。

1. 半定量 PCR 法

1）样品 DNA 的提取和定量

按常规方法提取 DNA 后，取部分样品 DNA 在 0.8%琼脂糖凝胶中电泳，与已知含量的 Marker 比较，用计算机凝胶成像分析系统处理结果，以对所提取的 DNA 进行定量。

2）PCR 反应及检测

（1）样品 DNA 的质量分析。设计合适引物，对样品基因组中的保守序列进行 PCR 扩增，保守序列是单拷贝的微卫星序列，据此可确定获得纯化 DNA 的质量和模板量,同时判定 PCR 反应抑制因素的影响。

（2）建立内部参照反应体系。利用高纯度的 pBI 121 质粒（含两个 35 S 启动子），以相同的引物对其 DNA 扩增，可产生两条带。一条是与常规 35 S 启动子一致的 195bp 带；另一条为 500bp 带，是 DNA 链上两个 35 S 启动子之间的序列扩增的产物。将此质粒 DNA 与待测样品 DNA 以同一对引物共扩增，消除假阴性现象的影响，分析扩增结果，得到可靠的半定量结果。

（3）测定花椰菜花叶病毒的 35 S 启动子的 PCR 反应。为避免操作误差，每个样品 PCR 实验重复三次，所用的 DNA 模板量为 15～20 ng。在对待测样品 PCR 扩增的同时，进行空白对照、0.1%、0.5%、1%、2%、5% GMO 含量的标准样的 PCR 反应,根据凝胶电泳的结果建立工作曲线,由工作曲线判定待测样品的 GMO 含量。

2. 定量竞争 PCR 法

先构建含有修饰过的内部标准 DNA 片断(竞争 DNA),与待测 DNA 进行共扩增,因竞争 DNA 片断和待测 DNA 的大小不同,经琼脂糖凝胶可将两者分开,并可进行定量分析。

1)原理

竞争性 PCR 是向样本中加入一个作为内标的竞争性模板,它与目的基因具有相同的引物结合位点,在扩增中两者的扩增效率基本相同,而且扩增片段在扩增后易于分离,然后根据内标的动力学曲线求得目的基因的原始拷贝数。

定量竞争 PCR 法的实验原理比较巧妙,采用构建的竞争 DNA 与样品 DNA 相互竞争相同底物和引物,并根据电泳结果做出工作曲线,从而得到可靠的定量分析结果。

2)分析方法

(1)样品 DNA 的提取和定量。按常规方法提取 DNA,DNA 含量可用紫外分光光度计测定。

(2)竞争 DNA 的构建。按常规分子生物学的方法,用基因重组技术构建竞争 DNA 片段作为内部标准 DNA,此片段除含有转基因成分外(如 35 S 启动子、NOS 终止子),还插入数十个 bp 的 DNA 序列或缺失数十个 bp 的 DNA 序列。

(3)标准工作曲线的建立。取定量模板 DNA,所含 GMO 量为 0~100% 的系列参考样,分别与定量的竞争 DNA 在同一反应体系进行 PCR 扩增。特异转基因 DNA 与竞争 DNA 竞争反应体系中的相同底物、引物,PCR 反应获得相差数十个 bp 的两条凝胶电泳带,两条带浓度随转基因成分含量的不同而有差异。当两条带浓度相等时,说明此参考样 GMO 浓度与竞争 DNA 浓度相等。通常将竞争 DNA 浓度调整到与含 1% 转基因成分的参考样相当。通过凝胶成像分析系统对琼脂糖凝胶电泳的结果进行分析,得到每条带的相对浓度。以此数据作目标 DNA 浓度-目标 DNA 浓度/竞争 DNA 浓度的对数图,进行线性回归分析得出工作曲线。

(4)待测样品的测定。将 500 ng 待测 DNA 与经过定量的竞争 DNA 共扩增,凝胶电泳后经扫描分析得到两条带,得到目标 DNA/竞争 DNA 的值,依此数据在工作曲线上求得待测样品的 GMO 含量。

3. 实时荧光定量 PCR 方法

实时荧光 PCR 被认为是准确、特异、无交叉污染和高通量的定量 PCR 方法。所谓实时荧光定量 PCR 技术,是指在 PCR 反应体系中加入荧光基团,利用荧光信号积累实时监测整个 PCR 进程,最后通过标准曲线对未知模板进行定量分析的方法。这种方法采用一个双标记荧光探针来检测 PCR 产物的积累,非常精确地定量转基因含量。实时荧光 PCR 检测仪将检测到的荧光信号数据通过数学模式计算后描绘出扩增曲线,根据标准曲线判断待检样品的阴阳性和未知样本中待测基因的含量。

实时定量 PCR 技术是在常规 PCR 基础上,添加了一条标记了两个荧光基团的探针。一个标记在探针的 5′端,称为荧光报告基团(R);另一个标记在探针的 3′端,称为荧光抑制基团(Q)。两者可构成能量传递结构,即 5′端荧光基团所发出的荧光可被荧光抑制基团吸收或抑制。PCR 反应前，荧光抑制基团与报告基团的位置相近，使荧光受到抑制而检测不到荧光信号。当二者距离较远时，抑制作用消失，报告基团荧光信号增强，荧光信号随着 PCR 产物的增加而增强。在 PCR 过程中，连续检测反应体系中荧光信号的变化。当信号增强到某一阈值时，循环次数(Ct 值)就被记录下来。该循环参数(Ct 值)和 PCR 体系中起始 DNA 量的对数值之间有严格的线性关系。利用阳性梯度标准品的 Ct 值，制成标准曲线，再根据样品的 Ct 值就可以准确确定起始 DNA 的数量。

14.4 基因芯片与转基因产品分析

14.4.1 基因芯片的原理

基因芯片，又称 DNA 芯片或 DNA 微阵列，它综合运用了微电子学、物理学、化学及生物学等高新技术，把大量基因探针或基因片段按照特定的排列方式固定在硅片、玻璃、塑料或尼龙膜等载体上，形成致密、有序的 DNA 分子点阵。

转基因检测中，将目前通用的报告基因、抗生素抗性标记基因、启动子和终止子的特异片断制成检测芯片与待测产品的 DNA 进行杂交，通过检测每个杂交信号的强度，对结果进行数据分析，可获取样品分子的序列和数量信息，判断待测样品是否为转基因产品。基因芯片技术具有高通量、灵敏度高、特异性强、假阳性率和假阴性率低、操作简便、自动化程度高等特点，是一种在转基因检测中极有发展前景和应用价值的技术，是近年来国内外研究的热点。

14.4.2 基因芯片制备方法

1. 样品制备和标记

为获得目的基因的杂交信号，必须对目的基因进行标记。由于目前常用的荧光检测系统的灵敏度不够高，为提高检测灵敏度，需在对样品核酸进行荧光标记时，对目的基因进行扩增。生物样品成分复杂，常含较多抑制物，对样品进行扩增、荧光标记前，需先提取、纯化样品核酸。普遍采用的荧光标记方法有体外转录、PCR、反转录等。

2. 杂交反应

杂交反应是荧光标记的样品与芯片上的探针进行杂交产生一系列信息的过程。在合适的反应条件下，靶基因与芯片上的探针进行碱基互补形成稳定的双链，未杂交的其他核酸分子随后被洗去。杂交条件的选择与研究目的有关，基因的差异性表达检测需要长的杂交时间、高样品浓度和较低温度，这有利于增加检测的特异性和低拷贝基因检测的灵敏度。

3. 信号检测和结果分析

主要的检测手段是荧光法和激光共聚焦显微扫描。杂交反应完成后，将芯片插入扫描仪中，对片基进行激光共聚焦显微扫描，样品核酸上标记的荧光分子受激发发出荧光，用带滤光片镜头采集每一点的荧光，经光电倍增管或电荷耦合元件转换为电信号，计算机将电信号转换为数值，同时将数值的大小用不同颜色在屏幕上直观地表示出来。

荧光分子对激发光、光电倍增管或电荷偶合元件都具有良好的线性响应，所得的杂交信号值与样品中靶分子的含量有线性关系。由于芯片上每个探针的序列和位置是已知的，对每个探针的杂交信号值进行比较分析，最后得到样品核酸中基因结构和数量的信息。

14.4.3 基因芯片在转基因食品分析中的应用

目前欧盟及国家质检总局转基因产品检测技术中心都在研究转基因产品检测芯片，但一些产品没有商品化，也没有形成国际、国家标准和行业标准。此技术发展很快，不久将会应用到实际检测中。

采用所转入的外源基因序列设计特异性引物，采用多重 PCR 法对待测样品进行扩增，合成探针并制备成基因芯片。检测结果表明，该法有较好的特异性和重复性，灵敏度可达 0.5%；由于采用多重 PCR 技术，一次可同时检测多个基因，提高了检测的准确性和效率。据报道，已有学者研制出一种可同时检测 9 种转基因生物的基因芯片，对所用靶基因用生物素进行标记，用吸光光度法检测。通过 5 次不同实验检测其灵敏性，结果表明该芯片灵敏度达 0.3%，大部分达到 0.1%。该芯片监测系统符合现行的欧盟和其他国家转基因检测要求。

我国已研制出一种用于检测转基因作物的基因芯片，该芯片选用了两种常用报告基因、两种抗性基因、两种启动子序列和两种终止子序列作为探针。利用该芯片对 4 种转基因水稻、木瓜、大豆、玉米进行检测。结果表明，该芯片能对转基因作物做出快速、准确的检测。

思考题与习题

1. 什么是转基因食品？根据检测目标，转基因产品的检测技术分成哪些类型？
2. ELISA 快速检测方法的原理是什么？
3. 试述 PCR 技术的原理和检测程序？
4. PCR-ELISA 法的操作程序是什么？其优点是什么？
5. 实时荧光定量 PCR 技术的原理是什么？
6. 如何制备基因芯片？

（宋莲军　教授）

知识扩展：铬与糖尿病

烟酸是一种低相对分子质量的有机铬复合物，人们称它为葡萄糖耐受因子（glucose tolerance factor, GTF），铬是 GTF 的一个组成部分。葡萄糖耐受因子在酸性条件下比较稳定，在人体内的弱碱性情况下，其中的四个水分子可以被甘氨酸所取代，得到的产物化学性质稳定，糖代谢作用很强，能清除血液中多余的葡萄糖，游离的铬离子几乎没有这种生物活性。

人体内的铬几乎全是三价铬，它直接合成 GTF 的功能很弱，因此，需要从体外补充 GTF，满足生理需要。铬和胰岛素有一种互相协同的作用，含铬的 GTF 只有在胰岛素存在的情况下，才能发挥生物效能。糖尿病患者的糖代谢紊乱，会出现糖耐量的异常，如果给患者补充有机铬，人体内的葡萄糖可以较快地转化为脂肪，使血糖有所降低，糖的利用得到改善。

（高向阳　教授）

第15章 食品掺伪鉴别方法

食品安全直接关系到亿万人民的身体健康和生命安全,关系到经济健康发展和社会稳定,关系到政府和国家的形象,是涉及国计民生的大事。因此,国务院和各级政府十分重视,一直把打击制售假冒伪劣食品等违法犯罪活动作为整顿和规范市场经济秩序的重点,采取了一系列措施加强食品安全工作,并取得了一定成效,近年来,状况逐步好转。但是,食品安全是一个需要长期高度关注的问题,目前,一些不法分子为牟取暴利在食品中掺杂、掺假和伪造的非法经营活动乱象丛生,食品掺伪的手段和方式日趋复杂、形式多样、层出不穷,且更加隐蔽,使食品安全面临更大的挑战。假冒伪劣食品的涌现,危害人民的身体健康甚至危及生命,严重扰乱市场经济秩序,给消费者造成无法估量的损失。因此,了解和掌握食品中各种掺伪物质的鉴别方法,开展全民性地食品掺伪检测和食品安全监督,确保食品安全和社会稳定,是一件具有长远战略意义的大事。

食品科技工作者和食品安全监督者、管理者肩负着维护国家食品安全的重任,有责任和义务宣传、普及、推广食品安全的知识,让消费者普遍掌握鉴别假冒伪劣食品简便、可行、实用的方法,让食品安全理念落地生根、开花结果,以造福子孙后代。

15.1 概　　述

食品掺伪是指人有目的地向食品中加入某些该食品非固有的成分,以增加其质量或体积而降低成本,或改变某组分质量,以低劣的色、香、味来迎合消费者心理的行为。

食品掺伪主要包括食品掺杂、掺假和伪造。掺杂是指在食品中非法加入非同一种类或同种类的劣质物质。所掺入的杂物种类多、范围广,但可通过仔细检查从感官上辨认出来,如粮食中掺砂石等。食品掺假是指向食品中非法掺入物理性状或形态与该食品相似的物质,该类物质仅凭感官不易鉴别,需要借助仪器、分析手段和有鉴别经验的人员综合分析确定,如油条中掺洗衣粉、味精中掺食盐等。食品伪造是指人为地用一种或几种物质加工仿造冒充某种食品销售的违法行为,如用工业酒精勾兑白酒,用黄色素、糖精及小麦粉仿制蛋糕等。

目前,食品掺伪的手段和方式日趋复杂且更隐蔽,主要有以下几种方式。

(1)混入。固体食品中掺入一定数量外观类似的非同一种物质,或虽种类相同但掺入的物质质量低劣。即往正常食品中混入非本品固有的物质,以增加其质量,如藕粉中混入薯粉、味精中混入食盐等。

(2)掺兑。在食品中掺入一定数量的外观与该类食品类似的物质取代原食品成分的做法。一般都是指液体(流体)食品的掺兑。如牛奶兑水、啤酒和白酒兑水、芝麻油掺米汤等。

(3)抽取。从食品中提取部分营养成分后仍冒充完整成分进行销售的做法。例如,从小麦粉中提取出面筋后,其余物质仍充当小麦粉销售或掺入正常小麦粉中出售;从奶粉中提取脂肪后,剩余部分制成乳粉,仍以"全脂乳粉"在市场出售。

(4)假冒。用精美包装或标签说明与内装食品种类、品质、成分名不符实的做法。如假咖啡、假麦乳精、假香油等。

(5)粉饰。以色素(或颜料)、香料及其他严禁使用的添加剂对质量低劣的或所含营养成分低的食品进行调味、调色处理后,充当正常食品出售,以此掩盖低劣的产品质量的做法。例如,糕点加非食用色素、糖精;将过期霉变的糕点下脚料粉碎后制作饼馅等。

食品掺伪的方式有其共性,即掺伪行为的规律性和特点,主要表现为以下三个方面。

(1)掺入廉价易得的物质增加食品质量。将价格低廉、容易获得的物质掺入到价格高的食品中,使食品质量增加,从而达到获利的目的。例如,将水掺入价格高的白酒、奶中;将玉米淀粉、马铃薯淀粉等掺入价格较高的藕粉中。

(2)将食品进行伪装、粉饰。一些生产者和经营者为了迎合消费者的心理、扩大销售量,对食品进行伪装、粉饰后销售。例如,夸大的食品标签宣传;用精美包装出售劣质食品等。

(3)非法延长食品的保质期。一些生产者和经营者为了延长食品的保质期,使用非食品级的添加剂或使用的食品添加剂剂量超出其最高使用限量。例如,用化肥浸泡豆芽;在米、面中加入硼酸盐防腐;在变酸的牛乳中加入中和剂等。

食品中的掺伪物质很多,而且对人体健康有害,常见的掺伪物质及其危害见表15.1。

表 15.1　食品常见的部分掺伪物质及其危害

常见的掺伪物质	危害
硫酸铜	引起呕吐、胃病、贫血、肝脏肿大和黄疸,甚至昏睡死亡
镁盐	刺激肠胃黏膜,引起腹泻和脱水,还会对中枢神经系统产生抑制作用
糖精(钠)	损害脑、肝等细胞组织,甚至会诱发膀胱癌
硼酸、硼砂	引起呕吐、腹泻、红斑、循环系统障碍、休克、昏迷等症状
可溶性钡盐	引起低血钾症、出血性脑脊髓膜炎和内脏出血,甚至呼吸衰竭而死亡
甲醛	具有神经毒性、强烈的致癌和促进癌变作用
甲醇	造成视神经萎缩、视力减退,严重者导致双目失明,甚至死亡
吊白块	损害肝脏、肾脏,具有潜在致癌性
滑石粉	长期使用使人患胆结石
棉籽油	引起恶心、呕吐,严重时会产生中毒
蓖麻油	损害肝脏、肾脏,凝集、溶解红细胞,导致中毒甚至死亡
桐油	损害肾脏,甚至导致呼吸困难、抽搐、心脏停搏而死亡
矿物油	刺激消化系统,引起头晕、恶心、呕吐,严重时可诱发神经系统疾病
大麻油	具有强烈的麻醉作用
水杨酸	引起中枢神经麻痹、呼吸困难、听觉障碍
黄樟素	诱发肝癌和食管癌
香豆素	损害肝脏
尿素	对胃肠产生刺激,具有潜在危害
β萘酚	毒性很强,可引起蛋白尿、血尿等,甚至导致膀胱癌
过氧化苯甲酰	过量食用可损害肝功能,并导致慢性苯中毒
塑料	引起肠胃不适、腹泻等
地板黄	具有致癌作用
洗衣粉	引起中毒,严重时甚至会危及生命

15.2　肉及肉制品的掺伪分析

15.2.1　注水畜肉的检测

1. 感官检验法

(1)目检。正常肉色泽均匀、鲜红,注水肉颜色呈淡红色且色泽不均匀;肉表面肿胀且有光泽；肉切面湿润，有水分渗出，甚至下滴，在销售注水肉的案板上积聚大量血水。

(2)触检。切开深层肌肉 3～5 min 后用手触摸切面。正常肉，手在切面上移动时能明显感觉到阻力，且肉黏手；而注水肉，手触摸切面感觉很湿润，手移动时阻力很小且肉不黏手。

2. 理化检验法

(1)镜检。用 15～20 倍放大镜观察肌肉组织结构的变化，正常肉的肌纤维分布均匀，结构致密、紧凑，无断裂，红白分明，色泽鲜红或淡红色，看不到血液及渗出物；注水肉肌纤维肿胀、粗细不均匀、排列不整齐、结构模糊，肌纤维之间有大量淡红色汁液渗出。

(2)加压检验。取一块长 10 cm、宽 10 cm、厚 3～7 cm 的肉样，用干净塑料纸包盖起来，在上边压 5 kg 的铁块，放置 10 min 后观察。若有水被挤压出来，则为注水肉；若没有或仅有几滴血水流出，则为正常肉。

(3)纸张检验法。取质地或拉力较好的吸水纸贴在肉的切面上，观察纸张在 1～3 min 吸水速度、黏着度和拉力的变化。若纸张迅速吸水且湿润均匀，与肉黏着力小，易从肉上剥下，不易点燃，且火焰为红色，则说明是注水肉。若纸张的吸水速度较慢且有明显油渍，与肉黏着力强，不易从肉上剥下，易点燃，火焰是稍带黄色的明火，说明是正常肉。

(4)熟肉率检测法。取 0.5 kg 肉样于锅内煮沸 1 h，捞出后晾凉，称量熟肉。熟肉质量与鲜肉质量之比即为熟肉率。正常肉的熟肉率大于 50%，若小于 50%，则说明为注水肉。

(5)硫酸铜检测法。称 10 g 左右结晶硫酸铜于干燥试管中，在酒精灯上充分烘干，使其由蓝色变白色；然后把烘干后的结晶硫酸铜倒入研钵中充分研磨，研磨后装瓶密封备用。

用干燥的刀切开肌肉，露出新鲜切面，然后将上述处理好的结晶硫酸铜置于切面，观察颜色变化。若结晶硫酸铜由白色变为蓝色，则说明肉中注水，且变色速度越快，注水越多；否则说明肉中没有注水。

15.2.2　牛肉中掺马肉的检测

牛肉和马肉的识别可用感官检验法或理化检验法。

1. 感官检验法

主要从色泽、质地、气味等方面进行识别。

(1)色泽。鲜马肉呈暗红色或棕红色，长时间放置颜色变暗；而鲜牛肉呈微棕红色。

(2)质地。马肉纤维粗大，质地松软，弹性差，肌膜明显，肌肉间无脂肪；马脂肪柔软，用手搓揉时易融化、易发黏、但不容易碎。牛肉纤维纤细，质地结实，弹性好，肌肉间夹杂有脂肪；牛脂肪质地坚硬，用手搓揉时不融化、不发黏、但易碎。

(3)气味。牛肉有膻味或血腥味，而马肉一般无此气味。

2. 理化检验法

(1)脂肪凝固点法。牛脂肪熔点高，凝固点高；而马脂肪熔点低，凝固点低。因此可用脂肪的凝固点来识别牛肉和马肉。取待测脂肪 2～3 g，用酒精灯热熔，滴入装有冷水的玻璃皿或水杯中，若在水面上立刻呈现蜡状硬凝块，则说明该肉是牛肉。如果没有脂肪组织可以取结缔组织，由于结缔组织脂肪含量少不易滴落，所以热熔后应迅速插入水中，若立刻呈现蜡状硬凝块，则说明该肉是牛肉。

(2)吸光光度法。新鲜牛肉和新鲜马肉的颜色不同，在同一波长下的吸光度 A 也不同。新鲜牛肉研磨液的 A_{500} 值为 1.40～1.67，新鲜马肉研磨液的 A_{500} 值为 1.0～1.1。可据此来识别牛肉和马肉。准确称取 5 g 肉样（不含脂肪组织、筋膜），充分剪碎后置于研钵内，加 15 mL 生理盐水及少许石英砂，研磨至肉色发白，过滤。在 500 nm 波长处，以生理盐水作空白，根据测得滤液的吸光度判断。

15.2.3　香肠中掺淀粉的检测

纯肉肠中没有添加淀粉，肉粉肠类中则添加了淀粉。因此，有必要对香肠中是否掺有淀粉以及掺加量进行检测。

1. 定性检测

原理：淀粉遇碘呈蓝色或灰蓝色。

测定：取 3～4 g 绞碎的肉样，滴加一两滴碘溶液。若呈蓝色，则说明掺有淀粉。

2. 定量检测

原理：样品除去脂肪和可溶性糖后，用酸水解，使淀粉转化为葡萄糖，再用费林试剂法测定，计算出淀粉含量。

试剂：浓盐酸；乙醚；20%乙酸铅溶液；30%氢氧化钠溶液；10%硫酸钠溶液；费林试剂甲、乙；1%酚红指示剂。

测定：用索氏提取器除去肉样中脂肪，挥干乙醚后，将肉样放入试剂瓶中，加 30 mL 水浸泡 10 min 后，弃去水，重复此操作 3 次。然后在试剂瓶中加 100 mL 水，7 mL 浓盐酸，水浴上水解 1 h，冷却。用30%氢氧化钠溶液滴定至中性后（以酚红为指示剂）转入 500 mL 容量瓶中，加 20 mL 20%的乙酸铅溶液，摇匀；再加 10 mL 10%硫酸钠溶液，定容后摇匀，过滤，弃去最初的 30 mL，按费林试剂法测定滤液中葡萄糖含量，并按式(15.1)计算淀粉含量。

$$淀粉含量(\%)=w \times 0.9 \tag{15.1}$$

式中，w 为测定样品中葡萄糖的质量分数，g/(100 g)；0.9 为葡萄糖换算成淀粉的换算系数。

15.3　乳及乳制品的掺伪鉴别

15.3.1　牛乳掺水的检测

1. 乳相对密度测定法

原理：20℃时，正常牛乳相对密度(20 ℃/4 ℃)大于或等于 1.029，掺水后相对密度低于此值，每加 10%的水相对密度下降约 0.003。

测定：将混匀的乳样倒入 200 mL 或 250 mL 量筒中（勿产生气泡），小心放入密度计（勿使密度计的重锤与筒壁相碰撞），静置 2～3 min，眼睛平视液面，读取相对密度值。若测得的相对密度值低于 1.029，则说明掺有水。

本法不适用于脱脂牛乳掺水的检测，因为其相对密度会升高。脱脂牛乳掺水的测定可采用乳清相对密度法。

2. 乳清相对密度测定法

原理：乳清的相对密度为 1.027～1.030；掺水后相对密度低于此值。

试剂：20%乙酸溶液。

测定：取 200 mL 乳样于三角瓶内加热，加 4 mL 20%乙酸溶液，在 40 ℃水浴中加热至干酪素凝固，冷后过滤，用乳密度法测出滤液（即乳清液）的相对密度。

对于乳相对密度法和乳清相对密度测定法，均可按式（15.2）计算牛乳中的掺水量。

$$掺水量=\frac{正常牛乳（乳清）相对密度-被检牛乳相对密度}{正常牛乳（乳清）相对密度-1}\times100\% \qquad (15.2)$$

15.3.2　牛乳新鲜度的检测

原理：新鲜牛乳的酸度不大于 20 ℃，大于 20 ℃时，乳中的酪蛋白与体积分数为 68%的乙醇相遇会出现絮状片，以此检验新鲜牛奶中是否掺有陈奶。

操作方法：取 3 mL 待测定牛乳于试管中，加入等体积 68%的中性乙醇，摇匀后观察。如果出现絮状沉淀，说明新鲜乳中掺有陈奶，絮状物越多，陈奶量越大，否则，如不出现絮状物为新鲜牛奶。

15.3.3　牛乳掺食盐的检测

牛乳中掺入食盐，可通过鉴定氯离子的方法鉴定。

原理：在牛乳中加入一定量的铬酸钾和硝酸银，对于正常的牛乳，因其乳中氯离子含量很低（0.09%～0.12%），硝酸银主要与铬酸钾反应，生成红色铬酸银沉淀；但是如果牛乳中掺有食盐，由于氯离子的浓度很大，硝酸银与氯离子生成氯化银沉淀，呈现黄色。

试剂：10%铬酸钾溶液；0.01 mol/L 硝酸银溶液。

操作方法：取 5 mL 0.01 mol/L 硝酸银溶液和两滴 10%铬酸钾溶液，于试管中混匀，此时出现红色沉淀；然后在试管中加乳样 1 mL，混匀。若乳样呈现黄色，则说明乳样中氯离子含量大于 0.14%（天然乳中氯离子含量为 0.09%～0.12%），可认为掺有食盐；若乳样仍为红色，则说明没有掺食盐。

15.3.4　牛乳掺中和剂的检测

有些生产者向已经酸败的牛乳中加入碳酸氢钠或碳酸钠等中和剂。掺有中和剂的牛乳不仅乳风味不好，且容易产生某些有害物质。

牛乳掺中和剂的检测方法，有溴甲酚紫法、玫瑰红酸法、溴麝香草酚蓝法和灰分碱度滴定法。前三种方法属 pH 实验方法，适合于加入过量中和剂的牛乳样品，后一种方法适合于加入微量中和剂的牛乳样品。

1. 溴甲酚紫法

原理：溴甲酚紫是酸碱指示剂，在 pH=5.2～6.8～8.0 的溶液中，颜色由黄变紫再变蓝。

试剂：0.04%溴甲酚紫乙醇溶液。

测定：取 5 mL 乳样于试管中，加 0.04%溴甲酚紫乙醇溶液 0.1 mL 混合，沸水浴加热 2 min，观察颜色变化。若溶液呈天蓝色，则说明掺有中和剂。

2. 玫瑰红酸法

原理：玫瑰红酸在 pH=6.2～8.0 溶液中，颜色由黄变红。

试剂：0.05%玫瑰红酸乙醇溶液。

测定：取 5 mL 乳样于试管中，加 0.05%玫瑰红酸乙醇溶液 5 mL 振摇，观察颜色的变化。若出现玫瑰红色，则说明掺有中和剂。

3. 溴麝香草酚蓝法

原理：溴麝香草酚蓝在 pH=6.0～7.6 溶液中，颜色由黄变蓝。

试剂：0.04%溴麝香草酚蓝乙醇溶液。

测定：取 5 mL 乳样于试管中，保持试管倾斜，沿管壁小心加 0.04%溴麝香草酚蓝乙醇溶液 5 滴，将试管轻轻斜转，使液体更好地相互接触，但切勿使液体相互混合，然后将试管垂直放置，2 min 后根据环层的颜色，参照表 15.2 判断牛乳中和剂的含量(以碳酸钠计)。

表 15.2　牛乳中中和剂的含量判断表

中和剂含量/%	环层颜色	中和剂含量/%	环层颜色
0	黄色	0.50	青绿色
0.03	黄绿色	0.70	淡蓝色
0.05	淡绿色	1.0	蓝色
0.10	绿色	1.5	浓蓝色
0.30	浓绿色		

4. 灰分碱度滴定法

原理：牛乳灰分碱度以碳酸钠计，正常值为 0.025%，超过此值可认为掺有中和剂。

试剂：0.1%溴百里酚蓝指示剂；0.1000 mol/L 盐酸。

测定：取 20 mL 乳样于镍坩埚内，在沸水浴上蒸发至干，在电炉上加热灼烧至完全炭化后移入高温炉中，灰化完全后取出坩埚放冷，然后加入 50 mL 热水浸渍，使颗粒溶解，过滤；用热水反复洗涤坩埚，再过滤，合并所有滤液。在滤液中加 0.1%溴百里酚蓝指示剂，用 0.1000 mol/L 盐酸标准溶液滴定至溶液由蓝变绿为终点，记录盐酸标准溶液的用量，按式(15.3)计算：

$$碳酸钠含量(\%) = \frac{V_1 \times c \times 0.053 \times 100}{V_2 \times 1.030} \qquad (15.3)$$

式中，V_1 为滴定牛乳消耗盐酸标准溶液的体积，mL；c 为盐酸标准溶液的物质的量浓度，mol/L；V_2 为取乳样的体积，mL；1.030 为乳样的平均相对密度，g/mL；0.053 为碳酸钠($1/2Na_2CO_3$)毫摩尔质量，g/mmol。

15.3.5　牛乳中掺淀粉、米汁的检测

原理：米汁中含有淀粉，遇碘呈蓝色或灰蓝色。

试剂：碘溶液：称取 2 g 碘和 4 g 碘化钾溶于 100 mL 蒸馏水中。

操作方法：取 2～3 mL 乳样于试管中，煮沸，冷却后滴两三滴 0.1 mol/L 的碘溶液，若出现蓝色，说明掺有淀粉或米汁。

15.3.6　牛乳中掺豆浆的检测

1. 皂素显色法

原理：豆浆中含有皂素，能与浓氢氧化钠(或氢氧化钾)反应显黄色。借此反应检测牛乳中是否掺有豆浆。

试剂：乙醇-乙醚(1+1)混合溶液；25%氢氧化钠溶液。

操作方法：取两个同体积锥形瓶，一个加 20 mL 乳样，另一个加 20 mL 正常牛乳作对照；分别加入 3 mL 乙醇-乙醚混合溶液和 5 mL 25%氢氧化钠溶液，混匀，静置 5～10 min，观察颜色的变化。正常牛乳呈暗白色；若乳样呈黄色，说明掺有豆浆。

本法灵敏度不高，在豆浆掺入量超过 10%时才能被检出。

2. 碘溶液法

原理：大豆中几乎不含淀粉，但含 25%碳水化合物，主要有棉籽糖、水苏糖、蔗糖及阿拉伯半乳聚糖类，遇碘后呈浅绿色。可借此反应检测牛乳中是否掺有豆浆。

试剂：碘溶液：称取 2 g 碘和 4 g 碘化钾溶于 100 mL 蒸馏水中。

操作方法：取 10 mL 乳样于试管中，加 0.5 mL 碘溶液混匀，观察颜色变化，同时做空白对照。正常牛乳呈橙黄色，掺豆浆的牛乳呈浅绿色。本法最低检出量为 5%。

3. 脲酶检验法

原理：脲酶催化水解碱-镍缩二脲后，与二甲基乙二肟的乙醇溶液反应，生成红色沉淀。牛乳中不含脲酶，而豆浆中含有脲酶，通过检验脲酶测定牛乳中是否掺有豆浆。

试剂：①碱-镍缩二脲试剂：称取 1 g 硫酸镍溶于 50 mL 蒸馏水，再加入 1 g 缩二脲，微热溶解后加入 15 mL 1 mol/L 氢氧化钠溶液，滤去生成的氢氧化镍沉淀，于棕色瓶中保存。②1%二甲基乙二肟的乙醇溶液。

操作方法：在白瓷点滴板的两个凹槽处各加两滴碱-镍缩二脲试剂，然后向一个凹槽中滴加 1 滴调成中性或弱碱性的乳样，向另一个凹槽中滴加 1 滴水，在室温下放置 10～15 min；之后，再往每个凹槽中各加 1 滴二甲基乙二肟的乙醇溶液，观察。若有红色沉淀生成，说明掺有豆浆。而作为对照的空白试剂，应仍维持黄色或仅有趋于变成橙色的微弱变化。

15.3.7　奶粉中掺蔗糖的检测

原理：利用蔗糖和间苯二酚的呈色反应。

试剂：浓盐酸；间苯二酚。

操作方法：取一定量待测奶粉溶于水中，然后量取 15 mL 奶粉溶液于烧杯中，加浓盐酸 0.6 mL 混匀，再加 0.1～0.5 g 间苯二酚，加热煮沸，观察颜色变化。若溶液呈现蓝色，则说明没有掺蔗糖；若呈现红色，则说明掺有蔗糖。

15.3.8　奶粉中掺豆粉的检测

取适量待测奶粉溶解于水中，然后按照牛乳中掺入豆浆的检验方法进行检测。详见本节牛乳中掺豆浆的检测。

15.4　饮料掺伪鉴别方法

15.4.1　饮料掺甲醛和水杨酸的检测

甲醛和水杨酸有很强的防腐能力，但会对人体产生危害，所以禁止用作食品添加剂。

1. 饮料掺甲醛的检测

样品处理：取 100 mL 样品于 500 mL 蒸馏瓶内，加 10 mL 25%磷酸溶液进行蒸馏，取蒸馏液 50 mL 作为检测液。

呈色反应：①取 1 mL 样品处理液，加 1 mL 新配制的 4%盐酸苯肼溶液及数滴 5%三氯化铁溶液，加少许盐酸使呈酸性。若有甲醛存在，则呈红色。②取 5 mL 样品处理液于试管中，加少量 4%盐酸苯肼、4 滴新配制的 5%硝基铁氰化钠溶液和 12 滴 10%氢氧化钾溶液。若有甲醛存在，呈蓝色或蓝灰色。③取 10 mL 样品处理液，加 2 mL 0.1%间苯三酚及数滴氢氧化钾溶液，加热煮沸约 30 min。若有甲醛存在，则显出鲜明的红色。

2. 饮料掺水杨酸及其盐类的检测

原理：水杨酸及其盐类与三氯化铁发生颜色反应。

试剂：乙醚；10%氨水；盐酸；0.5%三氯化铁溶液。

操作方法：①样品处理：取 50 mL 待测饮料(碳酸饮料应先微热除去二氧化碳)于 100 mL 分液漏斗中，加 5 mL 稀盐酸、30 mL 乙醚提取，旋转振摇 5 min，静置分层，乙醚层用水洗涤两次，移入蒸发皿中，使其自然挥发，残渣备用。如果残渣中含有色物质，可将蒸发残渣用 25 mL 乙醚溶解，移入分液漏斗中，加 10%氨水数滴和 25 mL 水，振摇 2 min，静置分层，取水层过滤，滤液于蒸发皿中，水浴蒸干。②呈色反应：取部分残渣于白色反应板上，加 1 滴 0.5%三氯化铁溶液，观察颜色变化。若呈现紫色，说明掺有水杨酸或其盐类。

15.4.2　饮料掺糖精的检测

原理：糖精溶解于酸性乙醚中，蒸去乙醚，残渣用少量水溶解，可直接尝味；而且糖精与间苯二酚作用，能产生颜色反应。

试剂：10%磷酸二氢钠溶液；10%氢氧化钠溶液；间苯二酚固体；浓盐酸；乙醚。

操作方法：取 50 mL 处理好的样品于分液漏斗中，加 1 mL 浓盐酸酸化，加 50 mL 乙醚提取，乙醚液用 50 mL 水(含浓盐酸 1 滴)洗涤，然后将乙醚液分成两部分。一部分乙醚蒸馏回收后，在残渣中加少量水溶解，品尝溶液的味道；另一部分乙醚蒸馏回收后，在残渣中加少许新升华的间苯二酚，再加浓硫酸数滴，微火加热至刚出现棕色为止，冷却后加 10%氢氧化钠溶液中和，观察。若产生黄绿色荧光，则说明掺有糖精。样品若含有蛋白质或脂肪，应先除去脂肪和蛋白质，否则提取时易出现乳化。回收乙醚时应在水浴上进行，忌用明火挥发乙醚。

15.4.3　饮料掺漂白粉的检测

1. 感官检验法

漂白粉具有独特的气味，对眼、鼻、喉有刺激作用。通过品尝或者直接嗅闻气味，若有漂白粉味和刺激性滋味，则表明掺有漂白粉。

2. 碘量法

原理：漂白粉主要成分为氯化次氯酸钙，掺入饮料一段时间后，其余氯在酸性溶液中仍能与碘化钾起氧化作用，释放出一定量的碘，碘与淀粉作用产生蓝色。

试剂：2%硫酸溶液；5%碘化钾溶液；0.5%淀粉溶液。

操作方法：取 10 mL 样品于锥形瓶中，加 2%硫酸溶液使其呈酸性，再加 8～10 滴 5%碘化钾溶液和 5 滴 0.5%淀粉溶液，摇匀。若溶液呈现蓝色，说明掺有漂白粉。

15.4.4　饮料掺非食用色素的检测

原理：非食用色素在氯化钠液中可使脱脂棉染色，经氨水溶液洗涤，脱脂棉不褪色。

试剂：1%氢氧化铵溶液；10%氯化钠溶液。

操作方法：取样品 10 mL，加 1 mL 10%氯化钠溶液，混匀，投入脱脂棉 0.1 g，水浴上加热搅拌片刻，取出脱脂棉，用水洗涤；将此脱脂棉放入蒸发皿中，加 1%氢氧化铵溶液 10 mL，水浴上加热数分钟，取出脱脂棉水洗。若脱脂棉染色，则说明掺有非食用色素。

15.4.5　饮料掺洗衣粉的检测

原理：洗衣粉中含有阴离子表面活性剂十二烷基苯硫酸钠，可与亚甲蓝生成一种易溶于有机溶剂的蓝色化合物。

试剂：①亚甲蓝溶液称取 30 mg 亚甲蓝溶于 500 mL 蒸馏水中，再加 6.8 mL 浓硫酸和 50 g 磷酸二氢钠，溶解后用蒸馏水稀释至 1000 mL；②氯仿。

测定：取 2 mL 样品于 50 mL 具塞比色管中，加水至 25 mL，加 5 mL 亚甲蓝溶液和 5 mL 氯仿，振摇 1 min，静置分层，观察颜色变化。若氯仿层呈现明显蓝色，说明掺有洗衣粉。

15.4.6　饮料掺黄樟素的检测

将黄樟素(4-烯丙基-1, 2 亚甲基二羟基苯)当成食用香精加入饮料中，会危害人的身体健康。1960 年美国 FDA 试验证明黄樟素可引起肝癌后，各国开始禁用。

1. 定性检测法

取 250 mL 去 CO_2 的样品于蒸馏瓶中，加 10 mL 乙醇蒸馏；收集馏出液 50～70 mL(接收瓶内装 10 mL 乙醇)，加水稀至 100 mL 后分成两等份，分别置于分液漏斗中用 25 mL 乙醚萃取；合并乙醚萃取液于蒸发皿中，加 10 mL 乙醇，小心除去乙醚，再将残留乙醇溶液移入试管中，加 1 mL 新配制的 6%没食子酸乙醇溶液，混匀；然后将试管倾斜，沿试管壁小心加 3 mL 浓硫酸观察。若两液面接触处立即出现黄绿色环，进而呈蓝色，则说明掺有黄樟素。

2. 气相色谱定量检测法

色谱条件：检测器，氢火焰离子化检测器；色谱柱：柱长 3 m，内径 3 mm，用 5% PEGA 涂于 Chromosorb G A WDMCS 60～80 目担体上；温度：柱温为 128 ℃，检测器为 160 ℃，进样口温度为 236 ℃；流速：氮气 23 mL/min，氢气 33 mL/min，空气 340 mL/min。

测定：

(1)色谱柱的制作。①固定液的涂渍：称 16 g 担体于高型培养皿内，105 ℃下加热干燥 2 h，移入干燥器内冷却；再称 0.8 g 聚乙二醇己二酸酯，在与担体同体积的氯仿中溶解，置于 500 mL 高型培养皿内，将干燥冷却的担体倒入溶液中，摇动使完全浸湿，缓缓摇动培养皿，使担体和溶液均匀接触，待溶剂挥发至皿内溶剂减少但担体表面上仍留有溶液层时，将培养皿移至红外线灯下，以不锈钢小铲轻轻翻动担体，保证涂渍均匀，继续使溶剂挥发，直至皿内涂渍物呈松散粉粒状，移入 105 ℃烘箱中干燥 2 h，再移至干燥器冷却备用。②空柱清洗：取一直径 3 mm、长 3 m 的不锈钢柱，灌入 10%氢氧化钠热溶液，浸泡约 10 min，抽去，再灌入浸泡和抽去，如此进行三次；用清水洗至中性，灌入 15%盐酸浸泡数分钟，抽去后用清水洗至中性抽干，依次以丙酮、氯仿浸泡；抽去溶剂并在室温下晾干，于 105 ℃烘箱中烘干。③填充和老化：将涂渍好固定液的担体装入已处理好的柱子中，柱子另一端用抽气泵抽气，同时不断振动柱管，使装满填充。柱子的两端各填入少量的硅烷化玻璃棉和钢网，装到色谱仪上，在 200 ℃及氮气流速 25 mL/min 的条件下老化 8 h。

(2)标准曲线的绘制。用微量注射器准确吸 10 mg 纯黄樟素于 50 mL 容量瓶中，以苯溶解并稀释至刻度，此溶液为 200 μg/mL 的标准溶液；然后分别取上述溶液 2.50 mL、5.00 mL、7.50 mL 于容量瓶中，以苯分别稀释至刻度，即配制成浓度分别为 50 μg/g、100 μg/g 和 150 μg/g 的三个标准溶液。根据上述色谱条件，用微量注射器吸取上述浓度的黄樟素标准溶液各 1 μL，注入色谱仪内。以黄樟素标准溶液的浓度与相应的峰高绘制标准曲线。

(3)样品分析。吸取 1 μL 样品注入色谱仪内，测其峰值，然后从标准曲线中查出样品中黄樟素的含量。

15.4.7 白酒兑水的检测

原理：白酒掺水后酒度(乙醇含量)下降，据此可用酒精计检测。

测定：取 100 mL 酒样于量筒中，轻轻放入酒精计，不使其上下振动和左右摇摆，也不接触量筒壁；轻轻按下酒精计，待其上升静置后观察其与液面相交处的刻度，即为乙醇浓度。同时，测量酒样的温度，根据温度与乙醇浓度的换算表，得出此温度下酒样的酒度。

如果酒样中有颜色或杂质，可量取 100 mL 酒样于蒸馏瓶中，加 50 mL 水进行蒸馏，收集馏出液 100 mL，然后测定此馏出液的酒度。

15.4.8 用工业酒精勾兑白酒的检测

工业酒精中含有大量甲醇，甲醇是一种有毒物质，7～8 mL 可引起失明，30～100 mL 可致人身亡，且在人体内有蓄积作用。因此，工业酒精不能用来配制食用的白酒、果酒等饮料酒。白酒和果酒是以含有淀粉或糖类的物质为原料，经酒精发酵而生成的含有乙醇的饮料酒，其甲醇含量很低。所以，对于用工业酒精勾兑的白酒的检测，主要是对其中的甲醇含量进行检测，以此鉴别白酒质量的优劣。

1. 品红吸光光度法

原理：甲醇在弱酸性条件下，被高锰酸钾氧化生成的甲醛能与亚硫酸品红反应，生成蓝紫色物质，测定其吸光度 A 定量甲醇含量。

试剂：①高锰酸钾-磷酸溶液：称 3 g 高锰酸钾，加入 15 mL 85%磷酸与 70 mL 水的混合液中，溶解后加水稀至 100 mL，储于棕色瓶中。②草酸-硫酸溶液：称 5 g 无水草酸($H_2C_2O_4$)或 7 g 含两分子结晶水的草酸($H_2C_2O_4 \cdot 2H_2O$)，溶于 100 mL (1+1)的冷硫酸中。③品红-亚硫酸溶液：称 0.1 g 碱性品红研细后，分次加入共 60 mL 的 80 ℃水中，边加水边研磨使其溶解；然后用滴管吸取上层溶液过滤于 100 mL 的容量瓶中，冷却后加 10 mL 10%亚硫酸钠溶液和 1 mL 浓盐酸，再加水至刻度，充分混匀后放置 2 h 以上。如果溶液有颜色，可加少量活性炭搅拌后过滤，储于棕色瓶中，置暗处保存备用；待溶液呈红色时应弃去重新配制。④1%甲醇标准溶液：称取 1 g 甲醇，加水定容至 100 mL，置低温下保存。此溶液 1 mL 相当于 10 mg 甲醇。⑤甲醇标准使用液：吸取 10 mL 1%甲醇标准溶液，加水定容至 100 mL。此溶液 1 mL 相当于 1 mg 甲醇。⑥60%无甲醇的乙醇溶液。⑦10%亚硫酸钠溶液。

操作方法：取样品(乙醇浓度 30%取 1 mL、40%取 0.8 mL、50%取 0.6 mL、60%取 0.5 mL)于 25 mL 具塞比色管中；吸 0.00 mL、0.20 mL、0.40 mL、0.60 mL、0.80 mL、1.00 mL 甲醇标准使用液(相当于 0.00 mg、0.20 mg、0.40 mg、0.60 mg、0.80 mg、1.00 mg 甲醇)分别于 10 mL 具塞比色管中，各加 0.5 mL 60%无甲醇的乙醇液。向样品管及标准管各加水至 5 mL，再各加 2 mL 高锰酸钾-磷酸溶液，混匀放置 10 min；加 2 mL 草酸-硫酸溶液混匀使之褪色后加 5 mL 品红-亚硫酸溶液混匀，20 ℃以上静置 30 min，于 590 nm 波长处测定吸光度，绘制标准曲线，按式(15.4)计算甲醇含量：

$$w = \frac{m \times 100}{V \times 1000} \tag{15.4}$$

式中，w 为样品中甲醇的质量分数，g/(100 mL)；m 为所测样品中甲醇的质量，mg；V 为样品体积，mL。

说明：①白酒中其他醛类，以及经高锰酸钾氧化后由其他醇类生成的醛类，与品红亚硫酸作用也显色。但在一定浓度的硫酸溶液中，除甲醛可形成经久不褪的紫色外，其他醛类则不久即消褪或不显色，故无干扰。因此操作时必须准确遵守时间。②60%无甲醇的乙醇溶液按上述操作进行时，若显色则需进行如下处理：取 300 mL 无水乙醇，加少许高锰酸钾，蒸馏，收集馏出液。在馏出液中加硝酸银溶液(取 1 g 硝酸银溶于少量水中)和氢氧化钠溶液(取 1.5 g 氢氧化钠溶于少量水中)，摇匀；然后取上清液蒸馏，弃去最初的 50 mL 馏出液，收集中间部分约 200 mL，用酒精计测其浓度，后加水配成 60%无甲醇的乙醇溶液。③本反应灵敏度达 0.02%，在甲醇含量为 0.07%时比色较好，甲醇含量大于 0.1%时，蓝色较深比色效果较差。④酒样和标准溶液中的乙醇浓度对比色有一定影响，因此酒样中乙醇含量要大致相等，且不得以蒸馏水代替无甲醇和无甲醛的乙醇来配制标准管。⑤酒样中若含有氧化后能生成甲醛的物质，如甘油等，会影响测定结果，需重新蒸馏后测定。⑥本法可用目视比色，即将试样管颜色与标准管比较，同样按上述公式计算，求得酒样中甲醇含量。

2. 变色酸比色法

原理：甲醇在弱酸性条件下，被高锰酸钾氧化为甲醛，并与变色酸反应生成紫红色物质；

在一定浓度范围内，颜色深浅与甲醛浓度成正比，从而计算出相应的甲醇含量。

试剂：①3%高锰酸钾溶液；②2%变色酸溶液；③甲醇标准溶液：准确吸取无水甲醇 1.27 mL，加水定容至 100 mL，然后准确吸取 2.5 mL 此溶液于 100 mL 容量瓶中，加 10 mL 60%无甲醇、无甲醛的乙醇溶液，用水稀至刻度，此溶液 1 mL 含 0.25 mg 甲醇；④60%无甲醇、无甲醛的乙醇溶液：取 200 mL 无水乙醇（分析纯）于蒸馏瓶中，加适量高锰酸钾振摇，放置 2 d 后蒸馏，弃去最初蒸馏部分，收集中间蒸馏部分，然后吸取 60 mL 馏出液于 100 mL 容量瓶中，用水稀释至刻度；⑤(1+20)磷酸溶液；⑥(3+1)硫酸溶液；⑦10%亚硫酸钠溶液。

操作方法：

(1)样品处理。无色白酒可直接进行测定，而有颜色或含糖的酒样，需经蒸馏处理，具体方法为：准确吸取 100 mL 酒样，移入 250 mL 蒸馏瓶中，加 50 mL 水，玻璃珠数粒，进行蒸馏，馏出液用 100 mL 容量瓶接收，冷却后用水稀释至刻度。

(2)样品分析。吸取 1.00 mL 酒样于 10 mL 比色管中，加 1 mL 60%无甲醇、无甲醛的乙醇溶液，0.2 mL 3%高锰酸钾溶液和 0.2 mL (1+20)磷酸溶液，轻轻摇匀，放置 15 min；然后加 0.6 mL 10%亚硫酸溶液，轻轻振摇使颜色褪去，将比色管置于冰水浴中，加 4 mL (3+1)硫酸溶液和 0.3 mL 2%变色酸溶液混匀，取出后于 80～85 ℃水浴中保温 12 min，冷却，580 nm 处测定吸光度，并从标准曲线中查出甲醇含量。

(3)标准曲线的绘制。吸取甲醇标准溶液 0.00 mL、0.20 mL、0.40 mL、0.60 mL、0.80 mL 和 1.00 mL，置于 10 mL 比色管中，加 60%无甲醇、无甲醛标准溶液 0 mL、0.2 mL、0.4 mL、0.6 mL、0.8 mL 和 1 mL，然后按样品测定方法测得吸光度，绘制标准曲线。按式(15.5)计算甲醇含量：

$$\rho = \frac{m \times 1000}{V} \tag{15.5}$$

式中，ρ 为甲醇的质量浓度，mg/L；m 为从标准曲线中查出的甲醇质量，mg；V 为样品的体积，mL。

15.5　食用油掺伪鉴别方法

15.5.1　食用油掺矿物油的检测

食用油中掺杂或混入矿物油后，只能改作工业油使用，绝不能再食用。

1. 皂化法

取 1 mL 油样置于锥形瓶中，加 1 mL 30%氢氧化钾溶液和 25 mL 乙醇，然后接空气冷凝管回流皂化 5 min，且皂化时应振摇使加热均匀。皂化后向锥形瓶中加 25 mL 沸水，摇匀，若油样变得浑浊或有油状物析出，则表示掺有矿物油。

2. 荧光法

原理：矿物油具有荧光反应，而食用油无荧光反应，所以可用荧光法检测矿物油。

检测：取油样和矿物油各 1 滴，分别滴在滤纸上，然后放在荧光灯下照射，若有天青色荧光出现，则说明掺有矿物油。

3. 薄层层析法

试剂：标准矿物油 1 μg/mL；展开剂：石油醚+丙酮=99+1(体积比)；显色剂：称取钼酸 2 g，加 10 mL 浓磷酸，置电炉上加热至全部溶解，稍冷用无水乙醇稀释至 50 mL；硅胶 G。

操作方法：准确取 0.5 g 油样，加 0.5 mL 氯仿混匀。在距离硅胶 G 薄层板下端 3 cm 处，分别滴加 10 μL、20 μL 油样和 1 μL 标准矿物油。将点好样的薄层板放入盛有 20 mL 展开剂的层析槽中，展开至 10 cm 时取出，待溶剂挥发后将薄层板置于 135～140 ℃加热 10 min。取出后用显色剂喷雾润湿，再置于 135～140 ℃加热至板底上呈现出棕褐色至棕黑色的斑点。

结果判断与计算：①定性判断，R_f 值为 0.65～0.72 时，是矿物油；R_f 值小于 0.4 是食用油。若 20 μL 油样其斑点的面积和色度小于 10 μL 标准样，则说明没有检出矿物油。②定量计算：根据定性判断结果，将待测油样进行适当稀释，再按上述方法进行操作，将 10 μL 或 20 μL 油样稀释至其斑点和色度与 10 μL 标准样相近为止，记下稀释倍数。按式(15.6)计算矿物油含量：

$$w = \frac{m_1 \times D \times V}{m \times 10^6 \times V_1} \times 100\% \tag{15.6}$$

式中，w 为油样中矿物油的质量分数，g/(100 mL)；m_1 为相当于标准矿物油的量，μg；D 为样品稀释倍数；V 为样品的体积，mL；V_1 为点样的体积，mL；m 为样品的质量，g。

本法能检出食用油中 0.1%的矿物油，最低检出量为 10 μg，可同时做定性和定量检测。

15.5.2　食用油掺桐油的检测

桐油中含有的桐子酸(十八碳三烯酸)甘油酯是一种有毒有害物质，食用后可引起呕吐、腹泻、腹痛，严重者出现便血、呼吸短促以至虚脱等症状。所以，桐油绝对不能食用。用掺有桐油的食用油制作粮油食品，严重危害食用者的身体健康。鉴别食用油中是否掺有桐油，常用的检测方法有亚硝酸盐法、苦味酸法、硫酸法、三氯化锑法。

1. 亚硝酸盐法

原理：桐油脂肪酸主要为共轭三烯酸，它有 α 型和 β 型两种异构体。α 型桐油酸在氧化剂、光照等作用下，能转变为 β 型；且 α 型桐油酸易溶于有机溶剂，β 型桐油酸不易溶于有机溶剂。亚硝酸盐在硫酸存在下生成具有氧化性的亚硝酸，能使 α 型桐油酸很快转变成 β 型桐油酸，使油样呈现白色浑浊。

试剂：亚硝酸钠；石油醚；硫酸。

测定：取 5～10 滴油样于试管中，加 2 mL 石油醚溶解(必要时过滤)，向溶液(或滤液)中加亚硝酸钠结晶少许，再加 1 mL 10 mol/L 硫酸，振摇后静置片刻，观察油样的变化。若油样是纯净的食用植物油，仅产生红褐色氮化物气体，油液仍然澄清；若掺有约 1%桐油，则油液呈现白色浑浊状态；若掺有 2.5%桐油，则油液中出现白色絮状物；若桐油含量大于5%，则出现絮状团块，初呈白色，放置后变成黄色。

本法对所有植物油均适用；灵敏度为 0.5 mg/mL 掺入量。同时应做优质油的对照实验。

2. 苦味酸法

原理：桐油酸与苦味酸的冰醋酸饱和溶液作用，产生有色物质，且颜色随桐油含量的增加由黄-橙-红色逐渐加深，据此可对食用油中是否掺有桐油进行定性和半定量分析。

试剂：饱和苦味酸冰醋酸溶液：先将饱和苦味酸过滤，依次加入甲醛、冰醋酸（用前加），混合后于 4 ℃冰箱中储存备用。

操作方法：取 1 mL 油样于试管中，加 3 mL 饱和苦味酸冰醋酸溶液。若油层呈红色，则说明掺有桐油。根据表 15.3 还可计算桐油含量。

表 15.3　颜色和桐油含量的关系

桐油掺入量/%	颜色	桐油掺入量/%	颜色
0	极淡的黄色	30	橙带红色
1	黄色	40	橙红色
5	金黄色	50	红色
10	橙色	100	深红色

如果被检样品不是油液，而是富油性的食品，可用索氏法提取后再进行检测。

3. 硫酸法

取数滴油样于白瓷板上，加浓硫酸一两滴。食用植物油与硫酸接触的部分呈橙黄色至褐红色；若掺有桐油，则呈现深红色并凝成固体，且颜色逐渐加深，最终变为炭黑色。

4. 三氯化锑法

原理：桐油与三氯化锑氯仿溶液相遇，会生成一种污红色的发色基团。

试剂：1%三氯化锑氯仿溶液。

操作方法：取 1 mL 油样于试管中，沿管壁小心加 1%三氯化锑氯仿溶液 1 mL，使管内的溶液分为两层，将试管置于 40 ℃水浴中加热 8~10 min。若溶液分层的界面上出现紫红色至深咖啡色的环，则说明掺有桐油。

本法对花生油、菜籽油、茶油等混杂桐油的鉴别极为灵敏，检出量可达 0.5%；加热时间越长颜色越深。但对于豆油因产生色泽干扰，不便于鉴别。

15.5.3　食用油掺亚麻仁油（青油）的检测

原理：亚麻仁油（青油）含有高级不饱和脂肪酸，能与溴生成不溶性六溴化合物沉淀。可借此反应检测食用油中是否掺有亚麻仁油（青油）。

试剂：乙醚；溴溶液。

操作方法：取 2 mL 油样于试管中，加 5 mL 乙醚，缓缓滴入溴溶液至混合液保持明显红色为止，摇匀后在 15 ℃以下水浴中静置 15 min。若产生沉淀，表示有青油或亚麻仁油存在。

本法的最低检出量为 2.5%。

15.5.4　食用油掺蓖麻油的检测

蓖麻籽含有的蓖麻毒素是一种毒性很强的蛋白质毒素，误食蓖麻油或榨油后的油饼可引起中毒。因此，对食用油中蓖麻油的检测很有必要。

1. 颜色反应法

取数滴油样于瓷比色盘中，加数滴浓硫酸，若呈现淡褐色，则说明掺有蓖麻油；取数滴油样于瓷比色盘中，加数滴硝酸，若呈现褐色，则说明掺有蓖麻油。

2. 无水乙醇检测法

原理：蓖麻油能与无水乙醇以任何比例混合，而其他常见的植物油不易溶于乙醇。可借此反应检测食用油中是否掺有蓖麻油。

操作方法：吸取 5 mL 油样于具塞刻度试管中，加 5 mL 无水乙醇，剧烈振摇 2 min 后，离心 5 min（1000 r/min），取出离心管，静置 30 min。观察离心管下部油层，若少于 5.1 mL，则说明掺有蓖麻油。本法能检出 5% 的蓖麻油掺入量。

15.6　豆类食品、粮食制品的掺伪分析

15.6.1　千张掺色素的检测

千张又称干豆腐、豆片，是以大豆为原料制成的半脱水豆制品。如果生产千张时加入一定量的姜黄粉、地板黄等染料，会使消费者的身心健康受到严重危害，可用如下方法检验。

原理：姜黄素在碱性溶液中呈橘红色。地板黄染料主要成分是铬酸铅，六价铬离子在酸性溶液中，可直接与二苯基碳酰二肼作用，生成紫红色配合物。

试剂：二苯基碳酰二肼丙酮溶液：称取 0.25 g 二苯基碳酰二肼，溶于 1.0 mL 丙酮中，待溶解后于 4 ℃冰箱中储存备用；（1+1）盐酸；无水乙醇；10%氢氧化钠溶液。

操作方法：按照千张的正常生产工艺，分别制备加入地板黄的样品 A，加入地板黄染料和姜黄色素的样品 B，加入姜黄素的样品 C 和未加入任何色素的对照样品 D 各 1 份。取样品 A 25 g，磨碎后置于研钵中，加 25 mL 无水乙醇研磨均匀，取其悬浊液备用。样品 B、样品 C、样品 D 分别按样品 A 的方法制备。

取 8 支 50 mL 比色管，分为甲、乙两组各 4 支，编号后备用。取上述 4 种样品制备液各 25 mL，分别置于甲组的 4 支比色管中，然后分别加 0.5 mL（1+1）盐酸和 2 mL 二苯基碳酰二肼丙酮溶液，摇匀后放置片刻，观察各比色管颜色的变化。同样，取上述 4 种样品制备液各 25 mL，分别置于乙组的 4 支比色管中，然后分别加 2 mL 10%氢氧化钠溶液，振荡均匀后放置片刻，观察各比色管颜色的变化。按表 15.4 进行判断。

表 15.4　千张中掺色素的结果判断

样品	加入二苯基碳酰二肼丙酮溶液	加入 10%氢氧化钠溶液	结果
A	紫红色	无色	掺有地板黄
B	紫红色	橘红色	掺有地板黄和姜黄素
C	无色	橘红色	掺有姜黄素
D	无色	无色	未掺色素

注：①二苯基碳酰二肼丙酮法的检测灵敏度为 0.01%。
②汞可与二苯基碳酰二肼丙酮溶液作用，产生蓝色反应，干扰测定；铁含量超过 1 mg/kg 时，与该试剂生成黄色，干扰测定。

15.6.2 面粉掺吊白块的检测

吊白块学名称为甲醛合次硫酸氢钠,是一种工业用增白剂,食品生产中严禁使用。一些经销者和生产者在馒头、凉皮、粉条、腐竹、米粉等食品中大量添加吊白块以达到增白及增重的目的,严重危害人们的身体健康。

1. 吊白块的定性检测

原理:吊白块能和某些酸碱试剂发生颜色反应。

试剂:锌粒;(1+1)盐酸;乙酸铅试纸。

操作方法:取一定量粉碎的样品于三角瓶中,加样品 10 倍量的水搅匀,加入(1+1)盐酸(每 10 mL 样品加 2 mL 盐酸),加 2 g 锌粒,迅速在瓶口包上一张乙酸铅试纸,放置 1 h,观察试纸颜色的变化。若试纸变为棕黑色,说明样品中掺有吊白块。

2. 吊白块的定量检测

试剂:乙酰丙酮溶液:100 mL 水中依次加入 25 g 乙酸铵、3 mL 冰醋酸和 0.4 mL 乙酰丙酮,振摇溶解,于棕色瓶中储存备用。

定量测定方法:称 5.00 g 面粉于蒸馏瓶中,加 20 mL 蒸馏水、2.5 mL 液状石蜡、10 mL 10% 磷酸溶液,立即通水蒸气蒸馏。冷凝管下端预先插入盛有 10 mL 蒸馏水的接收器中,接收器置于冰浴中,准确收集馏出液 150 mL。同时做空白实验。取馏出液 2~10 mL,置于 25 mL 刻度比色管中,补充蒸馏水至 10 mL,加 1 mL 乙酰丙酮溶液,混匀,沸水浴上加热 3 min 后冷却至室温。用蒸馏水调零,435 nm 波长处测定吸光度,减去空白后在标准曲线上求出结果。

吸取 5 μg/mL 甲醛标准液 0.00 mL、0.50 mL、1.00 mL、3.00 mL、5.00 mL、7.00 mL 于 25 mL 刻度比色管中,加蒸馏水至 10 mL,加 1 mL 乙酰丙酮溶液混匀,沸水浴加热 3 min 后冷却至室温。用蒸馏水调零,435 nm 波长处测定吸光度,减去空白管吸光度后绘制标准曲线。按式(15.7)计算:

$$w = \frac{m_1 \times 5.133 \times V_1 \times 1000}{m \times V_2} \tag{15.7}$$

式中,w 为样品中吊白块的质量分数,mg/kg;m_1 为测定样液相当甲醛的量,mg;V_1 为馏出液总体积,mL;V_2 为显色用蒸馏液体积,mL;m 为样品质量,g;5.133 为甲醛换算成吊白块的系数。

15.6.3 粉条(丝)掺塑料的检测

某些生产者将白色废旧塑料薄膜加以漂洗、脱色、蒸煮、熔化后,掺入到淀粉的浆内"加工"制成粉条(丝),来增加粉条(丝)的韧性和柔性,减少粉条(丝)的断条。对这种掺假粉条(丝)可用下列方法检验。

1. 煮沸法

取适量样品于 500 mL 烧杯中,加适量水煮 30 min,观察并做对照比较。符合产品质量标准的粉条(丝)煮沸后较软,挑起时易断条;掺有塑料的粉条(丝)煮后透明度好,柔而有弹性,挑起时不易断条。

2. 燃烧法

掺入塑料的粉条(丝)易点燃,燃烧时底部火焰呈蓝色,上部呈黄色,有轻微的塑料燃烧气味,残渣呈黑长条状;而符合产品质量标准的粉条(丝)燃烧后膨胀,火焰呈黄色,残渣易呈卷筒状,可烧成灰烬。

15.6.4　姜黄粉染色小米的检测

原理:姜黄粉在碱性介质中呈现红褐色。

操作方法:取 10 g 小米于研钵中,加 10 mL 无水乙醇研碎后,再加入 15 mL 无水乙醇研磨均匀,取 5 mL 溶液于试管中,加入 10%氢氧化钠溶液 2 mL,若出现橘红色,则表明小米用姜黄粉染色了。

15.7　调味品掺伪鉴别方法

15.7.1　食醋中掺游离矿酸的检验

游离矿酸如硫酸、盐酸、硝酸及硼酸等不属于食用酸味剂,且还含有其他有害成分,所以不能在食醋中添加,更不能用来兑制食醋。

原理:游离矿酸存在时,氢离子浓度增大,可改变指示剂的颜色。

试剂:刚果红试纸:取 0.5 g 刚果红,溶于 10 mL 乙醇与 90 mL 水中,将滤纸浸透此液后阴干、备用;0.01%甲基紫溶液。

操作方法:

(1)刚果红试纸检测法。用刚果红试纸蘸少许样品,观察颜色变化情况。若试纸变为蓝色至绿色,则说明掺有游离矿酸。

(2)甲基紫检测法。取 5 mL 样品,加水稀释至 2%乙酸含量,加两三滴 0.01%甲基紫溶液,观察颜色变化。若溶液呈绿色至蓝色,则说明掺有游离矿酸。

说明:若样品颜色很深,先用活性炭脱色处理后再检测。若样品中含有游离的酒石酸或草酸,则它们也会使甲基紫溶液的颜色发生变化。因此必须按下列方法进一步确证。①硫酸实验:取 5 mL 样品于试管中,加 2 mL 5%氯化钡溶液,观察。若有白色浑浊或沉淀产生,证明有硫酸存在。②盐酸实验:取 5 mL 样品于试管中,加两滴 1%硝酸银溶液,观察。若有白色浑浊或沉淀产生,证明有盐酸存在。③硝酸实验:取 1 粒二苯胺结晶于瓷皿中,加 5 滴样品,1 滴浓硫酸观察。若呈现出蓝色,证明有硝酸存在。

15.7.2　酿造醋和人工合成醋的鉴别

食醋是以粮食为原料酿造的乙酸溶液,带有酸味和特殊的芳香味道。而人工合成醋是用冰醋酸直接加水稀释而成的。冰醋酸对人体组织有一定腐蚀作用,在食用醋中禁止使用。

1. 碘液法

取样品 50 mL 于分液漏斗中,滴加 20%氢氧化钠溶液至呈碱性,加 15 mL 戊醇振摇,静置;分离出戊醇层,用滤纸过滤,收集滤液于蒸发皿内,水浴上蒸干;残渣用少量水溶解后,滴加数滴硫酸使其呈显著酸性,然后滴加碘液观察。若产生明显褐色沉淀,则为酿造醋;否则为人工合成醋。

2. 高锰酸钾法

试剂：①3%高锰酸钾-磷酸溶液：称 3 g 高锰酸钾，加 15 mL 85%磷酸，7 mL 蒸馏水，待高锰酸钾溶解后加水稀至 100 mL；②草酸-硫酸溶液：称 5 g 无水草酸或 7 g 含两分子结晶水的草酸，在 50%硫酸溶液中溶解至 100 mL；③亚硫酸品红液：称 0.1 g 碱性品红，研细后加 80 ℃蒸馏水 60 mL，溶解后放入 100 mL 容量瓶中；冷却后加 10%亚硫酸钠溶液 10 mL 和 1 mL 盐酸，加水至刻度，混匀，放置过夜。若有颜色可用活性炭脱色，若出现红色应重新配制。

操作方法：取 10 mL 样品于 25 mL 比色管中，加 2 mL 3%高锰酸钾-磷酸液，观察颜色变化；5 min 后加 2 mL 草酸-硫酸液，摇匀，加 5 mL 亚硫酸品红溶液，20 min 后观察颜色变化。按表 15.5 进行结果判断。

表 15.5　酿造醋和人工合成醋的鉴别结果

样品	加高锰酸钾溶液	加亚硫酸品红溶液
酿造醋	很快变色	颜色变为深紫色
人工合成醋	颜色无变化或变为紫红色	颜色无变化或变化很小

15.7.3　酱油掺水的检测

通常酱油中水分含量约为 65%，剩余 35%的成分是固形物，用测总固形物的方法即可求出水分含量。若水分含量高于 65%，可认为掺有水。

15.7.4　酱油掺尿素的检测

符合产品质量标准的酱油不含尿素，但一些不法商贩为了掩盖劣质酱油蛋白质含量低的缺点，在酱油中掺入尿素来冒充优质酱油销售，欺骗消费者。

原理：尿素在强酸条件下与二乙酰肟共同加热，反应生成红色复合物。可据此检测酱油中是否掺有尿素。

试剂：二乙酰肟溶液；磷酸。

操作方法：取 5 mL 待测酱油于试管中，加三四滴二乙酰肟溶液，再加 1～2 mL 磷酸，混匀后置水浴中煮沸，观察颜色变化。若溶液呈红色，则说明掺有尿素。

15.7.5　配制酱油的检测

酿造酱油是以蛋白质和淀粉等为原料，经微生物发酵酿制而成，含有大量氨基酸和天然棕红色素及一些香气成分。配制酱油是用酱色、盐水、味精和柠檬酸等混合成的劣质酱油。

1. 感官鉴别

主要从色泽、香气、滋味、含杂量这四个方面来鉴别。
(1)色泽。配制酱油无光泽，发暗发乌，从白瓷碗中倒出，碗壁没有油色黏附。
(2)香气。配制酱油没有酿造酱油特有的豉香、酱香和酯香。
(3)滋味。配制酱油入口咸味重，有苦涩味，且烹调出来的菜肴不上色。

(4)杂质。配制酱油存放一段时间后，液面上有一层白皮漂浮。

2. 酱色检测

原理：国家商业部标准中明确规定酱油、食醋必须用酿造法制造，不得添加酱色。但酱色在配制酱油中仍然使用。因此通过酱色的检测，可判别酱油是否掺伪。

操作方法：取 10 mL 待测酱油，加 50 mL 蒸馏水，溶液呈红棕色；取出 2 mL 于试管中，逐滴加 2 mol/L 氢氧化钠。若溶液仍呈红棕色，说明掺有酱色，因为酱色是由麦芽糖焦化生成的。

15.7.6　味精掺伪检测

味精中常见掺伪物质有食盐、碳酸盐、乙酸盐、硫酸钠、铵盐、蔗糖、淀粉等。

1. 感官检验法

将味精撒在白纸上，观察其颜色、形态。符合产品质量标准的味精应为白色结晶，无杂物，无异味，水溶液有强烈鲜味；若味精中有其他形态的颗粒或其水溶液有咸味、甜味、苦涩味等，可认为掺有杂质。

2. pH 测定法

将样品配制成 1%水溶液，测定其 pH。正常 pH 约为 7，若 pH≤6，可认为掺有强酸弱碱盐，如石膏等；若 pH≥8，可认为掺有强碱弱酸盐，如碳酸钠等；若 pH 在 7 左右，但谷氨酸钠含量不足，可认为掺有中性盐，如食盐等。

3. 味精掺食盐的检测

原理：甲级味精中谷氨酸钠含量在 99%以上，其食盐含量应小于 1%。根据这一性质，可通过检测味精中食盐含量来进行判断。

试剂：6 mol/L 硝酸溶液；5%铬酸钾指示剂；0.1 mol/L 硝酸银标准溶液。

操作方法：称 5 g 样品加 20 mL 水溶解，加几滴硝酸溶液和 2 mL 5%铬酸钾指示剂，用 0.1 mol/L 硝酸银标准溶液滴至溶液呈浅黄色，表明掺有食盐，同时做空白对照。

4. 味精掺碳酸盐的检测

原理：碳酸盐与盐酸作用即产生 CO_2 气体，可据此现象进行判断。
操作方法：取样品少许加少量水溶解后，加数滴稀盐酸。有气泡产生说明掺有碳酸盐。

5. 味精掺硼酸盐的检测

原理：硼酸盐在浓硫酸中与乙醇反应生成极易挥发的硼酸乙酯，使火焰呈绿色。
操作方法：取少许样品于瓷皿中，加数滴浓硫酸和 2 mL 乙醇，混匀后点燃。若火焰呈绿色，说明掺有硼酸盐。

6. 味精掺蔗糖的检测

原理：蔗糖与间苯二酚在浓盐酸参与下产生玫瑰红色。

试剂：间苯二酚；浓盐酸。

操作方法：称 1 g 样品于烧杯中，加 0.1 g 间苯二酚和 3～5 滴浓盐酸，煮沸 5 min。若溶液呈现玫瑰红色，说明掺有蔗糖。

15.7.7　八角茴香真假的检测

原理：八角茴香也称大料，与莽草（假八角）在热碱性溶液中呈现不同的颜色，以此加以辨别。

操作方法：取粉末样品约 0.1 g 于试管中，加 2% 的氢氧化钾溶液 10 mL，小火煮沸 1 min，放冷却后立即观察，八角溶液呈现血红色，而莽草溶液呈现棕黄色。

15.8　蜂蜜掺伪鉴别方法

蜂蜜素有"糖中之王"的美称，气味芳香，味道极甜，且富含蛋白质、维生素、氨基酸、矿物质等多种营养成分，是难得的天然保健食品，具有增进食欲、改善肠胃功能、保护肝脏、治疗贫血、提高人体免疫功能等诸多作用，已深受消费者的青睐，但掺伪现象也随之增多。

15.8.1　感官检验

主要从色、香、味、浓、结晶五个方面鉴别。

色：因花源不同色泽有所差异，纯正蜂蜜一般为白色、淡黄色、橘黄色或琥珀色，呈透明或半透明的黏稠液体；劣质蜂蜜为黑红或暗褐色、无光泽、蜜液浑浊并有沉淀。

香：纯正蜂蜜香浓而持久，开瓶便能嗅到；劣质蜂蜜有油味或异味，或由于掺入香精而使香气过于浓郁。

味：纯正蜂蜜清爽甘甜，绝不刺喉，回味时间长，加温水略加搅拌即溶化，无沉淀；劣质蜂蜜虽甜，但刺喉，回味时间短，有时还伴有酸涩味，加温水搅拌不易溶化，且有沉淀。

浓：纯正蜂蜜浓度高、流动慢，用筷子或牙签挑起后可拉起柔韧的长丝，断后断头回缩形成下粗上细的叠塔状，并慢慢消失；劣质蜂蜜黏性小，不易成丝。

结晶：取少量样品于食指和拇指间进行搓压，纯正蜂蜜结晶手感细腻、柔软，无砂粒感；掺糖的蜂蜜结晶手感粗糙，有较硬的砂粒感。

15.8.2　蜂蜜掺水的检测

取样数滴于滤纸上，纯正蜂蜜不渗开，呈珠状；掺水蜂蜜很快渗开，渗开越快，掺水越多。

15.8.3　蜂蜜掺蔗糖、饴糖、人工转化糖的检测

1. 物理检验

取样少许置于玻璃板上，用强烈日光曝晒（或用电吹风吹），掺有蔗糖、饴糖或人工转化糖的蜂蜜会因为糖浆结晶而成为坚硬的板结块，而纯正蜂蜜仍呈黏稠状。

2. 蜂蜜掺蔗糖的检测——硝酸银定性法

蔗糖加盐酸熬成糖浆加入蜂蜜中，有氯离子残留，可用硝酸银检验氯离子法检验是否加入蔗糖等。

取 1 份样加 4 份水搅拌，滴加 1%硝酸银溶液两滴，若有絮状物产生，说明掺有蔗糖。

3. 蜂蜜掺饴糖的检测——乙醇定性法

取 1 份样加 4 份水混匀，滴加 95%乙醇，正常蜂蜜略有浑浊，没有絮状物；掺饴糖的蜂蜜，会产生许多白色絮状物。

4. 人工转化糖的检测——硝酸银定性法

取 1 份样加 5 份水搅匀，滴加 5%硝酸银溶液，若呈现白色浑浊，说明掺有人工转化糖。

15.8.4　蜂蜜掺食盐的检测

1. 物理检验

蜂蜜掺入食盐水，虽然浓度增加，但蜂蜜稀薄，黏度小，有咸味出现。

2. 化学检验

1) 氯离子检测

取 1 g 样品，加 5 mL 蒸馏水混匀，加 5%硝酸银溶液数滴，出现白色浑浊或沉淀后加几滴氨水，振摇，沉淀可溶解，再加 20%硝酸溶液数滴。若白色浑浊或沉淀重新出现，说明样品中掺有食盐。

2) 钠离子检测

先用白金耳蘸取稀硝酸于无色火焰上烧至无色，然后蘸取样品液烧。若呈黄花火焰，说明样品中有钠离子存在。

15.8.5　蜂蜜掺淀粉类的检测

1. 感官检验

掺有此类物质的蜂蜜，外观浑浊不透明，蜜味淡薄，用水稀释后仍然浑浊。

2. 化学检验

取 1 份蜜样，加 1 份蒸馏水或凉开水，混合煮沸后放凉，加碘液两滴。若出现蓝色或绿色说明掺有淀粉；若出现红色或紫色说明掺有糊精，若保持黄褐色，说明蜂蜜纯净。

15.8.6　蜂蜜掺尿素的检测

1. 感官检验

掺有尿素的蜂蜜，蜜甜但涩口或伴有异味。

2. pH 试纸法

取 1 份样加 4 份水，加热煮沸可闻到氨味，将 pH 试纸放在溶液蒸气上，若试纸变蓝说明掺有尿素。

3. 颜色反应法

可参考 15.7.4 小节中"酱油掺尿素的检测"。

15.8.7　有毒蜂蜜的检测

有毒蜜源主要是指雷公藤类植物，这种植物含有剧毒的雷公藤生物碱，会引起食用者的中毒。雷公藤生物碱在三氯化锑的氯仿溶液中呈现红色，据此进行检测。

操作方法：取少量可疑蜂蜜于烧杯中，加入数毫升氯仿搅拌后，用无水硫酸钠过滤，吸取滤液 1 mL 于试管中，加 5%三氯化锑的氯仿溶液，若呈现红色，说明蜜源中有剧毒的雷公藤生物碱。

15.8.8　蜂蜜掺羧甲基纤维素钠的检测

试剂：95%乙醇；盐酸；1%硫酸铜溶液。

操作方法：取蜜样 10 mL 于烧杯中，加 95%乙醇 20 mL，搅拌 10 min，析出白色絮状沉淀物；取 2 g 沉淀物于烧杯中，加 100 mL 热水搅拌后取 30 mL 加盐酸 3 mL，产生白色沉淀；另取 50 mL 待测液，加 100 mL 1%硫酸铜溶液，出现淡蓝色绒毛状沉淀。若上述两种现象均出现，说明掺有羧甲基纤维素钠。

思考题与习题

1. 简述食品掺伪的定义。
2. 食品掺伪的方式有哪些？
3. 食品掺伪的特点是什么？
4. 举例说明食品中常见的掺伪物质及其危害。
5. 举例说明粮食及豆类食品掺伪的检测。
6. 如何检测食用油中掺有桐油？
7. 乳制品的掺伪检测有哪些？举例说明。
8. 如何鉴别注水肉？
9. 举例说明饮料的掺伪检测。
10. 举例说明调味品的掺伪检测。

知识扩展：食品加工中重点查处的 31 种造假制劣行为

①用甲醇、工业酒精勾兑白酒；②用工业乙酸(冰醋酸)勾兑食醋；③用毛发水等非食用蛋白水解液和色素勾兑酱油；④在面粉、瓜子、糖果、豆制品中使用工业滑石粉；⑤在腐竹、豆腐丝、米粉、米线等食品中使用"吊白块"、工业保险粉、乌洛托品；⑥在沙琪玛、腐竹、肉丸中使用硼砂；⑦在火锅底料、瓜子中用工业石蜡；⑧在酱腌菜等食品中使用工业盐；⑨用矿物油加工大米、饼干；⑩用酸败变质油加工膨化食品；⑪用陈化粮加工粮食和粮食制品；⑫用泔水油、地沟油等废弃油脂加工食用油；⑬加工辣味食品、红色食品使用苏丹红等工业染料；⑭加工海带等藻类食品使用孔雀石绿染色；⑮加工食品调味品使用罗丹明 B(玫

瑰红)等禁用色素；⑯加工茶叶使用"铅铬绿"等染色；⑰在木耳中使用墨汁、硫酸镁、明矾、淀粉等增重染色；⑱在加工水发产品时使用工业用甲醛、双氧水、烧碱；⑲在鱼翅、笋干、干果等食品中使用工业用"双氧水"；⑳在加工干制、腌制水产品使用敌敌畏等禁用品；㉑使用药死、病死畜禽及过期变质回收肉制品加工肉制品；㉒用工业玉米淀粉和工业木薯淀粉生产粉丝；㉓用动物水解蛋白生产乳制品和乳饮料；㉔在面粉、面包中使用溴酸钾；㉕在辣椒、黄花菜、白木耳等干菜中使用工业硫酸；㉖在加工食品调味品时使用罗丹明 B(玫瑰红)等禁用色素；㉗用工业黄、工业绿等工业色素为陈小米、玉米面、豆制品、粉条等染色；㉘用回收饮料罐罐装饮料；㉙用回收塑料等加工食品；㉚用糖精、奶精、麦芽糊精等生产劣质婴幼儿奶粉。

（高向阳　教授）

第 16 章　食品物理特性分析

根据食品的相对密度、折射率、旋光度、黏度、浊度等物理常数与食品组分及含量间的关系进行分析的方法称为物理分析法。物理分析法是食品分析常用的测定方法。通过测定食品的物理特性，可以指导生产过程、保证产品质量、鉴别食品组成、判断食品品质，是生产管理和市场监督不可缺少的简便、快捷的检测手段。

16.1　密　度　法

16.1.1　液态食品与密度

密度是指物质在一定温度下单位体积的质量，以符号 ρ 表示，单位为 g/cm^3 或 g/mL。物质的体积、密度随温度变化，可用符号 ρ_t 表示某物质在温度 t 时的密度。我们把 4 ℃时 1 mL 的水所具有的质量当作一个单位，即 4 ℃时水的绝对密度为 1.000 000 g/mL。

相对密度是指某温度下物质的质量与同体积相同温度下水的质量之比，以符号 d 表示。如果温度不同，则应表示为 $d_{t_2}^{t_1}$，其中 t_1 表示物质的温度，t_2 表示水的温度。密度与相对密度之间关系如下：

$$d_{t_2}^{t_1} = \frac{\text{温度}t_1\text{时物质的密度}}{\text{温度}t_2\text{时水的密度}} \tag{16.1}$$

某液体在 20 ℃时的质量与同体积纯水在 4 ℃时的质量之比，称为真密度，以符号 d_4^{20} 表示。在普通的密度瓶或密度计测定法中，以测定溶液对同温度水的密度比较方便，以 d_{20}^{20} 表示，称为视密度。对同一溶液来说，视密度总是比真密度大，即 $d_{20}^{20} > d_4^{20}$，这是因为水在 4 ℃时的密度比在 20 ℃时的密度大。d_{20}^{20} 与 d_4^{20} 的关系是

$$d_4^{20} = d_{20}^{20} \times 0.998\,23 \tag{16.2}$$

式中，0.998 23 为水在 20 ℃时的密度。

同理，如果要将 $d_{t_2}^{t_1}$ 换算成 $d_4^{t_1}$，可按式 (16.3) 换算：

$$d_4^{t_1} = d_{t_2}^{t_1} \times \rho_{t_2} \tag{16.3}$$

式中，ρ_{t_2} 为水在温度 t_2 时的密度。

不同温度下水的密度见表 16.1。

表 16.1　水的密度与温度的关系

t/℃	密度/(g/mL)	t/℃	密度/(g/mL)	t/℃	密度/(g/mL)
0	0.999 868	3	0.999 992	6	0.999 968
1	0.999 927	4	1.000 000	7	0.999 929
2	0.999 968	5	0.999 992	8	0.999 876

$t/℃$	密度/(g/mL)	$t/℃$	密度/(g/mL)	$t/℃$	密度/(g/mL)
9	0.999 808	17	0.998 801	25	0.997 071
10	0.999 727	18	0.998 622	26	0.996 810
11	0.999 623	19	0.998 432	27	0.996 539
12	0.999 525	20	0.998 230	28	0.996 259
13	0.999 404	21	0.998 019	29	0.995 971
14	0.999 271	22	0.997 797	30	0.995 673
15	0.999 126	23	0.997 565	31	0.995 367
16	0.998 970	24	0.997 323	32	0.995 052

16.1.2　密度测定的意义

各种液态食品有一定的相对密度，当其组成成分及浓度发生改变时，其相对密度也随之改变。通过测定液态食品的相对密度，可以检测食品的纯度、浓度及判断食品的质量。如蔗糖溶液的相对密度随糖液浓度的增加而增大，原麦芽汁的相对密度随浸出物浓度的增加而增大，而酒的相对密度却随酒精度的提高而减小，这些规律已通过实验制定了溶液浓度与相对密度的对照表，只要测得它们的相对密度就可以查表得到其对应的质量浓度。对于某些液态食品(如果汁、番茄酱等)，测定相对密度并通过换算或查专用经验表能确定可溶性固形物或总固形物的质量分数。

测定相对密度可以初步判断食品是否正常。正常的液态食品，其相对密度都在一定范围内，例如，全脂牛奶为 1.028~1.032，脱脂乳相对密度升高，掺水乳密度下降；菜籽油相对密度为 0.9090~0.9145，花生油相对密度为 0.9110~0.9175，芝麻油的相对密度为 0.9126~0.9287，因掺杂、变质等地可出现相对密度的变化。油脂的相对密度与其脂肪酸组成有关，不饱和脂肪酸含量越高，脂肪酸不饱和程度越高，脂肪的相对密度越大；游离脂肪酸含量越高，相对密度越小；酸败的油脂相对密度变大。又如，鲜蛋的相对密度为 1.08~1.09，陈旧蛋则减轻，可用相对密度为 1.050~1.080 的阶梯食盐溶液来鉴别变质蛋、次蛋、新鲜蛋和最新鲜蛋。食品的相对密度异常时，可以肯定食品有质量问题；当相对密度正常时，并不能肯定食品质量无问题，必须配合其他理化分析，才能确定食品的质量。

16.1.3　液体食品密度分析方法

液态食品相对密度的分析方法有密度瓶法、密度天平法和密度计法等，GB/T 5009.2—2016 规定测定食品相对密度第一法为密度瓶法，第二法为密度天平法，第三法为密度计法。较为常用的是密度瓶法和密度计法，其中密度瓶法测定结果最准确，但耗时长，效率低；比重计法简单快捷，应用广泛，结果准确度较差。

1. 密度瓶法

原理：密度瓶具有一定容积，在一定温度下，用同一密度瓶分别称量等体积的样品溶液和蒸馏水的质量，两者之比即为该样品溶液的相对密度。

仪器：密度瓶是测定液体相对密度的专用精密仪器，是容积固定的玻璃称量瓶，其种类和规格有多种。常用的有带温度计的精密密度瓶(图 16.1)和带毛细管的普通密度瓶(图 16.2)，有 25 mL 和 50 mL 两种规格。

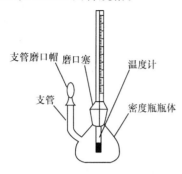

图 16.1 带温度计的精密密度瓶示意图

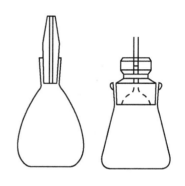

图 16.2 带毛细管的普通密度瓶示意图

测定方法：把密度瓶洗干净，依次用乙醇、乙醚洗涤，烘干并冷却后，精密称量。装满样液，盖上瓶盖，置 20 ℃水浴中 0.5 h，待内容物温度达到 20 ℃，用细滤纸条吸去支管标线上的样液，盖上侧管帽后取出。用滤纸把密度瓶外擦干，置天平室内 0.5 h，称量。将样液倾出，洗净密度瓶，装入煮沸 0.5 h 并冷却到 20 ℃以下的蒸馏水，按上法操作，测出同体积 20 ℃蒸馏水的质量。

结果计算：试样的相对密度按式(16.4)或式(16.5)进行计算：

$$d_{20}^{20} = \frac{m_2 - m_0}{m_1 - m_0} \tag{16.4}$$

$$d_4^{20} = d_{20}^{20} \times 0.998\ 23 \tag{16.5}$$

式中，d_{20}^{20} 为试样在 20℃，水温在 20 ℃时的相对密度；d_4^{20} 为试样在 20 ℃，水温在 4 ℃时的相对密度；m_0 为密度瓶质量，g；m_1 为密度瓶和蒸馏水质量，g；m_2 为密度瓶和试样质量，g。

注意事项与说明：①本法适用于测定各种液体食品，对挥发性样品也适用，结果准确；②测定较黏稠样液时，宜使用带毛细管的密度瓶；③水样必须装满密度瓶，瓶内不得有气泡；④不得用手直接接触已达恒温的密度瓶，应带隔热手套去拿瓶颈或用工具夹取；⑤水浴中的水必须清洁无油污，防止瓶外壁被污染；天平室温度不得高于 20 ℃，防止液体受热膨胀溢出。

2. 密度计法

原理：密度计是根据阿基米德原理制成的，其种类很多，但结构和形式基本相同，都是由玻璃外壳制成，它由三部分组成，头部是球形或圆锥形，内部灌有铅珠、水银或其他重金属，使密度计能够直立于溶液中，中部是胖肚空腔，内有空气，因此能浮起，尾部是一细长管，内附有刻度标记，刻度是利用各种不同密度的液体标刻的。可分为普通密度计、锤度计、乳稠计、波美计等。

密度计类型：普通比重计是直接以 20℃时的密度值为刻度的。刻度值小于 1(0.700～1.000)称为轻表，用于测量密度比水小的液体；刻度值大于 1(1.000～2.000)称为重表，用来测量密度比水大的液体。

锤度计是专门用于测定糖液浓度的密度计，以蔗糖溶液的质量浓度为刻度，以符号"°Bx"表示，其标度方法是以 20 ℃为标准温度，在蒸馏水中为 0°Bx，在 1%蔗糖溶液中为 1°Bx，依次类推。锤度计的刻度范围有多种，常用的有：1～6°Bx，5～11°Bx，10～16°Bx，15～21°Bx

等。若测定温度不在标准温度(20 ℃)，应进行校正。

乳稠计是专门用于测定牛乳相对密度的密度计，测量范围为 1.015～1.045。它是将相对密度减去 1.000 后再乘以 1000 作为刻度，其刻度范围为 15°～45°。使用时把测得的读数按上述关系可换算为相对密度值。乳稠计按其标度方法不同分为两种：一种是按 20°/4°标定的，另一种是按 15°/15°标定的。两者的关系是：后者读数是前者读数加 2，即

$$d_{15}^{15} = d_4^{20} + 0.002 \tag{16.6}$$

使用乳稠计时，若测定温度不是标准温度，应将读数校正为标准温度下的读数。对于 20°/4°乳稠计，当乳温高于标准温度 20 ℃时，每高 1℃应在得出的乳稠计读数上加 0.2°；乳温低于20 ℃时，每低 1 ℃应减去 0.2°。

波美计是以波美度(以符号°Bé 示)来表示液体浓度大小。常用波美计的刻度方法是以20 ℃为标准，在蒸馏水中为 0 °Bé；在 15% NaCl 溶液中为 15 °Bé，在纯硫酸(相对密度 1.8427)中为 66 °Bé；其余刻度等分。波美计分为轻表和重表两种，分别用于测定相对密度小于 1 和相对密度大于 1 的液体。由测出的波美度可用式(16.7)、式(16.8)计算出溶液的相对密度。

$$轻表°Bé = 145 - \frac{145}{d_{20}^{20}} \text{ 或 } d_{20}^{20} = \frac{145}{145 + °Bé} \tag{16.7}$$

$$重表°Bé = 145 - \frac{145}{d_{20}^{20}} \text{ 或 } d_{20}^{20} = \frac{145}{145 - °Bé} \tag{16.8}$$

酒精计是用以测量酒精浓度的密度计，其刻度是用已知酒精浓度的酒精溶液来标定的，1%的酒精溶液中为 1°，即 100 mL 酒精溶液中含乙醇 1 mL，从酒精计上可直接读取酒精溶液的体积分数。当温度不在 20 ℃时必须根据《酒精计温度浓度换算表》进行校正。

使用方法：用少量样液润洗密度计的量筒内壁(常用 500 mL 量筒)，沿量筒内壁缓缓注入样液，避免产生泡沫。将密度计洗净并用滤纸拭干，慢慢垂直插入样液中，勿碰及容器四周及底部，待其稳定悬浮于样液后，再将其稍微按下，使其自然上升直至静止、无气泡冒出时，从水平位置观察与液面相交处的刻度，读出标示刻度，同时用温度计测量样液的温度。重复性条件下获得的两次独立测定结果的绝对差值不得超过算术平均值的 5%。

注意事项与说明：①本法操作简便迅速，准确性较差，需要样液多，不适用于易挥发的样品；②应根据样品大概的密度范围选择量程合适的密度计；③注入样液时应缓慢，防止气泡影响读数；④量筒须置于水平桌面，不使密度计触及量筒壁及底部；⑤读数时，以密度计与液体形成的弯月面下缘为准。样液温度不是标准温度，应进行校正。⑥一般比重计的刻度是上小下大，但酒精计正好相反，是上大下小，因为乙醇浓度越大其相对密度越小。

16.2　折　光　法

由测量物质的折射率鉴别物质的组成、确定其纯度、浓度及判断物质品质的分析方法称为折射检验法，简称折光法。折射率和密度一样，是物质重要的物理常数。在食品分析中，折光法主要用于油脂、乳品分析和果汁、饮料中可溶性固形物含量的测定，也可测定生长期果蔬汁液的折射率，判断果蔬的成熟度。

16.2.1　基本原理

1. 光的折射和折射率

光线从一种介质射到另外一种介质时，一部分光线发生反射，另一部分进入第二种介质中并改变它的传播方向，这种现象称为光的折射。对某种介质来说，入射角正弦与折射角正弦之比恒为定值，它等于光在两种介质中的速度之比，此值称为该介质的折射率，见图16.3。物质的折射率是物质的特征常数之一，与入射光的波长、温度有关，一般在折射率 n 的右上角标注温度，右下角标注波长。

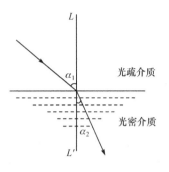

图 16.3　光的折射

$$\frac{\sin \alpha_1}{\sin \alpha_2} = \frac{v_1}{v_2} \tag{16.9}$$

式中，v_1 表示光在第一种介质中的传播速度；v_2 表示光在第二种介质中的传播速度。

将式(16.9)左边的分子和分母都乘以光在真空中的传播速度 c，经变换后得

$$\frac{c}{v_1}\sin \alpha_1 = \frac{c}{v_2}\sin \alpha_2 \tag{16.10}$$

光在真空中的速度 c 和在介质中的速度 v 之比，称为介质的绝对折射率(简称折射率)，以 n 表示，即 $n = \dfrac{c}{v}$，$n_1 = \dfrac{c}{v_1}$，$n_2 = \dfrac{c}{v_2}$，其中 n_1 表示第一介质的绝对折射率，n_2 表示第二介质的绝对折射率，可得折射定律为

$$n_1 \sin \alpha_1 = n_2 \sin \alpha_2 \tag{16.11}$$

2. 临界角

两种介质相比较，光在其中传播速度较大的称为光疏介质，其折射率较小；反之称为光密介质，其折射率较大。当光线从光疏介质进入光密介质(如从样液射入棱晶中)时，改变入射光线的角度，当 $\alpha_1 = 90°$ 时，此时 α_2 称为临界角(若光线从光密介质射向光疏介质时，折射角将大于入射角；当入射角为某一数值时，折射角等于 $90°$，发生全反射，此入射角称临界角)，用 $\alpha_{临}$ 表示。由折射定律知，$n_1 \times \sin 90° = n_2 \times \sin \alpha_{临}$，即 $n_1 = n_2 \times \sin \alpha_{临}$，其中 n_2 为棱镜的折射率，是已知的，$\alpha_{临}$ 可以通过折射仪检测，然后可得到样液的折射率 n_1。

16.2.2　测定折射率的意义

折射率是食品品质和工艺控制的重要指标，液态食品折射率的测定意义如下所述。

1. 确定食品的质量浓度或可溶性固形物含量

通过测定折射率可确定糖液的质量浓度如饮料、糖水罐头等食品的糖度，还可测定以糖为主要成分的果汁、蜂蜜等食品的可溶性固形物的含量。蔗糖溶液的折射率随质量浓度增大而升高。折光法测得的只是可溶性固形物含量，不能用折光法直接测出总固形物。对于番茄酱、果酱等食品，已通过实验编制了总固形物与可溶性固形物关系表，先用折光法测定可溶

性固形物含量，再查出总固形物的含量。

　2．鉴别食品的组成和品质

各种油脂具有一定的脂肪酸构成，每种脂肪酸均有其特定折射率。含碳原子数目相同时，不饱和脂肪酸的折射率比饱和脂肪酸的折射率大；不饱和脂肪酸相对分子质量越大，折射率也越大；酸度高的油脂折射率低，密度大的油脂折射率高。因此测定折射率可鉴别油脂的组成和品质。

　3．判断食品的纯度及是否掺假

液态食品的折射率均有一定的范围，当液态食品掺杂、质量浓度变化、成分改变、发生变质时，折射率会变化。例如，正常牛乳乳清折射率为 1.341 99～1.342 75，牛乳掺水折射率降低。20 ℃时菜籽油的折射率为 1.4710～1.4755，棕榈油折射率为 1.456～1.459（40 ℃）。在菜籽油中掺入棕榈油后折射率降低。所以，测定折射率可以初步判断某些食品的纯度及是否掺假。

16.2.3　折光仪的构造、性能、使用、校正与维护

折光仪是利用临界角原理测定物质折射率的仪器。食品工业中常用的是阿贝折光仪和手提式折光计。

　1．折光仪的构造

阿贝折光仪的构造见图 16.4，其光学系统由观测系统和读数系统两部分组成（图 16.5）。

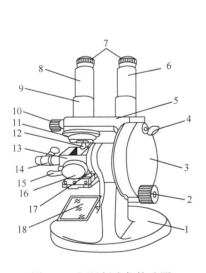

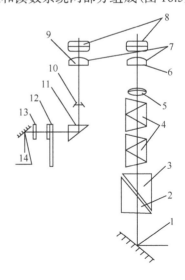

图 16.4　阿贝折光仪构造图　　　　　　　　图 16.5　阿贝折光仪的光学系统

1. 底座；2. 棱镜调节旋钮；3. 圆盘组（内有刻度板）；4. 小反光镜；5. 支架；6. 读数镜筒；7. 目镜；8. 观察镜筒；9. 分界线调节螺丝；10. 消色调节旋钮；11. 色散刻度尺；12. 棱镜锁紧扳手；13. 棱镜组；14. 温度计插座；15. 恒温器接头；16. 保护罩；17. 主轴；18. 反光镜

1. 反光镜；2. 进光棱镜；3. 折射棱镜；4. 色散补偿器；5、10. 物镜；6、9. 分划板；7、8. 目镜；11. 转向棱镜；12. 刻度盘；13. 毛玻璃；14. 小反光镜

（1）观测系统：光线由反光镜 1 反射，经进光棱镜 2、折光棱镜 3 及两棱镜间的被测样液薄层折射后射出，再经色散补偿器 4 抵消，由于折射棱镜及被测样液所产生的色散，由物镜

5 将明暗分界线成像于分划板 6 上，经目镜 7、8 放大后成像于观测者眼中。

(2)读数系统：光线由小反光镜 14 反射，经毛玻璃 13 射到刻度盘 12 上，经转向棱镜 11 及物镜 10 将刻度成像于分划板 9 上，通过目镜 7、8 放大后成像于观测者眼中。当旋动棱镜调节旋钮时棱镜摆动，视野内明暗分界线通过十字交叉点，表示光线从棱镜入射角达到了临界角。当测定不同的样液时，因折射率不同，因此临界角的数值也不同，在读数镜筒中即可读取折射率，或糖液浓度，或固形物含量。

手持折光仪的基本结构包括：检测棱镜、盖板、调节螺丝、镜筒、手柄、调节手轮、目镜和棱镜座，如图 16.6 和图 16.7 所示。

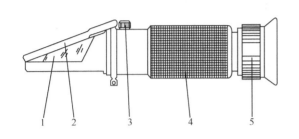

图 16.6　手持折光仪结构图　　　　图 16.7　手持折光仪的实物图及视场观测图

1. 检测棱镜；2. 盖板；3. 调节螺丝；4. 镜筒和手柄；5. 调节手轮和目镜

手持折光仪具有构造简单、携带方便、检测基本准确、质量轻、体积小等优点。仪器在测量前需要校正，取标准液一滴，涂抹在蓝色检测棱镜上，然后把标准玻璃块亮面盖在上面，拧动零位调节螺丝，调整至标准刻度位置。擦净检测棱镜后，可进行检测。使用时先打开盖板，用软布仔细擦净检测棱镜，后取待测溶液数滴，置于检测棱镜上，轻轻合上盖板，避免气泡产生，使溶液遍布棱镜表面，将仪器进光板对准光源或明亮处，眼睛通过目镜观察视场(图 16.7)，转动目镜调节手轮，使视场的蓝白分界线清晰，分界线的刻度值即为溶液的浓度。

2. 阿贝折光仪的性能

折射率刻度范围为 1.3000~1.7000，测量精确度±0.0003。可测量糖溶液的浓度范围为 0%~95%，相当于折射率 1.333~1.531，测定温度为 10~50 ℃的折射率。

3. 折光仪的校正

通常用测定蒸馏水折射率的方法来进行校正，即在标准温度(20 ℃)下折光仪应表示出折射率为 1.322 99 或 0%可溶性固形物。根据实验所得，温度在 10~30 ℃时，蒸馏水的折射率如表 16.2 所示。

表 16.2　蒸馏水的折射率

温度/℃	蒸馏水折射率	温度/℃	蒸馏水折射率	温度/℃	蒸馏水折射率
10	1.333 71	14	1.333 46	18	1.333 16
11	1.333 63	15	1.333 39	19	1.333 07
12	1.333 59	16	1.333 32	20	1.332 99
13	1.333 53	17	1.333 24	21	1.332 90

续表

温度/℃	蒸馏水折射率	温度/℃	蒸馏水折射率	温度/℃	蒸馏水折射率
22	1.332 81	25	1.332 53	28	1.332 20
23	1.332 72	26	1.332 42	29	1.332 08
24	1.332 63	27	1.332 31	30	1.331 96

对于折射率读数较高的折光仪的校正，通常是用备有特制的具有一定折射率的标准玻璃块(仪器附件)来校正。校正时，可揭开下面棱镜，把上方棱镜表面调整到水平位置，然后在标准玻璃块的抛光面上加上一滴折射率很高的液体(α-溴萘)湿润之，贴在上方棱镜的抛光面上进行校正。无论用蒸馏水或标准玻璃块校正折光仪，如果遇读数不正确时，可借助仪器上特有的校正螺旋，将其调整到正确读数。

4. 阿贝折光仪的使用方法

(1)用脱脂棉蘸取乙醇擦净两棱镜表面，挥发干乙醇。滴一两滴样液于下面棱镜的中央，迅速旋转棱镜锁紧扳手，调节小反光镜和反光镜至光线射入棱镜，使两镜筒内视野明亮。

(2)由目镜观察，转动棱镜旋钮，使视野呈现明暗两部分。

(3)旋转色散补偿器旋钮，使视野中只有黑白两色。

(4)旋转棱镜旋钮，使明暗分界线在十字线交叉点。

(5)在读数镜筒读出折射率或质量浓度。

(6)同时记录测定时的温度。

(7)对颜色较深的样液进行测定时，应采用反光法测定，以减少误差。即取下保护罩作为进光面，使光线间接射入而观察之，其余操作相同。

(8)打开棱镜，若测定水溶性样液，棱镜用脱脂棉吸水擦拭干净；若是油类样液，用乙醇或乙醚、二甲苯等擦拭。

折射率测定最好在 20 ℃下进行。若测定温度不是 20 ℃，应查表对测定结果进行温度校正。测定光源通常为白光，当白光经过棱镜和样液发生折射时，因各色光的波长不同，折射程度也不同，折射后分解成为多种色光，这种现象称为色散。光的色散会使视野明暗分界线不清，产生测定误差。为了消除色散，可以微调阿贝折光仪观测镜筒的下端的色散补偿器。

5. 阿贝折光仪的维护

(1)仪器应放在干燥、空气流通的室内，防止受潮后光学零件发霉。

(2)使用完毕须进行清洁并挥干后放入储有干燥剂的箱内，防止湿气和灰尘侵入。

(3)严禁油手或汗手触及光学零件，切勿用硬质物料触及棱镜，以防损伤。

(4)仪器应避免强烈振动或撞击，以免光学零件损伤而影响精度。

16.3 旋 光 法

16.3.1 基本原理

旋光法基本原理见图 16.8。光波的振动方向与其前进方向相互垂直。自然光有无数个与光前进方向相互垂直的光波振动面，若是自然光通过尼科尔棱镜，由于振动面与尼科尔棱镜的光轴平行的光波才能通过尼科尔棱镜，所以通过尼科尔棱镜的光，只有一个与光的前进方向相互垂直的光波振动面。这种仅在一个平面上振动的光称偏振光。偏振光的振动平面称偏振面。具有光学活性的物质，其分子和镜像不能叠合，当偏振光通过这类物质溶液时，偏振面就会旋转一个角度。利用专门的仪器测量偏振面向右或向左的旋转角度数，即可求出光学活性物质的含量，这种测定方法称为旋光法。

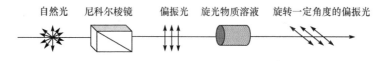

自然光　　尼科尔棱镜　　偏振光　　旋光物质溶液　　旋转一定角度的偏振光

图 16.8　旋光法基本原理示意图

16.3.2　光学活性物质、旋光度与比旋光度

分子结构中凡含有不对称碳原子，能把偏振光的偏振面旋转一定角度的物质称为光学活性物质。许多食品成分有光学活性，如单糖、低聚糖、淀粉及大多数的氨基酸等，其中能把偏振光的振动平面向右旋转的，称为"具有右旋性"，以(+)表示；反之，称为"具有左旋性"，以(−)表示。

偏振光通过光学活性物质溶液时，其振动平面所旋转的角度称为该物质溶液的旋光度，以 α 表示。旋光度的大小与光源的波长、温度、旋光性物质的种类、溶液的浓度及液层的厚度有关。对于特定的光学活性物质，在光波长和测定温度一定的情况下，其旋光度 α 与溶液浓度 c 和液层厚度 L 成正比。即

$$\alpha = K \cdot c \cdot L \tag{16.12}$$

当旋光性物质浓度为 1 g/mL，液层厚度为 1 dm(即 10 cm)时所测得的旋光度称为比旋光度，以 $[\alpha]_{\lambda}^{t}$ 表示，把数据代入式(16.12)，得

$$[\alpha]_{\lambda}^{t} = K \times 1 \times 1 = K$$

即
$$[\alpha]_{\lambda}^{t} = \frac{\alpha}{L \cdot c} \quad \text{或} \quad c = \frac{\alpha}{[\alpha]_{\lambda}^{t} \cdot L} \tag{16.13}$$

式中，$[\alpha]_{\lambda}^{t}$ 为比旋光度，度(°)；t 为温度，℃；λ 为光源波长，nm；α 为旋光度，度(°)；L 为液层厚度或旋光管长度，dm；c 为溶液浓度，g/mL。

旋光仪的测定通常规定在 20 ℃下用钠光 D 线(波长 589.3 nm)进行，因此比旋光度用 $[\alpha]_{D}^{20}$ 表示。当溶液温度不是 20 ℃时，需加以校正。主要糖类的比旋光度见表 16.3。在一定条件下比旋光度是 $[\alpha]_{D}^{20}$ 是已知的，L 一般也是定值，所以测得某溶液的旋光度 α，可由式(16.13)计算出该溶液的浓度。蔗糖的糖度、味精的纯度、淀粉和某些氨基酸的含量与其旋光度成正比，通过测定旋光度可以快速检测其含量，便于生产中食品质量的控制。

表 16.3　常见糖类的比旋光度

糖类	$[\alpha]_{D}^{20}$	糖类	$[\alpha]_{D}^{20}$
葡萄糖	+52.3	乳糖	+53.3
果糖	−92.5	麦芽糖	+138.5
转化糖	−20.0	糊精	+194.8
蔗糖	+66.5	淀粉	+196.4

16.3.3　变旋光作用

具有光学活性的还原糖类(如葡萄糖、果糖、乳糖、麦芽糖等)溶解后，其旋光度起初迅速变化，然后渐渐变化缓慢，最后达到恒定值，这种现象称为变旋光作用。这是因为还原性糖类存在两种异构体，即 α 型和 β 型，它们的比旋光度不同，这两种环形结构及中间的开链结构在构成一个平衡体系过程中，即显示变旋光作用。在用旋光法测定蜂蜜或含有还原糖的样品时，宜将配成溶液后的样品放置过夜再测定。

16.3.4　旋光仪的结构及原理

测定化合物旋光度的仪器，称为旋光仪。旋光仪主要部件有光源、起偏镜、旋光管、检偏镜和半荫板装置等。其工作原理见图 16.9，结构示意图见图 16.10。

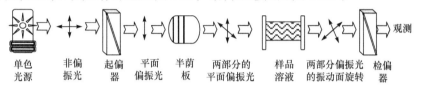

单色　　非偏　　起偏　　平面　　半荫　　两部分的　　样品　　两部分偏振光　　检偏
光源　　振光　　器　　偏振光　　板　　平面偏振光　　溶液　　的振动面旋转　　器

图 16.9　旋光仪工作原理图

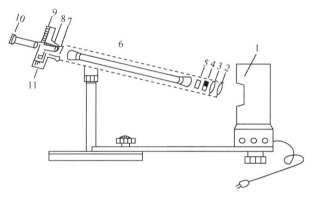

图 16.10　旋光仪结构示意图

1. 光源；2. 会聚透镜；3. 滤色片；4. 起偏镜；5. 半荫片或三荫片；6. 旋光管；7. 检偏镜；
8. 望远镜物镜；9. 刻度盘；10. 望远镜目镜；11. 刻度盘转动手轮

为便于观测视野，光源要有一定强度。常见的光源有钠光灯、汞蒸气灯。为了得到较纯的单色光，需设置光学色散系统或设置适当的滤光器(如滤光片)。测量时，先将旋光仪中起偏镜 4 和检偏镜 7 的偏振轴调到相互正交，这时在目镜 10 中看到最暗的视场；然后装上旋光管 6，转动检偏镜，使因振动面旋转而变亮的视场重新达到最暗，此时检偏镜的旋转角度即表示被测溶液的旋光度。实际工作中，肉眼无法精确比较视野完全黑暗和较为黑暗。为了克服上述缺点，旋光仪通常设置一个半荫片(半荫片由一块半圆形无旋光作用的玻片和一块半圆形有旋光作用的石英板胶合成的透光片，其作用是帮助判断亮度)，这时视野可分为明暗两半。仪器的终点不是视野的完全黑暗，而是视野两半圆照度相等，由于肉眼较易识别视野两半圆光线强度的微弱差异，所以能正确判别终点而得到正确的分析结果。

16.3.5　检糖计

检糖计专用于糖类的测定。因此刻度数值直接表示为蔗糖的含量(kg/L)，其测定原理与旋光计相同。检糖计读数尺的刻度是以糖度表示的。最常用的是国际糖度尺，以°S 表示。其标定方法是：在 20 ℃时，把 26.000 g 纯蔗糖配成 100 mL 的糖液，用 200 mm 观测管以波长 $\lambda=589.4400$ nm 的钠黄光为光源测得的读数定为 100 °S。1 °S 相当于 100 mL 糖液中含有 0.26 g 蔗糖。读数为 x (°S)，表示 100 mL 糖液中含有 $0.26x$ g 蔗糖。检糖计与旋光计的读数之间换算关系为：1 °S＝0.346 26°；1°=2.888 °S。

16.4　热分析技术

16.4.1　概述

大多数食品及原料在收获、加工和生产过程中都要经历某种程度的热处理(如蒸煮、焙烤、油炸、蒸馏、巴氏消毒或灭菌等)，这些热处理均可使产品在形态、理化和功能性质及流变学方面发生变化，对从事食品基础研究、产品开发和质量控制的食品科技工作者来说，热分析是一种有价值的分析方法。

国际热分析协会(International Confederation for Thermal Analysis，ICTA)对热分析法的定义：热分析是在程序控制温度下，测量物质物理性质随温度变化的一类技术。所谓"程序控制温度"是指用固定的速率加热或冷却，在升温或降温的过程中，物质的结构和化学性质会发生变化，其质量、温度、热焓、尺寸、机械、电学和磁学性质等物理性质也会发生相应的变化。若研究物质质量的变化，就称为热重法；若测量样品的力学特性，称为热机械分析法；若测量样品的能量变化，则有差热分析和示差扫描量热法；若研究样品几何尺寸的变化，就是热膨胀法；若测量样品的光学特性，则称热光学法；若测量样品的电学特性，则称热电学法；若测量样品的磁学特性，则有热磁学法。

16.4.2　热分析方法

差热分析法、示差扫描量热法、热重法和热机械分析法是热分析的四大支柱。

1. 差热分析法

差热分析(differential thermal analysis，DTA)，是指在程序控温下，测量物质和参比物的温度差与温度或者时间关系的一种测试技术。该法广泛应用于测定物质在热反应时的特征温度及吸收或放出的热量，包括物质相变、分解、化合、凝固、脱水、蒸发等物理或化学反应。对无机物、有机物，特别是高分子聚合物等的热分析应用广泛。

差热分析是在相同温度环境中，将样品和参比物按一定的速度加热或冷却，并用特定的仪器记录样品及参比物的温差-时间变化关系的技术，描述这种关系的曲线称为差热曲线(DTA 曲线)。差热曲线直接提供的信息主要有峰位置、峰面积、峰形状和个数。峰位置是由导致热效应变化的温度和热效应种类(吸热或放热)决定；前者体现在峰的起始浓度上，后者体现在峰的方向上。不同物质的热性质不同，相应的差热曲线上的峰位置、峰个数和形状不一样，这是用差热分析对物质进行定性分析的依据。差热分析法影响结果的因素包括样品密度、比热容、导热性、反应类型、结晶状态、试样黏度、装填方式、试样量、升温速度、样品预处理方式等。该方法操作简便，快速，取样量少，重现性高，结果反映直观。

2. 示差扫描量热法

示差扫描量热法(differential scanning calorimetry，DSC)指在程序控温下，随时间或温度的变化，记录下试样和参比物之间为达到没有温差所必需能量的一种技术。它能克服差热分析在定量测定上存在的不足，通过对试样能量变化进行及时补偿，保持试样与参比物始终无温差，无热传递，热损失小，检测信号强。因此，灵敏度和精度都有所提高，并可进行热量定量分析。影响示差扫描量热法的因素主要是样品的性质、粒度、参比物性质、升温速率等。该法的优缺点基本与差热法相同，样品用量少，操作方便，并且灵敏度更高。

3. 热重法

物质在加热或冷却过程中除产生热效应外，还伴随有质量变化，其大小及变化时的温度与物质的化学组成和结构密切相关。因此，利用在加热和冷却过程中物质质量变化的特点，可以区别和鉴定不同的物质。热重法(thermogravimetry，TG)指在程序控温下，测量物质质量与温度之间关系的技术。以温度为横坐标，以失重百分数为纵坐标的曲线即热重曲线(或TG 曲线)。从热重曲线可得到物质的组成、热稳定性、热分解及产物等与质量相关的信息，也可得到分解温度和热稳定温度范围等信息。将热重曲线对时间求一阶导数即得到微商热重法(derivative thermogravimetry, DTG)曲线，它反映试样质量的变化率和时间的关系。热重法可与差热法和示差扫描量热法等联用可提高鉴别的准确性。影响热重法的因素包括仪器、试样和实验条件等因素。该方法操作迅速简便，灵敏度高。

4. 热机械分析法

热机械分析(thermomechanical analysis，TMA)，指在程序控温下，测量物质在非振动负荷下的形变与温度的关系的技术。根据测定内容，分为静态法和动态法。热机械分析仪法能够简单迅速地测量样品因温度、时间和外加力的作用而产生的变化(延展、收缩、移动等)，主要应用包括玻璃化温度、软化性能、应力/应变的张力研究、膨胀系数、应力下的机械行为、烧结过程、体积膨胀、聚合物结构形态及黏弹性模量分析及摩擦阻力研究。

以上介绍的热分析方法中，差热分析(DTA)和示差扫描量热法(DSC)是食品科学中最常用的热分析法。下面重点介绍在食品分析中应用广泛的示差扫描量热仪的原理及其特点。

16.4.3　示差扫描量热仪

示差扫描量热仪通常包括加热炉、测量系统、温度控制器、记录系统及气氛装置等。基本原理是记录样品及参比物之间在$\Delta T=0$ 时所需的能量差与时间(或温度的变化)关系,测得的曲线称为示差扫描量热曲线 (或 DSC 曲线)，根据 DSC 曲线来确定和研究物质发生相转化的起始和终止温度、吸热和放热的热效应及整个过程中的物态变化规律。

按测量方法不同，DSC 可分为功率补偿型和热流型两种。图 16.11 即为功率补偿型示差扫描量热仪原理示意图。试样和参比物置于相同的热条件下，且分别具有独立的加热器和传感器，整个仪器有两条控制电路进行监控，其中一条用于控制温度，使样品和参照物在预定的速率下升温或降温；另一条是用于控制功率补偿电路，控制微加热器等热元件给样品补充热量或减少热量以维持样品和参比物间的温差为零。当样品发生热效应时，如放热效应，样品温度将高于参比物，样品与参比物之间形成温度差，该温度差信号将转化为温差电势，经放大后送入功率补偿器，使样品加热器的电流减小，而参比物的加热器电流增加，这样使样品温度降低，参比物温度升高，最终两者温差又趋于零。因此，只要记录样品的放热速度或吸热速度(功率)，即补偿给样品和参照物的功率差随温度 T 或加热时间 t 的变化关系，即为 DSC 曲线，DSC 的纵坐标表示样品放热或吸热速度，为功率单位 mJ/s，又称热流率，表示为 $d(\Delta H)/dt$，横坐标为温度或时间。图 16.12 即为典型的 DSC 曲线。另一种热流式 DSC 仪与差热分析仪类似，是测量试样和参比物温度差与温度或时间关系的，但它的定量测量性能好。样品与参比物共用单一热源进行加热，然后测得样品与参比物的温度差 ΔT，再把测量得的 ΔT 经过转换得到热焓值 ΔH。

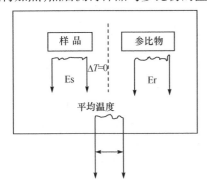

图 16.11　功率补偿型 DSC 原理图

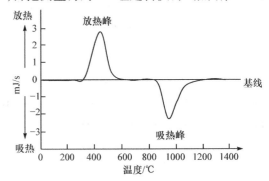

图 16.12　典型 DSC 曲线

16.4.4　热分析技术在食品研究中的应用

热分析技术在食品研究中应用广泛，如利用示差扫描量热法分析蛋白质变性、淀粉糊化和老化及玻璃化转变等，用热重分析法测定食品中水分含量、食品添加剂的影响、油脂的氧化稳定性和组分含量等。具体表现在以下几个方面。

1. 食品的水分含量及玻璃态转变温度的测定

食品许多性质取决于食品与水的相互作用,热分析技术可用来测定食品体系中的自由水,对食品体系的玻璃态转变温度进行分析。淀粉的玻璃化转变关系到以淀粉为原料的食品的质构和货架寿命，玻璃化转变温度也是某些食品(如果蔬、鱼肉制品、蜂蜜等)储藏的一项关键指标，这些方面的研究可为生产实践提供有效的加工、保藏工艺参数。

2. 淀粉特性的测定

加工、储藏过程中，淀粉颗粒会发生糊化和老化，影响含淀粉丰富的谷物食品的品质、结构和组织特性，可用示差扫描量热法研究高交联非糊化淀粉在温度变化过程中的相变过程与特性。研究表明，糊化淀粉的玻璃态转变温度与淀粉的回生程度有一定关系，回生程度越高，淀粉的玻璃态转变温度越高。因此，淀粉的特性可用热分析法进行测量。

3. 脂肪特性的测定及品质鉴别

食用油脂在煎炸食品过程中的降解、聚合产物会危及人体健康，运用快速可靠的方法对煎炸油的质量和氧化程度进行监测显得十分重要。示差扫描量热法通过研究加热或煎炸过程中不断生成的杂质(游离脂肪酸、部分甘油酯和氧化产物)对油脂结晶特性的影响，从而预测煎炸油热降解的程度。DSC 法得到的参数(峰值温度、热焓)与标准方法测得的结果有很好的相关性，且所用样品量少、制备简单、省时省力，无须使用有毒的化学试剂。

利用植物油的 FDC 冷却曲线（即 DSC 曲线对时间的一级微商曲线）非线性范围以外的第一峰值温度可快速地提供植物油的特征线型（或称"指纹"峰），在建立了单一植物油 FDC 冷却曲线数据库以后，便可对未知植物油品、混合油、"地沟油"或存在于更加复杂的食品中的植物油种类进行快速鉴别，也可用热分析技术来检测食品原料是否被掺假。该技术在脂肪分析方面具有重要的实用价值。

4. 蛋白质的研究

蛋白质加热时，蛋白质内氢键断裂，从而导致蛋白质分子的展开，分子展开过程中需要吸收能量（打断的氢键需要能量），蛋白质的变性一般表现为分子结构从有序态变为无序态、从折叠态变成展开态、从天然状态变成变性状态，在这些状态的变化过程中都会伴随着能量的变化，这样可以用热分析技术进行测量。热分析技术还可研究蛋白质与蛋白质相互作用、蛋白质与水相互作用、蛋白质的热变性动力学等。

16.5 色度、白度、浊度及计算机视觉检测

液体食品如矿泉水、啤酒等在国家质量标准中都有相应的色度、浊度等物理指标要求，我国食品标准中对面粉、淀粉、白糖、食盐等有白度指标的要求，这些物理特性对于产品质量至关重要。食品的色泽、外观与食品等级、加工工艺、储藏和是否变质等因素相关，除依靠人的感官进行分析外，还可用计算机视觉技术对食品的色泽、外观进行分析检测，从而客观判断食品的质量，该技术在食品领域的应用已引起人们的重视。

16.5.1 色度测定

随着各种更加科学、合理、方便的表色系统的建立，人们对颜色的品质管理和测定也变得更加方便、准确。色度是样品颜色的深浅程度，样品的色度与其类别及纯度相关，通过测定样品的色度可鉴别食品的质量。

1. 目测法

目测法主要分为标准色卡对照法和标准液比较法等。测定时要注意光源、观察的位置和试样的搁放位置。

1）标准色卡对照法

国际上出版的标准色卡，常见的有孟塞尔色图（munsell book of colors）、522 匀色空间色卡（522UCS, 1977 年美国光学会制定）、麦里与鲍尔色典和日本的标准色卡（CC5000）等。用标准色卡与试样比较颜色时，要求采用国际照明协会所规定的标准光源，光线的照射角度要求为 45°，比较时，色卡与试样的观察面积不同也影响判断的正确性，因此要求对试样进行一定的遮挡，如果无合适的标准光源，可利用晴天上午 10 时到下午 14 时射进的自然光。总之，要避免在阳光直接照射下比较。但是，有光泽的食品表面或凹凸不平的食品，如甜面酱、果酱等，比较起来相当困难。目测法常用于谷物、淀粉、水果、蔬菜等规格等级的鉴定。

2)标准液测定法

主要用来比较液体食品的颜色，标准液多用化学试剂溶液制成。例如，橘子汁颜色管理中，采用重铬酸钾溶液作标准色液。在国外，酱油、果汁等液体食品颜色也要求标准化质量管理。除目测法外，在比较时，采用比色计可以大大提高比较的准确度。

2. 仪器测定方法

1)光电管比色计

光电管比色计由彩色滤光片、比色皿、光电管和与光电管连接的电流计组成。该仪器以标准液为基准，用于测定试液色度。

2)分光光度计

由测得的光谱吸收曲线确定：①液体中吸收特定波长的化合物成分；②液体的浓度；③某种呈色物质的含量，如叶绿素、类胡萝卜素含量等。

3)光电反射光度计

光电反射光度计也称色彩色差计，可以用光电测定的方法，迅速、准确、方便地测出各种试样被测位置的颜色，对颜色进行数值化表示，还能自动记忆和处理测定数值，得到两点间颜色的差别，并进行量化。色彩色差计从结构原理上主要有两种类型：一种为直接刺激值测定法，一种为分光测定法。

3. 色度测定的应用

饮料用水色度的测定，色度是指被测水样与特别制备的一组有色标准溶液的颜色比较值。一般的天然水中有各种溶解物质或不溶于水的黏土类细小悬浮物，使水呈现各种颜色，如含腐殖质或高铁化合物较多的水，常呈黄色；含低铁化合物较高的水呈淡绿蓝色；硫化氢被氧化所析出的硫，能使水呈浅蓝色，水颜色的深浅反映了水质的好坏。有色的水，往往是受污染的水，测定结果以色度来表示。洁净天然水的色度一般在 15°～25°，自来水的色度多在 5°～10°。测定水的色度有铂钴比色法和铬钴比色法，前者为测定水的色度的标准方法。

16.5.2　白度测定

白度是样品的洁白程度。在规定条件下，样品表面光反射率与标准白板(理想完全反射漫射体 PRD，也称标准白板)表面光反射率的比值称为样品的白度，以白度仪测得的样品白度值来表示。规定标准白板(理想完全反射漫射体 PRD，其光谱漫反射比恒等于 1)表面的白度为 100，黑体(其光谱漫反射比恒等于 0)表面的白度为 0。任何白色物体的白度是其对于 PRD 白色程度的相对值。

我国食品标准中对淀粉、食用盐及白糖等的白度及其测定方法都做了规定。食用盐的白度标准为：精制盐优级 ≥80，一级 ≥75，二级 ≥67；日晒盐一级 ≥55，二级 ≥45。食用小麦淀粉的白度标准为：优级品 ≥97.00，一级品 ≥96.00，二级品 ≥95.00。白度测定的基本原理是：通过样品对蓝光的反射率与标准白板对蓝光的反射率进行对比，得到样品的白度。所用仪器是白度仪。

16.5.3　浊度的测定

浊度是溶液的浑浊程度，由液体中不溶性悬浮物质、胶体物质、浮游生物等所产生，其大小与样品中悬浮颗粒物质的含量有关,是衡量透明溶液质量良好程度的重要指标之一。

我国规定 1 L 蒸馏水中含有 1 mg 一定粒度的硅藻土(SiO_2)溶液的浊度为 1 度。现在越来越多采用稳定性、重现性更好的国际通用的度量单位 NTU 来表示。NTU 浊度标准液是由硫酸肼[$(NH_2)_2 \cdot H_2SO_4$]和六亚甲基四胺[$(CH_2)_6N_4$]反应配置而成的。酿酒行业常用 EBC 单位来衡量酒的浊度,1 NTU=4 EBC。我国饮用水卫生标准规定,饮用水的浊度不超过 1 NTU 单位,水源及净化技术受限制时不超过 3 NTU 单位。淡色啤酒在保质期内浊度标准是:优级≤0.9 EBC 单位;一级≤1.2 EBC 单位;二级≤1.5 EBC 单位。浊度的测定方法有目视比浊法和仪器分析法。仪器分析法包括分光光度法和浊度仪法。

16.5.4　计算机视觉检测

计算机视觉也称机器视觉,它是利用一个图像传感器(如高清晰摄像头)获取物体的图像,将图像转换成数字图像,传送给专用的图像处理系统,根据像素分布和亮度、颜色等信息,转变成数字信号,并利用计算机模拟人的判别准则去理解和识别图像,达到分析图像和做出结论的目的。该项技术是 20 世纪 70 年代在遥感图像处理和医学图像处理技术成功应用的基础上逐渐兴起的,并应用于很多领域。目前,计算机视觉技术在农产品和食品检测的应用研究日益增多。计算机视觉技术可以检测农产品和食品大小、形状、颜色、表面裂纹、表面缺陷及损伤,优点是速度快,信息量大,客观准确,可一次完成多个品质指标的检测。其应用主要表现在以下几个方面。

计算机视觉技术可以实现水果和蔬菜外观质量评定,如对梨、苹果、番茄、桃等各种果蔬的大小、形状、颜色和表面缺陷等进行评判,对加工、储藏、销售过程中的产品分等分级等,对苹果、桃、梨等进行碰压伤检测,不仅可以确定损伤面积,而且能区分碰压伤与鸟啄、虫咬、褐色伤斑等不同的损害。

计算机视觉技术可对肉制品及茶叶的纹理进行识别以判断其等级和品质。例如,对屠宰后家禽肿块、瘀伤和有害家禽肉的图像特征进行识别可以剔除不合格产品,对牛肉的大理石花纹进行识别可以对牛肉进行分级及脂肪含量的测算,利用计算机视觉技术可对茶叶进行种类鉴别及等级区分,还可定量描述茶叶色泽随储藏时间的变化,可以从新茶中检测出陈茶的量。

计算机视觉技术在谷物检测中有应用。大米品质的一个重要指标是留胚率,即在碾米过程中胚芽的保留率,以胚芽占米粒的百分数计算,留胚率的检测大多依靠人眼观察测定,饱和度的不同造成胚芽和胚乳视觉上的差异,饱和度可作为识别胚芽的颜色特征参数,利用计算机视觉技术测定大米的留胚率,其检测结果与人工评定结果高度吻合。爆腰率是大米品质的重要指标,国内检测爆腰大米粒的机器视觉系统也获得成功应用。

计算机视觉技术在加工食品质量控制方面的应用。色泽是食品的重要品质之一。利用计算机视觉系统对产品进行颜色分析,可以克服人眼的疲劳和差异,同时还可以利用产品各部分颜色的不同做出相应判断。食品颜色分析主要应用于加工产品(如酱油、薯片、面包等)和果蔬的着色、保色、发色、褪色等的研究及品质分析,能够很好地反映产品的特性,如焙烤食品的色泽是加工过程中质量控制的关键环节,以前只能靠人工定性判断,有研究人员尝试利用计算机视觉技术检测面包、比萨饼及其他焙烤食品的颜色来控制产品的质量。

16.6　黏度测定和质构分析

16.6.1　黏度测定

黏度是指液体的黏稠度，指液体在外力作用下发生流动时，分子间所产生的内摩擦力。其大小由分子结构及分子间的作用力决定，作用力大的液体黏度也大。黏度与液体的温度有关，温度升高时液体分子的运动速度加快，动能增大，分子间的作用力减小，黏度变小；反之，黏度会增大。黏度大小是判断液态食品品质的一项重要物理参数，测定液体黏度可了解样品的稳定性，预测浓度及干物质的量。

1. 黏度的分类

黏度可分为绝对黏度、运动黏度、条件黏度和相对黏度。

(1)绝对黏度，也称动力黏度，是液体以 1 cm/s 的流速流动时在每 1 cm^2 液面所需切向力的大小，单位 Pa·s。测定仪器有旋转黏度计、滑球黏度计和布拉班德黏度计。

(2)运动黏度，也称动态黏度，是指在相同温度下液体的绝对黏度与其密度的比值。单位 m^2/s。测定仪器有毛细管黏度计。

(3)条件黏度，是在规定温度下，在指定的黏度计中，一定量液体流出的时间(s)或将此时间与规定温度下同体积水流出时间之比。根据测定仪器不同，分为恩氏黏度、赛氏黏度和雷氏黏度。

(4)相对黏度，指在一定温度下，某液体的绝对黏度与另一液体的绝对黏度之比，用以比较的液体通常是水或适当的液体。测定仪器有奥氏黏度计和恩氏黏度计等。

下面主要介绍在食品分析中常用的旋转黏度计和毛细管黏度计。

2. 旋转黏度计法

1)旋转黏度计原理

旋转黏度计(图 16.13)的工作原理是同步电机以一定速度旋转，带动刻度盘随之旋转，又通过游丝和转轴带动转子旋转。当转子未受到阻力时，游丝与刻度圆盘同速旋转，而当样液存在时，转子受到黏滞阻力的作用使游丝产生力矩。当两力达到平衡时，与游丝相连的指针在刻度圆盘上指示出一个数值，根据这一数值，结合转子号数及转速即可算出被测样液的绝对黏度。

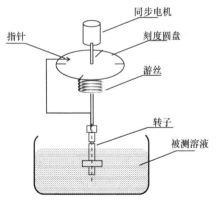

图 16.13　旋转黏度计示意图

(标注：同步电机、指针、刻度圆盘、游丝、转子、被测溶液)

2)仪器

旋转黏度计：测量范围为 0.01～100 Pa·s 。

3)测定方法

将旋转黏度计安装于固定支架上，校准水平。用直径不小于 70 mm 的直筒式烧杯盛装样液，保持样液恒温。估计被测样液的最大黏度，选择适当的转子及转速(表 16.4)，装好转子，调整仪器高度，使转子浸入样液直至液面达到标志处为止。接通电源，使转子在样液中旋转。经多次旋转后指针趋于稳定时或按规定的旋转时间指针达到恒定值时，压下操纵杆，同时中断电源，读取指针所指示的数值。如果读数过高或过低，应改变转速或转子，以指针读数为 20～90。按式(16.14)计算。

$$\eta = \kappa \cdot s \tag{16.14}$$

式中，η 为被测样液的绝对黏度；s 为刻度圆盘指针读数；Pa·s；κ 为换算系数，见表 16.5。

表 16.4　不同转子在不同转速下可测得最大黏度值　　　　(单位：Pa·s)

转子号	转速			
	60 r/min	30 r/min	12 r/min	6 r/min
0	0.01	0.02	0.05	0.1
1	0.1	0.2	0.5	1
2	0.5	1	2.5	5
3	2	4	10	20
4	10	20	50	100

表 16.5　不同转子在不同转速时的换算系数　　　　(单位：mPa·s)

转子号	转速			
	60 r/min	30 r/min	12 r/min	6 r/min
0	0.1	0.2	0.05	0.1
1	1	2	0.5	10
2	5	10	25	50
3	20	40	100	200
4	100	200	500	1000

3. 毛细管黏度计法

1) 测定原理

毛细管黏度计测定的是运动黏度。在某一恒定温度下，测量一定体积的液体在重力下流过一个标定好的玻璃毛细管黏度计的时间，黏度计的毛细管常数与流动时间的乘积，即为该温度下待测液体的运动黏度。

2) 仪器与试剂

毛细管黏度计：如图 16.14 所示。常用的毛细管黏度计的毛细管内径有 0.8 mm、1.0 mm、1.2 mm 和 1.5 mm 四种。不同的毛细管黏度计有不同的黏度常数，可根据被测样液的黏度情况选用，若无黏度常数时，可用已知黏度纯净的 20 号或 30 号机器润滑油标定。

温度计：水银温度计，分度值为 0.1 ℃。

秒表：分度值为 0.1 s。

石油醚(沸程 60～90 ℃)或汽油，乙醚、铬酸洗液。

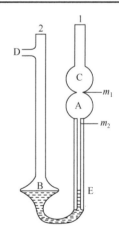

图 16.14　毛细管黏度计示意图
1, 2. 管身；A, B, C. 扩张部分；D. 支管；
E. 毛细管；m_1, m_2. 标线

3) 测定

样品如果含有水或杂质，测定前必须脱水处理，用滤纸过滤除去机械杂质。对黏度大

的样品，可用瓷漏斗抽滤，或加热至 50～100 ℃，进行脱水过滤。将黏度计用石油醚或汽油洗净，污垢用铬酸洗液、自来水、蒸馏水和乙醇依次洗涤后烘干备用。测定时将样品液吸入或倒入毛细管黏度计后垂直置于恒温水浴中，并使黏度计上下刻度的两球全部浸入 20 ℃恒温水浴内。一定时间后用吸球自管口 1 将样液吸起吹下以搅拌样液后，吸起样液使充满上球 C，让样液自由流下至两球间的上刻度 m_1 时按下秒表开始计时，待样液继续流下至下刻度 m_2 时按下秒表停止计时，记录样液流经上、下刻度所需时间 t_{20} (s)，重复 4～6 次取平均值。

按式(16.15)计算结果：

$$v_{20} = K \cdot t_{20} \tag{16.15}$$

式中，v_{20} 为 20 ℃时样液的运动黏度，cm^2/s；K 为黏度计常数，cm^2/s^2；t_{20} 为 20 ℃时样液平均流出时间，s。

16.6.2 质构分析

1. 概述

食品质构分析技术是 20 世纪 60 年代后期在美国、日本等发达国家开始兴起的新型物理测试技术，在食品工业中应用广泛。研究食品及原料的质构可为食品加工、生产设备的设计提供可靠的依据，指导加工工艺，控制产品的品质，预测产品的特性(如脆性、硬度和弹性等指标)，判断顾客的接受度；通过质构的实验研究，还可了解食品的组织结构和生化变化，如测定黏弹性了解面筋网络形成程度；测定弹性模量可反映果实内部的淀粉、果胶、可溶性固形物的变化情况，用简便的力学测试方法来代替复杂的分析手段。

随着食品科技的迅速发展，借助仪器，应用科学的测试方法，对食品质构进行定性定量分析是当前食品研究及开发的需要。仪器测定方法是用量化的指标来表征食品的物理特性，可重复性强，准确可靠。使用质构分析仪(也称质地分析仪)对食品的质构特性进行检测分析，十分有效，简易快捷，应用广泛。

2. 质构分析仪简介

测定食品和农产品力学特性的实用仪器很多，如手持硬度计、剪切测试仪、嫩度计、压缩仪、拉伸仪等，这些测试仪器功能单一，只能测定一种或几种流变特性，通用性不好。英国 Stable Micro Systems 公司生产的新型质构测试仪 TA-XT2i，功能强大，应用广泛。目前，已经广泛应用于药品、食品及化妆品等质构测定中。TA-XT2i 在食品质构的研究和应用范围包括谷物、焙烤食品、鱼肉制品、点心食品、糖食、水果蔬菜、香料、凝胶食品、面制品、奶制品等，测定的质构特性主要有硬度、脆性、黏性、内聚性、胶黏性、耐咀性、回复性、弹性、凝胶强度等。

3. 质构分析仪的构造及功能

质构分析仪主要包括测试主机、操控台、备用探头和附件及与质构仪相配套的专用分析软件，如图 16.15 所示，质构仪的主机由底座、裹着黑色保护套的测试臂支架及与之连接的测试臂组成，底座内安装有完成测试动作的动力传动和控制装置——精密电机，测试臂前端装有力感应元，可准确测量到探头的受力情况。质构仪备用的探头很多，可根据测试样品形

状及进行的测试项目具体选用。

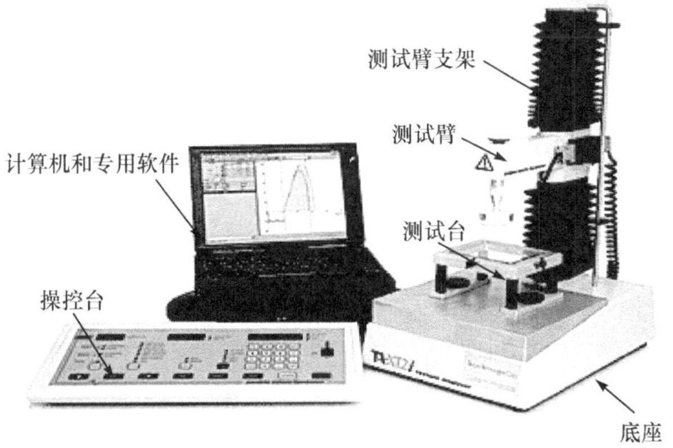

图 16.15 质构分析仪(TA-XT2i)的组成

质构分析仪的测试是围绕着距离、时间、作用力三者进行的，通过对这三者相互关系的处理，研究获得对实验对象的流变特性测试结果。TA-XT2i 质构仪能够完成压缩、穿刺、剪切、拉伸、弯曲等一系列的实验动作(图 16.16)，集合了多种流变特性测试功能，可对测试样品进行基础力学测试、经验测试和模拟测试。并提供了四种测试模式：压缩过程中测试受力；压缩过程中测试位移；拉伸过程中测试受力；拉伸过程中测试位移。质构仪还提供了一些标准力学测试项目，如 TPA 试验、黏性测试、破碎测试、蠕变测试、松弛测试等。

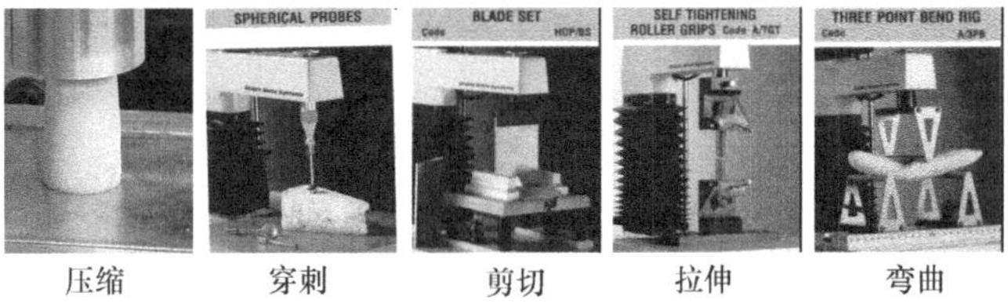

图 16.16 质构仪主要测试功能图示

4. TPA 实验

TPA(texture profile analysis)又称为两次咀嚼测试(two bite test)是模仿人对食品质构的感官评价而开发的力学测试，广泛应用于食品质构的仪器测定，是经典的质构评价方法。TPA 起源于波兰的食品质构专家 Szczesniak 对人进食咀嚼曲线的解析。

典型的 TPA 测试曲线如图 16.17 所示，从测试曲线中可以分析 TPA 质构特性参数硬度、脆性、黏性、内聚性、弹性、胶黏性、耐咀性、回复性等。硬度是第一次压缩时的最大载荷，多数食品的硬度值出现在最大变形处，有些食品压缩到最大变形处并不出现受力峰。脆性：在第一次压缩过程中在达到最大载荷之前若是产生屈服现象，曲线中出现一个明显的峰，此峰值就定义为脆性，若没有出现屈服现象则无脆性值。F1：第二次压缩过程中出现的峰值。黏性：第一次返回达到零点到第二次压缩开始之间的曲线的负面积(面积 3)，反映的是探头因测试样品的黏着作用所消耗的功。内聚性：表示测试样品经过第一次压缩变形后所表现出来的对第二次压缩的相对抵抗能力，在曲线上表现为两次压缩所做正功之比(面积 2/面积 1)。弹性：样品经过第一次压缩以后能够再恢复的程度，用第一次压缩后样品恢复高度(长度 2)和第一次的压缩变形量(长度1)之比值来表示。耐咀性：只用于描述固态测试样品，数值上用胶黏性和弹性的乘积表示。测试样品不可能既是固态又是半固态，所以不能同时用耐咀性和胶黏性来描述某一测试样品的质构特性。回复性：表示样品在第一次压缩过程中回弹的能力，是第一次压缩和返回过程中返回时的样品所释放的弹性能与压缩时的探头耗能之比，在曲线上用面积5和面积4的比值来表示。胶黏性：只用于描述半固态测试样品的黏性特性，数值上用硬度和内聚性的乘积表示。用 TPA 质构分析方法对样品分析时，并不是对以上的每个特性参数都要分析，要根据测试条件的设定、测试曲线的表现形式及样品自身特性和分析者的实际需要来进行选定。

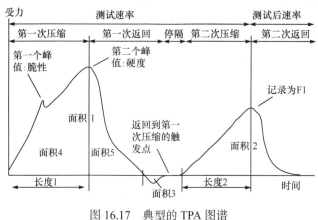

图 16.17　典型的 TPA 图谱

16.7　电子舌与电子鼻分析技术

16.7.1　电子舌分析简介

电子舌(electronic tongue)技术是 20 世纪 80 年代中期发展起来的一种分析、识别液体的新型智能检测技术。它主要由传感器阵列、信号处理和模式识别系统组成，传感器阵列对液体试样做出响应并输出信号，信号经过计算机系统进行数据处理和模式识别后，得到反映样品味觉特征的结果。有研究者将电子舌定义为由具有非专一性、弱选择性、对溶液中不同组分(有机和无机，离子和非离子)具有高度交叉敏感特性的化学或生物传感器单元组成的传感器阵列，结合适当的模式识别算法和多变量分析方法对阵列数据进行处理，从而获得溶液样本定性定量味道信息的一种分析仪器。电子舌技术也被称为味觉传感器(taste sensors)技术或人工味觉识别(artificial taste recognition)技术。

电子舌技术的发展与材料科学、计算机科学、仿生学、化学、生物学、数学的发展都密切相关。根据不同的原理，味觉传感器的类型有膜电位分析的味觉传感器、伏安分析味觉传感器、光电方法的味觉传感器、多通道电极味觉传感器、生物味觉传感器、基于表面等离子共振(SPR)原理制成的味觉传感器、凝胶高聚物与单壁纳米碳管复合体薄膜的化学味觉传感器、硅芯片味觉传感器及 SH-SAW(shear horizontal surface acoustic wave)味觉传感器等。电子舌的原理不相同，所采集到的数据类型会有所不同，但是都要采用模式识别方法进行信号的处理，实现对味道的辨别。常用的电子舌信号的模式识别方法主要有主成分分析(principal component analysis，PCA)、人工神经网络(artificial neutral networks，ANN)、模糊识别(fuzzy recognition，FR)和混沌识别(chaos recognition，CR)等。目前，电子舌系统市场化最成功的是法国 Alpha Mos 公司,其生产的电子舌仪器在很多跨国公司(如可口可乐公司、百事可乐公司、美国雀巢公司、法国达能公司、罗氏制药等)的研发实验室都发挥了重要作用,我国也积极开展了电子舌技术应用方面的研究。电子舌技术在食品领域应用主要包括以下几个方面。

1. 茶叶评价

茶叶品质的评价和等级的区分常通过人的感官来评断。人感觉器官的灵敏度易受外界因素的干扰而改变,影响评定准确性。Larisa Lvova 等用电位分析的电子舌对立顿红茶、四种韩国产的绿茶和咖啡的研究表明,采用电子舌技术可以很好地区分红茶、绿茶和咖啡,并且能区分不同品种的绿茶。另外,电子舌可以预测咖啡因、单宁酸、蔗糖和葡萄糖、L-精氨酸和茶氨酸的含量和儿茶素的总含量。味觉传感器已用于绿茶味道的定量化。

2. 饮料的辨别

电子舌技术可以区分不同的饮料,如咖啡、矿泉水和果蔬汁。基于流动注射分析技术(flow injection analysis, FIA)的伏安分析电子舌,可用来区分不同的苹果汁。电子舌可由多个性能彼此重叠的味觉传感器阵列和基于 BP 算法的神经网络模式识别工具组成,它能够识别出 4 种浓度为 100%的苹果汁、菠萝汁、橙汁和紫葡萄汁。研究表明,电子舌识别的电信号与味觉有关的化学物质成分具有相关性,可实现在线检测或监控。

3. 酒类品质的分析

电子舌在酒类辨别和质量评价方面已有应用,用由 30 个传感器阵列组成的电子舌可检测 33 个不同品牌的啤酒,采集到的信息清楚地反映各种啤酒的味觉特征,能满足生产过程在线检测的要求;利用伏安电化学传感器的电子舌可区分伏特加酒、酒精和白兰地酒。这种电子舌系统可以检测伏特加酒中是否有污染物存在,可以判断其含量否超过国家安全标准,可以区分人工合成的酒精和谷物酿造的酒精,以及它们的不同等级。此外,用这种电子舌可区分不同的白兰地酒,包括新酿造和陈年的酒,用不同蒸馏方法生产的酒,甚至用不同的橡木酒桶装的酒。可见,电子舌检测是一种很有应用前景的快速评价酒品质的分析方法。

4. 在乳品工业中的应用

对不合格原料乳的检测是乳品工业生产中的一个重要环节,用味觉传感器可以对牛奶的差别进行测定。研究表明:利用伏安分析的电子舌可对进厂的原料乳进行监控,不合格的原料乳包括发酸的、咸味过浓、有腥臭味、有杂质的、氧化的、腐臭的和存在化学残留的原料乳等,此外,季节不同、所食饲料不同的奶牛产的奶品质也有差别。电子舌可快速检测所有不同来源的原料乳和不合格原料乳,是一种非常有意义的检测手段。

5. 植物油的识别

所有的植物油都含有一些具有氧化还原活性的物质,如维生素 E、多酚化合物、类胡萝卜素等,它们具有对感官刺激敏感的特点和抗氧化特性。因此,这些存在于植物油中的化合物可用电化学方法进行分析。把待分析的植物油作为涂层涂在改进的碳层电极上,这种电极放在不同的电解水溶液中可产生电化学反应,输出不同的特征信号,以此来鉴别不同的植物油,区分油类的不同来源和品质。实验对六种油包括玉米油、葵花籽油、精炼橄榄油和三种不同橄榄油进行了评价。结果表明，这种方法成功地区分了不同的植物油。

6. 在调味品方面的应用

电子舌可定量预测和鉴别食醋发酵过程中的理化指标，对不同品种类型和产地的醋进行检测和分析，并运用聚类分析方法定量计算不同醋的差异程度，绘出聚类关系图，对醋的品质及真假鉴别有一定的指导意义。用电子舌对香醋发酵过程中总酸、不挥发酸、还原糖、氨基酸态氮进行定量分析，显示出基于非线性映射的人工神经网络算法具有较好的定量精度，说明电子舌能对香醋发酵产物定量预测，这对食醋发酵过程的监控有较大的帮助。

16.7.2　电子鼻分析简介

电子鼻技术是 20 世纪 90 年代发展的新颖分析、识别和检测复杂嗅味和挥发性成分的技术，它模拟人和动物的嗅觉系统，可以得到被测样品中某种或某几种成分的信号，更注重样品中挥发成分的整体信息(即"指纹"数据)。它根据各种不同的气味测到不同的信号，将这些信号与数据库中的信号加以比较，进行识别判断。可用于识别气味，鉴别产品真伪，控制从原料到工艺的整个生产过程。电子鼻技术的研究涉及传感器融合技术、计算机技术、应用数学、人工智能、模式识别等多个学科领域，在食品领域、环境污染监测、能源、化工生产中气体的泄漏检测、交通部门对尾气排放和汽车司机酒后驾驶的检测等均有应用。医疗部门通过对患者呼出的气体及对患者体味进行检测可对病情做出诊断，军事上可用于战争毒气的检测。

电子鼻系统主要由气敏传感器阵列、信号处理单元和模式识别单元三大部分组成。气敏传感器阵列在功能上相当于彼此重叠的人的嗅觉感受细胞，气味分子被传感器阵列吸附，产生嗅感信号；信号处理单元主要完成 A/D 转换，对传感器阵列的响应模式进行预加工，完成特征提取；模式识别单元在功能上相当于人的大脑，具有分析、判断、智能解释的功能，生成的信号经数据处理分析器加工处理、传输、由模式识别单元做出判断。气敏传感器阵列可由多个独立气敏传感器元件组成，也可用集成工艺制作专门的传感器阵列。常用的独立气敏传感器有金属氧化物半导体、声表面波、导电有机聚合物膜、石英晶体谐振、电化学、红外线光电及金属氧化物半导体场效应管等传感器类型。

目前，国内外对电子鼻的研究非常活跃，主要应用是酒类、茶叶、鱼和肉等食品挥发气味的识别和分类，目的是对之进行质量分级和新鲜度判别。研究人员分别用不同的气体传感器阵列，运用不同的分析方法，对气味进行了鉴别和判断。例如，利用金属氧化物传感器阵列检测咖啡的烘烤程度、鱼的新鲜度，可对咖啡、啤酒分等级；用压电晶体传感器阵列对威士忌分等级；英国饮料研究机构采用 Aroma Scan 电子鼻(导电有机聚合物传感器阵列组成)，检测出饮料中大多数重要的芳香成分；用聚合物传感器阵列探测啤酒中的异味；用金属氧化物半导体场效应管传感器检测肉的新鲜度；用电化学传感器阵列测定谷物的质量等。用气体传感器阵列组成的电子鼻可对番茄酱和牛奶进行新鲜度判别；用石英振荡传感器阵列，可对红酒、白酒和玫瑰酒进行分类。利用多种类型气体传感器组合形成高分辨率的复合传感器阵列，可鉴别特殊食品气味，如牛奶变质产生的气味；利用金属氧化物传感器阵列，结合神经网络技术和遗传算法可对不同产地的醋进行识别。电子鼻作为一种气味识别技术一直受到食品工业的重视，随着传感器技术的快速发展和人对嗅觉形成过程探索的不断深入，电子鼻的功能必将日益增强，应用会更加广泛。

思考题与习题

1. 什么是相对密度？测定相对密度有什么意义？
2. 食品工业常用密度计有哪些类型？分别用于测定哪些样品？
3. 如何用密度瓶测定溶液的相对密度？
4. 什么是折射率？如何表示？食品测定折射率有什么意义？
5. 简述阿贝折光仪的构造、性能、使用及维护。
6. 旋光度和比旋光度的概念是什么？测定比旋光度有什么意义？什么是变旋光作用？
7. 热分析技术根据原理和仪器的不同分为哪几类？原理和特点是什么？
8. 示差扫描量热仪的结构、特点及应用范围是什么？
9. 什么是色度？简述色度测定的方法。
10. 什么是浊度？浊度单位有哪些表示方法？
11. 什么是白度？如何测定？请查资料说明哪些方法可增加食品的白度，是不是食品的白度越大质量越好？
12. 举例说明计算机视觉检测在食品检测中的应用。
13. 黏度的定义是什么？分为哪些类型？常用黏度仪的测定原理？
14. 质地分析仪可以检测食品的哪些质地特性？有什么优点？
15. 请结合典型的 TPA 图谱说明 TPA 实验各参数的意义？
16. 简述电子舌和电子鼻技术的基本原理和优缺点。举例说明其应用。

（张浩玉　副教授）

知识扩展 1：如何识别优质大米

一看：看大米的色泽和外观。次质、劣质大米的色泽呈白色或微淡黄色，透明度差或不透明，霉变的米粒表面是绿色、黄色、灰褐色、黑色等。

二闻：闻大米的气味。手中取少量大米，向大米哈一口热气，然后立即嗅气味。优质大米具有正常的清香味，无其他异味。微有异味或有霉变气味、酸臭味、腐败味和不正常气味的为次质、劣质大米。

三摸：新米光滑，手摸有凉爽感；陈米色暗，手摸有涩感；严重变质米，手捻易成粉状或易碎。

四尝：尝大米的味道。可取少量大米放入口中细嚼，或磨碎后再品尝。没有味道或微有异味、酸味、苦味及其他不良滋味的为次质、劣质大米。同时，消费者在购买大米时还应查看包装上标注的内容。根据食品标签通用标准规定，包装上必须标注产品名称、净含量、生产企业、经销企业的名称和地址、生产日期和保质期、质量等级、产品标准号、特殊标注内容等。消费者最好不要购买无标签的大米，不要只图价格便宜而购买色泽、气味不正常、发霉变质的大米。

知识扩展 2：快速检验鱼新鲜度的方法

变质水产品会产生氨，使 pH 升高。判断方法：新鲜鱼的 pH 为 6.5～6.8；不新鲜鱼的 pH 为 6.9～7.0；变质鱼的 pH 为 7.1 以上。可用干净的刀将精肉沿肌纤维横断剖切，但不将肉块完全切断，撕下 1 条 pH 试纸，以其长度的 2/3 紧贴肉面，合拢剖面，夹紧纸条，5 min 后取出与标准色板比较，直接读取 pH 的近似数值，以此判断鱼肉是否新鲜。

（高向阳　教授）

第 17 章 现代食品分析测定条件的优化及聚类分析方法

随着新型分析仪器的逐步更新及自动化技术的广泛应用,现代仪器分析方法使分析化学的面貌发生了巨大变化,现代食品分析技术也随之广泛革新与改进。如何合理的设计实验及处理实验所得到的海量数据,成为现代食品分析面临的新问题。设计科学的实验条件是得到理想实验结果的基础,而实验结果还需要进行科学验证和论证。最为常用的是实验条件的优化,选择合理的优化方法和手段是获得最佳实验条件的基础。

17.1 概　　述

确定食品分析测定条件前,需要确定影响食品分析测定的因素有哪些,这些因素各有何特点。统计学上对这些指标进行了规定和定义,主要有变量、因素、水平数、上限、下限、控制因素、未控制因素、定性因素、定量因素、优化指标、定量指标、定性指标等。

1. 变量与因素

凡是实验中可以改变的量,无论是定性或定量改变的量都为变量(variable),有时也称变量为因素(factor)。严格说,变量和因素有区别。凡是对实验系统有影响,即能够影响实验效果的变量才称为因素。

变量或变数,是指没有固定的值,是可以改变的数。变量以非数字的符号来表达,一般用拉丁字母。变量的用处在于能一般化描述指令的方式,用于开放句子,表示尚未清楚的值(即变数),或一个可代入的值。这些变量通常用一个英文字母表示,若用了多于一个英文字母,很易令人混淆成两个变量相乘。n、m、x、y、z 是常见的变量名字,其中 n、m 较常表示整数。

因素,又称因子,是决定事物发展的原因、条件,构成事物的要素、成分。在科学实验中,影响实验指标的要素或原因,称为因素。例如,考察温度、压力、催化剂的用量对产率的影响,产率是实验指标,影响产率的温度、压力、催化剂的用量,则为因素。

2. 水平数、上限与下限

水平数,因素的取值数目称为水平数,即因素所处状态的数目。在实验设计中,将影响实验指标的要素称为因素,因素所处的状态称为因素水平(level of factor)。

通常,不同的因素有不同的取值范围,其最大值或最小值一般称为上下限。上限,时间最早或数量最大的限度,与"下限"相对。下限,时间最晚或数量最小的限度。如果仅取范围的下限和上限做实验,称为二水平实验,下限用"−"表示,上限用"+"表示。例如,考察储藏温度对食品货架期的影响,温度就是因素。要实验 4℃ 和 25℃ 两个温度对某一食品货架期的影响,则 4 和 25 即为温度这个因素的两个水平。

3. 控制因素与未控制因素

根据因素的特点又可分为控制因素和未控制因素两类。例如,应用荧光分光光度法测定某样品的荧光, 样品液分别用 3 种不同方法处理: 新鲜配制、在暗处放置 1 h 后测定、在光照下放置 1 h 测定, 这些不同的处理方法即为因素, 因为处理方法会影响测试的荧光强度。这类因素由实验者掌握, 称为控制因素。如果分析某仓库食品原料, 按随机取样的要求从车中不同位置取样, 取样部位是随机的, 称为未控制因素。因素还可分为定性和定量两种, 以上两个例子中的因素均不能用连续的数值表示, 称为定性因素, 也称为不连续变量; 而很多情况下影响结果的实验变量(如温度、压力等)都是连续的数值, 称为定量因素, 也称为连续变量。

4. 定性因素与定量因素

定性因素, 是指不可量化或不易量化的因素。如食品的味道酸、苦、甜、咸等, 这些因素往往是不可定量的, 因此这些因素一般都是定性因素。定性因素一般情况下影响面较大。

定量因素, 是指可量化的因素。如食品中蛋白质的含量等, 这些都是可以量化的因素。定量因素所导致的结果一般来说都是连续性的, 其效果可用连续性响应值进行评价, 因此通常是比较关注和重视的因素。

5. 优化指标、定量指标和定性指标

实验设计中衡量实验效果的变量称为实验指标, 或优化指标, 简称指标(criterion)。指标是能反映整个实验体系实验效果的响应值或称为评价函数, 在大多数情况下, 优化指标就是系统响应或评价函数的极值或限定值。

优化指标根据特性分为定量指标和定性指标。能用数值表示的指标称为定量指标, 如食品产品的出品率、食品中有效成分含量、色谱峰的分离度等都是定量指标。不能用量表示的称为定性指标, 如产品合格、不合格, 食品病原微生物有或无、药物药效的显效、有效、无效等。定性指标可以转化为定量指标, 如产品的质量可改为用量化的指标来表示, 如质量表示为优级品%、合格品%、不合格品%等。

试验设计也称为实验设计, 是以概率论和数理统计为理论基础, 经济、科学地安排实验的一项技术。自 20 世纪 20 年代问世至今, 其发展大致经历了三个阶段: 即早期的单因素和多因素方差分析, 传统的正交试验法和近代的调优设计法。

实验设计的目的, 即优化的目标就是在实验因素的取值区域内, 科学地选择实验点即具体设置控制因素的水平值, 安排实验, 观测响应值的变化; 优化是通过实验或数据分析寻找指标最优值的实验条件的过程, 即研究如何设计实验条件使指标获得最优值。

一个优化的实验设计应能以最经济的实验达到最好的结果。必须研究所有可能的重要因素, 仔细选择因素及其变化范围和水平。应注意实验设计与优化是逐步深化的过程, 有时要通过进一步实验筛选因素, 包括改变因素的范围或加进新的实验指标。若初始目的是因素筛选, 可选择多因素和低水平数目。所选因素的水平发生变化时, 应引起实验指标的变化, 否则认为该因素对指标没有影响, 应从实验中删除。

现代食品分析中, 对实验系统的了解就是要掌握系统响应和因素间的关系。通常, 这个关系涉及响应面的概念。响应面是系统响应或评价函数对因素的函数。如评价色谱峰的分离常用分离度衡量, 分离度和实验因素取值的函数关系就是响应面的数学表达式。分离度和因素间的函数表示的曲面就是响应面, 而色谱优化中常规定分离度大于 1.5 为优化指标。

　　一维因素的响应面是一条曲线，二维因素的响应面是一个二维曲面，三维因素及多于三维因素的响应面应该是超曲面，不能有直观的几何图形。最常见的一维因素的响应面是各种光谱或色谱曲线。当响应随两个因素发生改变时则可得到二维响应曲面。研究响应面的特点能够帮助我们了解各因素的改变是如何影响优化指标的。实验设计和优化就是要研究如何在实验区间内最有效地选择实验点，通过实验得到指标的观察值，然后进行数据分析求得指标最优值的实验条件，即优化。

17.2　测定条件的基本原则和方法

17.2.1　测定条件优化的基本原则和步骤

1. 基本原则

　　实验设计必须遵循重复、随机化和区组化三个基本原则。

　　重复是基本实验的重复进行，有两个重要的性质，一是重复允许实验者通过计算均值减小随机误差；二是允许实验者得到实验误差的一个估计量。

　　随机化是实验材料的分配和各个实验进行的次序等都是随机确定的。随机化是统计分析方法的基础，要求观察值是独立分布的随机变量。随机化使这一假设有效，有助于消除某些内外因素对实验的影响。

　　区组化是提高实验精度的一种方法。一个区组就是实验的一部分，与全体相比，区组内样本的性质更为相似，区组化设计对每个区组分别进行实验设计。

2. 实验设计的步骤

　　实验设计主要有以下五步基本步骤：①问题的识别和方法的提出；②因素、水平和实验指标的选择；③实验方案的设计；④进行实验；⑤数据统计分析和结论。

17.2.2　实验设计和优化方法

1. 单参数和多参数优化

　　多数情况下，人们用实验指标的极值衡量实验效果的好坏，如色谱分离度越大越好，产品质量废品率越低越好。此时，仅有一个指标就可对实验效果进行评价，这种优化称为单指标优化，也称单参数优化。但有时需要用多个指标进行效果评价，如分析方法的优化需同时考虑灵敏度、准确度、选择性，色谱分离优化指标有时要综合考虑最小分离度、峰的分布和分析时间等，此时称为多指标优化或多参数优化。

2. 黑箱式优化和间接寻优法

　　如果不能得到评价函数和因素间的函数关系，而只寻求使实验指标最优的诸因素的取值，其寻优方法称为黑箱式优化。黑箱式优化只是根据优化指标值予以判断，不需要建立数学模型，因此也称为直接寻优法。如果能得到响应面的函数，对整个实验区间内所有控制因素取值的响应值都是已知的，优化点的确定将很容易用数值算法计算得到，此寻优方法称为"解析式"，因为需要建立数学模型，又称为间接寻优法。

3. 并行优化和序贯优化

根据实验设计和优化的过程及相互关系，人们常将优化方法分为并行优化和序贯优化两类。并行(又称同时)优化方法是通过实验设计对有关因素的水平规划后，同时进行诸因素各水平的实验，并由实验数据分析结果，直接计算最优条件。实际工作中，经常遇到多因素、多水平的问题，多因素即多个要研究的条件或变量，每个因素又可取多个水平。多因素实验经常采用并行优化设计，要求在实验中着重分析诸因素对优化指标(即评价函数)的作用，因此也称为析因实验。常用并行设计方法还有正交试验设计和均匀实验设计。

序贯优化法需要序贯地进行一系列实验，每进行一次或少数几次实验后先分析已取得的实验结果，预测优化的可能方向，在此基础上设计新的实验，重复该步骤至最佳。序贯优化的问题可以比拟为在一个湖上从船上用绳子和重锤通过探测寻湖水最深地点的过程。对于每一次探测，如果新测得的深度小于以前测得的，则新的数据是无用的；否则可获得一个逼近最优点的新数据。序贯实验法中最常用的方法是黄金分割法和单纯形法。

17.2.3　析因设计

析因设计(factorial design，FD)将各因素的全部水平按一定规则相互组合，按设计的析因设计表进行实验，以考察各因素主效应及因素之间交互效应的优化实验设计方法。析因实验设计不是一般意义上的多因素实验设计，是一种多因素的交叉分组设计，不仅要研究各因素水平对指标的影响，还强调分析诸因素对指标的作用。不仅可检验每个因素各水平间的差异，还可检验各因素间的交互作用。两个或多个因素如果存在交互作用，表示各因素不是各自独立的，而是一个因素的水平改变时，另一个或几个因素的效应也相应有所改变；反之，如果不存在交互作用，表示各因素具有独立性，一个因素的水平改变不影响其他因素的效应。

析因设计的特点：①同时观察多个因素的效应，提高了实验效率；②能够分析各因素间的交互作用；③容许一个因素在其他各因素的几个水平上估计其效应，所得结论在实验条件的范围内是有效的。析因设计要求每个因素的不同水平都要进行组合，因此对剖析因素与效应之间的关系比较透彻，当因素数目和水平数都不太大，且效应与因素之间的关系比较复杂时，常被推荐使用。但当研究因素较多，且每个因素水平数也较多时，析因设计要求的实验可能太多，以致到了无法承受的地步。

应用析因设计需要注意其各处理组间在均衡性方面的要求与随机设计一致，各处理组样本含量应尽可能相同；析因设计对各因素不同水平的全部组合进行实验，因此具有全面性和均衡性。析因设计提供以下重要信息：①各因素不同水平的效应大小；②各因素间的交互作用；③通过比较各种组合，找出最佳组合。

析因设计也称为全因子实验设计，是实验中全部实验因素各水平全面组合形成不同的实验条件，每个实验条件下进行两次或两次以上的独立重复实验。析因设计的最大优点是所获得的信息量很多，可准确估计各实验因素的主效应大小，还可估计因素之间各级交互作用效应的大小。其最大缺点是所需要的实验次数最多，耗费的人力、物力和时间也较多。析因设计设计有三个明显特点：①要求实验时全部因素同时施加，即每次做实验都将涉及每个因素的一个特定水平(若实验因素施加时有"先后顺序"之分，一般被称为"分割或裂区设计")；②因素对定量观测结果的影响是地位平等的(若实验因素对观测结果的影响在专业上能排出主、次顺序，一般称为"系统分组或嵌套设计"）；③能准确地估计各因素及其各级交互作用的效应大小（若某些交互作用的效应不能准确估计，就属于非正规的析因设计了，如分式析因设计、正交设计、均匀设计等）。

1. 基本原理

对于线性响应问题，每个因素只需取各自的上下限，称为二水平设计。m 个实验因素，安排 n 次实验的两水平析因实验设计表示为 $FD_n(2^m)$，其中 2 表示因素的两个水平，实验次数 $n=2^m$。如果以"−"表示因素的低水平，而以"+"表示高水平，则二因素二水平析因设计表 $FD_4(2^2)$ 如表 17.1 所示。

表 17.1　二因素二水平析因设计表

实验序号	I	A	B	AB
1	+	−	−	+
2	+	+	−	−
3	+	−	+	−
4	+	+	+	+

表中第 1 列是实验序号；第 2 列是为了分析各因素对指标的平均影响而设计的，都以"+"（高水平）表示，记为 I；第 3 列是第一个因素（A），从"−"开始，以"−"与"+"相间的方式排列；第 4 列是第二个因素（B），实验安排以"−−"与"++"相间的方式排列，是在前一个因素的水平上"加倍"后再以相间的方式排列。所有的二水平析因表都按此规律编排。如果还有第三个因素存在，则再"加倍"以"−−"与"++"相间的排列安排第三个因素的实验次序。第 5 列是两个因素的交互效应列，其水平的安排遵守"乘法原则"，即交互效应的序列（AB）的水平是二因素在同一实验中水平的乘积，同号相乘得正，异号相乘得负。二因素二水平问题可用正方形的四个端点代表，最少需要做 4 个实验，其数学模型可用下面的回归多项式表示：

$$Y = \beta_0 + \beta_1 x_1 + \beta_2 x_2 + \beta_{12} x_1 x_2 \tag{17.1}$$

式中，β_{12} 的值反映 x_1、x_2 二因素间的交互效应。

有了上述的"相间加倍规则"和"乘法规则"，就可导出其他二水平析因表的实验设计方案，如三因素二水平析因表（表 17.2）。对于三因素问题，最少需做 8 个实验，其回归多项式为

$$Y = \beta_0 + \beta_1 x_1 + \beta_2 x_2 + \beta_3 x_3 + \beta_{12} x_1 x_2 + \beta_{13} x_1 x_3 + \beta_{23} x_2 x_3 + \beta_{123} x_1 x_2 x_3 \tag{17.2}$$

表 17.2　三因素二水平析因设计表

实验序号	I	A	B	C	AB	AC	BC	ABC
1	+	−	−	−	+	+	+	−
2	+	+	−	−	−	−	+	+
3	+	−	+	−	−	+	−	+
4	+	+	+	−	+	−	−	−
5	+	−	−	+	+	−	−	+

续表

实验序号	I	A	B	C	AB	AC	BC	ABC
6	+	+	−	+	−	+	−	−
7	+	−	+	+	−	−	+	−
8	+	+	+	+	+	+	+	+

2. 析因设计的一般步骤

首先依据化学经验或初步实验，挑选影响因素，确定大致范围，决定因素的两个水平，构成因素水平表；其次选择合适的析因设计表，安排实验并获得实验结果(指标)；最后对指标进行统计处理分析，得出各因素主效应和交互效应。

3. 不完全析因设计

对于二水平析因实验，实验次数随因素数目增加而迅速变大，当重复一次实验时，n 个因素的实验次数为 2^{n+1}。为减少实验次数及简化计算，忽略因素间的交互作用，另一个常用的方法是采用 Yates 的不完全析因实验(partial factorial experiment)。该法可对三因素二水平设计从 8 个实验改为 4 个实验。但这种设计仅在对因素主效应考查时有效，不能用于考查因素间的交互作用。在多因素实验优化中，本法常被用于因素的评价和筛选，或被用于分析质量控制中的耐用性实验。

17.2.4　正交设计

正交试验设计(orthogonal experimental design)是研究多因素多水平的又一种设计方法，它是根据正交性从全面实验中挑选出部分有代表性的点进行实验，这些有代表性的点具备了"均匀分散，齐整可比"的特点，正交试验设计是分式析因设计的主要方法，是一种高效率、快速、经济的实验设计方法。

日本著名的统计学家田口玄一将正交试验选择的水平组合列成表格，称为正交表。例如，做一个三因素三水平的实验，按全面实验要求，须进行 $3^3 = 27$ 种组合的实验，且尚未考虑每一组合的重复数。若按 $L_9(3^4)$ 正交表安排实验，只需做 9 次，显然大大减少了工作量。因而正交试验设计在很多领域的研究中已经得到广泛应用。

正交表是一整套规则的设计表格，其中，L 为正交表的代号，n 为实验的次数，t 为水平数，c 为列数，也就是可能安排最多的因素个数。例如，$L_9(3^4)$，表示需做 9 次实验，最多可观察 4 个因素，每个因素均为 3 水平。一个正交表中，各列的水平数也可以不相等，我们称它为混合型正交表，如 $L_8(4×2)$，此表的 5 列中，有 1 列为 4 水平，4 列为 2 水平。

1. 正交设计的特点

用正交表安排实验可以用较少的实验获得各因素及其间部分交互作用的丰富信息，其特点是各因素实验点的"均匀分散，整齐可比"。"均匀分散"可使所选取的实验点均匀地分散在所考查的范围内，各实验点有代表性，以此减少实验次数；而"整齐可比"是为了便于分析各因素的影响、确定最佳实验条件。但是为了达到"整齐可比"的目的，必然要做较多的实验, 通常实验次数至少为水平数的平方数。例如, 若各因素取 5 个水平, 则至少要做 $5^2=25$ 次实验, 在实际中往往难以实现, 必须利用有效的统计学方法, 在不影响分析结果的基础上减少实验数。

2. 正交设计的方法

正交设计的方法主要有直接对比法和直观分析法。直接对比法是对实验结果进行简单的直接对比, 它虽然对实验结果给出了一定的说明, 但是定性的, 而且不能肯定地告诉我们最佳的成分组合。显然这种分析方法虽简单, 但不能令人满意。直观分析法是通过对每一因素的平均极差来分析问题, 有了平均极差, 可找到影响指标的主要因素, 帮助我们找到最佳因素水平组合。

3. 正交设计数据处理

下面运用实例说明正交设计的基本方法和结果的数据处理。表 17.3 列出了某食品厂为提高产品出品率改革生产工艺进行的实验设计方案。有 3 个因素影响其产品出品率: 加热温度 (A)、加热时间 (B) 和辅料添加量 (C)。每个因素按 3 个水平设计。

表 17.3 正交试验设计实例

实验号	加热温度 A/℃	加热时间 B/h	辅料添加量 C/kg	出品率/%
1	A_1	B_1	C_1	73
2	A_1	B_2	C_2	82
3	A_1	B_3	C_3	85
4	A_2	B_1	C_2	90
5	A_2	B_2	C_3	96
6	A_2	B_3	C_1	75
7	A_3	B_1	C_3	87
8	A_3	B_2	C_1	84
9	A_3	B_3	C_2	72
k_1	240	250	232	
k_2	261	262	244	
k_3	243	232	268	
K_1	80	83.33	77.33	
K_2	87	87.33	81.33	
K_3	81	77.33	89.33	
D	7	10	12	

根据实验结果, 可列表分析得到优化的实验条件。表 17.3 中, 按产率最高的指标, 直观分析最好的实验条件为 $A_2B_2C_3$。若计算每一列的极差, 即分别计算出表 17.3 中 k_1、k_2、k_3 和 K_1、K_2、K_3, 取 A 的 k_1 为 3 个 A_1 产率的加和, $K_1=k_1/3$, 其他依次类推, 然后取极差 $D=K_{max}-K_{min}$, 得表 17.3 中最后一行。

显然, D 越大, 则对应因素水平变化产率的差别越大。这里 $D_C>D_B>D_A$, 说明辅料添加量改变对产品产率的影响最大; 三因素各自最好水平分别为 A: K_2, B: K_2, C: K_3, 即

$A_2B_2C_3$。进一步的实验还可应用方差分析等统计实验方法研究各因素水平变化对结果的影响，考查各因素诸水平间的差别及各因素间的交互作用。

17.2.5　序贯优化法

序贯优化法最早应用于化工生产工艺的最优化，可以分为两种情况：一是提高原有设备能力，即在现有的生产装置下选择最佳的操作条件，使产量达到最高、质量最好及成本最低；二是做出最优决策，设计最佳的生产流程路线。

序贯优化是遵循一定优化路径逐渐寻找最优点的方法，是单向寻优，后一阶段优化是在前一阶段优化的基础上进行的。通常，序贯优化可进行全域精确寻优。最常用的方法是黄金分割法(0.618 法)和单纯形法。

1. 特点

序贯优化法通过序贯进行系列试验达到优化，其过程可分为以下几个步骤。

(1)确定目标函数即优化指标。常用指标可以是产品得率或产物生成量等。经常需要采用多指标优化，如既要提高产量又要保证质量及降低成本。

(2)分析所有影响指标的可能因素，评价其对指标的作用。

(3)根据经验或实验结果，选定优化方向，依次改变实验条件，推测优化条件。

(4)对建立的优化条件在生产中实施，予以验证、改进和完善。

调优操作(evolutionary operation)是较早在实际工作中应用的序贯优化法，其过程可比喻为爬山。好比某人在山脚下打算爬到山顶，但由于大雾，只能见到几步远的地方。优化方法之一是选择最陡的方向一步一步往上爬，就能爬到山顶。此法可以理解为要爬的山的投影图上的等高线为同心圆，取和等高线垂直的方向前进即可爬到山顶。但若这些同心圆是椭圆形的，则可能要多走冤枉路，优化的效率不高。

显然这种优化过程看不清山的全貌，属于黑箱式优化；而且如果前进路上有深沟，就会找到局部的优化，而无法达到山的最高峰。因此我们必须假设考虑的区间只有一个极值，即其响应面应是单峰的；若存在两个或两个以上的极值，则只能得到局部优化。

早期的序贯优化法主要凭经验确定优化方向，多数是单因素优化，盲目性大，效率低，很容易错过真正的优化点。目前已被公认效率较高的黄金分割法和单纯形法所取代。

2. 方法

1)黄金分割法

只有一个变量的一维最优化问题可以看成设计变量 x 必须在一定上下限范围内，如 $a<x<b$，这个范围称为搜索区间。所以一维序贯优化的问题被归纳为在搜索区间内找极值的问题，有全面搜索法、对半法和黄金分割法等。

全面搜索法是将整个区间按等间距分割点计算评价函数或做实验进行评价，直至找到最优点。本法的优点在于可适用于多个极值的情况，缺点是实验次数多、效率低。为提高效率可采用分级方法，即先取较大的空间，然后再逐步缩小。用这种方法可导出常用的对半法。对半法是等间距点的寻优，最多两次评价计算可得到一个缩小的搜索区间，通常天平称量砝码的选用在思路上就是用的这个方法。

黄金分割法寻优是利用不等间距点的评价计算，使每一次评价计算都提供一个新的、有用的数据，其方法是将搜索区间分为两个不相等的部分，使其中较大的部分与整个区间的比值和较小部分与较大部分的比值相等。

如果在一个区间内两次评价计算点至端点的间距取此分值，则可使搜索区间缩小到原来长度的 61.8%，且下一轮的计算只要增加一个数据即可。也就是借助于黄金比值，在一个搜索区间内进行的三次评价中，有两次的值可继续用于下一次搜索；每一次搜索，可缩小区间到另一个 0.618 分值。

黄金分割法之所以被广泛应用于一维搜索寻优，就在于它效率高，方法简单。显然，假如一维变量响应面是一条直线，我们完全不必做很多实验，只要用内插法即可计算出任意点的响应值，但是若为单值函数曲线，用黄金分割法设计实验可以快速找到优化点。

一般认为，黄金分割法收敛速度比对分法更快，因为每增加一次评价计算就使搜索区间缩小到 0.618 倍。该法用于序贯优化实验条件的计算，还常用于解高次方程和超越方程，是一维因素优化的首选方法。

2) 单纯形法

单纯形法的基本指导思想是按照单纯形来设计实验，单纯形是指最简单的图形，因此在一维空间中，单纯形是一条直线；在二维空间中，单纯形是一个三角形；在三维空间中是四面体；在 n 维空间中，单纯形是指具有 $n+1$ 个顶点的多面体；棱长相等的单纯形，称为正规单纯形。对某个响应体系有 n 个待优化的因素时，$n+1$ 个顶点的单纯形被用于设计实验。

用单纯形设计实验，实验者只能盲目地根据实验结果确定优化的方向，不能全面了解设计空间的响应面。因此，单纯形法被认为是一种按黑箱方式工作的实验设计方法。单纯形实验设计法，是以单纯形顶点的坐标作为试验各因素的数值。先按照起始单纯形的 $n+1$ 个顶点的坐标安排 $n+1$ 个实验，然后通过比较实验结果，淘汰其中指标值最差的实验点，在可能改进实验效果的方向，新增一个实验点，实验后再确定新的实验点，直至按一定规则确定新的单纯形，开始下一轮的搜索。因此单纯形总是向最差点的反对称方向进行搜索，实际工作中常用可改变步长的单纯形法。

单纯形有明显的缺点。首先，当响应面有多个极值时，初始点的位置不同可能得到不同的优化点，即有时只能找到局部优化点。为避免此情况的发生，最好能选择不同的起始单纯形进行实验，如果最终得到相同的结果，则获得的优化点比较可靠；否则，可取最好点或继续设计新的实验。此外，有时单纯形会发生不收敛，即来回翻的情况，而不能得到优化点，此时应终止计算，改变初始单纯形重新计算。

因素多于 3 个时，可采取不完全因子设计法减少维数以提高效率，再用单纯形法寻找优化条件。单纯形法有多种，如有监督改良单纯形(super modified simplex)、加权重心单纯形等。但这种方法已不属于黑箱式，它结合了响应面的解析，收敛快，有较高的效率、可靠性和实用性。

17.3　聚　类　分　析

聚类分析又称群分析、点分析或者簇分析，是直接比较各事物之间的性质，将性质相近的归为一类，将性质差别较大的归入不同的类，是一种分类技术。与多元分析的其他方法相比，该法较为粗糙，理论还不完善，但应用方面取得了很大成功。与回归分析、判别分析一起被称为多元分析的三大方法。其目的是根据已知数据，计算各观察个体或变量之间亲疏关系的统计量（距离或相关系数）。根据某种准则（最短距离、最长距离、中间距离和重心法），使同一类内的差别较小，而类与类之间的差别较大，最终将观察个体或变量分为若干类。

聚类分析（clustering analysis）的主要思路是同类样本应彼此相似，相似的样本在多维空间中彼此距离应小些，不同类的样本彼此距离应大些。所以聚类分析是研究"物以类聚"的一种多元统计方法，即如何使相似的样本"聚"在一起，从而达到分类的目的。

相似系数和距离是最常见的用于描述样品（或变量）之间亲疏程度的聚类统计量。最短距离法较常用。通常小写字母 d 表示样本之间的距离，大写字母 D 表示类与类之间的距离。

按聚类途径不同，可将聚类方法分为谱系聚类分析和非谱系聚类分析两种。谱系聚类分析又称系统聚类，是每个样本自成一类，按一定方法逐步并类，使类由多变少，直至最后并为一类，称为凝聚法；也可倒过来，即由所有的样本为一类，按一定方法逐步分类至每个样本自成一类，称为分割法。非谱系聚类分析需首先人为地决定类别的个数，按一定规则确定各类的中心点，然后计算所有点到中心点的距离，根据距离决定各点的类别，再在此基础上计算新的较为合理的中心点，反复计算至满足一定条件后即可，该法又可称为动态聚类。

17.3.1　聚类分析法的分类

一般研究的样品或指标之间存在程度不同的相似性，于是根据一批样品的多个观测指标，具体找出一些能度量样品或指标之间相似程度的统计量，以这些统计量为划分类型的依据。把一些相似程度较大的样品（或指标）聚合为一类，把另外一些彼此之间相似程度较大的样品（或指标）又聚合为另一类，直到把所有的样品（或指标）聚合完毕，这就是分类的基本思想。分类过程是一个逐步减少类别的过程，在每一个聚类层次，必须满足"类内差异小，类间差异大"原则，直至归为一类。聚类分析方法根据分类对象的不同可以分为两类：一类是对样品所做的分类，即 Q 型聚类；一类是对变量所做的分类，即 R 型聚类。

R 型聚类分析是对变量进行分类处理，Q 型聚类分析是对样本进行分类处理。R 型聚类分析的主要作用是：①不但了解个别变量间关系的亲疏程度，而且可以了解各个变量组合之间的亲疏程度；②根据变量的分类结果及它们间的关系，可选择主要变量进行回归分析或 Q 型聚类分析。

Q 型聚类分析的优点是：①可以综合利用多个变量的信息对样本进行分类；②分类结果是直观的，聚类谱系图非常清楚地表现其数值分类结果；③聚类分析所得到的结果比传统分类方法更细致、全面、合理。

为进行聚类分析，先需要定义样品间的距离。常见的距离有：①绝对值距离；②欧氏距离；③明科夫斯基距离；④切比雪夫距离。

17.3.2　系统聚类法

系统聚类法是聚类分析方法中用得最多的一种，其基本思想是：开始将 n 个样品各自作为一类，并规定样品之间的距离和类与类之间的距离，然后将距离最近的两类合并成一个新类，计算新类与其他类的距离；重复进行两个最近类的合并，每次减少一类，直至所有的样品合并为一类。一般常用的有八种系统聚类方法，所有这些聚类方法的区别在于类与类之间距离的计算方法不同。

系统聚类基本步骤如下：首先将 n 个被聚样本视为 n 类；然后选择并计算聚类统计量，根据聚类统计量逐个并类，由多个类逐步并为一类；最后将聚类过程绘制聚类树状图，决定最终分类。常用系统聚类法有最短距离法和最长距离法。

1. 最短距离法

最短距离法定义类 G_i 与 G_j 之间的距离为

$$D_{ij} = \min_{x_k \in G_i, x_l \in G_j} \{d_{kl}\}$$

式中，d_{kl} 是样本 x_k 与 x_l 的距离，即类与类之间的距离为两类样本之间的最短距离。

最短距离系统聚类法步骤为：①规定采用计算样品之间距离的名称，计算样品两两间距离的对称阵，记作 $D_{(0)}$，开始每个样本自成一类，这时 $D_{pq}=d_{pq}$。②选择 $D_{(0)}$ 中的非对角最小元素，设为 D_{pq}，将 G_p 和 G_q 合并成一新类，记为 G_r，$G_r=\{G_p, G_q\}$。③计算新类和其他类的距离。新类 G_r 中只有样本 p 和样本 q，其他各类仍只有一个样本，因此计算新类和其他类之间的距离，仅是分别计算样本 p 和样本 q 与某类样本之间的距离，然后取两者中较小的距离作为新类与某类之间的距离。将 $D_{(0)}$ 中的 p、q 行，p、q 列合并成一个新行新列，新行新列对应 G_r，得到新的距离矩阵记为 $D_{(1)}$。④对 $D_{(1)}$ 重复上述计算，得距离矩阵 $D_{(2)}$，如此反复，直到所有样本聚为一类。如果某一步 $D_{(k)}$ 中的最小元素不止一个，则对应这些最小元素的类可以合并。

2. 最长距离法

定义两类之间的距离不一定用最短距离，也可用最长距离，即类与类之间的距离用这类中每一个样本点与另一类任一样本点之间的距离最大的那一个来表示，即类 G_i 与 G_j 之间的距离为

$$D_{pq} = \max_{x_i \in G_p, x_j \in G_q} \{d_{ij}\}$$

最长距离法和最短距离法的并类步骤完全一样，也是各样本先自成一类，然后将最小距离的两类合并。设某一步将类将 G_p 与 G_q 和合并成一新类 G_r，$G_r=\{G_p, G_q\}$，则类 G_r 与类 G_k 的距离 $D_{rk}=\max\{D_{pk}, D_{qk}\}$，再找最小距离并类，直至所有的样本为一类。

另外，系统聚类法的计算还有中间距离法、重心法、类平均法和离差平方和法等，这里不一一详述。系统聚类除采用凝聚法外，也可采用分割法，如一分为二法，即先将某一类分解成为两子类，然后对其子类又一分为二。其基本思路是在分解过程中，使得类间方差保持最大。

17.3.3　动态聚类法

用系统聚类法，样本划到某一类后其类别就不再变化，而且这种方法对样本分类的初始状态信息不予过问，对分类的精度不利，计算量较大，为此可使用动态聚类法。

动态聚类的基本思想是先选择若干个样本点作为聚类中心，再按某种聚类准则（通常采用最小距离准则）使样本点向各个中心聚集，从而得到初始聚类；然后判断初始分类是否合理，若不合理，则修改分类；如此反复进行修改聚类的迭代算法，直至合理为止。

动态聚类法要求先设定类别的数目，选择初始点作为并类的重心，然后根据"相似相近"原理用一定规则对所有样本确定其类别，分别计算各类别的重心，同法计算，依次反复计算至分类稳定为止。本法计算过程中各类的重心和样本的类别都可能变化，因此称为动态聚类法。

17.3.4　模糊聚类法

模糊聚类法是涉及事物间的模糊界限时按一定要求对事物进行分类的数学方法，是用数学方法定量地确定样本的亲疏关系，从而客观地划分类型。事物之间的界限，有些是确切的，有些则是模糊的。例如，人群中的面貌相像程度之间的界限是模糊的，天气阴、晴之间的界限也是模糊的。当聚类涉及事物之间的模糊界限时，需运用模糊聚类方法。模糊聚类分析广泛应用在气象预报、地质、农业、林业、地震、化学等方面。通常把被聚类的事物称为样本，将被聚类的一组事物称为样本集。模糊聚类分析有两种基本方法：系统聚类法和逐步聚类法。

模糊数学是研究如何表现和处理模糊现象即不确定事件的数学的分支学科，其目的是研究如何从带模糊性的信息中得到有适当精度的结论。模糊聚类允许对样本类别的不确定性进行定量的描述，通过计算样本集的模糊相似关系集，判断样本属于各类别的概率。

17.3.5　因子分析法

在多变量分析中，某些变量间常存在相关性。是什么原因使变量间有关联呢？是否存在不能直接观测到的影响可观测变量变化的公共因子？因子分析法（factor analysis，FA）就是寻找这些公共因子模型的分析方法，是在主成分的基础上构筑若干意义较为明确的公共因子，以它们为框架分解原变量，以此考察原变量间的联系与区别。因子分析主要用于：①减少分析变量个数；②通过对变量间相关关系探测，将原始变量进行分类。即将相关性高的变量分为一组，用共性因子代替该组变量。

因子分析是多变量数据处理分析常用技术之一，是通过对数据矩阵进行特征分析、选择变换等处理获得信息的方法。因子分析的模型最早被用于心理学研究，在化学中的应用始于20 世纪 50 年代末，用于研究混合物得吸收光谱数据以确定体系中吸光组分数。如何在多变量的实验数据中提取出带规律性的信息，建立相应的数学模型，并用于解决实际问题，是因子分析的基本任务。

因子分析在分析化学中的应用相当广泛，大量应用于色谱、红外、紫外、荧光、质谱、核磁等各种仪器分析数据的定性、定量分析，在化学平衡及化学动力学等基础研究中也有应用。

20 世纪 70 年代末期出现的因子分析方法不仅能确定矩阵的秩数，还可获得数据的定性解释，获得影响因子数及数据的随机误差的重要信息。为进一步了解影响数据的各因子的本质，对抽象的因子进行旋转变换，通过目标检验，将抽象的因子转换为实际的因子，这种方法称为目标因子分析法（target factor analysis，TFA），已经广泛应用。

秩消因子分析（rank annihilation factor analysis，RAFA）能够分离无关因素的影响，获得复杂的特征分析及未知样品的组成及含量信息。渐进因子分析（evolving factor analysis，EFA）不仅能指出体系中总的组分数，还可评价组分的存在范围。这些因子分析的理论和方法仍然在发展中，其应用研究相当活跃。

因子分析在模式识别中的重要应用是降维和显示技术，在降维和显示技术中的应用是二维或三维空间显示变量之间、样本之间及变量和样本之间相互关系的最有效手段,其目标是将原始数据从高维空间投影到一条线、一个平面或一个三维的坐标系。数据的投影主要有主成分分析(PCA)、因子分析(FA)、奇异值分解(SVD)、特征投影法及秩消方法等。

17.4 应 用 实 例

17.4.1 实验设计及优化应用实例

响应曲面法(response surface methodology, RSM)是一种优化实验过程的统计学实验设计,采用该法以建立连续变量曲面模型,对影响实验过程的因子及其交互作用进行评价,确定最佳水平范围,而且所需要的实验组数相对较少,可节省人力物力,因此该方法已经成功应用于各种各样的实验过程优化中。

响应曲面法的作用主要是通过对受多个变量影响的感兴趣的响应进行建模和分析,达到优化这个响应的目的。下面以测定油菜花粉黄酮含量时,利用响应曲面法优化油菜花粉中黄酮提取效果为例,来阐明响应曲面优化的基本步骤和用途。

一般在进行响应曲面优化实验进行之前,需要先确定响应曲面各影响因子影响显著性及水平,各主要影响因子的确定可利用因子筛选实验、查阅文献、单因素实验等方法进行。确定好各影响因子及水平后,可以正式进行响应曲面优化实验设计和统计分析。

根据单因素实验结果,选取提取时间、提取温度、乙醇浓度三个对油菜花粉中黄酮类物质提取效果影响较显著的三个因素,根据 Box-Beknhen 中心组合实验设计原理,设计三因素三水平的响应面实验。

采用 Box-Behnken 模型,以提取时间、提取温度及乙醇浓度(体积分数)为主要的考察因子(自变量),分别以 X_1、X_2、X_3 表示,并以+1、0、–1 分别表示自变量的高、中、低水平,按方程 $\chi_i = (X_i - X_0)/\Delta X$ 对自变量进行编码。其中,χ_i 为自变量的编码值,X_i 为自变量的真实值,X_0 为实验中心点处自变量的真实值,ΔX 为自变量的变化步长,因子编码及水平见表 17.4。

表 17.4　实验因素水平及编码

因子	代码		水平[*]		
	编码	非编码	–1	0	+1
提取时间/h	χ_1	X_1	30	45	60
提取温度/℃	χ_2	X_2	60	70	80
乙醇浓度/%	χ_3	X_3	65	80	95

[*]　$\chi_1 = (X_1 - 45)/15$; $\chi_2 = (X_2 - 70)/10$; $\chi_3 = (X_3 - 80)/15$。

以黄酮类物质提取率为响应值(Y),设各因素作用下提取油菜花粉中黄酮类物质提取率的预测模型由最小二乘法拟合的二次多项方程为

$$Y = B_0 + B_1\chi_1 + B_2\chi_2 + B_3\chi_3 + B_{12}\chi_1\chi_2 + B_{13}\chi_1\chi_3 + B_{23}\chi_2\chi_3 + B_{11}\chi_1^2 + B_{22}\chi_2^2 + B_{33}\chi_3^2$$

式中,Y 为预测响应值;B_0 为常数项;B_1、B_2、B_3 分别为线性系数;B_{12}、B_{13}、B_{23} 分别为交互项系数;B_{11}、B_{22}、B_{33} 分别为二次项系数。为了求得方程中的各项系数需要 17 组实验求解

（表 17.5）。数据处理采用统计软件 Design Expert（Version 6.0.5，2001）来完成，设计及结果见表 17.5。回归模型及各项的方差分析如表 17.6。

表 17.5　**Box-Behnken 实验设计及其实验结果**

实验组别	χ_1	χ_2	χ_3	响应值	
				实测值	预测值
1	−1	−1	0	3.056	3.10
2	1	−1	0	3.247	3.23
3	−1	1	0	3.290	3.30
4	1	1	0	3.442	3.40
5	−1	0	−1	2.874	2.89
6	1	0	−1	3.019	3.09
7	−1	0	1	3.460	3.39
8	1	0	1	3.439	3.42
9	0	−1	−1	2.921	2.86
10	0	1	−1	3.089	3.06
11	0	−1	1	3.257	3.29
12	0	1	1	3.412	3.47
13	0	0	0	3.422	3.51
14	0	0	0	3.584	3.51
15	0	0	0	3.538	3.51
16	0	0	0	3.547	3.51
17	0	0	0	3.479	3.51

表 17.6　**回归模型方差分析和回归方程系数显著性检验**

方差来源	回归系数	自由度	平方和	均方	F 值	Prob $> F$	显著性
χ_1	0.058	1	0.027	0.027	4.950	0.062	
χ_2	0.094	1	0.071	0.071	12.860	0.009	**
χ_3	0.208	1	0.350	0.350	63.010	< 0.001	**
χ_1^2	−0.113	1	0.054	0.054	9.820	0.017	*
χ_2^2	−0.142	1	0.085	0.085	15.390	0.006	**
χ_3^2	−0.202	1	0.170	0.170	31.350	0.001	**
$\chi_1\chi_2$	−0.010	1	0.004	0.004	0.071	0.797	
$\chi_1\chi_3$	−0.042	1	0.007	0.007	1.270	0.297	
$\chi_2\chi_3$	−0.003	1	0.004	0.004	0.008	0.932	
模型	3.510	9	0.800	0.089	16.090	0.001	**
失拟项		3	0.022	0.007	1.840	0.280	

续表

方差来源	回归系数	自由度	平方和	均方	F 值	Prob $> F$	显著性
误差项		4	0.016	0.004			
总和		16	0.840				
					$R=0.9767$	$R^2=0.9539$	$R^2_{\text{Adj}}=0.8946$

*为显著($p<0.05$)；**为极显著($p<0.01$)。

表 17.5 列出油菜花粉黄酮类物质提取率的实测值和预测值。利用 Design Expert 软件对表 17.5 实验数据进行多元回归拟合，获得油菜花粉黄酮类物质提取率编码自变量提取时间、提取温度和乙醇浓度的二次多项回归方程为

$$\hat{Y} = 3.510 + 0.058\chi_1 + 0.094\chi_2 + 0.208\chi_3 - 0.010\chi_1\chi_2 - 0.042\chi_1\chi_3$$
$$- 0.003\chi_2\chi_3 - 0.113\chi_1^2 - 0.142\chi_2^2 - 0.202\chi_3^2$$

对该模型进行方差分析(ANOVA)及模型显著性检验见表 17.6，去除其不显著项，其预测方程可简化为

$$\hat{Y} = 3.510 + 0.094\chi_2 + 0.208\chi_3 - 0.113\chi_1^2 - 0.142\chi_2^2 - 0.202\chi_3^2$$

由表 17.6 方差分析(ANOVA)可以看出，本实验所选用的二次多项模型具有高度的显著性($p< 0.001$)，失拟项在 $\alpha=0.05$ 水平上不显著($p=0.280>0.05$)。复相关系数为 0.9767，说明该模型拟合程度良好，实验误差小，该模型是合适的，可以用此模型来预测油菜花粉中黄酮类物质的提取率，并可优化出最优的提取技术方案。如果表中的模型项是不显著的，或者是失拟项是显著的，表明该模型是不适用的。从表 17.6 回归系数显著性检验可知：该模型一次项提取温度和乙醇浓度对黄酮类物质提取率影响效应显著；各二次项效应均显著，各交互项对黄酮类物质提取率有影响但不显著($p>0.05$)。

通过方程组所作的响应曲面图及其等高线图见图 17.1。

通过响应曲面优化后，对回归方程求一阶偏导数，即得最佳值。代入变换公式即得时间为 48 min，温度为 74 ℃，乙醇浓度为 88%，即在 74℃ 条件下乙醇浓度为 88%时，提取 48 min，由回归方程预测在此条件下的黄酮类物质得率的理论值为 3.58%。一般为了检验方程的合适性和有效性，需进行结果验证实验，对比实测值和预测值之间的差异性，确定其测量值和预测值之间不存在显著差异($p>0.05$)才能验证该优化和预测模型的准确性和有效性。

17.4.2　聚类分析应用实例

聚类分析是根据事物本身的特性研究个体的一种方法，目的在于将相似的事物归类。它的原则是同一类中的个体有较大的相似性，不同类的个体差异性很大。有三个特征：①适用于没有先验知识的分类，可以通过聚类分析法得到较为科学合理的类别；②可以处理多个变量决定的分类；③是一种探索性分析方法，能够分析事物的内在特点和规律，并根据相似性原则对事物进行分组，是数据挖掘中常用的一种技术。下面以我国传统食品金华火腿为例进行聚类分析介绍。

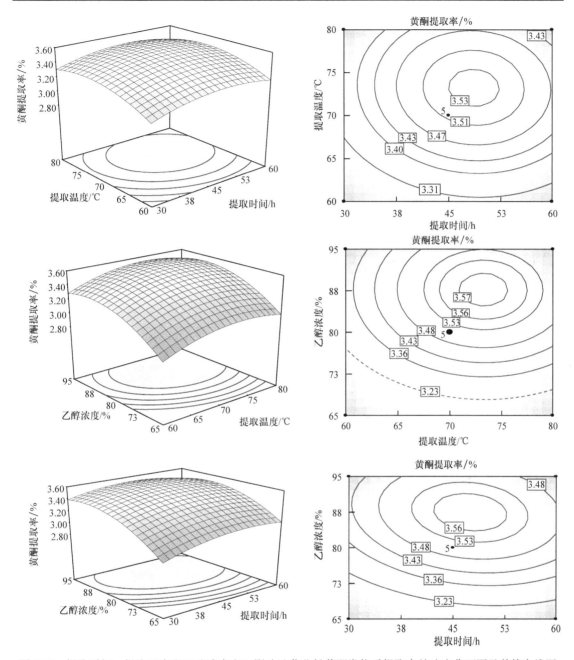

图 17.1 提取时间、提取温度和乙醇浓度交互影响油菜花粉黄酮类物质提取率的响应曲面图及其等高线图

测定金华火腿不同的加工时期其水分活度、剪切力、食盐含量和水分含量,结果见表 17.7。根据这些理化指标的具体数值对金华火腿进行聚类分析。

表 17.7 不同加工时期金华火腿的水分活度、剪切力、食盐含量和水分含量值

编号	样品	水分活度 A_w	剪切力/kg	食盐含量/%	水分含量/%
1	风干期火腿 1	0.874	8.509	9.491	59.845
2	风干期火腿 2	0.876	8.212	9.552	59.735

编号	样品	水分活度 A_w	剪切力/kg	食盐含量/%	水分含量/%
3	风干期火腿 3	0.884	8.253	10.070	59.935
4	风干期火腿 4	0.883	8.771	10.071	59.976
5	风干期火腿 5	0.883	8.746	8.947	59.446
6	风干期火腿 6	0.863	8.294	8.997	59.271
7	熟化一期火腿 1	0.900	7.346	7.578	55.831
8	熟化一期火腿 2	0.899	6.736	7.565	56.800
9	熟化一期火腿 3	0.919	6.507	7.294	55.743
10	熟化一期火腿 4	0.893	7.674	7.296	55.472
11	熟化一期火腿 5	0.920	7.442	7.052	54.454
12	熟化一期火腿 6	0.906	7.774	7.108	56.536
13	熟化二期火腿 1	0.811	31.321	7.463	38.429
14	熟化二期火腿 2	0.808	30.531	6.932	38.396
15	熟化二期火腿 3	0.832	28.212	6.989	38.441
16	熟化二期火腿 4	0.852	29.039	7.017	38.336
17	熟化二期火腿 5	0.836	30.153	6.847	38.679
18	熟化二期火腿 6	0.843	30.724	6.829	37.462
19	熟化三期火腿 1	0.790	27.132	9.639	32.780
20	熟化三期火腿 2	0.787	24.689	9.562	33.643
21	熟化三期火腿 3	0.787	23.952	8.439	34.330
22	熟化三期火腿 4	0.785	23.924	8.455	34.073
23	熟化三期火腿 5	0.794	22.335	8.498	36.446
24	熟化三期火腿 6	0.794	20.253	8.567	36.520
25	后熟堆叠期火腿 1	0.737	37.293	7.985	27.815
26	后熟堆叠期火腿 2	0.735	40.960	7.952	27.923
27	后熟堆叠期火腿 3	0.731	40.211	9.066	28.308
28	后熟堆叠期火腿 4	0.735	45.095	9.031	28.778
29	后熟堆叠期火腿 5	0.760	35.766	7.316	30.608
30	后熟堆叠期火腿 6	0.760	37.291	7.276	30.091

采用系统聚类法，以这四个指标作为聚类分析的变量，对 30 个样品进行聚类，即 Q 型

聚类。方法上采用欧氏距离测量，每两样本间用类间平均连接法连接，并对数据进行标准化处理。输出的聚类分析树状图见图 17.2。

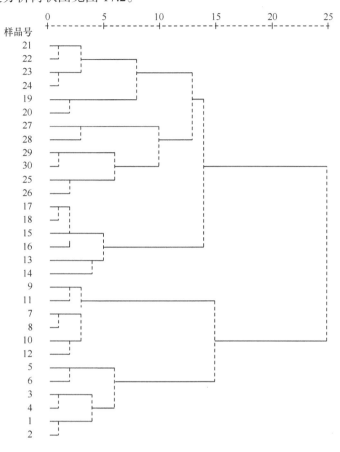

图 17.2　金华火腿聚类分析树状图

从图 17.2 中可以看出，30 个样品聚为五大类，其中编号 1～6 为风干期火腿，编号 7～12 为熟化一期火腿，编号 13～18 为熟化二期火腿，编号 19～24 为熟化三期火腿，编号 25～30 为后熟堆叠期火腿，聚类结果与每个样品所属的加工时期相一致。

聚类结果表明该法可以把五个不同加工时期的金华火腿区别开来，总符合率达 100%。

思考题与习题

1. 测定条件的基本原则是什么？有哪些方法？
2. 测定条件优化的主要方法有哪些？
3. 析因设计的基本原理是什么？分为哪几种？各有何特点？
4. 正交设计的基本步骤是什么？
5. 聚类分析法分为哪几种方法？各有何特点？试举例各种方法在食品分析中的应用。
6. 响应曲面优化法的基本步骤是什么？试举例其在实验测定条件优化中的应用。

（黄现青　教授）

知识扩展 1：微生物和鱼体表面黏液是制造剧毒甲基汞的元凶

甲基汞的合成可以在细菌体外进行，某种细菌活动的产物将无机汞转化成甲基汞，这个过程称为甲基化。

研究发现，细菌体内存在一种称为甲基钴胺素的辅酶，是维生素 B_{12} 的衍生物，也是一种强力的甲基化剂，能迅速将无机汞甲基化。在水的底质环境里，只要有细菌与汞离子共存，就可产生甲基汞。研究人员在瑞典的河湖污泥中检查出了甲基汞，证明甲基汞的形成发生在水底淤泥层中，但鱼本身不能形成甲基汞。当取出鱼的肠子，加入氯化汞，进行培养，结果有微量甲基汞生成，说明肠道细菌仅有微弱的甲基化作用。最后从鱼体表面取来黏液，加入无机汞，发现黏液中产生了大量甲基汞，说明鱼体表面黏液中的微生物有强大的甲基化作用，鱼体是个良好的培养基。从此真相大白，黏液微生物与鱼是制造甲基汞的亲密合作者。

知识扩展 2：药食同源食品（101 种）

丁香、八角茴香、刀豆、小茴香、小蓟、山药、山楂、马齿苋、乌梢蛇、乌梅、木瓜、火麻仁、代代花、玉竹、甘草、白芷、白果、白扁豆、白扁豆花、龙眼肉(桂圆)、决明子、百合、肉豆蔻、肉桂、余甘子、佛手、杏仁(甜、苦)、沙棘、牡蛎、芡实、花椒、赤小豆、阿胶、鸡内金、麦芽、昆布、枣(大枣、酸枣、黑枣)、罗汉果、郁李仁、金银花、青果、鱼腥草、姜(生姜、干姜)、枳椇子、枸杞子、栀子、砂仁、胖大海、茯苓、香橼、香薷、桃仁、桑叶、桑葚、橘红、桔梗、益智仁、荷叶、莱菔子、莲子、高良姜、淡竹叶、淡豆豉、菊花、菊苣、黄芥子、黄精、紫苏、紫苏籽、葛根、黑芝麻、黑胡椒、槐米、槐花、蒲公英、蜂蜜、榧子、酸枣仁、鲜白茅根、鲜芦根、蝮蛇、橘皮、薄荷、薏苡仁、薤白、覆盆子、藿香、人参、山银花、芫荽、玫瑰花、松花粉、当归、夏枯草、粉葛、布渣叶、山柰、西红花、草果、姜黄、荜茇。

(高向阳　教授)

参 考 文 献

白玲，霍群. 2008. 基础生物化学实验[M]. 上海：复旦大学出版社.

陈培榕，李景虹，邓勃. 2006. 现代仪器分析实验与技术[M]. 北京：清华大学出版社.

程云燕，李双石. 2007. 食品分析与检验[M]. 北京：化学工业出版社.

方小芳，王世平. 2007. 食物中毒快速检测技术[M]. 哈尔滨：黑龙江科学技术出版社.

高向阳. 2006. 食品分析与检验[M]. 北京：中国计量出版社.

高向阳. 2013. 新编仪器分析[M]. 4版. 北京：科学出版社.

高向阳，张平安，刘恬，等. 2008. 超声波-中性甲醛浸提-固定 pH 法快速测定水果中的总酸度[J].食品科学，29（4）：341-343.

国家药典委员会. 2010. 中华人民共和国药典[M]. 北京：中国医药科技出版社.

何晓群. 2007. 现代统计分析方法与应用[M]. 北京：中国人民大学出版社.

侯玉泽，丁晓雯. 2010. 食品分析[M]. 郑州：郑州大学出版社.

胡育筑. 2006. 计算药物分析[M]. 北京：科学出版社.

黄德双. 2009. 基因表达谱数据挖掘方法研究[M]. 北京：科学出版社.

黄昆仑，许文涛. 2009. 转基因食品安全评价与检测技术[M]. 北京：科学出版社.

贾春晓. 2005. 现代仪器分析技术及其在食品中的应用[M]. 北京：中国轻工业出版社.

李京东. 2016. 食品分析与检验技术[M]. 2版. 北京：化学工业出版社.

李兴玉. 2009. 简明分子生物学[M]. 北京：化学工业出版社.

刘长春. 2009. 生物产品分析与检验技术[M]. 北京：科学出版社.

穆华荣，于淑萍. 2009. 食品分析[M]. 2版. 北京：化学工业出版社.

宋国新，余应新，王林祥，等. 2008. 香气分析技术与实例[M]. 北京：化学工业出版社.

孙毓庆. 2005. 仪器分析选论[M]. 北京：科学出版社.

屠康，姜松，朱文学，等. 2006. 食品物性学[M]. 南京：东南大学出版社.

王俊，胡桂仙，于勇，等. 2004. 电子鼻与电子舌在食品中的应用研究[J]. 农业工程学报，20（2）：292-295.

王永华. 2016. 食品分析[M]. 北京：中国轻工业出版社.

翁鸿珍. 2006. 乳与乳制品检测技术[M]. 北京：中国轻工业出版社.

谢音，屈小英. 2006. 食品分析[M]. 北京：科学技术文献出版社.

俞一夫. 2009. 食品分析技术[M]. 北京：中国轻工业出版社.

张寒琦. 2009. 仪器分析[M]. 北京：高等教育出版社.

张水华. 2010. 食品分析[M]. 北京：中国轻工业出版社.

赵杰文，孙永海. 2008. 现代食品检测技术[M]. 北京：中国轻工业出版社.

朱克永. 2004. 食品检测技术[M]. 北京：科学出版社.

朱明华，胡坪. 2008. 仪器分析[M]. 北京：高等教育出版社.

朱盈蕊，高向阳，马紫英. 2011. 固定 pH 法连续测定齿果酸模中的总酸度和粗蛋白[J]. 食品科学，32（22）：204-208.

Larisa L, Martinelli E, Mazzone E, et al. 2006. Electronic tongue based on an array of metallic potentiometric sensors[J]. Talanta, 70（4）:833-839.

附　　录

附录 1　相对原子质量表

（以 $^{12}C=12$ 相对原子质量为标准）

原子序数	名称	符号	相对原子质量	原子序数	名称	符号	相对原子质量	原子序数	名称	符号	相对原子质量
1	氢	H	1.008	36	氪	Kr	83.80	71	镥	Lu	175.0
2	氦	He	4.003	37	铷	Rb	85.47	72	铪	Hf	178.5
3	锂	Li	6.941 ± 2	38	锶	Sr	87.62	73	钽	Ta	180.9
4	铍	Be	9.012	39	钇	Y	88.91	74	钨	W	183.9
5	硼	B	10.81	40	锆	Zr	91.22	75	铼	Re	186.2
6	碳	C	12.01	41	铌	Nb	92.91	76	锇	Os	190.2
7	氮	N	14.01	42	钼	Mo	95.94	77	铱	Ir	192.2
8	氧	O	16.00	43	锝	Tc	98.91	78	铂	Pt	195.1
9	氟	F	19.00	44	钌	Ru	101.1	79	金	Au	197.0
10	氖	Ne	20.18	45	铑	Rh	102.9	80	汞	Hg	200.6
11	钠	Na	22.99	46	钯	Pd	106.4	81	铊	Tl	204.4
12	镁	Mg	24.31	47	银	Ag	107.9	82	铅	Pb	207.2
13	铝	Al	26.98	48	镉	Cd	112.4	83	铋	Bi	209.0
14	硅	Si	28.09	49	铟	In	114.8	84	钋	Po	209.0
15	磷	P	30.97	50	锡	Sn	118.7	85	砹	At	210.0
16	硫	S	32.06	51	锑	Sb	121.8	86	氡	Rn	222.0
17	氯	Cl	35.45	52	碲	Te	127.6	87	钫	Fr	223.0
18	氩	Ar	39.95	53	碘	I	126.9	88	镭	Ra	226.0
19	钾	K	39.10	54	氙	Xe	131.3	89	锕	Ac	227.0
20	钙	Ca	40.08	55	铯	Cs	132.9	90	钍	Th	232.0
21	钪	Sc	44.96	56	钡	Ba	137.3	91	镤	Pa	231.0
22	钛	Ti	47.88 ± 3	57	镧	La	138.9	92	铀	U	238.0
23	钒	V	50.94	58	铈	Ce	140.1	93	镎	Np	237.0
24	铬	Cr	52.00	59	镨	Pr	140.9	94	钚	Pu	239.1
25	锰	Mn	54.94	60	钕	Nd	144.2	95	镅	Am	243.0
26	铁	Fe	55.85	61	钷	Pm	144.9	96	锔	Cm	247.1
27	钴	Co	58.93	62	钐	Sm	150.4	97	锫	Bk	247.1
28	镍	Ni	58.69	63	铕	Eu	152.0	98	锎	Cf	251.1
29	铜	Cu	63.55	64	钆	Gd	157.3	99	锿	Es	252.1
30	锌	Zn	65.39 ± 2	65	铽	Tb	158.9	100	镄	Fm	257.1
31	镓	Ga	69.72	66	镝	Dy	162.5	101	钔	Md	258.0
32	锗	Ge	72.61 ± 3	67	钬	Ho	164.9	102	锘	No	259.1
33	砷	As	74.92	68	铒	Er	167.3	103	铹	Lr	262.1
34	硒	Se	78.96 ± 3	69	铥	Tm	168.9				
35	溴	Br	79.90	70	镱	Yb	173.0				

附录 2　常见的碱性食品

名称	灰分的碱度	名称	灰分的碱度	名称	灰分的碱度
大豆	+2.20	土豆	+5.20	香蕉	+8.40
豆腐	+0.20	藕	+3.40	梨	+8.40
四季豆	+5.20	洋葱	+2.40	苹果	+8.20
菠菜	+12.00	南瓜	+5.80	草莓	+7.80
莴苣	+6.33	黄瓜	+4.60	柿子	+6.20
萝卜	+9.28	海带	+14.60	牛乳	0.32
胡萝卜	+8.32	西瓜	+9.40	茶(5 g/L 水)	+8.89

附录 3　常见的酸性食品

名称	灰分的酸度	名称	灰分的酸度	名称	灰分的酸度
猪肉	−5.60	牡蛎	−10.40	面包	−0.80
牛肉	−5.00	干鱿鱼	−4.80	花生	−3.00
鸡肉	−7.60	虾	−1.80	大麦	−2.50
蛋黄	−18.80	白米	−11.67	啤酒	−4.80
鲤鱼	−6.40	糙米	−10.60	干紫菜	−0.60
鳗鱼	−6.60	面粉	−6.50	芦笋	−0.20

附录 4　食品安全国家标准方法

随着食品工业的发展，现代食品分析项目不断增多，新的食品安全检验方法不断问世，原有方法不断得到修订。从 1964 年卫生部卫生防疫司编写《食品卫生检验方法　理化部分》以来，该方法经过了 1978 年版到 2022 年版的多次修订(1985 年版正式予以国家标准编号)，奠定了我国食品卫生检验方法的基础。

GB/T 5009—2016《食品卫生检验方法　理化部分》是中华人民共和国卫生部、中国国家标准化管理委员会在 2014 版的基础上修订而成，于 2017 年 3 月 1 日起正式实施。该标准的实施对当前食品安全保障具有重要的意义，是贯彻执行《中华人民共和国食品安全法》，保障食品安全的重要手段，是食品安全监督的核心。截至 2022 年 12 月，《食品卫生检验方法》GB/T 5009 系列已有标准编号 287 个，并不断更新，更新后作为食品安全国家标准予以颁布，这是我国现有食品标准中涉及面较广、影响力较大的标准。

食品卫生检验方法 理化部分 GB/T 5009 系列标准目录(共 287 项)

标准编号	标准名称
GB/T 5009.1—2003	食品卫生检验方法　理化部分　总则
GB 5009.2—2016	食品相对密度的测定
GB 5009.3—2016	食品中水分的测定
GB 5009.4—2016	食品中灰分的测定
GB 5009.5—2016	食品中蛋白质的测定
GB 5009.6—2016	食品中脂肪的测定
GB 5009.7—2016	食品中还原糖的测定

GB 5009.8—2016	食品中果糖、葡萄糖、蔗糖、麦芽糖、乳糖的测定
GB 5009.9—2016	食品中淀粉的测定
GB/T 5009.10—2003	植物类食品中粗纤维的测定
GB 5009.11—2014	食品中总砷及无机砷的测定
GB 5009.12—2017	食品中铅的测定
GB 5009.13—2017	食品中铜的测定
GB 5009.14—2017	食品中锌的测定
GB/T 5009.15—2014	食品中镉的测定
GB/T 5009.16—2014	食品中锡的测定
GB 5009.17—2021	食品中总汞及有机汞的测定
GB/T 5009.18—2003	食品中氟的测定
GB/T 5009.19—2008	食品中有机氯农药多组分残留量的测定
GB/T 5009.20—2003	食品中有机磷农药残留量的测定
GB/T 5009.21—2003	粮、油、菜中甲萘威残留量的测定
GB/T 5009.22—2016	食品中黄曲霉毒素 B 族和 G 族的测定
GB/T 5009.23—2006	食品中黄曲霉毒素 B_1、B_2、G_1、G_2 的测定(已废止)
GB 5009.24—2016	食品中黄曲霉毒素 M 族的测定
GB 5009.25—2016	食品中杂色曲霉素的测定
GB 5009.26—2016	食品中 N-亚硝胺类化合物的测定
GB 5009.27—2016	食品中苯并[a]芘的测定
GB 5009.28—2016	食品中苯甲酸、山梨酸糖精钠的测定
GB/T 5009.29—2003	食品中山梨酸、苯甲酸的测定(已废止)
GB/T 5009.30—2003	食品中叔丁基羟基茴香醚(BHA)与 2,6-二叔丁基对甲酚(BHT)的测定
GB 5009.31—2016	食品中对羟基苯甲酸酯类的测定
GB 5009.32—2016	食品中 9 种抗氧化剂的测定
GB 5009.33—2016	食品中亚硝酸盐与硝酸盐的测定
GB 5009.34—2022	食品中二氧化硫的测定
GB 5009.35—2016	食品中合成着色剂的测定
GB 5009.36—2016	食品中氰化物的测定
GB/T 5009.37—2003	食用植物油卫生标准的分析方法
GB/T 5009.38—2003	蔬菜、水果卫生标准的分析方法
GB/T 5009.39—2003	酱油卫生标准的分析方法
GB/T 5009.40—2003	酱卫生标准的分析方法
GB/T 5009.41—2003	食醋卫生标准的分析方法
GB 5009.42—2016	食盐指标的测定
GB 5009.43—2016	味精中麸氨酸钠(谷氨酸钠)的测定
GB 5009.44—2016	食品中氯化物的测定
GB/T 5009.45—2003	水产品卫生标准的分析方法

GB/T 5009.46—2003	乳与乳制品卫生标准的分析方法(已废止)
GB/T 5009.47—2003	蛋与蛋制品卫生标准的分析方法
GB/T 5009.48—2003	蒸馏酒与配制酒卫生标准的分析方法
GB/T 5009.49—2008	发酵酒及其配制酒卫生标准的分析方法
GB/T 5009.50—2003	冷饮食品卫生标准的分析方法
GB/T 5009.51—2003	非发酵性豆制品及面筋卫生标准的分析方法
GB/T 5009.52—2003	发酵性豆制品卫生标准的分析方法
GB/T 5009.53—2003	淀粉类制品卫生标准的分析方法
GB/T 5009.54—2003	酱腌菜卫生标准的分析方法
GB/T 5009.55—2003	食糖卫生标准的分析方法
GB/T 5009.56—2003	糕点卫生标准的分析方法
GB/T 5009.57—2003	茶叶卫生标准的分析方法
GB/T 5009.58—2003	食品包装用聚乙烯树脂卫生标准的分析方法(已废止)
GB/T 5009.59—2003	食品包装用聚苯乙烯树脂卫生标准的分析方法
GB/T 5009.60—2003	食品包装用聚乙烯、聚苯乙烯、聚丙烯成型品卫生标准的分析方法
GB/T 5009.61—2003	食品包装用三聚氰胺成型品卫生标准的分析方法
GB/T 5009.62—2003	陶瓷制食具容器卫生标准的分析方法
GB/T 5009.63—2003	搪瓷制食具容器卫生标准的分析方法(已废止)
GB/T 5009.64—2003	食品用橡胶垫片(圈)卫生标准的分析方法
GB/T 5009.65—2003	食品用高压锅密封圈卫生标准的分析方法
GB/T 5009.66—2003	橡胶奶嘴卫生标准的分析方法
GB/T 5009.67—2003	食品包装用聚氯乙烯成型品卫生标准的分析方法
GB/T 5009.68—2003	食品容器内壁过氧乙烯涂料卫生标准的分析方法(已废止)
GB/T 5009.69—2008	食品罐头内壁环氧酚醛涂料卫生标准的分析方法(已废止)
GB/T 5009.70—2003	食品容器内壁聚酰胺环氧树脂涂料卫生标准的分析方法
GB/T 5009.71—2003	食品包装用聚丙烯树脂卫生标准的分析方法
GB/T 5009.72—2003	铝制食具容器卫生标准的分析方法(已废止)
GB/T 5009.73—2003	粮食中二溴乙烷残留量的测定
GB 5009.74—2014	食品添加剂中重金属限量试验
GB 5009.75—2014	食品添加剂中铅的测定
GB 5009.76—2014	食品添加剂中砷的测定
GB/T 5009.77—2003	食品氢化油、人造奶油卫生标准的分析方法
GB/T 5009.78—2003	食品包装用原纸卫生标准的分析方法(已废止)
GB/T 5009.79—2003	食品用橡胶管卫生检验方法
GB/T 5009.80—2003	食品容器内壁聚四氟乙烯涂料卫生标准的分析方法
GB/T 5009.81—2003	不锈钢食具容器卫生标准的分析方法(已废止)
GB 5009.82—2016	食品中维生素 A、D、E 的测定
GB 5009.83—2016	食品中胡萝卜素的测定

GB 5009.84—2016	食品中维生素 B_1 的测定
GB 5009.85—2016	食品中维生素 B_2 的测定
GB 5009.86—2016	食品中抗坏血酸的测定
GB 5009.87—2016	食品中磷的测定
GB 5009.88—2014	食品中膳食纤维的测定
GB 5009.89—2016	食品中烟酸和烟酰胺的测定
GB/T 5009.90—2016	食品中铁的测定
GB/T 5009.91—2017	食品中钾钠的测定
GB 5009.92—2016	食品中钙的测定
GB 5009.93—2017	食品中硒的测定
GB/T 5009.94—2012	植物性食品中稀土元素的测定
GB/T 5009.95—2003	蜂蜜中四环素族抗生素残留量的测定
GB/T 5009.96—2016	谷物和大豆中赭曲霉毒素 A 的测定
GB 5009.97—2016	食品中环己基氨基磺酸钠的测定
GB/T 5009.98—2003	食品容器及包装材料用不饱和聚酯树脂及其玻璃钢制品卫生标准分析方法
GB/T 5009.99—2003	食品容器及包装材料用聚碳酸酯树脂卫生标准的分析方法(已废止)
GB/T 5009.100—2003	食品包装用发泡聚苯乙烯成型品卫生标准的分析方法(已废止)
GB/T 5009.101—2003	食品容器及包装材料用聚酯树脂及其成型品中锑的测定(已废止)
GB/T 5009.102—2003	植物性食品中辛硫磷农药残留量的测定
GB/T 5009.103—2003	植物性食品中甲胺磷和乙酰甲胺磷农药残留量的测定
GB/T 5009.104—2003	植物性食品中氨基甲酸酯类农药残留量的测定
GB/T 5009.105—2003	黄瓜中百菌清残留量的测定
GB/T 5009.106—2003	植物性食品中二氯苯醚菊酯残留量的测定
GB/T 5009.107—2003	植物性食品中二嗪磷残留量的测定
GB/T 5009.108—2003	畜禽肉中己烯雌酚的测定
GB/T 5009.109—2003	柑橘中水胺硫磷残留量的测定
GB/T 5009.110—2003	植物性食品中氯氰菊酯、氯戊菊酯和溴氰菊酯残留量的测定
GB 5009.111—2016	食品中脱氧雪腐镰刀菌烯醇及其乙酰化衍生物的测定
GB/T 5009.112—2003	大米和柑橘中喹硫磷残留量的测定
GB/T 5009.113—2003	大米中杀虫环残留量的测定
GB/T 5009.114—2003	大米中杀虫双残留量的测定
GB/T 5009.115—2003	稻谷中三环唑残留量的测定
GB/T 5009.116—2003	畜禽肉中土霉素、四环素、金霉素残留量的测定(高效液相色谱法)
GB/T 5009.117—2003	食用豆粕卫生标准的分析方法
GB/T 5009.118—2016	谷物中 T-2 毒素的测定
GB/T 5009.119—2003	复合食品包装袋中二氨基甲苯的测定(已废止)
GB 5009.120—2016	食品中丙酸钠、丙酸钙的测定
GB 5009.121—2016	食品中脱氢乙酸的测定

GB/T 5009.122—2003	食品容器、包装材料用聚氯乙烯树脂及成型品中残留量 1，1-二氯乙烷的测定(已废止)
GB 5009.123—2014	食品中铬的测定
GB 5009.124—2016	食品中氨基酸的测定
GB/T 5009.125—2003	尼龙 6 树脂及成型品中己内酰胺的测定(已废止)
GB/T 5009.126—2003	植物性食品中三唑酮残留量的测定
GB/T 5009.127—2003	食品包装用聚酯树脂及其成型品中锗的测定
GB 5009.128—2016	食品中胆固醇的测定
GB/T 5009.129—2003	水果中乙氧基喹残留量的测定
GB/T 5009.130—2003	大豆及谷物中氟磺胺草醚残留量的测定
GB/T 5009.131—2003	植物性食品中亚胺硫磷残留量的测定
GB/T 5009.132—2003	食品中莠去津残留量的测定
GB/T 5009.133—2003	粮食中绿麦隆残留量的测定
GB/T 5009.134—2003	大米中禾草敌残留量的测定
GB/T 5009.135—2003	植物性食品中灭幼脲残留量的测定
GB/T 5009.136—2003	植物性食品中五氯硝基苯残留量的测定
GB 5009.137—2016	食品中锑的测定
GB 5009.138—2017	食品中镍的测定
GB 5009.139—2014	饮料中咖啡因的测定
GB/T 5009.140—2003	饮料中乙酰磺胺酸钾的测定
GB 5009.141—2016	食品中诱惑红的测定
GB/T 5009.142—2003	植物性食品中吡氟禾草灵、精吡氟禾草灵残留量的测定
GB/T 5009.143—2003	蔬菜、水果、食用油中双甲脒残留量的测定
GB/T 5009.144—2003	植物性食品中甲基异柳磷残留量的测定
GB/T 5009.145—2003	植物性食品中有机磷和氨基甲酸酯类农药多种残留量的测定
GB/T 5009.146—2008	植物性食品中有机氯和拟除虫菊酯类农药多种残留量的测定
GB/T 5009.147—2003	植物性食品中除虫脲残留量的测定
GB 5009.148—2014	植物性食品中游离棉酚的测定
GB 5009.149—2016	食品中栀子黄的测定
GB 5009.150—2016	食品中红曲色素的测定
GB/T 5009.151—2003	食品中锗的测定
GB/T 5009.152—2003	食品包装用苯乙烯-丙烯腈共聚物和橡胶改性的丙烯腈-丁二烯-苯乙烯树脂及其成型品中残留丙烯腈单体的测定(已废止)
GB 5009.153—2016	食品中植酸的测定
GB 5009.154—2016	食品中维生素 B_6 的测定
GB/T 5009.155—2003	大米中稻瘟灵残留量的测定
GB 5009.156—2016	食品接触材料及制品迁移试验预处理方法通则
GB 5009.157—2016	食品中有机酸的测定
GB 5009.158—2016	蔬菜中维生素 K_1 的测定

GB/T 5009.159—2003	食品中还原型抗坏血酸的测定
GB/T 5009.160—2003	水果中单甲脒残留量的测定
GB/T 5009.161—2003	动物性食品中有机磷农药多组分残留量的测定
GB/T 5009.162—2008	动物性食品中有机氯农药和拟除虫菊酯农药多组分残留量的测定
GB/T 5009.163—2003	动物性食品中氨基甲酸酯类农药多组分残留高效液相色谱测定
GB/T 5009.164—2003	大米中丁草胺残留量的测定
GB/T 5009.165—2003	粮食中2,4-滴丁酯残留量的测定
GB/T 5009.166—2003	食品包装用树脂及其制品的预试验
GB/T 5009.167—2003	饮用天然矿泉水中氟、氯、溴离子和硝酸根、硫酸根含量的反相高效液相色谱法测定(已废止)
GB 5009.168—2016	食品中脂肪的测定
GB 5009.169—2016	食品中牛磺酸的测定
GB/T 5009.170—2003	保健食品中褪黑素含量的测定
GB/T 5009.171—2003	保健食品中超氧化物歧化酶(SOD)活性的测定
GB/T 5009.172—2003	大豆、花生、豆油、花生油中氟乐灵残留量的测定
GB/T 5009.173—2003	梨果类、柑桔类水果中噻螨酮残留量的测定
GB/T 5009.174—2003	花生、大豆中异丙甲草胺残留量的测定
GB/T 5009.175—2003	粮食和蔬菜中2,4-滴残留量的测定
GB/T 5009.176—2003	茶叶、水果、食用植物油中三氯杀螨醇残留量的测定
GB/T 5009.177—2003	大米中敌稗残留量的测定
GB/T 5009.178—2003	食品包装材料中甲醛的测定(已废止)
GB 5009.179—2016	食品中三甲胺的测定
GB/T 5009.180—2003	稻谷、花生仁中恶草酮残留量的测定
GB 5009.181—2016	食品中丙二醛的测定
GB 5009.182—2017	面制食品中铝的测定
GB/T 5009.183—2003	植物蛋白饮料中脲酶的定性测定
GB/T 5009.184—2003	粮食、蔬菜中噻嗪酮残留量的测定
GB 5009.185—2016	食品中展青霉素的测定
GB/T 5009.186—2003	乳酸菌饮料中脲酶的定性测定
GB/T 5009.187—2003	干果(桂圆、荔枝、葡萄干、柿饼)中总酸的测定(已废止)
GB/T 5009.188—2003	蔬菜、水果中甲基托布津、多菌灵的测定
GB 5009.189—2016	食品中米酵菌酸的测定
GB 5009.190—2014	食品中指示性多氯联苯含量的测定
GB 5009.191—2016	食品中氯丙醇含量的测定
GB/T 5009.192—2003	动物性食品中克伦特罗残留量的测定
GB/T 5009.193—2003	保健食品中脱氢表雄甾酮(DHEA)的测定
GB/T 5009.194—2003	保健食品中免疫球蛋白IgG的测定
GB/T 5009.195—2003	保健食品中吡啶甲酸铬含量的测定
GB/T 5009.196—2003	保健食品中肌醇的测定

GB/T 5009.197—2003	保健食品中盐酸硫胺素、盐酸吡哆醇、烟酸、烟酰胺和咖啡因的测定
GB 5009.198—2016	贝类中失忆性贝类毒素的测定
GB/T 5009.199—2003	蔬菜中有机磷和氨基甲酸酯类农药残留量的快速检测
GB/T 5009.200—2003	小麦中野燕枯残留量的测定
GB/T 5009.201—2003	梨中烯唑醇残留量的测定
GB 5009.202—2016	食用油中的极性组分（PC）的测定
GB/T 5009.203—2003	植物纤维类食品容器卫生标准中蒸发残渣的分析方法(已废止)
GB 5009.204—2014	食品中丙烯酰胺的测定
GB 5009.205—2013	食品中二噁英及其类似物毒性当量的测定
GB 5009.206—2016	水产品中河豚毒素的测定
GB/T 5009.207—2008	糙米中 50 种有机磷农药残留量的测定
GB 5009.208—2016	食品中生物胺的测定
GB 5009.209—2016	谷物中玉米赤霉烯酮的测定
GB 5009.210—2016	食品中泛酸的测定
GB 5009.211—2014	食品中叶酸的测定
GB 5009.212—2016	贝类中腹泻性贝类毒素的测定
GB 5009.213—2016	贝类中麻痹性贝类毒素的测定
GB 5009.215—2016	食品中有机锡的测定
GB 5009.217—2017	保健食品中维生素 B_{12} 的测定
GB/T 5009.218—2008	水果和蔬菜中多种农药残留量的测定
GB/T 5009.219—2008	粮谷中矮壮素残留量的测定
GB/T 5009.220—2008	粮谷中敌菌灵残留量的测定
GB/T 5009.221—2008	粮谷中敌草快残留量的测定
GB 5009.222—2016	食品中桔青霉素的测定
GB 5009.223—2014	食品中氨基甲酸乙酯的测定
GB 5009.224—2016	大豆制品中胰蛋白酶抑制剂活性的测定
GB 5009.225—2016	酒中乙醇浓度的测定
GB 5009.226—2016	食品中过氧化氢残留量的测定
GB 5009.227—2016	食品中过氧化值的测定
GB 5009.228—2016	食品中挥发性盐基氮的测定
GB 5009.229—2016	食品中酸价的测定
GB 5009.230—2016	食品中羰基价的测定
GB 5009.231—2016	水产品中挥发酚残留量的测定
GB 5009.232—2016	水果、蔬菜及其产品甲酸含量的测定
GB 5009.233—2016	食醋中游离矿酸的测定
GB 5009.234—2016	食品中铵盐的测定
GB 5009.235—2016	食品中氨基酸态氮的测定
GB 5009.236—2016	动植物油脂水分及挥发物的测定

GB 5009.237—2016	食品 pH 值的测定
GB 5009.238—2016	食品水分活度的测定
GB 5009.239—2016	食品酸度的测定
GB 5009.240—2016	食品伏马毒素的测定
GB 5009.241—2017	食品中镁的测定
GB 5009.242—2017	食品中锰的测定
GB 5009.243—2016	高温烹调食品中杂环胺类物质的测定
GB 5009.244—2016	食品中二氧化氯的测定
GB 5009.245—2016	食品中聚葡萄糖的测定
GB 5009.246—2016	食品中二氧化钛的测定
GB 5009.247—2016	食品中纽甜的测定
GB 5009.248—2016	食品中叶黄素的测定
GB 5009.249—2016	铁强化酱油中乙二胺四乙酸铁钠的测定
GB 5009.250—2016	食品中乙基麦芽酚的测定
GB 5009.251—2016	食品中 1, 2-丙二醇的测定
GB 5009.252—2016	食品中乙酰丙酸的测定
GB 5009.253—2016	动物源性食品中全氟辛烷磺酸(PFOS)和全氟辛酸(PFOA)的测定
GB 5009.254—2016	动植物油脂中聚二甲基硅氧烷的测定
GB 5009.255—2016	食品中果聚糖的测定
GB 5009.256—2016	食品中多种磷酸盐的测定
GB 5009.257—2016	食品中反式脂肪酸的测定
GB 5009.258—2016	食品中棉子糖的测定
GB 5009.259—2016	食品中生物素的测定
GB 5009.260—2016	食品中叶绿素铜钠的测定
GB 5009.261—2016	贝类中神经性贝类毒素的测定
GB 5009.262—2016	食品中溶剂残留量的测定
GB 5009.263—2016	食品中阿斯巴甜和阿力甜的测定
GB 5009.264—2016	食品中乙酸苄酯的测定
GB 5009.265—2021	食品中多环芳烃的测定
GB 5009.266—2016	食品中甲醇的测定
GB 5009.267—2020	食品中碘的测定
GB 5009.268—2016	食品中多元素的测定
GB 5009.269—2016	食品中滑石粉的测定
GB 5009.270—2016	食品中肌醇的测定
GB 5009.271—2016	食品中邻苯二甲酸酯的测定
GB 5009.272—2016	食品中磷脂酰胆碱、磷脂酰乙醇胺、磷脂酰肌醇的测定
GB 5009.273—2016	水产品中微囊藻毒素的测定
GB 5009.274—2016	水产品中西加毒素的测定
GB 5009.275—2016	食品中硼酸的测定

GB 5009.276—2016	食品中葡萄糖酸-δ-内酯的测定
GB 5009.277—2016	食品中双乙酸钠的测定
GB 5009.278—2016	食品中乙二胺四乙酸盐的测定
GB 5009.279—2016	食品中木糖醇、山梨醇、麦芽糖醇、赤藓糖醇的测定
GB 5009.280—2020	食品中4-己基间苯二酚残留量的测定
GB 5009.281—2020	食品中肉桂醛残留量的测定
GB 5009.282—2020	食品中1-甲基咪唑、2-甲基咪唑及4-甲基咪唑的测定
GB 5009.283—2021	食品中偶氮甲酰胺的测定
GB 5009.284—2021	食品中香兰素、甲基香兰素、乙基香兰素和香豆素的测定
GB 5009.285—2022	食品中维生素 B_{12} 的测定
GB 5009.286—2022	食品中纳他霉素的测定
GB 5009.287—2022	食品中胭脂树橙的测定

附录 5　部分作废、替代的标准汇总

GB/T 5009.23—2006 食品中黄曲霉毒素 B1、B2、G1、G2 的测定

2017-6-23 被 GB 5009.22—2016 食品安全国家标准 食品中黄曲霉毒素 B 族和 G 族的测定代替。

GB 5009.24—2010 食品安全国家标准食品中黄曲霉毒素 M1 和 B1 的测定

2017-6-23 被 GB 5009.22—2016 食品安全国家标准 食品中黄曲霉毒素 B 族和 G 族的测定；GB 5009.24—2016 食品安全国家标准 食品中黄曲霉毒素 M 族的测定代替。

GB/T 5009.29—2003 食品中山梨酸、苯甲酸的测定

2017-6-23 被 GB 5009.28—2016 食品安全国家标准 食品中苯甲酸、山梨酸和糖精钠的测定代替。

GB/T 5009.36—2003 粮食卫生标准的分析方法

现行有效，部分废止。本标准 "4.4 氰化物"于 2017-6-23 被 GB 5009.36—2016 食品安全国家标准 食品中氰化物的测定代替。

GB/T 5009.37—2003 食用植物油卫生标准的分析方法

"4.2 过氧化值"于 2017 年 3 月 1 日被 GB 5009.227—2016 食品安全国家标准 食品中过氧化值的测定代替；"4.1"被 GB 5009.229—2016 食品安全国家标准 食品中酸价的测定代替；羰基价的测定部分被 GB 5009.230—2016 食品安全国家标准 食品中羰基价的测定代替。

GB/T 5009.39—2003 酱油卫生标准的分析方法

"4.2 氨基酸态氮"于 2017 年 3 月 1 日被 GB 5009.235—2016 食品安全国家标准 食品中氨基酸态氮的测定代替；"4.9 铵盐"被 GB 5009.234—2016 食品安全国家标准 食品中铵盐的测定代替。

GB/T 5009.40—2003 酱卫生标准的分析方法

"4.1 氨基酸态氮"部分于 2017 年 3 月 1 日被 GB 5009.235—2016 食品安全国家标准 食品中氨基酸态氮的测定代替。

GB/T 5009.41—2003 食醋卫生标准的分析方法

"4.2 游离矿酸"于 2017 年 3 月 1 日被 GB 5009.233—2016 食品安全国家标准 食醋中游离矿酸的测定代替。

GB/T 5009.44—2003 肉与肉制品卫生标准的分析方法

"14.2"于 2017 年 3 月 1 日被 GB 5009.44—2016 食品安全国家标准 食品中氯化物的测定代替；挥发性盐基氮测定被 GB 5009.228—2016 食品安全国家标准 食品中挥发性盐基氮的测定代替；"14.3"于 2017 年 3 月 1 日被 GB 5009.229—2016 食品安全国家标准 食品中酸价的测定代替。

GB/T 5009.45—2003 水产品卫生标准的分析方法

pH 的测定于 2017 年 3 月 1 日被 GB 5009.237—2016 食品安全国家标准 食品 pH 的测定代替

本标准规定了海产品及水产品的卫生指标的分析方法，适用于海产品和水产品的各项卫生指标的分析。挥发性盐基氮测定被 GB 5009.228—2016 食品安全国家标准 食品中挥发性盐基氮的测定代替。

GB/T 5009.46—2003 乳与乳制品卫生标准的分析方法（已废止）

GB/T 5009.46—1996 被 GB 5413.33—2010、GB 5413.34—2010、GB 5413.3—2010 代替。具体标准名称如下：GB 5413.33—2010 食品安全国家标准 生乳相对密度的测定；GB 5413.34—2010 食品安全国家标准 乳和乳制品酸度的测定；GB 5413.3—2010 食品安全国家标准 婴幼儿食品和乳品中脂肪的测定。

GB/T 5009.47—2003 蛋与蛋制品卫生标准的分析方法

标准中的挥发性盐基氮测定于 2017 年 3 月 1 日被 GB 5009.228—2016 食品安全国家标准 食品中挥发性盐基氮的测定代替。

GB/T 5009.48—2003 蒸馏酒与配制酒卫生标准的分析方法

标准中有关酒精度的测定方法于 2017 年 3 月 1 日被 GB 5009.225—2016 食品安全国家标准 酒中乙醇浓度的测定代替。

GB/T 5009.56—2003 糕点卫生标准的分析方法

标准中"4.1""4.2""4.3"于 2017 年 3 月 1 日被 GB 5009.229—2016 食品安全国家标准 食品中酸价的测定代替

GB/T 5009.58—2003 食品包装用聚乙烯树脂卫生标准的分析方法

部分指标作废，灼烧残渣的测定被 GB 31604.6—2016 食品接触材料及制品 树脂中灼烧残渣的测定代替；正己烷提取物被 GB 31604.5—2016 食品接触材料及制品 树脂中提取物的测定代替；干燥失重的测定被 GB 31604.3—2016 食品接触材料及制品 树脂干燥失重的测定代替。

GB/T 5009.59—2003 食品包装用聚苯乙烯树脂卫生标准的分析方法

部分指标作废，挥发物被 GB 31604.4—2016 食品接触材料及制品 树脂中挥发物的测定代替；正己烷提取物被 GB 31604.5—2016 食品接触材料及制品 树脂中提取物的测定代替；干燥失重的测定被 GB 31604.3—2016 食品接触材料及制品 树脂干燥失重的测定代替。

GB/T 5009.60—2003 食品包装用聚乙烯、聚苯乙烯、聚丙烯成型品卫生标准的分析方法

部分指标作废，重金属测定被 GB 31604.9—2016 食品接触材料及制品 食品模拟物中重金属的测定代替；蒸发残渣被 GB 31604.8—2016 食品接触材料及制品 总迁移量的测定代替；脱色试验被 GB 31604.7—2016 食品接触材料及制品 脱色试验代替；高锰酸钾消耗量被 GB 31604.2—2016 食品接触材料及制品 高锰酸钾消耗测定代替。

GB/T 5009.61—2003 食品包装用三聚氰胺成型品卫生标准的分析方法

部分指标作废，重金属测定被 GB 31604.9—2016 食品接触材料及制品 食品模拟物中重金属的测定代替；蒸发残渣被 GB 31604.8—2016 食品接触材料及制品 总迁移量的测定代替；脱色试验被 GB 31604.7—2016 食品接触材料及制品 脱色试验代替；高锰酸钾消耗量被 GB 31604.2—2016 食品接触材料及制品 高锰酸钾消耗量的测定代替；"甲醛"被 GB 31604.48—2016 食品接触材料及制品 甲醛迁移量的测定代替。

GB/T 5009.62—2003 陶瓷制食具容器卫生标准的分析方法

部分指标作废，镉迁移量的测定被 GB 31604.24—2016 食品接触材料及制品 镉迁移量的测定代替；铅的测定和迁移量的测定被 GB 31604.34—2016 食品接触材料及制品 铅的测定和迁移量的测定代替。

GB/T 5009.63—2003 搪瓷制食具容器卫生标准的分析方法

2017-4-19 部分指标作废，镉迁移量的测定被 GB 31604.24—2016 食品安全国家标准 食品接触材料及制品 镉迁移量的测定代替；铅的测定和迁移量的测定被 GB 31604.34—2016 食品安全国家标准 食品接触材料

及制品　铅的测定和迁移量的测定代替;锑的测定方法被 GB 31604.41—2016 食品安全国家标准　食品接触材料及制品　锑迁移量的测定代替。

GB/T 5009.64—2003 食品用橡胶垫片(圈)卫生标准的分析方法

2017-3-1 部分指标作废,重金属测定被 GB 31604.9—2016 食品安全国家标准　食品接触材料及制品　食品模拟物中重金属的测定代替;蒸发残渣被 GB 31604.8—2016 食品安全国家标准　食品接触材料及制品　总迁移量的测定代替;高锰酸钾消耗量被 GB 31604.2—2016 食品安全国家标准　食品接触材料及制品　高锰酸钾消耗量的测定代替;2017-4-19 部分指标作废,锌迁移量的测定被 GB 31604.42—2016 食品安全国家标准　食品接触材料及制品　锌迁移量的测定代替。

GB/T 5009.65—2003 食品用高压锅密封圈卫生标准的分析方法

2017-3-1 部分指标作废,重金属测定被 GB 31604.9—2016 食品安全国家标准　食品接触材料及制品　食品模拟物中重金属的测定代替;蒸发残渣被 GB 31604.8—2016 食品安全国家标准　食品接触材料及制品　总迁移量的测定代替;高锰酸钾消耗量被 GB 31604.2—2016 食品安全国家标准　食品接触材料及制品　高锰酸钾消耗量的测定代替;2017-4-19 部分指标作废,锌迁移量的测定被 GB 31604.42—2016 食品安全国家标准　食品接触材料及制品　锌迁移量的测定代替。

GB/T 5009.66—2003 橡胶奶嘴卫生标准的分析方法

2017-3-1 部分指标作废,重金属测定被 GB 31604.9—2016 食品安全国家标准　食品接触材料及制品　食品模拟物中重金属的测定代替;蒸发残渣被 GB 31604.8—2016 食品安全国家标准　食品接触材料及制品　总迁移量的测定代替;锰酸钾消耗量被 GB 31604.2—2016 食品安全国家标准　食品接触材料及制品　高锰酸钾消耗量的测定代替;2017-4-19 部分指标作废,锌迁移量的测定被 GB 31604.42—2016 食品安全国家标准　食品接触材料及制品　锌迁移量的测定代替。

GB/T 5009.67—2003 食品包装用聚氯乙烯成型品卫生标准的分析方法

2017-3-1 部分指标作废,重金属测定被 GB 31604.9—2016 食品安全国家标准　食品接触材料及制品　食品模拟物中重金属的测定代替;蒸发残渣被 GB 31604.8—2016 食品安全国家标准　食品接触材料及制品　总迁移量的测定代替;脱色试验被 GB 31604.7—2016 食品安全国家标准　食品接触材料及制品　脱色试验代替;高锰酸钾消耗量被 GB 31604.2—2016 食品安全国家标准　食品接触材料及制品　高锰酸钾消耗量的测定代替;2017-4-19 部分指标作废,氯乙烯单体的测定被 GB 31604.31—2016 食品安全国家标准　食品接触材料及制品　氯乙烯的测定和迁移量的测定代替。

GB/T 5009.68—2003 食品容器内壁过氯乙烯涂料卫生标准的分析方法

2017-3-1 部分指标作废,重金属测定被 GB 31604.9—2016 食品安全国家标准　食品接触材料及制品　食品模拟物中重金属的测定代替;蒸发残渣被 GB 31604.8—2016 食品安全国家标准　食品接触材料及制品　总迁移量的测定代替;高锰酸钾消耗量被 GB 31604.2—2016 食品安全国家标准　食品接触材料及制品　高锰酸钾消耗量的测定代替;2017-4-19 部分指标作废,氯乙烯单体的测定被 GB 31604.31—2016 食品安全国家标准　食品接触材料及制品　氯乙烯的测定和迁移量的测定代替;砷的测定和迁移量的测定被 GB 31604.38—2016 食品安全国家标准　食品接触材料及制品　砷的测定和迁移量的测定代替。

GB/T 5009.69—2008 食品罐头内壁环氧酚醛涂料卫生标准的分析方法

2017-3-1 部分指标作废,蒸发残渣被 GB 31604.8—2016 食品安全国家标准　食品接触材料及制品　总迁移量的测定代替;高锰酸钾消耗量被 GB 31604.2—2016 食品安全国家标准　食品接触材料及制品　高锰酸钾消耗量的测定代替;2017-4-19 部分指标作废,游离酚被 GB 31604.46—2016 食品安全国家标准　食品接触材料及制品　游离酚的测定和迁移量的测定代替;"7.2 游离甲醛"被 GB 31604.48—2016 食品安全国家标准　食品接触材料及制品　甲醛迁移量的测定代替。

GB/T 5009.70—2003 食品容器内壁聚酰胺环氧树脂涂料卫生标准的分析方法

2017-3-1 部分指标作废，重金属测定被 GB 31604.9—2016 食品安全国家标准 食品接触材料及制品 食品模拟物中重金属的测定代替；蒸发残渣被 GB 31604.8—2016 食品安全国家标准 食品接触材料及制品 总迁移量的测定代替；高锰酸钾消耗量被 GB 31604.2—2016 食品安全国家标准 食品接触材料及制品 高锰酸钾消耗量的测定代替。

GB/T 5009.71—2003 食品包装用聚丙烯树脂卫生标准的分析方法

2017-3-1 部分指标作废，正己烷提取物被 GB 31604.5—2016 食品安全国家标准 食品接触材料及制品 树脂中提取物的测定代替。

GB/T 5009.72—2003 铝制食具容器卫生标准的分析方法

2017-4-19 部分指标作废，镉迁移量的测定被 GB 31604.24—2016 食品安全国家标准 食品接触材料及制品 镉迁移量的测定代替；铅的测定和迁移量的测定被 GB 31604.34—2016 食品安全国家标准 食品接触材料及制品 铅的测定和迁移量的测定代替；砷的测定和迁移量的测定被 GB 31604.38—2016 食品安全国家标准 食品接触材料及制品 砷的测定和迁移量的测定代替；锌迁移量的测定被 GB 31604.42—2016 食品安全国家标准 食品接触材料及制品 锌迁移量的测定代替。

GB/T 5009.77—2003 食用氢化油、人造奶油卫生标准的分析方法

标准中的"4.1"于 2017 年 3 月 1 日被 GB 5009.229—2016 食品安全国家标准 食品中酸价的测定代替。

GB/T 5009.78—2003 食品包装用原纸卫生标准的分析方法

2017-3-1 部分指标作废，脱色试验被 GB 31604.7—2016 食品安全国家标准 食品接触材料及制品 脱色试验代替；2017-4-19 部分指标作废，铅的测定和迁移量的测定被 GB 31604.34—2016 食品安全国家标准 食品接触材料及制品 铅的测定和迁移量的测定代替；砷的测定和迁移量的测定被 GB 31604.38—2016 食品安全国家标准 食品接触材料及制品 砷的测定和迁移量的测定代替；荧光物质检测被 GB 31604.47—2016 食品安全国家标准 食品接触材料及制品 纸、纸板及纸制品中荧光增白剂的测定代替。

GB/T 5009.79—2003 食品用橡胶管卫生检验方法

2017-3-1 部分指标作废，重金属测定被 GB 31604.9—2016 食品安全国家标准 食品接触材料及制品 食品模拟物中重金属的测定代替；蒸发残渣被 GB 31604.8—2016 食品安全国家标准 食品接触材料及制品 总迁移量的测定代替；高锰酸钾消耗量被 GB 31604.2—2016 食品安全国家标准 食品接触材料及制品 高锰酸钾消耗量的测定代替；2017-4-19 部分指标作废，锌迁移量的测定被 GB 31604.42—2016 食品安全国家标准 食品接触材料及制品 锌迁移量的测定代替。

GB/T 5009.80—2003 食品容器内壁聚四氟乙烯涂料卫生标准的分析方法

2017-3-1 部分指标作废，蒸发残渣被 GB 31604.8—2016 食品安全国家标准 食品接触材料及制品 总迁移量的测定代替；高锰酸钾消耗量被 GB 31604.2—2016 食品安全国家标准 食品接触材料及制品 高锰酸钾消耗量的测定代替；2017-4-19 部分指标作废，铬迁移量的测定被 GB 31604.25—2016 食品安全国家标准 食品接触材料及制品 铬迁移量的测定代替。

GB/T 5009.81—2003 不锈钢食具容器卫生标准的分析方法

2017-4-19 部分指标作废，镉迁移量的测定被 GB 31604.24—2016 食品安全国家标准 食品接触材料及制品 镉迁移量的测定代替；铬迁移量的测定被 GB 31604.25—2016 食品安全国家标准 食品接触材料及制品 铬迁移量的测定代替；镍的迁移量测定方法被 GB 31604.33—2016 食品安全国家标准 食品接触材料及制品 镍迁移量的测定代替；铅的测定和迁移量的测定被 GB 31604.34—2016 食品安全国家标准 食品接触材料及制品 铅的测定和迁移量的测定代替；砷的测定和迁移量的测定被 GB 31604.38—2016 食品安全国家标准 食品接触材料及制品 砷的测定和迁移量的测定代替。

GB/T 5009.98—2003 食品容器及包装材料用不饱和聚酯树脂及其玻璃钢制品卫生标准分析方法

2017-3-1 部分指标作废，重金属测定被 GB 31604.9—2016 食品安全国家标准 食品接触材料及制品 食品模拟物中重金属的测定代替；蒸发残渣被 GB 31604.8—2016 食品安全国家标准　食品接触材料及制品　总迁移量的测定代替；高锰酸钾消耗量被 GB 31604.2—2016 食品安全国家标准　食品接触材料及制品　高锰酸钾消耗量的测定代替；2017-4-19 部分指标作废，"4.4 乙苯类化合物"被 GB 31604.16—2016 食品安全国家标准　食品接触材料及制品　苯乙烯和乙苯的测定代替。

GB/T 5009.99—2003 食品容器及包装材料用聚碳酸酯树脂卫生标准的分析方法

2017-3-1 部分指标作废，被 GB 31604.5—2016 食品安全国家标准　食品接触材料及制品　树脂中提取物的测定代替；重金属测定被 GB 31604.9—2016 食品安全国家标准　食品接触材料及制品　食品模拟物中重金属的测定代替；高锰酸钾消耗量被 GB 31604.2—2016 食品安全国家标准　食品接触材料及制品　高锰酸钾消耗量的测定代替；游离酚于 2017-4-19 被 GB 31604.46—2016 食品安全国家标准　食品接触材料及制品　游离酚的测定和迁移量的测定代替。

GB/T 5009.100—2003 食品包装用发泡聚苯乙烯成型品卫生标准的分析方法

2017-3-1 部分指标作废，重金属测定被 GB 31604.9—2016 食品安全国家标准　食品接触材料及制品　食品模拟物中重金属的测定代替；蒸发残渣被 GB 31604.8—2016 食品安全国家标准　食品接触材料及制品　总迁移量的测定代替；高锰酸钾消耗量被 GB 31604.2—2016 食品安全国家标准　食品接触材料及制品　高锰酸钾消耗量的测定代替。

GB/T 5009.101—2003 食品容器及包装材料用聚酯树脂及其成型品中锑的测定

2017-4-19 部分指标作废，锑的测定方法被 GB 31604.41—2016 食品安全国家标准　食品接触材料及制品　锑迁移量的测定代替。

GB/T 5009.117—2003 食用豆粕卫生标准的分析方法

标准中"6 溶剂残留测定"于 2017-6-23 被 GB 5009.262—2016 食品安全国家标准　食品中溶剂残留量的测定代替。

GB/T 5009.119—2003 复合食品包装袋中二氨基甲苯的测定

2017-4-19 被 GB 31604.23—2016 食品安全国家标准　食品接触材料及制品　复合食品接触材料中二氨基甲苯的测定代替。

GB/T 5009.122—2003 食品容器、包装材料用聚氯乙烯树脂及成型品中残留 1,1-二氯乙烷的测定

2017-4-19 部分指标作废，氯乙烯单体的测定部分被 GB 31604.31—2016 食品安全国家标准　食品接触材料及制品　氯乙烯的测定和迁移量的测定代替。

GB/T 5009.125—2003 尼龙 6 树脂及成型品中己内酰胺的测定

2017-4-19 被 GB 31604.19—2016 食品安全国家标准　食品接触材料及制品　己内酰胺的测定和迁移量的测定代替。

GB/T 5009.152—2003 被 GB 31604.17—2016 食品安全国家标准　食品接触材料及制品　丙烯腈的测定和迁移量的测定代替。

GB/T 5009.159—2003 食品中还原型抗坏血酸的测定被 GB 5009.86—2016 食品安全国家标准　食品中抗坏血酸的测定代替。

GB/T 5009.167—2003 饮用天然矿泉水中氟、氯、溴离子和硝酸根、硫酸根含量的反相高效液相色谱法测定

2017-6-23 被 GB 8538—2016 食品安全国家标准　饮用天然矿泉水检验方法代替。

GB/T 5009.178—2003 食品包装材料中甲醛的测定被 GB 31604.48—2016 食品安全国家标准　食品接触材料及制品　甲醛迁移量的测定代替。

GB/T 5009.203—2003 植物纤维类食品容器卫生标准中蒸发残渣的分析方法被 GB 31604.8—2016 食品安全国家标准　食品接触材料及制品　总迁移量的测定代替。

GB/T 5009.187—2003 干果(桂元、荔枝、葡萄干、柿饼)中总酸的测定已废止暂无国标。

（高向阳　教授）